U0291681

中国水文化遗产图录

水利工程遗产（中）

王英华　主编

中国水利水电出版社
www.waterpub.com.cn
·北京·

内 容 提 要

本书是“中国水文化遗产图录”丛书的分册之一，采用图文并茂的方式介绍了以大运河为核心的中国运河工程遗产的构成，及其河道工程、水源工程、运口工程、节制工程和泄水设施等的形成与发展历程，尤其是工程技术成就。

本书适合大运河爱好者阅读，可作为中等以上院校人文素质教育的教材使用，也可供水利史、水利工程史、水利遗产保护专业师生以及相关专业的科研工作者使用和参考。

图书在版编目（CIP）数据

水利工程遗产. 中 / 王英华主编. -- 北京 : 中国水利水电出版社, 2022.12
（中国水文化遗产图录）
ISBN 978-7-5226-1199-0

Ⅰ. ①水… Ⅱ. ①王… Ⅲ. ①水利工程－文化遗产－中国－古代－图录 Ⅳ. ①TV-092

中国版本图书馆CIP数据核字(2022)第254816号

书　名	中国水文化遗产图录　水利工程遗产（中） ZHONGGUO SHUIWENHUA YICHAN TULU　SHUILI GONGCHENG YICHAN (ZHONG)
作　者	王英华　主编
出版发行	中国水利水电出版社 (北京市海淀区玉渊潭南路1号D座　100038) 网址: www.waterpub.com.cn E- mail: sales@mwr.gov.cn 电话: (010) 68545888（营销中心）
经　售	北京科水图书销售有限公司 电话: (010) 68545874、63202643 全国各地新华书店和相关出版物销售网点
排　版	北京金五环出版服务有限公司
印　刷	北京天工印刷有限公司
规　格	210mm×285mm　16开本　26.75印张　719千字
版　次	2022年12月第1版　2022年12月第1次印刷
定　价	**298.00元**

中国特有的地理位置、自然环境和农业立国的发展道路决定了水利是中华民族生存和发展的必然选择。早在100多万年前人类起源之际，先人们即基于对水的初步认识，逐水而居，“择丘陵而处之”；4000多年前的大禹治水则掀开中华民族历史的第一页，此后历代各朝都将兴水利、除水害作为治国安邦的头等大事。可以说，水利与中华文明同时起源，并贯穿其发展始终；加上中国疆域辽阔、自然条件千差万别、水资源时空分布不均、区域和民族文化璀璨多样，这使得中国在漫长的识水、用水、护水、赏水和除水害、兴水利的过程中留下数量众多、分布广泛、类型丰富的水文化遗产。这些水文化遗产具有显著的时代性、区域性和民族性，以不同的载体形式、全面系统地体现并见证了中国先人对水资源的认识和开发利用的历程及成就，体现并见证了各历史时期和不同地区的水利与经济、社会、生态、环境、传统文化等方面的关系，以及各历史时期水利在民族融合、边疆稳定、政局稳定和国家统一等方面的重要作用，体现并见证了水资源开发利用在中华民族起源与发展、中华文明发祥与发展中的重要作用与巨大贡献。可以说，它们是中国文化遗产中不可或缺、不可替代的重要组成部分，有的甚至在世界文化遗产中也独树一帜，具有显著的特色。基于此，近年来，随着社会各界对水文化遗产保护、传承与利用的日益重视，水文化遗产逐渐走进人们的视野。

一、水文化遗产的特点与价值

水文化遗产，顾名思义，就是人们承袭下来的与水或治水实践有关的一切有价值的物质遗存，以及某一族群在这一过程中形成的能够世代相传、反映其特殊生活生产方式的传统文化表现形式及其实物和场所，它们是物质形态和非物质形态水文化遗产的总和。水文化遗产具有以下特点。

（一）水文化遗产是复杂的巨系统

水文化遗产是在识水、用水和护水，尤其是除水害、兴水利的水利事业发展过程中逐渐形成的，也是这一过程的有力见证，这使得水文化遗产具有以下三个方面的特点：

其一，中国自然条件千差万别，水资源时空分布不均，加之区域社会经济发展需求各异，这使得水文化遗产具有数量众多、分布广泛和类型丰富等特点，且具有显著的地域性或民族性。

其二，中国是文明古国，也是农业大国，拥有悠久而持续不断的历史，历朝各代都把除水害、兴水利作为治国理政的头等大事，这使得中国水利事业始终在持续发展，水利工程技术在持续演进，从而使水文化遗产不断形成与发展，并具有显著的时代性。

其三，中国水利建设是个巨系统，它不单单涉及水利工程技术问题，还与流域或区域的经济、社会、环境、生态、景观等领域密切相关，与国家统一与稳定、边疆巩固、民族融合等因素密切相关，同时在中华民族与文明的起源、发展与壮大方面发挥着重要作用。这一特点决定了水文化遗产是个开放的系统，除了在水利建设过程中不断形成的水利工程遗产外，还包括水利与其他领域和行业相互作用融合而形成的非工程类水文化遗产，从而逐渐形成几乎涵盖各个领域、包括各种类型的遗产体系。

总而言之，中国水利事业发展的这三个特点决定了水文化遗产具有类型极其丰富的特点，不仅包括灌溉工程、防洪工程、运河工程、城市供排水工程、景观水利工程、水土保持工程、水电工程等水利工程类遗产，以及与水或治水有关的古遗址、古建筑、治水人物墓葬、石刻、壁画、近代现代重要史迹和代表性建筑等非工程类不可移动的物质文化遗产；包括不同历史时期形成的与水或治水有关的文献、美术品和工艺品、实物等可移动的物质文化遗产；还包括与水或治水有关的口头传统和表述、表演艺术、传统河工技术与工艺、知识和实践、社会风俗礼仪与节庆等非物质文化遗产。

（二）水文化遗产是动态演化的系统，是“活着的”“在用的”遗产

水文化遗产尤其是“在用的”水利工程遗产，其形成与发展主要取决于特定时期和地区的自然地理和水文水资源条件、生产力和科学技术发展水平，服务于当地经济社会发展的需求，这使得它既具有一定的稳定性，又具有动态演化的特点。在持续的运行过程中，随着上述条件或需求的变化，以及新情况、新问题的出现，许多工程都进行过维修、扩建或改建，有的甚至功能也发生了变化。因此，该类遗产往往由不同历史时期的建设痕迹相互叠加而成，并延续至今。如拥有千年历史的灌溉工程遗产郑国渠，其取水口位置随着自然条件的变化而多次改移，秦代郑国首开渠口，西汉白公再开，宋代开丰利渠口，元代开王御史渠口，明代开广济渠口，清代再开龙洞渠口，最后至民国时期改移至泾惠渠取水口。这是由于随着泾水河床的不断下切，郑国渠取水口位置逐渐向上游移动，引水渠道也随之越来越长，最后伸进山谷之中，不得不在坚硬的岩石上凿渠，从而形成不同的取水口遗产点。有些“在用的”水利工程遗产，随着所在区域经济社会发展需求的变化，其功能也逐渐发生相应的转变。如灵渠开凿之初主要用于航运，目前则主要用于灌溉。

在漫长的水利事业发展历程中，水文化遗产的体系日渐完备，规模日益庞大，类型日益丰富。其中，有些水利工程遗产拥有数百年甚至上千年的历史，至今仍在发挥防洪、灌溉、航运、供排水、水土保持等功能，如黄河大堤、郑国渠、宁夏古灌区、大运河、哈尼梯田等。这一事实表明，它们是尊重自然规律的产物，是人水共生的工程，是“活着的”“在用的”遗产，不仅承载着先人治水的历史信息，而且将为当前和今后水利事业的可持续和高质量发展提供基础支撑。这是水利工程遗产不同于一般意义上文化遗产的重要特点之一。

（三）水文化遗产具有较高的生态与景观价值

水文化遗产尤其是水利工程遗产不像一般意义上的文化遗产如古建筑、壁画等那样设计精美、工艺精湛，因而长期以来较少作为文化遗产走进公众的视野。然而，近年来，随着社会各界对它们的进一步了解，其作为文化遗产的价值逐渐被认知。

首先，水文化遗产与一般意义上的文化遗产一样，具有历史、科学、艺术价值；其次，它们中的“在用”水利工程遗产还具有较高的生态和景观价值。在科学保护的基础上，对它们加以合理和适度的利用，将为当前和今后河湖生态保护与恢复、“幸福河”的建设等提供文化资源的支撑。这主要体现在以下两个方面：

一方面，依托水体形成的水文化遗产，尤其是那些拥有数百上千年历史的在用类水利工程遗产，不仅可以发挥防洪排涝、灌溉、航运、输水等水利功能，而且可以在确保上述功能的基础上，充分利用其尊重河流自然规律、人水和谐共生的设计理念和工程布局、结构特点，服务于所在地区生态和环境的改善、“流动的”水景观的营造，进而提升其人居环境和游憩场所的品质。这是它有别于其他文化遗产的重要价值之一。

另一方面，作为文化遗产的重要组成部分，水文化遗产是不可替代的，且具有显著的区域特点和行业特

点。在当前水景观蓬勃发展却又高度趋同的背景下，以水文化遗产为载体或基于其文化遗产特性而建设水景观，不仅可有效避免景观风格与设计元素趋同的尴尬局面，而且可赋予该景观以灵魂和生命力；依托价值重大的水利工程遗产营建的水景观还可以脱颖而出，独树一帜，甚至撼人心灵。

二、水文化遗产体系的构成与分类

作为与水或治水有关的庞大文化遗产体系，水文化遗产可根据其与水或治水的关联度分为以下三大部分：一是因河湖水系本体以及直接作用于其上的人类活动而形成的遗产，这主要包括两大类，一类是因河湖水系本体而形成的古河道、古湖泊等；另一类是直接作用于河湖水系的各类遗产，其中又以治水过程中直接建在河湖水系上的水利工程遗产最具代表性。二是虽非直接作用于河湖水系但是在治水过程中形成的文化遗产，即除了水利工程遗产以外的其他因治水而形成的文化遗产。三是因河湖水系本体而间接形成的文化遗产，即前两部分遗产以外的其他文化遗产。在这三部分遗产中，前两部分是河湖水系特性及其历史变迁的有力见证，也是治水对政治、经济、社会、生态、环境、景观、传统文化等领域影响的有力见证，因而是水文化遗产的核心和特征构成。在这两部分遗产中，又以第一部分中的水利工程遗产最能展现河湖水系的特性及其变迁、治理历史，因而是水文化遗产的核心和特征构成。

鉴于此，基于国际和国内遗产的分类体系，考虑到水利工程遗产是水文化遗产特征构成的特点，拟将水利工程遗产单独列为一类。据此，水文化遗产首先分为工程类水文化遗产和非工程类水文化遗产两大类。其中，非工程类水文化遗产可根据中国文化遗产的分类体系，分为物质形态的水文化遗产和非物质形态的水文化遗产两类。物质形态的水文化遗产又细分为不可移动的水文化遗产和可移动的水文化遗产。

（一）工程类水文化遗产

工程类水文化遗产指为除水害、兴水利而修建的各类水利工程及相关设施。按功能可分为灌溉工程、防洪工程、运河工程、城乡供排水工程、水土保持工程、景观水利工程和水力发电工程等遗产。另外，工程遗产所依托的河湖水系也可作为工程遗产纳入其中，即河道遗产。这些工程类水文化遗产从不同的角度支撑着不同时期的水资源开发利用和水灾害防治，是水利事业发展历程及其工程技术成就的实证，也是水利与区域经济、社会、环境、生态相关关系的有力见证，是水利对中华民族、中华文明形成发展具有重大贡献的最直接见证。它主要包括以下几类：

（1）灌溉工程遗产。指为确保农田旱涝保收、稳产高产而修建的灌溉排水工程及相关设施。作为农业古国和农业大国，中国的灌溉工程起源久远、类型多样、内容丰富，它们不仅是农业稳产高产、区域经济发展的基础支撑，而且在民族融合和边疆稳定等方面发挥着重要作用，也为中国统一的多民族国家的形成与发展提供了坚实的经济基础。如战国末年郑国渠和都江堰的建设，不仅使关中地区成为中国第一个基本经济区，使成都平原成为“天府之国”，而且使秦国的国力大为增强，充足的粮饷保证了前线军队供应，秦国最终得以灭六国、统一天下，建立起中国历史上第一个统一的、多民族的、中央集权制国家——秦朝。在此后的2000多年里，尽管多次出现分裂割据的局面，但大一统始终是中国历史发展的主流。秦朝建立后，国祚虽短，但它设立郡县制，统一文字、货币和度量衡，统一车轨和堤距等举措，对后世大一统国家的治理产生了深远的影响。秦末，发达的灌溉工程体系和富庶的关中地区同样给予刘邦巨大帮助，刘邦最终战胜项羽，再次建立大一统的国家，并使其进入中国古代社会发展的第一个高峰。

自秦汉时期开始，历代各朝都在西部边疆地区实施屯垦戍边政策，如在黄河流域的青海、宁夏和内蒙古河套地区开渠灌田，这不仅促进了边疆地区经济的发展，而且巩固了边疆的稳定、推动了多民族的融合。这一过程中，黄河文化融合了不同区域和民族的文化，形成以它为主干的多元统一的文化体系，并在对外交流中不断汲取其他文化，扩大自身影响力，从而形成开放包容的民族性格。

由于地形和气候多种多样、水资源分布各具特点，不同流域和地区的灌溉工程规模不同、型式各异。以黄河为例，其上游拥有众多大型古灌区，如河湟灌区、宁夏古灌区、河套古灌区等；中游拥有大型引水灌渠如郑国渠、洛惠渠、红旗渠等，拥有泉灌工程如晋祠泉、霍泉等；下游则拥有引洛引黄等灌渠。

（2）防洪工程遗产。指为防治洪水或利用洪水资源而修建的工程及相关设施。治河防洪是中国古代水利事业中最为突出的内容，集中体现了中华民族与洪水搏斗的波澜壮阔、惊心动魄的历程，以及这一历程中中华民族自强不息精神的塑造。

公元前21世纪，发生特大洪水，给人们带来深重的灾难，大禹率领各部族展开大规模的治水活动。大禹因治水成功而受到人们的拥戴，成为部落联盟首领，并废除禅让制，传位于其子启，启建立起中国历史上第一个王朝——夏朝，中国最早的国家诞生。在大禹治水后的数千年间，大江大河尤其是黄河频繁地决口、改道，每一次大的改道往往会给下游地区带来深重的甚至是毁灭性的灾难；长江的洪水灾害也频繁发生。于是中华民族的先人们与洪水展开了一次又一次的殊死搏斗。可以说，从传说时代的大禹治水，到先秦时期的江河堤防的初步修建，到西汉时期汉武帝瓠子堵口，明代潘季驯的“束水攻沙”“蓄清刷黄”，清代康熙帝将“河务、漕运”书于宫中柱上等，中华民族在与江河洪水的搏斗中发展壮大，其间充满了艰辛困苦，付出了巨大牺牲，同时涌现出众多伟大的创造，并孕育出艰苦奋斗、自强不息、无私奉献、百折不挠、勇于担当、敢于战斗、富于创新等精神。这是中华民族的宝贵精神，值得一代代传承与弘扬。

与洪水抗争的漫长历程中，历代各朝逐渐产生形成丰富多彩的治河思想，建成规模宏大、配套完善的江河和城市防洪工程，不断创造出领先时代的工程技术等。在江河防洪工程中，堤防是最主要的手段，自其产生以来，历代兴筑不已，规模越来越大，几乎遍及中国的各大江河水系，形成如黄河大堤、长江大堤、永定河大堤、淮河大堤、珠江大堤、辽河大堤和海塘等堤防工程，并创造了丰富的建设经验，形成完整的堤防制度。

（3）运河工程遗产。指为发展水上运输而开挖的人工河道，以及为维持运河正常运行而修建的水利工程与相关设施。早在2500年前，中国已有发达的水运交通，此后陆续开凿了沟通长江与淮河水系的邗沟、沟通黄河与淮河水系的鸿沟、沟通长江与珠江水系的灵渠，以及纵贯南北的大运河等人工运河。这些人工运河尤其是中国大运河不仅在政治、经济、文化交流及宗教传播等方面发挥着重要作用，而且沟通了中国的政治中心和经济中心，是中国大一统思想与观念的印证；此外，它们还是连接海上丝绸之路与陆上丝绸之路的纽带，在今天的“一带一路”倡议中仍然发挥着重要作用。

在漫长的运河开凿历程中，中国创造出世界上里程最长、规模最大的人工运河；不仅开凿了纵横交错的平原水运网，而且创造出世界运河史上的奇迹——翻山运河；不仅具有在清水条件下通航的丰富经验，而且创造出在多沙水源的运渠中通航的奇迹。

（4）城乡供排水工程遗产。指为供给城乡生活、生产用水和排除区域积水、污水而修建的工程及相关设施。城市的建设规模、空间布局、建筑风格和发展水平往往取决于所在地区的水系分布，独特的水系分布往往赋予城市独特的空间分布特点。如秦都咸阳地跨渭河两岸，渭河上建跨河大桥，整座城市呈现“渭水贯都以象天汉，横桥南渡以法牵牛”的空间布局；宋代开封城有汴河、蔡河、五丈河、金水河等四河环绕或穿城而过，呈现“四水贯都”的空间布局，并成为当时最为繁盛的水运枢纽；山东济南泉源众多，形态各异，出而汇为河流湖泊，因称“泉城”。早期的聚落遗址、都城遗址中都发现有领先当时水平的排水系统。如二里头遗址发现木结构排水暗沟、偃师商城遗址中发现石砌排水暗沟、阿房宫遗址有三孔圆形陶土排水管道；汉长安城则有目前中国最早的砖砌排水暗沟，它在排水管道建筑结构方面具有重大突破。

（5）水土保持工程遗产。指为防治水土流失，保护、改善和合理利用山区、丘陵区水土资源而修建的工程及相关设施。水土保持工程遗产是人们艰难探索水土流失防治历程的有力见证，它主要体现在两个方面：一是工程措施，主要包括水利工程和农田工程，前者主要包括山间蓄水陂塘、拦沙滞沙低坝、引洪淤灌工程等；后者主要包括梯田和区田等。另一类是生物措施，主要是植树造林。

（6）景观水利工程遗产。指为营建各类水景观而修建的水利工程及相关设施。通过恰当的工程措施，与自然山水相融合，将山水之乐融于城市，这是中国古代城镇规划、设计与营建的主要特点。对自然山水的认识和利用，往往影响着一个城镇的特点和气质神韵。古代著名的城镇尤其是古都所在地，大多依托山脉河流规划、设计其城市布局，并辅以一定的水利工程，建设城市水景观，用来构成气势恢宏、风景优美的皇家园林、离宫别苑。如汉唐长安城依托渭、泾、沣、涝、潏、滈、浐、灞八条河流，在城市内外都建有皇家苑囿，形成“八水绕长安”的景观，其中以城南的上林苑最为知名；元明清时期的北京，依托北京西郊的泉源，逐渐建成闻名世界的皇家园林，尤其是三山五园。

（7）水力发电工程遗产。指为将水能转换成电能而修建的工程及相关设施。该类遗产出现的较晚，直至近代才逐渐形成发展。如云南石龙坝水电站、西藏夺底沟水电站等。

（8）河道遗产。指河湖水系形成与变迁过程中留下的古河道、古湖泊、古河口和决口遗址等遗迹，如三江并流、明清黄河故道、罗布泊遗址、铜瓦厢决口等。

（二）非工程类水文化遗产

1.物质形态的水文化遗产

物质形态的水文化遗产指那些看得见、摸得着，具有具体形态的水文化遗产，又可分为不可移动的水文化遗产和可移动的水文化遗产。

（1）不可移动的水文化遗产。不可移动的水文化遗产可分为以下六类：

其一，古遗址。指古代人们在治水活动中留有文化遗存的处所，如新石器时代早期城市的排水系统遗址、山东济宁明清时期的河道总督部院衙署遗址等。

其二，治水名人墓葬。指为纪念治水名人而修建的坟墓，如山西浑源县纪念清道光年间的河东河道总督栗毓美的坟墓、陕西纪念近代治水专家李仪祉的陵园等。

其三，古建筑。指与水或治水实践有关的古建筑。该类遗产中，有的因水利管理而形成，有的是水崇拜的产物，而水崇拜则是水利管理向社会的延伸。因此，它们是水利管理的有力见证，以下三类较具代表性：一是水利管理机构遗产，即古代各级水行政主管部门衙署，以及水利工程建设和运行期间修建的建筑物及相关设施，如江苏淮安江南河道总督部院衙署（今清晏园）、河南武陟嘉应观、河北保定清河道署等。二是水利纪念建筑遗产，即用来纪念、瞻仰和凭吊治水名人名事的特殊建筑或构筑物，如淮安陈潘二公祠、黄河水利博物馆旧址等。三是水崇拜建筑遗产，即古代为求风调雨顺和河清海晏修建的庙观塔寺楼阁等建筑或构筑物，如河南济源济渎庙等。

其四，石刻。指镌刻有与水或治水实践有关文字、图案的碑碣、雕像或摩崖石刻等。该类遗产主要包括以下四类：一是历代刻有治水、管水、颂功或经典治水文章等内容的石碑。二是各种镇水神兽，如湖北荆江大堤铁牛、山西永济蒲州渡唐代铁牛、大运河沿线的趴蝮等。三是治水人物的雕像，如山东嘉祥县武氏祠中的大禹汉画像石等。四是摩崖石刻，如重庆白鹤梁枯水题刻群、长江和黄河沿线的洪水题刻等。

其五，壁画。指人们在墙壁上绘制的有关河流水系或治水实践的图画。如甘肃敦煌莫高窟中，绘有大量展现河西走廊古代水井等水利工程、风雨雷电等自然神的壁画。

其六，近现代重要史迹和代表性建筑。主要指与治水历史事件或治水人物有关的以及具有纪念和教育意义、史料价值的近现代重要史迹、代表性建筑。该类遗产主要包括以下三类：一是红色水文化遗产，如江西瑞金红井、陕西延安幸福渠、河南开封国共黄河归故谈判遗址等。二是近代水利工程遗产，如关中八惠、河南郑州黄河花园口决堤遗址等。三是近代非工程类水文化遗产，如江苏无锡汪胡桢故居、陕西李仪祉陵园、天津华北水利委员会旧址等近代水利建筑。

（2）可移动的水文化遗产。可移动水文化遗产是相对于固定的不可移动的水文化遗产而言的，它们既可伴随原生地而存在，也可从原生地搬运到他处，但其价值不会因此而丧失，该类遗产可分为三类。

其一，水利文献。指记录河湖水系变迁与治理历史的各类资料，主要包括图书、档案、名人手迹、票据、宣传品、碑帖拓本和音像制品等。其中，以图书和档案最具代表性，也最有特色。图书是指1949年前刻印出版的，以传播为目的，贮存江河水利信息的实物。它们是水利文献的主要构成形式，包括各种写本、印本、稿本和钞本等。档案是在治水过程中积累而成的各种形式的、具有保存价值的原始记录，其中以河湖水系、水利工程和水旱灾害档案最具特色。这些档案构成了包括大江大河干支流水系的变迁及其水文水资源状况，水利工程的规划设计、施工、管理和运行情况，流域或区域水旱灾害等内容的时序长达2000多年的数据序列，其载体主要包括历代诏谕、文告、题本、奏折、舆图、文据、书札等。这些档案不仅是珍贵的遗产，而且是有关“在用”水利工程遗产进行维修和管理不可或缺的资料支撑，也是未来有关河段或地区进行规划编制、治理方略制定的历史依据。

其二，涉水艺术品与工艺美术品。指各历史时期以水或治水为主题创作的艺术品和工艺美术品。艺术品大多具有审美性，且具有唯一性或不可复制性等特点，如绘画、书法和雕刻等。宋代画家张择端所绘《清明上河图》，直观展示了宋代都城汴梁城内汴河的河流水文特性、护岸工程、船只过桥及两岸的繁华景象等内容；明代画家陈洪绶所绘《黄流巨津》则以一个黄河渡口为切入点，形象地描绘了黄河水的雄浑气势；北京故宫博物院现藏大禹治水玉山，栩栩如生地表现出大禹凿龙门等施工场景。工艺美术品以实用性为主，兼顾审美性，且不再强调唯一性，如含有黄河水元素的陶器、瓷器、玉器、铜器等器物。陕西半坡遗址中出土的小口尖底瓶，既是陶质器物，也是半坡人创制的最早的尖底汲水容器。

其三，涉水实物。指反映各历史时期、各民族治黄实践过程中有关社会制度、生产生活方式的代表性实物。它主要包括六类：一是传统提水机具和水力机械，又可分为以下三种：利用各种机械原理设计的可以省力的提水机具，如辘轳、桔槔、翻车等；利用水能提水的机具，如水转翻车、筒车等；将水能转化为机械能用来进行农产品加工和手工作业的水力机械，如水碾、水磨、水碓等。二是治水过程中所用的各种器具，如木夯、石夯、石硪、水志桩，以及羊皮筏子等。三是治水过程中所用的传统河工构件，如埽工、柳石枕等。四是近代水利科研仪器、设施设备等，如水尺、水准仪、流速仪等。五是著名治水人物及重大水利工程建设过程中所用的生活用品。六是不可移动水利文化遗产损毁后的剩余残存物等。

2.非物质形态的水文化遗产

非物质形态的水文化遗产是指某一族群在识水、治水、护水、赏水等过程中形成的能够世代相传、反映其特殊生活生产方式的传统文化表现形式及其相关的实物和场所。

（1）口头传统和表述。指产生并流传于民间社会，最能反映其情感和审美情趣的与治水、护水等内容有关的文学作品。它主要分为散文体和韵文体民间文学，前者主要包括神话、传说、故事、寓言等，如夸父逐日和精卫填海神话、江河湖海之神的设置、大禹治水传说等；后者主要包括诗词、歌谣、谚语等。

（2）表演艺术。指通过表演完成的与水旱灾害、治水等内容有关的艺术形式，主要包括说唱、戏剧、歌舞、音乐和杂技等。如京剧《西门豹》《泗州》等，民间音乐如黄河号子、夯硪号子、船工号子等。

（3）传统河工技术与工艺。指产生并流传于各流域或各地区，反映并高度体现其治河水平的河工技术与工艺。它们大多具有因地制宜的特点，有的沿用至今，如黄河流域的双重堤防系统、埽工、柳石枕、黄河水车；岷江的竹笼、杩槎等。

（4）知识和实践。指在治水实践和日常生活中积累起来的与水或治水有关的各类知识的总和，如古代对黄河泥沙运行规律的认识，古代对水循环的认识，古代报汛制度等知识和实践。

（5）社会风俗、礼仪、节庆。指在治水实践和日常生活中形成并世代传承的民俗生活、岁时活动、节日庆典、传统仪式及其他习俗，如四川都江堰放水节、云南傣族泼水节等。

三、本丛书的结构安排

本丛书拟系统介绍从全国范围内遴选出的各类水文化遗产的历史沿革、遗产概况、综合价值和保护现状等，以向读者展现其悠久的历史、富有创新的工程技术和深厚的文化底蕴，在系统了解各类现存水文化遗产的基础上，了解中国水利发展历程及其科技成就和历史地位，了解水利与社会、经济、环境、生态和景观的关系，感受水利对区域文化的强大衍生作用，了解水利对中华民族和文明形成、发展和壮大的重要作用，从而提高其对水文化遗产价值的认知，并自觉参与到水文化遗产的保护工作中，使这些不可再生的遗产资源得以有效保护和持续利用。

本丛书共分为6册，为方便叙述，按以下内容进行分类撰写：

《水利工程遗产（上）》主要介绍灌溉工程遗产与防洪工程遗产。

《水利工程遗产（中）》主要介绍以大运河为主的运河工程遗产。

《水利工程遗产（下）》主要介绍水力发电工程遗产、供水工程遗产、水土保持工程遗产、水利景观工程遗产、水利机械和水利技术等。

《文学艺术遗产》主要介绍与水或治水有关的神话、传说、水神、诗歌、散文、游记、楹联、传统音乐、戏曲、绘画、书法和器物等。

《管理纪事遗产》主要介绍水利管理与纪念建筑、水利碑刻、法规制度和特色水利文献等。

《风俗礼仪遗产》主要介绍水神祭祀建筑、人物祭祀建筑、历代镇水建筑、镇水神兽和水事活动等。

本丛书从选题策划、项目申请，再到编撰组织、图片收集、专家审核等历经5年之久，其中经历多次大改、反复调整。在这漫长的编写过程中，得到了中国水利水电科学研究院、华北水利水电大学、中国水利水电出版社等单位在编撰组织、图书出版方面的大力支持，多位专家在水文化遗产分类与丛书框架结构方面提供了宝贵建议，在此一并表示真挚的感谢。

同时还要感谢水利部精神文明建设指导委员会办公室、陕西省水利厅机关党委、江苏省水利厅河道管理局在丛书资料图片收集工作中给予的大力帮助；感谢多位摄影师不辞辛劳地完成专题拍摄，也感谢那些引用其图片、虽注明出处但未能取得联系的摄影师。

期望本丛书的出版，能够为中国水文化遗产保护与传承、进而助力中华优秀传统文化的研究与发扬做出独特贡献，同时也期待广大读者朋友多提宝贵意见，共同提升丛书质量，推动水文化广泛传播。

丛书编写组

2022年10月

前言

中国是世界上开发水运最早的文明古国之一。运河遗产是中国遗产的重要组成部分，对中国文明的形成与发展产生过巨大作用。

早在新石器时代，中国古人就已开始利用天然河道通航。春秋时期，已有大规模船队在江河中行驶的记载。春秋后期至战国时期，便开始大规模开凿人工运河，通船济运。秦汉统一全国后，水运交通十分畅达，特别是自政治中心通向重要地区的水运。其中，秦代开凿灵渠以沟通湘、漓二水，从而沟通长江和珠江两大水系；汉代京杭运河则自长安东南通至杭州，重要性及规模不下于今天的京杭运河，其南段亦为今天的京杭运河所利用。东汉献帝时，曹操为向北方用兵，陆续开凿了一系列运河，以沟通黄河、海河和滦河三大水系，为今天海河流域南运河和北运河南段的形成奠定了基础。隋唐宋时期是中国水运史上最为发达的时期，既超过前代，也为以后历代所不及，主要体现在通济渠和永济渠的开通，以长安、洛阳和开封为中心的东西大运河及南北大运河的形成、人工运渠的开凿以及运河设施和工程技术水平之高等方面。元明清时期，因定都北京，以会通河和通惠河的开凿为标志，以北京和杭州为南北端点的京杭运河逐渐形成，并日趋完善。元代及明初还曾实施海运。

中国运河遗产以大运河最具代表性，是至今仍在发挥效益的重要水文化遗产。大运河始建于公元前486年，至今已有2500年的历史，自南而北沟通了海河、黄河、淮河、长江和钱塘江五大水系。由于大运河沿线自然条件的千差万别及水资源时空分布的不均，使它成为历史时期水利工程最为集中复杂，水利管理最为严格的工程体系。在其运行期间，大运河不仅促进了不同区域的经济社会的发展、改善了生态环境，而且在其沿线形成众多的运河城镇，衍生出丰富的地域文化，造就了优美的自然景观和历史景观，同时在促进国家统一和稳定方面发挥着重要作用，承担着海上丝绸之路与陆上丝绸之路的联结纽带作用。可以说，大运河囊括了自战国至今不同历史时期、五大水系范围内、不同类型的水文化遗产，积淀丰厚，具有典型的借鉴意义。鉴于此，2014年，大运河被列入世界文化遗产名录。

为方便叙述，本书首先将中国大运河单独列出，所有与大运河相关的内容均置于该章中进行介绍。其余运河，按流域进行编排撰写。因此，本书共分2章。第1章主要介绍中国大运河，在本章中将大运河分为10段，自北而南依次为通惠河、北运河、南运河、会通河、中运河、淮扬运河、江南运河、浙东运河、通济渠和永济渠，分别介绍了各段河道的形成与变迁过程，以及各河段的水源工程、运口工程、节制工程、泄水设施等的形成与发展历程及其科技成就与主要影响；第2章主要介绍了除大运河外七大流域的人工运河。

中国水利水电出版社对本书的出版给予了极大支持，出版社的编辑李亮在本书的策划、项目申报、图片拍摄、内容撰写等方面都给予极大的理解与支持，编辑王若明、耿迪等则对本书进行了仔细的编辑校对，在此一并表示衷心感谢。

本书第1章大运河遗产1.1节通惠河由邓俊撰写，1.2节北运河由周波撰写，1.3节南运河由朱云枫撰写，1.8节浙东运河由李云鹏撰写，1.4节会通河、1.5节中运河、1.6节淮扬运河、1.7节江南运河、1.9节通济渠、1.10节永济渠由王英华撰写；第2章其他流域运河遗产由王英华、李艳撰写。全书由王英华统稿和定稿。

因各朝代长度计量单位标准不尽相同，为保证数据准确，本书仍保留寸、尺、里等单位表述。

编者

2022年10月

目录

會安橋

1

大运河遗产

大运河是世界上规模最大、自然条件最复杂、持续运用时间最长的运河工程体系，在中国国家统一与稳定、经济发展、社会进步和文化繁荣等方面发挥着巨大作用，是中华文明标志性工程之一。

京杭大运河杭州拱墅段

京杭大运河苏州段

大运河始建于公元前486年，至今已有2500多年历史。在此期间，它由最初的将自然河流加以简单连接的区间运河，逐步发展形成隋唐大运河（又称东西大运河）和京杭运河（又称南北大运河）两大体系，最长时达2000多千米，自北而南纵贯中国东部平原，沟通海河、黄河、淮河、长江和钱塘江五大水系，跨越北京、天津、河北、山东、河南、安徽、江苏和浙江8个省（直辖市），自北而南包括京杭运河的通惠河、北运河、南运河、会通河（今山东运河）、中运河、淮扬运河（今里运河）、江南运河、浙东运河8个河段和隋唐大运河的通济渠、永济渠，共计10个河段。

2500多年来，大运河沿线自然条件的千差万别及水资源时空分布的不均，加上历代各朝的不断经营，使它几乎集中了历史时期各种类型的水利工程及其技术，并逐渐成为独立的水利工程体系。从历史上的“南粮北运”、盐运通道到现在的北煤南运干线、南水北调东线输水通道等，大运河始终在发挥效益，很多河段至今仍承担着行洪排涝、灌溉、输水、航运、排污等功能。

大运河邳县煤码头（1987 年，鲍昆　摄，蔡蕃《京杭大运河水利工程》）

大运河与淮河入海水道立交的淮安枢纽（淮河水利委员会《筑梦淮河》）

苏州枫桥、寒山寺与大运河位置关系及其景观（2019 年，魏建国、王颖　摄）

在长期的演变历程中，大运河沿线还产生了具有鲜明时代性和地域性的水利工程以及古城、古镇、古村落、古遗址等文化遗产，衍生出丰富多彩的地域文化，造就了类型丰富的自然景观和人文景观。

可以说，大运河集中展现了2500多年来中国古代水利科技的发展历程及其成就，展现了中国东部平原各历史时期不同水系、不同地区间的优秀传统文化，积淀丰富，内涵深厚。

作为水利工程，大运河的建设主要包括以下5个阶段。

1. 春秋战国至秦汉时期

春秋至秦的500多年间，为满足诸侯争霸运输军队和粮饷的需要，各诸侯国纷纷开凿运河，成功沟通珠江、长江、淮河、黄河和海河等水系。但受诸侯割据和技术限制等历史条件的制约，这一时期的工程规模都不大，多为区间运河，位于江河中下游平原或在河网地区通过人工河将两个相邻的天然水体加以连通，运河水路迂回，人工水路与天然河道之间没有显著的区别。

根据西汉史学家司马迁的记载，这一时期运河首先出现在水量丰沛的江淮和太湖流域。《史记·河渠书》中的“通渠三江五湖，通鸿沟于江淮之间”主要指吴越在太湖流域开运河，该区段后来成为江南运河的局部；公元前486年吴国为北上争霸中原而开邗沟，沟通了长江和淮河两大水系，后演变为今天的里运河。江南运河和邗沟是京杭运河开发最早的两个河段，此后虽历经多次整治，但路线没有较大的变化。开邗沟后4年，吴国沿邗沟北上过淮入泗，在今山东鱼台县南向西开菏水，至今菏泽附近与当时的黄河分支济水相通，这是最早沟通黄河与淮河的运道。公元前361年，魏国开凿鸿沟，更为直接地沟通了黄河与淮河两大水系。鸿沟在秦代是向东部地区输送物资的要道，楚汉战争时是刘邦自关中向东输送粮饷的要道。刘邦统一全国后，也主要通过鸿沟将江淮地区的漕粮西运至关中，供应西北边防及当时都城长安（今陕西西安）的官民用度；同时沿运河向东辐射其政治统治和军事控制。隋唐时期鸿沟演变为东西大运河的关键河段——通济渠，宋代称汴渠。

总之，春秋战国时期，运河的开凿主要出于军事目的，规模较小，技术成就主要体现在渠线规划方面。

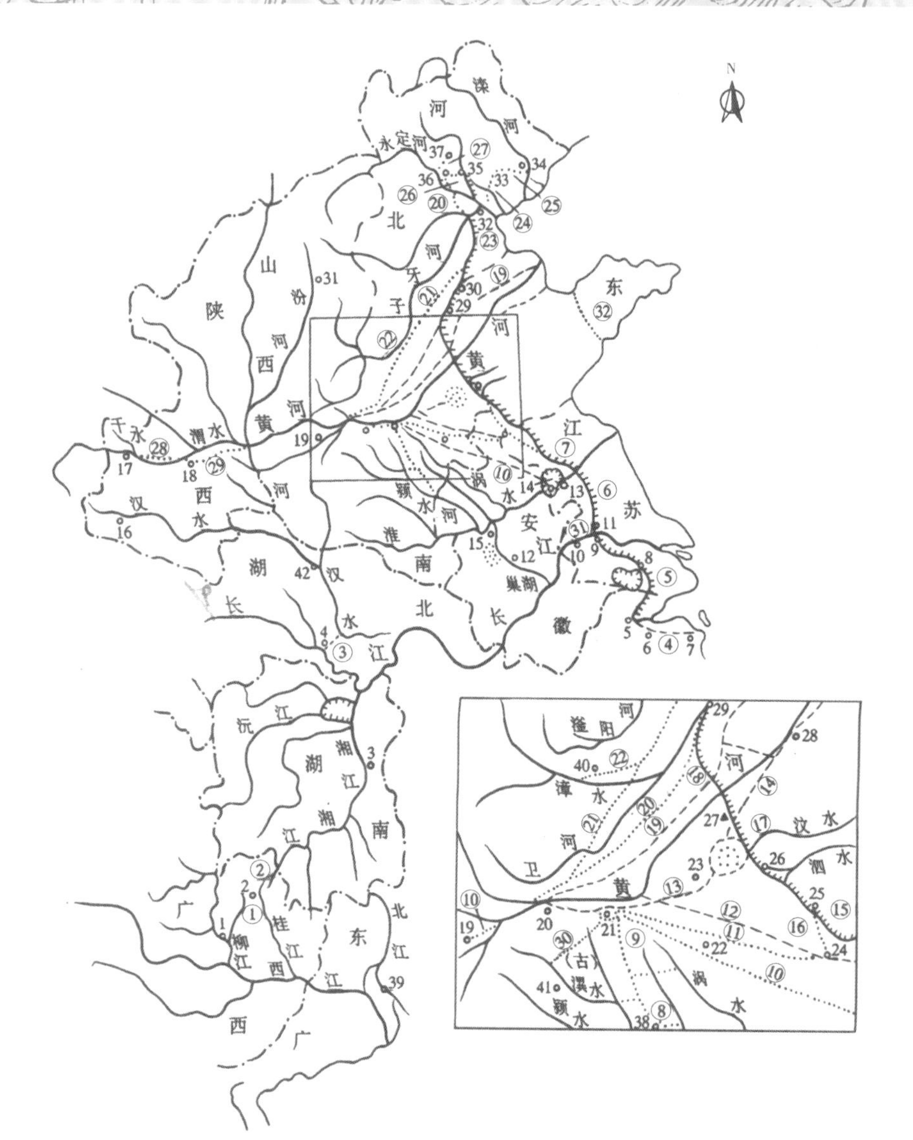

古运河约略位置示意图

古河渠名：①—（唐）相思埭；②—（秦）灵渠；③—（先秦）江汉运河；④—（南宋）浙东运河；⑤—江南运河；⑥—（先秦）邗沟；⑦—（清）中河（与当时黄河平行）；⑧—沙水；⑨—（先秦）鸿沟至（宋）蔡河；⑩—（隋）通济渠至（新）汴渠；⑪—（古）汴渠；⑫—（金以后）黄河；⑬—（宋）广济渠；⑭—（古）济水；⑮—（明）泇河；⑯—（古）泗水至旧运河；⑰—（元）济州河；⑱—（元）会通河；⑲—（东汉）黄河；⑳—（隋）永济渠；㉑—（曹操）白沟；㉒—（曹操）利漕渠；㉓—（曹操）平虏渠至（后）南运河；㉔—（曹操）泉州渠；㉕—（曹操）新河；㉖—北运河；㉗—（元）通惠河；㉘—（唐）升原渠；㉙—（汉）漕渠至（隋）广通渠；㉚—（宋）惠民河；㉛—仪真运河；㉜—胶莱河

地名：1—柳州；2—桂林；3—长沙；4—江陵；5—杭州；6—绍兴；7—宁波；8—苏州；9—镇江；10—南京；11—扬州；12—合肥；13—淮安；14—（古）泗州；15—寿县；16—汉中；17—宝鸡；18—长安；19—洛阳；20—郑州；21—开封；22—商丘；23—菏泽；24—徐州；25—微山县；26—济宁；27—安山；28—济南；29—临清；30—德州；31—太原；32—天津；33—唐山；34—滦县；35—通县；36—北京；37—昌平；38—淮阳；39—广州；40—临漳；41—许昌；42—襄樊

两汉时期，政治中心在长安和洛阳，江淮地区逐渐得以开发，自西北向东南的水运日渐重要，东西大运河雏形渐成。

2. 三国两晋南北朝时期

三国两晋南北朝时期，政治上由统一到分裂，政权频繁更替，长者不过百余年，短者不过一二十年，可谓纷争不已，兵燹不断。各国“能臣”“无不以通渠积谷为备武之道”。这一时期，以自南而北的白沟、平虏渠、利漕渠等区间运河和江南运河的形成作为标志，南北大运河雏形渐成。

东汉末年曹操当政时，为北征袁尚、解决粮饷运输问题，于建安九年（204年）自黄河北引淇水，开白沟，与漳水相通。建安十一年（206年）开平虏渠，约相当于今南运河北段。同年于平虏渠北开泉州渠，渠北口与鲍丘水（在今宝坻县西北）相通。再于鲍丘水上开新河，向东直通滦河。这是历史上第一次沟通海河与滦河两大水系。曹魏之所以能够顺利统一北方，这些运渠的开通发挥了重大作用，因此有学者认为曹魏的成功“始于屯田，成于转运”。

这一时期，割据江南的孙吴开破岗渎，自今江苏省丹阳县向西至句容县通秦淮河达南京。破岗渎长不过四五十里，上建14个堰埭，把渠道分成梯级，可以蓄水平水，以跨越分水岭通航。这是关于渠化工程的最早

南运河

记载。东晋以后，南朝建都建康（今江苏南京），渠化天然河道，并建有大量堰埭。船过埭时，用人力或畜力拖拉，或设置绞盘等机械，这是最早的升船机。南朝时期，各国水战时动用的船只多达上万艘。江南大船能装载粮食两万斛米（约合今120万千克），几百吨位的船只已属平常。这些都与运渠的开发密不可分。

3. 隋唐宋时期

隋唐宋时期，以隋永济渠和通济渠为标志，形成以都城长安、洛阳和开封为中心，纵横东西、横贯南北的全国水路干道构架，航运里程长达2000余公里，可以说是水运史上最为发达的时期。

船只过坝（[英]托马斯·阿罗姆《大清帝国城市印象》）

隋代在邗沟的基础上开山阳渎，并拓宽浚深；大修江南运河；开通济渠，自洛阳至淮水改旧汴渠为新汴渠；在白沟、利漕渠、平虏渠等区间运河的基础上开永济渠，永济渠在唐宋后演变为海河南系的骨干河流——御河（今卫河），元代以后御河在临清以下与会通河汇合，即今南运河局部。通过这些运河，可沟通南北，联络东西。

唐和北宋时期对隋代所开运河高度重视，修治甚勤。这一时期，运河的主要技术成就体

运河通州段

运河通州段

现在建于运河与天然河流相交处的运口工程。通过这些工程，可使两河平缓衔接，且具有水源供给、泥沙防治和交通调度等综合功能，从而使人工水路与天然河流的边界日益分明。其中，在运河与长江、淮河等河流相交的运口处所建的复闸工程代表了这一时期中国水利工程技术的最高成就。

4. 元明清时期

元统一中国后，出于政治上的考虑，改金中都（今北京）为大都，一改隋唐宋时期政治上坐西的格局而为坐北。政治中心既在北部，为维持政治中心的正常运转，将江南地区的财赋，特别是粮食北运至此就成为首要任务。

元代政治中心北移，新运道不必像隋唐宋一样向西绕道洛阳、长安和开封后再北行。于是，元代将隋唐宋时期以洛阳、长安和开封为顶点，以杭州和北京为两个端点的弓形运道拉直，使其成为直接连通杭州和北京的弓弦形运道。当时北京至杭州只有北京至通州、山东卫河以南至汶泗河两段没有运道，元至元二十年（1283年）开济州河、至元三十年（1293年）开通惠河，纵贯南北的京杭运河全线开通。明永乐年间（1403—1424年），重开会通河。清康熙年间（1662—1722年）开中运河，今京杭运河的空间格局基本形成。

元明清正值黄河夺淮700年期间，黄河洪水和泥沙对运河的侵扰超过以往任何时期。南宋建炎二年（1128年）黄河南徙夺泗入淮后，如黄河向北决口，会冲断会通河；南北皆决，则决口以下因黄河主溜改道，就会在今江苏淮安境内运河与黄河、淮河交汇的运口处——清口（今江苏淮安马头镇）产生运河与黄、淮水位难以平顺衔接、漕船难以过淮穿黄的局面。为确保京杭运河全线畅通，清政府在此投入大量人力和巨额经费，投入的经费多时竟高达国家财政收入的10%～20%，运河与黄河、淮河交汇的清口地区由此成为中国水利史上工程最为密集、管理最为繁杂的地区。

16世纪末至19世纪中期，黄河对运河和淮河的干扰日益严重。至清嘉庆年间（1796—1820年），黄、淮入海尾闾及下游河道不断淤积，逐渐成为地上河，运河与黄、淮交汇的清口一带随之淤高，漕船过往已非常困难。在黄河的压迫下，淮河最终于咸丰元年（1851年）由今洪泽湖大堤三河口改道入长江而成为长江的支流，黄河则于1855年改道北行自大清河入海。1902年清政府终止漕运，对京杭运河的经营也随之停止，京杭运河南北贯通的历史宣告结束。

南水北调东线工程源头江都水利枢纽（淮河水利委员会《筑梦淮河》）

通惠河玉河故道（2018 年，魏建国、王颖　摄）

5. 新中国成立后

新中国成立后，对京杭运河局部进行了恢复和扩建，并扩大了沿线灌溉和排涝面积。2013年12月，南水北调东线一期工程建成通水，自长江干流扬州江都泵站取水，利用大运河部分河段或与其平行的河道输水，以洪泽湖、骆马湖、南四湖、东平湖作为调蓄，经13级泵站逐级提水，将长江水输送到黄淮海平原、胶东地区和京津冀地区。2014年6月22日，大运河成功列入《世界遗产名录》。作为蕴含着丰厚的优秀传统文化且仍在使用的水利遗产，大运河正在焕发出新的生机。

1.1　通惠河

通惠河是京杭运河最北、最短的一段。元至元二十九年至三十年（1292—1293年）郭守敬主持修建而成。元代通惠河西起北京积水潭，东至通州，全长约77.8公里；明代通惠河起点改至今朝阳区东便门，全长约30公里。现存通惠河主河道西起东便门，东至通州区北关闸汇入北运河，长约21公里，担负着北京城

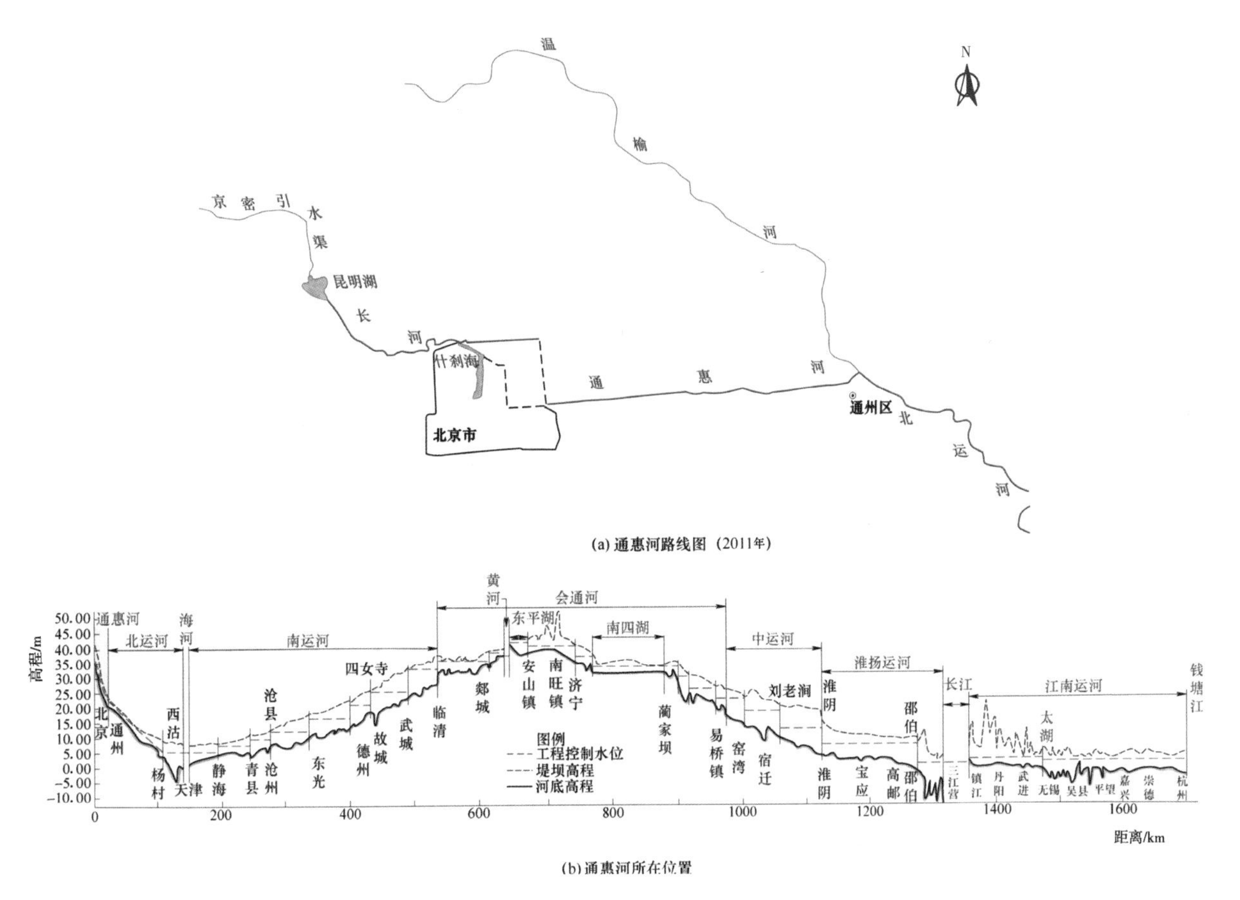

通惠河路线图

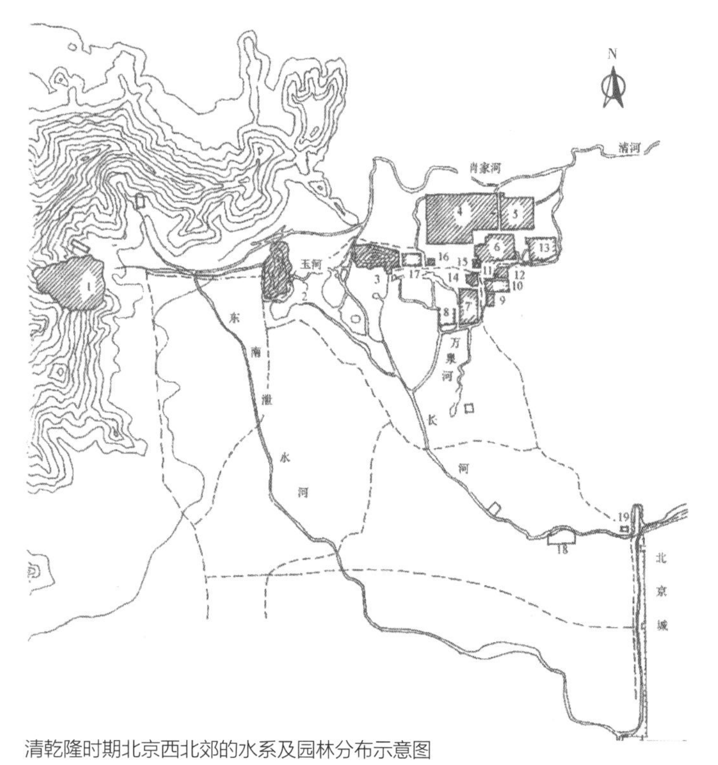

清乾隆时期北京西北郊的水系及园林分布示意图

1—香山静宜园；2—玉泉山静明园；3—万寿山清漪园；4—圆明园；5—长春园；6—绮春园；7—畅春园；8—西花园；9—宏雅园；10—淑春园；11—鸣鹤园；12—朗润园；13—熙春园；14—蔚秀园；15—翰林花园；16—一亩园；17—自得园；18—乐善园；19—倚虹堂

《圆明园四十景图》之上下天光（清　唐岱、沈源　绘）

圆明园曾是北京西郊离宫苑囿的代表，清康雍乾三朝历时150年建成，是中外闻名的“万园之园”。圆明园的水源主要来自玉泉山的泉水，所谓的圆明园四十景也大多以水为主题，该图所绘之景为其中的“上下天光”。图中紧临湖岸的主体建筑为“上下天光”楼，楼前有平台伸入湖中，平台两侧各引出九曲平桥，两侧各建凉亭一座，东为六方亭，西为四方亭。乾隆曾在《上下天光》诗序中赞道：“垂虹驾湖，蜿蜒百尺，修栏夹翼，中为广亭。縠纹倒影，滉漾楣槛间，凌空俯瞰，一碧万顷，不啻胸吞云梦。”

区的防洪、排涝及排污等任务。

北京城区地势西北高、东南低，地形比降为1‰～1.2‰，没有较大的河流经过，且多年平均降水量为595毫米。为解决水源不足的问题，元明清时期积极在通惠河上游、北京西郊诸山开辟新水源，充分利用湖泊沼泽作为水柜进行调蓄；为解决坡陡流急、水易下泄的问题，在运河沿线合理地布置节制闸群。这些工程措施的实施不仅满足了通惠河的通航需求，而且营造了北京市的城市河湖水系，对北京市的城市风貌尤其是皇家园林和离宫苑囿的形成产生了深远的影响。

1.1.1　河道

通惠河漕运始于隋开永济渠。金、元两代均以北京为都城，曾三开金口河，引永定河水通运。元开凿通惠河成功后，不再引永定河水，改引昌平和京西诸山泉水济运。此后，通惠河畅通600余年，直到清末漕运中止。

1. 隋开永济渠

隋大业四年（608年），为用兵辽东，隋炀帝在黄河以北开永济渠，“引沁水入河，于沁水东北开渠，合渠水至于涿郡”，即疏浚沁水下游河道，在沁水下游东北岸开渠，引沁水东北流汇淇水入白沟，循白沟故道顺流而下至天津，折入灅水（永定河前身），再溯流而上，至北部边防重镇涿郡治所蓟县。

2. 金代开金口河、闸河

金口河。金代以燕京（今北京）为中都，统治范围南抵淮河，需通过运河将山东、河北的百万石漕粮运抵中都。大定十一年（1171年）开金口河，以今永定河为水源，渠首闸——金口闸设在石景山北麓，自永定河引水的口门则设在麻峪村，离金口闸尚有一段距离。于是在金口闸与永定河引水口之间开挖渠道，连通二口。金口河的大致路线是：西起今北京石景山金口闸，分引芦沟水东流，穿过西山而出，经今半壁店、玉渊潭，东南入中都北城濠，再向东至通州张家湾入潞河。大定

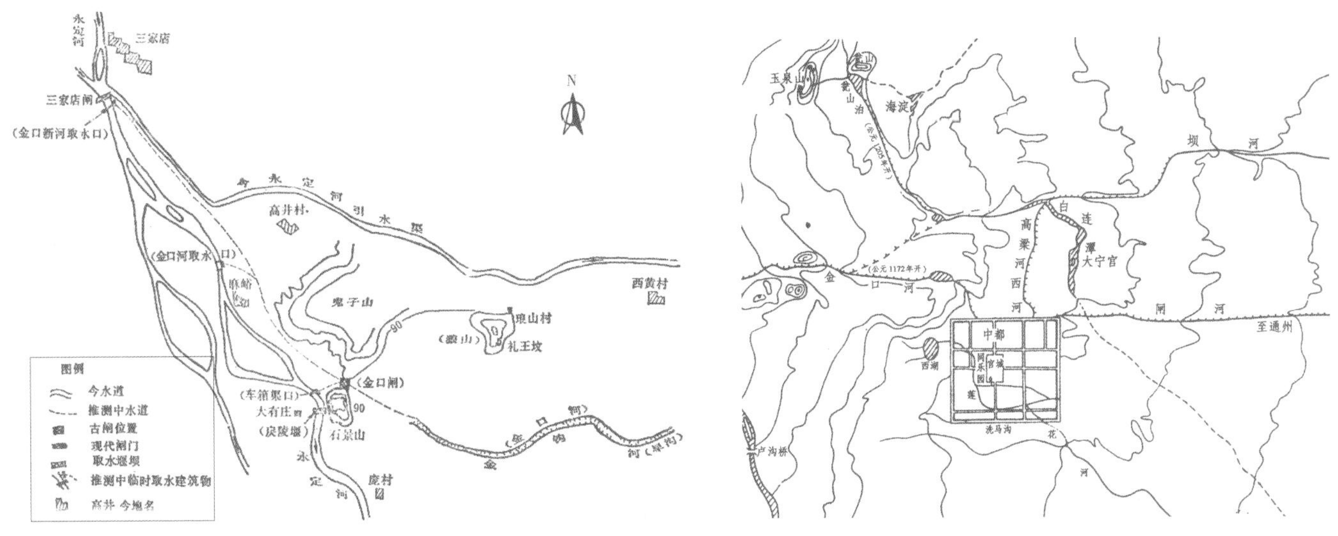

金口河和金口新河渠首位置推测示意图（据蔡蕃《北京古运河与城市供水研究》重绘）

闸河、坝河及其在金中都主要水系中的位置示意图

十二年（1172年）竣工，开闸放水，但船只无法通行。导致这一结果的主要原因有二：一是金口河河床的比降较大，水流下泄过快，且存在汛期洪水危及中都安全的风险；二是永定河为季节性河流，且含沙量较高，大量泥沙沉积于河道中，导致运渠水深难以满足基本的通航要求。金口河的开凿虽未达到通漕的目的，但可灌溉中都城北的农田。大定二十七年（1187年），因永定河洪水暴涨，恐危及京城安全，遂将金口闸堵闭。

闸河。金口开河失败后，金泰和五年（1205年），开闸河，自白莲潭引水，经今人民大会堂西，入金口河故道，至通州，长约25公里。因该段运道上设闸多处，故称闸河，是今通惠河下段的前身。由于水量较小，船行十余日才能到达中都，有时甚至无法行船，只能陆运。

3. 元代开金口新河、坝河、金水河和通惠河

金口新河。元至元元年（1264年），迁都燕京（今北京），大规模营建都城，这需大量木材、石材等建筑材料。两年后，忽必烈采纳著名水利专家郭守敬的建议，重开金口河，引永定河水济运，以运输西山的木材和石材。金口新河仍以元代所定金口闸为起点，但引水口的位置由麻峪上移至三家店。三家店位于永定河官厅山峡的出山口，今永定河引水渠的引水口也设于此。金口新河开通后，运行30多年，但漕粮运输效益甚微。大德三年（1299年），永定河洪水，危及大都城安全，堵闭金口闸。三年后，永定河遭遇更大洪水，又将金口以上河身用砂石杂土堵闭。

坝河。元大都城建成十余年后，为将漕粮自通州运抵城内，至元十六年（1279年），利用高梁河东段开凿坝河，又名阜通河。坝河西起大都光熙门（今北京东直门北面，元代主要粮仓所在地），沿今坝河，至通州城北，接温榆河，大致接近今东北郊坝河。该河以玉泉山泉水为水源，西起玉泉山，引水入积水潭，沿潭东北角向东引水济运。该河长约20多公里，东西地形高差达20米左右，河道比降较大，因此沿线筑拦河堤坝7座，分成梯级水面，分段行船。7坝自西而东依次为千斯、常庆、西阳、郭村、郑村、王村和深沟，统称阜通七坝，该河则称坝河。其中，千斯坝在今光熙门，深沟坝建在坝河汇入温榆河的河口处。设有坝夫户、车户、船户，车船户负责车船驳运，坝夫则负责将漕粮由坝河搬运到漕仓负粮入仓。

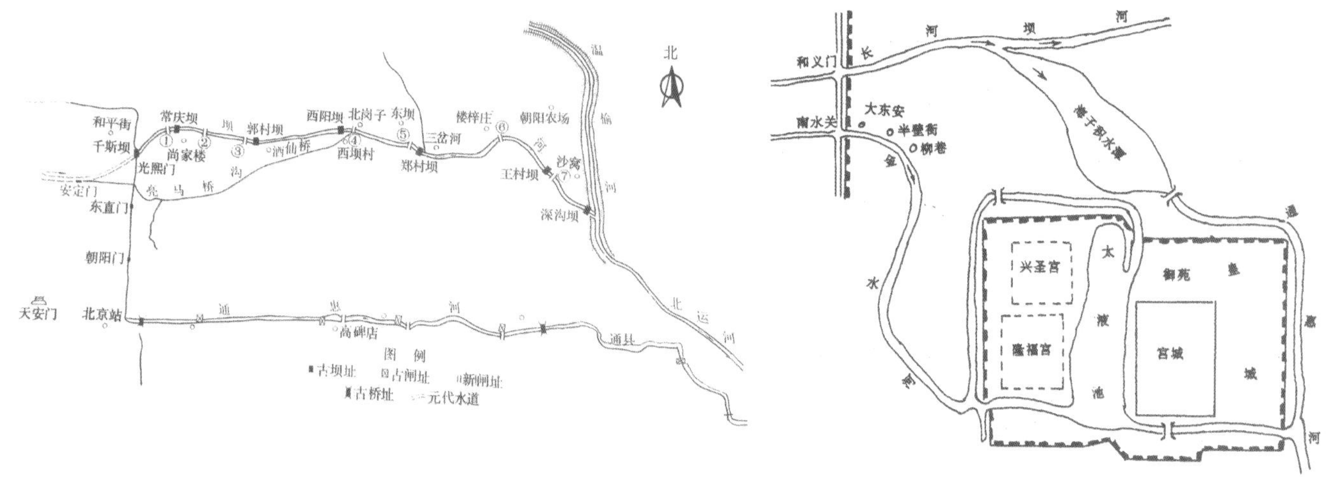

元代坝河示意图

元代金水河进城示意图

元至元三十年（1293年）通惠河竣工后，漕运大多由通惠河承担，但坝河仍发挥着重要作用。元末，坝河水源锐减，河道淤积严重。至正九年（1349年）春，“以军士、民夫各一万浚之”，但问题仍多，“船户困于坝夫，海粮坏于坝户”。至正十二年（1352年），“舟不至京师”。此后虽偶有通航，但日益衰落。

明、清建都北京，玉泉山泉水难以接济坝河漕运，坝河逐渐变成城区东北郊排水河道，起自北护城河与东护城河相接处，经东坝、西三岔河入温榆河，长27.8公里。今日坝河基本是当年河道的城外部分。

金水河。元至元十年至十五年（1273—1278年）开凿，引玉泉山泉水，专为宫廷和皇家园林提供用水。泉水自养水湖三孔闸出，从和义门（今西直门）南水关入城，再入太液池（今北海）。其中外河段几乎与通惠河的长河段平行，东南流，自西直门南水关入城，至西直门大街东段偏南处折向南流，至甘石桥后北折，呈U形河道，再向东流，从西步粮桥入太液池（今北海）。由于该河为皇家专用水道，为确保其水质，管理极为严格，甚至“濯手有禁”。在金水河穿越“所经运石大河及高梁河、西河”等处，均建有“跨河跳槽”。

明代，因金水河穿越河流较多，为避免修建过多的跨河跳槽，将其改道，使水从玉泉山流出，向东流入小湖（今紫竹院湖），又东流经高梁桥，然后分而为二：一灌城隍（护城河）；一从德胜门水关汇入后湖，向东南出银锭桥入今什刹海，向南出西步粮桥入太液池，从南海东岸引太液池水，沿御用监南护城河，顺灵台宝钞

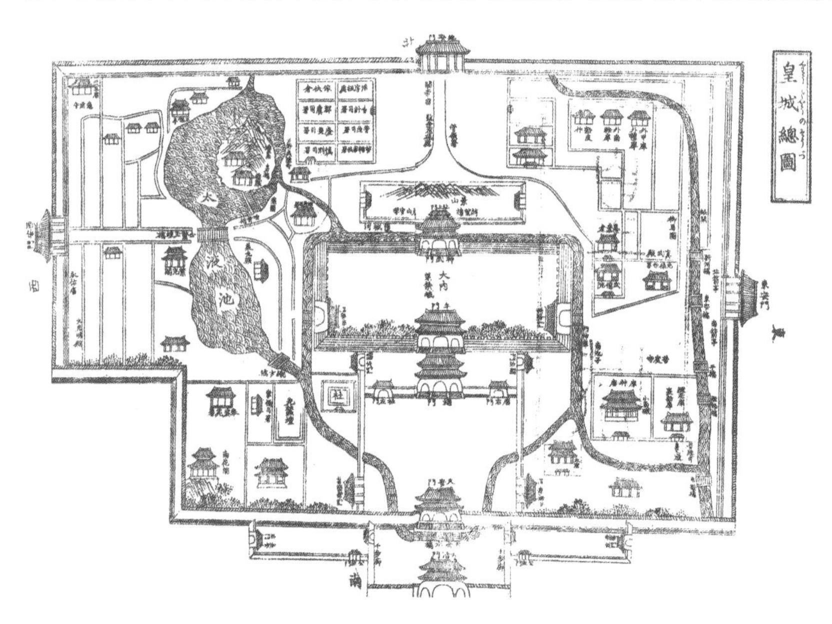

皇城总图及其水系示意图（［日本］冈田玉山等《唐土名胜图会》）

清康熙年间的外金水河（清　王翚《康熙南巡图》）

司东下，抵西长安右门，穿过承天门（今天安门）的金水桥，到皇城的东南墙，向南入内城之南护城河，流至大通桥入城外通惠河。明清时代的金水河，主要作用是供给宫廷用水和城垣消防。皇宫几次大火灾的扑灭，均得益于金水河。

目前，金水河大部分改为暗河，仅存故宫一段，分内金水河和外金水河。

外金水河是紫禁城的排水尾闾。中南海退水自日知阁流出后为织女河，进入中山公园，经水榭出公园东墙入天安门前玉带河，过劳动人民文化宫南门东侧菖蒲闸入菖蒲河，在南河沿入御河暗沟，中间有筒子河的东、西两退水渠流入。

1945 年的天安门前外金水河（《美国航拍 1945》）
该图为 1945 年 9-11 月，为护航运送士兵和物资的车队，以及开展军事调查，美国飞机多次飞临北京城上空，并拍下大量航片，这些航片清晰地记录了 1945 年的北京城风貌。外金水河上所建金水桥位于天安门、太庙、中山公园前，共 7 座。中间 5 座分别与天安门城楼的 5 个门洞相对应。正中一座最为宽大，称“御路桥”，专供皇帝通行；御路桥左右两侧 4 座都较窄，称“王公桥”，只许宗室亲王通行；王公桥外侧两座称“品级桥”，许三品以上文武大臣通行；太庙（劳动人民文化宫）和社稷坛（中山公园）门前的两座最窄，为“公生桥”，供四品以下官员、兵弁、夫役来往使用。

内金水河位于太和门前，明代修建紫禁城时开挖。上接西北筒子河，自西而东，经武英殿、太和门、文华殿、东华门以西，至东南角西侧注入东南筒子河，全长2000多米，是紫禁城内的总排水渠。

通惠河。元至元二十九年（1292年），都水监郭守敬主持开挖通惠河，当年八月开工，次年竣工。通惠河是在金代闸河基础上向上游延伸开凿的通漕河道。

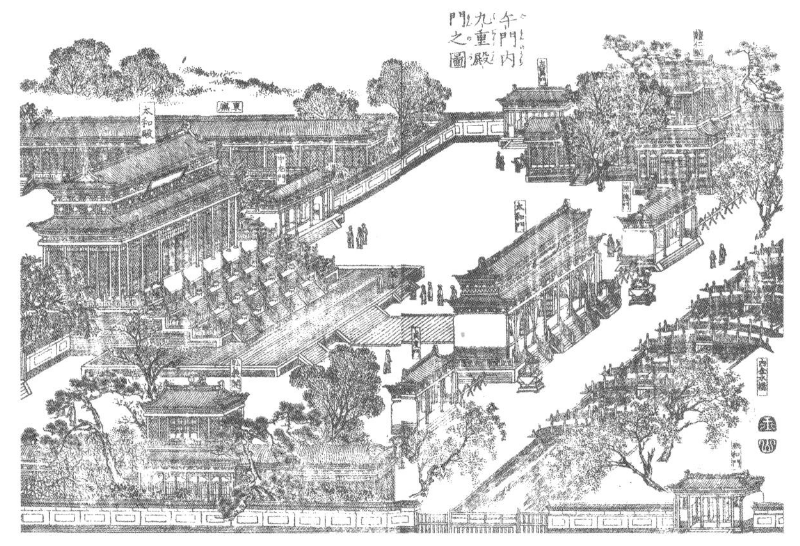

清代内金水河与太和门、太和殿的位置关系示意图（[日本]冈田玉山等《唐土名胜图会》）

清末（1900年）太和殿前的内金水河（[美国] Herbert C. White《燕京胜迹》）

太和门是紫禁城内最大的宫门，在明代是“御门听政”之所，皇帝在此接受大臣的朝拜和上奏，颁发诏令，处理政事。清初，皇帝曾在此赐宴，后改于乾清门“御门听政”。内金水河上也建有金水桥五座，功能与天安门前的外金水桥一样。

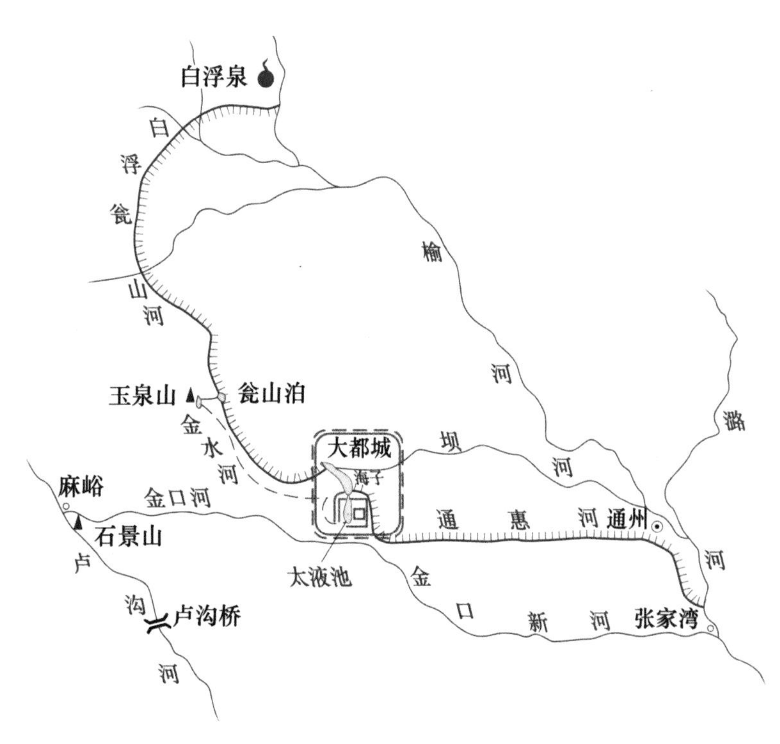

元代通惠河示意图

通惠河自昌平白浮引水，西流折南，沿途接引“王家山泉、昌平西虎眼泉、孟村一亩泉、马眼泉、侯家庄石河泉、灌石村南泉、冷水泉、玉泉”等诸泉后入瓮山泊（今颐和园昆明湖），再经长河引水至大都城积水潭，从积水潭东岸后门桥引出，经东不压桥、南河沿，过今正义路东南行，经船板胡同、北京站，出东便门，接闸河至通州入白河（今北运河）。该河开通后，漕运畅通，忽必烈赐名“通惠河”。

由于通惠河河道坡降过陡，水流湍急，为“节水行舟”，便在运河沿线每隔5公里左右设节制闸1处，每处置上、下两座闸或上、中、下3座，两闸间的间距约为0.5公里。全线建节制闸11处24座。通惠河开通后，漕粮年运量达200余万石。

明初，白浮引水工程因多年失修而逐渐湮废，通惠河仅剩瓮山泊水源。永乐三年（1405年）改大都为北平（今北京），开始大规模改建北京城，为解决建筑材料和漕粮运输问题，修复白浮瓮山河济运。然而，永乐十七年（1419年）开始在白浮村北10公里处修建明长陵，自白浮泉引水的措施因遭到堪舆家的反对不得不中止，通惠河的水源仅剩玉泉山泉水。加上北京城改建后积水潭以南的御河段被圈入皇城内，出于维护皇家权威和安全等因素的考虑，该段运道不再通漕。至正统三年（1438年）修复通惠河时，其起点由积水潭改至东便门外大通桥，因此又称大通河。

明嘉靖初年，督漕官吏在大通桥北岸开支河，漕船通过五闸二坝可达朝阳门和东直门。

近代（1924年）东便门外的大通桥及通惠河（[瑞典]喜仁龙《北京的城墙与城门》）
大通桥闸建于明正统三年（1438年），隶属于广丰闸管辖。

清代，进一步扩大通惠河上游水源，治理闸坝，加固堤岸，开展过多次整治。光绪二十七年（1901年）漕粮改折白银后，通惠河运输漕粮的使命随之终结，逐渐成为北京城区的排水河道。

1.1.2 水源工程

通惠河通过白浮瓮山河将昌平白浮泉、西山诸泉的泉水汇集起来，引入瓮山泊进行调蓄，经长河输水入运河济运，又有积水潭、什刹海等水柜调节，且于沿线设置节制闸群，从而构成具有较为完善的水量蓄积与调节功能的水源工程，为通惠河提供了稳定的水源，保证了其历时600年的持续运行。

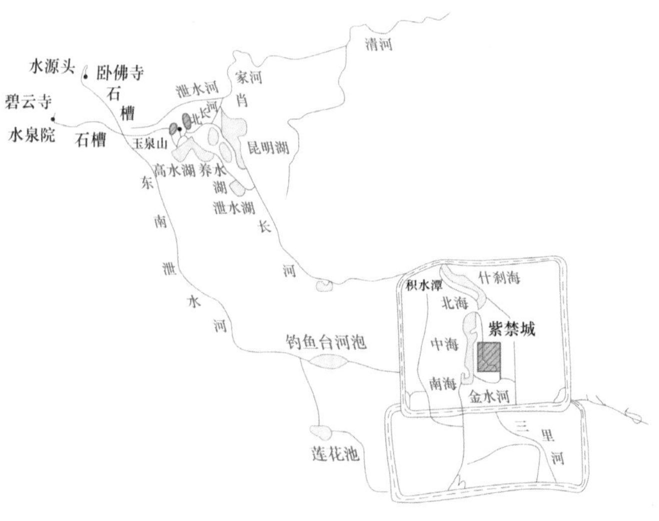

清代通惠河水源工程示意图

1.1.2.1 引泉工程

通惠河引水工程以昆明湖为核心，而昆明湖的水源主要靠地下水补给。昌平白浮山、西山等地是地下水溢出带，泉眼众多，水量丰沛，通过开挖白浮瓮山河，可将沿线泉水加以汇聚，引入昆明湖中。引入的泉水主要源自白浮泉、神山泉、王家山泉、虎眼泉、一亩泉、石河泉、马眼泉、汤龙泉、玉泉、冷水泉等数十处。据《元一统志》《元史 · 郭守敬传》等文献记载，郭守敬开通通惠河时所引泉水，“自昌平县白浮村开导神山泉，西南转山麓，与一亩泉、榆河、玉泉诸水合”“经翁山泊，自西水门入城，环汇于积水潭，复东折而南，出南水门，合入旧运粮河”。至此，通惠河的水源舍弃永定河而改引昌平及西山诸泉。这些泉源基本都是温榆河的上源，所以实际上是分引温榆河水济运。

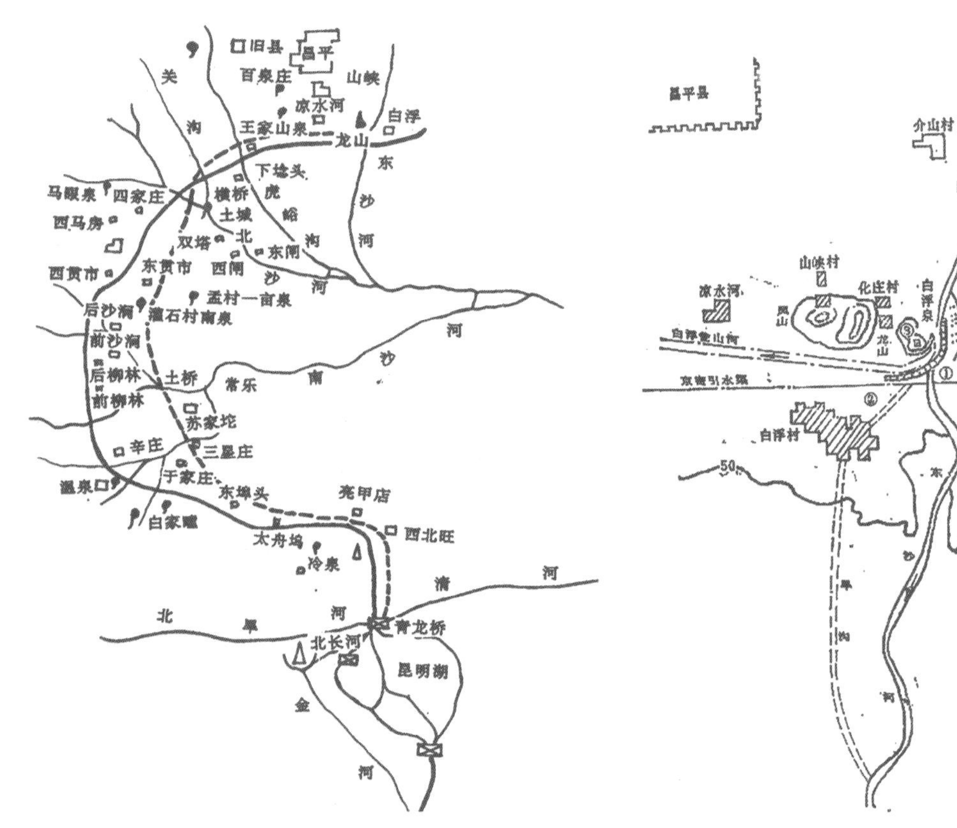

白浮瓮山河行经路线推测图（据蔡蕃《北京古运河与城市供水研究》重绘）

白浮堰位置推测示意图

①—白浮堰位置；②—筑堰前白浮泉下流河道；③—龙王庙

明代的玉泉山（明　杨尔曾《海内奇观》）

19 世纪初的玉泉山（［日本］冈田玉山等《唐土名胜图会》）

清末玉泉山下的泉流（《王朝的残照》）

白浮瓮山河的起点工程为白浮堰。该堰未建时，白浮泉自流约一公里，经白浮村注入东沙河。引水渠渠首选在昌平龙山附近，在此修筑白浮堰，截住东南流的神山泉水，绕过神山（今龙山）西南行。

玉泉山泉水开发较早。金章宗时曾于玉泉山麓建行宫苑囿，此后历元、明、清均有建设。元初，泉水主要用于接济坝河。金水河开凿后，玉泉水大部分通过该河专供皇城使用，经皇城注入太液池。明代以后，又大部分归入昆明湖，当时泉水非常旺盛，有的喷涌高达一尺余。清代泉源数量和出水量有所减小，但仍存较多出水带，乾隆年间有名可考的泉达30余处，其中著名的有8处，且这些泉的具体位置基本可以确定。20世纪以来，玉泉山泉水出水量逐渐减少。1951年12月出水量尚有1.0立方米每秒，至20世纪60年代基本干涸。

乾隆年间，玉泉山泉水仍不足，又导引京西诸山泉水入玉泉河，以补充昆明湖水源。引入的泉水主要包括两处：一是卧佛寺（又称十方普觉寺）樱桃沟水源头，该处泉水在明代时已通过水槽引至卧佛寺西方池中；二是碧云寺水泉院，该泉水又出自两处，分别为寺左水泉院之水和寺右之泉，二泉合流，流入香山见心斋，再南流为月河，与香山的双清泉下流汇合。这两处泉水皆凿石为槽，以通水道，至四王府广润庙，再东行入静明园，出园后经北长河，至青龙桥入昆明湖。

西山引水石渠的中心枢纽为四王府广润庙内的石砌方池。卧佛寺樱桃沟、碧云寺和香山的泉水，经人工渠道顺流而下，汇注广润庙内的方池中，再由方池侧面石

《燕山八景图》之玉泉趵突

（清　张若澄　绘）

玉泉山泉水清澈，晶莹如玉，山以泉名，故名玉泉。金章宗曾于玉泉山山麓修建芙蓉殿，辟为玉泉行宫。在金章宗看来，玉泉山的泉水“逶迤曲折，蜿蜿然其流若虹”，因此又名“玉泉垂虹”，成为燕山八景之一。清乾隆帝则认为该处“泉喷跃而出，雪涌涛翻，济南趵突也不过是也，向题八景者，目以垂虹，失其实矣”，因此改名为“玉泉趵突”。

《玉泉试茗》（清　麟庆《鸿雪因缘图记》）

清乾隆帝认为玉泉山的泉水水质清澈，下令内务府制作银斗，较量天下名泉名水，发现玉泉水最轻，质甘气美，便将其定为宫廷专用御水，并亲题“天下第一泉”碑。

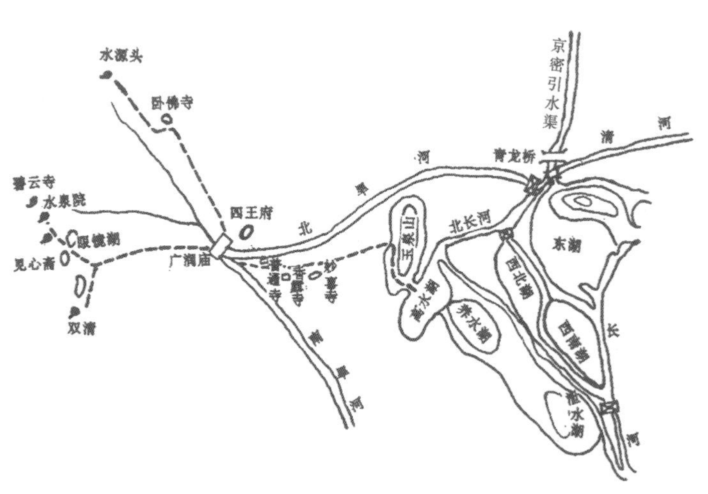

西山引水石槽示意图

图中虚线为石槽路线，其中广润庙至玉泉山段为架设墙上的石渠。

清代西山引水石槽遗址（20世纪80年代）

广润庙中的石砌方池（侯仁之《北京历史地理》）

该照片为1936年侯仁之先生徒步实地考察西山诸泉引水石渠时拍摄。

广润庙至玉泉山间架设于长墙上的石渠（侯仁之《北京历史地理》）

该照片为1936年侯仁之先生徒步实地考察西山诸泉引水石渠时拍摄。

《碧云抚狮》（清　麟庆《鸿雪因缘图记》）

该图中，碧云寺左、右侧的泉流清晰可见。麟庆在《碧云抚狮》文中也明白记载了碧云寺泉水及其工程状况："取道松杉中，见泉脉随地涌现，凿石为渠，地势高则置于平处，地势下则置于垣上，均覆以瓦，俾得通流。"

19 世纪初的碧云寺及流经泉流示意图（[日本] 冈田玉山等《唐土名胜图会》）

《静宜园二十八景图》中的玉乳泉（清　董邦达　绘，北京故宫博物院藏）

在依托香山形成的静宜园中，借助泉水形成众多景致，如玉乳泉景观。清乾隆帝在《玉乳泉》诗中曾赞叹道："乍可微风拂，偏宜皎月涵。西湖不千里，当境即三潭。演漾冈峦影，卷舒晴雨岚。灵源何处是，一脉试寻探。"

20 世纪初自卧佛寺水源头运水（1917—1919 年）

渠引水东流，注入静明园。由于广润庙以东地势逐渐降低，为保持渠道高程，将石槽架设于逐渐增高的长墙上，直至玉泉山西墙外，引水入静明园内，与玉泉山泉水汇合后，自流东下，注入昆明湖。西山石槽总长约7公里，今部分尚存。

白浮瓮山河自白浮村西南行，经青龙桥闸入瓮山泊。白浮瓮山河沿途与温榆河水系的多条山溪平交，在沿途接纳各泉的入口处建有11处平交工程。这些平交工程相当于今天的溢流堰，用荆条编笼、中填块石堆筑而成。水小时壅水入渠，汛期可自行冲溃。白浮瓮山河沿用至20世纪50年代，后来的京密引水渠部分沿用该水道。

1.1.2.2　蓄水工程

1. 昆明湖

昆明湖是通惠河最为重要的蓄水工程，在北京航运、城市供水、园林营建、灌溉和防洪等方面发挥着重要作用。其前身为瓮山泊，又称七里泊、大泊湖，元代因其景观可与杭州西湖相媲美，又称西湖或西湖景，清乾隆十五年（1750年）更名为昆明湖。位于现存规模最大的皇家苑囿之一——颐和园内，北倚万寿山，周围筑堤，设闸坝控制水量。

19 世纪初的昆明湖（[日本] 冈田玉山等《唐土名胜图会》）

清末昆明湖（北京故宫博物院藏）

该图中，采用从颐和园昆明湖东南向北眺望万寿山的角度，用广角的方式描绘了颐和园的标志性景观，如佛香阁、知春亭、铜牛、十七孔桥、玉带桥等。图中亭台楼阁的黄、绿、灰各色屋顶敷色细腻，石桥栏柱等建筑细节描绘精准，反映了晚清时期颐和园的状貌，富有时代特色。

1954 年的昆明湖（陶一清　绘）

今日昆明湖（魏建国、王颖　摄）

今昆明湖一带，至迟在金代已有湖泊存在。这里地势低洼，玉泉山诸泉水在此汇为巨浸。至元代，昆明湖“广袤约一顷余”。元至元二十九年（1292年），郭守敬主持开凿通惠河时，在昆明湖东岸翁山至麦庄桥之间修筑湖堤以拦蓄泉水。为增加通惠河水量，引白浮泉水入湖，湖面面积日渐扩大，并逐渐成为著名的景观湖。

明初，随着皇陵长陵的修建，因为风水问题，不得不放弃白浮瓮山河，导致昆明湖水全靠玉泉山泉水的汇集。至清乾隆十四年（1749年），为增加水源、增强调节能力，开始对昆明湖进行大规模的扩建，最终形成昆明湖水利枢纽。这次的扩建措施主要包括以下三个方面：一是将昆明湖向东、南两面拓展，原东堤移至今知春亭以东，使原堤东的稻田、黑龙潭和零星水面与西湖连成一片；二是保留龙王庙所在的湖中孤岛，建十七孔桥，使之与东堤连通；三是将响水闸移至新湖南端的绣漪桥下。新湖周长30余里，面积和水深为原来的二倍以上。乾隆十六年（1751年），铺设总长为7公里的引水石槽，又将香山、卧佛寺等西山诸泉引入湖中。

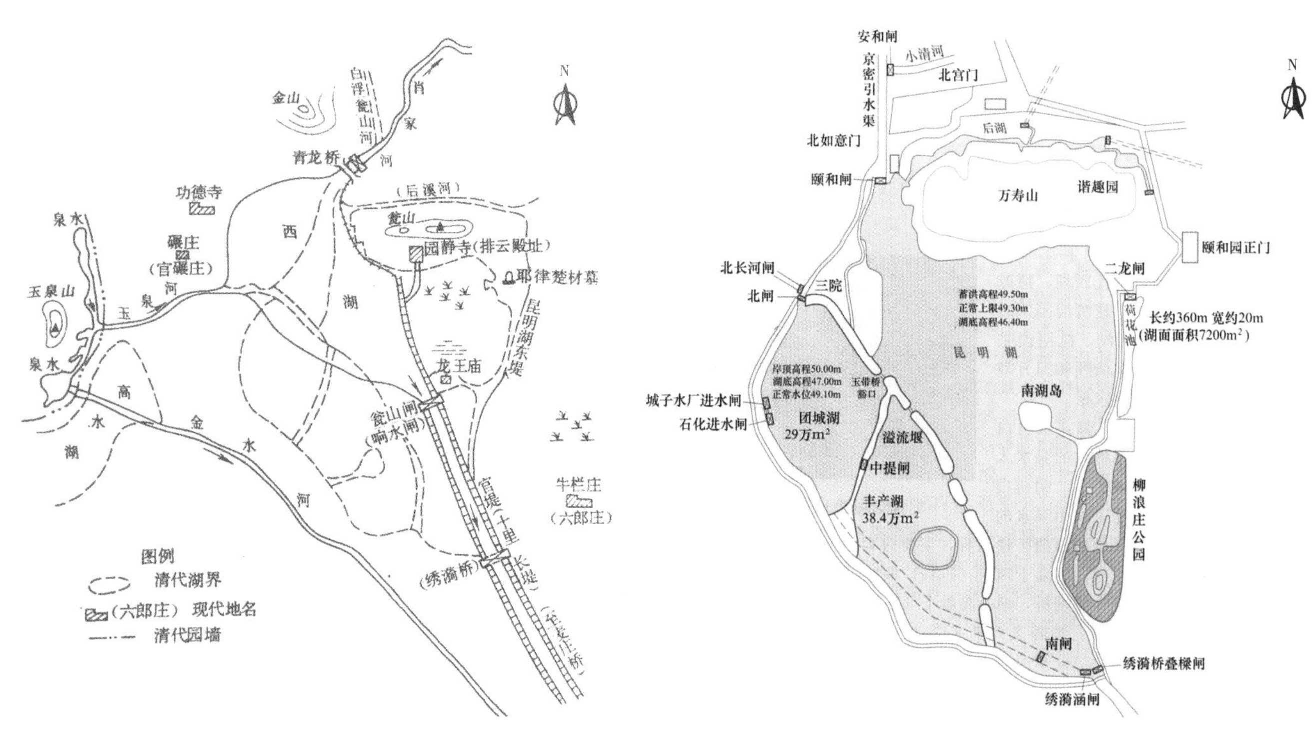

元明时期昆明湖位置推测图（《北京古运河与城市供水研究》）

昆明湖及主要工程设施示意图（2010年）

除昆明湖外，与之毗邻的高水湖、养水湖（北坞公园一带，今消失）也是清代依据地势而兴建的蓄水湖。乾隆二十九年（1764年），在东堤上修筑二龙闸和灌溉涵洞，同时修建西堤。至此，昆明湖成为与现代水库类似的工程体系，由堤、进水闸、节制闸和供水闸组成，是一座灌、蓄、排设施完备的大型水利枢纽工程。如今，团城湖是南水北调中线工程所引之水进京后的终点调节池，成为北京密云水库、南水北调联合调度的枢纽。

（1）堤防工程。昆明湖的堤防工程主要包括东堤和西堤。东堤至迟建于元至元二十九年（1292年）郭守敬主持开凿通惠河时，位于昆明西湖东岸，原为拦蓄玉泉山泉水而建，北起翁山，南至麦庄桥附近，号称“十里长堤”。清乾隆十四年（1749年）扩湖过程中，该堤废弃不用，另在原畅春园西墙外即今知春亭以东修筑新堤。新堤北起文昌阁，南至绣漪桥，长约1800米，平均宽度约22米，堤顶高程约51.0米，一般高于水面1.0~1.5米。迎水面用条石砌护，背后填筑三合土。今颐和院东院墙正坐落在东堤之上，从墙外可清晰地看到堤的构造。

由于昆明湖地势倾斜，清乾隆年间东堤移建后，湖内出现“湖面东移”的现象。乾隆二十九年（1764年）在湖泊西侧建西堤，实行分区蓄水。西堤将昆明湖划分为两大部分，堤以东称昆明湖，堤以西称西湖。堤上建有6座风格各异的桥，桥下设闸，既可保持东西两湖间的连通，又可加以节制，解决供水总量的不足问题。堤东昆明湖的面积，据民国初年统计，约为1.3平方公里，以平均水深2米估算，可蓄水260万立方米。堤西的西湖后来又分割成西北湖（后称团城湖）和西南湖。后来，湖的西北部由于蓄水达不到设计高程而逐渐淤浅，辟为稻田，出现今天功德寺远离西湖的局面。现在昆明湖周长约15公里，面积约为2.2平方公里。

1945 年的昆明湖及其东堤俯瞰图（《航拍中国 1945》）

该图直观地展现了1945年时昆明湖及其东堤的位置关系，十七孔桥将东堤与黑龙潭所在的湖中孤岛加以连通，其与东堤相接处的日知亭、东堤外的稻田都清晰可见。

今日昆明湖及东堤（2019年，魏建国、王颖　摄）

《昆明望春》描绘的昆明湖及西堤景象（清　麟庆《鸿雪因缘图记》）

该图所绘为清道光年间著名的河道总督麟庆站在东堤上欣赏到的昆明湖及其西堤景象。麟庆在游记中赞叹道："己巳春闱后，凝一伯携余寻堤瞻望，遥指门径，俾服官听漏，不迷所往，而天上恩波，禁中春色，幸得先窥。方之杭州西湖，其气象又迥不同矣。"

昆明湖及其东、西堤俯瞰图

20 世纪 80 年代的青龙闸遗址

（2）青龙桥闸。青龙桥闸位于颐和园北、昆明湖出口处。至迟建于元代，明永乐四年（1406年）曾加修治，明清文献皆有记载。其作用主要有二：一是用于节制水流、抬高水位，逼使玉泉山泉水进入昆明湖中。二是为减轻西山洪水对京城的威胁，汛期当昆明湖水位高于50米高程时，开启青龙桥下的三孔闸，使湖水泄入肖家河至清河，确保东堤安全。1956年京密引水渠建成后，密云水库来水自北而南注入昆明湖，改变了原玉泉山、北长河的水系流向，青龙闸被昆明湖进水闸所取代。

（3）二龙闸等灌溉闸涵及引水口。二龙闸建于清乾隆二十九年（1764年），位于昆明湖东堤上，为二孔闸，单孔宽约2.5米。其作用主要有二：一是用于向圆明园提供用水，湖水自此闸流出后，经营市街一带，过马厂桥入圆明园，一般不常开启；二是在二龙闸南设有涵洞4处，用于灌溉六郎庄一带的稻田，然后经蔚秀园西，过红桥，绕清华园入清河。

（4）绣漪桥。绣漪桥建于清乾隆三十年（1765年），位于昆明湖南端，为昆明湖出水口，也是连接东堤与西堤、长河与昆明湖的水陆交通要道，控制向南长河的引水量。清代皇帝及其后妃游幸颐和园时，常从西直门外倚虹堂或乐善园（今北京动物园）上船，经长河从绣漪桥下进入昆明湖。为满足行船的要求，绣漪桥建成高拱形单孔桥。

除绣漪闸外，昆明湖还有多处出水口。2003年考古调查时，在距颐和园南门400米处发现了埋在地下多年的水闸。

2. 积水潭

积水潭在古代是一片宽阔的水域，由洼地积水和地下水出流汇聚而成。金、元两代不仅是运河的蓄水工程，也是舟楫停泊之所，尤其是元代通惠河开通后，以积水潭作为漕运的终点码头，繁盛一时。

二龙闸遗址（2019 年）

颐和园南门外出土的闸门遗址

昆明湖口绣漪桥（2018 年，魏建国、王颖　摄）

积水潭的前身是白莲潭。金改燕京为中都后，于大定六年（1166年）开始在白莲潭中南部营建离宫苑囿。大定十九年（1179年）建成太宁宫，中有琼华岛。泰和五年（1205年）开挖中都至通州的闸河，引白莲潭水为水源。此外，还引用潭水灌溉农田。

元代以积水潭为依据兴建大都城，使金代白莲潭水域发生重大变化。至元四年（1267年），开始在金中都东北郊、以琼华岛为中心营建大都城。大都城的中轴线紧邻积水潭东岸，中轴线的起点就在其东北岸上，因而该点成为全城设计的几何中心。元大都城建成后，白莲潭全部纳入其中，但整体水域被一分为二，南部水域（今北海、中海）被圈入皇城中，成为皇家园林的组成部分，称太液池，百姓禁止入内；而北部水域（元代积水潭、今什刹海）则被隔在皇城之外。至元三十年（1293年）通惠河开通后，积水潭成为终点码头，且将白浮泉和西北部山区诸泉引入其中，使积水潭水域面积大为扩展。

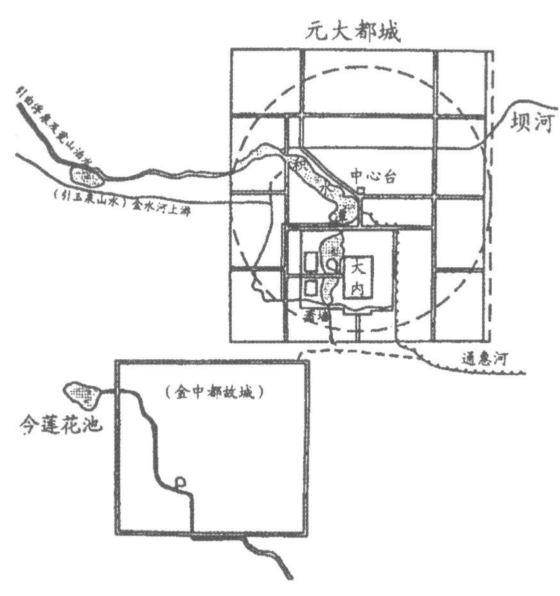

元代积水潭及其在大都城中的位置示意图

20 世纪 20 年代的元大都土城遗址（日本《北京风物号》）

《太液池》（[日本]冈田玉山等《唐土名胜图会》）

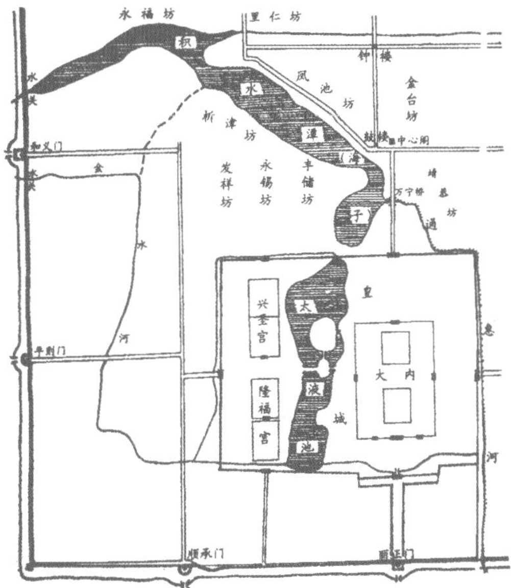

元代积水潭水系示意图

元代积水潭中的水主要用于三个方面：一是入太液池，提供皇家园林用水；二是东南自万宁桥注入通惠河济运；三是东流入坝河。

明永乐年间重新营建北京城，使积水潭进一步发生变化。

首先，明代皇城北城垣南缩3公里，使积水潭被一分为二，西北部被隔于城外，加上出于保护明皇陵——长陵的风水考虑而不得不停止白浮山泉水的引用，导致城内积水潭水面大为缩减。同时，北城垣的南缩还导致元代所建与护城河相交的会川二闸和朝宗二闸被废，为控制进入积水潭的水量，明代便在新北护城河的德胜门附近建松林闸和铁棂闸。德胜门建成后，德胜门内大街须横跨积水潭，于是在其上建德胜桥，将本来十分宽阔的水面拦腰截断，仅辟一细流连通，桥西水面称积水潭，桥东称什刹海。随着潭水水面的缩小，一些浅水区被辟为稻田，陆地处则开始营建街巷民居。

18世纪末的北海琼岛（[英国]托马斯·阿罗姆《大清帝国城市印象》）

其次，皇城东城墙稍向东移，使元代位于皇城外的通惠河被圈入皇城内，不再允许通航，这使得积水潭在元代的运河终点码头功能消失，漕运终点改至东便门外大通桥。积水潭由商业繁华的运河码头一变而为宁静优美的景观胜地，岸畔逐渐耸立起权贵苑囿、寺庙庵观等建筑。

《净业寿荷》（清　麟庆《鸿雪因缘图记》）

该图所绘为积水潭及其岸畔净业寺和汇通祠景象。在游记中，麟庆记述了汇通祠的历史，“明永乐时，少师姚广孝、司礼监刚丙奉诏建，原称镇水观音庵。我朝乾隆二十六年重修，改名汇通祠，御书殿额曰‘潮音普觉’”。同时记载了“铁棂闸”的位置和形制：“下坡置石螭一，迎水倒喷，既翕复吐。对岸即水关，其水汇西山一亩、马眼诸泉，经高梁桥，穴城址而入，为都城水源来路。故立关为之限，俗名铁棂。闸则以闸口密置铁棂，防人出入，仍无碍于行水也。”

再次，将元代时距离相近但不相连通的积水潭与太液池加以连通，在连通处建西不压桥（又称西步粮桥），在什刹海流入北海的进水口设闸，以控制水量。两湖连通后，将原本专供太液池的金水河改道向南向东，在今宣武门西进入南护城河。为进一步保证太液池水量和水位的稳定，明中期从德胜桥东开挖一条河道，沿后海南侧东行，至李广桥折向南，又沿前海西街向东，连接于什刹海西北角。与后海隔开，积水潭水由岔河直流到前海，南经西压闸入皇城，同时向西北，过银锭桥倒流入后海，形成“银锭观山水倒流”的景观。

最后，在太液池南端开挖一个新湖，称南海。

清代，主要是通过扩建昆明湖、增引京西诸山泉水，来增加昆明湖及其下游什刹海的供水。

1950年，全面治理什刹海，对水系和环境进行了整治，对周边景观进行了提升。

1.1.2.3　输水工程

通惠河的输水工程主要包括北长河和南长河。

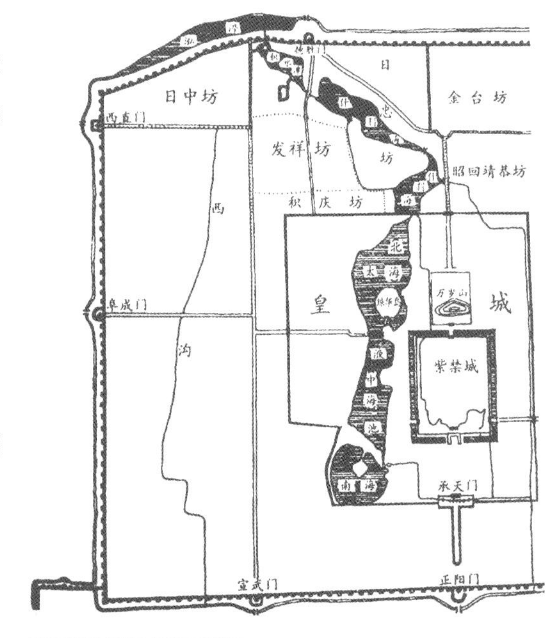

明后期什刹海水系示意图

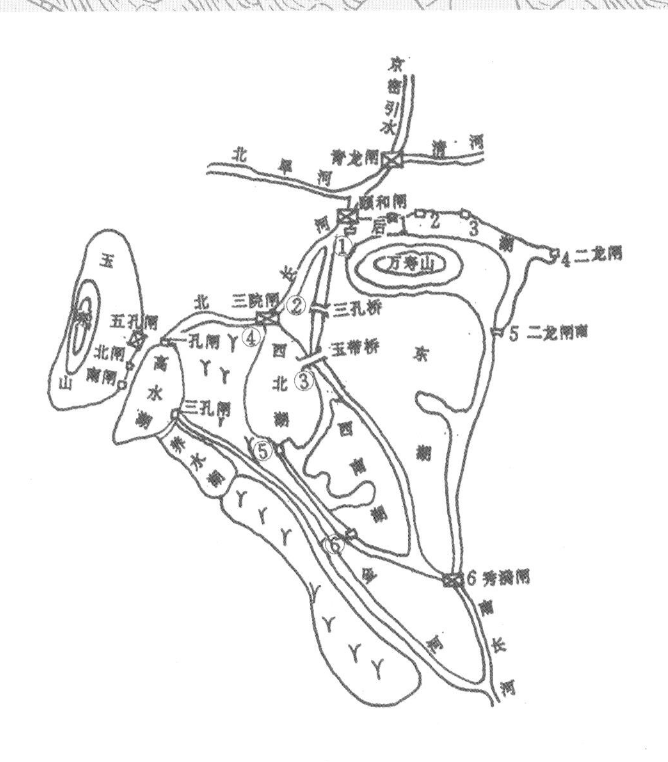

北长河及其与玉泉山、昆明湖的位置关系示意图
（1~6为出水口，①~⑥为进水口）

1. 北长河

北长河是玉泉山各泉水的汇流河道，也是向昆明湖输水和向清河排水的河道，长两公里。玉泉山泉水经北长河东行入昆明湖，北长河上原建有青龙闸，用于节制水流、抬高水位，逼使玉泉山泉水入湖。

1949年前，北长河河底淤高，芦苇丛生，严重阻水。1966年京密引水工程施工，拆除青龙闸。1975年玉泉山泉水断流，北长河成为干河。1977年北长河部分河道改建为京密引水渠，终点由原来的青龙闸南移至颐和园水闸。

2. 南长河

南长河又名长河，金代称金水河，明代称玉河，清乾隆后称长河。它是昆明湖向通惠河、北京城区和皇家园林供水的渠道，也是元明清时期帝后乘船去西郊苑囿的唯一水道。至迟开挖于金代，元代加以扩建并完善，成为通惠河的引水河段，明清后无大的变化。

长河自昆明湖绣漪桥起，经长春桥、白石桥、高梁桥，过西直门北，入北护城河，再东流至德胜门附近入城，进积水潭，全长10.8公里。该河本非天然河道，中间有海淀台地相隔。金建都北京后，为满足漕运用水需求，人工将台地挖通，形成以西山泉流为主要水源的河道。后经元代扩大和完善，成为通惠河的输水通道，也是元明清帝王乘龙舟自京城去昆明湖游幸的御用水道，沿岸建有五塔寺、万寿寺等名胜。

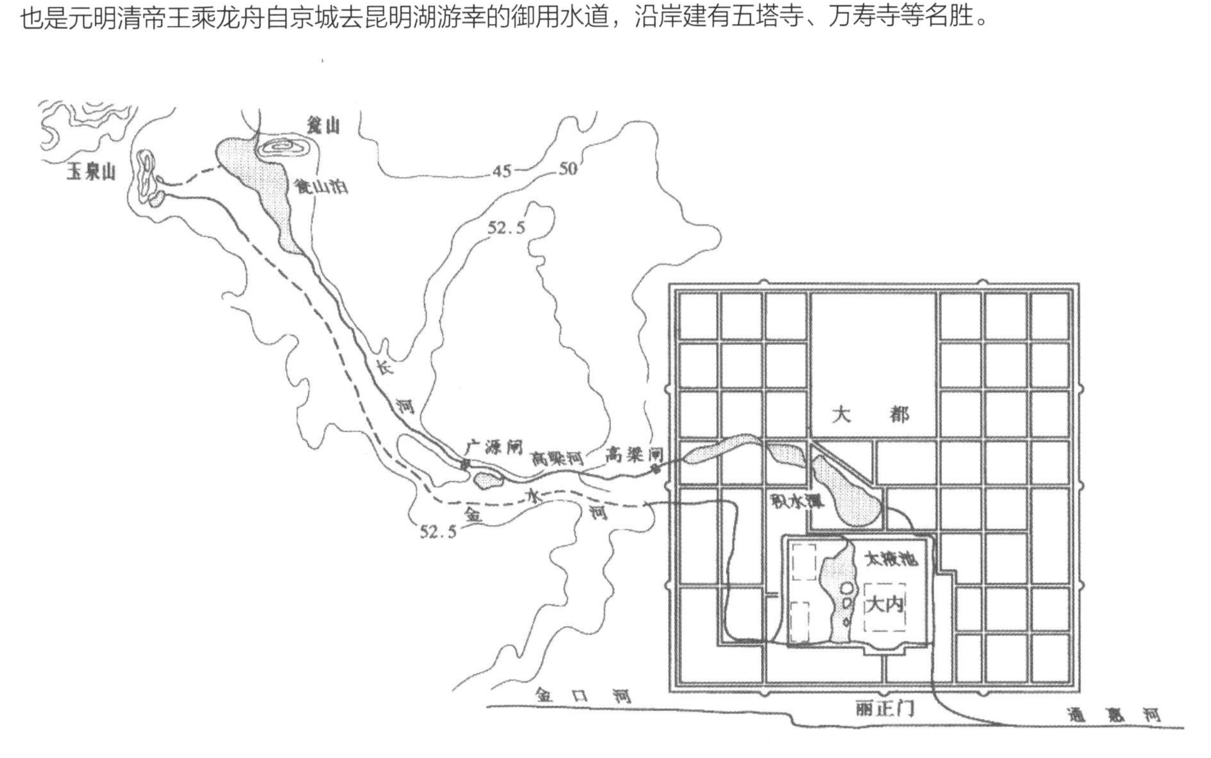

长河及其与通惠河间的位置关系示意图

《都畿水利图》中的长河景象（清　弘旿　绘，现藏于中国国家博物馆）

长河（2019 年，魏建国、王颖　摄）

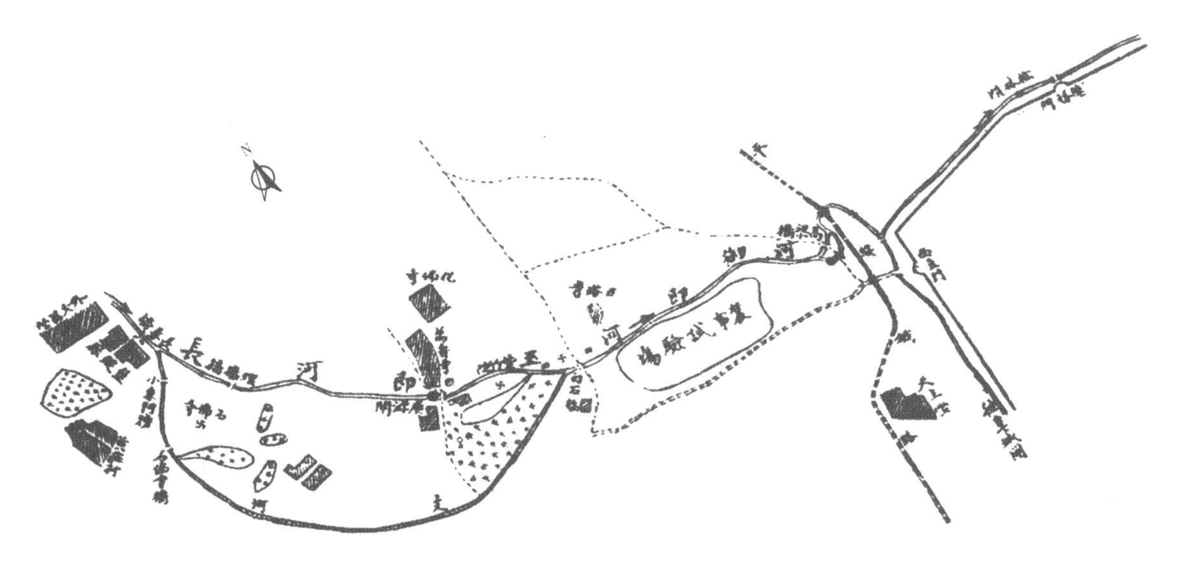

长河（玉河）下游及其沿线桥梁、寺院位置示意图

五塔觀樂

《五塔观乐》(清　麟庆《鸿雪因缘图记》)

该图形象地描绘了长河及建于其上的广源闸(图中左下角),北岸的五塔寺、万寿寺等景象。在游记中,麟庆记载道:“五塔寺即明真觉寺,在西直门外长河北岸,黄衣喇嘛居之。又西三里许有万寿寺,缁流居之。癸卯六月十一日,余辞翠微山,出杏子口,过蓝靛厂,竭广仁宫,即俗所称西顶也。又东沿长河行,夹道垂杨,绿阴如幕。抵广源闸,瞻万寿寺,寺乾隆间为孝圣太后祝厘建,重楼三阁,金碧交辉,八桧七松,苍翠入古。殿后垒石象普陀、清凉、峨眉三山,实冠诸刹。”

20 世纪初的西直门及其门外长河景象(从南向北拍摄,[瑞典]喜仁龙《北京的城墙与城门》)

南长河广源闸下游右岸为紫竹院湖，水面面积为12万平方米，因湖傍紫竹院庙而得名。紫竹院庙前洼地中有泉涌出，是古高梁河的流经之地。金代在上游开挖河道，以增加水源。元代郭守敬又加以疏浚。到清代，这里成为帝后们前往西郊游览的换船休憩之所。后因湖泊淤垫，被开垦为稻田，水域面积逐渐缩小。至新中国成立前夕，只有北部小面积的水区为泉水涌出地带。

《崇庆皇太后万寿庆典图》中的西华门及门外景象（《故宫藏影》）

西华门为紫禁城四门之一，明清帝后至西郊苑囿游幸时，多从此门出。乾隆十五年（1750年）十月二十五日是乾隆生母崇庆皇太后六十岁寿辰，乾隆举行盛大的庆寿活动。从西华门至西直门外的高梁桥，沿途搭设彩棚点景，戏曲、杂技、舞蹈等各种文艺节目纷然杂陈，一派繁盛景象。

清代皇帝游幸时所乘龙舟（《北京名胜》）

1965年开挖京密引水渠时，借用绣漪桥至长春桥间3.1公里长的河道，南长河起点由绣漪桥改为京密引水渠长河闸。

1.1.3 节制闸群

为解决北京城区地势西北高、东南低，河道纵比降大，河流下泄快的问题，郭守敬在规划开凿通惠河时，计划建节制闸10处20座，后来由于有些河段坡降较大，便增设澄清中闸和平津中闸，使这两处闸座形成上、中、下三闸联合调度的形式，加上此前已建的广源上、下闸，最终长河、通惠河沿线共建有节制闸11处24座。这些节制闸的布置突出体现了郭守敬“节水行舟”的设计理念，有效地改善了通惠河的通航条件。

元末，漕船大多停泊在大都城文明门外。明洪武年间（1368—1398年），文明闸上游的各闸已不再通船。

《都畿水利图》局部（清　弘旿　绘）

该图形象地描绘了通惠河河道坡陡流急的状况。南来的船只皆逆流而上，需人力、畜力牵挽前行。在水流湍急处建有两座节制闸，用来防止水流下泄过快，调节航深。两闸门均已关闭，但行驶其间的船只仍需牵挽。通惠河河道比降之大、船只航行之艰难由此可见一斑。

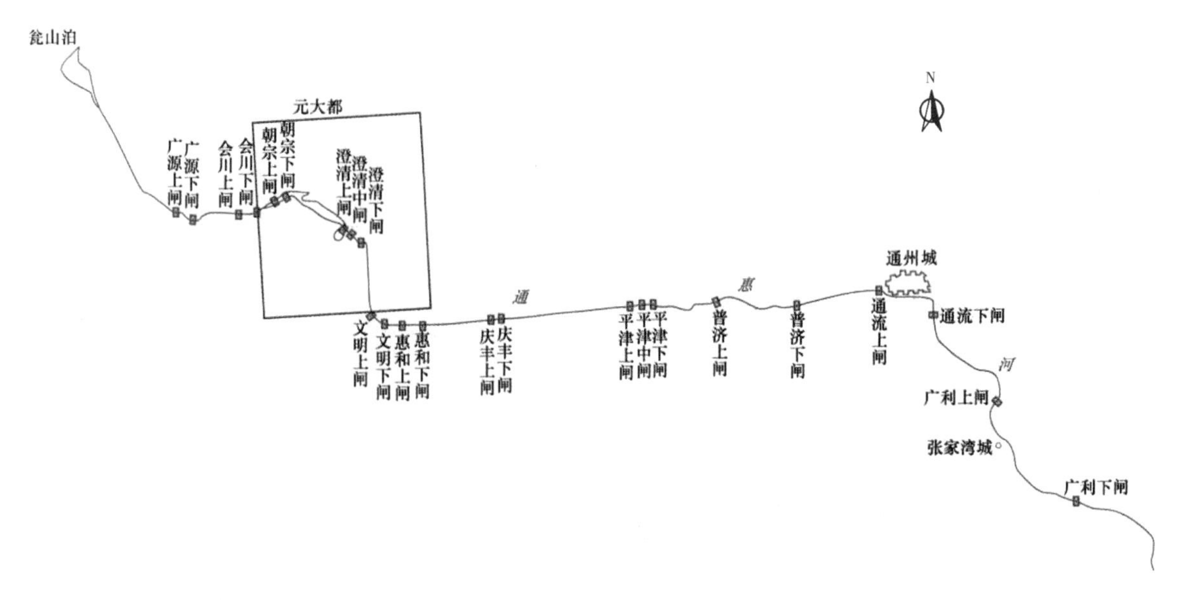

元代通惠河24闸位置示意图

在嘉靖七年（1528年）刊行的《通惠河志》附图中，仅标注有大通桥闸、庆丰中闸、庆丰下闸、平津上闸、平津中闸、平津下闸、普济闸等6座节制闸，实际上当时庆丰下闸和平津中闸已存而不用，且石坝已经建成，这说明通惠河五闸二坝的格局至迟在嘉靖年间已经形成。

明代通惠河及其节制闸（明　吴仲《通惠河志》）

清代，通惠河上的节制闸基本保持原有结构，但在管理上更加重视，并增开月河，以保障安全泄洪。清末，随着漕运的终止和通惠河航运功能的逐渐消失，节制闸逐渐废而不用，成为遗址。

元代通惠河24闸基本情况表

闸名		位置	间距/米	备注
广源闸	上闸	紫竹院公园西，万寿寺东70米	1000	
	下闸	首都体育馆西白石桥旁		
西城闸	上闸	西直门外高梁桥下西侧		元贞元年（1295年）改名会川闸
	下闸	西护城河东岸，北水门西高梁河上		
朝宗闸	上闸	德胜门水关至西护城河间，具体位置待考	约200	
	下闸	新街口西北		
海子闸	上闸	后门桥西侧	约540	元贞元年（1295年）改名澄清闸
	中闸	东不压桥胡同南口		
	下闸	北河胡同东头	约500	
文明闸	上闸	正义路北口东南		
	下闸	台基厂二条胡同中间		
魏村闸	上闸	船板胡同东口		元贞元年（1295年）改名惠和闸
	下闸	北京站东南		
籍东闸	上闸	东便门外庆丰闸村	约1800	元贞元年（1295年）改名庆丰闸
	下闸	深沟村附近		
郊亭闸	上闸	高碑店闸	约2520	元贞元年（1295年）改名平津闸
	中闸	不可考		
	下闸	花园闸村		
杨尹闸	上闸	通州西门，今普济闸村	约1800	元贞元年（1295年）改名普济闸
	下闸	老龙背村东		
通州闸	上闸	通州新华大街与人民路交叉口附近		元贞元年（1295年）改名通流闸
	下闸	通州南门外，明代称南浦闸位置		
河门闸	上闸	张家湾城北的土桥闸附近		元贞元年（1295年）改名广利闸
	下闸	张家湾东南何各庄东		

（1）广源二闸。长河从昆明湖出水口绣漪闸出来后的第一座水闸，位于今万寿寺东。该闸建于元至元二十六年（1289年），可能是在金代旧闸的基础上改建而成，既用于调节水位，也是元明清帝后至西郊苑囿途中休憩、换乘龙舟的场所。清乾隆帝曾赋诗描述道：“广源设闸界长堤，河水逐分高与低。过闸陆行才数武，换舟因夏溯洄西”。广源下闸即白石闸，距广源上闸二里，在西直门西六里，约在今国家图书馆东南白石桥旁。广源上闸至今犹存，是大运河沿线保存较好的节制闸之一。

广源上闸遗址（2019 年，魏建国、王颖　摄）

白石桥闸遗址（1981 年，蔡蕃《京杭大运河水利工程》）

（2）会川二闸。会川上闸即高梁闸，位于大都西城墙和义门（今西直门）西北一里。会川下闸位于和义门水门西、西护城河东岸。自昆明湖而来的长河水经会川上闸后，再穿过西护城河，至会川下闸入都城，与位于西城墙东侧的朝宗上闸相接。这是通惠河水系穿越大都城墙的首座节制闸。明初改建北京城，将北城墙南移，会川闸的位置由城内改为城外，废而不用。1981年时会川上闸建筑仍基本保持完整。2008年修建道路时，仅保留桥上栏杆部分。

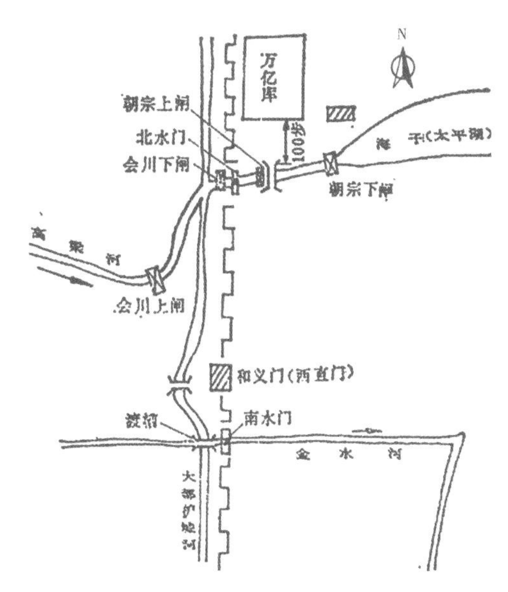

元代会川二闸、西直门与朝宗二闸之间的位置关系示意图

18 世纪的西直门与高梁桥景象（[英]托马斯·阿罗姆《大清帝国城市印象》）

该图由 1793 年马戛尔尼访华使团的随行画家威廉·亚历山大所绘。图中，巍峨宏伟的西直门外，长河水自一座桥下缓缓流过，舟楫往来，帆樯飘动。该桥应为高梁桥。

高梁闸遗址（1981 年，蔡蕃《京杭大运河水利工程》）

高梁闸遗址（2010 年）

（3）朝宗二闸。朝宗上闸位于和义门北水关以内，靠近大都西城墙的亿万库南百步之处。朝宗下闸距上闸百步。长河水自西而来，穿过朝宗上闸，过朝宗下闸，进入今积水潭。可见朝宗下闸是长河水进入积水潭的节制闸。明初，二闸废弃不用。

（4）澄清三闸。澄清上闸位于万宁桥西侧，是积水潭水东流出口的节制闸。据考证，中闸位于今东不压桥胡同与地安门大街交汇处，下闸在今北河胡同与水簸箕胡同北口交汇处。

（5）文明二闸。上闸在元大都南城墙中央城门丽正门水门东南。通惠河过南水门、出城墙后，穿过南护城河，转而东南，文明上闸即建在距护城河不远的运河上，在今正义路北口东南。这是通惠河再次与大都城墙相交并穿越。下闸在今台基厂二条胡同中间。明初，二闸不再使用。

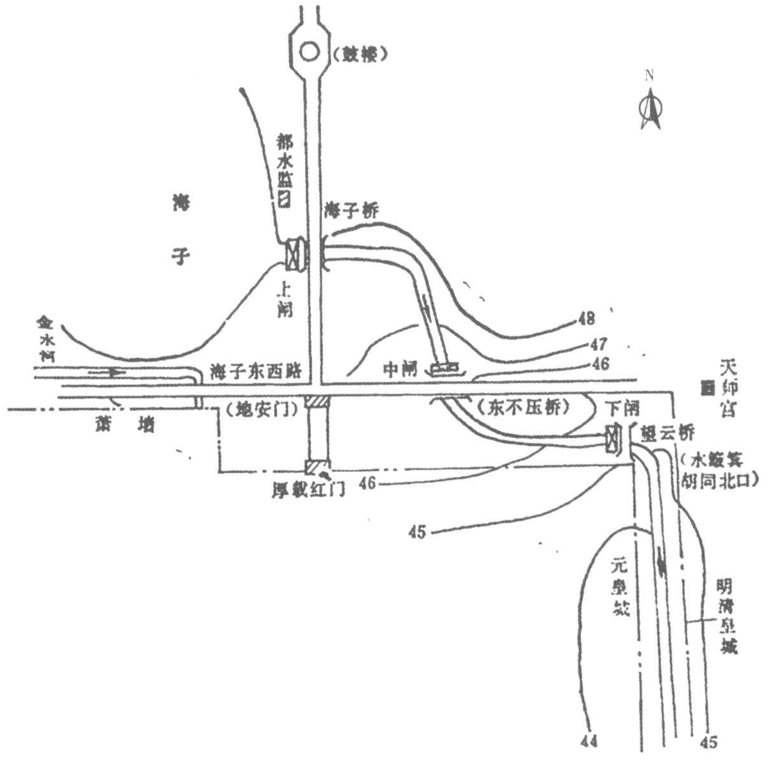

元代澄清三闸位置示意图

万宁桥（[日本]冈田玉山等《唐土名胜图会》）

澄清上闸遗址（2018 年，魏建国、王颖　摄）

澄清上闸闸墙上的镇水兽霸下（2018 年，魏建国、王颖　摄）

2008 年考古发掘出的澄清中闸遗址（1981 年，蔡番《京杭大运河水利工程》）

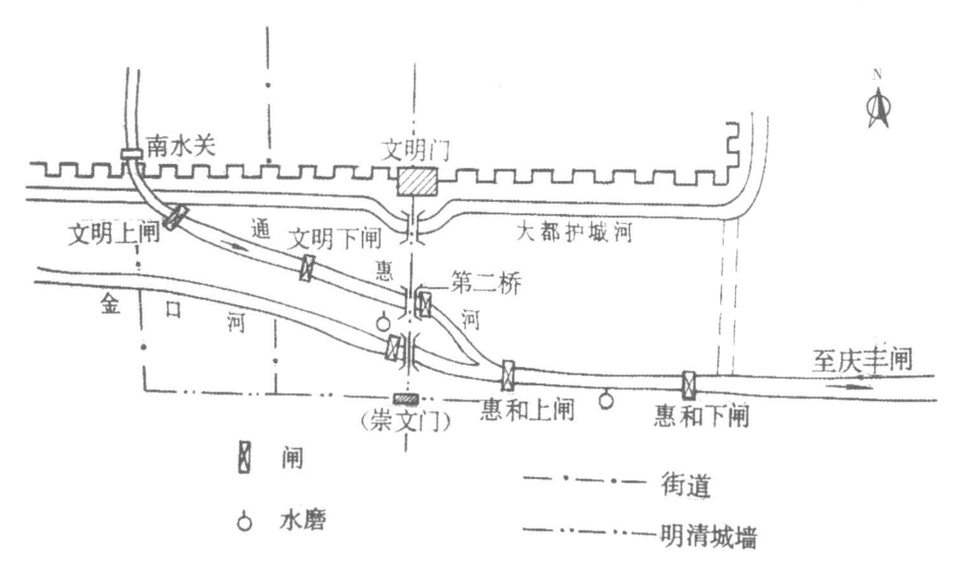

元代文明闸、南城墙与惠和闸之间的位置关系示意图

（6）惠和二闸。上闸在大都文明门东南一里，即今船板胡同东口，这里是通惠河与金口河交汇处，需建闸控制水流。下闸西距上闸一里，在今北京站东南，明永乐年间（1403—1424年）重建北京城，将元大都城墙南移，文明闸与惠和闸都由城外改移城内，严禁漕船入城。宣德年间（1426—1435年），二闸被洪水冲毁。正统三年（1438年）东便门外大通桥建成，成为通惠河的新起点。

（7）庆丰二闸。上闸俗称二闸，在今东便门外庆丰闸村，上游有一片开阔水域，可供南来船只停泊。又因该闸距大通桥仅四五里远，且当时北京城内昆明湖、长河等水域多为皇家园林，不对百姓开放；什刹海仅有“踏藕船，小不堪泛”，该闸在明清时期一直是重要的游乐场所。因此，《天尺偶闻》称这里“水不甚广，而船最多，皆粮艘、驳船也”。下闸位于以东的深沟村附近。至明代中期，下闸废弃不用。上闸一直使用到20世纪60年代，1981年时庆丰闸仍基本保存完好，1998年在庆丰闸遗址处建成一座汉白玉石拱桥。

20世纪30年代的东便门水关（[瑞典]喜仁龙《北京的城墙与城门》）

庆丰闸遗址（2018年，魏建国、王颖　摄）

禊修牐二

《二闸修禊》（清　麟庆《鸿雪因缘图记》）

该图形象地描绘了麟庆及其友人在庆丰闸水边雅聚的情景。在与该图相应的游记中，麟庆记录道：“自桥至通州石坝，计里四十，地势高四丈余，中设五闸，蓄水为分运京仓要道。其二闸一带，清流萦碧，杂树连青，间以公主山林，颇饶逸致。以故，春秋佳日，都人士每往游焉。”鉴于此，麟庆与友人“挈胺榼载吟笔，修禊河干。于是或泛小舟，或循曲岸，或流觞而列坐水次，或踏青而径入山林。日永风和，川晴野媚，觉高情爽气，各任其天。”

（8）平津三闸。上闸即今高碑店闸，有闸墙保存；下闸在花园闸村，1969年拆除，中闸准确位置不详。

平津上闸遗址（2018年，魏建国、王颖 摄）

（9）普济二闸。普济闸又称杨尹闸。上闸西距平津下闸八里，在今老龙背村东。下闸距上闸五里，在今普济闸村。上闸约废于明正德年间，下闸一直使用到20世纪60年代，1987年拆除。

（10）通流二闸。上闸在元代通州西门外，西距普济下闸十里，即今通州新华大街与人民路交叉路口附近。元代通惠河沿通州城外东南方而过，明正德二年（1507年）移至通州城内。嘉靖七年（1528年）通州石坝建成后，南来漕船不再经过通流闸，而是先到石坝卸船，再将货物搬到通惠河中的小船上。自此，该闸变成一座节制闸，后又拆去。下闸在通州南门外，西北距上闸五里，1981年时遗址犹存。

（11）广利二闸。又名河门闸，上闸在元代张家湾中码头西，距通流下闸十一里，在今张家湾北的土桥闸附近。下闸在今张家湾镇何各庄东，距李二寺约二里。清初，二闸皆废弃不用。

通流下闸遗址（1981年，蔡番《京杭大运河水利工程》）

广利下闸遗址（1981年，蔡番《京杭大运河水利工程》）

1.1.4 通州运口枢纽

通惠河入北运河处

通惠河与北运河的交汇处位于通州。北运河由自然河道整治而成，受河流变迁影响较大，加上通惠河地势较高，二者汇合处存在高差，自金代至元明清时期，始终将通惠河与北运河交汇处的平顺衔作为主要目标进行治理，以确保通惠河水不轻易流失。

通州在唐代称潞县，金天德三年（1151年）改称通州，取漕运通济之义，是潞水漕运的转运码头。大定十年（1170年）开金口河，在今通州城北与北运河相接。泰和五年（1205年）开闸河，上建节制闸五六座，仍在通州城北入北运河。由于金口河水源不足，加上河道比降过大，河水流失过快，自中都至通州五十里的航程，需历时10天左右，每座闸前都要等候两天蓄水时间方能通过，船行十分困难。

至元代，为解决上述问题，郭守敬开通惠河时堵塞原通州城北的水道，改由东南至李二寺入白河。同时，在城北水道上建堰水小坝一道，堵塞金闸河河道。当汛期通惠河水大时，部分洪水可自堰水小坝溢流而出，泄入白河。城北水道被堵塞后，逐渐形成积水，从积水处利用金代闸河旧渠向北开挖400步，可到达坝河乐岁仓西北，用小料船运粮十分方便。

至明嘉靖初年，通州城南通惠河段经常淤浅，且随着通州城区范围的拓展，通流二闸逐渐被圈入城中，南

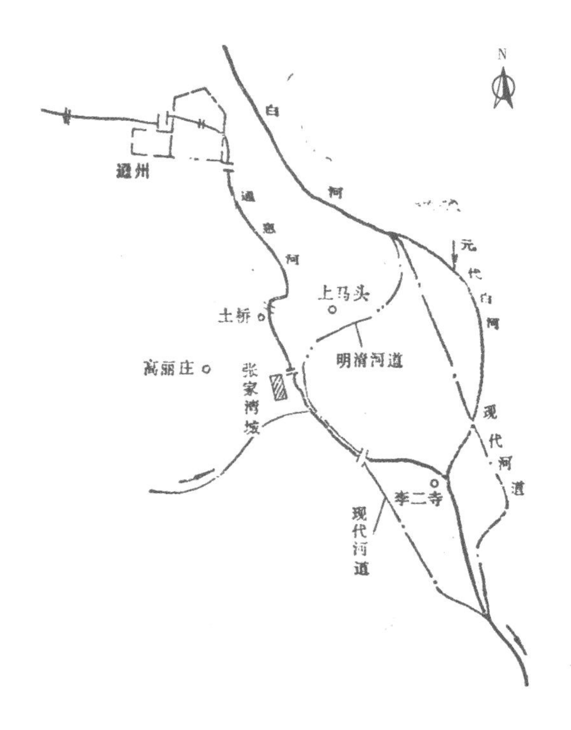

张家湾至通州水道变迁示意图

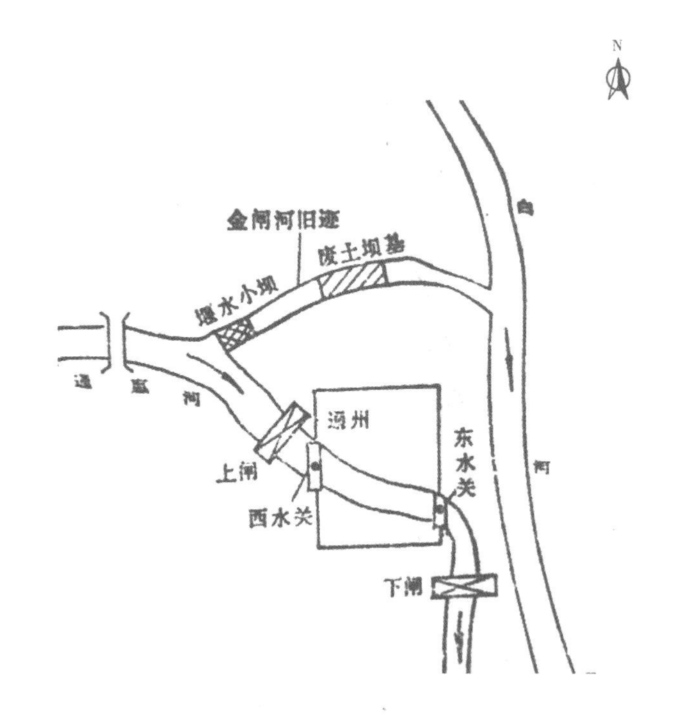

元代通惠河与北运河关系示意图

浦、土桥、广利三闸周围成为市井辐辏之地，两岸居民鳞集栉比，不利于漕船通行。嘉靖七年（1528年），通惠河与北运河的交汇之地由李二寺重又改回通州城北，即今通惠河河口位置。由于地形关系，通惠河与北运河交汇处存在很大的高差，无法直接通航。因此，明代在通惠河河口处建石坝和卧虎桥，平时蓄水济运，汛期洪水自坝上溢流宣泄。石坝建成后，上游积水形成葫芦头形水域，成为漕粮自北运河向通惠河倒船的停泊处，一直使用到清末。

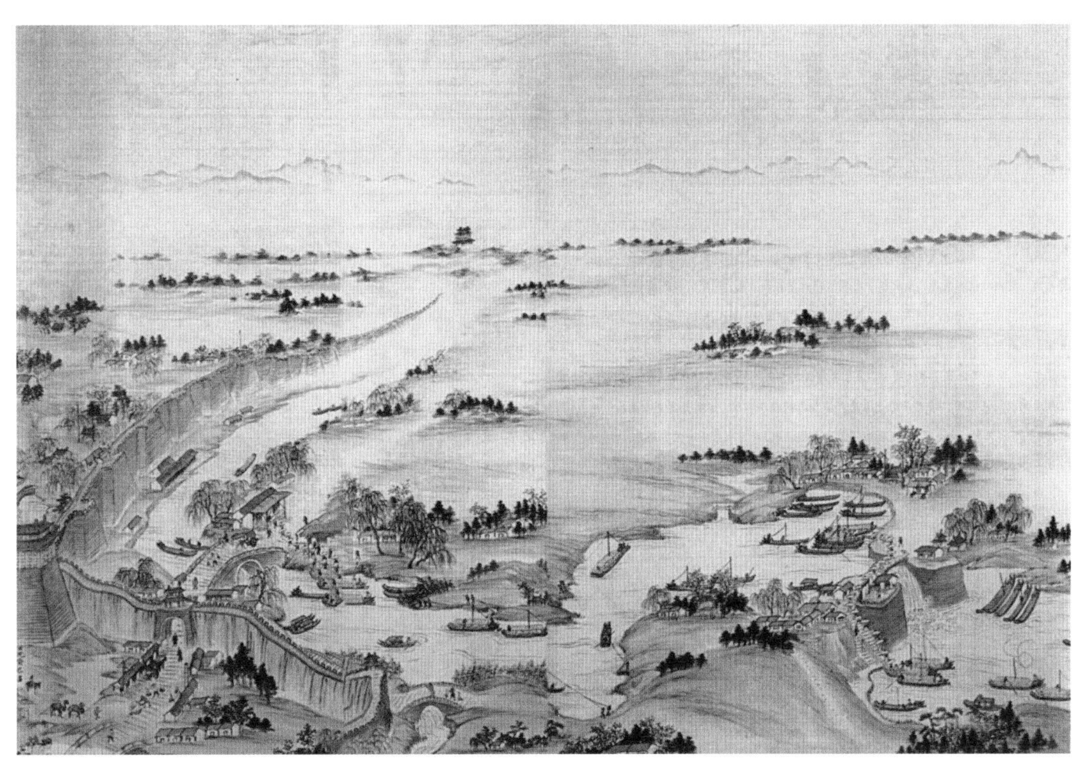

通惠河及其与石坝的位置、结构示意图（清代）

该图所绘为东便门大通桥至通州的通惠河景象。左下角为东便门大通桥，右下角则为石坝码头。图中，石坝上下的北运河与通惠河间存在很大的高差，坝上建有桥梁通行，通惠河水正从桥下泄入北运河中。坝下停泊着三艘满载漕粮的漕船，另有两艘正在驶来。岸边建有很长的台阶，众多人夫正肩扛漕粮，有序地登上台阶，再穿过坝上桥梁，从而将停泊于坝下船中的漕粮扛至停泊于葫芦头水域中的船上，然后经由通惠河运往京城。当时的通州居住着大量依靠扛粮过坝生活的贫民。

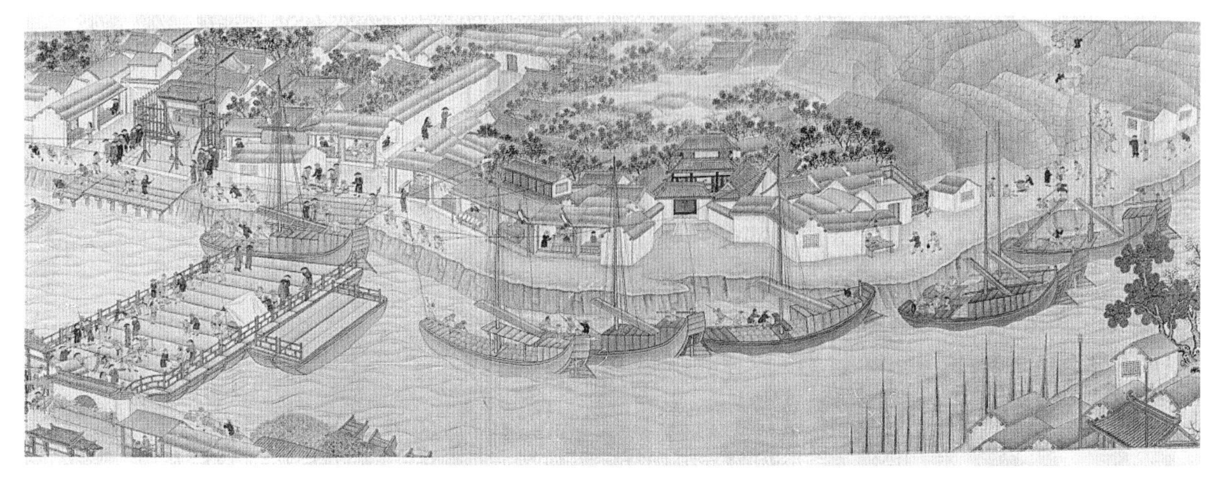

《潞河督运图》局部

该图右侧河岸上井然有序地堆放着临时暂存的漕粮，按袋码放，几乎与周围建筑物等高，正待装船，运抵京城。岸下河道中，几艘漕船前后相连，正逐只通过前方已打开的浮桥。

石坝初建时，汛期泄洪严重影响漕运。清康熙三十六年（1697年），在葫芦头北岸建滚水坝，坝后开挖泄水渠，直接北运河。乾隆四十年（1775年），葫芦头已建有滚水坝两座，石坝不再溢流，从而有效延长了漕粮过坝时间，使该条河道成为通惠河的主河道。

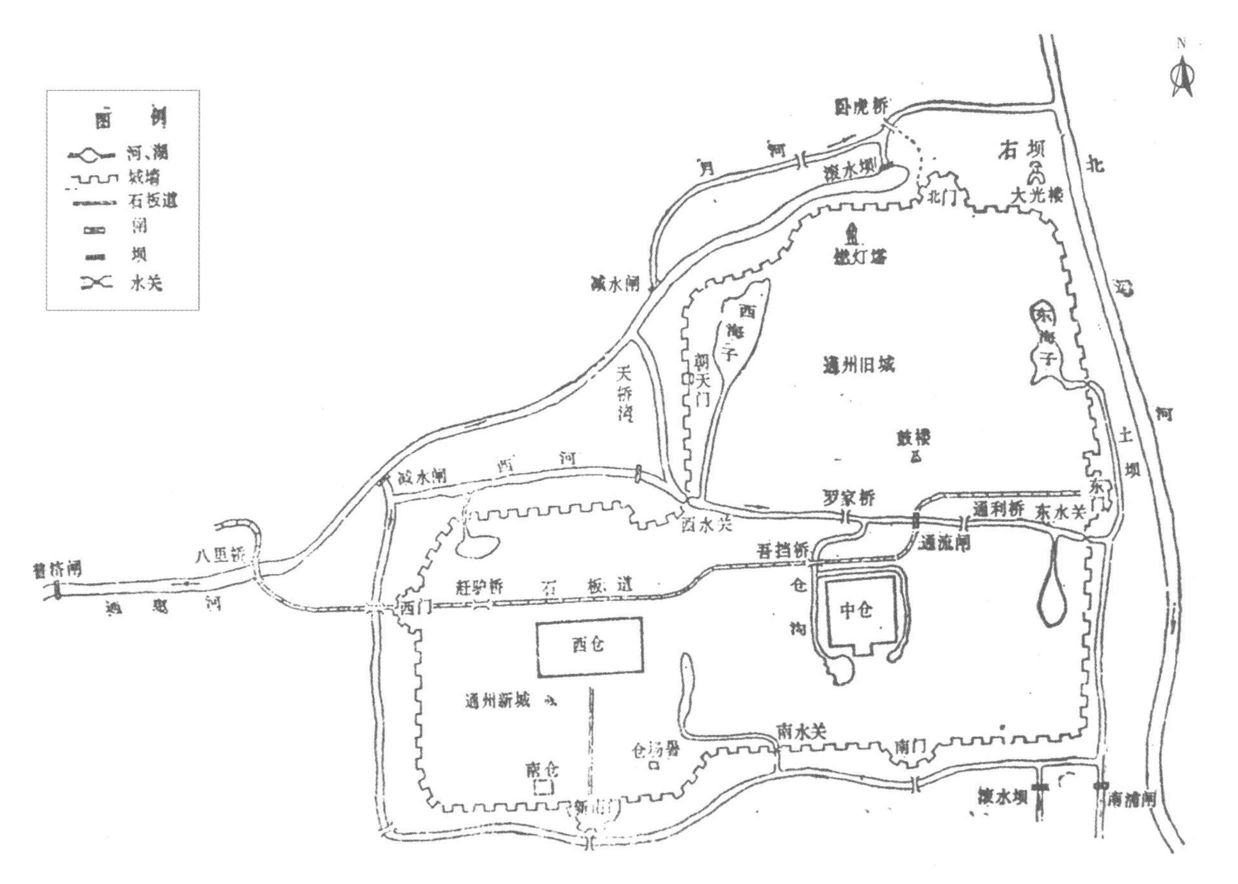

清代通州运河水系示意图

石坝码头位于北运河与通惠河交汇处西南岸，全部由石材砌筑而成。码头后建有工房若干，用于暂存未能运到通惠河船上的漕粮。附近有通济桥和大光楼（又称石坝楼）。大光楼建于明嘉靖七年（1528年），明清两代的户部坐粮厅官员均在此验收漕粮，故又称验粮楼。光绪二十六年（1900年），八国联军侵占通州时将

《潞河督运图》局部

该图主要描绘了清乾隆时期通州张家湾至税课司衙门长十余里的漕运盛况和商业繁荣景象。图中最为抢眼的是河中一艘官舫，舫头平台上，当时的坐粮厅冯应榴正肃然而立，现场督察漕粮盘验。官舫周边簇拥着几只仪卫小艇，气派威严。《潞河督运图》是在冯应榴委托下绘制而成的。

通州燃灯舍利塔（20 世纪 30 年代）

其烧毁。目前，验粮楼已复建。石坝码头西南矗立着燃灯舍利塔，成为通惠河的航标灯塔。

1.1.5 张家湾码头

张家湾码头为通惠河著名的水运码头，位于通州。

元代开挖通惠河后，以积水潭为终点码头。明永乐年间改建北京城时，将通惠河积水潭至东便门段圈入皇城，担心往来船队人员混杂，危及皇城安全，严禁通航。正统年间恢复通惠河时，将其新起点改于东便门大通桥下，漕运码头随之移至通惠河与北运河交汇的通州。

通州自古便是著名的水运码头。金代开闸河时，便在与北运河的交汇处设有码头。元代后，自北运河而来的漕船经通州可达坝河、通惠河、榆河、潮白河。可以说，通州码头已有800余年的历史，其中张家湾码头最具代表性。

张家湾古城墙及通运桥遗址（2019年，魏建国、王颖　摄）

元代通惠河开通时，张家湾尚未建有码头。明初在张家湾建通济仓，但作用似乎不大。至迟至成化年间，漕运开始在张家湾舍舟登陆，码头随之逐渐形成。弘治初年，张家湾建有上、中、下三个码头。除粮仓外，这些码头还建有盐仓、皇木厂等专门的仓库。嘉靖七年（1528年），将通惠河与北运河的交汇之地重新改回通州城北后，张家湾成为通惠河河口。每年400万石的江南漕粮自北运河而来，在此卸载、过坝、换船，加之官船、商船、客舫等的往来，张家湾便逐渐成为通往大都的水运中转站和百物云集之地。

作为重要的水陆码头，张家湾设有提举司、巡检司、宣科司、大通关等官署，建有皇木厂、砖厂、花板

18世纪时通州运河的繁忙运输景象（[英]托马斯·阿罗姆《大清帝国城市印象》）

18世纪时的通州码头（[英]托马斯·阿罗姆《大清帝国城市印象》）

石厂、铁锚厂等作坊，开有皇店、宝源、吉庆等商铺多达30余家，车水马龙，人声鼎沸，犹如一座繁华的城市。至清末，张家湾随着码头地位的消失而衰落。

1.1.6 南新仓

南新仓位于今北京东城区东四十条22号，是明清时期储藏漕粮的官仓。明永乐七年（1409年）在元代北太仓的基础上建成，至今已有600余年历史，现存仓廒9座，它不仅是通惠河而且是中国大运河漕运史的有力见证。

金代以燕京为中都，开金口河以将山东、河北的漕粮运抵京城，曾在通州和中都城建有通济、丰备、丰赡和广济等粮仓。元代统一全国后，漕运量是金代的若干倍，粮仓数量和规模随之有较大发展。见诸记载的最早的粮仓建于中统元年（1260年），即千厮仓。至坝河开通后，共建有15仓。通惠河开凿后，又陆续兴建7仓。22仓共计1300余间，可储粮320余万石，几乎接近当时的漕粮年运量。这些粮仓大多建于东护城河附近，便于船只通行和粮食装卸。南新仓的前身——北太仓是其中之一。

明永乐年间（1403—1424年），漕粮年运量近400万石，元代所建粮仓已不能满足京师储粮的需求，开始在元代粮仓的基础上进行大规模的增建，最终建成北京37卫仓。南新仓就是在这一时期，即明永乐七年（1409年）在元代北太仓基础上修建而成，府军、燕山左、彭城、龙骧、龙虎、永清、今吾左、济州等8个卫仓的军粮均在此统一进行调配和管理。至正统三年（1438年），在东城裱褙胡同设立总督仓场公署。

南新仓遗址（2018 年，魏建国、王颖　摄）

清代的京仓都是在元、明的基础上改建而成。清初计有8个京仓，南新仓为其中之一。康熙三十六年（1697年），为使漕粮自东便门外大通桥运至东直门、朝阳门一带的京师诸仓，重新疏浚护城河。此后，大通桥外的漕粮采用驳船即可将沿东护城河直接运抵东直门、朝阳门一带的南新仓、兴平仓、禄米仓、旧太仓等粮仓，大大方便了漕粮的运输。

自元定都北京后，经北运河运至北京的漕粮都要

南新仓遗址（2018 年，魏建国、王颖　摄）

南新仓遗址（2018 年，魏建国、王颖　摄）

经过通州，然后转入通惠河抵达，所以在北京城内外和通州两地分设仓群，俗称京通二仓，实际上都是京师太仓的一部分。至清乾隆年间，京仓由明代的7座官仓扩建为13座，称“京师十三仓”。通州则有中、西二仓。因此京、通二仓的总数量达15座。

清光绪二十七年（1901年）漕粮由征粮改为征银后，京城和通州的官仓逐渐闲置或改作他用。在此期间，它一度为军火库，1949年后为北京市百货公司仓库，今为文化创意街。

1.2 北运河

北运河北起北京市通州北关闸，与通惠河相接，东南流经河北省香河县、天津市武清区，南至三岔河口与南运河汇流入海河，长148公里。它既是京杭运河的重要河段，也是海河流域的北系干流，由三国时期曹操所开白沟等运道和隋朝所开永济渠演变而来。汉代称沽水、沽河，辽称白河，金称潞水、潞河，史书一般称漕河、运粮河，清顺治九年（1652年）设北运分司后多称北运河，并沿用至今。历史上，无论是漕粮河运，还是河海转输，北运河都是必经之路。今天的北运河因水源中断而航运日衰，但已逐步成为北京郊区的主要排灌河道。

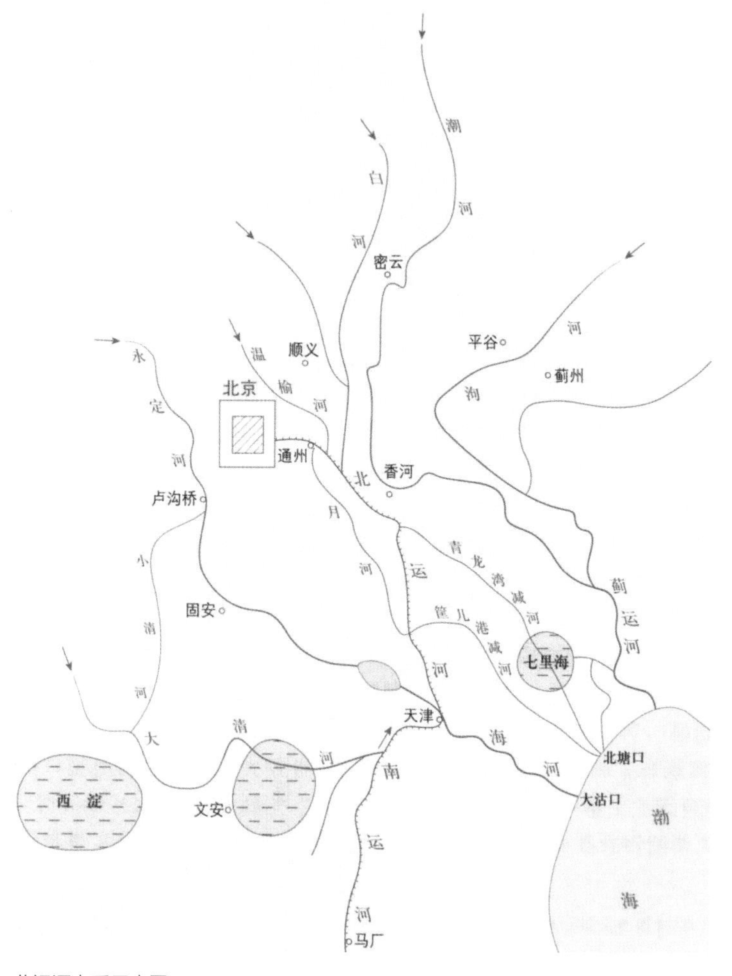

北运河水系示意图

北运河是在潮白河（通州以下又称潞河）基础上整治而成的，河道比降大，丰枯流量变幅也较大，且河道宽浅，无法设闸，元明清时期主要通过保留弯道以减缓河道比降，通过修建减水坝、开挖减河（又称引河）以宣泄运河汛期洪水，从而有效地发挥调节航深、保障航运安全等效益。

北运河通州段弯曲的河道（2019 年，魏建国、王颖　摄）

1.2.1　河道

北运河的开挖至迟始于汉末三国时期，今天的运道格局大致形成于金代，元代开通惠河后成为京杭运河的组成部分。1912年，潮白河改道入蓟运河后，北运河因水源不足而中断。

1. 三国时期平虏渠、泉州渠和新渠的开凿

东汉建安九年（204年），曹操用兵北方，开白沟，在枋头（今河南浚县西南）筑堰，引淇水东北流，经内黄入清河，进而抵达天津，这段运河称白沟，即今卫河或御河的渠首枢纽及上游段。

东汉建安十一年（206年），曹操北征乌桓，为利用潞水运粮，命董昭开挖平虏渠，成为连接滹沱河和泒水的运道。当时滹沱河主要流经今河北饶阳至青县一带，汇清河（即白沟下游）入海；泒水的上游相当于今天的沙河，下游大致循今大清河至天津一线入海。这条运道接纳了由发源于太行山的淇水、清水、洹水、漳水、滹沱河，在今天的天津与泒水汇流。而早在平虏渠开通之前，瀔水（今永定河）和沽水（今白河） 已在古雍奴城（今天津市武清区）西合流，称笥沟水。至此，天津市已汇聚了今海河水系的大多数河流。因此，平虏渠的开通被认为是海河水系形成的开始。

平虏渠开通后，船只可通过泒水入海通运。为避海上风险，曹操采纳董昭的建议，下令开挖泉州渠。泉州渠的南端在清河与潞河（一名沽水，今白河）交汇处，向北经泉州、雍奴县（今天津市武清区），穿过180里的沼泽地，至泉州口（今天津市宝坻区西北），即沟河（约今蓟运河上游）与鲍丘水（其上游略同今潮河）交汇处。泉州渠是这一地区最早见于记载的运河，因流经泉州境而得名。泉州渠开通后，海河流域北系下游基本连通。

白沟、平虏渠和泉州渠的开通将清河、漳水、滹沱河、泒水、潞河、鲍丘水、沟河连通，形成纵贯南北的白沟—清河—平虏渠水路运输线。这条水运线由白沟北上，经平虏渠往西，可与太行山以东诸水相接，沿泉州渠可进入鲍丘水，平虏与泉州二渠还可接通海上运输，从而控制割据辽河流域的公孙氏和塞外乌桓族。

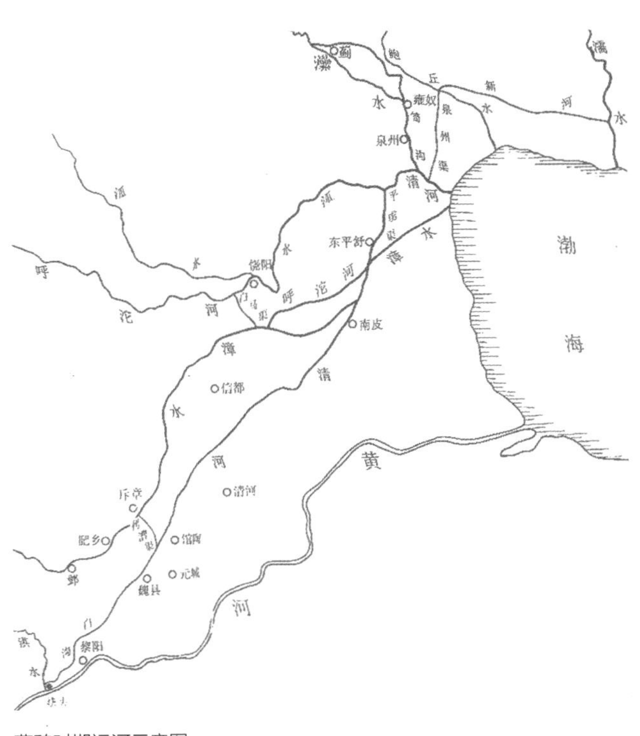

曹魏时期运河示意图

在征途中，为避开乌桓重兵，曹操又在泉州渠与鲍丘水相会处，于盐关口（今天津市宝坻区宁河附近）向东开渠，经右北平（今丰润、唐山一带），通濡水（今滦河），称“新河运渠”。

至此，漕船自平虏渠、泉州渠，入新河，可直达滦河，内河水运线由此延伸到辽西地区，同时形成一条从渤海湾西岸到北岸的傍海运河，并将滦河纳入到海河水系，历史上第一次出现众流归一的扇形水系格局，至此海河水系初步形成。

曹操开凿平虏渠、泉州渠等运道的历时周期都很短，主要是因为利用了渠道附近的古河道和天然沼泽洼地等自然条件。古代天津周围是大片的沼泽洼地，被称为雍奴薮。据《水经注 · 鲍丘水》记载：“自是水之南，南极滹沱，西至泉州雍奴，东极于海，谓之雍奴薮。其泽野有九十九淀，枝流条分，往往迳通，非惟梁河，鲍邱归海者也。”鲍丘水即今潮白河的潮河，那时流经天津市宝坻县境，雍奴县大致位于今天津西北的武清。宝坻与天

津之间的地域也都是一片水泽的雍奴薮的范围。因此，曹魏在此基础上开挖运道，用工少，完工快。

白沟、平虏渠、泉州渠和新河等运道开通后，黄河以南的物资可通过黄河、淇水、白沟、清河、平虏渠、泉州运道抵达曹操军队作战的前线，为曹操统一战争的胜利提供了扎实的经济基础。

2. 隋代永济渠的开凿

隋大业四年（608年），为出征高句丽，隋炀帝征集河北诸郡100多万人开永济渠。永济渠北段流经今天津市西，向西转北到达今北京，此为有明确记载的京津间最早开凿的运河。

隋代永济渠引沁水南达于黄河，北至今天津以西折向西，由今河北霸州市信安镇附近转西北，经永清县西，再折向北，过安次县西与当时的桑干河一支通连，再向西北流百余里，利用永定河支流至今北京城南。永济渠开通后，隋炀帝三次用兵高句丽，均以涿郡为基地集结兵马、军械和粮草。

唐代在鲍丘水上游的渔阳（今天津蓟县一带）和滦河沿岸的平州等地驻有重兵。这些地区是北部边防要塞，唐太宗曾说：“幽州以北，至辽水二千余里，无州县，军行资粮无所取给”，由于此地经济落后，便从河北、河南等地的粮草经海上运来。贞观十七年（643年），唐太宗在东征之前，曾“先遣太常卿韦挺於河北诸州徵军粮贮於营州，又令太仆少卿肖锐於河南道诸州转粮入海”。唐中宗神龙三年（707年），沧州刺史姜师度在蓟州“涨水为沟，以备奚、契丹之寇”。又利用曹魏旧渠，“傍海穿漕，号为平虏渠，以避海艰，粮运者至今利焉”。开元二十八年（740年），幽州刺史“分卢龙、石城二县，置马城，通水运”。

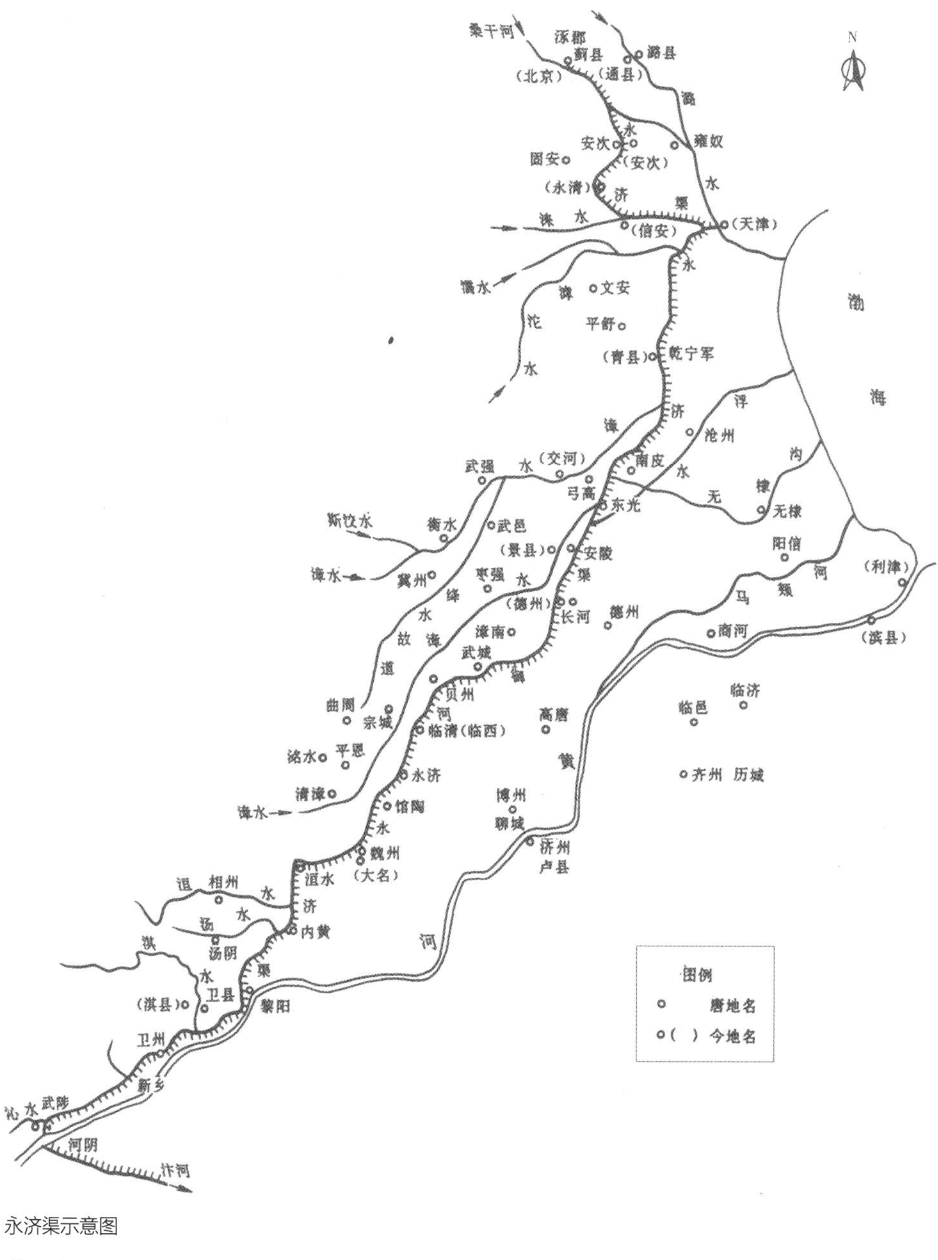

永济渠示意图

3. 五代及宋辽金时期的永济渠

五代十国期间，幽、蓟、平、营诸州属燕国，燕帝刘守光以蓟城为燕京，不久，晋王灭燕，设卢龙节度使，以赵德钧担任。赵德钧从征战与经济需要出发，于后唐长兴元年（930年）开挖东南河以通漕运。河自王马口至淤口，长165里，宽15

步，深1丈2尺，能通行千石漕船，因位于幽州东南而名“东南河”。“东南河”西接桑干河，东入潞水与鲍丘水，因能“舟胜千石”，大大方便了幽州一带的水上交通，并加强了幽州的战略地位。

北宋宣和年间（1119—1125年），向燕山府运粮，由保信沙塘入潞河，基本沿袭永济渠水道。所谓“保信沙塘”是指保州到信安之间沟渠纵横、淀洼连绵的塘泊环境，由于多缘宋境分布，史称缘边塘泺。这是宋辽边境宋人为防御辽兵南侵，利用天然水体修浚的一系列塘泊，自东到西数百里，使水深不能行船、浅不能走马。御河水自独流以下与塘泊合为一体，又称永济河。当时永济渠自信安向西北，经永清县城（即今永清县所在）西转北，经安次县城东（今河北省廊坊市西之旧州镇），西北百余里至幽州城（今北京市西南偏）。

契丹天显十一年（936年），石晋割燕云十六州于契丹，契丹以燕京（今北京）为南京。据《辽史》记载，统和十二年（994年）春，漷阳镇（今通州南漷县镇）水灾，疏通旧渠，通漕燕京。

金贞元元年（1153年）迁都燕京，改名中都，当时漕粮的征收主要源自今山东、河北两省。为满足都城的需求，金代十分重视天津至中都间的运道。当时通漕的河道主要包括三条：“旧黄河，行滑州、大名、恩州、景州、沧州、会川之境；漳水东北为御河，则通苏门、获嘉、新乡、卫州、浚州、黎阳、卫县、彰德，磁州、洺州之馈；衡水，则经深州会于滹沱，以来献州、清州之饷”。这几条漕路，“皆合于信安海堧，溯流至通州，由通州入闸，十余日而后至于京师”。信安海堧，包括信安府（今河北省霸县境内）和今天津近海地区，四周皆为湖泊，通连各水，但水势浅涩。为此，金代征调山东、河北、河东、中都五路民夫进行开凿。自此，各漕路均合于信安海堧，北上通州，经闸河即可到达燕京，漕运便捷。

通过这些运道，金代由各州县及沿河粮仓向都城运送了大批粮食。如金世宗大定四年（1164年）八月，“以山东大熟，诏移其粟以实京师”。大定二十一年（1181年），困“京城储积不广，诏沿河恩、献等六州粟百万余石，运至通州”，然后用车转运到京师。金章宗承安五年（1200年）边河仓的州县，纳菽20万石、麦10万石，“漕以入京”。此外，金廷也利用海运，用以调节辽东到山东、河北的粮食运输。

金代，漕粮运输仍利用永济渠穿越冀中塘泊，再沿潞水抵达通州。当时的潞水基本是天然河道。泰和五年（1205年），在开挖通州至中都间闸河的同时，开挖潞水运道。新运道放弃了原经冀中洼地的永济渠旧道，改道东移，不再经由信安。也就是说，新运道至独流后不再西经霸州，而是北经今天津三岔口入潞水，再沿潞水溯流而上至通州。这一路线与今北运河基本一致。河成之后，金章宗赐闸河名为“通济渠”，赐潞水运道为“天津河”，寓有“天汉津梁，通漕济众”之意。

由于天津城市发展较晚，内河航运通过卫河，可不经由天津城而从静海西北直接入古永定河，或向西流入永济渠等；北则可通过白河向今通州、密云一带。曹操所开诸渠也自津西向北、并不直通今北京。自北京东通通州、自通州南通今天津附近的运河均从金代开始。金代以中都（今北京）为都，由直沽出海也引起朝廷注意，于是遂有北京、通州、天津通航的格局。

4. 元代白河

今北运河的水道大致是从金代形成的，元代开通惠河后，北运河成为京杭运河的一段，纳入大运河管理体系。

金末潞河失修，元初天津至大都（今北京）的水路已不通运，元建大都后即疏导水源济漕。元代，北运河在文献中更多记载为白河。根据明嘉靖《通州志略》的说法，这是因为其“以两岸沙白，寸草不生，故名”。

白河运道自通州北部起，南经通州境，东南至香河县界，又入武清区，至静海县（今天津市静海区）界。元代自海道或内河南来的漕船、自外洋来的漕船都需经由白河进入大都，白河的地位已相当重要。至元二十年（1283年）开会通河后，由于山东济宁以北至东平水源不足，漕运仍以海运为主，海运到直沽（今天津），再从直沽循白河和通惠河进入大都。

元代北运河修堤、疏浚甚勤。航道迂曲，有时需裁弯取直，为减缓水面比降，还有意保留弯道，上游有“三弯抵一闸”之说。白河宽而浅，不便修控制闸，故无跨河闸门。

（1）疏浚河道。元代白河的清淤疏浚主要集中在直沽附近及直沽外围（今杨村至河西务一带），这可从《元史》相关记载中窥豹一斑。元世祖时，曾几次疏浚白河。

至元十六年（1279年），因通州水路浅，漕运困难，命枢密院发军士5000人，并征调民夫1000人进行疏浚。次年二月，发侍卫军3000人疏浚通州运粮河。此后10余年持续整治。至元二十二年（1285年）正月，“发五卫军及新附军浚蒙村漕渠”，蒙村在河西务南约20里。至元二十六年（1289年）五月，疏浚河西务至通州漕渠。至治元年（1321年），小直沽仪河口淤泥壅积70余处，发军人和3000民夫进行疏浚。

元初至元末，元朝廷对白河几乎无不在用工、不在修浚，以巨大的人力和物力维持着这一段运河的水上运输。

（2）裁弯取直。元世祖中统三年（1262年），郭守敬首次觐见忽必烈时就面陈水利六事，其中第一件事，就是针对当时由通州到中都（后来的大都）的陆转漕粮问题。除了引玉泉山泉水济运通漕外，还建议在通州以南的蔺榆河口“径直开引，由蒙村、跳梁务至杨村还河，以避浮鸡淀风浪远转之患”，受到元世祖的嘉许。至元十三年（1276年），以杨村至浮鸡泊漕渠运距过长，改经孙家务。浮鸡淀和湾鸡泊之名，应在今香河县城附近。此次裁弯应是沿河西务—蒙—辛庄—孙家务—蔡村一线而抵杨村。明代及清前期，这段水道多次裁弯取直。北运河经过整治后，水道逐渐趋于顺直。

元泰定三年（1326年），河西务菜市湾水势冲蚀，与粮仓相距甚近。为了保护河西务仓免受水冲，于泰定四年（1327年）三月至六月，发军士5000人、募夫5000人，改河西务近仓河道，“于刘二总管营相对河东岸截河筑堤，改水道与旧河合”。刘二总管营相对河和菜市湾等地名，今已不存，这条旧河应该是指裁弯以前的河道。这次整治虽然保护了仓库，但却使运粮河道弯曲迂回，对漕粮运输产生了负面影响。两年后，即天历二年（1329年）至天历三年，又不得不将上次截断的河道恢复。

（3）海运。中国的航海由来已久，但漕粮运输主要依靠海运则始于元代，由元世祖于至元十九年（1282年）开创。

据《元史·食货志》及其他有关文献记载，元代开发漕粮海运后，最初的年运量为4.6万石；至元二十一年（1284年），增加到29万多石，为初运的6倍；至元二十六年（1289年），漕粮海运第一次超过河运量；至元二十七年（1290年），漕粮海运的年运量达到159万石，这是元世祖时期漕粮海运量的最高值。自武宗至大二年（1309年）

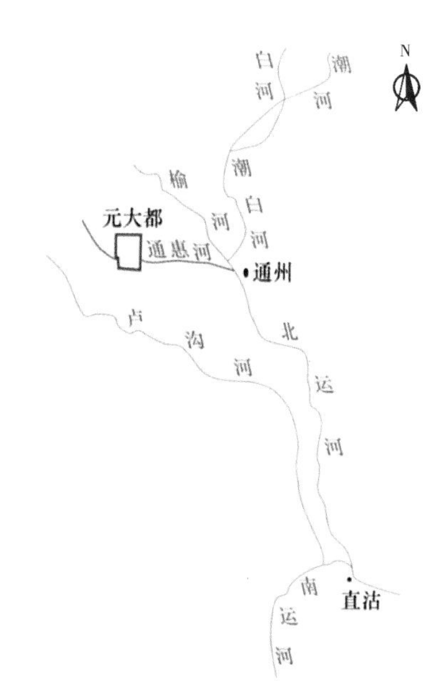

元代北运河路线图

以后，漕粮海运的年运量均超过200万石；仁宗延祐六年（1319年）以后，又增加到300万石以上；文宗天历二年（1329年），达到352万多石。这是元代海运最高的数额。

在元代漕粮海运的大规模发展历程中，白河是关键的一环。据光绪《畿辅通志》记载，元代漕粮经由海洋北上后，“一由直沽经白河至通州，一由娘娘宫经粮河至蓟州，一由芦台经黑洋河蚕沙口、青河至滦州”。在元代漕粮海运过程中，由直沽（今天津）经白河至通州是最为常用的路线。除了以直沽作为主要的转输港口外，元代还开始将海运向今海河流域北部沿海一带延伸。这主要基于以下两个原因：一是这一带的沿海具有冬季不冻的优越条件；二是元代的“上都”开平位于滦河上游，从开国的元世祖到最后的顺帝，几乎每年都要去上都避暑数月。为了改善这一地区的水上交通，元朝廷对滦河水道的疏浚极为重视。至元二十一年（1284年）十一月，命北京宣慰司修滦河道。至元二十八年（1291年）八月，奉命整治滦河的姚演向朝廷进言：“奉敕疏浚滦河，漕运上都……仍预备来岁所用漕船五百艘，水手一万，牵船夫二万四千”。如此之大的运输规模，足见经海路运到这一地区的南粮数量之多。

5. 明代白河

明初，在江南沿海实行海禁，但漕粮仍在官方统一控制下由海道运输。永乐九年（1411年），工部尚书宋礼重开会通河后，江南至北京的运河再次全线贯通。永乐十三年（1415年），停止海漕，全部漕粮实行河运。

白河河道宽广，河水散漫，迁移无定，泥沙更易淤积。为此，更需要及时清除浅滩，以利漕船行进。

明正统三年（1438年），在白河河西务至天津沿线设置浅铺，每铺设有浅夫若干名，岁修时专事疏浚，行运期间则修筑堤防与牵引船只。万历三十一年（1603年）八月，明廷决定全面疏浚白河，要求河深4尺5寸，由潘大复主持，次年四月至六月动工。竣工后的白河渡过了汛期考验，这是明后期规模最大的一次疏浚。明万历四十六年（1618年），直隶巡按董元儒奏陈漕运六议，指出白河天津至通州段共有59浅，“分管则通州同知与漷县典史各八浅，香河县县丞七浅，武清县主一十九浅，东岸指挥十七浅，而总管于杨村通判”。每年需各州、县、卫派出浅夫1700余人，费工食万余金，可见当时的疏浚工作已成定制。弘治九年（1496年），白河沿线已有65浅。嘉靖二十八年（1549年）明政府规定，每年三月疏浚天津以北河道，届时管河郎中须亲临浅所指挥。同年，在白河河西务至通州段设立水则，用于测量水位。

明朝廷虽不遗余力地疏浚白河，但白河属于多泥沙性河流，淤积治理并不乐观，故不得不在白河上设置驳船，对漕粮进行驳运。综计明代对白河的疏浚，以岁修为主，专门的大工并不多。原因主要在于白河的高含沙特性使得对它的疏浚非常困难，几乎是随浚随淤，即便兴大工亦不能持久；且白河河道宽浅曲折，不同河段的深浅通塞时有变化，最终只好采取遇浅即浚的措施。嘉靖年间（1522—1566年），刘天和建议漕船自带兜杓等疏浚工具，若一船带四五具，则二三百艘船即有一千多具，遇浅合力掏挖，应可通行，实际上这是很难实现的。崇祯三年（1630年），广西道御史刘士桢建议，结合防御清兵入侵的军事需要，对白河进行挑浚，并实施筑坝、建闸等工程，使其水深达到丈余，以阻止清兵西进。直隶巡按御史黄羽宸以白河河道系纯沙无土为由坚决反对，这一建议仅停留在规划性意见阶段。总之，针对白河的严重淤积，除了局部掏浚筑堤外，明代几乎没有其他更好的办法，更遑论根治之法。

6. 清代北运河

清代，北运河因作为天津至北京间的漕运要道和其防洪地位而得到重视。北运河素有“铜帮铁底豆腐腰”

的说法，所谓“豆腐腰”指的是北运河中段即武清杨村以上的河段极易发生洪灾，难以治理；武清杨村以下河段则因离海较近，易受到海潮上溯的影响。

早在明代，由于北运河河道宽浅曲折、含沙量高且洪枯水量差异大，“冲溃徙改，颇与黄河同”。其中，河西务至耍儿渡间的运道成为著名的险工段，在永乐至成化初年（1403—1465年）的60多年间，决口、堵筑达8次之多。正统元年（1436年）因海河北系大水导致运河堤决，曾发兵5万人、民夫1万人进行堵口，并在河西务开河20公里以分泄洪水入海。

18 世纪末英国马噶尔尼使团抵达天津（[英]托马斯·阿罗姆《大清帝国城市印象》）

清代对北运河的防洪日益重视，并先后在北运河修建筐儿港、河西务和青龙湾等减水坝，并开挖减河。康熙三十六年（1697年）、三十八年（1699年），因北运河在武清县筐儿港接连决口，运道受阻，在杨村北二三十里的筐儿港建减水坝，开挖减河，以宣泄汛期洪水。康熙五十年（1711年），在河西务东开新引河，次年复开直河。雍正三年（1725年），因北运河大水导致堤岸多处冲决，在怡亲王允祥的主持下，在险工段建青龙湾减水坝，坝下开挖减河，宣泄洪水入海。

18 世纪末直隶总督府前运河的繁华景象（[英]托马斯·阿罗姆《大清帝国城市印象》）

该图所绘大戏台位于天津直隶总督府前的广场上。直隶总督府则位于大运河和白河汇合处，与驳岸码头相连。总督府门楼巍峨，府中藏经塔高高矗立，可由此俯瞰运河。每年中秋节，天津士绅便会凑钱邀请北京、河北等地的著名戏班来此演出。图中右侧雕龙绣凤的为游艇，称“花船”或“画舫”，船上有花，有酒，有歌妓。左侧的大游船则是由两条小船合载而成的双体“画舫”，占据大半河道，船顶站满达官贵人。

清代，由于北运河流沙通塞无定，淤积问题仍然存在。从雍正时期就开始派人昼夜沿河巡查，雇募附近长夫逐日探量水势，淤浅之处插有“柳标”示航，并随时刨挖。每年枯水季节，集中人力清除河道中的各种碍航物。后来，针对杨村至通州之间淤浅甚多、经常出现边挖边淤的局面，乾隆三年（1738年），在原设“岱船”（即用于运泥的船）的同时，增设“刮板”40副。每副刮板配浅夫25人，当重运漕船行至浅涩地段，即由浅夫分列两岸，用刮板拖拉河床，借助水流冲刷淤沙，保证运船无滞。

北运河是通往都城的咽喉要道，清朝廷极为关注。北运河运道由坐粮厅直接负责管理，内设通判1名，专门负责运河疏浚，并设把总2名、外委4名，听由通判调遣。遇有河道浅阻报明通判，在坐粮厅衙门领取钱粮督率挑挖。

7. 近代北运河

近代，一批水利专家运用现代水利科学技术及工程材料等，对北运河进行了一系列的治理工作。

（1）挽北运河归故道。近代，分合无定的北运河、潮白河、蓟运河等三河之间的关系更加变化无常。潮白河本在明代已入北运河，但在清代以后，由于河道多变和水势迅猛，又曾多次夺箭杆河河道，并东窜洵河。

1912年潮白河大水，在顺义县李遂镇决口，夺箭杆河，东南入蓟运河。箭杆河河道无法容纳潮白河的洪水，每遇汛期，地处下游的宝坻县常常淤涝成灾。1913年春，堵复决口，但同年汛期又被洪水冲毁。1916年，在苏庄决口处建木制拦河滚水坝一座，但由于苏庄以下北运河故道已经淤高，两岸堤坝年久失修，次年即被大水冲毁。1925年，开挖新引河一条，由苏庄附近箭杆河达平家疃附近接北运河，长约7公里，宽46米；同时在引河上口建进水闸，干流上建泄水闸。泄水闸共30孔，每孔净宽6米；进水闸10孔，每孔净宽6米。潮白河苏庄流量3300立方米每秒。1939年汛期，苏庄闸被冲毁，洪水再次向东南流窜。1946年在解放区的党政领导下，建设了牛牧屯引河工程，使潮白河远离蓟运河而与北运河沟通。

（2）天津三岔口裁弯取直。三岔口是天津市区的主要商业区和水运码头所在，原有一大弯道，清末李鸿章曾有过裁直之议，因遭舆论反对而未能实行。1918年6月开工，当年9月竣工。在三岔口裁弯的同时，修建了大王庙改辟河口工程，将南运河口上移，三岔口随之上移到金钢桥上游。金钟河原与三岔口大河弯相连接，三岔口大弯裁直后，金钟河上口随之废弃。

（3）整治新开河。新开河本为北运河的减河，为李鸿章任直隶总督时所开，其与北运河衔接的口门在三岔口上游约1.6公里处，河口建有滚水坝，因年久失修，河身淤塞。自三岔口裁弯取直后，金钟河失去减水作用，于是整治新开河，将其上口滚水坝居中61米的坝顶降低3.05米以排泄洪水，同时在滚水坝中央建闸以控制水量，中设14孔，每孔净宽3.05米，1919年伏汛前完工。新开河自北运河口至金钟河汇流处共长13公里，经改造后，泄量由35立方米每秒增至220立方米每秒。由于三岔口裁直后，金钟河口废置，船只不能直达北运河，所以在新开河时另建船闸。

（4）整治青龙湾河。该项工程计划主要包括以下五项工程：修整土门楼滚水坝；展宽中泓河槽；修堤以收束七里海，使其具有蓄水能力；由七里海辟引河导入金钟河；整理东引河，目的在于北运河可以容纳汛期洪水时可不再流入青龙湾河，当北运河不能容纳大水时再开闸下注青龙湾河，并借以冲刷青龙湾河槽中之淤积入海。然而，至1925年，上述计划中仅完成土门楼滚水坝的整修，并增设泄水闸门，共42孔，每孔净宽2.83米。

8. 现代北运河

新中国成立以来，为治理北运河流域洪涝灾害，开发利用水资源，在其上游先后兴建十三陵、桃峪口等

苏庄拦河闸（《北京水利志》）

近代天津三岔口裁弯取直施工场景（《老天津：津门旧事》）

两座中型水库，响潭、王家园、沙峪口等8座小型水库，控制山区流域面积474.5平方公里，占山区总面积的63%；在通县（今北京市通州区）北关修建了分洪枢纽工程，开挖了向潮白河分洪的运潮减河。1970年开始，又自沙河镇以下进行干流河道疏挖筑堤，同时在沿河梯级建闸，蓄水灌溉两岸农田。河道疏浚后，改变了北运河天然河道面貌，使河道得以畅通，两岸村庄洪涝灾害减轻。目前，作为海河干流的重要组成部分，北运河承担着北京市近郊防洪、引滦输水等任务。

另外，青龙湾和筐儿港两条减河在1949年时已大部淤塞。1950年和1951年，在治理潮白河的同时，也疏通和新挖了两条减河。其中，青龙湾减河自土门楼村始，下至俵口潮白新河，按1200立方米每秒流量设计；同时在右岸狼儿窝村建分洪口门，流量为1150立方米每秒，以下入大黄堡洼滞蓄；其余则入潮白新河分泄入海。筐儿港减河，原入塌河淀，后因该淀淤废而改入大黄堡洼，1951年又修筑其左右两堤，并疏浚其河道，以使北运河洪水有序分流，减轻了对海河干流防洪的压力。

1.2.2 减河工程

北运河上减河坝和减河工程的建设主要集中在清代。减水坝主要建在北运河东堤与天然河流相交的口门处，减水坝以下开挖减河（又称引河），宣泄北运河多余之水或汛期洪水，通过永定河下游的淀泊东泄入海。北运河的著名减水工程主要包括筐儿港减河和河西务—青龙湾减河。

筐儿港减河与青龙湾减河示意图

1.2.2.1 筐儿港减河

筐儿港减河自天津武清区筐儿港北运河东堤起，东南流经朱家码头、梅厂、杨家河，至韩盛庄入麦子淀，再东南流至由腰河入塌河淀，复穿堤东出，经东堤头入七里海，东南流入蓟运河，由北塘入渤海。

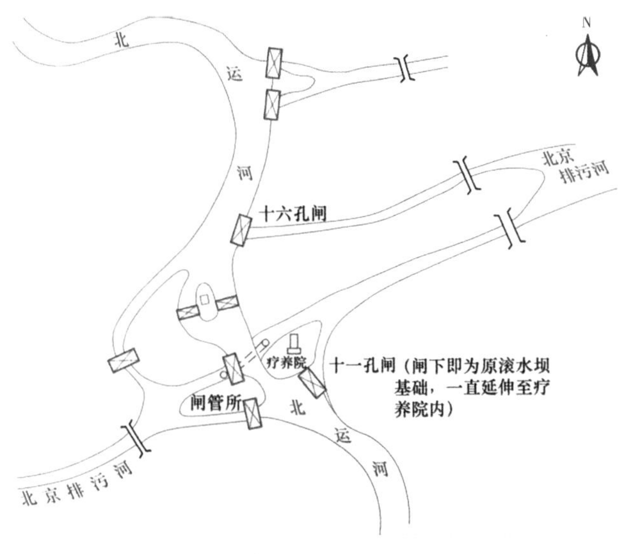

筐儿港减水石坝遗迹位置示意图

筐儿港减河枢纽空中俯瞰图（2018 年，魏建国、王颖 摄）

清康熙三十六年（1697年）、三十八年（1699年），北运河在筐儿港接连决口，运道受阻。康熙三十九年（1700年），康熙帝亲临决口处视察，决定在此修建减水石坝，坝下开挖减河，减河两岸筑堤，直通天津东北的塌河淀，用于分泄北运河汛期洪水。康熙四十三年（1704年），在员外郎牛钮的主持下，筐儿港减河开挖成功，减河河头建滚水石坝，宽20丈。自此，杨村上下百余里河平堤固，康熙帝欣喜之余亲题“导流济运”碑文，立于减水坝旁。雍正六年（1728年），怡亲王允祥将减水石坝拓宽至60丈。此后，经过多次维修疏浚，筐儿港减河在分泄北运河洪水、保证漕运畅通方面发挥着重要作用。

筐儿港减河最初的路线是从天津武清区筐儿港北运河左岸开渠东流，南折朱家码头、梅厂、郭家台、蔡家庄、杨家河，经韩盛庄入麦子淀（已淤废），由腰河（已淤废）入塌河淀，复穿堤东出，经东堤头，东出宁河县七里海入蓟运河，由北塘入渤海。至同治年间（1862—1874年），筐儿港减河下游淤涸，遂于同治十三年（1874年）重开一段新河，由朱家码头折向东北，再转东南至宁河县造甲城附近入七里海。每遇汛期，洪水带着泥沙泄入塌河淀，减少了北运河的淤积；春季水少，则关闭减河，保证北运河水位，以利漕运。当时主持这一工程的官员是周馥，他在实地勘察的过程中，有一少年向他建议把新河道开挖成两条并行河道，“中间留平地半里，而以挑南河之土筑南堤，以挑北河之土筑北堤。水小则走两河漕内，水大则中半里河滩足矣，水退我尚可种滩地，此上策也。”随行人员大多对这一少年的主张不以为然，周馥却接受了他的建议，并按照其建议开挖了这段河道。

20世纪30年代，筐儿港减水石坝改建为8孔闸。1951年，在治理潮白河时，因塌河淀淤废，筐儿港减河改由大黄堡洼入海。1960年，筐儿港减水坝改为11孔闸。在该闸上下游仍可找到当年修建滚水坝时所用的基础木桩和条石。目前，该闸座落于北京排污河上，是筐儿港枢纽的组成部分，用于汛期排洪。

康熙帝御笔“导流济运”碑（《天津水利志》）

乾隆“阅筐儿港工”御笔题诗

20 世纪 80 年代的筐儿港减河石坝（下游左岸，蔡蕃《京杭大运河水利工程》）

今日筐儿港减河石坝（2018 年，魏建国、王颖　摄）

今天的筐儿港枢纽建于20世纪六七十年代，是北京排污河与北运河交汇处的枢纽工程。包括北运河上的6孔旧拦河闸、3孔新拦河闸、16孔分洪闸和北京排污河上的6孔节制闸、11孔分洪闸、穿运倒虹吸等6座建筑物。该枢纽承担着拦洪、分洪、排沥、排污和蓄水灌溉等综合任务。

青龙湾减河金门闸东段（2019 年，魏建国、王颖　摄）

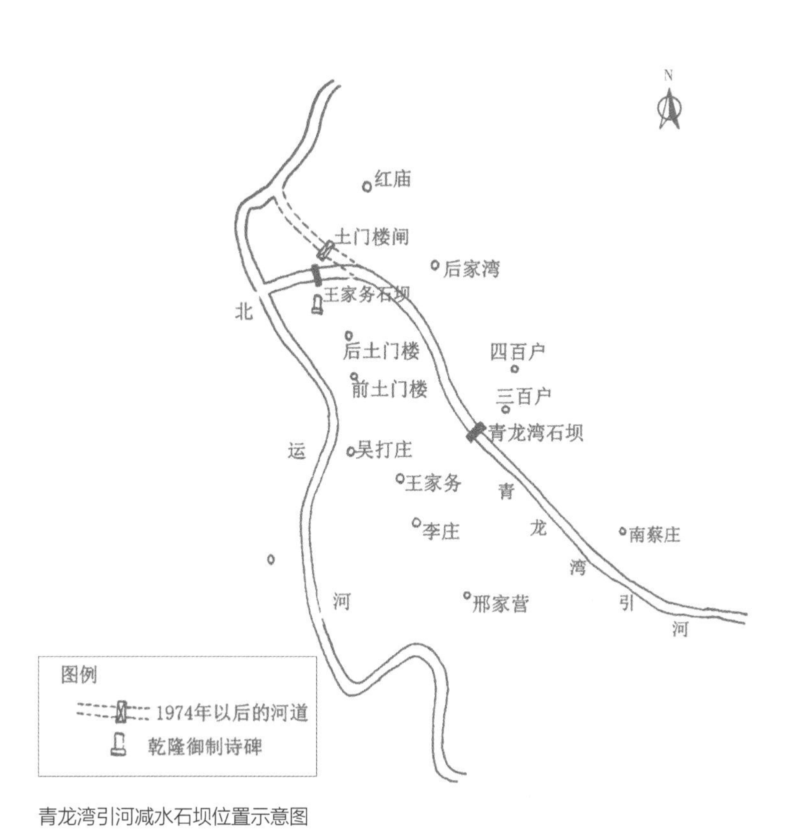

青龙湾引河减水石坝位置示意图

1.2.2.2　河西务—青龙湾减水工程

河西务—青龙湾减水工程由王家务、青龙湾减水坝、河西务及青龙湾引河组成。

河西务减河开挖于清康熙五十年（1711年），由康熙帝在视察河工时现场提出。遗憾的是，有关该减河的流向、渠首等情况，均未见记载。且由于河西务一带河道变迁频繁，今已很难找到当年的遗迹。

筐儿港减河开挖后，杨村一带的洪水压力减轻，但对上游的河西务一带仍无济于事。河西务历来为险工要地，该处的耍儿渡更是屡屡冲决为灾。雍正七年（1729年），北运河上游山洪暴发，河西务耍儿渡决口。雍正帝令在上游土门楼村北建减水石坝40丈，在王家务另开减河（今青龙湾）90里，两岸筑长堤，分泄洪水注入七里海，该工程于雍正九年（1731年）竣工。

（a）王家务减水坝右岸坝轴线位置

（b）减水坝残留部分的砌石

王家务减水石坝遗址（1984 年）

青龙湾减水石坝最初建在香河县三百户村与王家务村之间。左岸为三百户，右岸为王家务，与石坝的距离均为一里左右。石坝建成后，泄洪效果并不佳。正如直隶河道总督刘勷所说："青龙湾引河一坝，因相距河身远至四里有余，而坝基又建于至洼之区，测量临河滩岸，较之坝面高六、七尺，以致盈槽之水哽咽不下，每遇水势略小之年，不能分泄涓滴。若值水浩瀚，坝口仅得过流，堤工已有溢漫之虞，此坝竟成虚设。"因此，青龙湾石坝仅运行8年，于乾隆二年（1737年）废弃。目前，青龙湾石坝尚存遗迹，两岸坝肩各有残留夯土，砌石痕迹仍历历在目。

乾隆二年（1737年），将青龙湾石坝移建于上游约2000米处，临近引河上口，以便洪水分泄路径更为畅通。当年该坝即发挥了较大的效益，"坝口过水一丈有余，得保平稳，而河西务数万生灵获以安全"。移建后的减水坝称王家务减水坝，坝宽40丈。

乾隆三十七年（1772年），将王家务减水坝坝顶高程降低一尺，以增大排洪流量。乾隆帝曾赋诗记述该工程的防洪效益："金门一尺落低均，疏浚引河宣涨沦，通策略同捷地闸，大都去害贵抽薪。"在原坝址处，仍可见到乾隆御制诗碑座。

1926年，将青龙湾减河起点与北运河干流相交处的减水石坝改建为分洪闸，即土门楼闸。1972年疏浚青龙湾河，于八道沽改道，穿里自沽洼入潮白新河，基本路线变化不大，即自河北省香河县土门楼村起，经香河、武清、宝坻等县入潮白新河。1974年，在老闸以北约100多米处修建新的土门楼闸，青龙湾引河取水口亦随之北移，不久老闸被炸毁。青龙湾减河现属于市级管理的一级季节河道，长180公里，具有防洪、蓄水、供水灌溉和田间排水等功能。

1.2.3 天津三岔口

天津三岔口是南运河和北运河汇合处，也是海河干流的起点，位于今天津市狮子林桥附近。该处地势相对较高，海拔高程为6~8米（大沽水平），水患威胁相对较小，是天津最早形成的居民点之一，当时的居民多以捕鱼、晒盐为生。至北宋中叶，随着漕运事业的发展，三岔口逐渐成为天津市重要的聚落地。

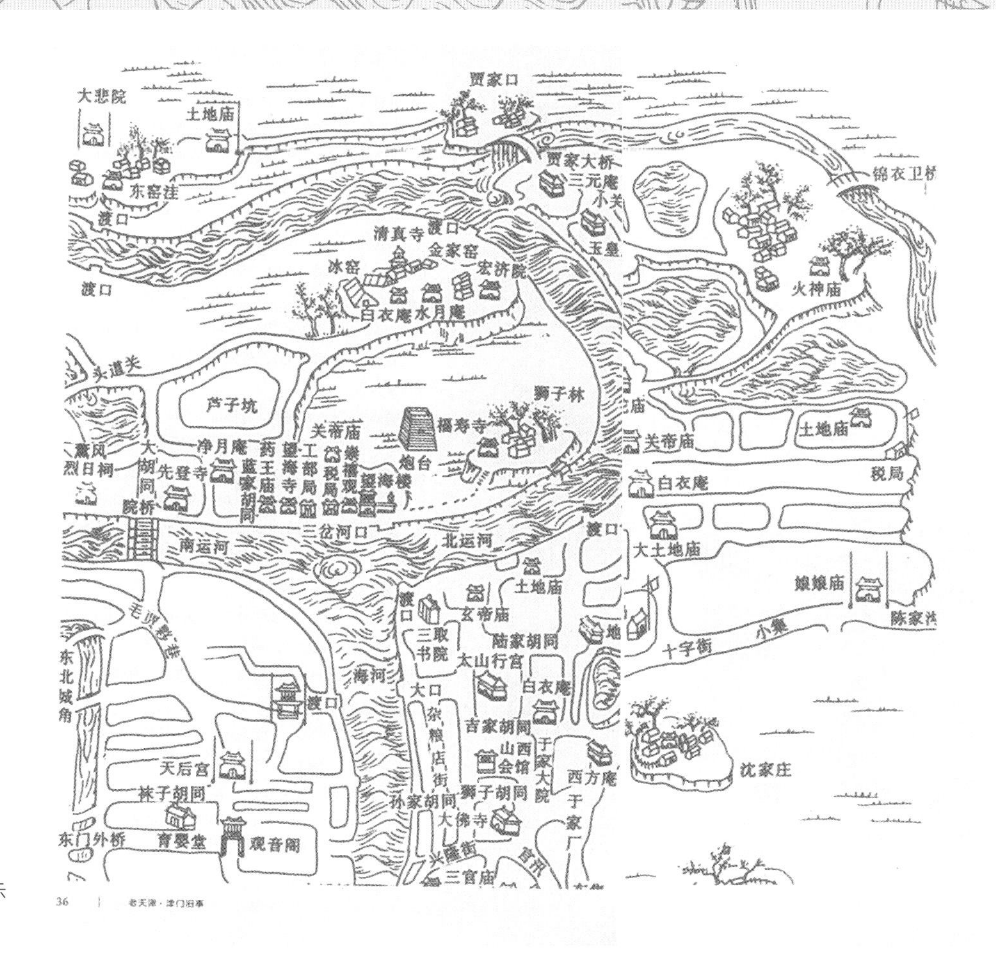

北运河、南运河与海河交汇处的三岔口示意图（清光绪二十五年）

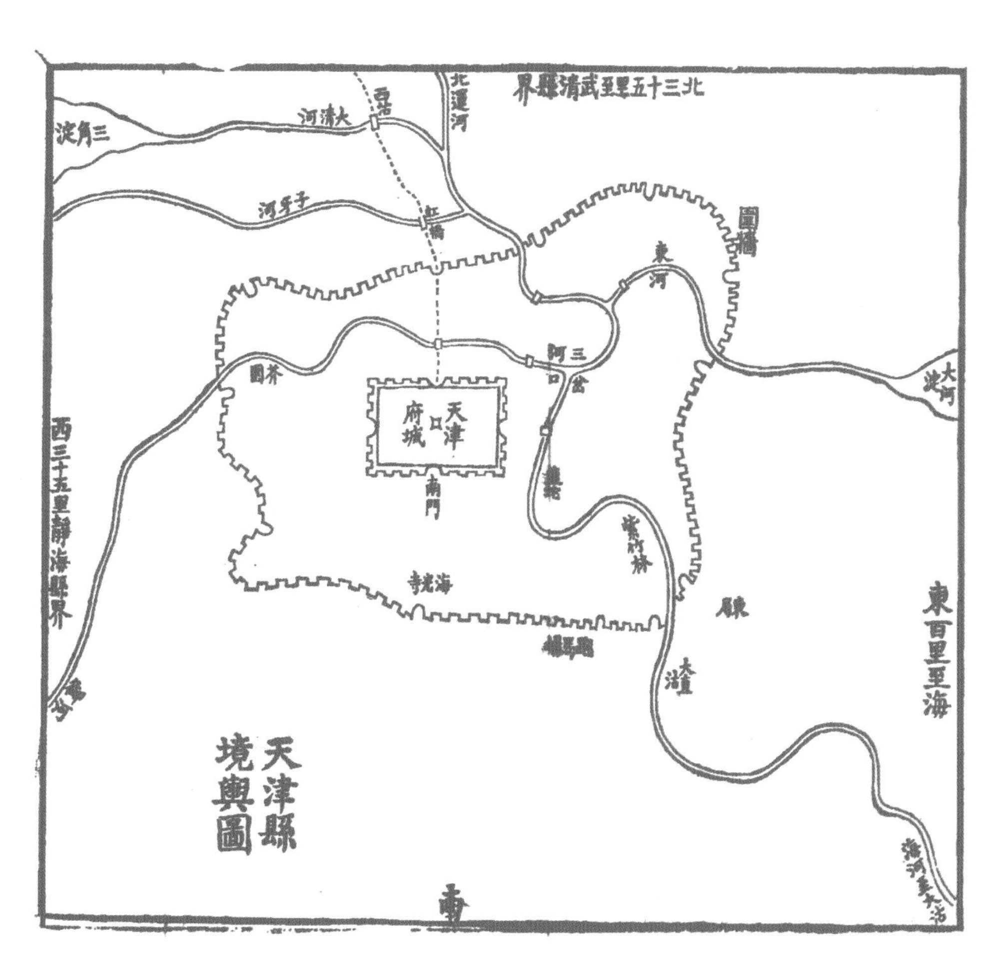

三岔口与天津府城的位置关系示意图（清光绪朝《津门杂记》）

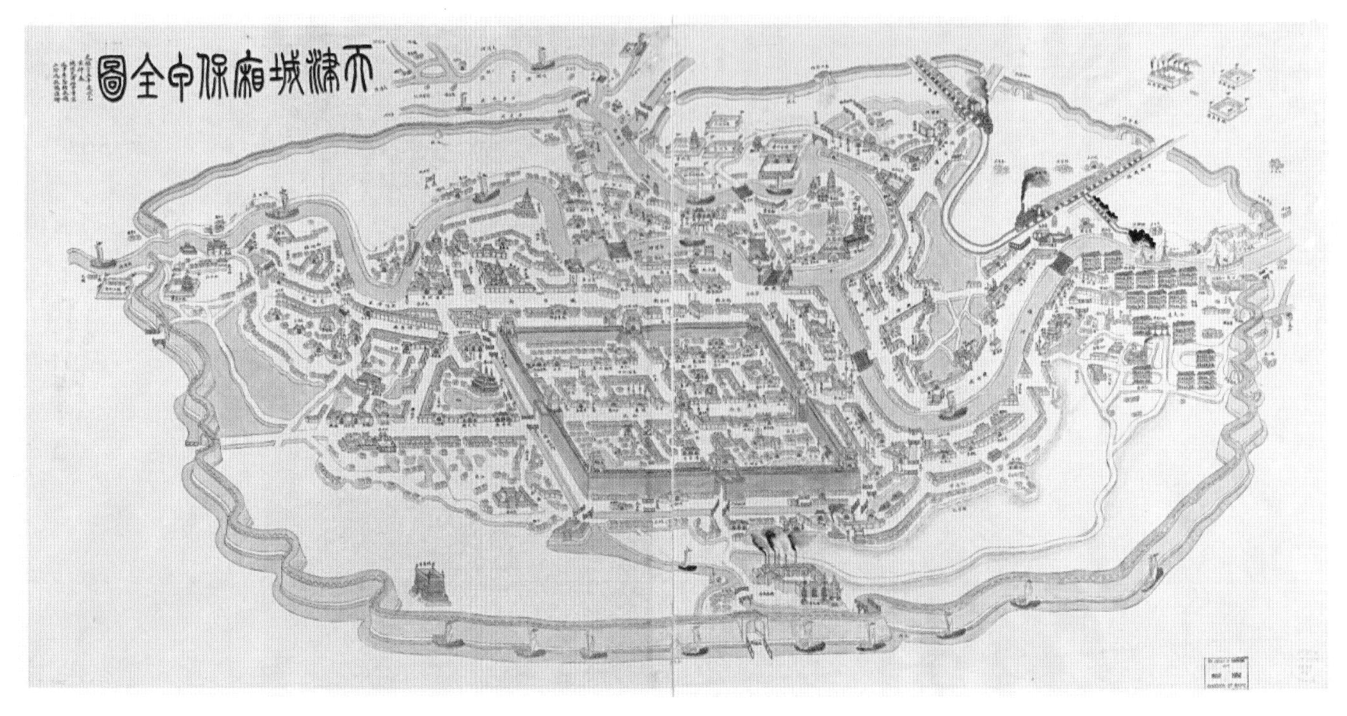

《天津城厢保甲全图》中天津城与南、北运河位置示意图（清光绪二十五年）

《天津城厢保甲全图》中南运河与北运河交汇处（清光绪二十五年）

天津三岔口北运河与南运河交汇处（2018年，魏建国、王颖　摄）

津門競渡

清代三岔口的龙舟竞渡（清　麟庆《鸿雪因缘图记》）

该图形象地描绘了天津三岔口及其周围建筑、河中端午龙舟竞渡的景象。在游记正文中，麟庆还详细记载了三岔口的源流、周边建筑，即“城北有三岔口，直通大海，即古津门。南则卫河，受南路之水，北则白河，受北路并会丁字沽三角淀之水，至此合流东注，旧名小直沽。其东南十里，地势平衍，每遇霖潦水泛，茫无涯涘，曰大直沽。又东南流百余里为大沽口，众水由此入海，即《通典》所谓三会海口也。望海寺在三岔口西岸，迤北有望海楼九楹，崇闳壮丽，正对三岔口，乾隆、嘉庆间，屡经翠华临幸。”

北宋时期海河流域大清河系的白沟河、易水等成为宋辽两大政权对峙的界河，永济渠仍是重要运道。庆历八年（1048年），黄河在商胡埽（今河南濮阳东昌湖集）决口，改道北流，经今滏阳河与南运河之间，合御河（今南运河）、界河至今天津入海，海河河口大体延伸到今大沽一带，三岔口附近的形势基本形成。

金、元时期，黄河南徙，不再由渤海湾入海，天津的海岸及河流基本稳定。自海河口到三岔口约60公里、三岔口至杨村20公里的潮汐河段，成为良好的港内航道。金泰和四年（1204年），翰林院应奉韩玉建议开凿潞河漕渠，通漕至通州，由此创建了一个以燕京（今北京）为终点，以“信安海堧”为枢纽的新漕渠网络。从河道结构看，“信安海堧”就是今天津三岔河口，天津（金代称直沽）作为京师漕运咽喉的地位由此奠定，并在此后的漕运中走向繁荣。

金代，三岔口已发展为重要的军事、交通要塞。宣帝贞祐元年（1213年），调武清县巡检完颜佐、柳口镇（今杨柳青）巡检咬住为正、副都统，戍直沽寨，这是三岔口作为直沽寨名最早的记载。当时直沽寨位于三岔河口西南岸，即今天津市狮子桥西侧的玉皇阁附近，后被称作小直沽。来自河北、河南、山东一带的漕粮均取道直沽港转运至中都。金世宗大定二十一年（1181年），经直沽运往中都的漕粮达百石以上。

杨柳青镇与运河的位置关系（2018 年，魏建国、王颖　摄）

杨柳青镇遗址（2018 年，魏建国、王颖　摄）

元代，三岔口成为海运转为河运的交接点，入港海船与驶往潞河的内河船只均云集于此，形成“晓日三岔口，连樯集万艘”的繁忙景象。至元二十二年（1285年），在“河间都转运盐使司”管辖下，渤海西岸设有二十二盐场，其中位于今天津市区的就有三岔沽和丰财两场，年产盐40万引（每引等于200千克），远销临清、通州、大都等地，直沽由此成为盐运港口。元延祐年间（1314—1320年），在大直沽建造天妃宫（称东庙）；泰定三年（1326年），在漕船比较集中的海河西岸小直沽再建天妃宫（称西庙），两宫遥遥相对，是漕运人员祭祀海神之所。所谓“天妃庙对直沽开，津鼓连船楼下催”，成为直沽港兴盛繁荣的见证。

清代天津三岔口一带的繁忙景象（清　弘昕《都畿水利图》）

天妃宫遗址出土沉船（2018 年，魏建国，王颖　摄）

明代罢海运改为河运漕粮后，永乐十五年（1417年），运输的漕粮即由此前的280余万石猛增至508万石。至宣德七年（1432年），更创年运量674万石的水平。成化八年（1472年），规定400万石的定额，从此弘治、正德、嘉靖、隆庆年间大体上保持着这一水平。专供漕运的船只，“天顺以后，定船万一千七百七十，官军十二万人”，专门从事漕运的军队、民夫和纤夫，人数极为庞大。为储运漕粮，“始设仓于徐州、淮安、德州，而临清因洪武之旧，并天津仓凡五，谓之水次仓，以资转运”。驳运码头也相应地增加，除三岔口附近漕船停靠的主要码头外，在京津航道上，丁字沽、杨村、蔡村、河西务等处都建立了驳运码头。

天后宫

北运河上的纤夫（20 世纪 30 年代）

清代天津继续作为漕运的枢纽，在实行海禁的情况下，天津港的河漕转运量仍保持明代每年400余万石的数额。由于北运河日渐淤浅，河船通行受阻，不得不以驳船从天津港口进行转运。清初设红驳船600艘，乾隆六十年（1795年）增至1500艘。道光年间，在进出天津港的驳船中，“直隶旧设二千五百艘，二百艘分拨故城等处，八百艘留杨村，余千五百艘集天津备用”。漕船首次抵达天津后，拨卸30万石于府县仓廒庙宇，余令驳船径运通州。天津仓廒庙宇所储漕粮再分批运往通州。道光年间开海运后，进入天津港的海船在葛沽办理驳运手续。天津港的驳运码头遍布于海河两岸的新河口、葛沽、东门外、东北角一带，北运河沿岸的丁字沽、北仓、杨村、蔡村、河西务，以及南运河线上的杨柳青、北大关都是著名的驳运码头。

《白河军营》(《大清帝国城市印象》)

该图由 1793 年英国马戛尔尼访华使臣团中随行画家威廉·亚历山大所绘。根据该图释文记载“英国使臣们在航行中不断看到沿河有军营，军人们清理河道，弹压秩序，检查往来船只”。该图所绘为“他们在天津潮白河附近又遇到一座军营”。

1.3 南运河

南运河南起山东省临清市，与会通河相接，自南向北经山东省德州，河北省东光、泊头、沧县、青县，至天津市静海县三岔口与北运河相连，全长446公里。南运河是隋代永济渠的下游段，宋代称御河，元代成为京杭运河的一部分，明代称卫河或卫漕，清代称南运河。东汉建安九年（204年），曹操开白沟后，南运河始见雏形，后经历代维护整治，逐渐发展成为今天的南运河。

与北运河一样，南运河河道比降较大，丰枯水量变幅也较大，且河道宽浅，无法设闸。为解决这一问题，元明清时期主要采取以下两个措施：一是通过保留弯道以延长河线、壅高水位，达到不建一闸而延缓河道纵比降、调节航深的目标，以较少的工程设施获得多方面的效益；二是通过修建减水坝、开挖减河以宣泄南运河汛期洪水，保障运河防洪安全。

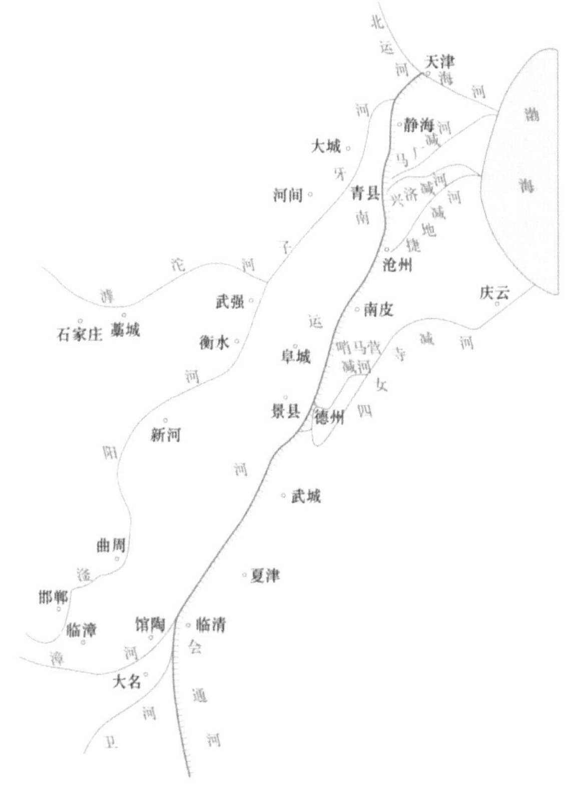

明清时期的南运河经行示意图

南运河沧州段（2019 年，魏建国、王颖　摄）

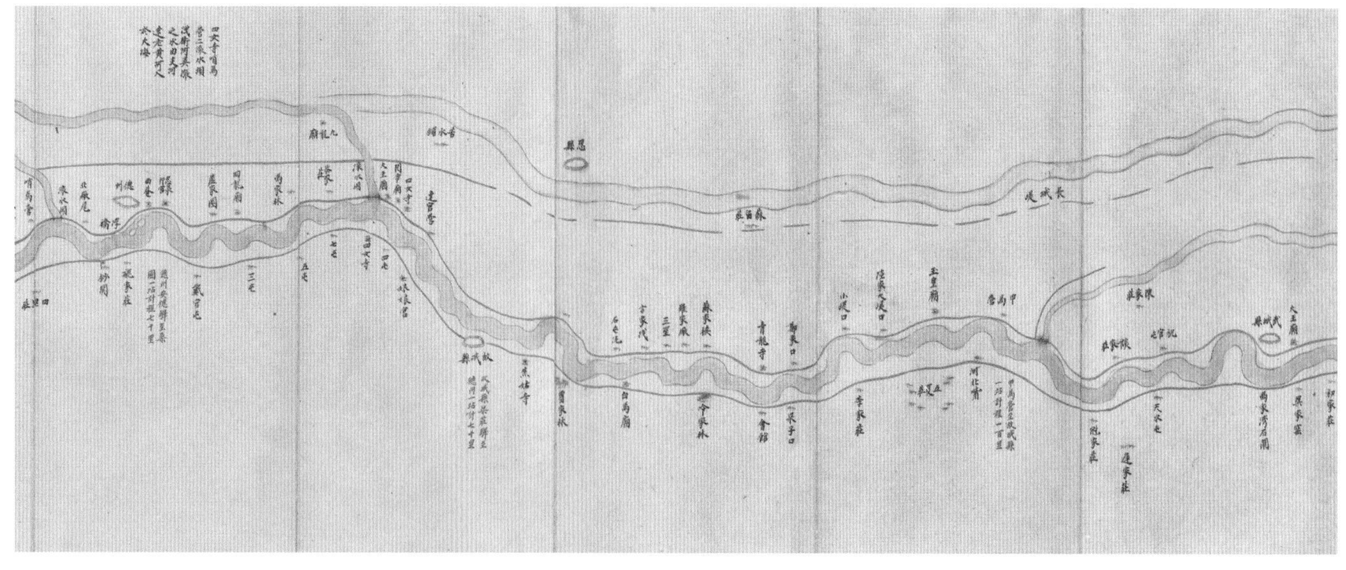

南运河段弯道示意图（清　道光）

1.3.1　河道

历史上，卫河、卫运河、南运河是一条河，位于上游的卫河、中游的卫运河和下游的南运河曾统称卫河。它是在清河、白沟和永济渠等运渠的基础上经过历代整治演变而来的，并与黄河的变迁具有密切的关系。

1. 春秋战国时期卫河的形成

卫河的形成与黄河古阳堤的修筑有很大的关系。春秋战国以前并无卫河，丹水和淇水之间发源于太行山前的泉水溪流都直接泄入黄河。至春秋战国时期，随着黄河古阳堤的初步建成，这些泉水溪流与黄河间的通道被阻断，于是潴积在今河南获嘉县境内的吴泽陂中，沿堤东流而逐渐成河。后来，随着泥沙的淤积，在古阳堤以北的黄河滩地逐渐形成背河洼地，吴泽、汲城、柳卫等坡地随之形成，从而使丹、淇二水间的泉水溪流都汇于新乡的合河，经卫辉市与淇水汇于宿胥口（今河南浚县地壕村）并注入黄河，形成早期的卫河上、中游。由于这些溪流的河水主要由山泉水组成，清澈透明，与黄河浑水形成鲜明的对比，故称清水或清水河，又因地属卫国而称卫河。

曹操画像（《历代古人像赞》）

2. 三国曹魏时期以白沟为主体的运渠

东汉末年，军阀长期混战，社会经济遭受严重破坏。为统一北方，巩固边防，曹操先后开凿白沟、平虏渠、利漕渠等运河，为南运河的形成奠定了基础。

东汉建安九年（204年），曹操为北征袁绍余部，“遏淇水入白沟，以通粮道”，即在淇水入黄河处下大枋木为堰，截断淇水入黄河的通道，逼其改入白沟济运。由于筑堰的材料为大枋木，该堰又称枋堰。白沟开通以后，上自枋堰、下至今威县以南称清河，再东北经清河、故城二县北及景县南，至东光西，以下略循今南运河，至天津入海。

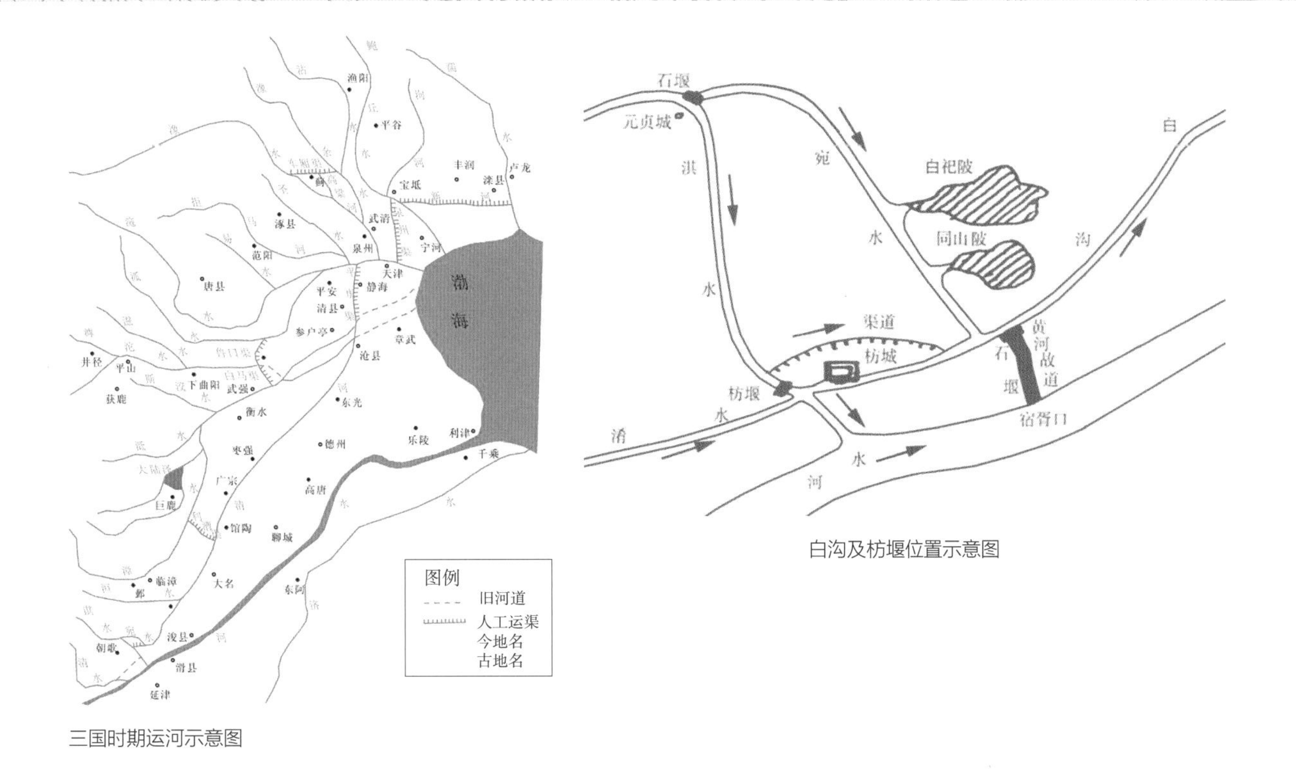

三国时期运河示意图

白沟及枋堰位置示意图

东汉建安十一年（206年），曹操北征乌桓，为保证军队粮草的供应，命董昭开凿平虏渠。渠南起滹池（今滹沱河故道），北入泒水（今大清河），即今南运河青县至独流镇段的前身。

东汉建安十八年（213年），曹操组织开挖利漕渠，南起馆陶（今河北馆陶县西南），西北至斥漳（今河北曲周县东南），引漳水过邺入白沟，转通黄河。利漕渠的开通，沟通了卫河和漳河两大水系。

3. 隋唐时期的永济渠

隋大业四年（608年）正月，开凿永济渠。据《隋书·炀帝纪》记载，这一年，隋炀帝“诏发河北诸郡男女百余万，开永济渠，引沁水，南达于河，北通涿郡”。永济渠由黄河通沁水、卫水，自今天津西转入永定河分支通涿郡（今北京）。它是在白沟、清河和前代旧渠的基础上利用部分天然河道开凿而成的。其中，内黄上游段同今卫河，内黄至武城段在今卫河以西，武城至德州段在今卫河以东，东光至独流镇段与今南运河基本重叠。

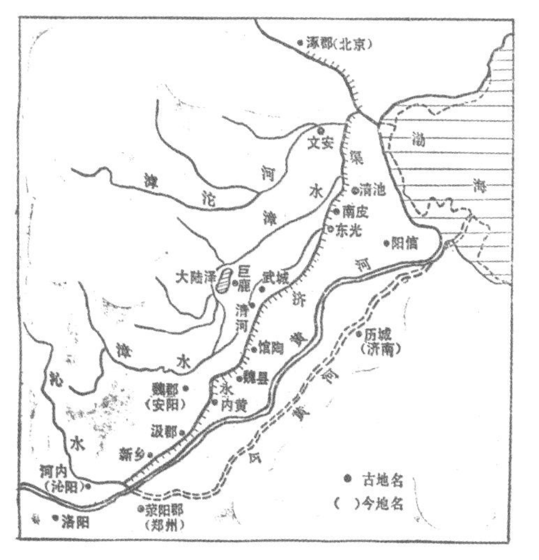

隋代永济渠经行示意图

唐代以后，永济渠改以清、淇二水为源。为进一步发挥其作用，开始在永济渠两侧开挖具有通漕运输能力的河渠，如永徽元年（650年），沧州刺史薛大鼎开挖无棣河，由永济渠东行入海；神龙三年（707年），沧州转运使姜师度在今清河一带永济渠西侧利用故渎开挖张甲河；开元二十五年（737年），瀛洲刺史卢晖在河间县开挖长丰渠，引滹沱河水东入永济渠通漕。这些河渠大多与永济渠相通，且周围有众多的淀泊与之相接，因此它们的开通不仅使永济渠不断地向两侧延伸，逐渐形成华北平原水运网，从而将华北平原东部的产盐区、中部的产粮区与当时的都城长安（今陕西西安）连接了起来，而且其周围的众多淀泊发挥着蓄水、滞洪和调节永济渠水量的作用，从而使永济渠的航运条件得到极大的改善。

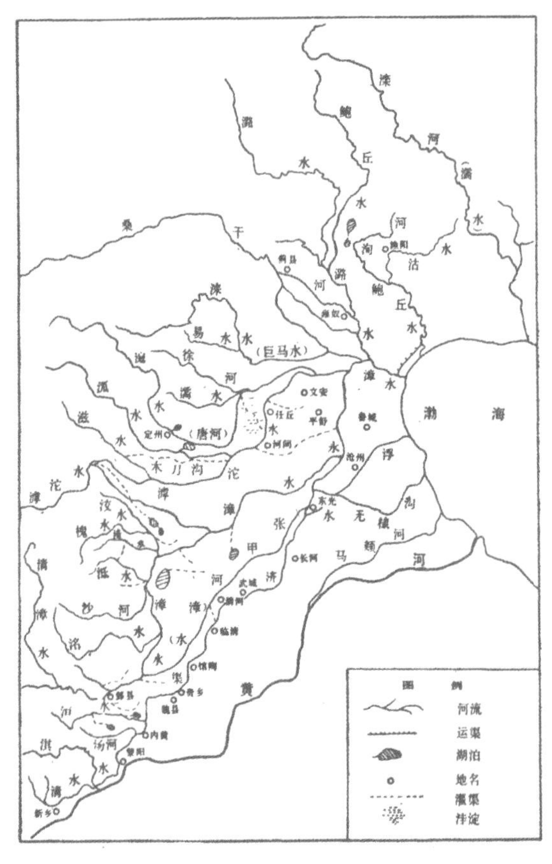

唐代永济渠及其支渠示意图

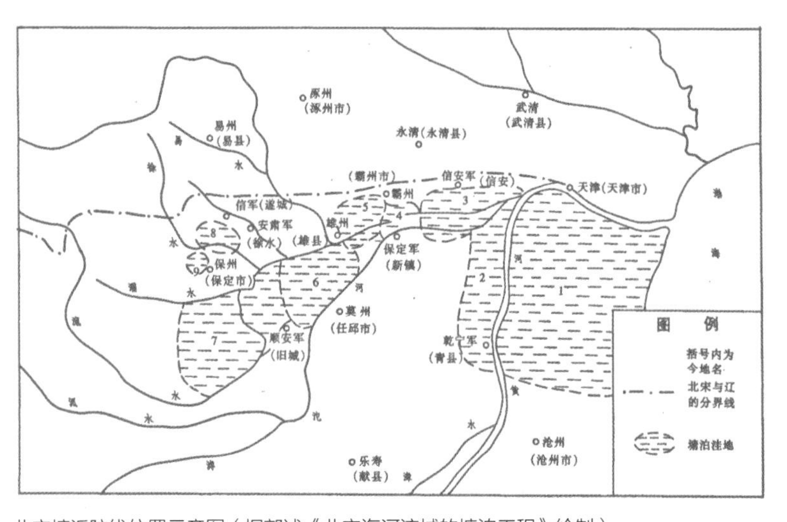

北宋塘泺防线位置示意图（据郭述《北宋海河流域的塘泊工程》绘制）

1—包括破船淀、方淀、灰淀等；2—包括鹅巢淀、陈人淀、燕丹淀、大光淀；3—包括水饺淀、得胜淀、下光淀、小兰淀、李子淀、大兰淀等；4—包括粮料淀；5—包括百世淀、黑羊淀、小莲花淀；6—包括大莲花淀、洛阳淀、牛横淀、康池淀、畴淀、白羊淀；7—包括边吴淀、齐女淀、宣子淀、涝淀；8—为沈苑泊；9—为西塘泊

4. 宋金时期的御河

五代后晋天福元年（936年），后晋开国皇帝石敬瑭为获取契丹对其反唐自立的扶植，将燕云十六州割让给契丹（辽），使其疆域扩展到长城沿线。宋朝立国后，宋太宗曾两次举兵伐辽，但均遭失败，被迫签订澶渊之盟，并约定以大清河系的白沟河为宋辽国界，由此开启宋辽长达160多年间的对峙。

宋太宗两次举兵伐辽失败后，宋廷不得不对辽采取守势，但幽州以南无险可守。于是，宋廷采纳沧州刺史何承矩建造“方田”的建议以御辽侵。所谓的方田，就是利用宋辽边界地带的河流和众多洼淀湖泊，壅水为稻田或蓄水为湖，并以沟渠相连通，形成一条超大型的塘泺防线。它西起保州（今河北保定一带）沉远泊，东至沧州泥沽海口，屈曲900里，浅不能过马，深不可通舟。这条超大型的水上防线是由永济渠连通众多洼淀组成的。其中，在沧州至乾宁军（今河北青县）之间，永济渠将破船淀、灰淀、方淀等淀泊连通为一体，广120里，纵几十里至130里不等，深5尺；在乾宁军至信安军（今河北霸州东部）之间，永济渠又将其西侧的鹅巢淀、陈人淀，燕丹淀、大光淀、孟宗淀等淀泊连为一体，全长120里，宽30~50里，深6尺至丈余。由于塘泺防线是维持北部边防的生命线，因此得到北宋朝廷的高度重视，一直使用到北宋末年，当时流传着“有河漕以实边用”“置方田以资军廪” 的说法。

宋代，永济渠改称御河，这是因为通向都城汴京（今河南开封）的主要漕运河道已不再是永济渠。造成这一结果的原因主要有两个：一是唐末以后，永济渠严重淤塞，北端早已不通涿郡，南端也不再与黄河相连，水源主要来自卫州共城县（今河南辉县）的百门泉水，仅在百门泉水流到的汲县以下尚可浮载大船，所以宋初已习惯上将当时遗存的永济渠故道被称为御河。二是为防御辽军南下，在宋辽边界驻有大量军队，而当时“河北、河东、陕西三路租税薄，不足以供兵费”，因此御河的主要任务已不再是向都城运送漕粮，而是向北部边防运送粮草军饷。当时，南来的漕船由汴河入黄河，至黎阳（今河南浚县东北），再转为陆路用车辆运到御河沿岸，然后沿御河运到北部各驻军之地。然而，这条运道很不方便，为此，宋代对改造这条水运路线极为重视。

宋神宗时（1048—1085年），主管黄河、御河事务的程昉建议利用沙河故道，将黄河水引入御河，以通江淮漕运。这是见诸文献记载的最早的“引黄济卫”工程。根据程昉的建议，在“卫州西南，循沙河故迹决口置闸，凿堤引河（黄河），以通江淮舟楫而实边郡仓廪”。引黄工程竣工后，曾对漕粮运输发挥过一定作用，但不久黄河冲决卫州，引黄工程失败，此后不得不继续沿用旧法，即自汴河顺流经入黄河，由陆车转输，再于御河装载，以赴边城。

北宋是历史上黄河频繁改道迁徙的时期，在宋太祖到宋徽宗的160年间，黄河下游溃决多达近70次，对御河产生了极大的影响。宋庆历八年（1048年），黄河自澶州（今河南濮阳）商胡决口，改道北流，称“北流”。北流黄河从河南内黄至河北大名东穿过运河后，至乾宁军（今河北青县）合御河，到天津入海。至此，大名至青县间的御河实际上成为黄河河道，形成黄河北夺御河入海的局面。嘉祐五年（1060年），北流黄河又在大名东南的第六埽决口，东出一支经堂邑、夏津、平原，循今马颊河至无棣入海，称二股河，即宋人所谓的“东流”。御河开始在两条黄河的夹击下艰难运行。在此后的七八十年间，黄河北流与东流相互交替，频繁决溢，御河漕运几乎停滞。直到北宋灭亡，金兵占据黄河流域，黄河又南徙夺淮入海，永济渠连同汴河运道逐渐湮没。

金国建立后，于1125年灭辽、1127年灭北宋，1141年与南宋王朝达成“绍兴和议”。此后，淮河以北的地区几乎全部为其所控，金代漕粮主要来自这些地区。1153年，金朝廷把都城从上京迁到燕京，改称中都（今北京）。为满足中都的物资需求和供应，金朝廷非常重视漕运的发展。在当时还能够通漕的运渠中，御河最为主要。根据《金史·河渠志》记载，御河主要用于运输苏门、获嘉、新乡、卫州、浚州、黎阳、卫县、彰德，磁州、洺州的漕粮，然后“合于信安海壖”，信安海壖即今河北霸县境和天津近海地区。为此，又征调山东、河北、河东、中都五路民夫进行开凿，御河的通航条件得到改善。

金代还在濒临御河的水运便利处设立粮仓，如临清、历亭、将陵、东光、兴济、清池、南皮、武强等地都设有粮仓。御河沿岸的一些城市还是重要码头所在地。

5. 元代的御河

元初，御河已不通运。在蒙古和金交战期间，御河的漕运急剧下降，河道年久失修，致使“青州之南、景州以北颓阙岸口三十余处，淤塞河流十五里”。南宋绍定六年（1233年），征调民夫4000人，疏浚河道，恢复水运。

会通河开通前，江浙一带的漕粮集中到扬州，沿淮扬运河北上入淮河，至淮安入黄河，溯流至中滦（今河南封丘西南），再从中滦改由陆路运至淇门（今河南浚县西南），由淇门入御河，至通州又转陆路，最后抵达大都。这是以河运为主的水陆联运。由于河道迂回，水陆联运过程中要转运捣载三次，费时费力，十分不便。

为了缩减淮安到中滦的水道和中滦到淇门的陆道，元至元十九年（1282年）开济州河，使漕船从淮安继续北上，经过新开的济州河，折入大清河，至利津入海，经过一段海运入直沽，直达通州，再转陆路达大都。这是以河运为主的河海联运，只有通州到大都段是陆运。然而，这条路线需要内河船只改由海上航行，“风涛不测，粮船漂溺”；加上利津海口淤塞，北来的漕船便不由大清河入海，而是航行到山东东阿，从东阿改用陆

通惠河

道把漕粮运到临清，然后入御河，运达通州。这条路线需要经过水陆运道的两次周折，也十分不便，于是又有开胶莱河通海的新工程，后因“劳费不赀，卒无成效”而中止。

元至元二十六年（1289年），采纳东平路寿张县尹韩仲晖、太史院令史边源等人的建议，开挖从须城（今山东东平）安山西南到临清的新运河，全长125公里，沿线建节制闸31座，赐名“会通河”。会通河南接济州河，北通御河，江南的船只自扬州沿淮扬运河到淮安，溯黄河而行，到徐州进入济州河，经会通河入御河，便可直达通州，不再绕道中原。

元至元三十年（1293年），通惠河开通后，纵贯南北的京杭运河全线开通。御河临清以下段成为京杭运河体系中的南运河。

6. 明代的卫漕

明朝立国之初，即洪武元年（1368年），朱元璋令大将徐达率兵北伐以消灭北元残余势力。当年七月，明军会集德州，水陆兼运北上，其中水路即沿南运河北上，到达直沽。闰七月，攻克通州，元顺帝弃大都而逃到上都开平。此后，洪武和永乐年间都曾进行过多次北伐行动，而且北元残余势力的存在使得北部边防成为镇守重地。频繁的军事活动和大量军队驻守北部边防，都需要大量的物资供应。

明代的漕粮运输，就其方式而言，最初以海上运输为主，永乐初期改以海陆兼运，其后则以内河运输为主，并且以内河运输的时间最长、运输量最大。

明洪武二十四年（1391年），黄河自河南原武决口，元代所开会通河“尽淤”，已不能通漕。永乐元年（1403年），采用内河陆运的方式，“自淮安用船可载三百石以上者，运入淮河沙河，至陈州颍岐口跌坡下，复以浅船可载二百石以上者，运至跌坡上，别以大船载入黄河，至八柳树（今河南新乡西南）等处，令河南车夫运赴卫河，转赴北京”。从这一段记述中可以看到，当时淮河至黄河段多有浅滩，到达陈州颍岐口的跌坡处，需要将漕粮从大船倒装到浅船上，过跌坡后再换大船；黄河到卫河之间又有85公里的陆路，需由船改车，而后再由车换船，过程十分繁复；而且这条运道要绕道中原，比元代大运河的水程增加约500公里。因此，在这种特殊条件下，永乐初年形成了“海陆兼运”的运输格局。

永乐初期的海上和内河运输路线，“一仍由海，而一则浮淮入河，至阳武，陆挽百七十里抵卫辉，浮于卫，所谓陆海兼运者也”。

明永乐九年（1411年），平江伯陈瑄重开会通河，漕船在临清入卫河，时称“卫漕”。至此，漕运方式发生重大转折，即以内河为主的南粮北运成为定例，漕粮海运、陆运基本停止。卫河临清以上的上游段仅承担附近山东、河南州县的漕粮运输，并改由大名府的小滩镇起运，向东北行30里即达山东冠县。至万历初年（1573年），一度移至回龙镇起运，后又改回小滩镇。清康熙三十五年（1696年），河南巡抚李国亮将起运地点由小滩镇改移卫辉，以便就近盘剥，然路途较远，挽运苦累。两年后，在山东任城八卫的请求下，仍改回小滩镇。

这一时期，针对卫河的河流特点，为减轻西部诸水汛期洪水对运河的威胁，在运河以东兴建了一批减水闸坝，开挖了若干减河。如永乐五年（1407年），在卫河东北开沟渠，“泄水入旧黄河，至海丰大沽河入海”；永乐九年（1411年）在德州开挖四女寺减河，弘治元年（1488年）在沧州开挖捷地减河、在青县开挖兴济减河，都用于宣泄卫河的汛期洪水；嘉靖十四年（1535年），重修四女寺、捷地、兴济3座减水闸，并在东光县增建一座新减水闸，这4座闸门各宽5米，总宽度约相当于卫河床的三分之一。此外，为了减少水患，在滨海地区还疏浚了一些旧有河渠，如浮河、靳河、马颊河、土河、商河、徒骇河等。

明代对卫河也进行过多次整治。正统四年（1439年），筑青县卫河堤岸；正统十三年（1448年），采用御史林廷举的建议，“引漳入卫”；正统十四年（1449年），黄河决临清四闸，御史钱清“浚其南撞圈湾河以达卫”。

明代还对经常溃决的漳河河道进行了整治。永乐九年（1411年）漳河决口与滏阳河合流。据《磁州志》记载，“漳得滏助，每于涨溢时大为民害。明成化十一年，州判张埕塞其交汇之口，疏滏北流而漳渐远徙，二水遂分”。成化十八年（1482年），邯郸知县张梦辅又疏浚滏阳河下流。正德元年（1506年），再浚滏阳河。经过几次疏浚，使滏阳河成为一条比较安顺的河道，它北汇滹沱河，顺流而入卫运河，可直达津、京。漳、滏二河的整治，对卫河的作用很大。

7. 清代的南运河

清代，南运河的主要问题是运河水量不足，这使得清朝廷陷在漕运、防洪和灌溉的种种矛盾中，在实践中不断做出调整，最终采取以保漕运输为主的治水原则。在引卫济运方面，经历了由顺治年间的将卫河闸板封贮、不准农灌引水，到康熙年间的漕运与灌溉用水按三比一进行分配，再到乾隆时期将卫河水全归运河以全力保漕运输的过程。

由于南运河流域地势低平，对运河的治理工程主要是加固加高堤埝，以防洪水泛溢决口，影响通漕。然而，由于河床不断淤积，堤防也不得不愈筑愈高，给沿线地区埋下了严重的水害隐患。

清朝廷为了保证漕粮运输，不惜以巨大的人力财力为代价进行维修整治，但运河的状况并未得到根本的治理，尤其是漕船进入北运河时，有时不得不采取“起六存四”等减载行驶的措施。

乾隆五十三年（1788年），春旱少雨，各河水势低弱，漕运总督毓奇惊呼：“今因卫河浅阻，起空过浅颇费周章。若南粮吃水较重，挽入卫河更必胶滞难行”，于是“飞饬沿河地方官，赶紧多备拨船。”（拨船，指用于倒驳的小船）。

由于运道经常因水深不足而影响浮舟济运，清廷逐渐加强了对漕船建造与载重量的限制措施。对于漕船载米，顺治时规定每船为500石，康熙六年（1667年）改为400石，康熙二十一年（1682年）规定漕船吃水不得超过6捺，空船不得超过4捺。各省建造的漕船也一向各异、大小不同，康熙六年（1667年），统一规定了漕船额式：长度为7丈1尺，后改为以10丈为度。对漕船建造的各项技术指标也都有具体的要求，并颁发了《浅船额式》《工料则例》《三修则例》和《留通变买》等规定，各省划一。清代对漕运船舶的技术要求，是以南运河和北运河的通运条件为依据而制定的，这在当时基本上是相适应的。

南运河上的纤夫

乾隆帝首次南巡时过南运河德州段浮桥的场景（《乾隆南巡图》局部）

乾隆帝首次南巡经过德州时，须横渡南运河。从图中可以看到，当地人用10余艘船只紧密地横排在南运河上，搭成一座浮桥，乾隆帝及其随行人员或乘坐轿子或骑马轻松有序地通过。在此过程中，乾隆帝还曾赋诗一首《过德州作》：“运水浮桥蟒蝀悬，重印城郭富人烟。观民喜见千家聚，问岁知逢五熟连。调幕多惭休颂我，书禾有庆益祈天。十分心始三分慰，次第评量驿路前。”

1918年3月顺直水利委员会成立，1925年改称为华北水利委员会。在此期间，该机构采用现代水利技术对南运河进行了治理。

（1）三岔口处南运河口的改移。1918年6月，在对天津三岔口大弯道进行裁弯的同时，修建大王庙改辟河口工程，并将南运河口稍向上移。

（2）新马厂减河工程。清末，马厂减河开通以后，天津小站下游逐渐河身淤塞，泄水和通航能力减弱，小站上游25公里范围内每届汛期即决口成灾。为排泄小站上游马厂减河的洪水，1918年改建九宣闸，并另辟马圈引河，泄量100立方米每秒。新减河的上口起于九宣闸下游约30公里处，位于马厂减河南岸，减泄之水东南向流约13公里直达浅滩。河口设5孔泄水闸一座，每孔净宽6米。工程完成后，南运河洪水由此排泄入海，为天津增添一重保障。

华北水利委员会全体宣誓就职（《华北水利月刊》）

1934年，华北水利委员会整理运河讨论会成立（《华北水利月刊》）

在抗日战争和解放战争时期，卫运河是流经冀南解放区的一条主要河道，在极其艰苦的战争环境中，各级民主政府仍然十分重视对它的整治。在此期间的工程主要包括以下几项：

（1）泄水设施。卫运河上游来水量大，下游宣泄不及时屡屡受灾。1945年7月，冀南行署决定在卫运河左岸申街附近修建分洪闸，向北宣泄洪水经淋沟至清凉江。1947年春动工，新建分洪闸闸洞长30尺，宽15尺，高24尺；分洪渠道自申街向北经尖家、何寺和吏洼等村，至司寨村，全长40里，渠道上口宽6丈，以分洪为主，适当兼顾灌溉。竣工后，免除水灾3万顷，灌溉农田2000顷。

（2）裁弯取直。为使洪水下泄通畅，1946年，冀南区在卫运河裁直河弯14处，分布在馆陶、夏津、清河、武城、恩县、故城等县，使原河道由36.5公里缩短为6.35公里，除险20处。1946—1948年，又自南馆陶以下裁直弯道22处，使河道长度由42.44公里缩短为8.81公里。其中较大的南馆陶弯道由3050米减为250米；董庄弯道由1500米缩短为30米；郑口弯道由1340米缩短为100米。然而，由于裁弯过多，曾出现过洪水下泄过快、下游防汛负担加重以及河弯下移并陆续产生新弯道等问题。

（3）排水设施。为解决卫运河周边的排水问题，1946年开挖黄官屯排水渠，即武北排水工程。黄官屯位于武城河西最北部故城和武城两县交界的地方。黄官屯一带积水来源为馆陶以下卫运河决口及沥水，积水面积南北长百余里，东西宽约10公里。历史上黄官屯向北有一条泄水渠，后因两县结下宿怨，其北面横亘故城东西大坝一道，阻水北流。新开渠道长7.5公里，上宽4丈，下宽2丈，均深6尺。该渠由武城北黄官屯村后起，下接故城所属之杨家河、饮马河注入清凉江，包括衔接的旧河道，全长约10公里左右。

北大关浮桥（《老天津：津门旧事》）

北大关浮桥，又称钞关浮桥，位于天津北门外南运河北岸。清康熙九年（1670年），清政府在南运河北岸两侧建起天津钞关，主管往来货物税收，由南运河进京的商船，必须经北码头大关完税后才可通行。

9. 现代南运河

1955—1957年，对已严重淤塞的四女寺减河进行了三次较大规模的治理。

1963年海河流域特大洪水，毛泽东主席发出“一定要根治海河”的号召，由此拉开根治海河的群众性运动，漳卫南运河是治理重点之一。1971—1972年，开挖疏浚了漳卫新河和四女寺减河，使漳卫河洪水直通入海，拥有了单独的入海口；同时改建了津浦铁路桥和四女寺枢纽。1972—1973年开始对卫运河展堤、局部裁弯、挖深槽等扩大治理。并加固了漳河、卫运河堤防。

1971年，开挖漳卫新河施工现场

1971年，开挖漳卫新河时的大坝碾压现场

1958年以后，南运河河水逐渐减少，至1965年基本断流。现南运河除汛期承担行洪任务外，也成了南水北调的主要输水河道。

南运河德州九龙湾（2019 年，魏建国、王颖　摄）

1.3.2　水源工程

卫河上源枯水期屡患水少，明代常引他水接济，直至合漳水后水源才充足。然而，漳水善决易徙，明代200余年间与卫河常有分合。因此南运河早有上源与引灌农田的矛盾，涝则有下游决溢之患。最上源为河南辉县百泉，自古有灌溉之利，明代建有仁、义、礼、智、信5闸壅泉引水。潘季驯时提出漕运季节如卫河需水，应闭5闸，禁止引灌。至清代遂以济运为主，泉水有余及非漕运月份始许引灌。为避免汛期漳、卫下游水患，除修守堤防外，自明永乐时始开挖减河以宣泄卫河洪水，后减河增至4处。

卫河上游虽有丹、沁、淇、洹、漳河汇入，但丹河仅开一分支，名小丹河，引水入卫济运。淇、洹二水几乎无甚影响，唯有漳、沁二河影响最大。

1. 百泉济运

卫河源于百泉。据《魏书 · 地形志》记载，隋大业四年（608年），隋炀帝开永济渠，导百泉水注之。据《明史 · 河渠志》记载，卫河源出河南辉县苏门山百门泉。

百泉发源于苏门山南麓，因“泉流百道”而得名百门泉、百门陂；又因湖底石隙间有无数泉眼而涌水如珠，得名珍珠泉；再因泉水注入卫水而有卫源之称。《诗经 · 国风》云：“泉源在左，淇水在右”“毖彼泉水，亦流于淇”。这两句诗中的“泉源”“泉水”均指百泉。

百泉济运始于隋代，但早在商代已开始引用泉水灌溉。魏晋南北朝时，灌溉已有一定规模。据孙去烦《百门坡碑铭》记载，至唐代，百泉“吐纳堤防，周流稼穑”，即已建有堤防和水门。据《宋史 · 河渠志》记载，至宋代，“御河上源止是百门泉水，其势壮猛，至卫州以下，可胜三四百斛之舟，四时运行，未尝阻滞”。这说明，宋代时航运已成为百泉的主要功能之一。元代，卫河为京杭运河的重要组成部分。

百泉与卫河的位置关系示意图（《三才图会》）

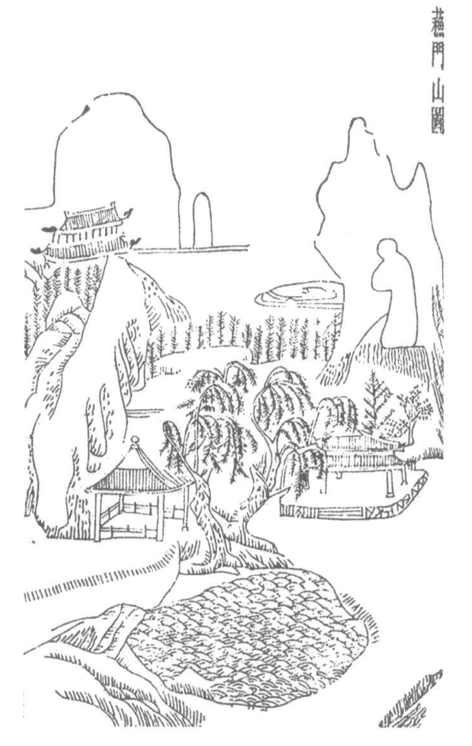

苏门山及百泉示意图（《三才图会》）

苏门山百泉图（清　乾隆《卫辉府志》）

百泉（聂鸣 /FOTOE）

百泉湖清晖阁（聂鸣 /FOTOE）

自明中叶后，随农田灌溉的发展，灌溉与漕运需水的矛盾相继出现。明嘉靖年间，在百泉河上建水闸5座：马家桥上闸、马家桥下闸、张家湾闸、稻田所闸、裴家闸，清代改称仁、义、礼、智、信5闸。为解决灌溉与漕运需水间的矛盾，万历六年（1578年），辉县知县聂良杞“建立条格，刻石闸上”，根据户部有关规定启闭5闸，以合理分配水源。

清代对百泉河用水制定有诸多规定。康熙三十年（1691年）规定每年三月初一至五月十五日封板济运，即“三日放水济运，一日塞口灌田”，其他时间则用竹络装石堵口，以便“大流济运，余水灌田”。雍正五年（1727年），内阁学士何国宗在5闸上游建三座斗门，将百泉河水分为三股，中斗门分水一半，济运保漕，两侧斗门共分水一半，用于灌田。乾隆年间规定，航运期间，灌溉闸门一概不得开启。光绪十九年（1893年）则有“官八民二”“官七民三”等分水规定。

百泉湖涌金亭与卫源庙（聂鸣 /FOTOE）

卫源庙位于百泉湖北岸，始建于隋，唐、宋、金、元曾多次修葺，明代重修有山门、方亭和大殿。山门面阔三间，进深三间，门额上镌“卫源庙”字样。进山门经方亭至清晖殿，大殿面阔七间，进深两间。东侧有石碑5通，其中唐长安四年（704年）的《百门陂碑铭》记载有百泉的水利情况。涌金亭建于北宋，金代重建，明清重修，壁上嵌有宋、金、元、明、清碑刻50余块，其中有北宋文学家苏轼书写的“苏门山涌金亭”碑刻一块。

历史时期，百泉的最大流量为8.6立方米每秒，从无枯竭记载。由于百泉为太行山浅层水至1964年前后，由于连年干旱，地下水得不到补给，加上苏门山以北机井成网导致水位下降，百泉泉水开始断流。百泉河上的5座水闸仍在使用，虽经多次改建，其三七分水的原始闸形仍基本保持原样。其中，仁字闸分一大一小两个闸孔，基本保持原来的型制。

百泉现有古建筑上百座，主要有卫源庙、孔庙、龙亭、清晖阁、无梁殿等建筑群。拥有历代碑刻350余通，著名的有唐《百门陂碑》《灵源亭碑》等。

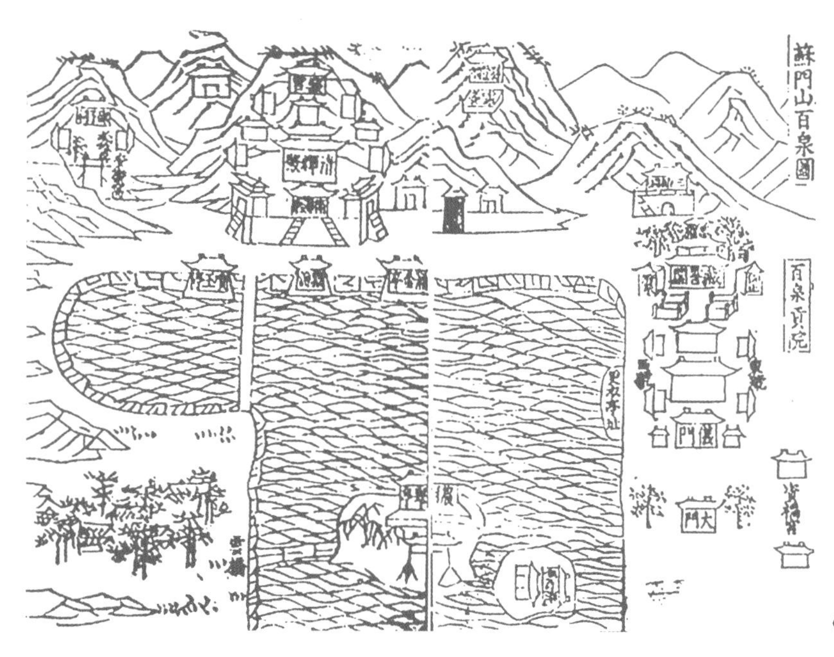

苏门山百泉图（清　顺治《卫辉府志》）

卫源庙（2018年，杨其格　摄）

卫源庙位于百泉湖北岸，始建于隋，唐宋金元曾多次修葺，明代重修山门、方亭和大殿。山门面阔3间，进深3间，门额上镌“卫源庙”字样。进山门经方亭至清晖殿，大殿面阔7间，进深2间。东侧有石碑5通，其中唐长安四年（704年）的《百门陂碑铭》记载有百泉的水利情况。涌金亭建于北宋，金代重建，明清重修，壁上嵌有宋金元明清碑刻50余通，其中有北宋文学家苏轼书写的“苏门山涌金亭”碑刻一块。

卫源庙匾额（2018 年，杨其格　摄）

苏轼“苏门山涌金亭”题刻（2018 年，杨其格　摄）

2. 引漳济卫及漳卫二河的分合

三国曹魏时期，曹操开白沟和利漕渠，漳河开始与运道相通；隋代开永济渠后，漳河成为南运河的重要水源之一。在此后的千百年间，漳河开始不断地与以今南运河为主体的运道分合纠葛。除了人为地引漳河水济运外，由于其泥沙含量高、改道迁徙频繁的特性，漳河还在改道迁徙的过程中不断地冲击其泛滥范围内的运道。

唐代，漳河的变迁改道日益频繁，大致有南道、中道和北道之分。其中，南道流经馆陶及其以南；北道流经小漳河以西，途径宁晋泊；中道介于两者之间，在沧州或青县一带入永济渠。

明清时期，漳河变迁改道更加频繁，有时分为两支，有时分为三支甚至四支。

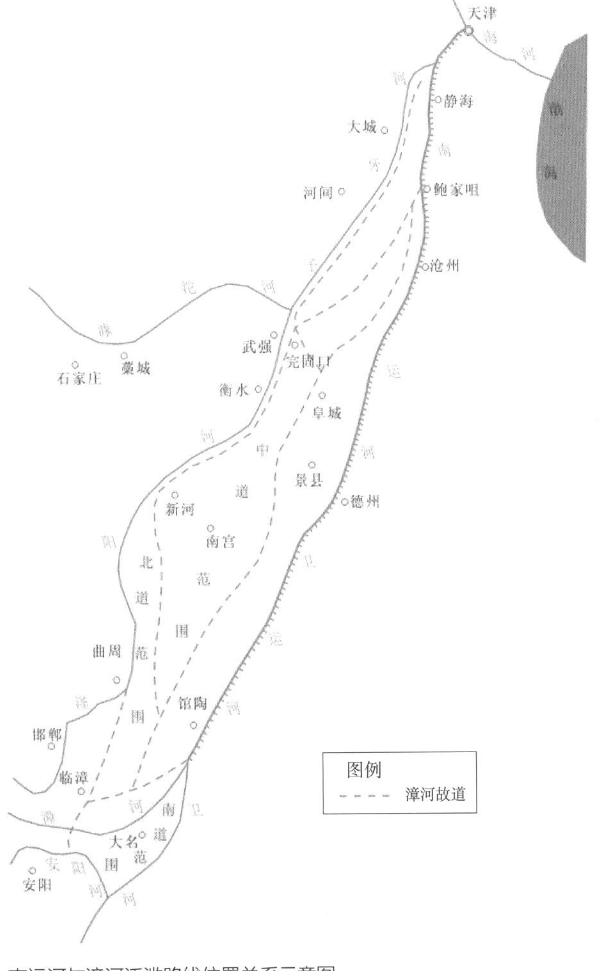

南运河与漳河泛滥路线位置关系示意图

明初至永乐九年（1411年），漳河在临漳分为两支，一支由临漳行中道，经成安、肥乡、曲周，由河间府趋天津入海；一支由临漳行南道，至馆陶西南25公里处，与卫河合。永乐九年（1411年），漳河决张固村，合滏阳河北流，行北道，后全部入滏阳河，东流通卫河的河道逐渐堙淤。宣德十年（1435年）修堵漳河，疏通通卫河的水道以济运，但北流似未全断。

明正统元年至四年（1436—1439年），漳河连年决溢泛滥，水灾严重。正统十三年（1448年），监察御史林廷举在漳河上建闸，遏漳河水使通卫河济运，开大规模引漳入卫之先河。

明万历二年（1574年），漳河由魏县、成安、肥乡入滏阳河，馆陶之流遂绝。明屡次规划挽漳入卫，终未得实施。

清康熙四十三年（1704年）以后，漳河多支分流的散漫状态逐渐结束而集中到南道。康熙四十五年

漳河故道（1979年）

1963年8月海河流域大水期间卫运河临清头闸口堤岸抢险场景（《漳卫南运河志》）

漳河左堤魏县段（1990年，梁东湖、蒋金锁《魏县水利志》）

（1706年），因卫河水弱，经馆陶县疏浚，漳河由此归南运河。

清乾隆二十七年（1762年），在漳河成安段建坝筑堤后，这一支成为漳河的主流。此后，历经嘉庆、道光、同治、光绪等朝，漳河虽又多次决口和改道，但均在南道范围内。

总而言之，明清时期漳河改道泛滥的路线大致分为三支：一支走北道，合滏阳河至天津入海；一支走南道，在馆陶以南入卫河；中道则是在北道和南道的范围内摆动。在明洪武元年（1368年）到清末的540年间，漳河较大的改道不下50次。其中，走南道入卫河的时间最长，长达389年，因此对南运河的影响极为深刻。

3. 引沁入卫济运

隋大业四年（608年），隋炀帝开永济渠，在河南武陟东岗头引沁水，在河北汲县西入清水（即永济渠）。唐代，永济渠一度因黄河改道而淤塞。此后，明清都曾设想过引沁济卫，但经过踏勘后均未得实施。沁水发源于山西中部的太岳山东麓，在河南武陟县入黄河。

明正统四年（1439年），沁河自武陟马曲湾决入卫河，沁、黄、卫三河连通，但通航近半年后又逐渐淤塞。

明景泰三年（1452年）七月，河南按察司佥事刘清请自正统四年（1439年）沁河决口处引沁入卫济运。次年八月，又请疏浚武陟冈头一带100余里的河道，引沁入卫济运；行人王晏则请在冈头置闸，分沁水南入

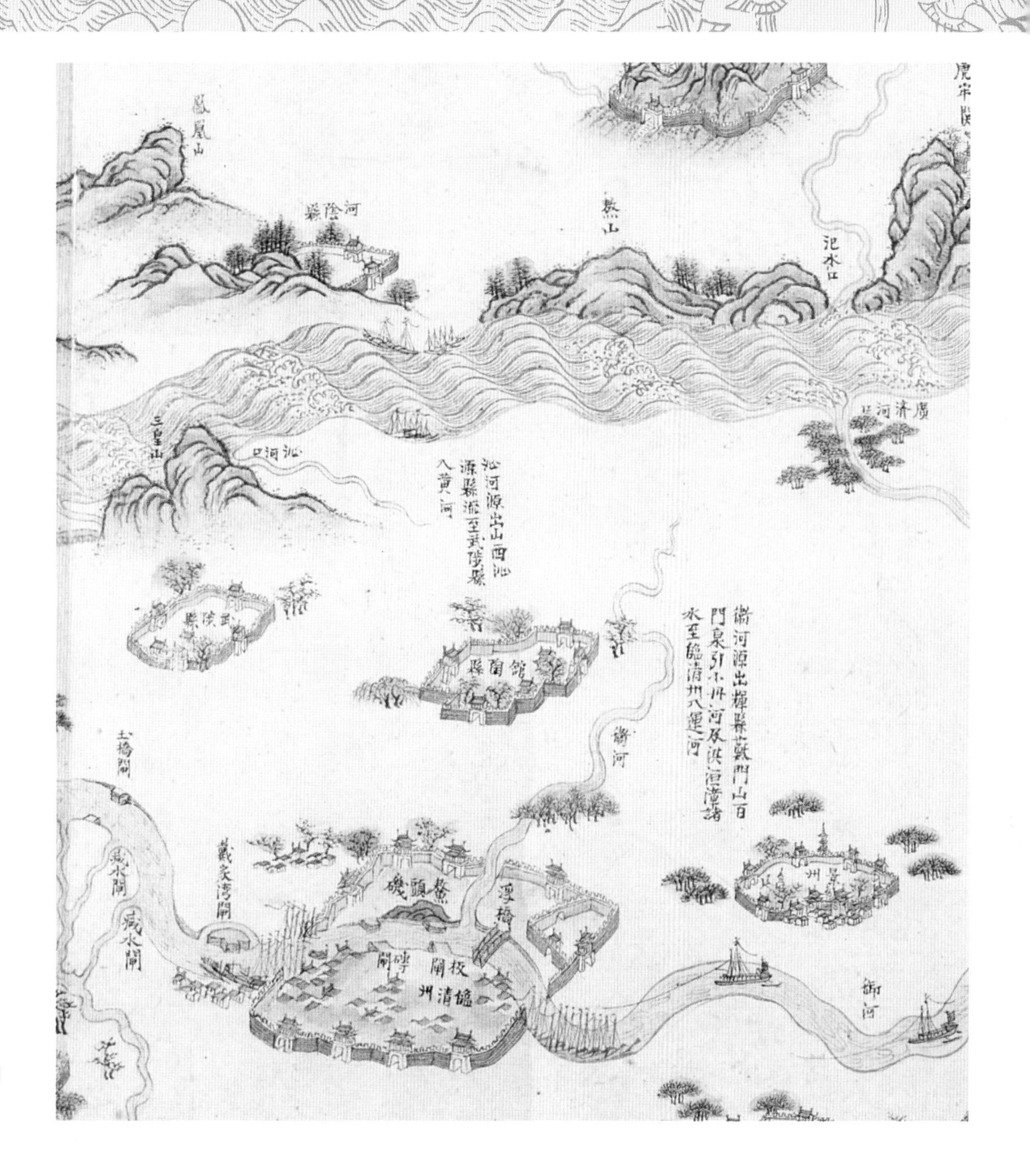

沁河与卫河位置关系示意图

（清　康熙《黄河全图》）

黄、北入卫，随水涨落节制。然而，这些建议都未能得以实施。

明万历十六年（1588年），漳河北徙，卫河水浅，漕运总督杨一魁建议引沁水入卫，给事中常居敬则加以反对，理由是卫辉地势低于黄河，开沁后恐有黄河倒灌之患，且卫小沁大、卫清沁浊，恐利少害多。

清康熙四十五年（1706年），济宁道张伯行再请，仍不得行。

4. 引丹入卫济运

为保证卫河水源，清代还实施过引丹入卫济运的措施。丹河为沁河的支流。

清顺治、康熙年间，南运河春夏之交常患浅涩，而当时大丹河自河内（今河南沁阳）丹河口分为多条渠道灌田，于是开始实施引丹水入卫济运。

清康熙二十九年（1690年），河南巡抚阎兴邦与总河王新命商定，每年三月初，用竹络装石堵塞灌田诸渠，逼水归小丹河入卫济运；至五月底漕船过完后，始开诸渠灌田。次年，改为丰水年照前议执行；枯水年则自三月初一日至五月十五日，三日放水济运，一日堵塞河口灌田；其他时间，听民便用。

清康熙三十一年（1692年），以五月正是农田灌溉需水之时，卫河上源百泉河和万金等渠开始仿照小丹河之例，改为用竹络装石堵塞，正流济运，余水灌田。

清雍正四年（1726年），内阁学士何国宗请筑小丹河清化镇以下堤防，河东一里开水塘，同时建石闸三座，分为三渠，以小丹河为官渠，其余东西两渠为民渠，并将诸泉源挑浚深广，使其入卫济运。

1.3.3 防洪工程

南运河为卫河下游，兼为卫河洪水排泄通道。自漳水改由馆陶入卫后，汛期卫河洪水量益增，且“河狭地卑，易于冲决”。因而，自明永乐年间开始，先后在德州以北运河东岸开挖减河多处，分洪东流入海。所挖减河自南而北依次是德州四女寺、哨马营减河，沧州捷地减河，沧州、青县之间的兴济减河，以及天津马厂减河，各河口建均减水闸坝，控制泄水量。

1.3.3.1 四女寺减河

四女寺减河是南运河上最早修建的减水工程，位于山东武城县四女寺村东北卫运河、漳卫新河和南运河交汇处，建于明永乐九年（1411年）。

是年，卫水决溢，工部尚书宋礼以会通河引汶水北通卫河，恐卫河水涨倒灌会通河，建议在临清南魏家

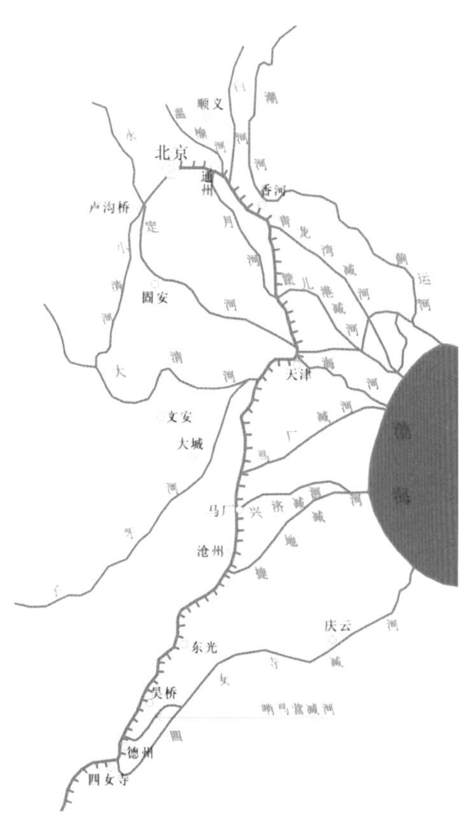

南运河减河示意图

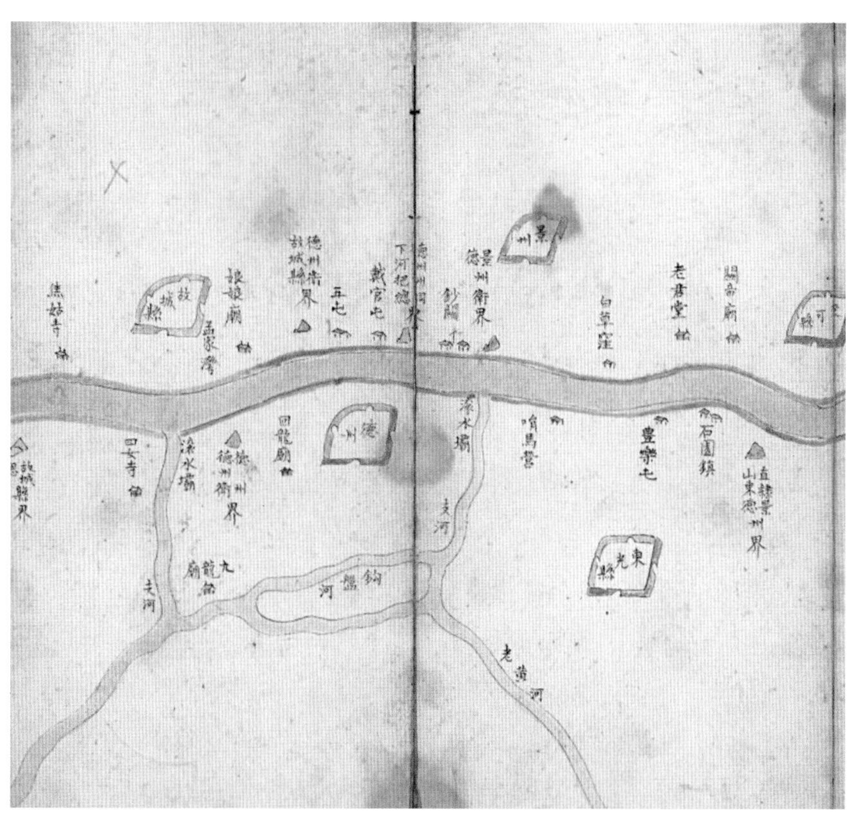

四女寺和哨马营滚水坝及减河示意图（清　中国水利水电科学研究院　藏）

四女寺减河（2019 年，魏建国、王颖　摄）

湾开小河两道，分运河水入土河（今马颊河）；在德州城西北开小河一道，分泄运河水入黄河故道，至大沽河口入海，长四百五十七里，是为四女寺减河前身。时减河自上口至黄河故道仅十二里，其中五里为旧有沟渠，五里为古路，二里系平地。两河开成后，因漳河北决入滏阳河，东流通卫河的水道逐渐淤塞，并未发挥什么作用。

明弘治二年（1489年），黄河决开封及金龙口，北决入张秋运河。户部侍郎白昂自东平至兴济开小河12道，引水入清河及黄河故道入海，并于河口建堰，根据运河涨落及时启闭。时白昂将减河上口由永乐年间的德州城西北移至西南三十九里处，即今址。嘉靖十年（1531年），巡按直隶御史詹宽建议于德州置石闸，减水东流入海。4年后，修复德州四女寺和景州泊头镇减水四闸，分引涨水入海。37年后，即万历元年（1573年），漳水北决入滏阳河，不复入卫，各闸逐渐淤废。

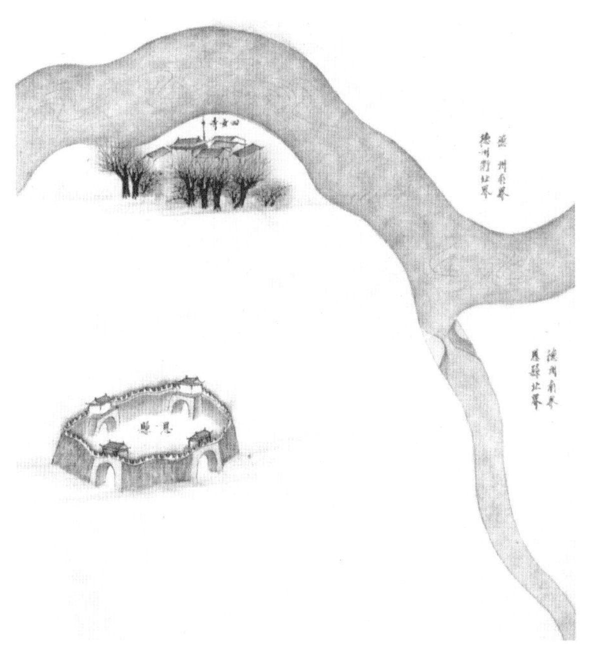

四女寺减河及减水坝（清　张鹏翮《治河全书》）

清初，四女寺减河淤平，闸座废坏，山东、直隶一带运河经常泛滥。康熙四十四年（1705年），修复减水闸。雍正四年（1726年），内阁大学士何国宗请将四女寺减水闸改为滚水坝。矧坝宽8丈，坝脊高河底一丈7尺，两边用石裹头，上做板桥，以利交通。坝下挑支河五百余丈，宽十丈至十四五丈不等，底宽五丈至七丈不等，深一二尺至一丈二三尺不等。不久，采纳侍郎赵殿最的建议，以下游尚多淤塞，改自坝口至德州九龙庙入老黄河，长2300余丈。

清乾隆二十七年（1762年），展宽四女寺滚坝金门，共宽12丈。中间矶心（相当于消力墩两座，各高一丈4尺4寸，坝脊高河底一丈一尺，坝下运河水深7尺5寸。雉次年，为进一步分减德州、景州积水，东河总督张师载、山东巡抚崔应阶请将四女寺坝门及坝下支河再展宽12丈，共宽24丈。计10孔，各孔间有矶心。

明清时期虽对四女寺减河进行过多次维修，但主要集中于滚水坝及其减河上游10余里河段，下游400余里不设堤防，任由河水漫流，起不到减河的作用，至光绪年间全部淤废。

1956年，对四女寺减河进行治理，设计行洪流量达400立方米每秒。1957—1958年，兴建四女寺枢纽。1971—1976年漳卫河中下游扩大治理时，从四女寺至吴桥县大王铺（基本沿原金钩盘河的故道）新辟一条岔河，全长43.5公里，设计行洪流量2000立方米每秒。同时将四女寺减河扩挖、筑堤，设计行洪流量1500立方米每秒。经过此次治理，四女寺减河、岔河及汇流以下河道统称漳卫新河。

四女寺老船闸（2019 年，魏建国、王颖　摄）

1.3.3.2　兴济减河

兴济减河是南运河的分洪河道，位于今沧州、青县之间。因兴济在北，捷地在南，兴济减河又称北减河，捷地减河称南减河（砖河），当地人称“娘娘河”。

兴济减河开挖于明成化三年（1467年）。是年，在开挖捷地减河的同时，在河北兴济县北5里处开挖兴济减河，河口建石闸一座，南距捷地减河25公里，两河并行，至下游合二为一。然而，由于工程潦草，二减河的作用不大。嘉靖十年（1531年），巡按直隶御史詹宽请修复兴济闸，“以石甃之”。4年后，御史曾翀再请。嘉靖十六年（1537年），重开减河，至丰台堡以东入海。明末，渐淤塞。

清雍正三年（1725年），南运河决溢13处，怡贤亲王奉命重修。次年，怡贤亲王允祥主持重修兴济石坝，开挖引河90里，与捷地减河汇流，至黄骅歧口附近入海。乾隆二十年（1755年），在捷地、兴济石闸添设闸板，以时启闭。为加强对两减河的管理，在沿线村庄选择老成晓事者，每10里立渠长二人。将堤防工段分编字号，令汛员在其上种植柳树。清乾隆三十六年（1771年），将兴济闸改为滚水石坝，并将坝顶高程降低一尺。嘉庆十二年（1807年）前后，由于河道淤积，坝口低矮，又将坝顶增高二尺。清末，兴济减河逐渐淤废。

1963年大水后，在根治海河过程中，兴济减河为子牙新河取代，子牙新河大体沿兴济减河南岸流过。由于南运河扩建过程中曾实施裁弯取直和拓宽工程，兴济减河坝址已无从找寻。

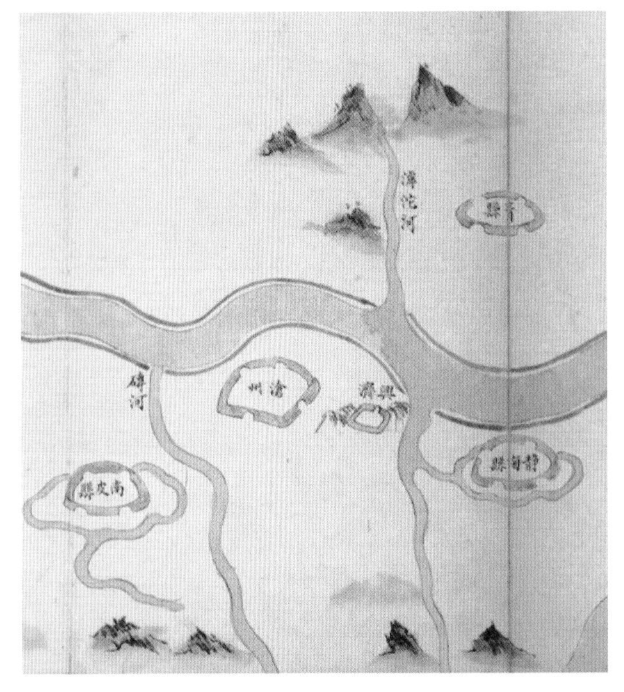

清代兴济减河示意图

兴济减河遗址（河北省文物局　提供）

1.3.3.3　捷地减河

捷地减河是南运河的分洪河道，又名南减河或砖河，因起自河北沧州捷地村而得名，又因捷地在南、兴济在北而名南减河。河口建闸控制泄水，河道历经整治，自开挖至今走向基本未变。

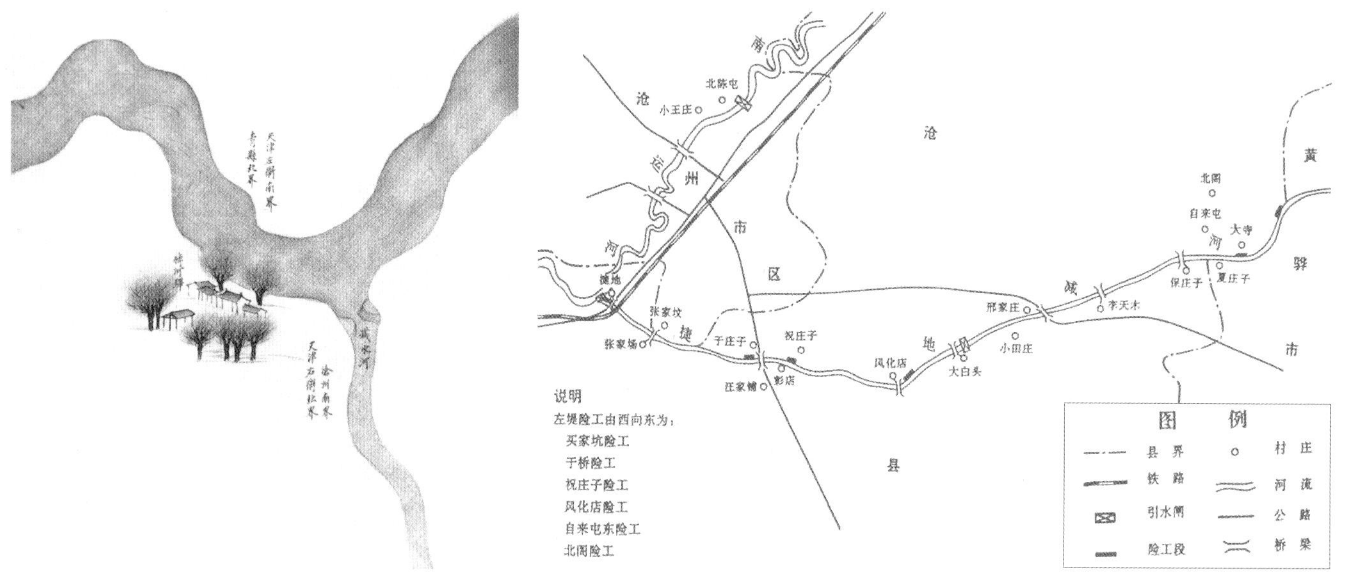

捷地减河（清　张鹏翮《治河全书》）

捷地减河流经路线示意图

捷地减河枢纽俯瞰图（2019年，魏建国、王颖　摄）

捷地减河开挖于明弘治三年（1490年），起自捷地镇，东北流至今黄骅歧口附近入海，全长80多公里。后因河道规模小，且处于低洼地带，河身难以容纳，沿河田稼屡遭淹没，加之万历元年（1573年）后漳水北决入滏阳河，捷地减河逐渐淤废。

清雍正三年（1725年），南运河溢决13口，怡贤亲王允祥奉命查修水利，亲临现场，在沧州砖河（即捷地减河）建5孔石闸一座，闸口共宽8丈，开挖引河，长120里。次年，竣工。乾隆三十六年（1771年），将减水闸改建为滚水石坝，坝顶落低一尺二寸。时捷地减河北岸有涵洞4个：子来屯、小吴家庄、阎家庄及吕家庄；南岸有一个，即吕家庄，用来灌溉沿线农田。嘉庆十二年（1807年）南运河淤积，捷地滚水坝坝口低矮，又将坝顶抬高二尺二寸。道光二十四年（1844年），对捷地减河进行裁弯取直。光绪十七年（1891年），直隶总督李鸿章主持疏浚捷地减河。

中华民国时期，将捷地滚水坝改建为分洪闸。20世纪80年代以后，捷地减河除承担行洪外，还兼顾排沥及灌溉输水。目前，捷地分洪闸仍可找到古代工程遗迹，闸上用砖有的镌有“雍正十年临清砖窑户张泽作头吴起承造”字样，也可见到古代铁钉。

捷地分洪闸（2019年，魏建国、王颖　摄）

捷地减河（2017年）

捷地分洪闸中的启闭机（2019年，魏建国、王颖　摄）

该启闭机于1933年购自德国西门子公司。

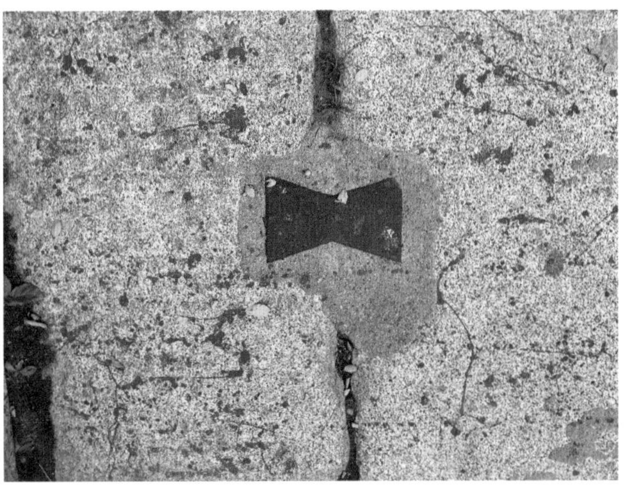

捷地分洪闸现存铁锔（2017年）

古代修筑石堤时，为使条石墙体更加牢固，在条石平面连接处往往镶嵌铁锔（又称铁锭），通过铁锔两头倒扣榫的拉扯，使石块连成一体。

1.3.3.4 哨马营减河

哨马营村位于山东德州城西北6公里处闸子村附近南运河右岸。

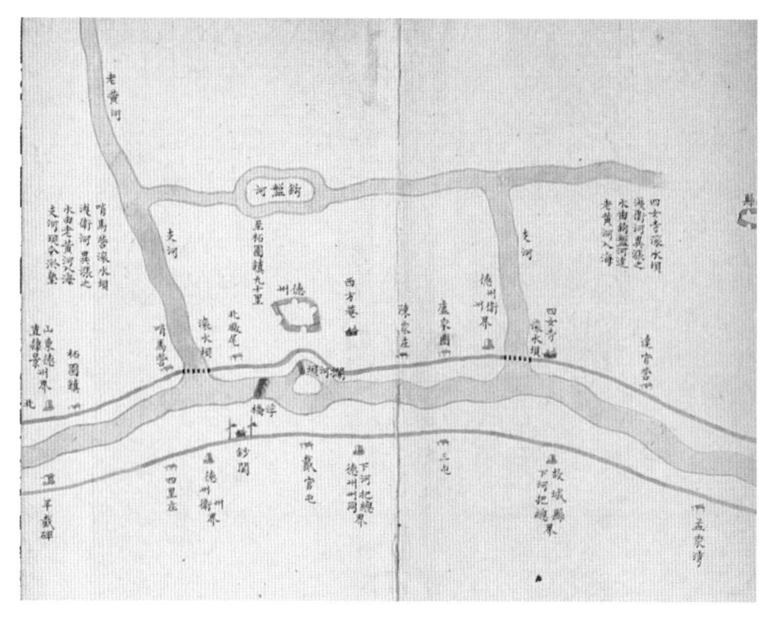
哨马营滚水坝及减河示意图（清）

清雍正十一年（1733年），卫河水涨，自德州境内南运河东岸老虎仓、哨马营、第三店等处漫决。次年，哨马营运河东岸再次漫溢。山东巡抚岳浚建议在决口处就势利导，开挖哨马营减河，长1789丈，东行10里至陈公堤，由曹家决口入钩盘河故道，东北流至吴桥县玉泉庄入老黄河，合四女寺减河水归海，共长160公里。同时在减河口建流水石坝一座，长12丈，坝顶比海底高一丈6寸，中建矶心12座，两岸遥堤相距百丈并筑缕堤束流。两年后建成。自此，南运河历二千余年之推演嬗变完成。

乾隆十三年（1748年），将哨马营滚水坝坝顶高程降低二尺。此后，哨马营减河一直发挥着较好的效益。嘉庆年间，哨马营减河逐渐淤塞，至嘉庆十三年（1808年），河身久已淤平。道光四年（1824年），山东巡抚琦善奏请再开哨马营减河，但未能实施。

哨马营段南运河（2009年）

哨马营减河现已废弃，河道遗迹难以找寻，仅在长庄村发现残存的小段减河南堤和北堤。此外，在德州以北闸子村南运河堤防上，还可看到当年修建减水石坝所用石块。

1.3.3.5 马厂减河

马厂减河位于天津静海县南部，最初以减河口所在地而得名靳官屯减河；后由于该减河是由当时驻扎在马厂的淮军开挖而成，又改名马厂减河。在南运河的减水工程中，马厂减河开挖得比较晚，竣工于清光绪七年（1881年）。

清咸丰年间，南运河年久失修，四女寺、哨马营和兴济等减河大多淤废或泄洪不畅，仅靠捷地滚水坝一口分流，汛期盛涨时仅能减水二三尺，其减河通水处仅长40里，下游入海尾间70余里已经淤塞不通，洪水顺河下行时经常在天津靳官屯至津门之间泛滥，清朝廷几次商议开挖新减河，都因财力不足而难以筹措。

清光绪元年（1875年），李鸿章奉命兴修京津地区的水利。淮军提督周盛传专任京沽屯田事务，在对天津东南纵横百余里的形势进行了反复踏勘后，提出了排除积水、引淡涤碱、种植水稻的方案。

清光绪五年（1879年），李鸿章调盛、铭字两军30余标营（一营为850～900人）军兵，分段开挖马厂减河。次年，竣工。减河西起静海县靳官屯村南，东流经小站北，至大沽口入海。在开挖减河的同时，在靳官屯南的减河口建石质五孔双料石闸一座，每孔宽1丈9尺，名靳官屯闸，又称九宣闸，取其宣泄九派之意。工程启用后，李鸿章丹书《南运减河靳官屯闸记》，刻碑石立于闸北。

清末，漕运停止后，马厂减河逐渐淤涸，水患大增。1917年，靳官屯减河南岸赵连庄决口4处。1920年，重开靳官屯减河，改名马厂减河。1932年，为减轻马厂减河的负担，从钱圈附近新开一条减河入北大港，名马圈引河，主要从中游泄洪；同时在减河口建新式节制闸一座，初名洋闸，现称马圈闸。马圈引河的泄洪能力为120立方米每秒，分洪水量占来洪量的四分之三。

1953年，开挖独流减河，在万家码头附近横穿马厂减河，使其变成两段。此后，较大的水流同时由独流减河溢入北大港。1957年，在马厂减河上建成赵连庄节制闸，以限制马厂减河泄洪和防止独流减河高水位倒灌；并扩建马圈分洪闸，分泄马厂减河洪水经马圈引河入北大港。1963年8月海河特大洪水期间，马厂减河最大分洪流量达193立方米每秒，超过保证流量（140立方米每秒），行洪25天。1968年，扩建独流减河扩建，废除两河平交口，马厂减河的行洪功能全部由马圈引河取代，形成了今日格局。

今天的马厂减河上起九宣闸、下抵马圈节制闸，长31.2公里。九宣闸至今已逾百年，除闸门和启闭设备更新换代外，其他建筑均未改建，保存完好，且仍在发挥效益。

九宣闸及其所在减河位置俯瞰图（2019 年，魏建国、王颖　摄）

九宣闸（2019 年，魏建国、王颖　摄）

天津《南运减河靳官屯闸记》碑（天津考古所提供）

1.3.3.6　护岸工程

南运河河道比降大，坡陡流急，水易下泄，不便航行。于是明清及近代通过有意保留弯道以延长河线，有效地延缓了河道比降，但同时易在较大拐弯处形成险工。为保证南运河防洪安全，明清及近代在险工处修建了众多护岸工程。

1. 郑口挑水坝

郑口挑水坝位于河北省故城县郑口镇，共5座，建于1947年，是大运河沿线砖砌险工的代表，主体结构至今保存完好。

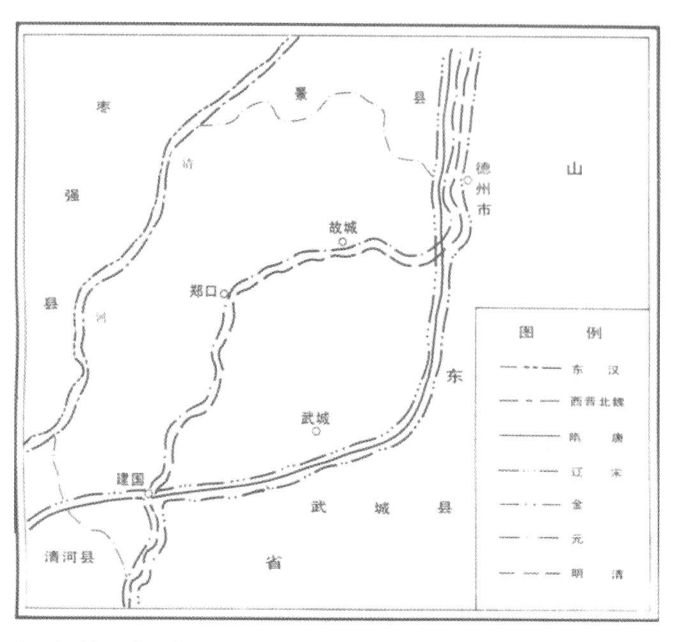

郑口与南运河位置关系示意图

郑口镇在明清时期为故城县县治所在，“居民稠密，贾肆繁多”。但该段运渠河槽弯曲，自古有“甲马营一盘绳，弯弯曲曲到武城”的谚语流传。据《故城县志》记载，郑口至故城间的运渠，在清乾隆二十年（1755年）时航道里程为46里，至道光二十六年（1846年）时，因河身“日形弯曲”，航道里程增至81里。郑口镇就位于该段运河的大拐弯处，运河河道在此由南北向转而向东偏北。因此，它是名副其实的险工，近代以来的历届地方政府都非常重视护岸工程的修筑。

郑口挑水坝俯瞰图（2018年，魏建国、王颖　摄）

郑口挑水坝（2018 年，魏建国、王颖　摄）

挑水坝上的“抑息狂澜”题刻（2018 年，魏建国、王颖　摄）

郑口挑水坝（2018 年，魏建国、王颖　摄）

受资金和运输等条件的限制，1949年前南运河故城段护岸工程的修筑基本采用就地取材的方式，多用砖木，工程形制主要包括重力挑水坝和碎砖护岸两种。期间，郑口以北段共筑挑水坝5座、碎砖坝10余处；以南段共筑护岸33段，其中以砖夯筑者25段。

为避免洪水冲刷堤岸，清道光二十三年（1843年）在南运河郑口至徐庄段修筑龙尾埽195丈。

1946年修建的郑口和故城碎砖坝是南运河沿线最早见诸记载的碎砖护岸。其中，郑口碎砖坝长253米，宽1.7～3.3米。故城西南镇碎砖坝长231米，系拆用日伪“炮楼”碎砖修建而成。由于砖坝易受冻蚀风化，后逐渐为石料取代。

1947年对南运河进行局部整治时曾在郑口险工处修筑重力挑水坝5座，所用材料为青砖，由指定的砖窑专门烧制而成。由于选料严格，做工精细，此后又用砖石及时加以护基、接高，这些挑水坝至今保存完好，且仍在发挥作用。当时的县长杨敬桥曾题有“抑息狂澜”4字，被烧制成青砖，砌在挑水坝上。

由于施工工艺的科学性，郑口挑水坝虽历经大洪水的侵袭，但主体结构仍然得以较好的保存，2005年对部分堤坝进行加高加固。其中一个重力挑水坝正面刻有“民国三十六年即西历1947年桃月建筑”，清晰可辨。坝体顶面黄土裸露，立面上部为水泥抹面，下部为青砖，部分坝体顶部塌陷，最南端重力挑水坝北有7个水位标尺，河滩地种有大量柳树。

2. 油坊码头

油坊码头位于河北省邢台市清河县油坊镇，清末修建，是大运河沿线少见的保存较为完好的砖砌码头。

油坊码头遗址及险工为明清时期码头遗址，同时兼具险工功能，故码头因停航废弃后，得以修缮使用，现存总长933.8米，高10.2米，材质以青砖为主，辅以干砌石、浆砌石及少量红砖筑砌。该处运河主河道也基本保持了古代漕运河道的形态。

油坊码头全景俯瞰图（2018年，魏建国、王颖 摄）

明末清初，油坊镇是南运河沿线重要的水陆码头，来往客船络绎不绝，来自外地的食盐和煤炭等在此卸下，产自清河县的硝盐、皮硝和火碱等则由此运出。然而，由于油坊码头位于南运河河道大拐弯处，河槽浅而弯曲，每逢雨季，决溢频仍。据《清河县志》记载，清光绪九年（1883年）八月大水，南运河冲决，油坊镇水灾严重。1926年，卫河决田家口，油坊镇受灾村庄占全县总数的一半以上。

油坊码头砖堤砖坝（2018年，魏建国、王颖 摄）

油坊码头是名副其实的险工。据民国明代每年汛期，县大夫调集民夫千余人，日夜守护卫运河堤岸。清代至民国，堤工由河工县丞管理，在沿河十一处险工设堡房（现汛屋），每遇河水涨发，昼夜传签防守。沿河18村分作20牌（段），每年春天，各牌出工岁修堤防，遇有重大工程与县府协商，全县出工帮修。

1927年，清河县实业科长安玺符在油坊镇北崇兴寺筑月堤200余丈，底宽8丈，顶宽2丈，高1.4丈。

1947年冀南区专员、县长联席会议上决定采取“上游与下游兼顾，重点在下游；民力与需要兼顾，重点在民力”的治河方针，在馆陶县徐万仓至阜城间实施裁弯、培堤、修坝等工程，并在险工段堆筑碎砖块进行防护。次年完成，先后处理险工70处，其中朱唐口11处、劝礼37处、油坊22处。通过修险加固，使该段运道洪水下泄流畅，险情减少。

油坊码头砖堤砖坝（2018年，魏建国、王颖 摄）

中华人民共和国成立后，多次加固南运河尤其是油坊码头的险工堤防。如1950年在后孙庄、油坊、朱唐口修抛石坝329米。1951年对后孙庄、油坊东北、朱唐口、油坊北、渡口驿等9处险工进行加固，修筑抛砖坝675米。1961年又在油坊南修浆砌石坝100米等。

1.4 会通河

会通河是京杭运河地势最高的河段，元至元二十六年（1289年）开通。会通河北起山东临清与南运河相接，南端的位置则随着运河路线的改变而变化。明万历三十二年（1604年）泇河开通前，会通河南至徐州接黄河；泇河开通后，南至邳州直河口接黄河；清康熙中运河开通后，南至微山湖韩庄湖口接中运河。目前山东运河仅济宁以南段通航，南至微山湖二级坝接中运河。

明代会通河示意图

会通河台儿庄段（2019年，魏建国、王颖　摄）

会通河济宁段（2019年，魏建国、王颖　摄）

会通河穿越山东地垒，是大运河沿线地势最高的河段，尤其是济宁南旺段，高程达40余米，与大运河沿线地势最低点扬州长江口三江营间的地形高差达50余米，因而有“运河水脊”之称。会通河的水文特点与通惠河类似，沿线没有大江大河流经，降水量年内和年际分布不均，多年平均降水量为600多毫米，年度降水主要集中在6—9月，因此水源匮乏是会通河的主要问题。这些因素决定了会通河对引蓄水工程和控制性设施的高度依赖。元明清时期主要通过开发并汇集泰、沂、蒙诸山西麓的泉水济运，利用沿线安山、南旺、马踏、马场、蜀山等北五湖和南阳、昭阳、微山、独山等南四湖作为调蓄水柜，修建南旺—戴村坝枢纽和金口

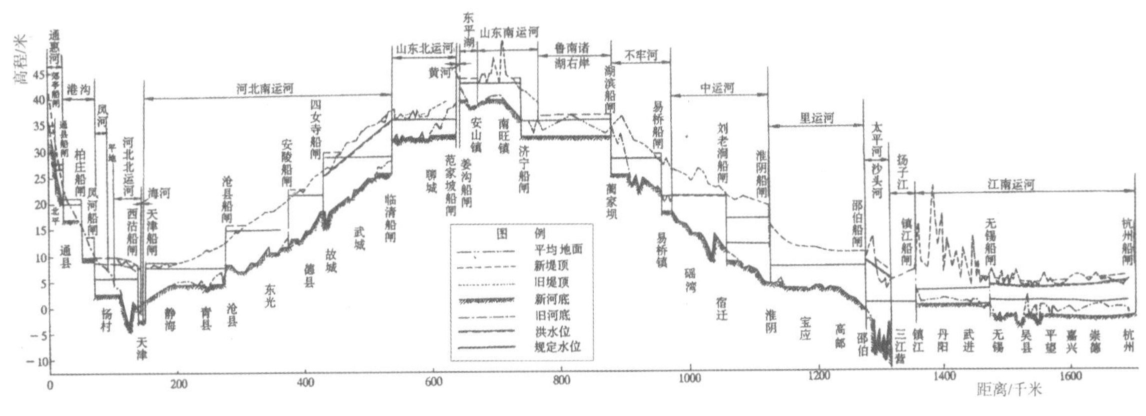

会通河的高程与位置示意图

坝枢纽等引水分水工程，沿线修建数量高达50座的节制闸群等，成功实现了多条河流的水源调配和运道水深的调控。

会通河运行期间正值黄河夺泗入淮南徙期间（1128—1855年），因此深受黄河决溢的侵扰。1128年黄河自河南开封决口后，主溜经徐州夺泗水河道，在今江苏淮安与淮河汇合后东流入海。明万历三十二年（1604年）泇河开通前，会通河济宁至徐州段利用泗水河道作为运道，至徐州入黄河，因此该段运道受黄河干扰最大。为避免黄河北决的干扰，明中期后多次改移运道路线，先后开南阳新河、泇河、皂河、中运河，使运河逐渐脱离黄河的影响。1855年黄河自河南铜瓦厢改道后，自张秋夺大清河自山东利津入海，会通河运道逐渐萎缩，济宁以北不再通航。

会通河与通惠河的开通是以北京为终端的纵贯南北的京杭运河全线贯通的标志，它的建成宣告了隋唐宋时期以西安、洛阳、开封为终端的东西大运河的终结，不仅极大地缩短了大运河的航程，而且有力地展现了大运河空间布局与政治、经济中心的密切关系。

不再通航的大运河阳谷段（2019年，魏建国、王颖　摄）

1.4.1　河道

会通河是在山东境内早期运河的基础上变迁和发展而来的。它的开通宣告了隋唐宋时期以西安、洛阳、开封为终端的东西大运河的终结，并成为以北京为终端、纵贯南北的京杭运河全线贯通的标志，不仅极大地缩短了大运河的航道里程，而且有力地展现了大运河空间布局与政治中心迁移之间的密切关系。

1.4.1.1　春秋战国时期的菏水与济淄运河

春秋战国时期，各诸侯国争霸，战火频仍，出于政治和军事的需要，各国统治者经常利用天然河流运输军队和粮饷，逐渐形成区域性水运网，山东境内的运河以菏水和济淄运河最具代表性。

1. 菏水

周敬王三十六年（公元前484年），吴王夫差为争霸天下，率水军渡过淮河，沿泗水北上，在艾陵（今山东莱芜东北）打败齐国后，为转师向西与晋国争霸，于公元前482年在宋、鲁之间即今山东鱼台和定陶之间开挖运渠，沟通济水和泗水两大水系。因其水源主要来源于古菏泽，故称菏水。菏水在定陶东北的古菏泽引水东流，经定陶以北、金乡和鱼台县城以南，至谷亭镇（今山东鱼台县东北）入泗水。鱼台位于泗水边，定陶位于济水边，二水之间为一片沼泽，除大野泽外，还有菏泽和雷泽等，这些湖泽为后来会通河水柜的雏形。菏水开通后，吴王夫差率水军由菏水上溯至济水，在济水河畔的黄池（今河南封丘南）与晋人会盟，争做盟主。

菏水是山东境内第一条人工运河，也是黄河流域最早开凿的人工运河。它与邗沟都由吴王夫差所开，二者一脉相承，开凿伊始便被纳入春秋时期的大运河体系。由于泗水是淮河的支流，淮河又经邗沟与长江相通，而济水分自黄河，实际上是黄河的支流，因此船只可由长江经泗水、菏水入济水，再由济水入黄河。可以说，以菏水为纽带，首次将济水、黄河、淮河和长江四大水系连结为一体。

2. 济淄运河

济淄运河是约在战国齐威王时期（公元前378—前320年）齐国为沟通都城临淄与中原地区的水路联系而开挖的。西汉史学家司马迁在《史记·河渠书》中所谓的“于齐，则通淄、济之间”指的就是这条运河。当时在今山东临淄城东北有淄水东北入莱州湾，城西还有一条较小的时水，其下游汇入淄水。临淄地理偏东，与中原地区的水路联系较为困难。为改变这一状况，齐人便利用临淄城北五六十里处的济水，在淄水和济水之间开挖了济淄运河，从而沟通了其与中原地区的联系。

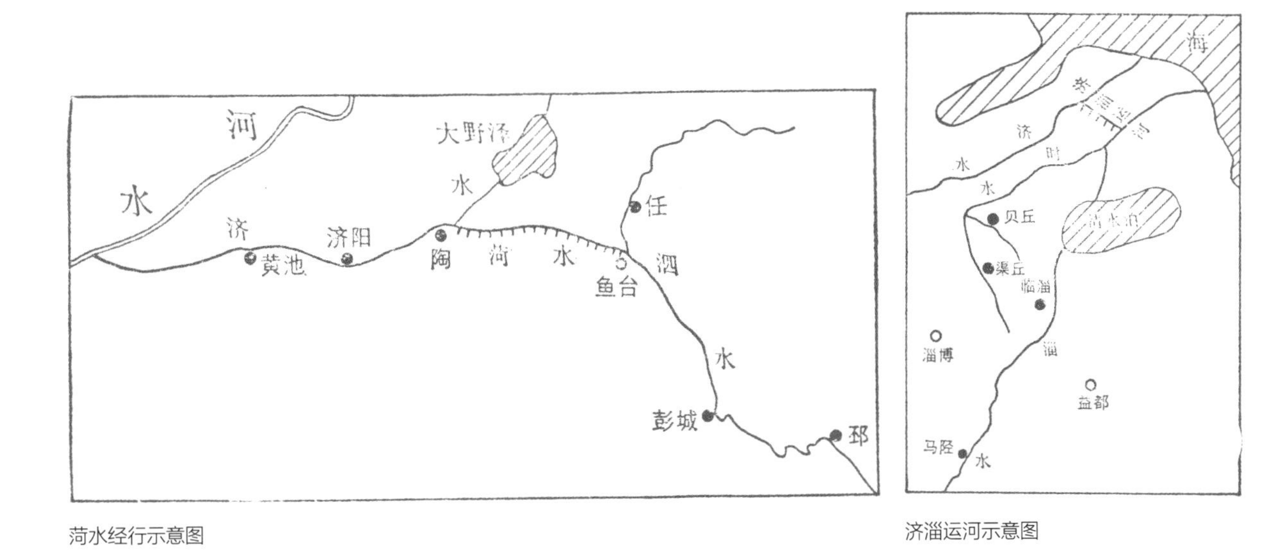

菏水经行示意图

济淄运河示意图

济淄运河开凿后，齐国的船只由临淄出发，经济淄运河入济水，再由济水可进入中原地区的曹、宋等国。秦始皇灭齐后，济淄运河逐渐废弃，成为淄河的一部分。

1.4.1.2 秦汉魏晋南北朝时期的山东运河

王莽始建国三年（11年），黄河在魏郡（今河北临漳）决口，正流改道入漯川，至今山东利津东北入海。此后，黄河泛滥于今河北以东数郡达60年之久，并南侵山东境内，济水、泗水、菏水等水道多被淤塞，水路运输受到影响。

东汉永平十二年（69年），王景主持治河，在“河汴分流”的原则下，采取筑河堤、立水门、疏浚淤沙、裁弯取直等措施，固定了从荥阳到千乘（今山东利津）海口的新河道，即东汉到隋唐五代的黄河下游河道。自此，黄河、漯河合流，漯河被黄河取代，黄河和济水成为山东境内通往中原地区的主要水路通道。

东汉建安九年（204年），曹操在今河南浚县西南淇水入黄河处筑枋堰，横截淇水，引淇水入白沟。此后，山东境内主要通过济水、黄河与白沟相通，从而与中原及其他地区联系。

卫河浚县云溪桥段（2019年，魏建国、王颖　摄）

浚县古城墙与卫河（2019年，魏建国、王颖　摄）

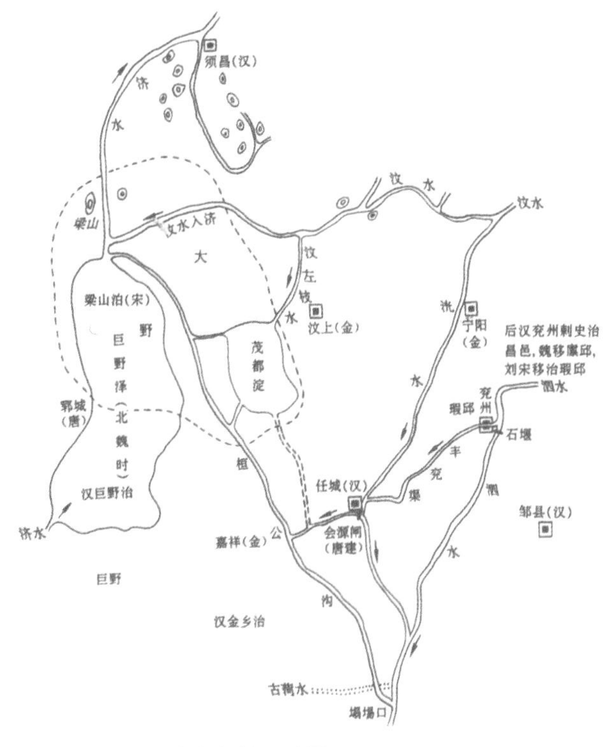

元代以前泗、汶、洸诸水济运示意图

这一时期，泗水在济宁一带东北折，再北流，仅有沂河、洙水等支流，都较为狭小。如要向北通航，需开凿人工运渠，将泗水与汶水、济水、巨野泽、茂都淀等河流淀泽加以连通。

东晋永和八年（352年），晋穆帝为讨伐当时占领汴城（今河南开封）的前燕将领慕容兰，令下邳（今江苏邳县）守将荀羡发兵，“自洸水引通渠，至于东阿以征之”。下邳是泗水所经之地，荀羡率军由泗水乘船溯流北上，至山东鲁桥入洸水，再溯洸水而北，至宁阳县东北洸水引汶水处，然后沿汶水至安山入济水，大致经大汶河下游一段，过东平至东阿。这就是后来所称的汶洸运道。

13年后，即太和四年（369年），桓温率军征伐前燕，路遇大旱，水军溯泗水至金乡后难以通行，桓温便派大将毛穆之自泗水以西开渠，由菏水过巨野泽，北通汶水和济水，由济水入黄河。由于该渠由桓温主持开挖，因名桓公沟，又称洪水。它南自鱼台附近接泗水，北至嘉祥附近入巨野泽，穿过巨野泽西北与济水相接，长300余里，沟通了泗水与汶水、济水、黄河间的水运交通。

桓公沟由两段组成，巨野东南之薛州诸口为两段衔接处。在此之南，沿菏水故道至谷亭泗水，长约90公里，乃是利用河道疏浚而成；薛州诸口之北，经任（今济宁）之西、郓城之东，至洪口合济水之处，长约60里，通清、济（元代济州河前身），是新挖的河道。

桓公沟的开挖沟通了金乡、鱼台、巨野、济宁、郓城、东平之间的水路联系，它与荀羡所开的汶洸运道共同构成山东西部地区两条平行的南北向水路。

桓公沟开通后40余年，即东晋义熙十二年（416年）刘裕北伐后秦，见桓公沟已被堙塞，便重新疏浚以通水军。当时水军分两路北上，一路由泗水入汴渠和黄河；一路由泗水经桓公沟入济水和黄河。由于该段运道未加渠化，往往因水浅而行程迟缓。如南朝元嘉七年（430年）南朝宋将到彦之率水军攻打北魏，自淮河入泗水，每天才走10余里，四月自淮入泗，七月才抵达须昌县（今山东东平西北）。

至此，山东境内的水运系统逐渐出现以下四个方面的新变化：一是黄河运道移到漯川一线，馆陶至德州间的运道为白沟所取代；二是定陶至东平间的济水逐渐湮没，仅东平至广饶间尚保持通航；三是菏水运道已经淤浅，济、泗两水间出现两条南北方向的新航线——桓公沟和汶、洸运道；四是汴渠和泗水运道基本保持原来的形势，仍然是南下徐州以通汴渠、淮河的要道。其中，桓公沟、汶洸运道都是为了满足军事运输的目的而开挖的南北向运河，后因疏于治理而逐渐淤塞不通，但它们为元代纵贯南北的大运河的开通奠定了基础。

1.4.1.3　隋唐时期山东境内的运河

隋代立国后，为加强对江南和关东地区的控制，先后开凿永济渠和通济渠，形成以今西安和洛阳为中心，南自杭州、北至北京的南北大运河。隋代大运河的形成，不仅是中国水运史上的重要里程碑，也改变了山东境内水运网络的空间格局。

1. 泗水运道成为通济渠的支线

由于泗水自古便是山东通往淮河流域的主要运道，隋代曾进行过治理。开皇初年（581年），兖州刺史薛胄在兖州城东的泗水河上筑金口坝，开丰兖渠，引泗水西至济宁与桓公沟连通。当时，薛胄在兖州东即今黑风口一带筑石堰，拦截泗水南去之路，然后导泗水西流，大致为近代府河一线，并开挖新河以达济宁，由此构成沂、泗运道。

隋开皇七年（587年），隋文帝开山阳渎，船只自山阳渎入淮后，再经泗水至徐州入汴渠，然后经汴渠与山东境内的济水等河流连通。

隋大业元年（605年），隋炀帝开凿通济渠，并对汴渠进行大的改道，新汴渠由泗州入淮河。自此，通济渠取代山东的泗水、沂水、菏水、济水和桓公沟等运道，成为沟通黄河与淮河、长江的水运干线。泗水运道演变成为通济渠的支线，而济水、菏水和桓公沟等运道则因不常利用和频受黄河决溢影响而处于分段通航的状态，局部河段甚至逐渐淤塞不通。

唐代，仍注重泗水运道的治理。武德七年（624年），大将尉迟恭导汶河和泗水至任城（今山东济宁），建会源闸分流，同时整治徐州、吕梁二洪，以运输粮饷。

2. 山东境内的永济渠

隋大业四年（608年），隋炀帝为准备对高句丽的战争，开永济渠，引沁水南达黄河，北通涿郡。永济渠是在曹魏旧渠的基础上利用部分天然河道建成的，它与前代的白沟、清河相接，至天津后再西北行，最终到达涿郡（今北京）蓟城。隋代永济渠与曹魏旧渠的不同之处在于，除利用沁水沟通黄河和白沟外，在内黄以下较曹操所开白沟略向东，改走馆陶、临清、武城、德州一线，也就是说进入今山东省境内，从德州东北流，抵天津。永济渠成为山东境内通往北方的主要运道。

唐代永济渠的路线与隋代基本相同，只是其上游与沁水再度分开，只引清河、淇水二水济运，由淇水进入黄河以达今北京。

唐载初元年（690年），开湛渠，引汴水注白沟，通漕山东兖州等地。

为保漕运，唐代对永济渠进行了改善和整治，使其逐渐具有航运、灌溉和排洪等功能。久视元年（700年），为分泄黄河下游洪水，减轻其对永济渠的压力，在德州平昌一带疏凿马颊河（又称新河），上接黄河，东流入海。这实际上是一条减河。

唐末，南北运河已阻塞不通。后周显德二年（955年），周世宗柴荣治理汴河，同时修复五丈河。两年后，又"疏汴水，北入五丈河，由是齐鲁舟楫皆达于大梁"。五丈河即唐代所开湛渠，湛渠西段原为白沟，东段为山东古菏水的部分故道，后因上源淤断而无法通航，经后周疏治得以畅通，因河宽5丈而名五丈河。显德六年（959年），又命步军都指挥使袁彦疏浚五丈河，"东过曹、济、梁山泺，以通清、郓之漕"。五丈河的疏治，不仅使山东境内增加了通往中原地区的运道，而且为宋代内河航运的发展创造了新的条件。

1.4.1.4　宋金时期山东境内的运河

北宋以汴京为都城，城市繁华，人口众多，对江南地区的粮食和物资供应极为依赖，因而重视漕运，大力整修运道。其中，与山东运河有关的主要是广济河。

北宋开宝元年（968年），后周所开五丈河改名为广济河，成为向都城汴京（今河南开封）转运山东等地粮食和物资的重要运道，也是北宋以开封为中心的四大漕河之一。当时，广济河自开封东北行，经今河南兰考北部，进入今山东定陶、菏泽之间，再向东北，经今山东郓城、巨野、梁山、安山，汇入当时的北清河（即山东大清河）。宋代曾两次开白沟河，一次是在至道二年（996年），自开封至徐州，长600余里，以沟通淮河与泗水之间的漕运，未成而罢，后用作排水渠；另一次是在熙宁六年（1073年），计划引京索水为源，以清水渠代替高含沙的汴河，自汴京入潍河通淮、泗，长800里，兴工未成而罢。

南宋建炎二年（1128年），为阻止金兵南下，宋东京留守杜充掘开黄河大堤，这是黄河南泛由泗入淮的开始。在此后的"数十年间，或决或塞，迁徙无定"，黄河泛滥地区水灾频仍，河流、湖泊相继淤积。地处黄泛区的山东西部地区未能例外，河流、湖泊淤积严重，泗水、广济渠淤塞不通，大、小清河也随之形成。

在长达700多年的黄河夺泗、淮入海的过程中，泗水运道受到极大的影响：一方面，黄河携带大量的泥沙淤积其航道；另一方面，徐州至淮阴间的泗水河道被黄河夺占后，泗水正流出路受阻，长期滞留于济宁至徐州间的沼泽洼地，逐渐形成连绵240余里的南四湖，泗水在山东段的河道演变成为南四湖湖区。

黄河的长期泛滥还导致大、小清河的形成。

唐代，为区别黄河和济水，称山东境内的济水为"清河"。至宋代，又有南、北清河之分。熙宁十年（1077年），黄河自澶州（今河南濮阳）决口后，改道南流，又东流汇于梁山泊，分为两派，一派合南清河入淮河，一派合北清河入海。其中，北清河自山东东平汇入汶水，由东阿至历城一段仍为济水故道；但自历城折而东北流，所经济阳、齐东、青城等县都是古漯水故道。汶水未汇入济水故道前，其东平至戴村段河道称大清河，故汶水汇入济水后，从东阿至海口的北清河亦统称大清河。

小清河之名，始于南宋初年伪齐刘豫时期（1130—1137年）导泺水东行。当时大清河北移，影响到山东海盐的外运，刘豫为获得更多的财富作为其逐鹿中原的资本，同时解决大清河以南与泰、沂山脉以北地区的洪涝问题，积极开发小清河，"导泺水，筑堰于历城（今山东济南）华山之南（名下泺堰），壅水东流以益章丘之流"，从而恢复海盐运输。历城以下的济水故道被称为小清河。小清河至今已有800余年历史，一直发挥着排水、灌溉和航运等综合作用。

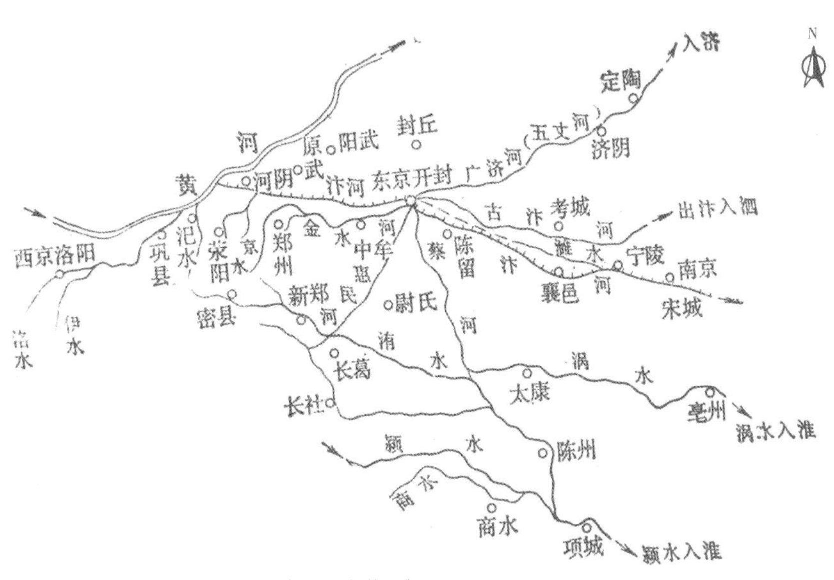

宋代广济河及东京（今河南开封）附近水道示意图

大运河山东段

1.4.1.5 元代京杭运河山东段的开凿

元代改金中都为大都（今北京），并在中都东北营建都城，规模宏大。政治中心由开封改移大都后，将南方的财赋尤其是数百万石漕粮像前代一样运抵大都成为元代政府的首要任务。当时自杭州至大都间唯有大都至通州，山东卫河以南至汶泗河两段尚无运道。因此，元代积极筹备开凿济州河和会通河。元人常称济州（今山东济宁）至须城县（今山东东平）安山镇段为济州河，安山以北至临清段为会通河，二河沟通汶、泗和卫河，又通过泗水南至徐州与黄河合流。后来济州河和会通河统一称会通河。

1. 开凿前的勘测与规划

会通河开通以前，将江南漕粮输送至北京的运道主要有三条：①由长江入海北上；②由淮扬运河北至淮安，溯泗水、洸水至山东东平，转入大清河至利津转海运，或转陆运北至卫河再水运；③由淮扬运河北至淮安后，再由淮河入黄河，溯黄河至河南封丘中滦镇，转陆运至淇门入卫河北上。三条运道中，海运途中往往船只覆溺，死者无数；两条内河运道则迂曲不便，甚至常因水源匮乏而难以通行，且须水陆转运，费时费力，损坏船只。

元至元十二年（1275年），丞相伯颜统兵南下伐宋时曾访求通往江淮的水道，次年自临安（今浙江杭州）回师时建议开挖运道，“令四海之水相通”，正式提出开挖南北大运河的设想。漕运副使马之贞闻讯后，趁机建议在今济宁城以南汶河、泗水合流处与北清河（今黄河）之间开挖新河，北引汶河，东引泗水，分流南北以济运，南通江淮，北达京津，由此正式提出开挖会通河的设想。忽必烈高度重视这两个建议，派遣都水监郭守敬赴河北和山东，对卫河、泗水和汶河等水系及其临近地区的地形地势进行查勘与测量。

郭守敬接受任命后，围绕泗水、汶水和卫水等水系之间能否沟通这一重点，对鲁西地区的水文和地形进行了勘察。他勘察的水系主要包括：卫河的德州至大名段；泗水的济宁至沛县段、徐州以东的吕梁洪段；汶河的东平至宁阳堽城段。勘察的地形地势主要包括：东平清河（大清河上游）至临清御河二河之间的地形地势；卫州（治今汲县）御河到东平清河之间，再稍北由东平过西南水泊至汲县以北的御河等水系之间的地形地势。根据勘察的结果，郭守敬认为山东具有沟通南北大运河的自然条件。济宁以南有古泗水运道沟通淮河，临清以北有御河（即永济渠）通向天津，济宁至临清之间的200余公里虽为陆路阻隔，但鲁中丘陵地区有众多天然河流、湖泊和数量可观的泉源，可为山东运河提供充足的水源。这实际是郭守敬拟定的开挖山东运河以打通纵贯南北的京杭运河的初步规划。此次调查成果使元朝廷下决心利用山东汶河、泗水、卫河等水道，开挖人工运河，进而完成大运河经由山东的裁弯取直工程，同时为此后的工程实践提供了必要的前期工作和基本依据。

郭守敬纪念邮票（1962年）

2. 开济州河和会通河的开通

早在南宋时期，泗水流域为金、宋边界争夺区，两国常利用泗水航道运送军队和粮饷。蒙古灭金后，与南宋以淮水为界南北对峙。宪宗七年（1257年）修复由汶水入洸水通泗水的水道，并在今宁阳东北的汶水上修建堽城坝，设斗门，遏汶水入洸通泗济运。堽城坝经过几次大修扩建，一直沿用至明中叶。

至元十八年（1281年）十二月，元世祖派遣奥鲁赤、刘都水及精于算术者一人，往济州（今济宁）确定开河夫役。次年（1282年），命兵部尚书奥鲁赤（又作李奥鲁赤）主持开挖济州河，自济宁至安山长130余里，南接泗水运道至徐州与黄河连通，北至东阿与大清河通，至利津河口通海运。济州河以汶、泗二河为水源，汶水自堽城坝分水入洸通泗，至济宁会源闸后南北分流济运。至元二十年（1283年）济州河

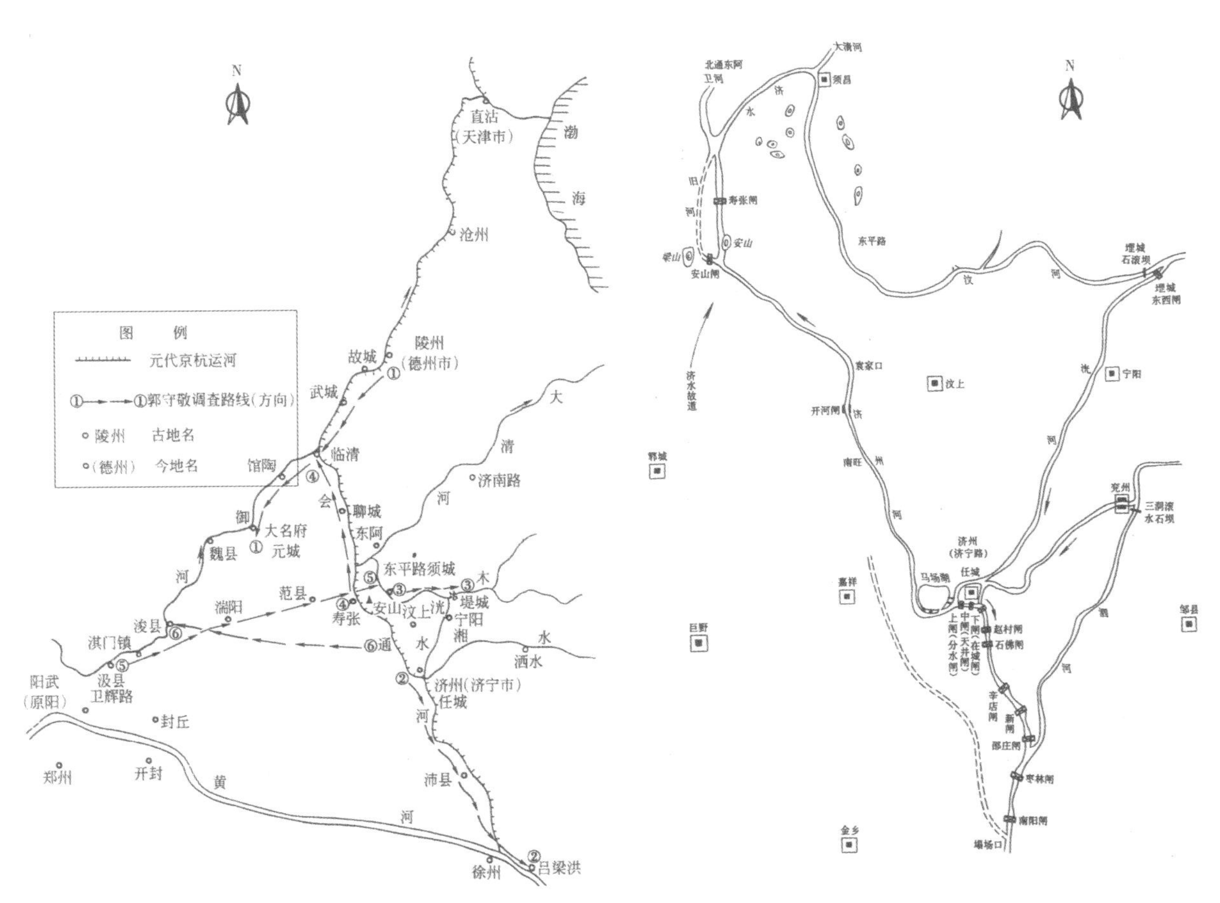

郭守敬勘察路线与元会通河经行示意图

元代济州河示意图

成。该河开通后，沟通了泗水和大清河水系，使江南漕船不再绕道黄河，而由淮河入泗水，经济州河、大清河至利津入海，再海运至天津直沽，西入御河上溯至北京。济州河的开通证实了郭守敬查勘成果的可靠性和其对山东段运河规划的合理性，为此后会通河的开凿及京杭运河顺利穿越地势最高且水资源匮乏的山东地垒段提供了实践经验。

元至元二十二年（1285年），开始整修泗水运道，在济宁以南至徐州和邳县之间沿运河设置纤道、桥梁，并任命马之贞为漕运副史。

济州河开通后，因经由济州河、大清河入海的运道常受利津海口泥沙的淤塞，南来船只需经济州河改从东阿登陆，陆运200里至临清入御河，再水运至北京，而陆运所经的茌平一带洼地夏秋积水难行。为了解决东阿至临清间的陆运困难问题，元至元二十四年（1287年），太史院令史边源和寿张县尹韩仲晖先后建议自安山开渠至临清以通卫河。次年，朝廷命漕运副使马之贞和史边源等人查勘地势，预估工料，并绘图上报。

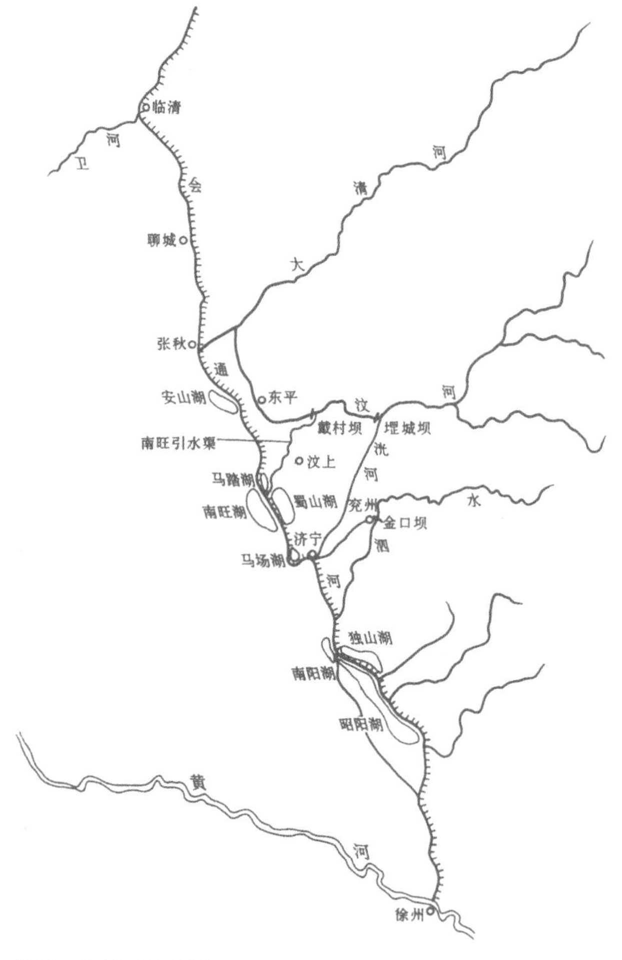

明隆庆前会通河示意图

元至元二十六年（1289年）正月，漕运副使马之贞主持开凿会通河，当年六月竣工，共用工251万余人。新河南起须城（今山东东平）安山与济州河相接，北至临清与御河相通，长250余里，元世祖赐名“会通河”。此后随着京杭运河的全线贯通，会通河连同安山以南至济宁的济州河，甚至济宁至徐州间的古泗水运道统称会通河。

元至元三十年（1293年），都水监郭守敬主持开挖了大都至通州的通惠河。自此，由杭州到大都的京杭运河全线沟通，成为沟通长江、淮河、黄河、海河四大水系的南北水上交通大动脉。由于取道山东，较隋代大运河缩短航道里程500多公里。虽然元代大运河山东河段的水源问题尚未彻底解决，航运效益不大，但为明代重修会通河、使京杭运河成为南北水运干线奠定了基础。

3. 胶莱河的开凿

胶莱河是山东半岛上的古运河，连接莱州湾和胶州湾，沟通渤海和黄海之间的水运。

元代建都大都（今北京），在京杭运河北段未开通之前，江南漕粮主要通过水陆联运或海陆联运的方式运到大都。当时，水陆联运费时费力，海运则路程遥远且海上风浪之险极大。当时位于胶潍河谷南端的板桥镇码头至塔埠头（今胶州市营房镇马头村）是北方的重要港口，谷地分布着几条天然河流，有的南注胶州湾，有的北注莱州湾。在充分利用这些河流的基础上开挖运渠，打通两湾之间的分水岭，将两个方向的河流连接成为一条河道，不仅可使漕粮运输的海程缩短七八百里，且可避免远涉重洋的艰险。

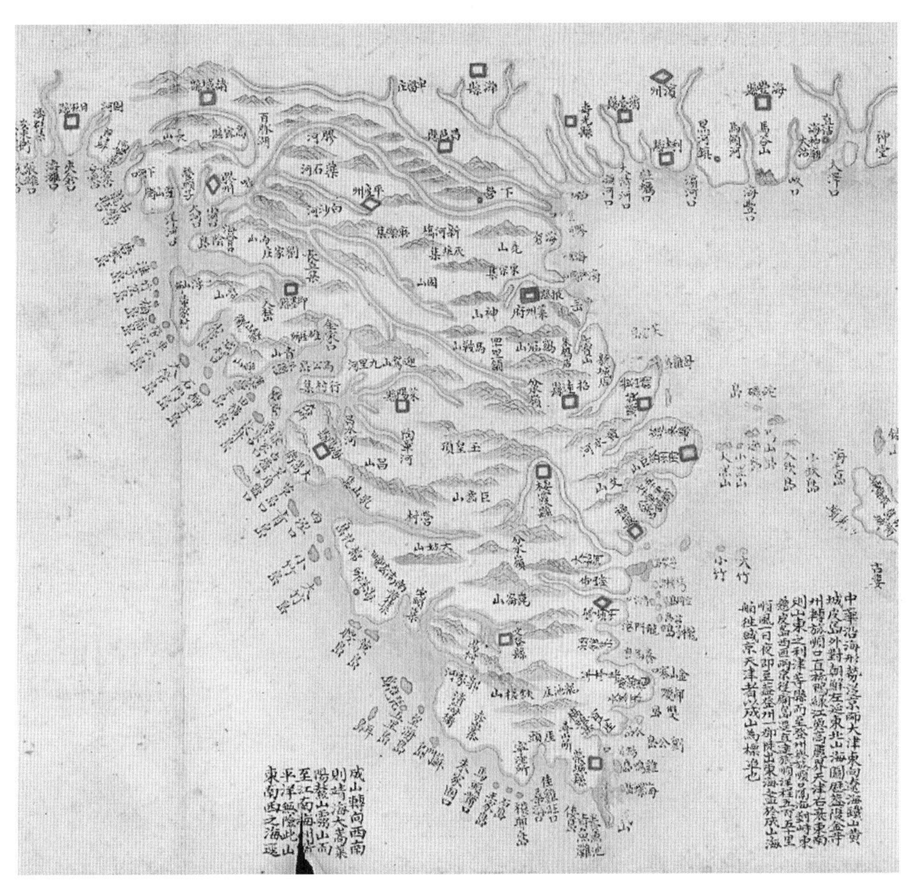

胶州湾与莱州湾之间的地形水系示意图

元至元十七年（1280年），莱州人姚演建议开凿胶莱运河，以沟通渤海与黄海之间的漕运。同年七月，元世祖任命姚演为总管，益都等路宣慰使、都元帅阿巴赤为监督，从益都、淄博、宁海（今益都、 潍坊、 淄博、 莱州、 青岛一带）等地调兵万人、征用民夫万人，动工开凿胶莱河。

元至元十九年（1282年）七月，胶莱河开通，南起胶县陈村海口，北至掖县海仓口。当年试航，因河窄水浅，仅运粮两万余石。次年，元世祖令阿八赤扩开，北引平度的白沙河，南引平度南村东的沽河，西导入运河，以增强其水势。到至元二十二年（1285年），胶莱河运粮规模已非常可观，拥有水手和士兵等2万人，船千艘，岁运粮米60万石。

此后，由于连续5年开凿运河，耗资巨大，河道淤积，胶州湾西侧的马家濠（今薛岛半岛最狭窄处）段石岗难以凿通，部分朝臣竭力反对，加上河道管理、清淤等方面存在的问题较多，特别是当时海运事业迅速发展，元至元二十六年（1289年），罢胶莱海道运粮万户府，次年停止运粮。至此，胶莱河的航运事业持续不足8年即被海运取而代之。

1.4.1.6　明代会通河的重开与改线

元末农民战争中，朱元璋扫平群雄，建立明朝。明洪武元年（1368年）七月，朱元璋即位伊始即令大将徐达领兵北伐，破通州，迫使元顺帝逃亡上都开平，元朝统治宣告结束。洪武二年（1369年）四月，又派大将常遇春破开平，迫使元顺帝继续北逃。同年先后击退元兵对原州、泾州和大同的侵犯。洪武三年（1370年）春，以徐达为征虏大将军，李文忠、冯胜、邓愈、汤和为副，分道北征，大破扩廓帖木儿于沉儿峪，元顺帝死于应昌。五月，李文忠攻克应昌，元嗣君更往北走。到洪武二十年（1387年）明王朝基本统一全国后，北部边疆仍为镇守重地。如此频繁的北伐战争与重兵驻守边防，都需要明朝廷想方设法将大量军饷运往北方地区。然而，元末明初，由于长期战争，黄、淮、运河流域遭到严重破坏，黄河泛滥，山东运河淤塞不通。这种情况下，明初只好实施海运，海运的范围和规模都很大。

在此期间，还夹杂着黄河与运河之间的矛盾。明洪武二十四年（1391年），黄河大决于河南原武黑羊山，经曹县、郓城两河口，漫安山湖，以致会通河完全淤塞。加之洪武、建文二帝建都南京，政治、经济中心合而为一，故会通河废置不用。直至明成祖迁都北京后，南粮北运成为当务之急，重开会通河、恢复京杭运河的畅通才成为明王朝的头等大事。

1. 会通河的重开与袁口改线

明永乐帝即位伊始就积极筹划迁都北京的事宜，为加强北京与江南经济中心的联系和保证漕运的畅通，决定恢复京杭运河，重点集中在会通河上。在此期间，采用“积极导浚，保漕运输”的方针，重修运道，增建闸坝，引水至汶上县南旺以分流南北，围湖蓄水以调节运河水量和航深，并对元代所开运道进行了局部改线，以免黄河决溢而淤塞运道。

明永乐九年（1411年），朝廷采纳济宁同知潘叔正的建议，征调济南、兖州、青州等地民夫30万余人，由工部尚书宋礼主持，全面疏浚会通河。当年二月动工，六月会通河开成，长385里。宋礼采用汶上老人白英的建议，在东平东60里筑戴村土坝，长5里余，截断汶河，向西南开渠引汶至南旺镇入运，南旺为会通河水脊，自入运口南北分流。当时仍以堽城坝闸引水于天井闸（即元代的会源闸）为主要分水枢纽，后建新堽城坝于原坝以西，改为石坝。至成化年间在南旺分水口以南建柳林闸、以北建十里闸后，才开始控制南北分水流量。至弘治末年，南旺分水始完全取代堽城坝引水至天井闸的分水。

宋礼重开会通河时，又进行了袁口改线，即将汶上县袁家口北到寿张沙湾的一段运道东移20里（一说50里），再接旧运道，即放弃元代所挖旧运道，另挖新河。东迁后的新河由袁口向北，“循金线岭东，又北经靳口、安山镇、戴庙，西北达于张秋”，长130余里。

会通河疏浚重开和袁口改线后，运道虽全线得以疏通，但水源缺乏的问题仍然存在。为此，宋礼采用白英老人的建议，在改线开挖新河的同时，建南旺分水工程，即在汶河下游建戴村坝，引水至南旺分水口入运，分流南北。为节水通航，又“相地置闸，以时蓄泄”，同时在运河沿线建水柜，设斗门。至永乐十三年（1415年），闸坝全部竣工，会通河从此改走新线。

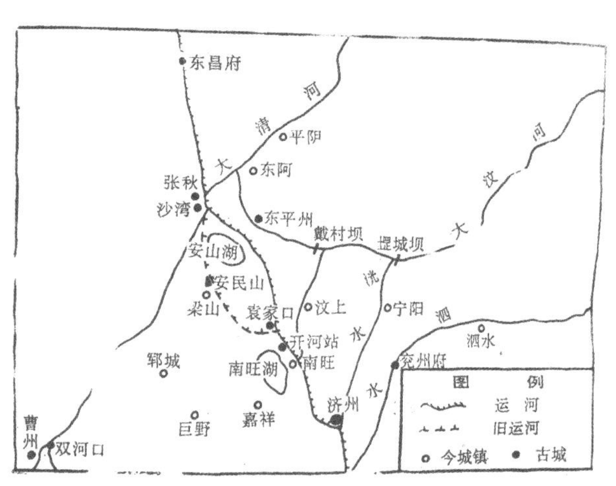

明永乐年间袁口改线示意图

2. 避黄改线工程

明嘉靖以后，黄河决溢对运河的影响主要集中在济宁至徐州间的泗水河段，冲断或淤塞运道的现象屡见不鲜，如何避开黄河的侵袭成为亟待解决的问题。当时，会通河以东已形成南阳湖和昭阳湖等湖泊，明代决定利用这些湖区作为黄河泛滥的缓冲地带，即将运道由湖西移到湖东的岗地上，选择坚土之地开挖新运道，以避开黄河的侵扰，为此先后

开挖南阳新河和泇运河，这是会通河又一次大规模的改线工程。

明永乐年间重开会通河后，运道仍面临黄河的侵扰。当时黄河夺泗入淮已近300年，中下游河道逐渐淤高，频繁南北漫溢决口。至明前期太行堤等工程修筑后，黄河对运河的干扰主要集中于阳武至邳州一线。当时黄河徐州至淮安段原为黄河夺淮前的泗水运道，明初则成为京杭运河的重要河段，无论黄河南决还是北决都会影响运道。若黄河南决不走徐州、邳州，则徐州以下的黄河运道常患水少；若黄河向东北决溢，则会在鱼台、徐州之间摆动，导致济宁至徐州间的泗水河段频繁冲断或淤塞。当时，会通河以东已形成南阳湖和昭阳湖等湖泊，这种情况下，明朝廷决定利用这些湖区作为黄河泛滥的缓冲地带，即将运道由湖西移到湖东的岗地上，选择坚土之地开挖新运道，以避开黄河的侵扰。为此，自嘉靖年间开始先后开挖南阳新河和泇运河，这是会通河的又一次大规模改线工程。

（1）南阳新河的开通。南阳新河又称夏镇新河，当时简称新河或夏镇河。会通河开通后，济宁以南至徐州间的运道在南阳湖、昭阳湖以西，明嘉靖年间（1522—1566年）黄河频繁在徐州一带多支分决，北决者往往冲断鲁桥以南、昭阳湖以西的会通河道。朝廷疲于应付，于是想方设法另辟新道以避开黄河的侵淤。

明隆庆年间南阳新河开通前济宁至徐州段运河示意图

盛应期石刻像

1）南阳新河的试开。明嘉靖五至六年（1526—1527年），黄河自徐州、沛县决溢，徐州以北运道淤塞不通。对此，当时官员提出的治理主张主要集中于以下两种，一是浚治运河故道；二是开挖新河。

主张浚治运河故道的官员以詹事霍韬为代表。明嘉靖六年（1527年），詹事霍韬提出：自沛县淤塞后，漕船皆由昭阳湖入鸡鸣台至沙河，如治湖筑堤，浚为小河，再于小河上建坝控制，水大可避免湖中船只漂溺，水少时加以疏浚既可。

左都御史胡世宁则认为当时以开运道为最急之务，治河次之。开运道则莫若在昭阳湖东岸滕县、沛县、鱼台和邹县等地的独山、新安社一带选择土坚无石之处，另开新河一道，南自留城（今山东微山县夏镇南），北至沙河口，均接旧运道，中间开挖新河百十余里，以挖河之土修筑运河西岸，并作为昭阳湖的东堤。

明嘉靖七年（1528年）正月，总理河道盛应期正式提出“东移运道”的治理方案，即在昭阳湖以东开挖南阳新河。他认为沛县以北的河道地势较低，泥沙易于淤积，故屡浚屡塞，因而建议别开新河一道，北接汪家口，南通留城口，长140余里。新河北引运河水、东引独山诸泉之水以济运道；内设蓄水闸，旁设通水门及减水坝，按时调节。同时挑浚黄河上游的赵皮寨、孙家渡、南北溜沟等处的淤沙以分减水势；在山东城武以西至江苏沛县以南修筑长堤以防黄河向北溃决。如此，运道便从昭阳湖西移到湖东的高地，以昭阳湖作为缓冲地，可有效减缓黄河水势，不致冲溃新运道。4个月后，工已成十之八九，但因盛应期督催太严而致怨谤四起，又恰逢大旱修省，言官多归咎于开新河。于是盛应期被免职，所建工程随之功亏一篑。

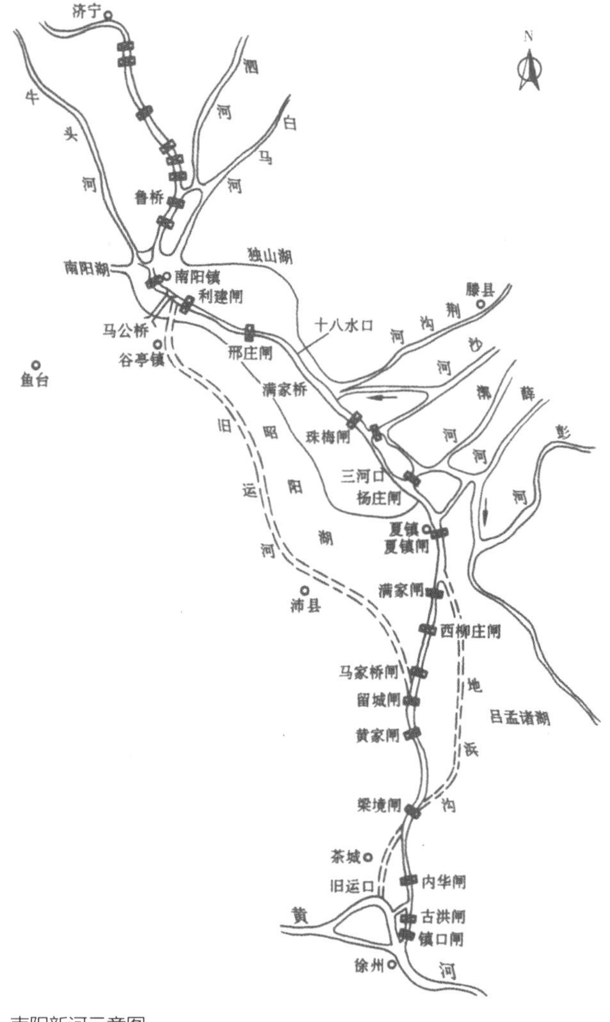

南阳新河示意图

2）南阳新河的开挖。盛应期开新河未成后的30多年间，黄河又决口10余次，运河淤积日益严重。明嘉靖四十四年（1565年），黄河北决沛县，穿运河东堤漫入昭阳湖，运道淤塞200余里。于是，以工部尚书朱衡出任总理河道，前往治理。

经过一番勘查，朱衡决定开挖新河。嘉靖四十四年（1565年）正月动工，当年八月竣工，加上支河和黄河等工程，最终于隆庆元年（1567年）五月完工。朱衡新河是循着盛应期当年所开河道旧迹开挖的，由昭阳湖西移至昭阳湖东，北自南阳三河口，过夏镇，南至留城（今微山县夏镇南）接旧运河，长141里，称南阳新河。

南阳新河开通后，会通河南段由徐州茶城运口与黄河交汇。自明隆庆四年（1570年）至万历年间，该段运道常因黄水倒灌而淤阻，由此多次开挖支河，因此后人认为新河由夏镇河、留城河、李家口河、镇口河四河组成，为四河的总称。其中，夏镇河即盛应期、朱衡所开南阳新河，其他三河的情况如下：

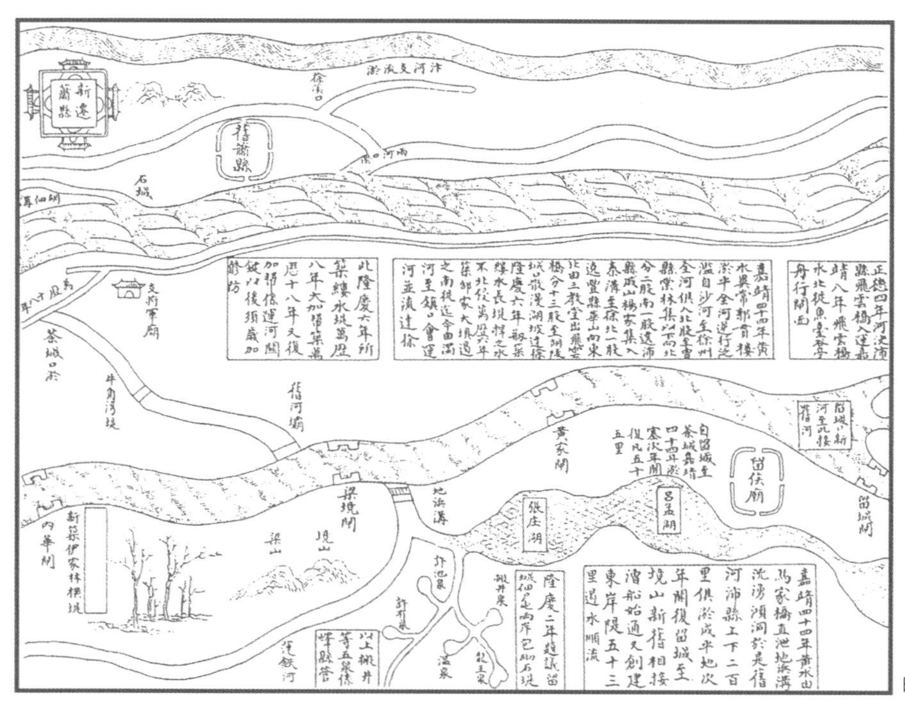
明万历年间留城河示意图（明 潘季驯《河防一览》）

南阳古镇与运河（2019 年，魏建国、王颖 摄）

南阳闸全景（2019 年，魏建国、王颖 摄）

南阳闸（2019 年，魏建国、王颖 摄）

①留城河。朱衡在开挖南阳新河时，根据总理河道潘季驯的建议，接南阳新河向南疏浚旧河而成，北自留城，南经境山，由茶城口出黄河，长53里。后随着李家口河的开挖，该河废弃。

②李家口河。明万历十九年（1591年）开挖李家口河，自夏镇吕公堂（今昭阳老坝村）以西转东南近微山（微山湖中岛），又西南至内华闸，接新开镇口河入黄河，长长70余里。

③镇口河。漕运总督凌云翼所徙，内建梁境、内华、古洪三闸。闸随船来往启闭，又不能御黄水灌注，闭时常多。诸湖泛滥，新旧两渠仍通为一，一二十年间屡变屡迁，因其地逼黄河，所以河患不息。

南阳新河开通后，会通河南阳至留城段运道由昭阳湖西移至湖东，这是会通河一次较大规模的改线工程，解决了其夏镇以北运道频受黄河侵淤的威胁。

（2）泇运河的开通。南阳新河开成后，黄河决溢对夏镇以北运道的影响得到缓解，但夏镇以南至徐州间的运道仍然面临一些问题：一是该段运道仍在频受黄河泛滥的干扰，尤其是会通河与黄河交汇处的徐州茶城一带经常淤积，影响航运；二是黄河一旦决口或改道，徐州以下黄河运道就会断流，无法通航；三是黄河徐州东南段有徐州和吕梁二洪，“巨石齿列，波流汹涌”，浪大流急，行船十分危险。

明隆庆三年（1569年），黄河在江苏沛县决口，茶城淤塞，漕船阻滞于邳州（今江苏邳县）。两年后，黄河再决邳州，冲毁运堤，淹损漕船运军上千人，漂没漕粮40余万石。为改变这种被动局面，明朝廷决定开挖泇运河。

开挖泇河之议始于明隆庆年间的总理河道翁大立，后经万历年间的总理河道傅希挚、舒应龙、刘东星等人30多年的努力，至万历三十二年（1604年）由总理河道李化龙开通，最后由曹时聘完成。

自然河流泇河发源于鲁南滕县、峄县之间的山区，在泇口与彭河、薛河南流之水汇合，至江苏邳州境内会沂水入黄河。其间“河渠湖塘十居八九，源头活水，脉络贯通”。因此，明代决定开凿泇运河以取代徐州至邳州间的黄河运道。

泇运河开凿前，留城至徐州境山段的运道经黄河多次决口淤积。明隆庆三年（1569年），黄河在沛县决口后，总理河道翁大立提出开泇口以通运道而避黄河之险，因不久“黄落运通”,该建议未能付诸实施。万历三年（1575年），总河傅希垫在实地勘查的基础上再次提出开泇河的建议，也未能实现。

明万历二十年（1592年），黄河决入昭阳等湖，积水难泄。次年，总理河道舒应龙在微山湖以东韩庄开支渠45里，使彭河与泇河连通，引昭阳、微山诸湖之水经由彭河入泇河，以便宣泄。这就是韩庄运河，后来成为泇运河的上游段。

明万历二十七年（1599年）后，总河刘东星循着舒应龙所开运河继续整治，在万家庄、台家庄、侯家湾和良城等“山冈高阜”处开挖运渠，与泇河口相连；同时在韩庄以北傍微山湖开支河45里，并试着在黄泥湾至宿迁董口间行运，以避开微山湖口之险。历时两年，以地多砂疆石，且刘东星不久病卒，工程仅成十分之三而再次停工。

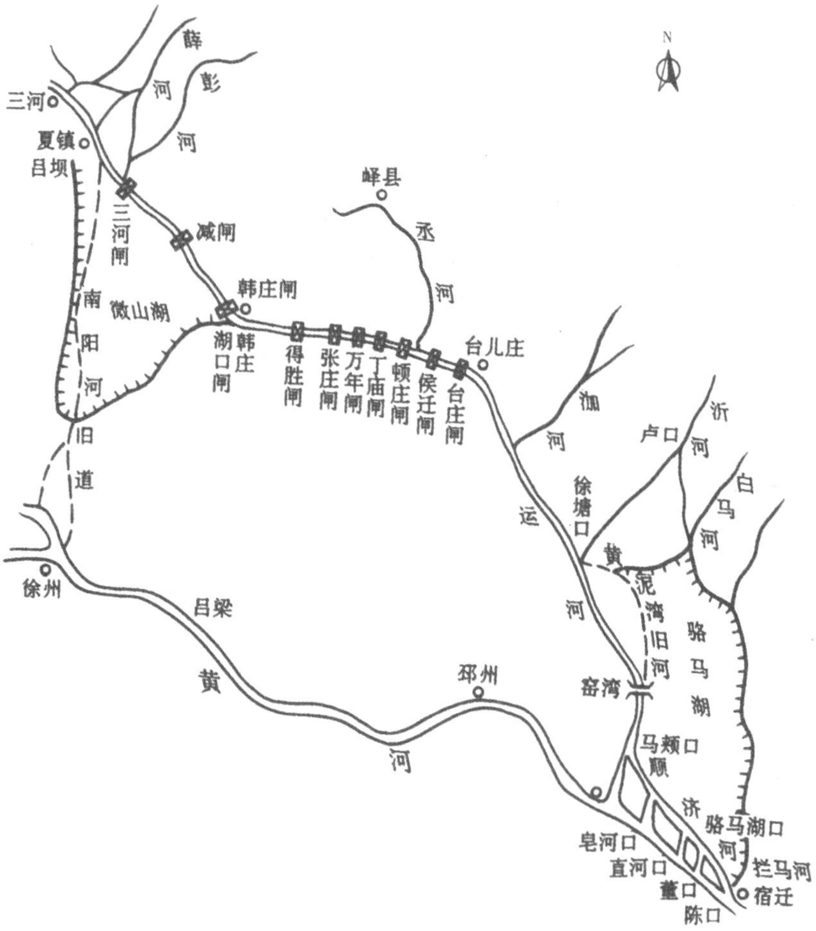

明代泇运河示意图

明万历三十一年（1603年），黄河决山东单县苏家庄及曹县缕堤，又决江苏沛县四铺口太行堤，灌入昭阳湖，横冲夏镇运道，危及漕运。总河李化龙主张继续开挖泇河，以竟前功。在他的主持下，从万历三十二年（1604年）开始，自夏镇南的李家口开河引水合彭河，经韩庄湖口，又汇合丞河、泇河、沂河之水，东南抵邳州直河口，长260余里，所开新河即泇运河，从而避开了徐州至邳州直河口间330余里的黄河运道，且绕开徐、吕二洪。泇运河开通当年，“粮漕由泇河者已过三分之二”。

李化龙以丁忧去职后，总理河道曹时聘于万历三十三年（1605年）对泇运河进行了疏浚拓宽，建坝遏沙，修堤牵挽，并在制度上做了进一步的完善。这一年，通过泇河的漕船多达8000艘。

泇运河开凿后，取代了留城至黄河间的会通河南段运道、徐州至直河口间的黄河运道。但泇河开通之初，徐、邳间的黄河运道并未废弃。每年三月开泇运河，令漕船、民船都由直河口进入；九月堵塞直河口，开吕坝，经夏镇至徐州间的运道入黄河，令漕船回空与官民船只往来。“半年由泇，半年由黄”，新旧运河交替使用，重载船走泇运河，回空船则在黄河安流后走黄河。鉴于此，清代河道总督靳辅在其所著《治河方略》中赞叹道：“有明一代，治河莫善于泇河之绩。”此后，黄河运道逐渐堙废，泇运河成为沟通南北的唯一通道。

3. 胶莱河的整治

明代初期，胶莱河时用时废，疏浚、攒运之事屡议屡罢。嘉靖十七年（1538年）又募夫凿治马家濠石岗，但由于人少工程量大，施工两年仍严重影响航行。嘉靖十九年（1540年）朝廷派副使王献主持马家濠开凿工程。为避开胶州湾口航道中薛家岛石牙林立的险滩，王献决定在马家濠的岩基上开凿石渠。因“顽石如

微湖说泇（清　麟庆《鸿雪因缘图记》）

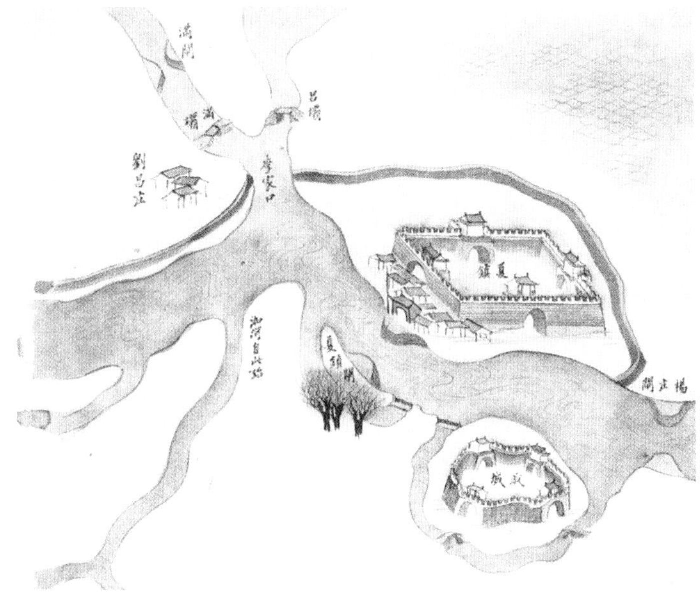

泇运河夏镇段示意图（清　张鹏翮《治河全书》）

1915 年的泇运河形势（《山东南运湖河水道报告录要》）

1915 年时的泇运河台儿庄段（《山东南运湖河水道报告录要》）

泇运河台儿庄古城段及其石砌堤防（2009 年　摄）

今日台儿庄运河故道（2019 年，魏建国、王颖　摄）

铁，河工焚以烈火，用水沃之，石烂化为烬”。经过3个月的苦战，终于在石岗上人工开凿出一条14里、宽6丈余、深约3丈的石渠，从而使漕船能够避开礁石险滩而直达胶州湾口的塔埠头。

明嘉靖二十年（1541年），王献又对胶莱河进行了全面的疏浚。引张鲁河、白河（现清水河）、现河、五龙河等河流，以增加胶莱河的水势。同时建海仓口、新河、杨家圈、玉皇庙、周家、亭口、窝铺、吴家口、陈村9闸，以调节河道水位；并“置浮梁，建官署以守”。当时尽管两湾之间的分水岭30里因工程浩繁而未得疏浚，以致“船底拖沙而行”，但分水岭“五里下可张帆畅行至海口无阻”。后来，由于“倭寇为患”，明朝实行海禁，同时致力于京杭运河的漕运，繁盛了10多年的胶莱河再度陷入萧条，最终湮废。

在此后的400多年间，由于山洪坡水的冲积、河道淤积及人类活动的影响，在平度市的宅科乡毛家、姚家村东又自然形成分水岭，将胶莱河再度分开。明、清、近代以及新中国成立后虽不断出现再开胶莱河的主张，但均未果。

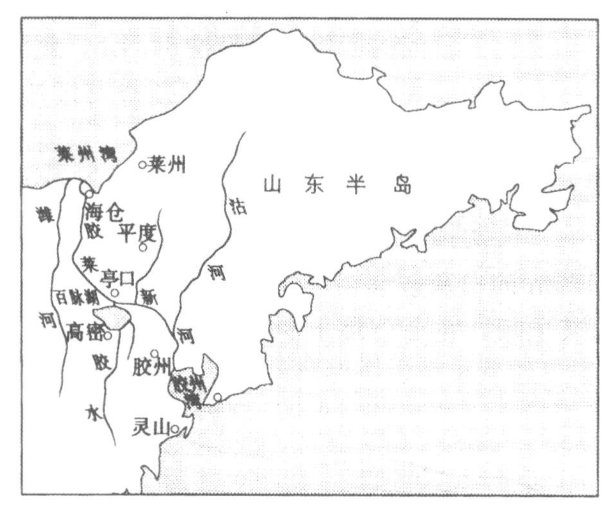

明代胶莱新河示意图

1.4.1.7 清代的会通河

清代会通河仍沿用元、明两代所开凿的运道，并勤加维修。清康熙、雍正、乾隆三朝都对会通河进行了积极的维修和疏浚，这是会通河最为畅通的时期。到了嘉庆年间，受黄河决溢的影响，加上汶河等供水河流携带的大量泥沙，会通河河道的淤积日益严重，有些河段的淤积甚至高达10米，洪水排泄不畅，河患愈演愈烈，最终于咸丰五年（1855年）黄河改道北徙自大清河入海，会通河被截为两段。

1. 清前期对会通河的维护

清代，黄河决溢多集中在淮扬运河苏北段，对会通河的影响较少，但仍有黄河北决冲断或淤阻会通河的记载。据不完全统计，清代因黄河决溢淤积而疏浚运河共计8次。如顺治七年（1650年），黄河自河南荆隆决口，“直往沙湾，溃运堤，挟汶由大清河入海”；康熙六十年（1721年）八月，黄河自河南武陟等地决口，大溜北趋，“夺运河至张秋，由五空桥入盐河归海”等。每次黄水漫溢，都会不同程度地造成运堤溃决、运道淤阻，清前期朝廷也都能及时采取疏浚河道和加固运堤等措施。如为解决运道及其支流的经常性淤积问题，顺治十年（1653年）“令南旺、临清岁一小浚、间岁一大浚”；为解决通航与疏浚河道须停航之间的矛盾，乾隆朝规定须在每年的冰冻季节筑坝挑河，以漕船抵达台儿庄的时间作为启坝通航的时间。

会通河素有“闸漕”之称，元代开辟时即建有31座节制闸，明代续建闸坝，清前期不断地维修和修复，使闸坝配套工程基本完善。后由于长期运行和年久失修，至清中后期，闸坝维修任务已相当繁重。而清前中期运河之所以能够畅通无阻，除堵塞黄河决溢外，能够及时地维修加固各类闸坝工程，充分发挥其作用，是一个重要因素。

2. 清代黄河北徙后的会通河

清咸丰五年（1855年）黄河自河南铜瓦厢决口北由大清河入海，在山东张秋以南穿越会通河，京杭运河自此被分为两段，山东境内的运河则以黄河为界分为北运河和南运河。在此期间，大运河与黄河交汇的运口也随之由淮安清口移至张秋一带，其中与黄河南岸交汇的运口为十里铺，与北岸交汇的运口为八里庙，穿黄行运路线长达12里，这使得淮安清口一带的治理由难变易，而张秋一带的治理则由易变难，并成为大运河沿线治理最为棘手的地区。面对黄河的大改道及其对会通河的巨大影响，加上会通河张秋至临清段没有其他较大的清水河流济运，财力匮乏又治黄无术的清朝廷不得不采取以海运为主的漕运措施，仅江北漕米实施河运，每年仅10万石以下，大运河之废肇始于此。

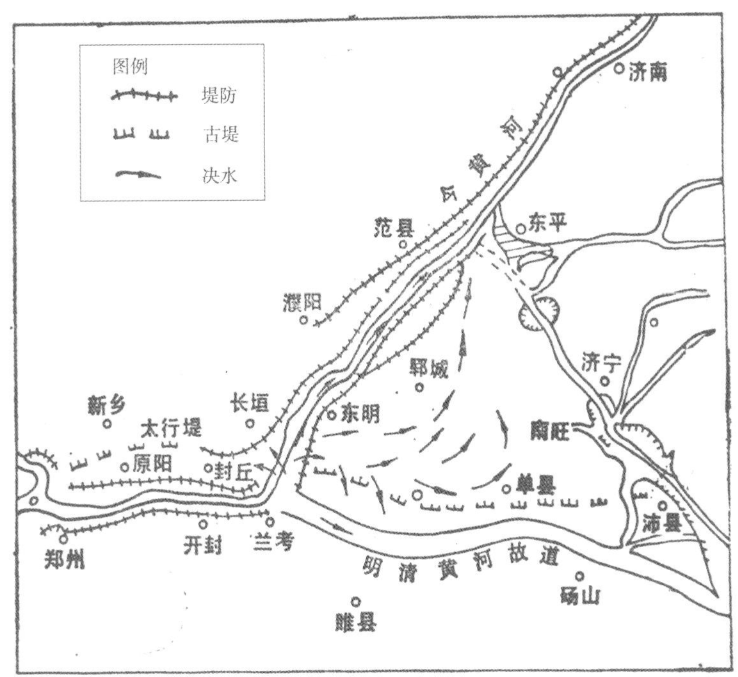

1855 年黄河铜瓦厢改道示意图

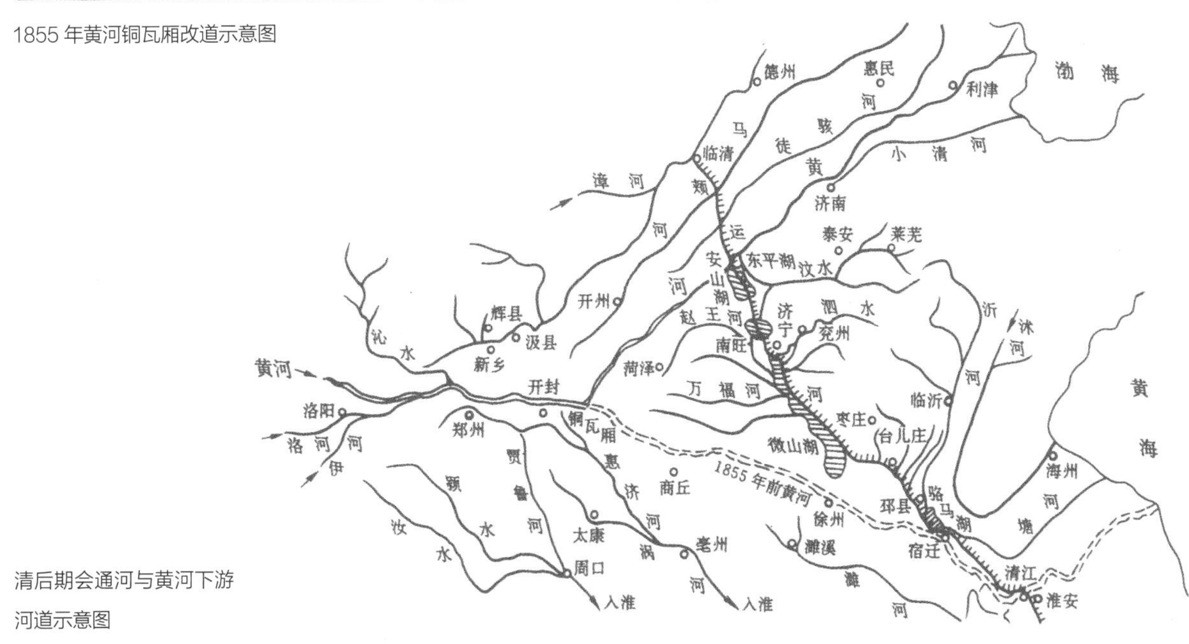

清后期会通河与黄河下游河道示意图

清光绪二十七年（1901年），废漕运，大运河水利由各省分筹。

据《再续行水金鉴》记载，清咸丰五年（1855年）铜瓦厢决口后，黄河主流先是流向西北，淹及河南封丘、祥符两县，然后转折东北，淹及兰仪、考城、长垣等县，至长垣县兰通集后，大溜分为两股，一股由赵王河下注，经山东曹州以南穿运；一股由长垣县小清集东行至山东东明县雷家庄。自此又分为两股：一股由东明县南门外东流，水行七分，经曹州以北转折东北，与赵王河下注漫水汇流，至张秋镇横穿会通河；另一股则由东明北门外下注，水行三分，至范县以南转折东北，也至张秋镇横穿会通河。这一时期，黄河主流分为三股，最终都汇至张秋镇横穿会通河，夺大清河，至利津县注入渤海。黄河大溜自张秋南北穿运夺大清河后，汶河水随之东流入海而不再入会通河济运。

黄河冲决张秋运河后，直接影响漕粮的供应，清朝廷十分重视，并在决口之初打算兴工堵筑，以便尽快合龙。然而当时正处在太平天国运动和捻军起义方兴未艾之时，清朝廷在极力扩充军队镇压，已无力旁顾河决之事，铜瓦厢决口暂停堵复，口门不断刷宽，宽度由最初的七八十丈至20年后的宽近10里，黄河大溜随之在张秋以南至安山镇之间呈现出多股分流穿运的局面。

清同治四年（1865年），清朝廷决定恢复河运。然而，当时会通河堤埝残破，黄水漫流，河道淤垫，只能采用借黄济运的措施，即借助汛期涨溢入会通河的黄河洪水行运，或者借助穿黄处的坡水行运，形成所谓的“北路则筑坝挑河，南路则绕坡导引，竭尽人力始能浮送”的无奈局面。黄河大溜先是自张秋以南穿运，后南移至八里庙，八里庙成为北运口；此后黄河上游又决口，河势南趋，经戴庙南行至安山的三里堡。张秋至安山间运道决口众多，大小不一，并间段淤阻。

清同治十年（1871年），黄河自山东郓城侯家林决口，南泛南阳诸湖，使其淤积更为严重。清朝廷决定在八里庙北运口修筑拦黄坝，以拦堵黄河水入运，同时疏浚淤塞；向北修筑东黄堤，使船行八里庙，仍引黄河汛期涨水济运。当时，为使船只顺利通行会通河，各河段采取了的不同的治理措施。其中，安山至八里庙段，长55里，堤防残破，河道淤积，行船时须在缺口处挑钉木桩，联以大索，依傍牵挽。张秋至临清段，长200余里，需要大力开挖平顺，在黄河涨水倒灌运河而又未及消落时闭闸蓄水，或

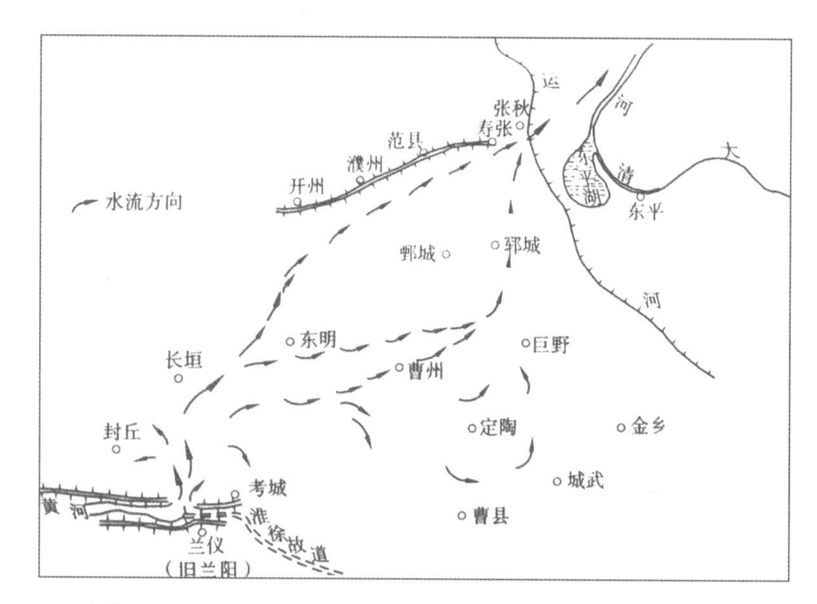

1855 年黄河铜瓦厢决口初期溜势图（《黄河水利史述要》）

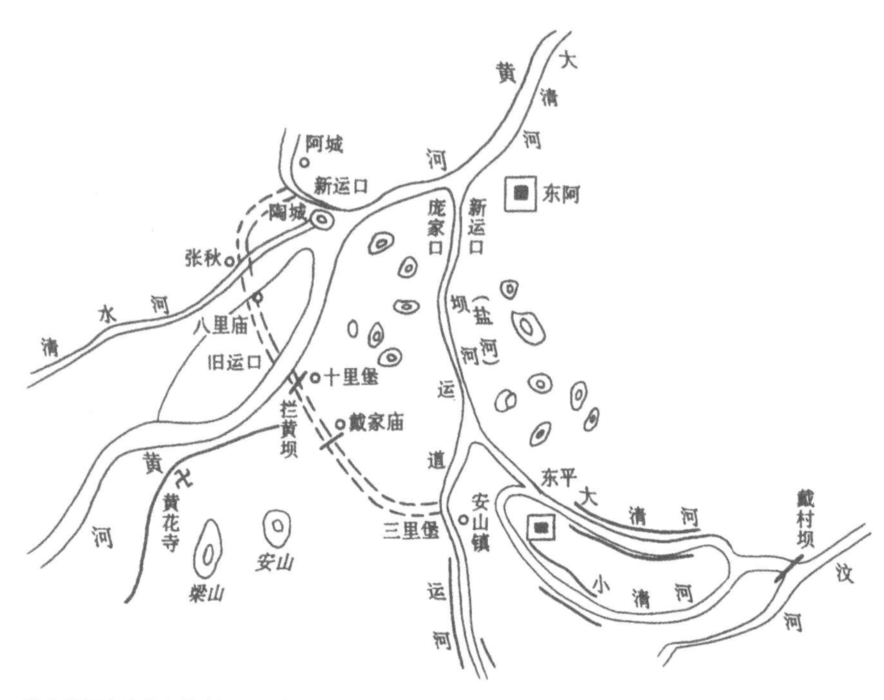

清末黄河在张秋南横穿运河示意图

清末黄河于张秋南穿运河示意图（《清末全国漕运水系地名闸口图》）

设法引黄河水入运、分塘拦蓄以行运；无法引黄河水入运时，则引坡水逐段倒塘灌放。南来漕船渡黄时，均改道由安山附近入盐河（坡河），东北入黄河，再逆水而西至八里庙通北运河，需绕行百余里，但比经由缺口、穿越黄溜、过乱石枯树满布的旧运道更为平稳。然而，改绕此道至八里庙后，仍不能使黄河水入北运口。

清同治十二年（1873年），李鸿章主张改由海运代替河运，但江北漕粮10万石仍行河运。

清光绪初年（1875年），黄河在穿运处的大溜分为两股，一股南注十里堡，一股北经八里庙。此后，北股逐渐减弱难行，八里庙北运口随之淤高，便在其内一里处修建石闸以拦黄流；南股的十里堡南运口对岸为姜庄，距八里庙北运口12里，当时南来的漕船往往由黄河南股通行，至史家桥转入北股，再至八里庙北运口，约行50里。

清光绪四年（1878年），黄河大溜又趋八里庙，筑坝埽排水；次年大溜再次南回。光绪七年（1881年），因八里庙北运口黄河上游溜势南趋，不易通舟，改北运口于陶城埠，别开新河，至阿城闸入运河，漕船不再经由张秋。当年秋，自新运口入运船只达500艘。光绪中叶以后，运道逐渐稳定。

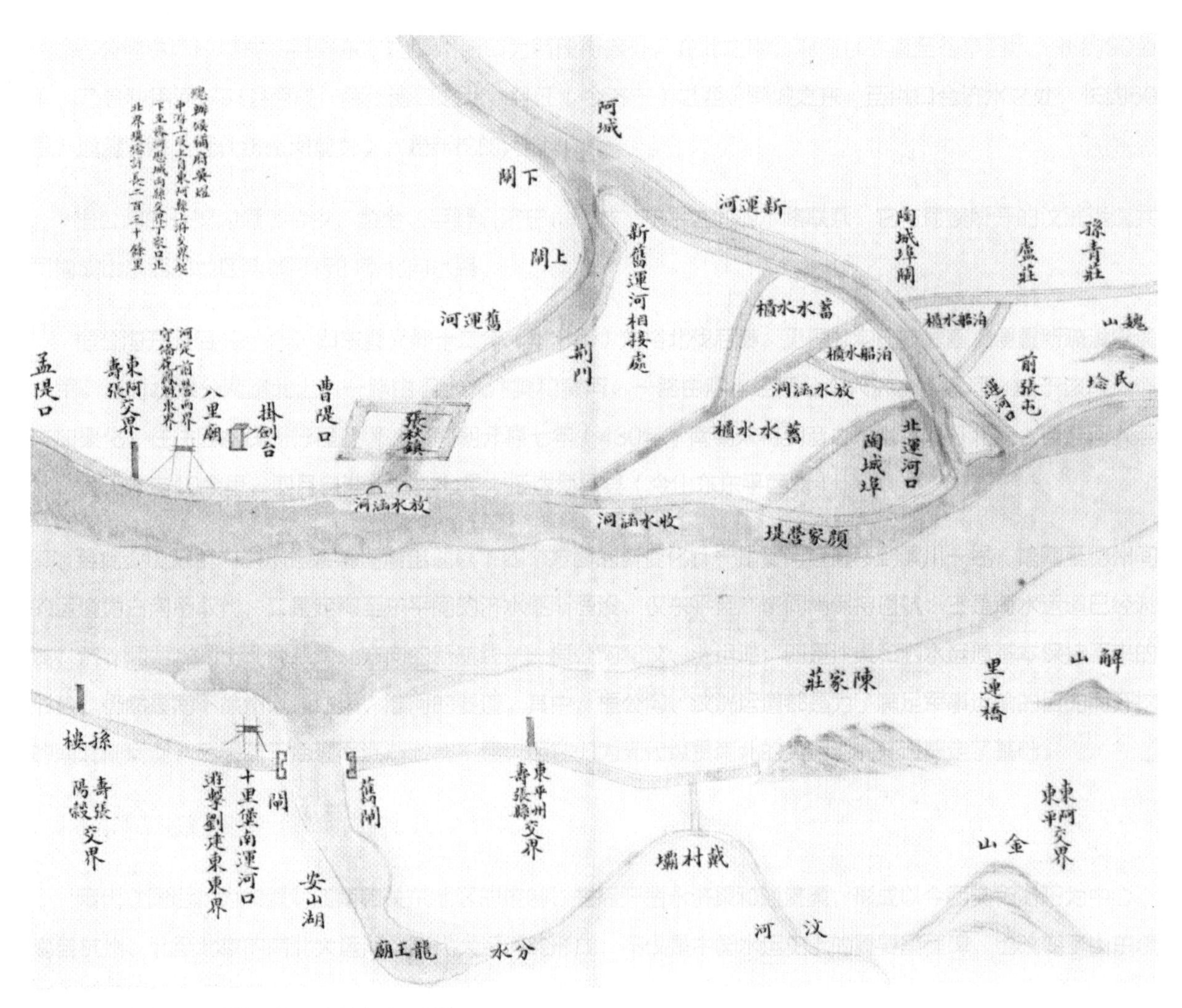

陶城埠运口与新、旧运道位置关系图（《水道寻往》）

陶城铺闸遗址俯瞰图（2019 年，魏建国、王颖　摄）

陶城铺闸（2019 年，魏建国、王颖　摄）

陶城铺闸上铸有“陶城铺闸”字样的铁钉（2019 年，魏建国、王颖　摄）

清光绪十三年（1887年），黄河决郑州，下游断流，遂停河运。光绪十五年（1889年），又恢复河运，漕粮年运量增至20万石。此后，陶城埠至临清段淤阻日甚，漕船在长约250里的运道间往往迟滞耽搁七八日。光绪二十七年（1901年）后，漕粮岁额为100万石，其余全部改征白银，100万石漕粮全部采用海运，河运随即废止。

近代，河、海漕运逐渐废止，运道随之渐堙，临清至黄河间的堤岸河身被垦为良田。虽屡次计划开凿恢复，但终未得以施工，大运河萎缩成区间运河。

黄河北徙夺大清河入海后，汶河水最初由庞家口汇入黄河，后由于黄河河床的淤垫抬高，汶河及坡水宣泄不畅，汛期黄河涨水又复顶托倒灌，东平州城附近尽成泽国，至清光绪初期，东平湖逐渐形成。

1.4.1.8 近现代山东运河

如果说元明清时期山东境内的运河包括会通河、济州河、洸水及泗水（湖内航道）、南阳新河、泇（运）河及伊家河，那么新中国成立后经过治理，如1959年基本上沿济州河开挖了梁济运河，1958年沿泇运河上段开挖韩庄运河，1960年沿会通河以西开挖位临运河，山东运河逐渐形成由位临运河、梁济运河、南四湖湖内航道、韩庄运河及伊家河组成的新格局。

清咸丰五年（1855年）黄河北徙夺大清河后，山东运河以黄河为界分为南、北运河，从此，航运日趋衰落，至清光绪二十七年（1901年）漕运废止。近代，山东运河基本淤废，沿运地区洪涝灾害日趋严重。为减轻灾害，恢复发展航运，曾做过多次治理规划，并进行过2次较大的治理。第一次是在1934年4月，由山东省建设厅主持，征集20余万人疏浚北运河135公里，当年7月竣工，一度复航；第二次是在1947—1948年，由山东南运河复堤工程处主持，先后征集19万人，完成济宁以南运河两岸复堤88公里。

新中国成立后，为免除或减轻沿运地区的洪涝灾害、改造盐碱、发展灌溉和航运，以黄河为界，分南北两段对山东运河进行了治理：①山东北运河，即黄河北岸至临清段，也是元代会通河聊城段，当地称小运河。治理后的山东北运河功能发生了很大的变化，由原来的航运转变为引黄灌溉。这一时期，还开挖了位临运河，又称位山三干渠，该河只有南部一小段仍沿用原来的会通河河线。②山东南运河，即黄河南岸至台儿庄段，从黄河南岸至南四湖，新开挖梁济运河取代原来的会通河，并对韩庄运河和伊家河进行了治理。

1. 位临运河

山东运河自黄河北岸张秋镇起至临清入卫运河的这段河道，俗称小运河，全长125公里，是黄河改道前的主要航道。1855年黄河改道后，因原济运的汶河水源被黄河截流，小运河遂成为无长流水源的河道，仅靠夏秋雨水补给，航道时断时续。

为改变这种状况，1959—1960年将小东运河自周店以北至临清卫运河间的航道西移，称位临运河。位临运河南自黄河北岸的位山起，在阿城南入原会通河向北，至聊城县周店南与原会通河分离，开挖新河以改道西行，经王堤口穿徒骇河转向西北，到王铺穿马颊河，向北入临清境后，从尚店西利用邱焦河穿过会通河，至陈坟东穿临博公路、临夏公路，原设计到蛤蜊屯西北入卫运河，全长110公里。但当时正处于三年经济困难时期，工程未能按标准完成，北端仅挖到杜庄未与卫运河相通，尚有9公里没有挖通。位临运河虽未通航，但为发展引黄灌溉创造了条件。

1970年，位山引黄灌区恢复后，位临运河成为位山引黄三干渠，担负聊城地区农田灌溉和供水任务。1981年10—11月，为引黄济天津，对位山三干渠进行开宽加深，改建、新建部分建筑物，并新开挖临清邱屯至胡家湾附近入卫运河一段长5公里。

2. 梁济运河

山东运河黄河以南至济宁段（即元代的济州河、明代改建会通河时有局部改线），在1949—1959年一直沿用老运河运道通航，为维持河道畅通，曾对老运河、小汶河和独山湖进行了治理。治理后的老运河，南连南四湖，北端经东平湖清河门可入黄河，常年可通航30吨以下的木帆船。

由于老运河河道弯曲，加之年久失修，河床淤积严重，已不能满足通航及排洪的需求。为了实现大吨位拖队运输和解决鄄城、郓城、梁山及济宁以北地区的排水问题，在1959—1069年开挖黄河以南至南四湖之间的运河，因该段运河处于梁山与济宁之间，故改称梁济运河。梁济运河北起梁山县路那里村向东南，沿东平湖滞洪区西堤至邓楼，然后脱离湖堤直下东南，至济宁李集西南入南阳湖，全长88公里。梁济运河开挖后，又进行过多次治理，形成了现在的河道。梁济运河开挖后，黄河南岸至济宁以北的老运河废弃。

目前，梁济运河承担着航运功能，也是济宁、菏泽境内淮河流域的主要排水通道，同时还是“引黄济湖”渠道和南水北调东线工程的骨干输水河道。

3. 南四湖及二级坝枢纽

南四湖呈狭长形，京杭运河穿越其中，因其承受鲁西南地区的来水，水涝频繁，灾害不断。为减轻南四湖流域洪涝灾害，开发利用南四湖的水资源，新中国成立后对南四湖进行了大规模的治理。

（1）二级坝枢纽。南四湖二级坝枢纽于1959年11月16日开工，1961年5月25日工程全部竣工，同年7月交付使用。二级坝东自微山县常口村，西至微山县东丁官屯村，长5600米，中间设溢洪道、节制闸（即第一节制闸）、船闸。此后陆续增建第二、第三、第四节制闸。

其中，船闸原称曲房船闸，位于原湖西大堤东侧，全长278.5米，闸室长230米，宽20米，最小水深5米，通过能力为一艘拖轮（长40米），顶推两艘2000吨驳船（各长92米），年通过能力为2000万吨。按上级湖水位35.5米，下级湖水位31.5米，最大级差4米设计。

1958年，曾开辟济宁至夏镇的客运航班，全程106公里。但自南四湖修建二级坝后，济宁至夏镇的航线被迫中断，客船改开到二级坝附近的常口。

（2）湖区航道。据1955年调查，当时南四湖湖区的运河河槽大多被淤平，两侧堤岸多有倾坍，河道与湖底难以区分，几乎已失去大型船只通过的能力。于是，1958年对穿越南四湖的东航线进行了整治。自济宁市南下，经微山至韩庄，在湖东南经台儿庄，向东南接苏北中运河，开挖湖内航道116公里。其中，沿湖西堤内坡二级坝以北至梁济运河入湖段，为新开的京杭运河河道，长68公里，六级航道标准，底宽45米，航道边坡为1：3，通行100吨船舶。

二级坝以南分为东、西两支，西支由船闸沿湖西堤内至蔺家坝，长58公里，可行50吨以下的船只；东支由船闸转向东股引河至韩庄，长50公里，底宽20～30米，水深3米，可行100吨船舶。1971—1977年，在二级坝下的湖东岸用挖泥船开挖闸下东股引河，切除原沙河和薛河淤滩（大卜湾村东），越十字河头，长23.3公里。

由于湖西大沙河、东鱼河入湖口淤积严重及船舶横穿微山湖存在风险，1984年开始开挖湖东航道，自韩庄向北，在老运河西借道闸下东股引河，至南阳镇南斜穿老运河，由四里湾进南阳湖，偏向西北接梁济运河。航槽槽底高程28.5米，底宽20米，水深3米，可常年通航100吨级船舶。

南四湖内还有总长352.5公里的一般航道。其中，可通航100吨级船舶的航道主要包括：济宁老运河至京杭运河、南阳镇至西支河口、白山到西支河口、夏镇至高楼、韩庄至五段河口等，共长180.5公里；另有172公里可通航50吨级船舶的航道。

入湖可通航的河道，湖西有洙水河、蔡河、万福河、惠河、西支河、复新河、姚楼河、沿河、大屯港河、鹿口河等，湖东有白马河、夏镇老运河等，通航里程共计435.9公里。

4. 韩庄运河

韩庄运河是利用泇河旧道开挖整治而成，上自微山县韩庄镇（微山湖口）起，东南流经台儿庄，至山东、江苏省界处的陶沟河口与中运河衔接，全长43公里。

1958年整治韩庄运河时，在微山湖出口建成韩庄泄洪闸。

1963—1965年，由于韩庄运河河道狭窄，底宽一般在20~40米左右，枯水时水深不足一米，河底比降是1/3200～1/5000，自流通航困难，为沟通韩庄运河与南四湖及沿湖河道的航运，对韩庄运河进行了治理，包括开挖河槽及退堤筑堤。

1989年冬，建设韩庄运河三级渠化通航中的台儿庄2000吨级船闸，使台儿庄港的年吞吐量提高到130万吨。

5. 伊家河

伊家河原名伊河或新河，清乾隆二十二年（1757年）自微山湖开伊河，至黄林庄入运，长42公里，用于宣泄微山湖洪水，并为泇运河和中运河补充水量。新中国成立时，伊家河只有新河头至大小单庄一段仍在通航。

1956—1963年，分三期对伊家河进行了整治，即加宽加深原河道，将其下游改从台儿庄西的河上庄汇入运河，在刘庄到后庙段裁弯取直3处等。整治后的伊家河河道由原来的42公里缩短为34公里，实际上已代替韩庄运河行运。

1958—1972年，对伊家河进行了疏浚和渠化，建成伊家河闸及船闸、刘庄闸及船闸，在韩庄运河上建成台儿庄船闸，实现了渠化通航。这三座船闸的闸门均净宽10米，闸室宽12米，长120米，设计门槛水深2.2米，设计水头6.5米，设计年过闸货运量200万吨，为六级航道。至此，从济宁南下的船舶，顺西岸运河过二级坝船闸，至八段，折向东，横穿微山湖，到韩庄出伊家河船闸，经伊家河刘庄船闸，在台儿庄西陈庄入韩庄运河，过台儿庄船闸至苏鲁边境陶沟河口，韩庄至陶沟河口全长45公里，下接中运河。经治理后，京杭运河山东南段的梁济运河、南四湖湖内航道、伊家河皆得到沟通，全长240公里。

1.4.2 引泉济运工程

会通河流经区域没有较大的河流，水源主要来自泰山、沂山、蒙山等山脉西麓的泉水，这些泉水大多通过汶、泗、沂、洸、济等河流水系加以汇集，然后西流入运河，因称“五水济运”。它们在补充运河水源方面发挥着重要作用，所谓“会通之源，汶、泗也；汶、泗之源，泉也”。会通河因此又称“泉河”。

明永乐年间重开会通河后，主要通过开发泰、沂、蒙诸山的泉水，利用沿线的北五湖和南四湖作为调蓄水柜，并在泉水汇集形成的河流上修建引水入运工程，在入运口门处修建分水工程，从而解决了地形高差达50米的京杭运河上地势最高点的水源匮乏问题，有效地保证了南北大运河的贯通。因此，引泉济运工程不仅成为会通河的关键工程，也成了京杭运河沿线最为关键的工程，是京杭运河工程与管理技术水平的代表工程之一。

《五水济运图》（清　张鹏翮《治河全书》）

该图中所绘五水济运类似一棵棵大树。状似树叶者为泉源，枝叶繁茂，代表着该地区泉源数量众多；状似树枝者为汇集泉水的支流，枝上树叶的密或疏，代表着该支流汇集泉源的数量多少；状似树干者为水系的干流，汇集各支流所纳之泉水，然后归入运河济运。

1.4.2.1　泉源的开发利用

会通河的水源主要来自三个方面：一是发源于泰、沂、蒙等山的大量泉源；二是其他较小河渠；三是降水形成的场面径流等。其中，会通河更多仰赖的是发源于泰、沂、蒙等山的泉源，这也是会通河又名“泉河”的主要原因。

元代已开始利用泉水补充会通河的水量，但当时会通河尚未发挥很大的作用，所以利用的泉源数量很少。明代重开会通河后，开始设官实地调查山东境内的泉源情况，并设专管官吏和夫役进行维护、疏浚和整治。明中期开通南阳新河和泇河后，新的运河与黄河基本分离，失去黄河水源后的新运河开始寻求泉源的补充，于是更加重视对它们的开发与管理。在此期间，泉源的数量不时地因其兴废而增减。

《康熙南巡图》中发源于泰山的泉流（清　王翚　绘）

从该图中可以看出，众多泉水自高度不同的山坡中喷涌而下，汇于山前溪水中，然后再汇入更为宽阔湍急的上一级河流中。

1. 五水济运的提出

为会通河补充水源的泉源都位于山东境内，根据其发源地、分布、汇集河流及入运尾闾等情况，可分为五派，因此又称济运五派。

济运五派的说法始于明弘治年间。弘治十三年（1500年），张文渊以工部主事分司宁阳，负责管理泉源。任职期间，他历时3个月、行程3850余里对山东境内的泉源进行了实地查勘，并在此基础上写成《泉源志略》。在书中，张文渊把调查过的泉源分为4类，用他的话表述就是“其支流之济漕渠者有四焉”：一是汇集汶河后自南旺分水口入运的泉源；二是汇集沂河、洸河、济水和泗水后自济宁天井闸入运的泉源；三是汇入其他河流湖泊后自济宁以南入运的泉源；四是汇入沂水后自下邳入运的泉源。张文渊虽未明确提出济运五派的概念，但后人在他的总结分析基础上逐渐形成济运五派之说，由此可以说张文渊是这一概念的首倡者。

“济运五派”概念的明确提出，始于明万历元年（1573年）兖州府通判包大爟。他在其所纂的《兖州府志》中明确指出：“汶、洸、泗、沂诸泉二百四十有四，若分水派，若天井派，若鲁桥派，若沙河派，若邳州

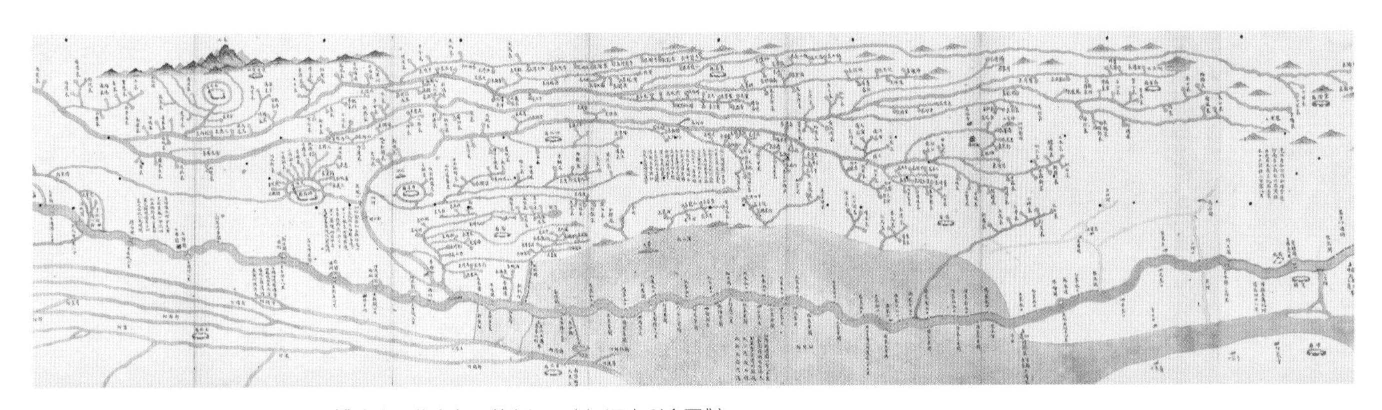

清道光年间山东十七州县源泉总图（《清代河北山东江苏浙江四省运河水利全图》）

该图中，中部横贯左右（即南北向）的河流为会通河，其上部（即会通河东部）接出的众多像大大小小的枝条和树叶一样的就是济运河流及其泉源。

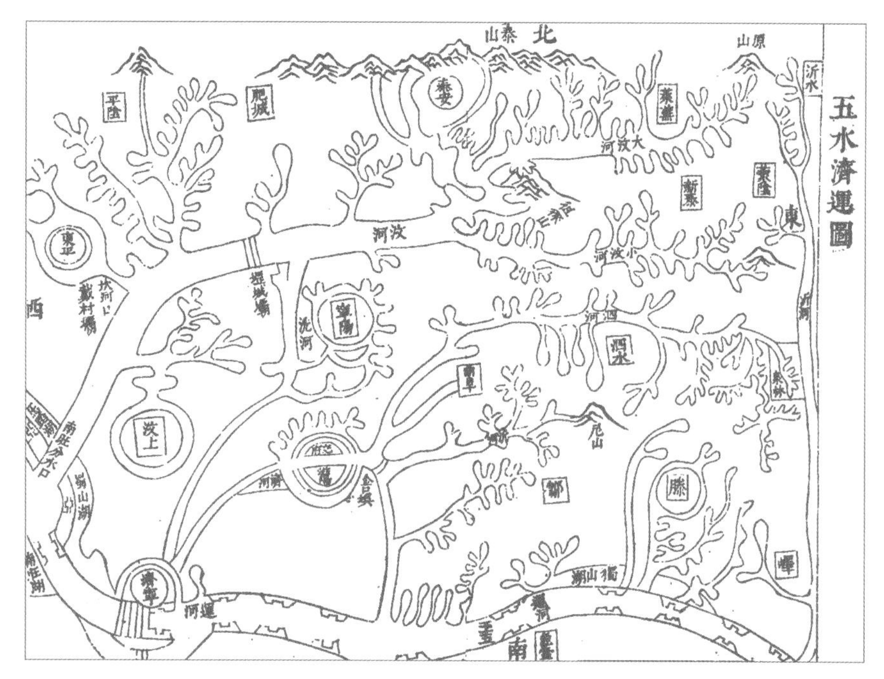

五水济运图（《山东运河全考》）

派”。在志书中，包大爟还明确指出，济运五派“合流通运，以济转输，是皆漕渠之命脉也”。后来，分水派又称汶水派，天井派又称济河派，鲁桥派又称泗河派，邳州派又称沂河派。

明隆庆、万历年间的总理河道潘季驯在其所著、成书于万历十八年（1590年）的《河防一览》中也明确提出山东济运泉源共分为5派，即分水派、天井派、鲁桥派、新河派和邳州派。不同的是，由于南阳新河的开通，潘季驯将原来的“沙河派”改称为“新河派”。

《明史·河渠志》也明确指出：“会通河泉源之派有五：曰分水者，汶水派也，泉百四十有五。曰天井者，济河派也，泉九十有六。曰鲁桥者，泗河派也，泉二十有六。曰沙河者，新河派也，二十有八。曰邳州者，沂河派也，泉十有六。”

明末清初，泉源派系的划分一度经历过由五分法改为四分法。据清康熙年间河道总督靳辅所著《治河方略》的记载，在他出任河道总督时，山东境内的济运泉源分为天井、鲁河、分水、新河四派，原邳州派不见记载。这是因为“自明山东巡抚徐源以黄河之水经流徐吕二洪，可不资于泉，故暂废之”。即元代开通纵贯南北的京杭运河后，邳州所在的徐州至淮安段运河是借助黄河河道行运的，水量充沛，因而山东巡抚徐源决定放弃对邳州派泉源的管理。此后，至明中后期开通南阳新河和泇河、清康熙朝靳辅开通中运河后，徐州至淮安段运河已不再借助黄河行运，此后“中河以北尽资源泉之水”，邳州派泉源重新得到重视，济运五派的说法得以沿袭。

2. 济运泉源的数量

山东境内的济运泉源在不同时期的数量是不同的，但总体趋势是随着新源泉的开辟而逐渐增长，期间也会随着已有泉源的干涸废弃等缘由而在数量上有所起伏。

关于会通河济运泉源数量的记载首见于明弘治九年（1496年）成书的《漕河图志》，共171处。其中，由汶河入运的泉源共93处，由泗、沂二水入运的泉源共44处，其余各泉源则由其他河流湖泊汇入泗水或加运河济运。

4年后，即明弘治十三年（1500年），宁阳分司张文渊先后对汶上、东平、平阴、肥城、泰安、莱芜、新泰、蒙阴、泗水、曲阜、邹县、滕县、峄县、鱼台、济宁、滋阳、宁阳等地的泉源进行了实地调查，调查所得泉源180处。

至明万历年间，济运泉数大致增至230～260处，主要见于以下记载：

一是明代国家法典如万历四年（1576年）修订的《明会典》。在该法典中，分原有和新辟两大类对山东境内的济运泉源进行了记载。其中，原有泉源187处，新辟泉源68处，二者共计255处。

二是明隆庆、万历年间的总理河道潘季驯所著《河防一览》，成书于万历十八年（1590年）。在其附图中，所列泉数共240处。其中，汇入汶河的泉源有109处，包括汶上3处、东平17处、肥城9处、宁阳12处、泰安38处、莱芜16处、新泰14处；汇入沂、泗等河的有131处，包括济宁3处、邹县13处、曲阜20处、泗水58处、鱼台14处、滕县18处、峄县5处。

三是成书于明万历二十四年（1596年）的《兖州府志》。该志书中，在扣除尚未统计的邳州派后，所载泉源共237处。其中，汇入汶河的泉源共计88处；由沂、泗、洸、汶等河入运的泉源共97处，外加济宁浣笔1泉；由沂、泗、白马等河入运的泉源共14处；由沙河、薛河、南石桥河三河入运的泉源共23处，由鱼台县境入运的泉源共14处；若加上由沂、洳、沭等河汇入邳州的泉源，总数量为240～250处。

清代，济运泉源的数量有很大的增长。据《山东运河备考》记载，东平州47处，济宁6处，鱼台22处，汶上11处，滕县33处，峄县13处，滋阳14处，邹县17处，泰安69处，莱芜64处，肥城16处，平阴2处，蒙阴5处，宁阳13处，曲阜29处，泗水82处，新泰35处，共计478处。

不同时期泉源数量不同的主要原因，除了因天气和降水量的变化、管理的重视与否、人为的疏浚新辟等因素导致的数量增减外，陆耀在其所撰的《山东运河备览》中还提出以下两个原因：一是各地没有如实上报；二是各地统计方法不同，如有的泉虽有数口但实为一泉，上报时却报为数泉；有的泉已不能济运，仍然上报充数等。

3. 济运五派水系及其构成

“五水济运”“济运五派”，究竟是哪五水？据《行水金鉴》记载，“五水者何？汶也，泗也，沂也，洸也，济也”。其中，“汶水由南旺入漕，为分水口，而诸泉之由汶济运者，凡百四十有四。泗水合洙水过孔林，至兖州府金口闸，沂水、雩水入之，而诸泉之由泗济运者凡六十有四，由沂济运者凡二十有七，如济宁之托基、浣笔诸泉自入运者不与焉。洸水者，汶之支流也，至济宁会泗、沂，合流同入天井闸，而诸泉之由洸济运者，惟宁阳之西柳、蛇眼等九泉。济水伏见不常，自有会通河，而济遂不可问矣。今兖州府之府河俗谓之济河，而诸泉之由济济运者，北则有汶上西北泺澢、蒲湾诸泉，南则有滋阳、阙党诸泉”。

自明代重开会通河后，山东境内的数百处泉源一直是其重要水源，但各派在补充运河水量方面发挥的作用是不同的。对此，明代总理河道潘季驯在其所著《河防一览》中曾明确指出，济运五派中，“酌其缓急，则分水、天井、鲁桥之派属漕河命脉。每岁春夏，听司道严督管泉官夫疏浚通达，俾源源而来，庶几有济。但数月不雨，其流必竭”。清康熙年间的莱芜县令叶方恒在其所著《山东运河备考》中表达了同样的观点：“五水济运，名虽有五，实则专借汶、泗济运。”至乾隆年间，山东布政使陆耀说得更为具体：“会通河济运诸泉中，以莱芜、泰安、泗水、峄县之泉为极盛；新泰、东平、汶上、鱼台、滕县诸泉次之；肥城、邹县、曲阜、济宁泉又次之，蒙阴、宁阳微弱；滋阳、平阴极微。”

（1）汶水派。潘季驯在其所著《河防一览》中曾明确指出，在济运五派中，“新泰、莱芜、泰安、肥城、东平、平阴、汶上、蒙阴之西、宁阳之北九州县之泉俱入南旺分流，其功最多，关系最重，是为分水派也。”据此可知，汶水派又称分水派，指发源于新泰、莱芜、泰安、肥城、东平、平阴、汶上、蒙阴西部和宁阳北部等地的泉源，经由大大小小的引渠，最终汇集于汶河，然后西流至汶上县南旺分水口注入会通河，南北分流济运。对于会通河的水源供给而言，汶水派最为重要，“其功最多，关系最重”。

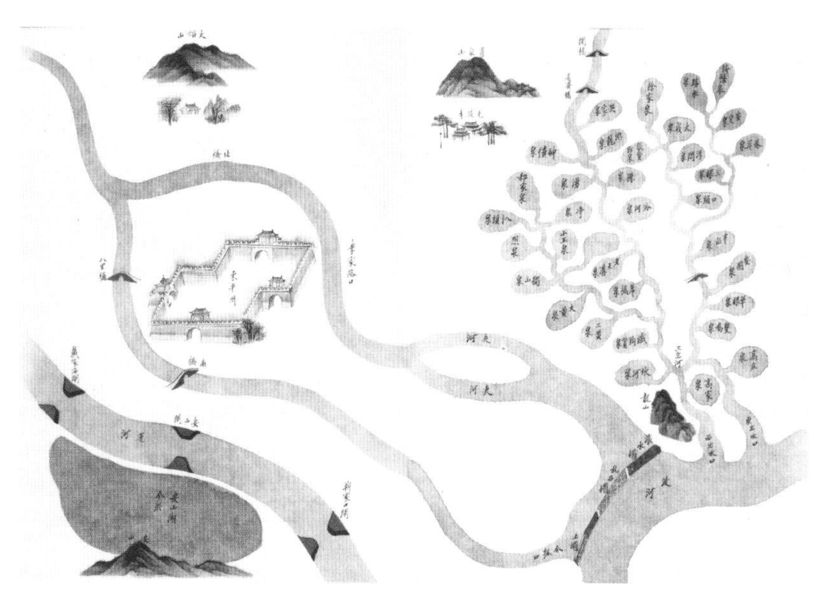

清康熙年间东平州汶水及沿途泉源（清　张鹏翮《治河全书》）

汇入汶河的泉源分布及数量，据《河防一览》附图记载，共计109处，其中新泰14处、莱芜16处、泰安38处、肥城9处、东平17处、汶上3处、宁阳12处。据清康熙朝叶方恒《山东运河备考》记载，共计244处，其中新泰35处、莱芜64处、泰安69处、肥城16处、东平47处、平阴2处、汶上11处、宁阳13处。

汤沸珠玑图（清　康熙《宁阳县志》）

明清时期的汶河源于莱芜、新泰至泰安，有牟汶、瀛汶、石汶汇合于大汶口，称大汶河。大汶河西南流，与小汶河（又名柴汶）合流，至宁阳西北堽城后一分为二，一支由堽城坝截而南流为洸水；一支为正流，由堽城继续西流。正流西流至东平州东60里后又一分为二，一支由戴村坝截而西南流至南旺入会通河；一支为正流，继续西流由大清河入海。

济运汶河的水系及其构成如下：①新泰县境内的引泉渠道主要包括羊流河、平阳河、广宁河、苏壮河、广明河，各渠道大多汇入小汶河（柴汶河），通过小汶河最终汇入大汶河；②莱芜县境内的引泉渠道主要包括浯汶、牟汶、嬴汶、北汶、淄水和嘶马河等，大多直接汇入大汶河；③泰安县境内的引泉渠道主要包括漆河、梳妆河、泮河和浊河等，大多直接汇入大汶河；④肥城县境内的泉源主要通过衡鱼河入大汶河；⑤平阴县的泉源主要通过新开河汇入大汶河；⑥东平州有席河，上通衡鱼河，下通会河，境内泉源大多入席河、少数入会河，最终汇入大汶河；⑦汶上县泉源大多由鲁沟汇入大汶河，少数入蜀山湖；城东北有蒲湾泊，周长20余里，附近泉源由此入运；⑧宁阳北、滋阳西的泉源则主要经由汶河入运。

历史时期汶河的流域范围及名称多次变迁。

北魏时期，汶河是济水的支流。北宋时期，梁山泊（古大野泽）以北的济水（又称北清河）与汶河合流，又名大清河，汶河成为大清河的支流。明永乐九年（1411年）重开会通河后，引汶河水济运成为其最为重要的水源工程。期间，在宁阳以北建有堽城坝，向南分出洸水至济宁入运；在东平坎河口以南建有戴村坝，遏汶水使其南流至南旺分水口入运，故称“分水派”；汶河的正流仍然汇入大清河，东流入海。清咸丰五年（1855年）黄河夺大清河入海后，汶河成为黄河下游最末一条较大支流。

今天的大汶河发源于山东旋崮山北麓沂源县境内，汇集泰山山脉、蒙山支脉诸水，自东向西流经莱芜、新泰、泰安、肥城、宁阳、汶上、东平等县市，汇注东平湖，出陈山口后入黄河。

清康熙朝分水派水系示意图（《山东运河图说》）

（2）泗水派。潘季驯的《河防一览》曾明确指出，在济运五派中，“泗水、曲阜、滋阳、宁阳以南四县之泉，俱入济宁，关系亦大，是为天井派也。”据此可知，泗水派指发源于泗水、曲阜、滋阳、宁阳等县的泉源，经由各引泉渠道，最终汇于泗水或经由沂河汇于泗水，然后西流至济宁天井闸，南北分流济运。在济运五派中，泗水派是会通河的第二大补水来源。

汇入泗水的泉源分布及数量，据明万历朝潘季驯所著《河防一览》附图记载，共计99处，其中泗水58处、曲阜20处、滋阳9处、宁阳12处。据清康熙朝叶方恒《山东运河备考》记载，共计138处，泗水82处、曲阜29处、滋阳14处、宁阳13处。

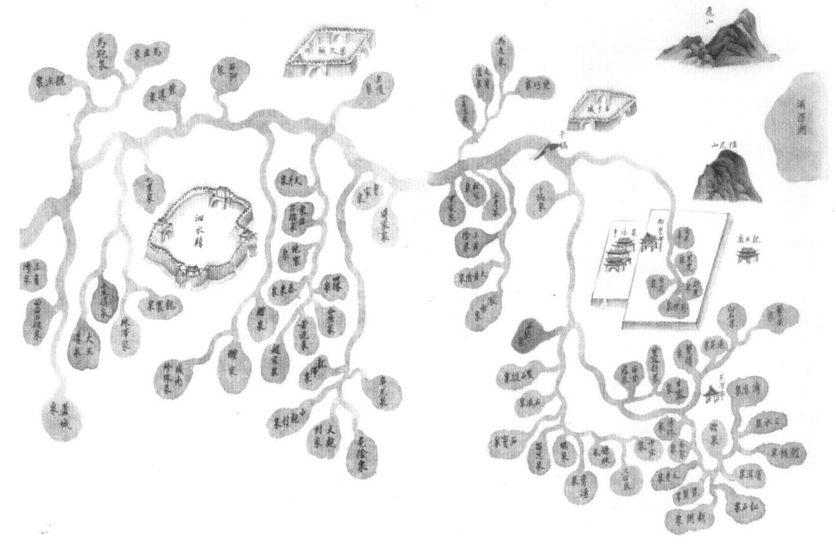

清康熙年间泗水县泉源（清　张鹏翮《治河全书》）

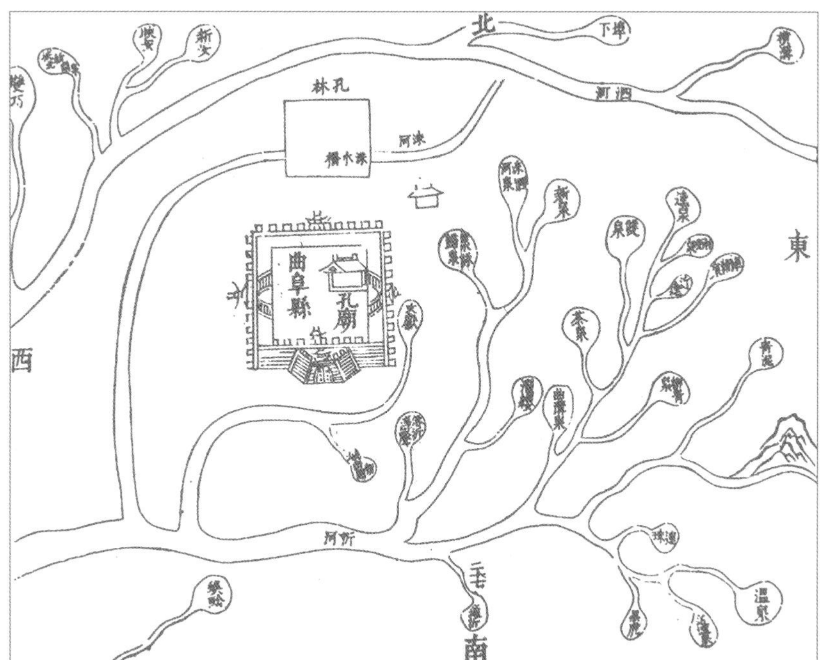

曲阜县泉图（《山东运河备考》）

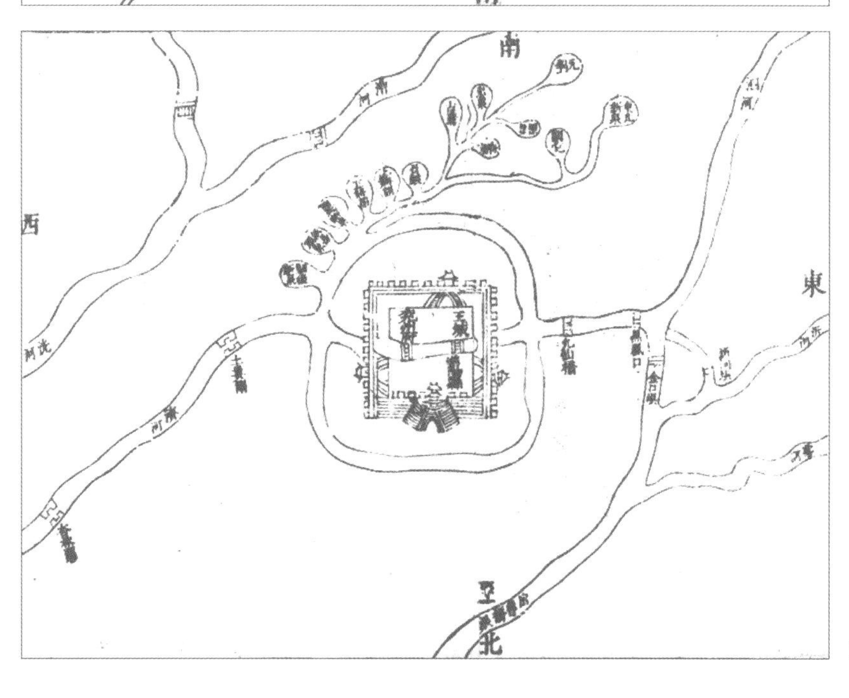

滋阳县泉图（《山东运河备考》）

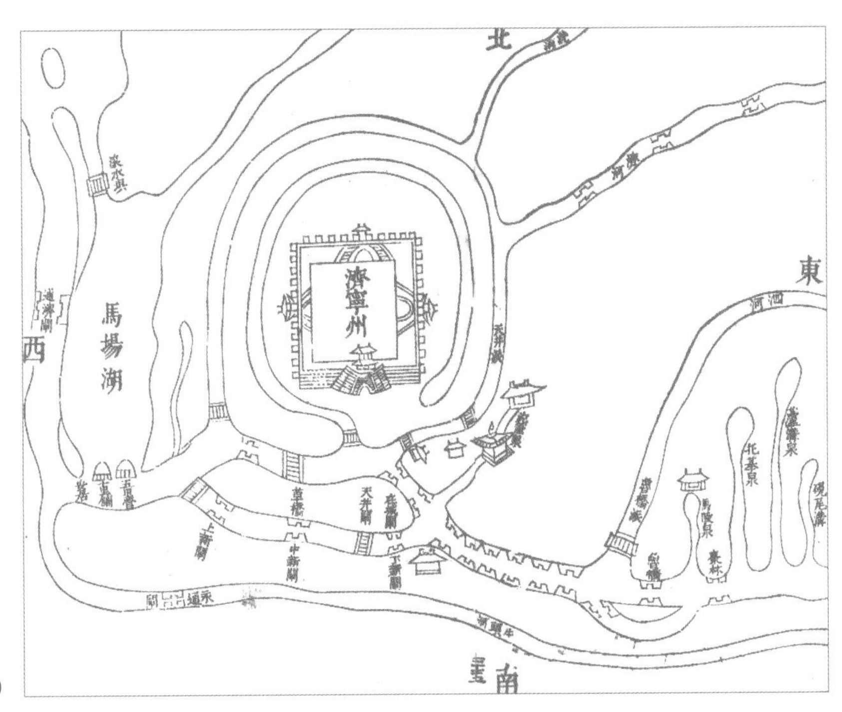

济宁州泉图（《山东运河备考》）

泗水源出泗水县城东50里的陪尾山，西过泗水城北，又西过曲阜城北5里，分一支为洙水。洙水经孔子墓南，泗水绕墓北，至墓西合二为一。西流至兖州城东，沂水和雩水汇入。其中，沂水出曲阜尼山，经县南至金口堰；雩水出曲阜南，西流经邹县境，至金口堰入泗水。泗水由金口堰西分一支为济河，又称府河，60里至济宁城东，合洸河，转南从天井闸入运。泗水正流过金口堰，再南流会白马河等支流，南入运。

泗水派济运水系的构成如下：①泗水县境内，泉林各泉为其源头，引泉渠道主要包括济河、百丁河、丑村河、石井河、黄沟河、黄阴河、金线河、高隅河、璧沟河、中册河、拓沟河等，全部入泗水；②曲阜县境内，引泉渠道主要包括洙水、沂河、崄河、蓼河，这些引泉渠道都较短，洙水汇入沂水，其余全部直接汇入泗水；③滋阳县境内，各泉主要汇入泗水，实际上主要由府河归马场湖入运；④宁阳南部的泉源则主要通过洸河入运。

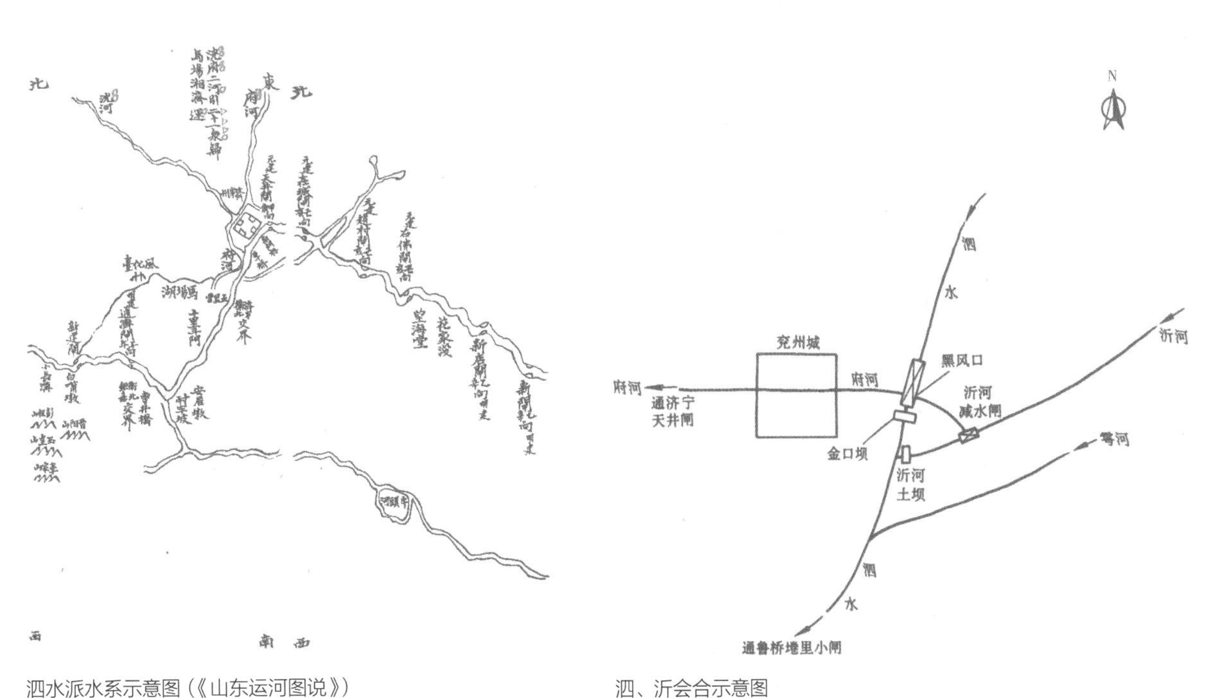

泗水派水系示意图（《山东运河图说》）

泗、沂会合示意图

古泗河由山东南下，在徐州会汴水，在下邳纳泇河和沂水，在睢陵合濉水、沭水，流经山东、安徽、江苏3省，河长400余公里，南通长江和淮河，北连济水和漯水，是南北水上交通要道。汉代，在安徽睢陵折南入淮河。

北魏时，泗水入淮口下移，东南流经淮阳城北（今江苏泗阳），又东经角城（今江苏淮阴）北，东南流注于淮河，是淮河的一大支流。

隋开皇元年（581年），兖州刺史薛胄在泗水和沂河汇流处建金口堰，开丰兖渠。

南宋建炎二年（1128年），黄河夺占徐州以下的泗河河道，泗水从此成为黄河和泗水混流的河道。元至元二十年（1283年），在兖州城东泗水上筑金口坝，截泗水南流，另于泗水西岸开黑风口斗门，分水西流合洸河入运，形成汶、洸、泗的济运工程体系。元、明两代屡次维修金口坝和黑风口。

明万历三十二年（1604年），为避开黄河而开泇运河，原来汇入泗水的氶河、泇河、沂河等支流被拦腰切断，隔绝于泇运河以北，但当时的入黄之路尚通。至清康熙年间，关闭原泗水入黄河的徐州镇口闸，泗水入黄口门随之被堵闭。从此，泗水开始以南四湖为归宿，逐渐由流经山东、安徽、江苏3省入淮河的大河萎缩为汇入南阳湖的区域性河流。清康熙三十六年（1697年），筑泗水西堤。乾隆十四年（1749年），改泗水董口坝为滚水坝，以减泄泗水汛期洪水入白马河，南通贯家湾和独山湖，称东泗河，自此形成东、西两泗水。

今天的泗水发源于山东省新泰县太平顶山西侧，西南流经泗水、曲阜、兖州、济宁等地，在济宁市辛闸村汇入南阳湖，全长159公里。

泗水县泉林俯瞰图（2018年，魏建国、王颖　摄）

泗水县黑虎泉（2018 年 5 月，魏建国、王颖　摄）

《山东运河备考》记载，泗水县境内的泉“最胜如响水、豹突、黑虎、潘坡等，尤称泰岱名川”。从该图中可以看到，黑虎泉源至今涌水旺盛。

泗水县境内为泗水源头，拥有著名的泉林，以“诸泉如林”而得名。传说泉林中有“名泉七十二，大泉十八，小泉多如牛毛”，实际上泗水县境内的泉源数量在山东各州县中也是最多的。据《山东运河备考》记载，该县境内有泉82处，其中上泉13处，中泉32处，下泉37处。在泉林各泉中，“珍珠、豹突、黑虎和淘米四泉俱出石缝中，合流为泗源”。目前仍在涌水的泉源有泉林、石缝、石漏、东岩店、黑虎、赵家、李家坡、大鲍村、王家林、珍珠泉等10余处。

（3）鲁桥派。明代总理河道潘季驯在其所著《河防一览》中曾明确指出，在济运五派中，“邹县、济宁、鱼台、峄县之西、曲阜之北五州县之泉，俱入鲁桥，是为鲁桥派也”。据此可知，发源于邹县、济宁、鱼台、峄县的泉源，主要经由金口堰以下的泗水以及沂河、白马河，汇入济宁以南的独山湖、鲁桥闸济运。

汇入鲁桥和独山湖的泉源分布及数量，据明万历朝潘季驯所著《河防一览》附图记载，共计27处，其中邹县13处、鱼台14处，济宁的泉源数量没有记载。据清康熙朝叶方恒《山东运河备考》记载，共计45处，邹县17处、济宁6处、鱼台22处。

鲁桥派济运水系的构成如下：①邹县境内，引泉渠道大多由白马河汇入泗水，少数汇入独山湖，然后至鲁桥或稍北入运。②鱼台县境内

泗水县石窦泉、莲花泉和淘米泉（2018 年 5 月，魏建国、王颖　摄）

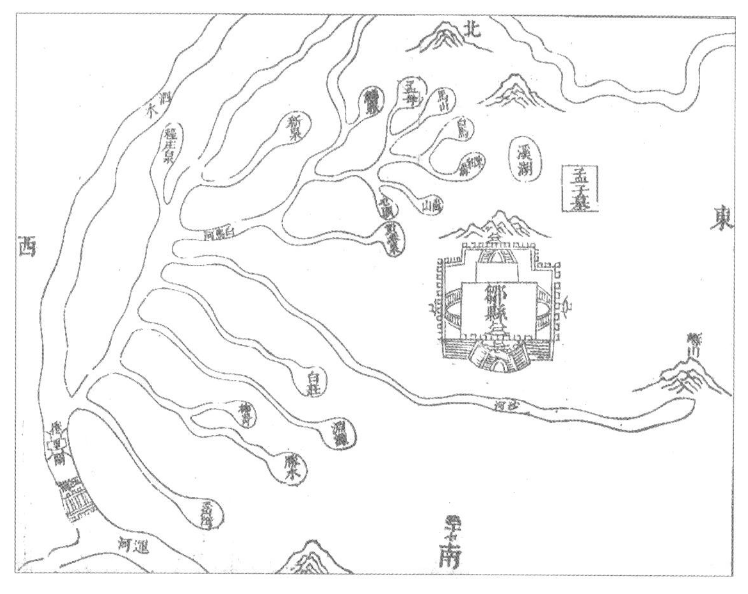
邹县泉图（《山东运河备考》）

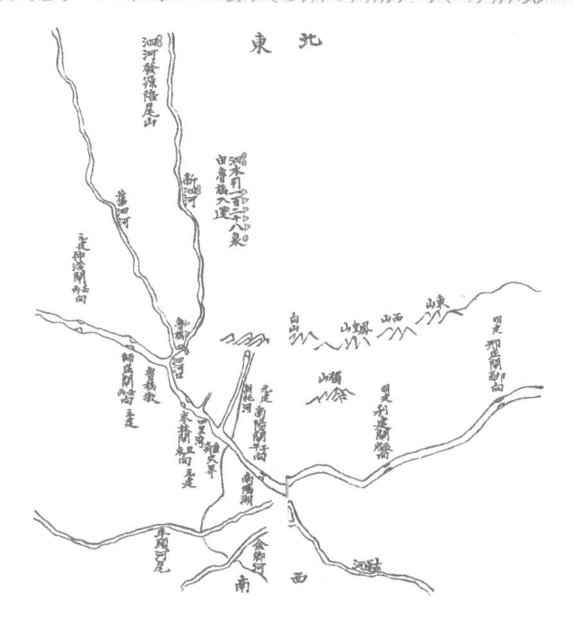
鲁桥派水系示意图（《山东运河图说》）

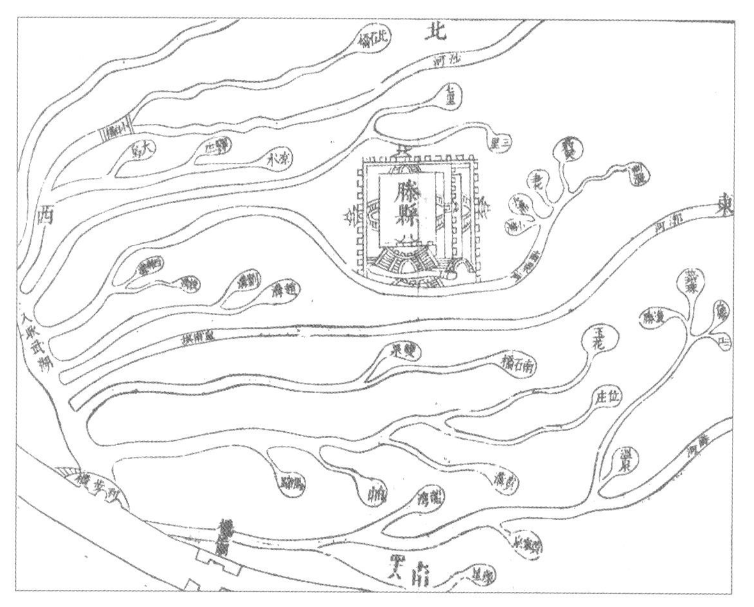
滕县泉图（《山东运河备考》）

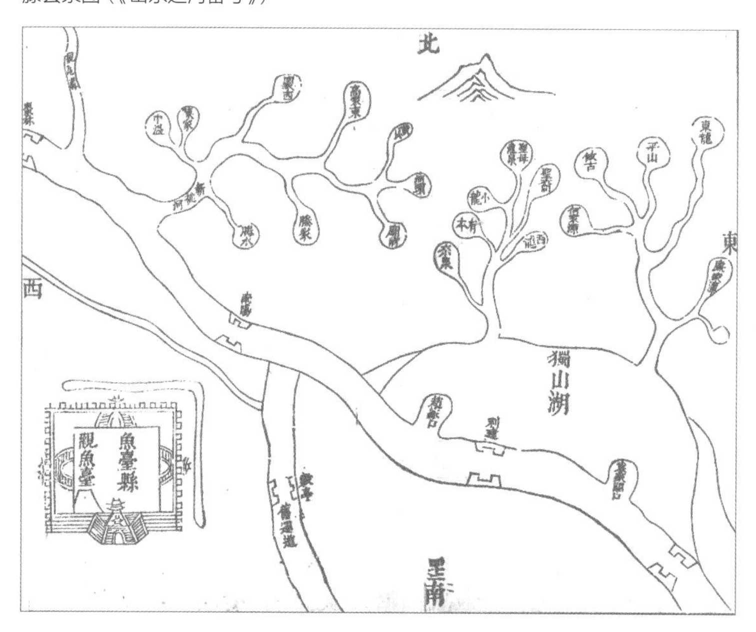
鱼台县泉图（《山东运河备考》）

的泉源一部分汇入独山湖，一部分通过新挑河入运。③济宁境内的泉源一部分直接入会通河，一部分由新挑河入运，一部分通过泗水入运。④峄县西部的泉源直接入运，曲阜北部的泉源则由泗水入运。

白马河在邹县东北25里，南流90里入泗水和沙河，由堌里闸桥下入运河。

（4）新河派。《河防一览》中指出，在济运五派中，“滕县诸泉近入独山、吕孟等湖以达新河，是为新河派也”。据此可知，发源于滕县、鱼台县的泉源，经由独山、吕孟等湖泊，最终归于南阳新河的为新河派。

汇于南阳新河的泉源主要来自滕县和鱼台，《河防一览》附图记载共32处，其中，滕县18处，鱼台14处。据清康熙朝叶方恒《山东运河备考》记载，共55处，其中滕县33处，鱼台22处。

滕县境内的引泉渠道主要包括界河、北沙河、南梁河、漷水、南明河、石桥泉河、薛河和泥沟河等，最终通过沙河、薛河、南石桥河等三河口入运。

滕县境内河湖颇多，明代中后期开通南阳新河、泇运河后，河湖变动较大，济运泉源的引泉渠道随之变迁，常建闸坝控制。

滕县境内有南、北二沙河。北沙河出峄山，南流分为两支，一支由马家口入运；另一支西纳白水，出蒲家口入运。南沙河即漷水，在滕县城南10余里，东出宝峰山，西流纳诸泉及明水、南梁水（即荆沟）。南沙河原由三河口入昭阳湖，明隆庆元年（1567年）开南阳新河，筑坝并开支河，引水入独山湖，由南阳湖入运。

薛河在滕县城南49里，出宝峰山，各泉汇入后称西江，西流会东江，又西分支入南明河。薛河水原由三河口入昭阳湖，明隆庆元年（1567年）开南阳新河，筑坝并开支河，引水南由微山入湖。

南石桥河又名赶牛沟，在滕县城南30里，与漷水、薛水同称三河，原由三河口入昭阳湖。明隆庆元年（1567年）开南阳新河，筑坝并开支河，引薛水和漷水分由南北入湖。除了南石桥河汇于薛河外，其余引渠都由佃户屯直接汇入运河，泇运河开通后又有变改。

滕县四境其他泉源多由引渠入湖济运，入湖之口有满家口、姚家口、彭口等。

（5）邳州派。明代总理河道潘季驯在其所著《河防一览》中曾明确指出，在济运五派中，“沂水、蒙阴诸泉与峄县许池泉俱入邳州，徐吕而下，黄河经行，无藉于此，是为邳州派也”。

邳州派的泉源主要来自峄县和蒙阴县境内。据《河防一览》附图记载，峄县13处，蒙阴的泉源数量则没有记载。据清康熙朝叶方恒《山东运河备考》记载，共18处，其中峄县13处、蒙阴5处。

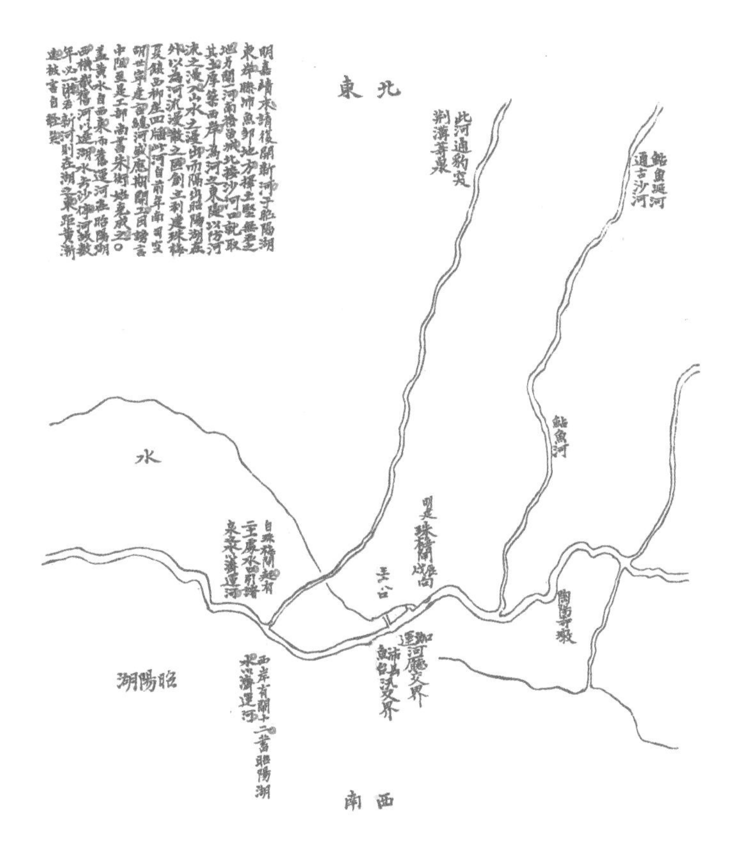

新河派水系示意图（《山东运河图说》）

峄县境有氶水，南入泇河。泇河有东西二水，下游合流南入武河，由武河入泗水。氶水有支流彭河、义河等。泇运河开通后，不少泉从八闸间汇入泇运河。蒙阴县泉渠，以沂水为大，出县西北120里艾山下，支流有小沂水及东汶河。沂水下入邳州济运。

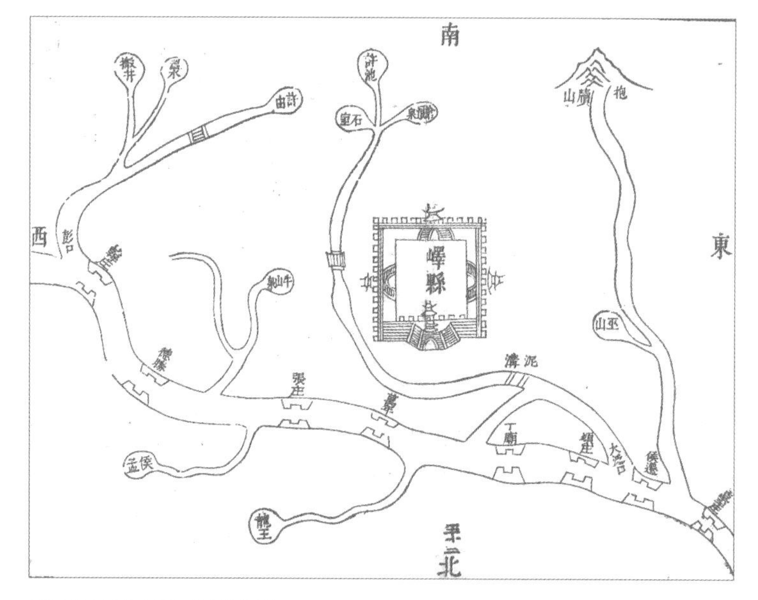

峄县泉图（《山东运河备考》）

龙泉漱玉（清　康熙《蒙阴县志》）

氶水环烟（清　光绪《峄县志》）

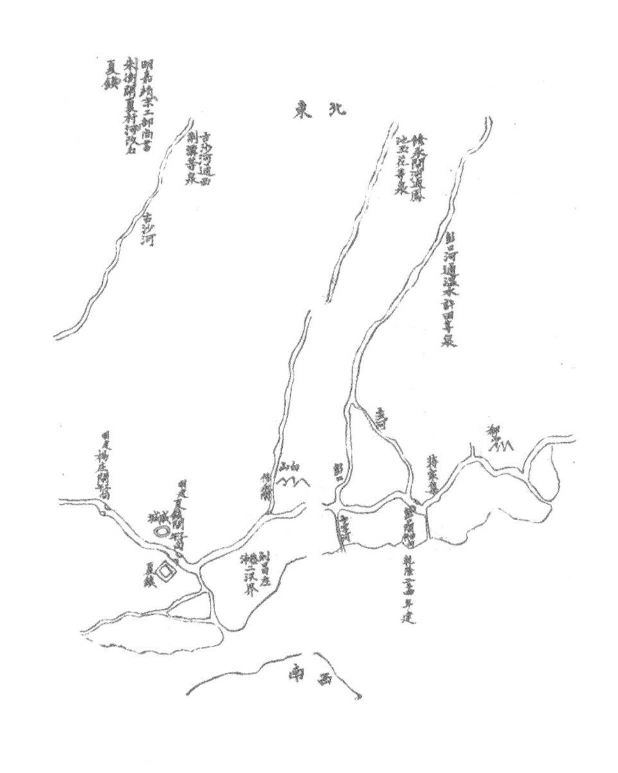

邳州派水系示意图（《山东运河图说》）

4. 济运泉源的浚治

最迟至元代，会通河已开始引泉济运，但当时会通河的作用尚未充分发挥，因而引用数量很少。

明代重开会通河7年后，即永乐十六年（1418年），工部主事顾大奇设宁阳分司，管理泉源。次年，漕运总兵官陈瑄命该分司疏浚泉源济运。正统四年（1439年）裁宁阳分司。正统九年（1444年）疏浚泗水源头泉林诸泉，并开新泉。次年，疏浚济宁以南济宁州、邹县、滕县等地通泉、通塘的沟渠及相应的泉源，并设小闸蓄水。

明成化六年（1470年）大旱，各地泉流枯竭，运河浅阻，在兖州府设同知一员管理泉源。成化九年（1473年），以会通河济宁以北段主要依靠泉水行运，令山东副使陈善管理德州至济宁段运河。成化十二年（1476年），漕运总兵官平江伯陈锐请疏浚山东境内的泉源和河道，并整修闸座。成化十六年（1480年），都水司主事乔缙任管泉主事，清理日久堙塞各泉400余处、豪强侵占各泉200余处，共得600余泉。弘治十三年（1500年），各泉源设立碑碣。

明弘治十四年（1501年），山东巡抚徐源认为，在发源于蒙山、沂山等山脉的泉源中，部分是用来补充邳州运河水源的，而邳州所在的徐州至淮安度段运河实际上是借用黄河河道的，水量较为充沛，泉水用处不大，因此决定废弃不管。

明嘉靖十九年（1540年），以工部漕运部门负责管泉事宜，并清理旧泉178处，开凿新泉31处，同时修筑长堤聚水，如闸河之制。隆庆六年（1572年），开凿新泉230处。

清代沿袭明制，将泉源作为运河的重要水源，专设管泉通判1员、佐杂12员，负责督率泉夫分地疏浚。除分地疏浚外，清代还对泉源进行过两次大规模的疏浚。

清雍正元年（1723年）春夏旱，山东运河濒临干涸，浚治泉源济运。乾隆二年（1737年）规定，泉河通判须每年疏浚泉源。至乾隆末年，共有济运泉源478处。至嘉庆十八年（1813年），议加疏浚，并禁止在微山湖内私自垦种或偷放湖水。次年春，挑浚所有济运泉源，并由闸坝及河湖加以收蓄以利济运。道光十四年（1834年），制定山东运河查泉章程。

自明代以后，山东数百处泉源一直是会通河的主要水源。各泉由汶、泗等河流汇集入运接济。运河水大时，利用沿运湖泊储蓄调节以备运河缺水时所用。因此，清康熙帝曾感慨道：“山东运河，全赖众泉蓄泄微山湖，以济漕运”。

1.4.2.2　蓄水工程

会通河为京杭运河地势最高的河段，运河全靠汶、泗诸水及泰沂蒙诸山山泉的补给。这些河流夏秋则涨，冬春则涸，无雨即便夏秋也缺水，无法保证通航用水。为解决这一问题，明清时期采用围湖蓄水济运的方法，即利用沿运两岸的自然湖泊加以疏浚，扩大湖面，并在湖的四周筑堤坝调节水量，运河则贯通其中。运河以东的湖泊常为水柜，收蓄汶河、泗水等来水，运河缺水时，通过济运闸引湖水入运道；运河以西的湖泊常称水壑，运河盛涨之时，开启减水闸，引运河水入这些湖泊以保证运堤安全。由于会通河的主要济运泉源都发源于山东丘陵地带，即大多位于运河东侧，通过汶河、泗水等河流入运，也就是说，这些河流须先经由运河以东的湖泊才能入运，所以运河以东的湖泊天然具有蓄水济运的功能；运河以西的湖泊虽为水壑，但在实际运行过程中，除收蓄运河涨水外，遇运河浅涸时也会反过来放水入运补充其水量。

会通河的蓄水工程以济宁以北的北五湖和以南的南四湖作用最大。

1. 北五湖

北五湖是南旺湖、马场湖、安山湖、马踏湖和蜀山湖的总称，均位于山东济宁以北。湖区一带地势东高西低，运河以东的马场、蜀山、马踏等湖皆为水柜。安山一湖初为水柜，垦占最早，明后期已废。南旺湖地跨运河两岸，原为运河两岸湖泊的统称，后以运河为界分别称南旺东湖与南旺西湖，至明后期则专指运河西岸的湖泊为南旺。至明代及清早期，南旺湖既可在汛期收蓄汶河和运河涨水，又可在枯水期放水接济运河，兼具水柜、水壑两种功能。清中期以后，南旺湖水面逐渐缩小，不复济运。

（1）北五湖的形成。北五湖的形成，可上溯到古代的大野泽，主要与黄河的决溢和会通河的开挖治理有关。其中，南旺湖的形成最早。

南旺湖。南旺湖区一带最初为大野泽，济水故渎注入今巨野县东北洼地而成。五代以后，黄河下游不断决口改道，多次流注巨野泽，导致巨野泽底淤高，泽水南北分流。至宋代，大野泽淤积萎缩，局部淤涸，但北流泽水的水面与济水两岸东平、梁山、郓城一带的洼地相连，同时受汛期黄河、汶河和济水的洪水停滞，逐渐形成梁山泊。南宋建炎二年（1128年）黄河南徙夺淮后，梁山泊不断受到黄河决溢洪水的侵袭，水面面积不断缩小。金代，随着黄河的频繁泛滥，济水湮没，梁山泊水面大减，所以当时有“退地甚广，安置屯田”的记载。至元代初期，梁山泊残留部分出现南旺湖。因此，可以说，在北五湖中，南旺湖最先形成。元至元二十年（1283年），济宁至安山的济州河开通后，将南旺湖一分为二，运河以东称南旺东湖，以西称南旺西湖。

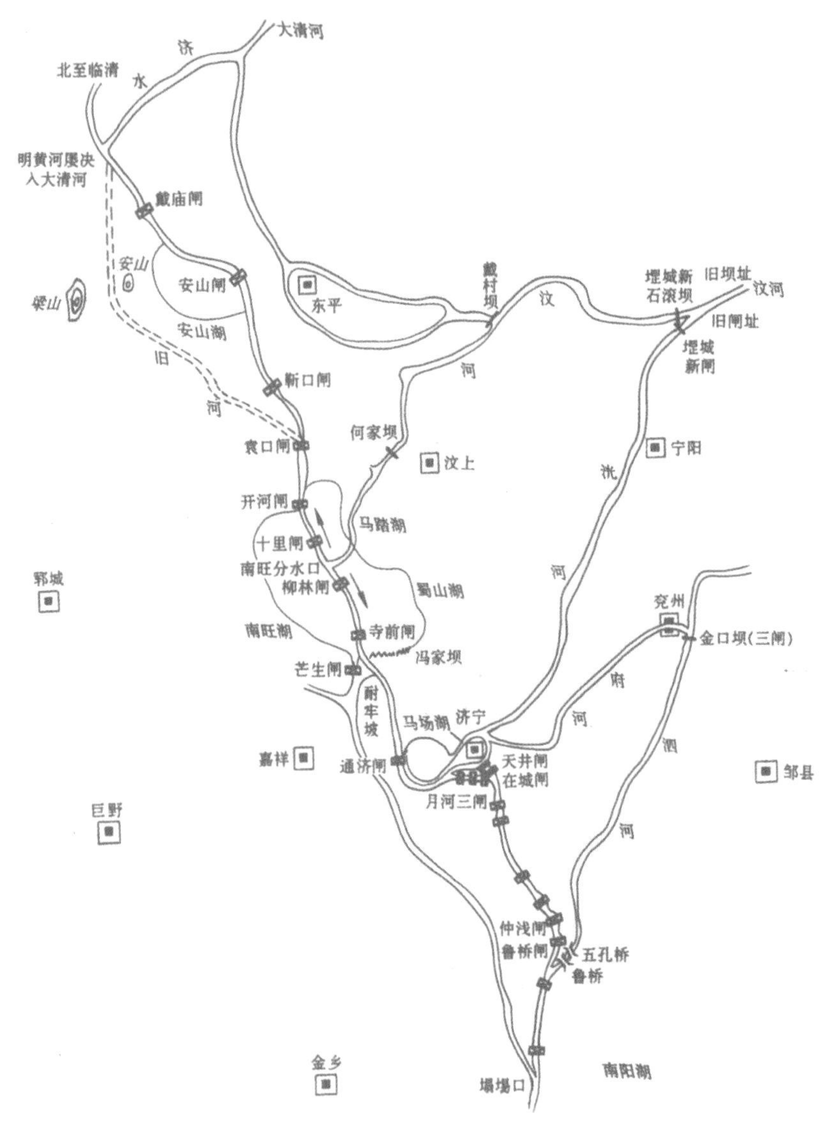

明前期北五湖分布示意图

安山湖。元至元二十六年（1289年）开挖由安山至临清的会通河，南接济州河，引汶水北达临清汇御河（今卫运河），把济水截为两段，谓之“引汶绝济”，致使安山下的古济水与汶河洪水蓄滞而成湖，称为安山湖，萦回百余里。明永乐九年（1411年）重开会通河时，运道湖西改为湖东，安山湖的位置随之由运道以东变为以西。同年，创筑安山湖围堤，引济水入柳长河后入湖。正统三年（1438年）在湖口建安山闸，汛期水涨开闸泄运河水入湖，水涸则出湖济运。

马踏湖与蜀山湖。明永乐九年（1411年），工部尚书宋礼重开会通河。采纳汶上老人的建议，在汶河下游筑戴村坝，自坝下开挖小汶河，引汶河水入小汶河，西南流至南旺分水口，南北分流济运。由于小汶河穿行南旺东湖入运，又将南旺东湖一分为二，小汶河以北者称马踏湖，以南者称蜀山湖。

马场湖。蜀山湖容纳不了的汶河水，经蜀山湖东的冯家坝泄入蜀山湖以南、济宁以西的沿运洼地，逐渐形成马场湖。明永乐十三年（1415年），引泗水经府河入洸河至夏家桥入马场湖，堵冯家坝，汶河水不再入湖，马场湖成为洸、府两河的汇合处，蓄水济运。

1915 年时的安山闸（《山东南运湖河水道报告录要》）

1915 年时的蜀山湖（《山东南运湖河水道报告录要》）

综上所述，北五湖是随着济州河、会通河的开通和引汶、引泗济运措施的实施而相继形成的。各湖以运河为界，运河以西为南旺湖；运河以东的湖泊则分为数区，以汶河为界，汶河以南为蜀山湖，蜀山湖南连马场湖；汶河以北则为马踏湖。除安山湖外，其他四湖相互通连，但作用不同。

（2）北五湖的运行。北五湖中，马场、蜀山、马踏等湖都是水柜；安山湖最初为水柜，但至明后期逐渐废弃；南旺湖原本泛指蜀山、马踏及运西之湖，后专指运西之湖。明代及清早期，南旺湖既蓄水补充运河水量，又收运河涨水，兼有水柜、水壑二用。清中期，南旺湖水面缩小，不复济运，逐渐失去水柜的作用，仅可从芒生闸（后改为涵洞）泄水入牛头河，通过南阳湖转入微山湖济泇运河。

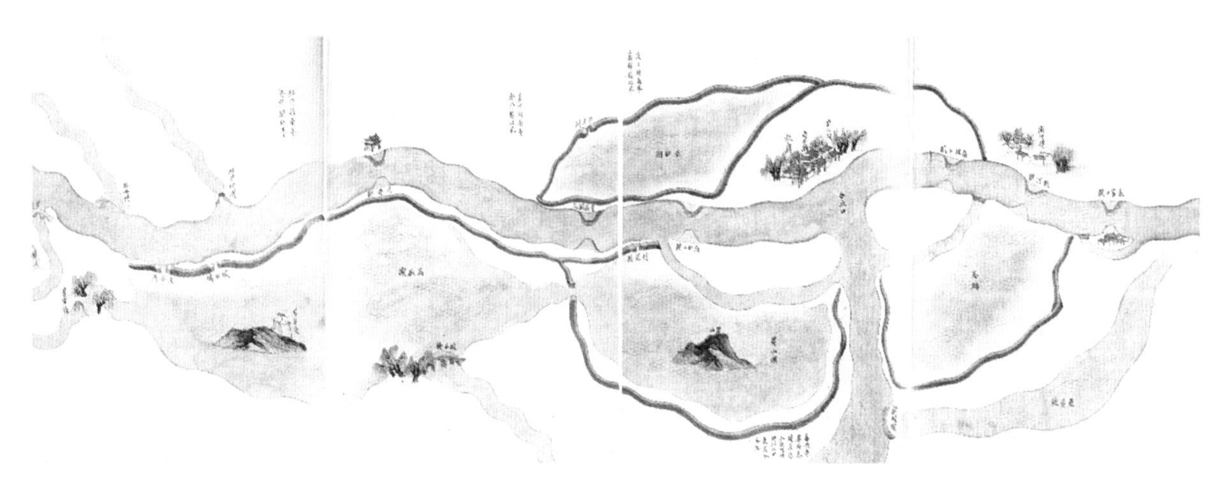

清康熙朝北五湖（安山湖除外）示意图（清　张鹏翮《治河全书》）

安山湖。位于东平州城西南15里，萦回百余里。明永乐九年（1411年），创筑安山湖围堤，引济水由柳长河入湖。漕船经过时，开启似蛇沟、八里湾二闸放水济运。正统三年（1438年）知州傅霖在湖口建安山闸，汛期水涨开闸泄运河入湖，水涸则出湖济运。

马踏湖。位于南旺分水口上游西侧，周围34里，建有徐建口、李家口收蓄汶河水，定志以收水6尺7寸为度。漕船经过时，由新河头、洪仁桥二闸放水济运。

蜀山湖。位于南旺分水口上游东侧，周围65里，建有永定、永安、永泰3座斗门收蓄汶河水，定志以收水1丈1尺为度。漕船经过时，开启金线、利运二闸济运。此外，附近的汶上县建有涵洞2座，济宁建有涵洞3

座，用于收蓄坡水入湖；汶上县还有杨家河，用于收蓄坡水以及汛期马庄泉、蒲湾泊等泉源和河流之水入湖。

清乾隆二十五年（1760年），将金线闸由寺前铺闸以南移到柳林闸以北。此前，金线闸原在寺前闸南，寺前闸北则为利运闸。漕船经过时，如金线、利运二闸同时开启，蜀山湖水就会全部南行，造成分水口以南的运道苦于水多、以北则苦于水少的局面。至此，将金线闸北移10余里至柳林闸以北，漕船经过时，金线闸与寺前、利运、柳林各闸互为启闭，则水不南流，尽为北用。

南旺湖。北五湖中，以南旺湖最为重要。元代已开始利用南旺湖作为会通河的蓄水水柜。明永乐九年（1411年）宋礼重开会通河后，以汶河为水源，主要依靠南旺湖进行调蓄。至陈瑄治河时，建南旺湖长堤。此后经过数十年的经营，南旺湖堤防已很完备。至弘治年间，南旺湖周围150余里，中建二堤，运河夹在其中。运河西堤建有斗门与南旺西湖相通，上有桥梁作为纤道。当时仅南旺西湖称南旺湖，已无复东湖之名。

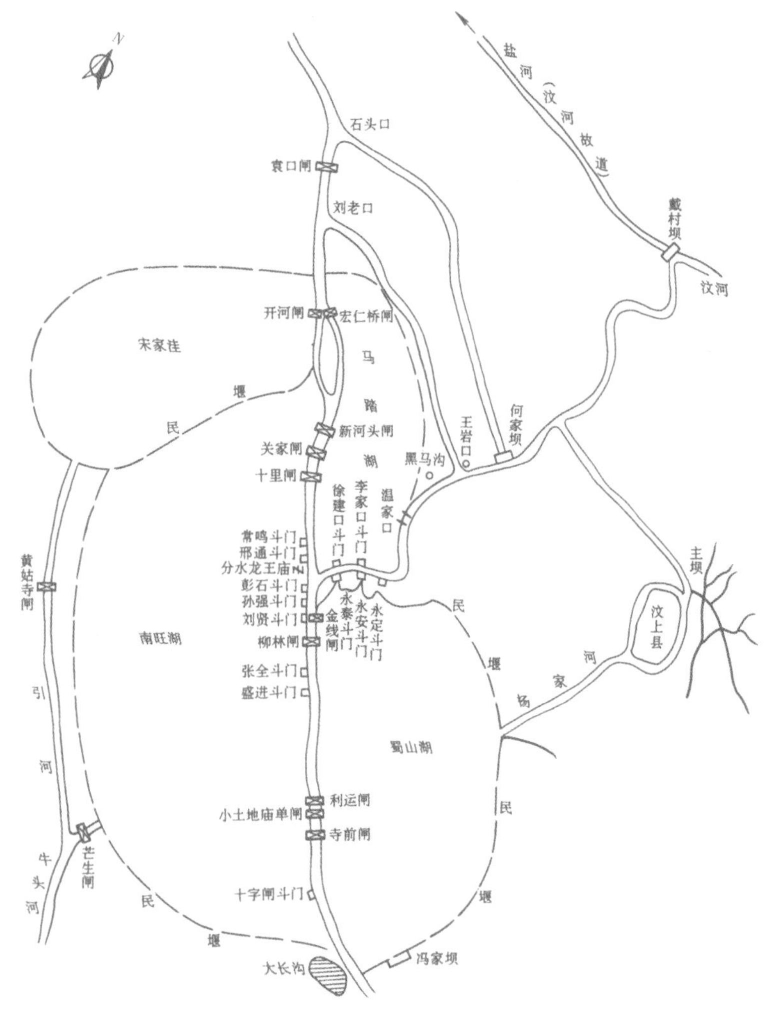

清乾隆时南旺湖及其分水枢纽形势示意图

南旺湖东岸临运，周围93里，定志以收水5尺为度。伏秋汶河水盛涨时，开放运河西岸的盛进、张全、刘贤、孙强、彭石、邢通、常鸣等减水闸放水入湖。漕船经过而运河水位低落时，则引湖水各单闸倒灌济运。湖水过大，则由芒生闸入牛头河泄入南阳湖。

南旺西湖南端有芒生闸，闸外为牛头河，下通济宁城西的永通闸（耐牢坡闸）和鱼台的广运闸入南阳湖。明初曾由永通闸至广运闸行运，明中期则利用芒生闸至广运闸间的河道与运河交替行运。水大时船只走牛头河，运河则成为排洪河道。明后期，牛头河废为排水沟。清乾隆五十二年（1787年），将芒生闸改建为双涵洞，开引渠入牛头河，伏秋水大时收水入湖，苦水季节引水由牛头河至南阳湖济运，后渐废弃。

马场湖。位于济宁州西10里，周围40里。明正德四年（1509年）在济宁城东府河上建杨家坝，逼府、洸之水北流绕城北，为城壕，自城西入马场湖济运。嘉靖十四年（1535年），修复湖堤60里，建减水闸5座（临时）。万历十七年（1589年），在运河北堤建五里营、十里铺上、十里铺下、安居4座减水闸，又称平水闸，可以往复通流，运河水大可以入湖，湖水大可以入运。

（3）北五湖的淤废。明清两代虽对北五湖勤加修治，但由于淤浅和人为垦田，各湖面积在不断萎缩，甚至逐渐堙废。

明嘉靖十三年（1534年），修南旺西湖堤50余里及减水闸18座，仅能蓄水不能济运，只好从芒生闸放水

1915 年时的安山镇运河沙滩（《山东南运湖河水道报告录要》）

1915 年时分水口与安山闸间的运道船只拽浅（《山东南运湖河水道报告录要》）

南出广运闸口接济鱼台以下运河。次年，总理河道刘天和因南旺湖堤毁坏，修整湖堤110多里。由于泥沙淤积，当时的安山、南旺等湖已大半填淤，蓄水很少，尤其安山湖，水面面积缩小甚多，已不易恢复。

明万历初年，总理河道万恭曾上书指出，由于运河水位高于两侧各湖，安山湖已不可作为水柜。南旺湖可种田者374.5顷，蜀山湖可种田者172顷，马踏湖围垦更为严重，可作水柜的面积已很少。仅有马场湖既无淤积，也无垦占，可继续用为水柜。至万历十六年（1588年），南旺、安山、蜀山、马场等湖因天旱水涸，当地官府已开始招人佃种，收取租税，致使湖面进一步萎缩，几乎全为农田。

明朝中期，南旺湖北部被开垦为田，遇干旱季节，难以自流入运。正德四年（1509年）春夏大旱，曾用水车车水入运河。至嘉靖初年，用来将南旺湖湖水车入运河的水车多达350余辆。北五湖中，南旺湖一直维持到清后期。

自清顺治年间起，黄河决荆隆口，冲向张秋，安山湖淤成平陆，无力浚治，遂成为历史。康熙十八年（1679 年），任由居民垦种纳租，开地 925 顷 38 亩 9 分。安山湖自此成为禾黍场。

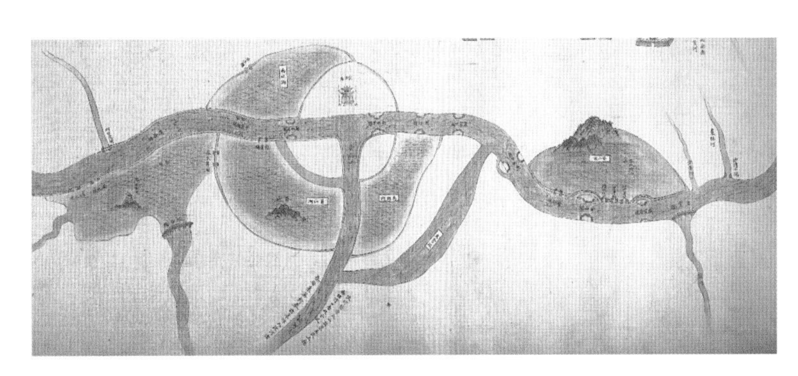

清康熙朝北五湖中安山湖的淤积情形示意图

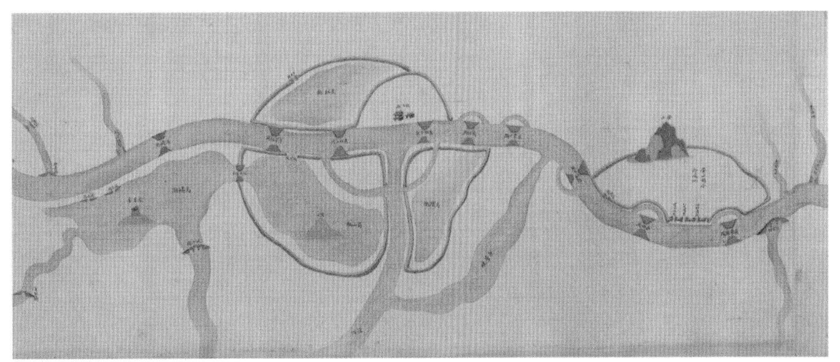

清康熙朝北五湖中已淤成平陆的安山湖示意图

清咸丰五年（1855年）黄河自河南铜瓦厢决口夺大清河入海后，汛期常倒灌安山湖。为防止黄河水南侵，从十里堡至东平州城西解河口一线，借老运河西堤接修安解民埝（旧临黄堤），并多次修筑围堤，在原安山湖一带形成周长87公里的自然滞洪区，因湖面大多位于东平境内，故改名为东平湖。

清光绪二十七年（1901年）漕运停止后，北五湖仍有蓄水、滞洪的作用。新中国成立后，随着梁济运河干支流的开挖，南旺湖、马踏湖、蜀山湖、马场湖逐渐干涸，全部变为良田。

2. 南四湖

南四湖位于山东省微山县，地处鲁西南黄河冲积平原与鲁中南山丘西麓相交的低洼地带，由微山、昭阳、独山和南阳四湖串连组成，统称南四湖。又由于微山湖的面积比其他三湖较大，习惯上统称微山湖。南四湖的湖盆狭长，呈西北—东南方向的带状分布。除独山湖因有运河将之与其他湖泊隔开而有明显的湖界外，其他三湖均无明显的湖界。元明清时期，南四湖主要用以蓄洪济运。它们的形成与演变，除受黄河改道、决口泛滥的影响外，还与大运河的开发治理关系密切。

南四湖湖区和湖区西侧自第四纪以来一直处在强烈的下降过程，湖东山地则相对上升。加上全新世以来黄河冲积扇不断向东推进和扩大，在冲积扇前缘和湖东山地之间的下沉地带形成一片洼地。南四湖形成以前，古

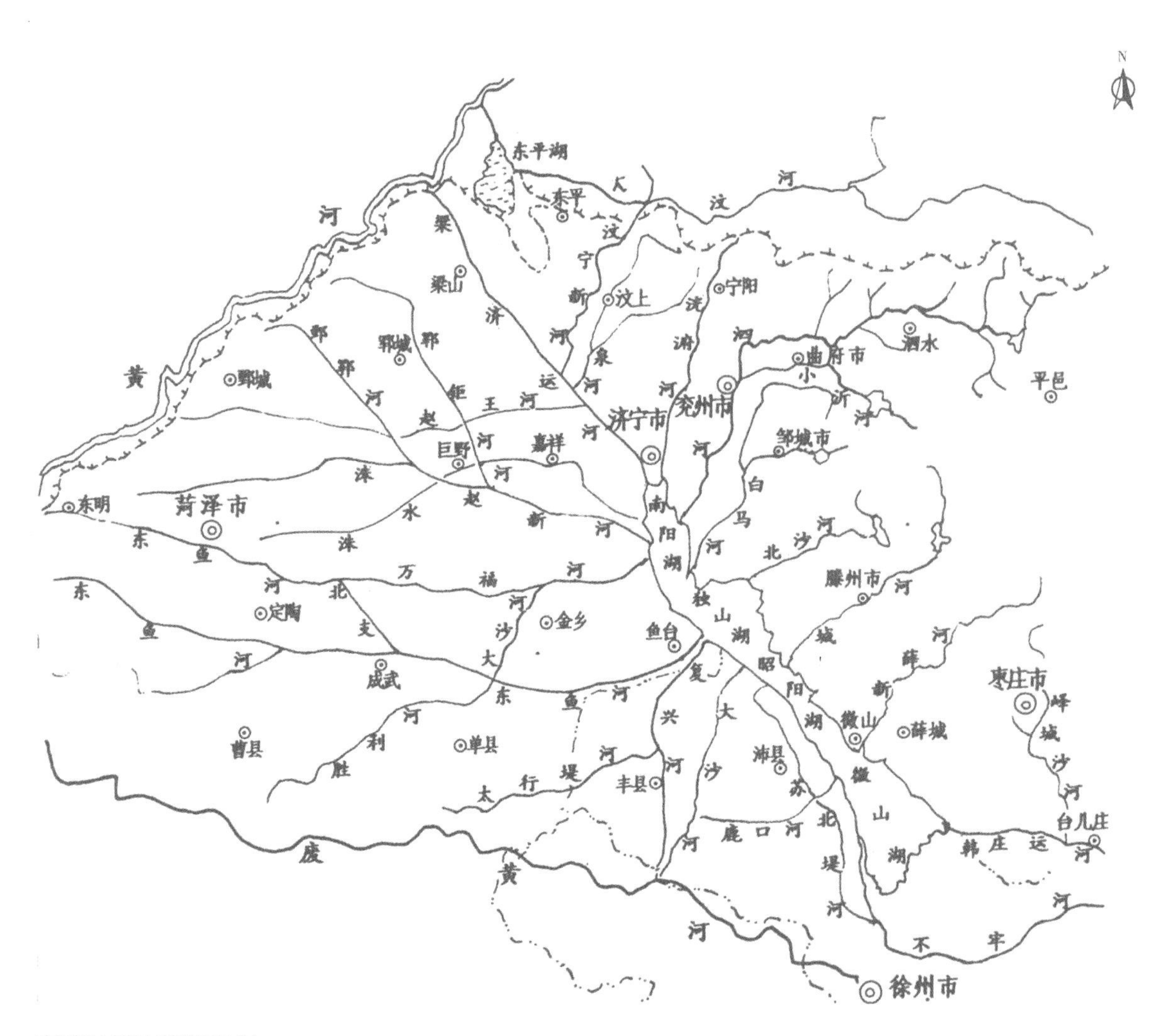

南四湖水系图（《淮河志》）

南四湖二级坝第三节制闸（《筑梦淮河》）

泗水流经该地，南下注入淮河，水上交通发达。

西汉汉武帝元光三年（前132年），黄河在瓠子决口，大溜向东南直趋巨野泽，夺泗水河道，注淮河入海，这是黄河六次大改道中的第二次。当时的泗水自山东南泗水县经曲阜、兖州、济宁、邹县、滕县进入江苏，又经沛县、徐州、宿迁、泗阳至淮安入淮河，是淮河的主要支流。至公元前109年瓠子决口被堵塞，泗水河道被黄河占用的时间长达23年，导致其河道逐渐淤高。泗水东岸本是黄泛平原与山东丘陵的交接洼地，泗水河道淤高后，泗水主流及其东部的邹、滕等县山水均无法入内，只能潴滞于这些洼地中。至隋代，在兖州以下、济宁以南的泗水东岸已形成大片沼泽湖泊。据《隋史·薛胄传》记载："兖州城东，沂、泗二水合而南流，泛滥大泽中"。这里的"大泽"当是南四湖的前身。

留侯张良画像（清　康熙《帝王圣贤名臣像》）

唐宋以前，今南四湖区一度较为繁盛。东岸微山县鲁桥镇的仲家浅村是夏代"仍国"的治所，夏朝第六代君主少康在此出生。沛县东南的留城为古留城国所在地，西汉高祖刘邦曾将其作为封地赐给开国功臣张良，并封其为留侯。

五代及北宋时期，黄河屡次侵袭淮河和泗水，并且大多时间走泗水河道。至南宋建炎二年（1128年）黄河南徙夺泗入淮后，尤其是绍熙五年（1194年）八月，黄河自河南阳武故堤决口，灌封丘而东，注梁山泊，分为两派：北派由大清河入海，南派由泗水入淮河。这是黄河六次大改道中的第五次，也是黄河长期南徙夺泗入淮的开始。此后直至清咸丰五年（1855年），黄河在河南铜瓦厢决口北徙夺大清河由山东利津入海，黄河长期夺泗入淮的历史方告结束。在此期间，黄河决口泛滥频仍，并屡次侵入南四湖区，南四湖由此基本形成。

黄河长期夺泗入淮后，江苏徐州、淮阴间的泗水河道为黄河所夺，河床逐渐淤高，泗水南流入淮之路受阻；加上元代开通济州河、会通河后，济宁至徐州间的泗水河道（已被黄河夺占）成为运河航道，泗水及山东运河东部的山洪失去出路，便潴积在南四湖所在的湖盆洼地间，逐渐形成湖泊。

元代末年，济宁以南的鱼台、邹县之间已形成周围76里的大湖，初名孟阳泊，后称南阳湖。由于南阳湖的形成，鲁桥至南阳镇一段泗水故道淹没湖中，古泗水仅剩下河源到鲁桥入湖的上游一段，即今天的泗河。南阳湖以南，在沛、滕两县之间形成昭阳湖，又名刁阳湖、三阳湖，周长180里。在昭阳湖以南和张孤山以北的现代微山湖范围内则出现4个相连的湖泊，即郗山以南为郗山湖，又东南为吕孟湖，又东南为张庄湖，又东南为韩庄湖（又名微山湖），各湖名虽不同，实无限隔。

总而言之，南四湖是在黄河频繁决溢的影响及明清两代对运河、黄河的治理过程中形成的。

清乾隆年间的南四湖形势示意图

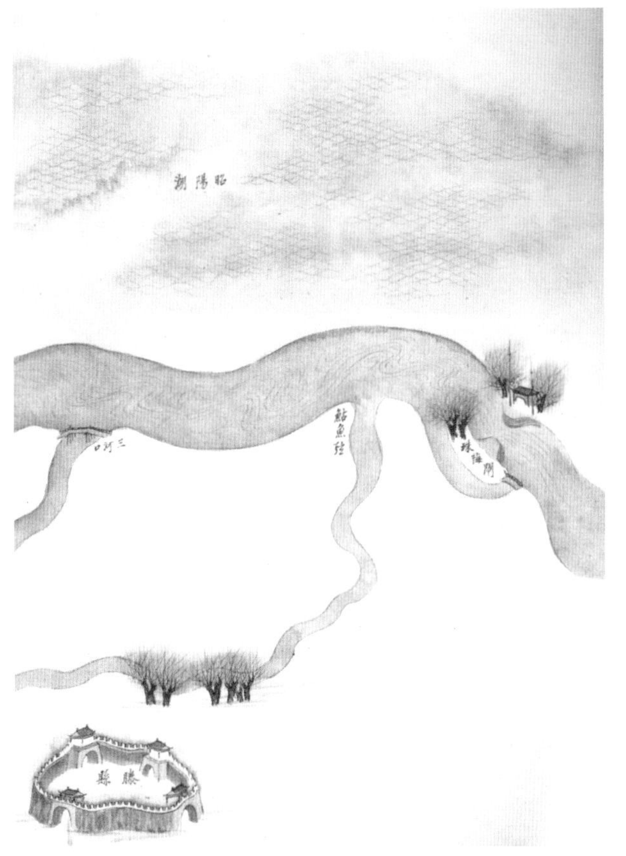
清康熙年间昭阳湖及其与运河关系示意图（清　张鹏翮《治河全书》）

昭阳湖。南四湖中，昭阳湖最早出现，初现于宋末元代，中经明代，形成于清康熙年间。昭阳湖出现时周长不过五六里，位于微山县赵庙乡赵庙村北、聂庄铺西，当地人称山阳湖或刁阳湖。明初，已扩大到周围10里许，由沽头闸溢水入运河，同时在其东西两侧伴生有两个小湖。永乐九年（1411年）重开会通河时，把昭阳、安山、南旺、马场四湖变为水柜，并在昭阳湖口建石闸、东西二湖口建板闸，蓄水济运，昭阳湖面积迅速扩大。成化末、弘治初，昭阳湖与东西两侧的小湖已连为一体。

明正统六年（1441年），漕运参将杨节开荆沟泉渠10里，引入昭阳湖潴蓄济运。宣德四年（1429年），为防止昭阳湖水冲击运道，漕运总督陈瑄在昭阳湖兴筑长堤。嘉靖五年（1526年），黄河决溢，越过泗水进入昭阳湖，此后黄河屡次泛滥丰县、沛县和鱼台一带，决水经常灌入昭阳湖，导致湖底逐渐抬高，水面不断扩大，周长达80余里。嘉靖四十四年（1565年）七月，黄河决溢沛县，湖水不断升高，面积逐渐扩大，与周围的孟阳泊、饮马池、满家湖等小湖合为一体，面积再度扩大。

为防止黄河北决淤滞或冲断会通河，明嘉靖四十五年（1566年），开挖南阳新河，使鱼台至留城间的运道由昭阳湖西改移湖东，昭阳湖的功能从原为运河东岸的水柜变为运河西岸的水壑，主要承受湖东山洪入运后溢出的余水和湖西的黄泛洪流。

清康熙三十年（1691年），修筑南阳大堤（又称马公堤），作为昭阳湖的北堤，此后昭阳湖与南阳湖之间不再连通，昭阳湖基本定型，南起安家口，北至南阳大堤，周长约180里。雍正初年（1723年），在会通河上修建减水闸多座，将汛期运河的多余之水减泄入湖，蓄积备用。随着入湖水量的不断增加，昭阳湖湖面不断扩展。至乾隆年间，昭阳湖初具规模，湖面扩展至周围180里，与南部的微山湖相连。

昭阳湖上承南阳湖水，以及济宁、鱼台、金乡、单县、曹县、定陶等州县泉水和坡水。会通河自鲁桥以南过枣林闸后，穿行独山湖和昭阳湖之间，两岸建有堤防，沿线设有南阳、李建、邢台和珠梅等节制闸；运河东岸设有众多水口，西岸则建有10余座单闸，漕船过后开启东岸水口和西岸单闸，使独山湖水穿过运河入昭阳湖；秋后即将单闸陆续关闭以节水济运。在运河西岸、珠梅闸北建有辛庄桥滚水坝，长20丈，中建石垛9座，分泄运河异涨之水入昭阳湖，再由昭阳湖入微山湖济运。

独山湖。初现于元末，中经明朝，形成于清雍正年间，主要由邹、滕两县的泉水和鱼台县的地面坡水滞蓄而成，因位于独山脚下而得名。

在微山县独山脚下，自古就有一片洼地。元朝末年，洼地北、东两面诸山泉水及坡水在此汇集，逐渐积蓄

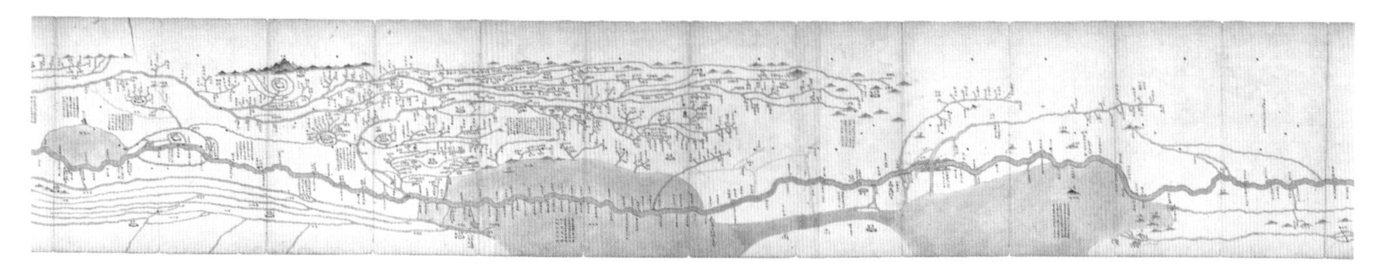
清中后期独山湖与昭阳湖形势示意图

清康熙年间独山湖及其与运河、南阳湖的位置关系（清 张鹏翮《治河全书》）

成湖。明成化年间（1465—1487年）独山湖面积逐渐扩大，与其东南的阳城湖合并，周长50里。

明隆庆元年（1567年），南阳新河开通，新河过南阳闸，穿南阳湖，经昭阳湖东岸南下，使原本泄入昭阳湖的独山湖北面的坡水、泉水和东面的邹县、滕县境内的界河、沙河等水被南阳新河截断，全部汇入独山湖区，从此独山湖的面积迅速扩大。至清雍正年间基本成型，北、东两面紧接独山山坡，西、南两面即南阳新河，周长198里，隔运河与昭阳湖相望。

独山湖主要承受泗水、白马河等河流及济宁、鱼台、邹、滕等州县的泉水和坡水。其上游鲁桥筑有横坝以收蓄泗水、白马河等河流之水入湖；上游东岸则设水口两个，一名新挑河，收蓄黄良泉等泉水入运；一名磨镰沟，收白马河、泗水及鲁桥东坡之水入湖。南阳新河开通后，汛期山洪暴发时易于冲溃运堤，于是在南阳新河两岸筑石堤30里，东堤设水口数十座引水入运，西堤建减水闸 14 座，汛期独山湖洪水可通过这些水口和减水闸泄入昭阳湖。

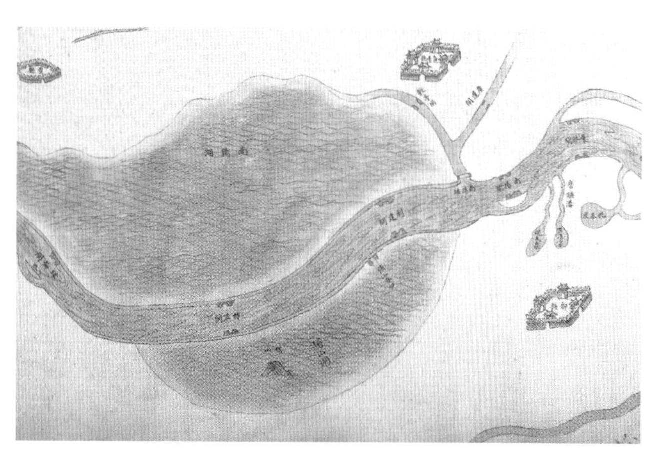
清乾隆中期南阳湖、独山湖及其与运河的关系（《京杭大运河水系地名图》）

1915 年时独山湖与昭阳湖两湖间的运河形势（《山东南运湖河水道报告录要》）

独山冲涨（清光绪朝《鱼台县志》）

南阳湖。初现于元末明初，形成于清咸丰年间。元末明初，微山县南阳镇以北分布着一片湖沼洼地。明洪武元年（1368年），徐达开塌场口引黄济运，南阳至徐州间的泗水被逐渐淤塞，西北两面的曹县、单县、巨野、郓城等地的坡水通过牛头河等河流注入泗水。泗水宣泄不及，便潴积在南阳镇以北的湖沼地带，逐渐形成南阳湖。

明嘉靖四十四年（1565年），南阳以南的泗水、运河和黄河三河合一的河道被淤为平地。此后，虽经多次浚治，但泄水能力越来越差，导致南阳湖面积随之逐渐扩大。

清康熙二十九年（1690年），黄河决溢，泛滥南阳湖区，水面面积扩展到40里。至乾隆二十年（1755年），湖水向北漫溢5里，延伸到鲁桥附近，周长达到90余里。咸丰元年（1851年），黄河在江苏丰北决口后，再次漫灌南阳湖，堤坝溃决，水面迅速扩增，东淹运河，西逾牛头河，北抵石佛，南至马公桥，面积扩大10余倍。至此，南阳湖完全形成，规模相当于今南阳湖。

南阳湖主要收蓄金乡、单县、曹县、定陶、城武等县坡水入湖。清乾隆后期，独山湖的水位常低于运河二三尺，因此各闸门和水口只在冬日运河水枯时才开启，以收独山湖穿运入湖之水；其他季节严密堵闭以防运河水外泄。南阳湖水还可由马公桥入昭阳湖，再南入微山湖收蓄济运。

微山湖。出现的最晚，初现于明弘治至嘉靖年间，形成于清顺治年间。在微山、茶城、韩庄之间的三角形洼地中，自古就发育有一些零星小湖，如赤山、吕孟、微山、张庄等。至明中叶，郗山、吕孟、张庄、韩庄、微山、黄山、武家、塔具等10多个小湖相继形成，并逐渐扩展。

明隆庆元年（1567年）南阳新河开成后，曾在薛河上筑坝，引水南下入吕孟等湖，导致微山、郗山、吕孟、张庄四湖的湖面急剧扩展，连成一体并向西延伸到马家桥、李家口一带。

明万历二十一年（1593年），微山湖区连降暴雨，山洪暴发，坡水漫流入湖，湖面扩展至周围数十里。万历三十一年（1603年），黄河自单县、曹县决口，灌昭阳湖，入夏镇，横冲运道。次年秋，黄河又在丰县

杰阁跨河（清光绪朝《鱼台县志》）

决口，由昭阳湖穿李家口，南出镇口，北灌南阳。经过两次黄河灌注，微山湖又与西部积水区、南部武家湖、韩庄湖、黄山湖相互连接，面积再度扩大。

明万历三十二年（1604年）开挖泇运河后，使运道再次东移，原在运河东岸的郗山、吕孟、张庄、韩庄四湖被阻隔到运河以西，北纳南阳、昭阳两湖蓄积的各河来水，运河以东的山洪则通过沿运诸闸宣泄于湖中，以西的黄河决溢之水和地面坡水也向湖中灌注，水无约束，诸湖合一，“微山湖之名始著”，诸湖统名微山湖。

清顺治年间（1644—1661年），微山湖继续向北、向西扩展，北接塔具湖，西淹留城南，漫过南阳新河与昭阳湖相接。至此，东自韩庄、西至留城西、南自茶城北、北至夏镇西、东西长40里、南北长80里、周长180里的微山湖整体形成。

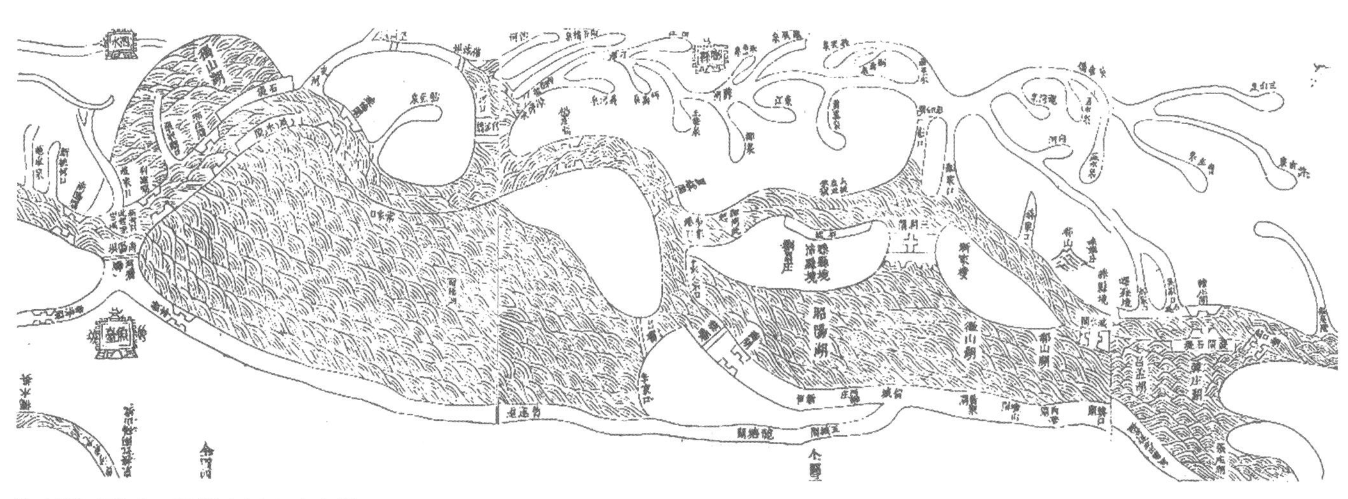

清康熙年间的南四湖（《山东运河备考》）

微湖说泇（清　麟庆《鸿雪因缘图记》）

清道光年间的江南河道总督麟庆在其所著《鸿雪因缘图记》中曾对微山湖进行了简单的记述："山东自台庄至韩庄中设八闸，地势建瓴，全用东西两泇水。顾泇水常弱，专仰湖水挹注，漕始畅行。湖中有闸二，金门宽各二丈余，旧制收水以一丈为度，今添四尺，以时启闭。又滚坝长三十丈，中砌石垛十四，上搭浮梁以通牵挽。"

昭阳、独山、微山、南阳四湖形成初期，相互之间存在一定湖界，如昭阳湖与微山湖以安家口为界，昭阳湖与南阳湖以马公桥为界，昭阳湖与独山湖则以南阳新河为界，仍各按原来的湖名称呼。清同治十二年（1873年）秋，黄河大决于东明邱新庄、石庄户民埝，漫牛头河、南阳湖入运河，桥闸被冲，堤坝溃决，放任自流，南阳、独山、昭阳、微山四湖连成一片，总称南四湖。

南四湖形成后，收纳周围各县泉水和坡水，通过湖东的泗水、洸河、白马河、沙河、薛河和湖西的赵王河、洙水河、万福河等河流汇入湖中蓄以济运。如果说，明代时山东济宁以南的运河水柜以独山、昭阳二湖最为重要，昭阳以南的郗山、微山、吕孟、张庄等湖作用相对较小，待泇运河开通后，昭阳以南的微山等湖湖面渐广，蓄水接济泇运河和中运河的作用日渐重要。至清代，微山湖的重要性远在南北各湖之上。它位于鲁南、苏北各县境，西受鲁西各县的坡水，北通昭阳各湖，东临运河，所蓄水量过多时需向东宣泄济运，不足则有时引黄河水入湖补充。

1.4.2.3　引水和分水工程

会通河是京杭运河地势上的制高点，水源问题非常突出，主要以汶河和泗水等河流为水源，通过堽城坝和戴村坝引汶入运，再通过南旺分水口南北分流济运；通过金口坝引泗、洸入济宁，再南北分流济运；同时利用附近的湖泊作为水柜或水壑进行调蓄，并在会通河、南阳新河和泇河等运道上修建节制闸群以调节水量和航深，从而实现了京杭运河对绝对高差达50米的山东地垒段的穿越。

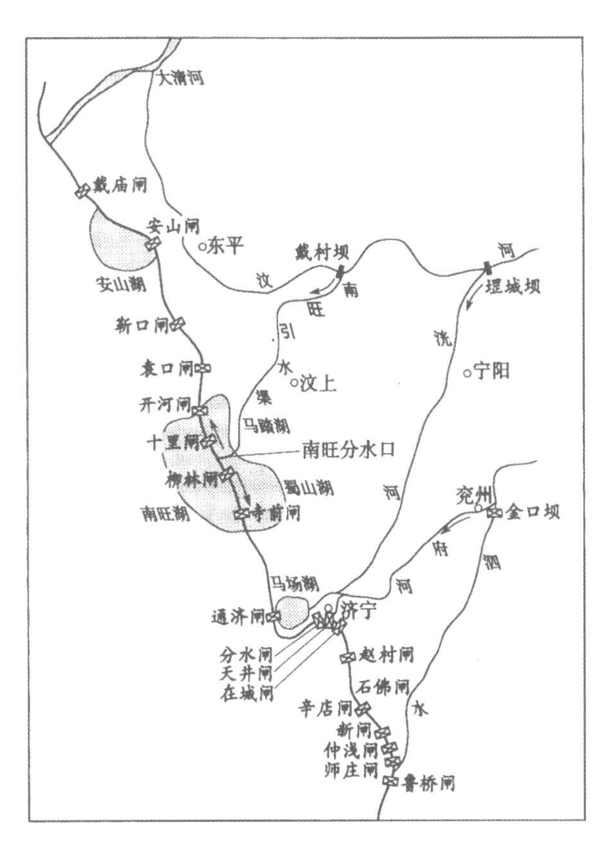

会通河分水枢纽及汶、泗等河济运示意图

1. 济宁枢纽

济宁枢纽主要由金口坝和堽城坝等引水工程，以及泗水、汶河和洸河等输水工程及济宁三闸等分水工程构成。明永乐九年（1411年）南旺枢纽修建前，会通河主要通过金口坝和堽城坝引水至济宁，然后通过济宁三闸南北分水济运。会通河重开初期，济宁仍是其主要的分水枢纽，直至明朝中叶，南旺枢纽日益完善，逐渐取代天井闸成为新的分水点。此后堽城堰废，洸河淤，唯有引泗水的府河（即济河）维持较久，后亦逐渐失修水微。济宁虽仍为重要港口，在运河工程上已失掉了重要地位。

（1）引泗济运工程——金口坝。金口坝是引泗水济运的水源工程，其前身为金口堰，金口堰原为隋代丰兖渠的渠首。隋开皇元年（581年），沂河和泗水二水合而南流，泛滥不已，渐成沼泽。兖州刺史薛胄在兖州城东泗水和沂水的交汇处筑金口石堰，堰下开丰兖渠，引泗水向西至济宁以西与桓公沟连通，不再向南泛滥。丰兖渠的开通不仅排干了此前形成的沼泽，使其成为大片良田，而且在水运方面发挥着显著的效益。

唐武德七年（624年），徐州经略尉迟恭利用丰兖渠导引泗水、利用洸水导引汶河水至济宁，在济宁建会源闸（又名天井闸），同时对徐州一带泗水河道上的徐吕二洪险工进行了整治，从而使济宁以南泗水中下游的水运交通得以恢复和发展。

南宋末年的蒙古元宪宗七年（1257年），为供应今宿县、蕲州一带的军粮，济州掾吏毕辅国在今宁阳县北堽城附近的汶河左岸建一土坝斗门，遏汶水南流入洸河，至济宁济运。

元至元二十六年（1289年），漕运副使马之贞主持开通会通河后，改泗水河上的金口土堰为滚水石坝，中建两泄水孔，各洞设闸门控制；同时在其泗河西岸府河口建金水闸，又称兖州闸，后称黑风口，从而有控制地引泗水西流合洸河和府河二河，至济宁会源闸（天井闸）分水济运。

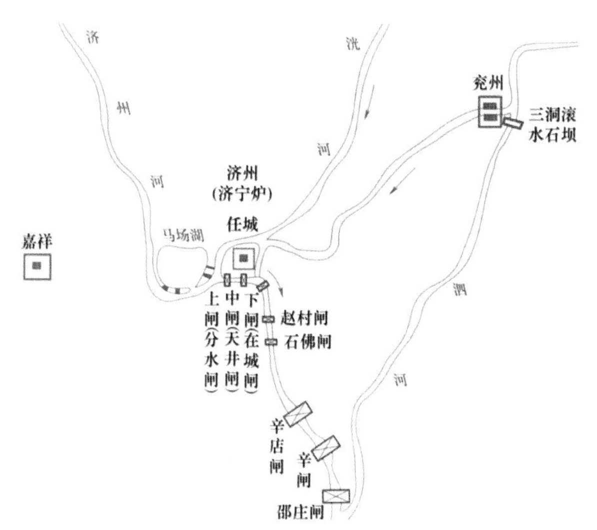

元代金口坝引水工程示意图

元延祐四年（1317年），金口坝两个泄水孔中的一个损毁，都水监阔阔重修时将其由一孔改为两孔，加上原来的另一孔，金口坝成为三孔滚水坝，各设闸门控制，水涨则开，泄泗水南下师庄闸；水小则闭，遏泗水西合府河，至会源闸南北分流济运。

明初，由于金口坝坍塌，改石坝为临时土坝，维修频繁。至明成化八年（1472年），又将土坝改为三孔滚水石坝。据明成化九年（1473年）《兖府金口堰记》碑文记载，改建后的金口坝长50丈，高7尺，中建泄水孔3个，各孔设闸门启闭，上横大石为桥。此后，夏秋水涝时，开金口坝三孔闸门，由泗水主河道南泄至济宁南40余里的师庄闸入运河，递达独山湖；冬春水小，则闭金口坝，开黑风口闸门（后为两涵洞），逼水西流60里至济宁城东，折入洸水，由会源闸入运河济运。

除了引泗水济运外，济宁枢纽还引用沂河济运。为此，在金口坝以南的沂河上建沂河土坝，长48丈；在沂河上建沂河减水闸，以引沂入泗，泗河与沂河合流由金口坝分入黑风口，经兖州城至济宁济运。

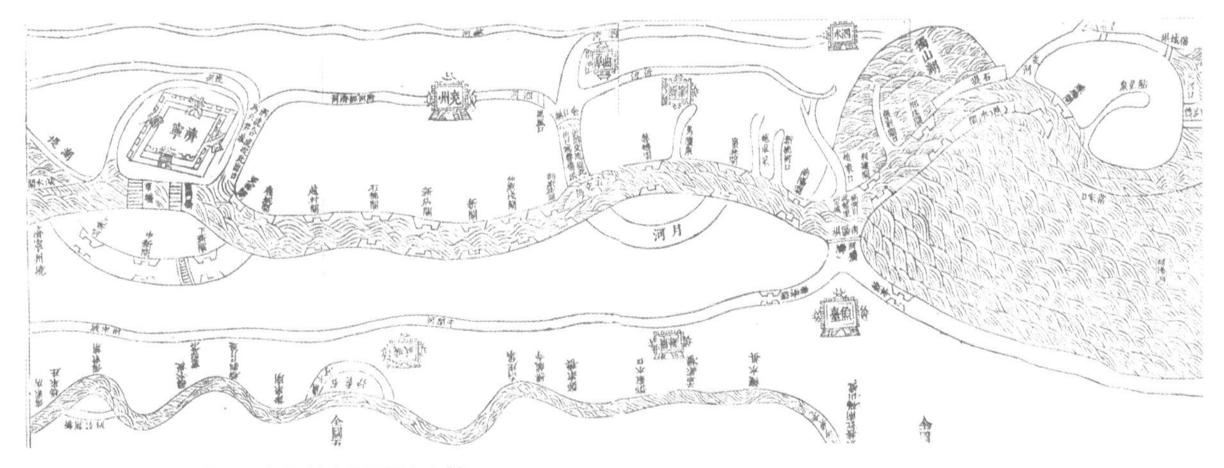

清代金口坝与黑风口位置示意图（《山东运河备考》）

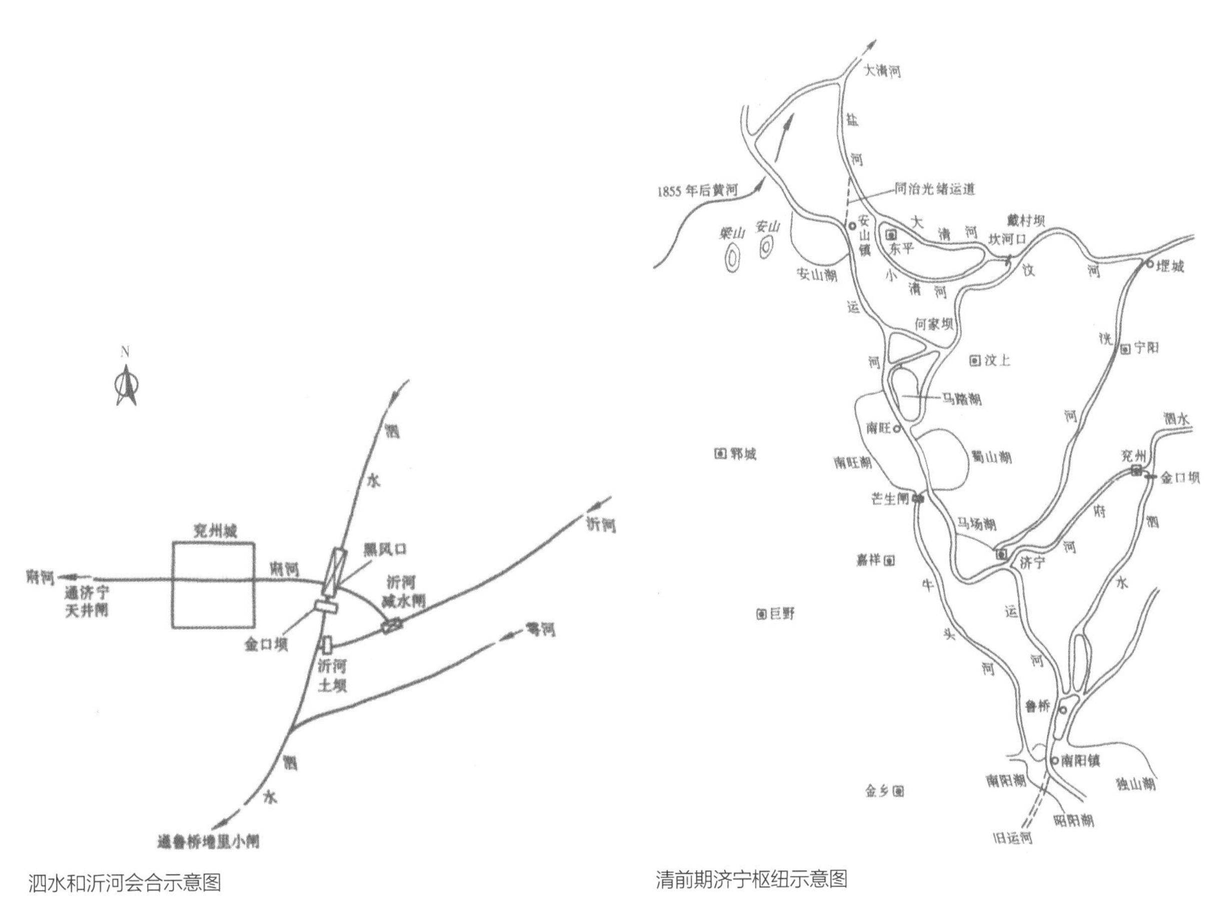

泗水和沂河会合示意图

清前期济宁枢纽示意图

明中叶南旺枢纽取代济宁枢纽分水后，已较少利用堽城坝和金口坝直接入运接济，两坝逐渐失去其重要性。

清代开始引泗水和沂河二水由湖济运。雍正元年（1723年），大开府河，引泗水由黑风口入府河，再入马场湖蓄水济运；沂河则因久不挑浚而淤积散漫，由金口坝下会合泗水直趋鲁桥，直接入运或注入独山湖。此后，开始通过金口坝和黑风口的联合运用，将泗、沂二水分别引入北五湖中的马场湖和南四湖中的独山湖加以蓄积，以备来年济运。当南旺以北的会通河水源不足时，堵筑金口坝，使泗水西合洸、府二河之水入马场湖蓄积，如乾隆二十九年（1764年）；当微山湖水不足以补充下游的泇运河和中运河时，堵塞黑风口涵洞，开启金口坝，使泗水南流入独山湖济运，如乾隆三十七年（1772年）、道光十八年（1838年）等。

此后，金口坝在引水济运方面一直发挥着作用，直至清末漕运终止。1927年，泗水治理过程中曾对金口坝进行过整修。新中国成立后的1955年、1960年和1966年，先后3次对金口坝进行了整修。目前，金口坝为浆砌条石，长121米，中建冲沙闸5孔，设叠梁式木闸门；黑风口闸共3孔，每孔净宽1.5米，仍在发挥着灌溉等作用。

1915 年的金口坝（《山东南运湖河水道报告录要》）

1915 年时泗水与会通河在鲁桥的汇流处（《山东南运湖河水道报告录要》）

20 世纪 80 年代的金口坝

20 世纪末的金口坝遗址（《济宁市水利志》）

（2）引汶入洸济运工程——堽城坝。堽城坝是会通河引汶河水至济宁的关键工程。济州河和会通河开通后，都以堽城坝引汶入洸河再入运为主要水源，金口坝引泗济运次之。

洸河古为汶水的一条分流，据《尔雅义疏·释水篇》记载："洸水出东平阳，上承汶水于刚县西阐亭之东。"

东晋永和八年（352年），为讨伐占据汴城（今河南开封）的前燕将领慕容兰，下邳（今江苏邳县）守将荀羡率兵"自洸水引汶通渠，至东阿征之"，荀羡所引之"通渠"即后来所称的"汶洸运道"。荀羡率军自下邳沿泗水乘船北上，至山东鲁桥入洸水，再沿洸水北至宁阳县东北入汶水，然后沿汶水至安山入济水，再由济水入黄河至汴城。

南宋时，泗水和济水流域分属金、宋，为争夺近边地区，两国常利用水道运送军队粮饷。蒙古灭金后，与南宋以淮水为界南北对峙。南宋末年的蒙古宪宗七年（1257年），蒙古东平守将严忠济的军队南戍宿州、蕲县一带，与宋军对垒。为了自东平向南运送粮饷，决定恢复古代由汶河由洸河入泗水、自泗水南航的旧道，即汶洸运道。于是，命济州掾吏毕辅国重开洸河，并在今宁阳堽城西北、汶河南岸修建分水斗门，在斗门以西修筑临时草土堰，拦截汶水入洸河，西南流至济宁会源闸，南北分流济运。此后，堽城坝经过几次整修，沿用到明代。

元至元二十六年（1289年），漕运副使马之贞主持开凿会通河，在毕辅国所建分水斗门处增建水门2座，后将其改建为一座分水闸，称东闸；同时对毕辅国原建斗门进行改造，称西闸，该闸后因闸基过高而不再进水。枯水季节，堵闭堽城堰，开启东西分水闸，将汶河约三分之二的水量截入洸河，南流至济宁济运；汛期水大时，则关闭分水闸，汶河水自堽城堰过坝西流，入大清河归海。由于堽城堰为草土拦河堰，每年秋汛后都需重新修筑，费时费料，因此有人建议改为石堰。对此，当时已任都水少监的马之贞坚决反对，理由是汶河的泥沙含量较高，若改为石堰，泥沙将淤积于堰前，导致堰前汶河河底抬高，如此堽城堰将失去作用。然而，延祐五年（1318年），有人还是坚持把堽城堰改建为石坝，结果同年五月建成，六月即被洪水冲毁，不得已重新改为土堰。（后）至元四年（1338年），汶河水冲坏堽城东闸后入洸河，洸河淤塞。于是疏浚洸河，同时将堽城东闸闸址稍向东改移，改建为大闸，次年闸成。

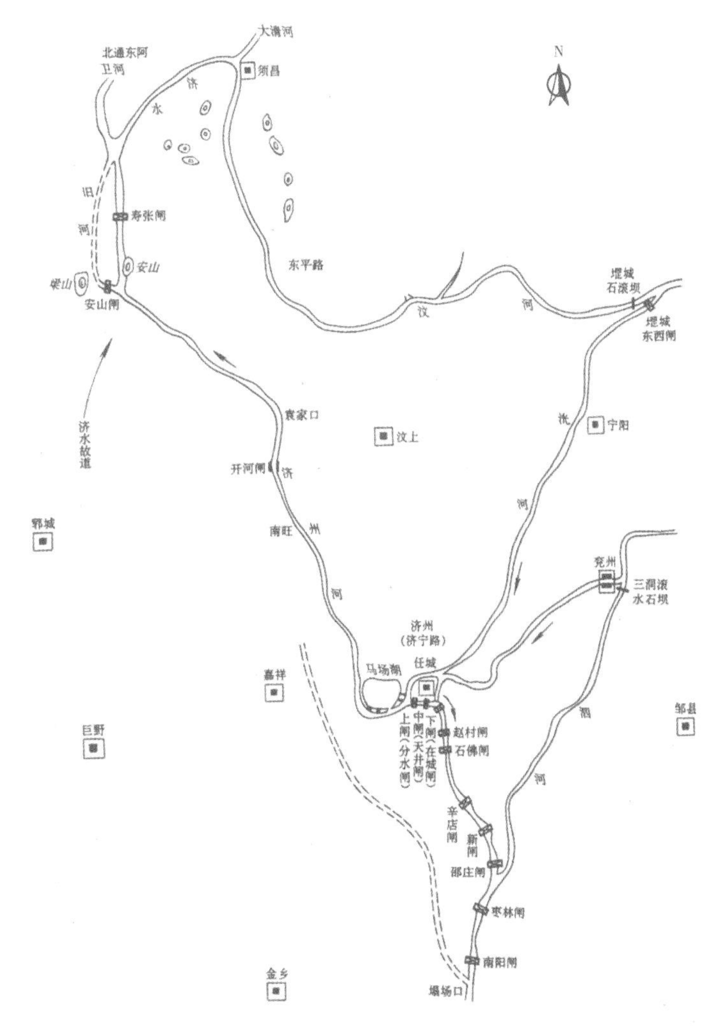

元代堽城坝引水工程示意图

明永乐九年（1411年）重开会通河后，修复堽城堰和分水闸以引水至济宁济运，堽城堰和分水闸仍为会通河的主要引汶枢纽。此后的60余年间，基本没有大的变化。

明成化九年（1473年）秋，工部员外郎张盛对堽城坝和分水闸进行了改建，次年冬完工。新坝则有临时性草土堰改为永久性石坝，位于旧坝西南8里处的青川驿，坝高1丈1尺，长120丈，中设7个泄水孔，口门均宽1丈，设木板闸以控制过水量；引汶水入洸河的分水闸则在坝东20步处，设两孔，均宽9尺。在分水闸以南开新河9里，接洸河旧道。这一时期，堽城坝和分水闸仍然是会通河的主要引汶枢纽。

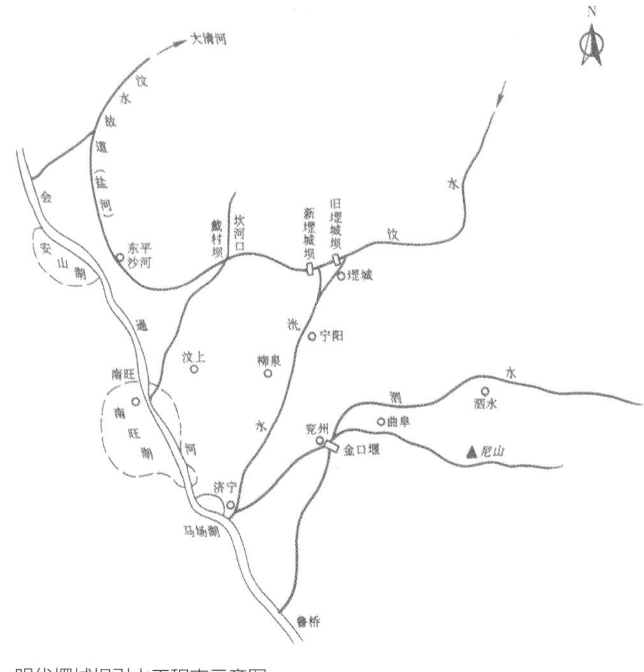

明代堽城坝引水工程南示意图

堽城堰改为石坝后30年，即明弘治十六年（1503年），山东巡抚徐源奏请拆毁石坝，恢复原来的土堰。他引用元代马之贞的说法，认为土堰在水大时不致壅沙入洸河，且可自动破堰西流。若改建为石坝，恐汛期汶河逆水横流，冲民田，淤洸河，届时堽城分水闸将会因淤塞而无法启闭，洸河随之就会无水可引。工部主事张文渊也认为堽城石坝有害漕运，同样建议废除堽城闸坝，使汶河水全由南旺分水口入运接济会通河。

明弘治十七年（1504年），工部右侍郎李鐩会同山东巡抚都御史徐源及管河各官分别对堽城坝和南旺分水口实施查勘后指出，堽城石坝是可以阻截汶河泥沙以减少南旺湖淤积的，也可以拦截汶河洪水以减缓其对下游戴村坝坝体的冲击，因此不应拆毁，而应对其坝体勤加修补，并挑捞近坝淤沙。然而，南旺分水口到济宁天井闸间相距90里，但南旺一带的地势较济宁高3丈有余，汶河水出洸河入济宁后仅能南流接济徐州一带的运道，并不能北流补充以北运道的水量，因此建议修浚戴村及堽城二坝及有关河道。至此，戴村坝取代堽城坝成为会通河的主要引水济运枢纽，而堽城坝则由主要枢纽降为辅助设施。与此相应，南旺分水枢纽随之取代济宁分水枢纽成为主要分水枢纽。

堽城石坝

堽城分水闸

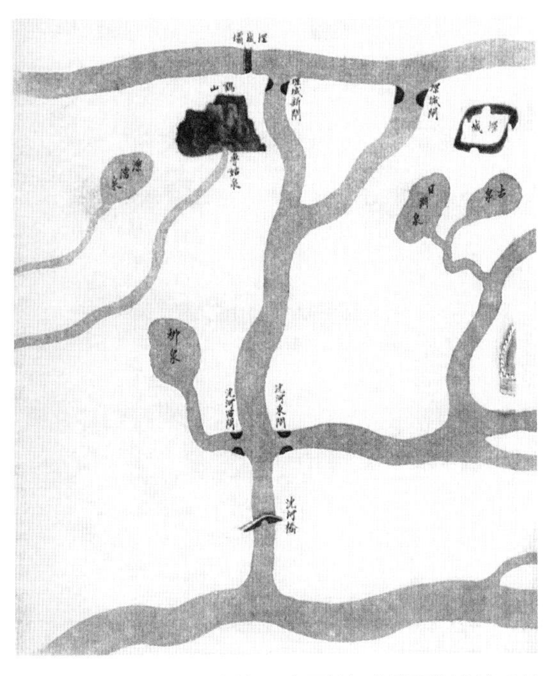

清康熙年间的堽城坝和分水闸示意图（清 张鹏翮《治河全书》）

戴村坝成为主要引水枢纽时，上距堽城坝初建已有247年，距戴村坝初建已93年，当时洸河淤塞严重不易南流，因而并未将堽城引水闸堵筑。90年后，即明万历二十一年（1593年），大雨，济宁一带湖水涨溢，运堤溃决，遂堵筑堽城闸以防汶水南流。至此，堽城坝的引水济运使命终结。

明嘉靖六年（1527年），工部主事吴鹏因洸水久涸，在宁阳县西4里处的洸河两岸引柳泉之水，横穿洸河，东西各立一闸，称洸河东西闸。洸河水泛涨，关闭东西二闸以减轻其防洪压力；洸河水浅，开启二闸引柳泉之水，南合蛇眼各泉之水，经滋阳县境内入运河。当时，洸河仍常有水。

（3）济宁分水枢纽。无论是金口坝引泗工程还是堽城坝引汶工程，二者都是将水引到济宁分水枢纽，然后南北分流济运。可以说，济宁分水枢纽是会通河开通后的主要分水工程，直至明弘治年间被南旺分水枢纽取代。

济宁城建于金代，周长9里有余。元代在此设济宁路，开通会通河，流经济宁城南，导汶河和泗水入运接济，并在南门外建会源闸以南北分流。明初改济宁路为州，改会源闸为天井闸。

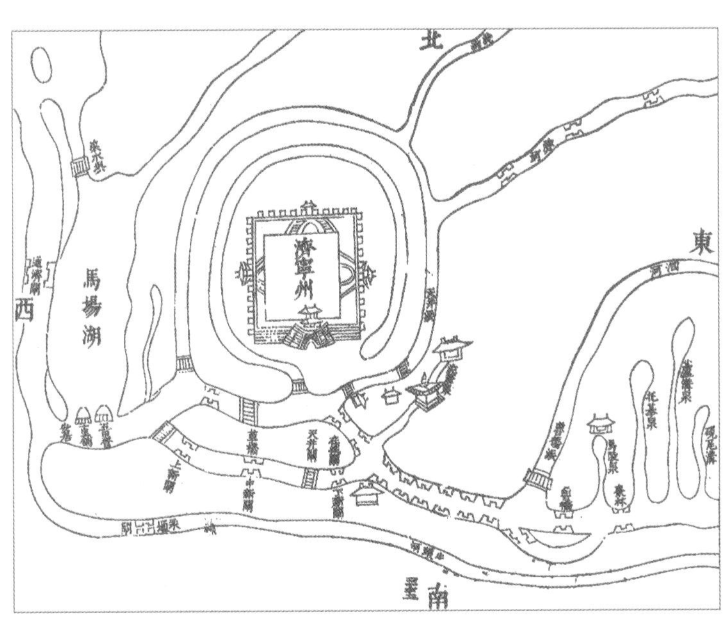

济宁州城及运河示意图（《山东运河备考》）

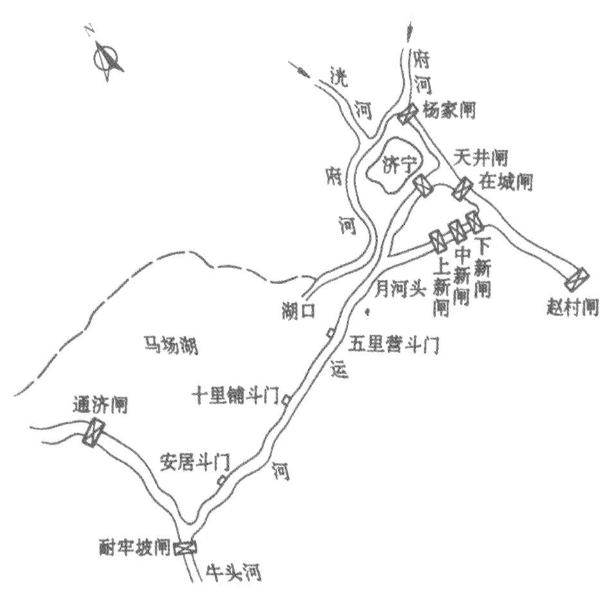

济宁枢纽及分水示意图

唐武德七年（624年），大将尉迟恭导汶河和泗水至任城（今山东济宁）同时，在济宁建会源闸以南北分流。

元至元二十六年（1289年）开通会通河后，通过在今宁阳县堽城修建堽城坝和分水闸，遏汶水南流入洸河至济宁入运；通过在兖州修建金口坝和闸，引泗水西流合洸河和府河至济宁入运。其中，府河在济宁东北分为两支，一支与洸河汇合，由杨家坝入运；一支至鲁桥入泗。同时，建济州上中下三闸，上闸为分水闸；中闸为天井闸，口门宽2丈5寸，即唐代所建会源闸；下闸为任城闸，又名在城闸，口门宽2丈8寸。其中，天井闸西距分水闸3里，南距任城闸2里。洸河、济水（即府河）二水会于济宁城东北，合流由城东转入天井闸，然后向南北分水济运。

济宁城外运河

明永乐九年（1411年），重开会通河时，因济宁城内运道“舸舶鳞集，任城、天井二闸有不能容”，便在会通河以南开月河，长4里。天顺三年（1459年），再开济宁州天井、任城月河，建上新、下新二闸。月河开通后，由于船只过多，天井、在城二闸仍然不能容纳，而月河下新闸上游约 200步有小南桥，桥孔宽仅2丈余，不便行舟；上新闸上游临近月河上口处建有济安桥，桥洞中有石堆碍船。成化十年（1474年），漕运总兵平江伯陈锐与山东官吏议定，由山东按察副使陈善主持，拆除小南门及济安桥，铲去济安中流石堆，在上、下新闸之间增建中新闸，距上新闸一里。

1）天井闸。洸河、济水（即府河）二水会于济宁城东北，合流由城东转入天井闸，向南北分水。府河和洸河入运，到明后期稍有分化，由城东南而西入天井闸的故道逐渐堙淤。明正德四年（1509年），建杨家坝，截府河水北流绕城北，西入马场湖；向南流者有一分支，自在城闸南入会通河；另于城西入马场湖者，也有分支在月河上口，下游分水闸之上有一分支入运。杨家坝在正德后圮废，至崇祯末年又建，形势基本未变。清代改杨家坝为杨家闸，如济宁以南运河水弱，即开闸放水，由在城闸下游通心桥入运接济。

天井闸水势湍急，每上一船，需夫四五百名，每日仅过船数十艘，导致在城闸下积聚漕船及其他船只数百甚至数千艘。而在城闸仅能下板12块，泄水过多，水量不足以供给天井闸过船。后将在城闸板增加6块，连前共18块以防走水过多。自此，天井闸一昼夜可过船280余艘。

天井闸原设板15块，须全部下板以蓄水，以免水量不足，在城闸同时下板18块。遇下游水小，可酌情启板一两块，下放少量水，下游水量足用后即下板，以免放水过多而导致上游浅阻。过船时，随到随放，不可稍迟，以免闸南一带船只壅滞。该闸放四五次，通济闸始可放一次。若该闸水小，不能放船，即令通济闸放船，同时开此闸供水。马场湖水须常盈满，以便需水时开安居闸或十里铺闸入运接济。

2）在城闸。位于济宁天井闸南一里。天井闸为泗河入运处，自南旺南流而来的汶水也至此汇入泗水，故该处水量比较充沛，是运河水量的主要来源。因此，该闸需下18板之多；如下板少于此数，天井闸一旦启板放船，将会使运河水南泄无余；若下源水小或浅阻，则酌量开启一两板放水，待下源水量足用后，即刻下板蓄水。

该闸的放船之法，凡漕船每至一帮（约二三十只），即启板放出，以免济宁以南船只过于拥挤。如其下源的南阳一带运道水量盛大，则应少启板，待闸下船只积至一百二三十艘、足满一塘后，方予启板，以免导致南阳水患。

2. 南旺枢纽

南旺枢纽是会通河最为重要的水源工程和分水工程，也是大运河沿线的最为关键的工程之一。它主要由戴村坝、引水河（小汶河）、南旺分水口构成。戴村坝横截汶河，壅水入小汶河，通过小汶河将水引至南旺分水口入运。这一枢纽工程的运用，妥善地解决了京杭运河丘陵地段、也是地势最高点的水源匮乏问题，有效地保证了漕粮运输的畅通无阻。

（1）引汶济运工程——戴村坝及其辅助设施。戴村坝位于东平东60里。元代开凿会通河时，将分水枢纽设在济宁，而实际上汶上县南旺镇才是会通河甚至是京杭运河沿线的地势最高点，它南距济宁38里，地势却高出济宁3丈，若导汶河水至济宁入会通河，然后分流南北运道，则北分之流必须逆流北上至南旺，再至南旺顺流北下临清，因此北上南旺以北的水量必然减少，而南下徐州的水量则会增大；加上会通河两岸没有其他较大的河流，易患浅阻，通漕困难。

明永乐九年（1411年），工部尚书宋礼主持重开会通河，采纳汶上老人白英的建议，在东平州治东60里戴村附近的汶河上修建土坝，长约9里，拦断汶水，不再流向东平入大清河，而是西南流入会通河济运；同时在戴村西南新开一河，循草桥河、白马河、鹅河等河开挑，至南旺入会通河，然后南北分流济运。当时，仍以堽城坝引汶入洸至济宁天井闸分水济运为主，戴村坝仅为辅助，汛期汶河水大时才启用戴村坝，遏汶水使入南旺济运。宋礼所建戴村坝为一土坝，往往培土不坚，虽置坝夫300名管理，却屡修屡坏，劳费不已。明天顺五年（1461年），东平知州潘洪、汶上县主簿魏端等再次兴工增筑高厚，且植柳树，以防洪水冲汕。

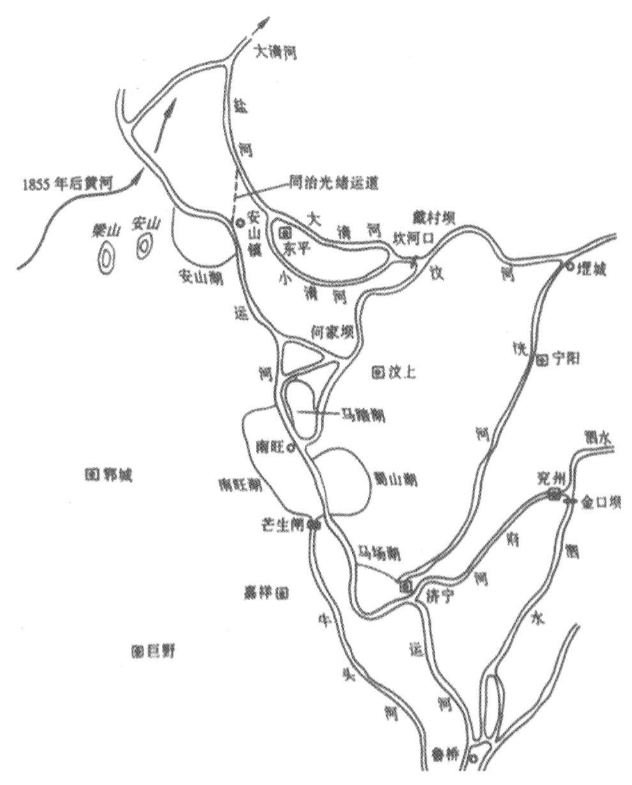

戴村坝及其引汶济运形势示意图

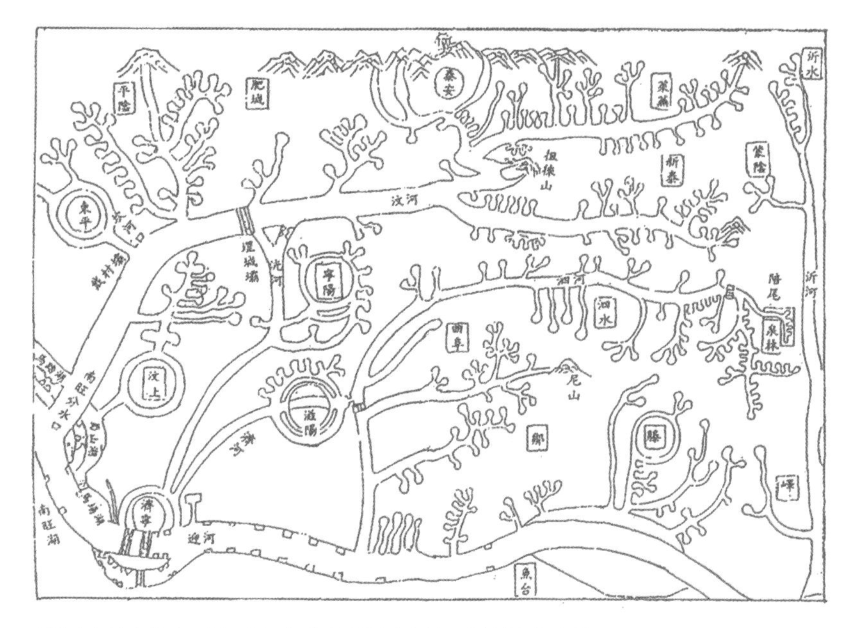

明代山东境内的泉、河、闸、坝分布形势图（明　胡瓒《泉河史》）

白英老人画像

明弘治年间，工部侍郎李鐩以南旺枢纽取代堽城坝枢纽后，奏请表彰宋礼和白英，在南旺分水口西岸龙王庙旁建宋礼祠，附祀白英。正德十一年（1516年）祠成。万历元年（1573年），经总河万恭奏请，赐宋礼谥康惠。

宋礼筑坝戴村，并未完全筑塞汶河入大清河的故道，而是在戴村土坝以北留一口，不予筑坝，称坎河口。坎河即为戴村北至大清河之间汶河河道的别称。每当夏秋汶水泛涨时，洪水可经此泄入大清河归海，以免冲毁戴村坝或将高含沙量的汶河水引入会通河、并泛滥附近民田；在九月至次年三四月间，当汶河河势消落时，便在坎河口修筑临时性沙坝加以堵塞，不使汶河水旁泄大清河而全部导入会通河济运。由于所筑为沙坝，汶水泛涨后，洪水可轻易将之冲毁后入坎河，再入大清河。

明弘治十六年（1503年），工部主事张文渊建议废弃堽城坝，使汶水全至南旺济运。次年，工部右侍郎李鐩、山东巡抚都御史徐源等人分别对堽城坝和南旺分水口的形势进行了勘察，认为南旺分水口距济宁天井闸90里，地势高于它3丈有余，建议以戴村坝引汶河水至南旺济运为主，以堽城坝为辅。之所以仍保留堽城坝，目的主要在于以其阻截汶河淤沙不使进入南旺湖，并减缓汶河水势对戴村坝的冲击。自此，戴村坝取代堽城坝成为会通河的主要引汶工程。90年后，即万历二十一年（1593年），济宁一带湖水涨溢，冲决运河堤防，堵筑堽城闸以防汶水南流。堽城坝至此完成其历史使命，洸河则由济运变为以灌溉为主。

明隆庆年间，随着泥沙的淤积，坎河口一带河道逐渐抬高，导致汶河正流有北夺坎河的趋势。隆庆六年（1572年），总理河道万恭和管泉主事张克文主持治水时，对此深以为忧，认为若汶河夺坎河而出，就会导致会通河浅阻，无法行运；而且坎河土堰仅在低水时壅水，汛期往往被洪水冲溃，年年筑坝，劳费不已。恰好坎河以南约5里处的龙山“乱石如鱼鳞”，决定自该山采石，堵塞坎河口。该工程于万历元年（1573年）春竣工，筑石滩长一里，宽一里，高丈余，称乱石坝，汛期汶河水涨时，洪水自石滩溢出坎河；漕船经行时，则以石滩截汶河水使之尽入南旺济运。

坎河口修筑石滩后，虽可节省每年修筑沙坝的费用，但万历三年（1575年）、五年（1577年）先后任职管泉主事的张文奇和余毅中都曾提出质疑及改进的措施。管泉主事张文奇指出修筑石滩有两大不便：一是汛期汶河涨水时，无法自石滩上顺畅排入清河，将导致汶河水在戴村下游的王堂口及草桥一带溃决，从而使附近民田受灾严重；二是石滩能泄水却不能通沙，当淀积滩下的泥沙高与石滩持平时，也将阻碍泄水。因此，主张恢复每年修筑沙坝的旧制，并建议挑浚汶河淤沙，使河道深广，河水径趋南旺而不逼近坎河口。管泉主事余毅中的评论与张文奇的大致相同，并提出如不能恢复沙坝旧制，应在坎河口设减水闸的方案。遗憾的是，由于各种原因，二人的建议均未获得实施。

明万历十五年（1587年），汶河泛滥汶上等县，工科给事中常居敬前往勘察，鉴于坎河口石滩坝年久毁坏，仅有乱石数堆，汶河水易于自此走泄，遂建议改建为滚水石坝。

明万历十七年（1589年），总理河道潘季驯将其改成滚水石坝，坝长40丈，高3尺，北头接土堤70丈，南头接225丈。筑坝时，用丈许大石夹砌如墙，中填细石，中段迎水处用灰石垒砌，形如鱼背。石坝建成后，潘季驯令东平州管河官每年六月初即上坝驻守，并及时挑浚，以免沙淤涨溢。

然而，修筑滚水石坝与石滩坝具有相似的弊端，即仅能减水而不能通沙。4年后，即万历二十一年（1593年），汶河水涨，水患遍及兖州各县。总河舒应龙在坎河口下再开一渠，泄水入坎河，并在新河口建滚水石坝一座，长22丈2尺。

至此，后人常称宋礼所建坎河口沙坝为玲珑坝，万恭在其南建乱石坝，潘季驯又在其南建滚水坝，谓之三坝。

明代为导汶水接济会通河，修筑戴村坝，导汶水西南流，至南旺入会通河济运。戴村至南旺间新开挖的导水河道，宋礼时宽仅“数丈耳”，如导汶河水尽趋南旺，汛期水涨，新开河道将无法容纳，势必溃决，不仅导致民田受灾，且将导致运道浅阻。因此，宋礼预留坎河口，平时仅筑一沙坝截汶水尽入运；遇汶河水泛涨，洪水可轻易冲毁，径趋坎河而不冲向会通河。总理河道万恭将之改建为石滩，潘季驯又在其南部修建滚水石坝，这两大工程仅能泄水，而不能通沙，这是明代晚期汶河屡溃的主要原因。有鉴于此，至清代，多次探讨改建戴村坝。

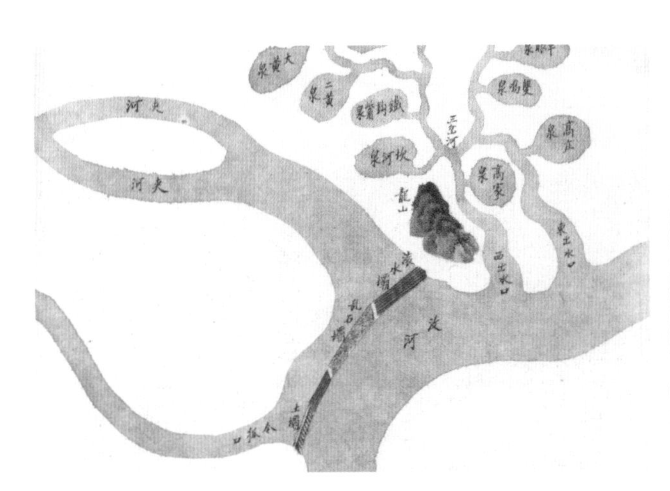

清康熙年间的戴村坝结构与汶河关系示意图（《水道寻往》）

从该图中可形象地看到清康熙年间戴村坝的结构，自南而北依次为滚水坝、乱石坝、土坝。

1915 年时的戴村坝（《山东南运湖河水道报告录要》）

清雍正四年（1726年），内阁学士何国宗鉴于汶河河床淤高，戴村坝泄水过多，便在坝内、紧贴旧坝处新建石坝一道，长120余丈，高7尺。然而，新坝建成后，虽可逼使汶河水尽入南旺济运，但汛期水涨时，既不能泄水，又无法排沙，导致濒河地区水患严重、运河河道沙积淤垫。

两年后，即清雍正六年（1728年），河东河道总督沈廷正对何国宗所建新坝进行了改建，将紧贴滚水坝的新石坝拆低2尺，与旧坝相平；紧贴玲珑坝、乱石二坝的新坝高出旧坝不多，维持原样。同时，将旧坝改为石闸，中建涵洞56座，各设闸板控制。又在石坝以东筑土堤，秋冬季节拦截汶水不使外泄，春夏则听其冲刷，名为春秋坝。但是，石涵洞不久即被沙淤，闸板无法启闭，只好用石填塞洞孔。

清乾隆十四年（1749年），因玲珑坝泄水，江南河道总督高斌拆低玲珑、乱石二坝以泄多余之水。其中，玲珑坝原高7尺，拆低1尺5寸；乱石坝原高6尺2寸，拆低7寸；滚水坝高5尺。同时填塞旧坝的石涵洞，接砌跌水坡石，以减缓水流的冲击力。

戴村坝过水图（2010 年 9 月摄）

今日戴村坝俯瞰图（2019 年，魏建国、王颖　摄）

戴村坝基桩（1988 年摄）

至清乾隆中期，戴村坝形成北为玲珑坝、中为乱石坝、南为滚水坝的结构，共长126丈8寸。其中，玲珑坝长55丈5尺，高5尺5寸；乱石坝长49丈1尺，高5尺5寸；滚水坝长22丈2尺，高5尺。石坝以南建官堤，长5里13步，分为8段，下接东平州民堰。此后，戴村坝又经过多次改建，基本格局变化不大。在戴村三坝中，滚水坝最低，当汛期汶水开始上涨时，首先自该坝漫水以防小汶河决口；玲珑坝和乱石坝都比滚水坝高5寸，随着汶水水位的抬升，再从这二座石坝漫水，形成梯级漫水的格局；坝的建筑形状略呈弧形，弓背向着迎水面，从而增加了坝的预应力；为保证跌水坡与坝基的安全，又在坝的跌水面修建一道缓冲槛，水流经缓冲槛后得到速度减缓，从而减轻了对坝的冲击力；整个坝体为砌石结构，采用束腰铁扣把巨大的石块锁为一体，整个大坝固若金汤，雄伟壮观。戴村坝的设计之巧妙、造型之美观，是中国水利史上堪称壮举。它历经数百年沧桑，岿然不动，至今仍在发挥效益。

戴村坝南侧水志（2019 年，魏建国、王颖　摄）

戴村坝上铸有“乱石坝”和“壬子補修”字样的铁锭（20 世纪 80 年代摄）

（2）分水工程——南旺分水口。明永乐九年（1411年），宋礼主持修建戴村坝时，根据汶上老人的建议，引汶河水至南旺镇入会通河，分流南北济运。弘治十七年（1504年），工部右侍郎李鐩等人经过勘测，指出南旺分水口的地势高于济宁天井闸3丈有余，建议此后以引汶至南旺济运为主。自此，南旺分水枢纽完全取代济宁分水枢纽，成为会通河最主要的分水工程。

宋礼修建南旺分水枢纽时，只是将之作为辅助性设施。当时南旺分水口只是一个河口，并无控制工程，会通河在此南北纵贯，汶水则自东而来，垂直冲击运河西岸，入运河后分流南北，不仅有损运河堤防，而且无法有效地控制南北分水比例。

清末南旺分水口（《京杭大运河图说》）

南旺分水口对岸建有分水龙王庙。庙前建有大石工一段，长49丈，砌石15层，高1丈8尺，以防汶水出口后的顶冲。

清乾隆南巡时的南旺分水口（清　高晋《南巡盛典》）

清乾隆帝南巡途中，曾赋诗赞叹南旺分水枢纽工程布局的巧妙性。《乙酉清和题分水龙王庙》：“清汶滔滔来大东，自然水脊脉潜洪。横川瞬注势飞迸，济运分流惠莫穷。”《辛卯暮春题分水龙王庙》：“吾汶挟来二百泉，到斯分注藉天然。南流水作北流水，上溜船为下溜船。”

1915 年正在通船南旺龙王庙段运河（《山东南运湖河水道报告录要》）

今日南旺分水口遗址俯瞰图（2019 年，魏建国、王颖　摄）

70年后，即明成化十七年（1481年），管河右通政杨恭建南旺南北二闸，南闸称柳林闸，又称南旺上闸，在分水口南5里；北闸称十里闸，又称南旺下闸，在分水口北5里。柳林闸与十里闸成为会通河控制分水的南北第一闸。

南旺分水二闸中，南闸高，北闸低。根据清乾隆二年（1737年）直隶总督朱藻对柳林和十里二闸的闸底与南旺分水口最高点之间高差的测量结果，柳林闸闸底低于南旺分水口最高点1尺1寸5分，十里闸的闸底则低于分水口最高点2尺2寸。因此，南旺分水口南北二闸的分水比例为北六南四或南七北三，说法不一。但无论哪种说法，都是南少北多。之所以南少北多，清康熙年间的济宁道张伯行在其所著《居济一得》中曾有明确的说法："其三分往南者，盖以南有府河、泗河、洸河并马场、独山、南阳、昭阳、微山各湖，又有彭家口、大泛口二河，其余诸泉不可胜数。此所以三分往南不患其少也"。

清乾隆二十二年（1757年），因汶水分流南多北少，运河道李清时在分水口南岸束沙坝转弯处接筑鸡嘴坝以挑水北行；在北岸转弯处挑切沙山，收进坝口丈余，以拓宽河道，但每年仍是南有余而北不足。

清乾隆三十八年（1773年），运河道陆耀主持设计了一个实验。由于会通河自南旺向北至临清段的距离为344里，向南至韩庄段的距离为339里，二段的距离约略相等，基于此，在春初开启汶口坝南北铺水时，坚闭南北各湖不使入运，仅用汶河水南北分流济运，然后就以下两个方面进行试验：一是看水头何处先到；二是看逐塘铺灌6尺时何处先足。于是正月二十五日开坝，结果水头于二月初一日先到达南端的韩庄，初二日才到

20 世纪 80 年代的南旺分水上闸十里闸、分水下闸柳林闸

今日柳林闸（2019 年，魏建国、王颖　摄）

达北端的临清。接着又逐塘铺灌，自下而上依次将各塘灌足6尺后闭板，结果二月十五日南行之水先铺至柳林闸，十九日北行之水才铺至十里闸，分水口以南的运道多得4日之水。基于这一结果，陆耀提出通过分水口以南闭寺前闸、开利运闸，其他则开启柳林、十里、开河各闸板，使水尽量北流的调剂方案。

南旺上下二闸中，以南旺上闸即柳林闸为界水闸，使汶水尽济北运。柳林闸位于南旺分水口南侧，为南运第一闸，最为关键。这是因为南旺以南有泗水、府河及马场等湖泊之水接济，不患水少；而南旺下闸以北惟赖汶河一线之河水。

会通河平常有水时，南旺上下二闸的启闭没有区别；遇北河水小，严下柳林闸板，而将十里闸板全部开启，使水尽往北流；反之，如遇南河水小，可严下十里闸板，酌情开启柳林闸板。

遇济宁水涨，南旺上下二闸仍然下板，使水由斗门入南旺湖蓄存；遇水势盛大，则启十里闸板，而严闭柳林板，使水由彭石口、孙强口、刘贤口入南旺湖；如水漫过柳林闸板，可将寺前闸板严下，使水由张厢口、盛进口、焦鸾口入南旺湖。这是以柳林闸为界水头闸，寺前铺为界水二闸，以便总使汶河水专济北运，不令南行。

与此同时，为进一步接济北河之水，又利用蜀山湖水出分水口，马踏湖水出新河头、宏仁桥，南旺湖水出关家大闸、五里铺滚水坝以济北运，以便北河之水不至太小、东昌一带不至浅阻。

该闸放船之法，唯恐多启闸板泄水南下，船只需积至200余艘方可启板放船；一旦启板，即催船速过；船只过后，则下板严闭。

南旺南北分流效益发挥的关键在于司闸官吏能够按规定谨慎启闭。

1.4.3　引黄济运和治黄保运工程

会通河以汶、泗为水源，常患不足，除引泉济运外，还采用过引黄河水济运的方法。

早在元代已有引黄济运的记载。明初曾从塌场口引黄济运，永乐年间的工部尚书宋礼重开会通河时曾兼开金龙口一带黄河分支入运，后通过灉河引黄入张秋以南的运河。景泰中，左佥都御史徐有贞主持治理黄河和运河，开广济渠数百里，直通新乡以南引黄济运，工程浩大。但引黄济运终究利不胜弊，需浚沙淤，明代后期已大为减少。清代中期以后又逐渐增多，但多从徐州以上开渠引水由微山湖入泇河济运。

1.4.3.1 塌场口引黄济运

明洪武元年（1368年），黄河在河南开封以东分为三支：其中一支黄河正流，从开封东流，经山东曹县、单县，至江苏徐州小浮桥会泗河，东下二洪济运；另外两支则为分流，分别北流和东北流入会通河济运。其中，一支为北行河道，自河南封邱金龙口，经河北东明和山东菏泽、濮县，至寿张入会通河，转东循大清河入海；另外一支为东北行河道，属于北行河道的分支，自山东曹县双河口流出，经嘉祥，至鱼台塌场口入会通河，南下二洪，会黄河东行河道。当时大将徐达正在北征，为满足军事需要，开浚鱼台东北的塌场口，引黄河水入泗济运，但不久淤塞。这是山东运河首次人为引黄济运。

明洪武二十四年（1391年），黄河自河南阳武决口，形势为之一变，即黄河正流自开封城北5里处转循颍河入淮河，称“大黄河”；而贾鲁河反成为支流，并日渐淤塞，称“小黄河”；同时黄河自阳武黑羊山分出一股，向北冲决，流经曹州、郓城，漫流于山东东平安山湖，且冲断会通河。这条水道至明末夏秋水大时仍可行船。

明宣德六年（1431年）二月，御史白圭建议疏通河南开封金龙口，引黄水至徐州济运。河南布政司请疏

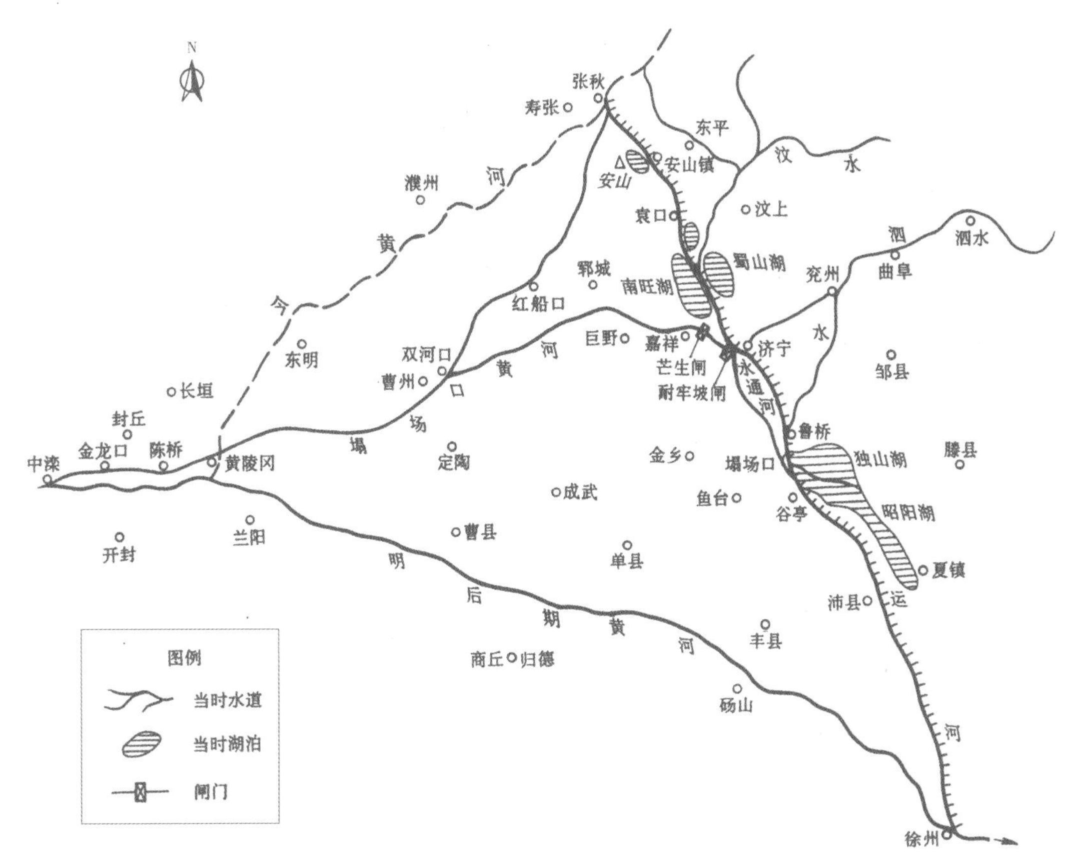

明代塌场口引黄济运示意图

浚祥符新开河，直通黄陵冈，长450余里，自黄陵冈以下分流，东北一支入汉河接济会通河，东流一支入徐州济运。宣德十年（1435年），再次疏浚金龙口引黄济运水道。

明正统六年（1441年）七月，设专官负责疏浚修治金龙口引黄水道。正统十年（1445年）九月，黄河决河南开封金龙口，引黄口门溃决扩大，洪水冲入引河下游，决阳谷县引河堤，其中一支南入运河，但通塞不常。至正统十三年（1448年），黄河决水冲断沙湾运堤，后连年修堵。其间，仍不时分引黄河决水接济运河，特别是徐州以下。

明景泰二年（1451年）六月，堵塞缺口，仍引黄河水入会通河济运。

明弘治二年（1489年），黄河在开封南北分决，北流水量占十分之七。户部侍郎白昂主张实施北塞南疏的治河方略，并在黄河北岸筑阳武等长堤。

弘治五年（1492年），黄河复决金龙口、黄陵冈等处，北至张秋冲决运河堤防。次年，督察院右副都御史刘大夏主持治河，修北岸太行堤，西起胙城，东经曹县、长垣、东明、曹州至虞城，共长360里。又在其西南筑金龙口新堤，长160里。自黄河北岸堤防修成后，不再引黄接济会通河。

1.4.3.2　徐有贞开广济渠引黄济运

会通河引黄济运的最大人工渠道，为明景泰六年（1455年）左佥都御史徐有贞治沙湾时所开广济渠，又称广济河。

明正统初年，黄河屡次北决，威胁沙湾运道。正统十三年（1448年），黄河在河南新乡八柳树决口，东北直冲山东张秋，毁堤岸，淤运道。景泰三年（1452年）六月，黄河又决沙湾运道北岸，挟运河水东奔入海。景泰四年五月，黄河再决沙湾北岸，挟运河水入盐河，漕船尽阻，朝廷以徐有贞为佥都御史，主持治理沙湾。

经过勘查，徐有贞提出三项治理措施：分疏运河以西的黄河水势；开渠引黄济运；疏浚会通河。具体工程主要围绕上述三项措施展开：

一是开广济渠，西接沁河和黄河，经开州、濮州、范县和寿张，至沙湾以北的张秋入会通河，长数百里。渠首建通源闸，设2孔，各有闸门，用以控制入运水量。因沿河有交叉河流，在渠旁筑溢流堰9座以堵截横流，各堰均长万余丈，共长500余里。广济渠兼有分杀黄河水势和接济运道的功能，以引黄济运为主。

二是在沙湾运河东岸建溢流堰，高3丈6尺，长360丈，堰上设水门控制。

三是整治会通河。在张秋以北东昌府的三龙湾、魏湾筑减水闸8座以调节运河水量和水位，泄水由古河道入海。疏浚济宁至临清间的运道450里。

四是疏浚济宁至临清运道450余里。

徐有贞主持治理黄河与运河期间，共征调民夫5.8万余人，历时550余日，决口10年之久的沙湾运道最终得以恢复。徐有贞治理沙湾之所以能够成功，是因为这一时期黄河主流又转向南入淮河。

1.4.3.3 白昂治河保运

徐有贞治理沙湾35年后，即明弘治二年（1489年），黄河又在开封金龙口南北分决，北流水占十分之七，并分成两支，其中一支经山东曹州冲入张秋运河。朝廷命户部侍郎白昂负责修治。

据《明史·河渠志》记载，白昂在实地勘察的基础上，分析了黄河南北分流的形势，认为黄河南岸“合颍、涡二水入淮者，各有滩碛，水脉颇微，宜疏浚以杀河势”；而北岸水盛，因此应于所经七县“筑为堤岸，以卫张秋”。白昂的这一主张开启黄河“南疏北筑”分流济运方略之端倪。

根据这一方略，白昂征调民夫25万人，堵塞金龙口决口36处；在黄河北岸筑阳武长堤，以防北冲张秋；疏浚黄河南岸各支泛道，以便黄水向南分泄。并开月河10余处，建减水闸若干。此外，白昂又规划挽河北行，循运河分入大清河及古黄河道入海，因工程量大而未得实行。

《明史·河渠志》称白昂治河是“南北分治，而东南则以疏为主”。

1.4.3.4 刘大夏治河保运

白昂治河后两年，黄河又于河南开封金龙口、黄陵冈等地决口，冲溃张秋运河。弘治六年（1493年），朝臣共同推举刘大夏治河。据《明孝宗实录》记载，在任命刘大夏时，弘治帝曾明确提出“治黄保漕”的方针，即“古人治河，只是除民之害；今日治河，乃是恐防运道，致误国计，其所关系，盖非细故。”在此后的400多年间，这一方针始终被治河官员奉为圭臬。

又据《明史·河渠志》记载，就在刘大夏接受任命时，官员涂升提议补修黄陵冈一带旧堤，使黄水“悉归东南”，由淮入海。用他的话表述就是，“既杀水势于东南，必须筑堤岸于西北”。这显然是白昂之法的发展，刘大夏深以为然，并进一步确立了“北堵南分”的方略。次年，调派军民12万人，完成以下工程：

一是堵塞张秋运河决口。由于决口时间较长，口门较宽，刘大夏采用元代贾鲁发明的“船堤障水法”。在张秋运河两岸筑台，将若干大船以长桩并排相连，并以绳索绑扎在一起而成方舟。同时在船底凿洞，暂用木楔堵塞，船内填满土，至决口处，去掉木楔，方舟下沉，其上压以大埽。决口合而又决，随决随堵，昼夜不停。工成后，弘治帝欣喜之余，赐张秋名“安平镇”。

二是堵塞河南仪封黄陵冈、封丘金龙口等决口7处，从此黄河北流河道断流。

三是向南分杀黄河水势。开浚黄陵冈以南贾鲁河旧道40余里，引水东出二洪运道；开浚荥泽孙家渡口新河70余里，引水南下入颍河；开浚祥符淤河，由陈留至归德分为两股，一股至宿迁小河口入二洪运道，一股入亳州涡河。四股分流最终都汇归淮河入海。

四是通运。在张秋运河决口西南开月河一条，长约3里，连接运河上下游的决口，被阻漕船得以通行。

五是修筑黄河北岸长堤两道，一是太行堤，西起河南胙城（今河南延津北），经滑县、河北长垣、山东东明、曹州和曹县，至河南虞城，长360里；二是金龙口新堤，位于太行堤西南，西起河南祥符于家店，东至仪封小宋集，长160里。刘大夏筑北岸太行堤和金龙口新堤后，黄河北岸决口地点由开封附近下移至兰阳、考城和曹县一带。自后，济宁以北会通河段较少遭受黄河的侵扰。

1.4.4 运口工程

1.4.4.1 临清枢纽：会通河与卫河交会工程

临清枢纽位于会通河北端、卫河与会通河交汇处，为一内河港，其布置与运用均有独特之处。元代开始在此修建节制闸，明代日趋完善。临清原为县，明景泰年间开始修建周长9里余的砖城，弘治年间（1488—1505年）升县为州，嘉靖年间修建土城，纵长20余里，跨越卫河和会通河，并逐渐发展为商贸重镇，建有专门督理漕运税收的临清钞关。

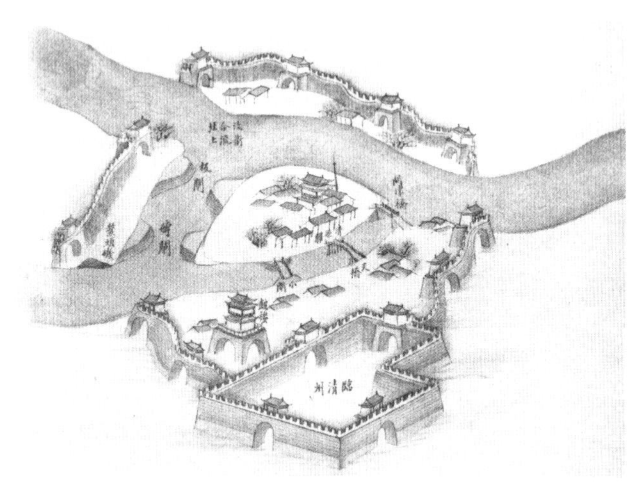

临清枢纽及其与临清城的位置关系示意图（清　张鹏翮《治河全书》）

清乾隆帝曾在其所作《过临清舟中》诗中如此描述会通河与卫河间的关系："卫挟浊漳临汶清，清因亦浊赴津瀛。默思从善与从恶，难易不禁为惕生。"

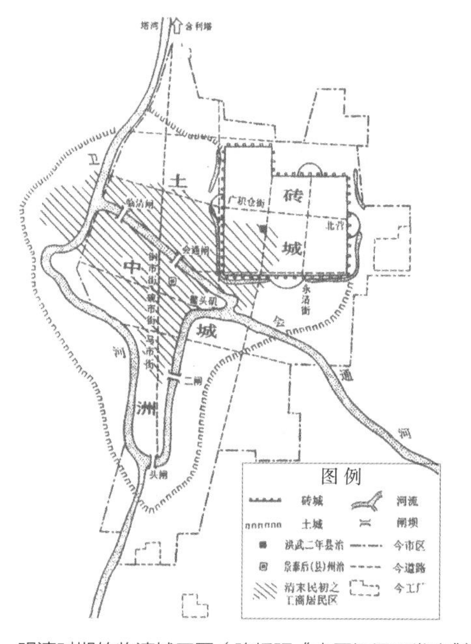

明清时期的临清城区图（陈桥驿《中国运河开发史》）

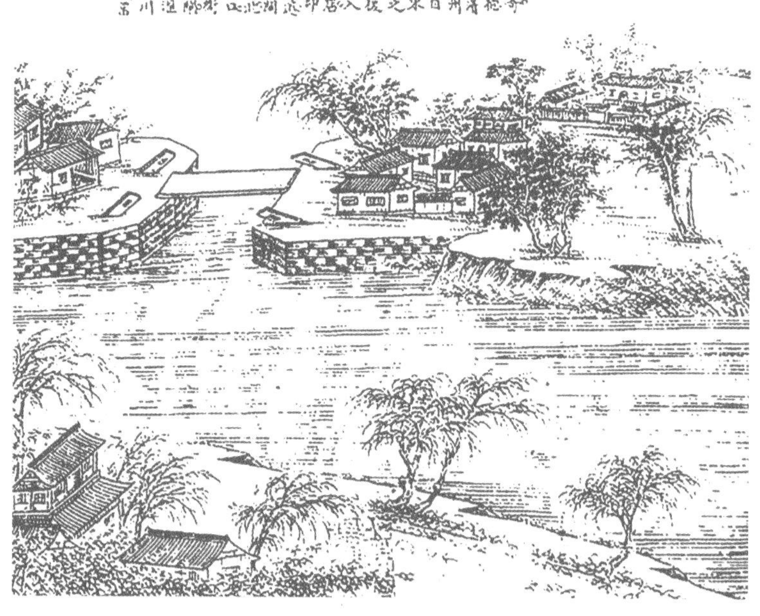

临清城外运河

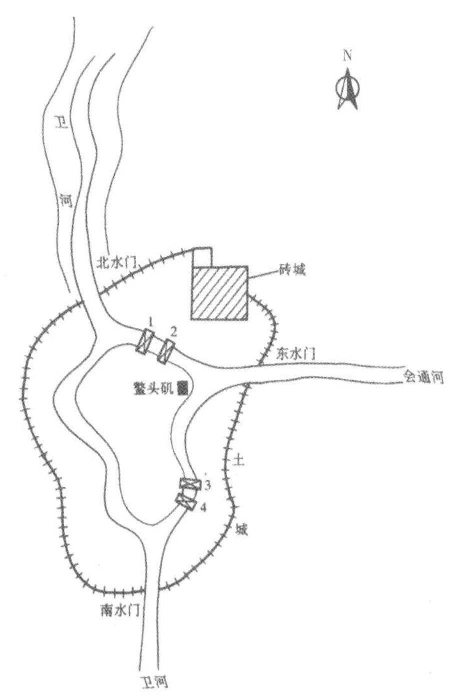

临清枢纽示意图

1—会通闸；2—临清闸；3—新开上闸；4—南板闸

临清钞关仪门（1934年）

会通河自东南而来，稍北折通卫河，转折处建有鳌头矶。元至元二十六年（1289年）会通河开通。4年后，即至元三十年（1293年）在鳌头矶北、砖城西南3里处建会通闸。又3年后，即元贞二年（1296年），又在会通闸以东1里处建临清闸。临清枢纽初步形成。

会通桥及其题字（1982 年摄）

临清桥（20 世纪 80 年代和 2010 年摄）

明永乐十六年（1418年），因会通河与卫河交汇处水位差较大，不便航行，漕运总兵陈瑄自鳌头矶向南开渠，直通卫河，渠上建板闸（又称头闸、新开下闸）。新渠河道平缓，船行方便，称南道；原有河道称北道，逐渐废弃。宣德七年（1432年）改板闸为石闸。明正统二年（1437年），在板闸以北750米处建砖闸，即新开上闸（又称二闸）。临清运口枢纽形成。

临清头闸遗址（《运河名城：临清》）

板闸（新开下闸）遗址（20 世纪 80 年代摄）

清乾隆帝曾在其所作《临清舟次杂吟》诗中如此描述板闸过水的情形："板闸洪波泄吕梁，云缘蓄水灌溪塘。因思天下本无事，子美诗中道已详。"

砖闸（新开上闸）（2008 年摄）

砖闸（新开上闸）（2019 年，魏建国、王颖 摄）

清末临清城区运河（《运河名城：临清》）

元代在会通闸之南、南板闸之北都建有临清坝，明代对其进行修复，会通河水小时闭闸蓄水，船只由坝车盘。于正统元年（1436年）废除。

至明弘治三年（1490年），会通东闸（即临清闸）已废弃30年，当时恰值黄河北决，冲断会通河，明朝廷命白昂主持治理黄河和运河。在此期间，白昂与山东巡抚都御史钱钺修复了会通东闸，新闸距旧址100余丈，闸底与河底持平，船只改行北道。然而，不久即以北闸闸底太低，河流湍急，船只仍行南道；南闸也因以年久失修，多有损坏。正德八年（1513年）春，都御史刘恺决定整修板闸，为此需要暂开北道通运，便垫高会通闸闸底，使北道的急流得以平缓；同时，截断南道水流，拆旧板闸，改筑新闸，六月初完工。此后，船行南道，北道实际上已成为月河。

南板闸外即会通河入卫河处，卫河水大时常恐倒灌会通河，淤塞运道；卫河水小时，则常患会通河水位高于卫河，船只通行困难。对此，明中期有三位总理河道各自提出不同的主张：

一是明嘉靖十三年（1534年），刘天和主张垫高南板闸闸底，无论水大水小，一律下板关闭，如此既可避免汛期卫河泥沙的灌入，又可蓄水济运；过船开启时，则用会通河蓄积之水冲刷闸下的淤沙。

二是明隆庆末万历初，万恭提出一个在过船时遇到会通河水位高于卫河的所谓救急之法，即在会通河入卫处聚集漕船数重，形成所谓的“船堤”，使水流无法快速走泄入卫；过船时，在“船堤”中部留出一口，用于拖船而过，如此可保持一定的水深。

三是总理河道潘季驯，他主张在南板闸闸口百丈外用桩草筑临时钳口草土坝，中留口门，安装活板如闸门，开启南板闸前，先将临时草土坝的口门下板关闭。如此，水流变缓，船只出会通河入卫较易；遇卫河水涨，就拆除临时草土坝。此后，船只由北而南至此，即视该处为第一险阻。清代曾规定粮船如在此失事，押运官吏可免赔偿。

临清运河与临清州塔

英国马戛尔尼使团副使斯当东在《大清帝国城市印象》中记载道："1793年10月22日，船抵临清州。临清州外有一九层宝塔"，不是建在山顶而是平地，"这在中国是少有的。可能运河是从这里开始挖的，也或者是挖到这里为止。从塔的建筑位置来看，它不是作为守望楼用的，大概为的是纪念这个有实用的天才工程的开工或完工。"九层塔下，运河岸边的开阔地带，船工们在休息的间隙玩毽球。

临清社火

临清贡砖(《运河名城：临清》)

明永乐帝扩建北京城时，以运输之便，在临清设砖厂，每年定额100万块经运河运至北京，后增至数百万块。永乐三年(1405年)规定，船只每百料带砖20块。天顺年间规定，漕船每艘带砖40块，民船以船头长短每尺带6块。嘉靖三年(1524年)规定,漕船每艘带砖96块，民船每尺带10块。嘉靖十四年(1535年)增加到漕船每艘带砖120块，民船每尺12块之多。

20世纪70年代的临清运河渡船(《运河名城：临清》)

清雍正五至六年(1727—1728年)，修临清砖、板二闸，以防沙通运。乾隆三十三年(1768年)，因二闸启闭不当，连年倒灌，板闸上下淤40里，疏浚不易。河东河道总督李清时采用潘季驯于闸外筑临时坝的办法，因砖板闸外有旧坝以御卫水，便在汶、卫交流处筑鸡嘴坝，并加宽坝体以抵御卫水，此后每年都加高厚。

1.4.4.2 徐邳运口：中运河与黄河交会工程

黄河夺淮前，徐州是汴河和泗水的交汇地。泗水过徐州后东流，至泗州入淮河，经淮安东流入海。1128年，黄河夺泗入淮，徐州至淮安间的原泗水河道成为黄河河道。明代重开会通河后，会通河南接泗水运道与黄河在徐州茶城相交，而京杭运河徐州至淮安段运道则须借助黄河河道。为避免黄河对运河的影响，明清两代不断开挖新河，使运河逐渐脱离黄河，会通河与黄河交汇处的运口位置随之不断改移。

1. 徐州运口

明永乐九年(1411年)重开会通河后，会通河与黄河航道在徐州茶城相交。漕船经行时往往正值黄河水落之际，会通河与黄河的水位高差较大，难以平顺衔接，且常患淤浅，因此在会通河与黄河交汇处修建境山闸，境山闸成为会通河入黄河的口门。通过该闸，既可蓄水济运，又可冲刷黄河泥沙，且船只可由黄河直入会通河，无需盘坝，航运条件得以改善。

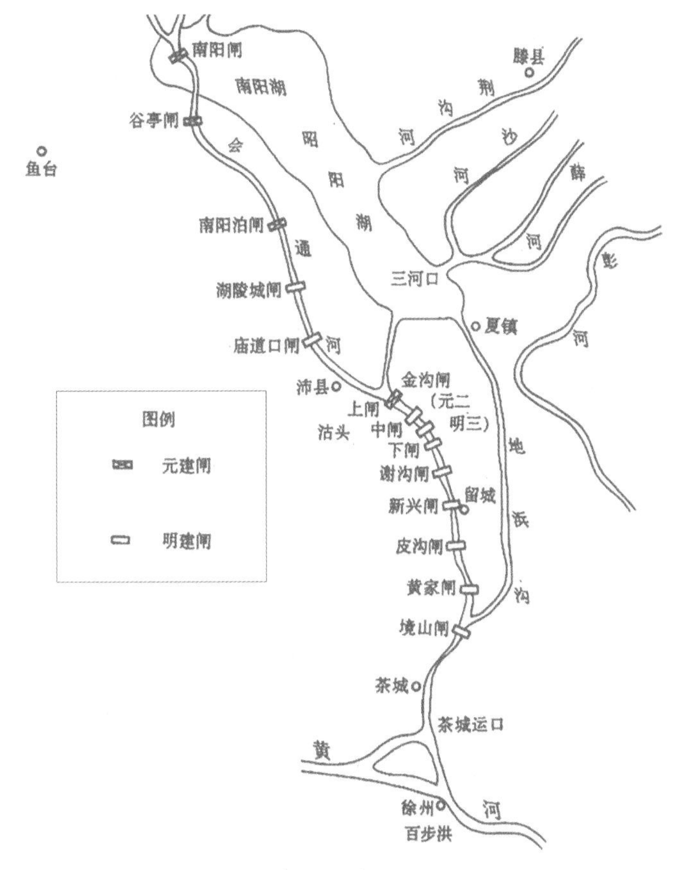

明前期会通河与黄河交汇处的茶城运口示意图

明嘉靖四十四年（1565年）黄河大决，改由秦沟出口，以致茶城岁患淤浅。

为避免运道口遭淤塞，明隆庆元年（1567年）七月，工科都给事中严用和首先提出在徐州梁山以南别开新运道入黄河的措施。其中，梁山位于徐州城北34里处，南距茶城4里。工部以开新河不仅耗费不赀、且将旋开旋塞为由加以否决。

明隆庆三年（1569年）九月，茶城口淤塞，总河翁大立踏勘后也提出开凿新河道的建议。根据他的建议，新河自沛县马家桥闸（南距境山四十里），经境山、梁山、子房山，在徐州洪入黄，长85里。该建议虽获准兴工，但同年秋后，随着黄河水势的消落和运道通航的恢复而遭搁置。

明隆庆四年（1570年）七月，黄河暴涨，茶城口淤塞；同时汶、泗诸水泛涨，洪水向南溃决济宁以南的仲家浅堤防，历梁山，至张孤山东、内华山西南的戚家港入黄河。总理河道翁大立见洪水自梁山以南冲刷出一条新的河渠，于是改变原来开凿马家桥至子房山之间新河的措施，建议沿着新冲刷的河形开浚，以避免茶城运道的淤浅。工部采纳这一建议，并令翁大立相机兴举。然而当年冬季，随着汶、泗诸水的消落，新冲刷的河渠逐渐淤垫，于是总河潘季驯挑浚茶城一带的淤沙以通船只。

万历元年（1573年）四月，总河万恭主持整治茶城运道，鉴于会通河最南端的节制闸——徐州黄家闸距离茶城达30里之遥，无法发挥阻遏黄水浸灌的功能，于是提出治理二策：一是将境山积水废闸改建为节制闸，遇黄水泛涨，立即下板以遏阻黄河洪水内灌；二是在会通河境山以南至茶城间的运道北岸修筑堤防以束水攻沙，减缓其内灌的水势。同年九月，工部同意其修建节制闸的建议，但反对改建境山积水废闸，主张在境山上下另建新闸。万历二年（1574年），新闸竣工，位于境山与梁山之间，称梁境闸，成为防御黄河洪水内灌会通河的第一关，即新的运口。

由于梁境闸南距茶城尚有6里之遥，建成后并未发挥预期的作用。同年秋，黄水大涨，再次浸灌会通河，导致漕船阻滞30余里。鉴于此，工科给事中吴文佳建议开浚明隆庆四年（1570年）七月汶、泗诸水泛涨时在梁山至戚家港间所冲刷的河渠；工部则认为隆庆三年（1569年）九月翁大立所建议的在马家桥至子房山之间开挖新河的措施才是上策。于是命总河傅希挚前往勘查，勘察结束后，傅希挚提出结论与建议：结论是马家桥至子房山间的新河难以开通，这是因为其上段马家桥至境山间40里“皆水”，而下段境山至子房山间45里有“数十里伏石”；同时建议另开挑羊山新河，自梁山以南，穿羊山，至古洪口入黄河，这是因为该河不仅便于开浚，而且古洪口的河口朝向东南，恰与黄河顺向。同时仍维持茶城运道，两河并用。

明万历三年（1575年）八月，茶城淤塞10里，傅希挚再次奏请开挑羊山新河。次年，即万历四年（1576年），鉴于漕船阻滞于茶城一带，开挑梁山至戚家港之间的汶泗冲刷河道。这是自隆庆初年以来屡议开凿新河以取代茶城运道的首次实现。自此，会通河南端开始拥有茶城和戚家港两处运口。

戚家港虽能避免黄水灌淤，但存在水流湍急的弊端。明万历十一年（1583年），管河郎中陈瑛建议总理河漕尚书凌云翼开凿羊山新河，获准兴工，次年三月竣工。新河北接梁境闸，南经梁山、内华山、羊山，至古洪口入黄河，长11里，河上创建节制闸两座，一是古洪闸，南距黄河仅180丈；二是内华闸，南距古洪闸3里，二闸递相启闭，黄水不易内灌，逐渐取代茶城和戚家港成为船只进出会通河南段运道的运口。

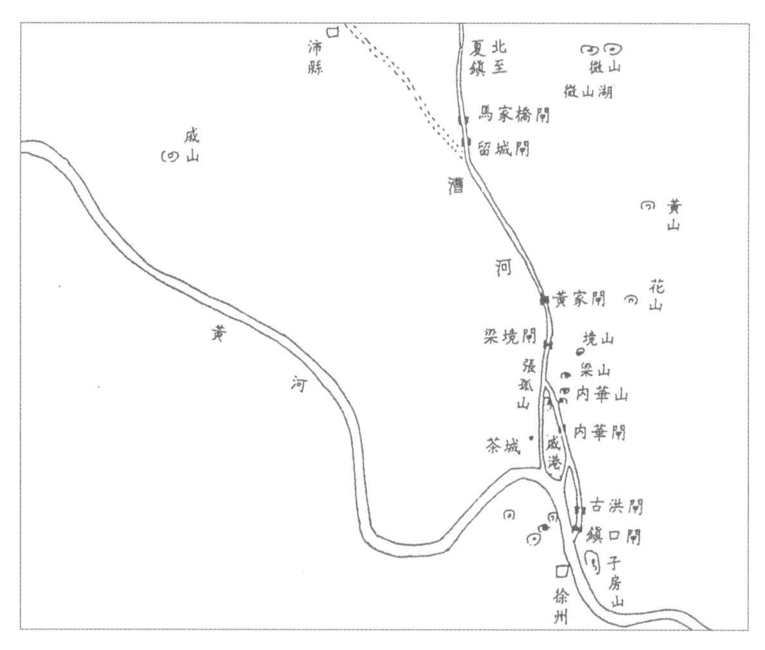

明代戚港和羊山新河示意图

然而，羊山新河上的二闸闸门上阔下狭，闸板难下，黄水易于内灌；同时闸座过低，一遇黄水暴涨，常溢闸面而入运。明万历十六年（1588年）四月，总河舒应龙和工科给事中常居敬前往整治，除整修闸门使其高下广狭一致，并加砌闸座四层外，鉴于古洪闸距运口尚有180丈，遇黄水泛涨，闸板虽严闭，但泥沙仍淀积闸外，因于古洪闸以南择坚实地基，再建节制闸一座，称镇口闸，距运口仅80丈。自此，镇口闸成为漕船进出会通河的咽喉，也是会通河南端与黄河交汇的新运口。

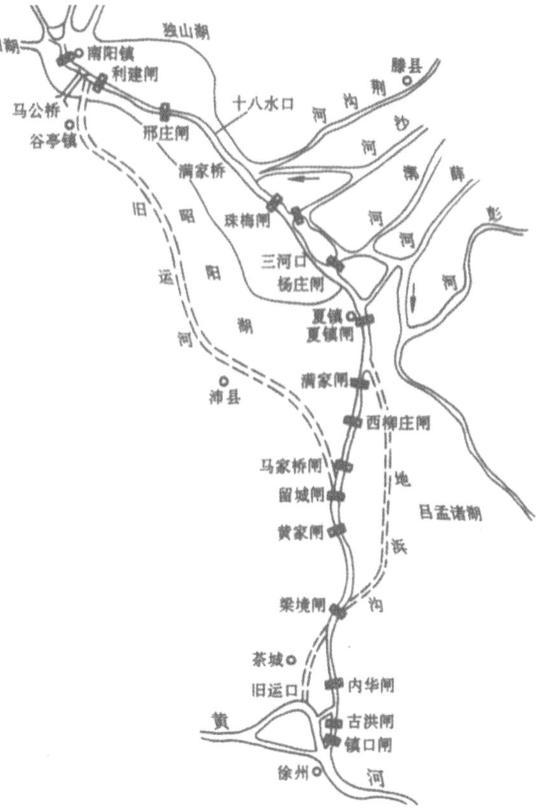

明万历年间南阳新河与黄河交会处的镇口运口示意图

2. 邳州运口

明万历三十二年（1604年），开泇运河，自山东夏镇至江苏邳州直河口入黄河，泇运河入黄口门为直河口。这是泇运河首个入黄口门。

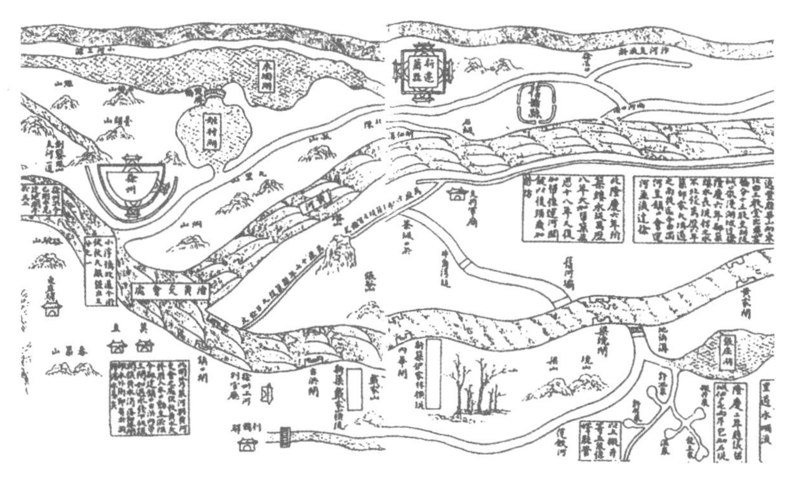

明万历年间黄河运口示意图（明　潘季驯《河防一览》）

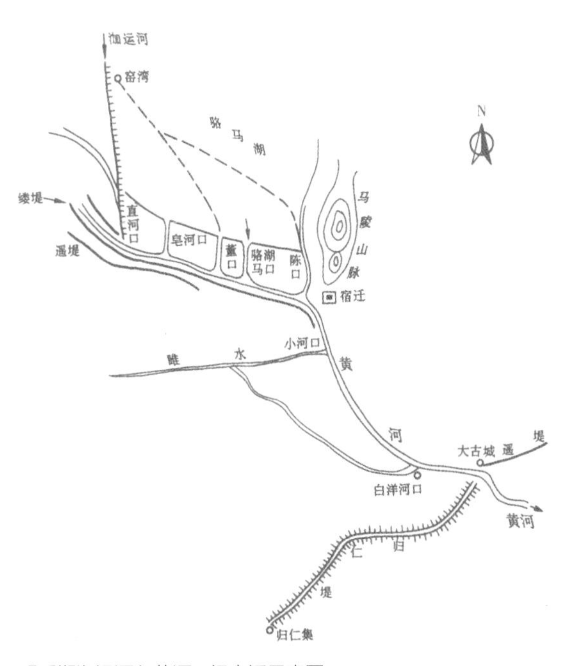

明后期泇运河入黄河口门变迁示意图

明天启五年（1625年），漕储参政朱国盛开通济新河，泇河入黄口门由直河口改移至骆马湖口。

次年，即明天启六年（1626年），总河李从心在骆马湖东开十里新河，泇河入黄口门又改移至陈沟口。

明崇祯十四年（1641年），漕运总督史可法疏浚董口行运，泇河入黄口门改移至董口。

清康熙十九年（1680年），河道总督靳辅开皂河，泇河入黄口门改移至皂河口。后皂河口淤，又开支河，运口改移至张庄，又称支河口。

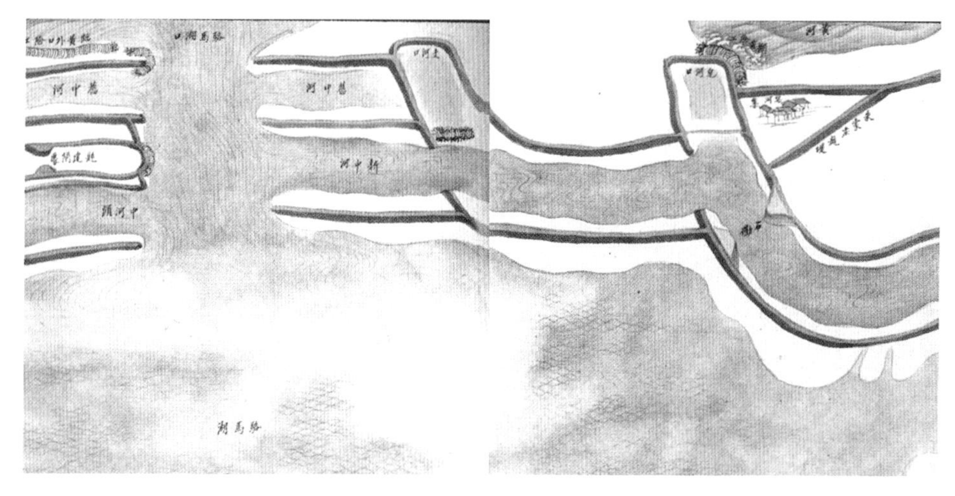

清康熙朝张鹏翮治河时骆马湖口、皂河口、支河口位置示意图（清　张鹏翮《治河全书》）

1.4.5　节制工程

会通河开通后，中经京杭运河的制高点南旺，地形变化悬殊。虽有汶、泗等水济运，有北五湖、南四湖等湖泊调蓄，但经常面临水源匮乏的问题。为合理地使用有限的水量，元明清三个朝代先后在会通河河道上修建大量的节制闸以平水和节水，并把单级运用的拦河闸发展为复式及多级联合运用的节制闸，控制水位和流量，解决复杂地形河道的通航和供水问题，并有加大负载能力和限船载重的作用。会通河是大运河沿线闸坝工程数量最多的河段，因有“闸河”之称。

1.4.5.1　节制闸的修建

元代开济州河时，新建和改建拦河闸9座，主要分布于济宁以南的运河上。开挖会通河时，在维修旧闸的基础上，新建开河闸、安山闸两座。这一时期，所修各闸全用木制，汛期多被洪水冲毁。此后逐渐改木闸为石闸。

元代元贞至大德年间（1295—1307年）是会通河节制闸建设的高潮期，所建之闸占全部节制闸的55%，且大部分开挖有月河，重视对闸基的处理，有的基础深度几乎等同于闸墩高度，并打入木桩，加石灰和土夯实。闸门均为叠梁式，闸的上下游一般建有雁翅，雁翅之后接石防，以改善水流状态和保护堤防。延祐元年（1314年）在会通镇、金沟、沽头等地各建隘闸一座，以限制过往船只的载重量。

元代开挖济州河和会通河后，历时52年，在北自临清、南至沽头（今江苏沛县东）的运道上修建节制闸31座。其中，会通河运道上建有27座拦河闸，包括会通河上13座，即会通镇上、中、下三闸，李海务，周家店，七级南、北二闸，阿城南、北二闸，荆门南、北二闸，寿张，安山等闸；济州河上4座，即开河，济州上、中、下三闸；济州以南的运道上12座，即赵村，石佛，辛店，师家店，黄栋林，枣林，谷亭，孟阳泊，金沟，沽头南、北二闸，南阳等闸。

明永乐九年（1411年）宋礼重浚会通河，节制闸的修建大多按元代实施，但也有增废之处，主要包括以下三个方面：一是将汶上袁家口至寿张沙湾间的运道东移20里，另外开新运道，寿张闸随着旧运道的废弃而废；二是将临清会通上、中、下三闸改为上、下二闸；三是增建聊城通济闸。至此，会通河境山以北运道计有船闸26座。

会通河通行漕运后，节制闸的建置变迁主要包括以下几个方面：

一是为调节汶水入运后的分流水量而建二闸。修建戴村坝引汶河水至南旺分水口入运后，为控制分流南、北运道的水量比例，明成化十八年（1482年）二月，在分水口南、北两侧分别修建南旺上闸（柳林闸）和南旺下闸（十里闸）。

二是因地陡水浅，为调节运河水位和航深而修建节制闸，共计16闸。会通河地势高差较大，水量微弱，为保证漕船通行顺畅，通过添建新闸以缩短二闸之间的距离，以便更为有效地节蓄河水，进而调节会通河水位和航深。如鉴于徐州沽头上闸和沛县金沟闸间数十里的运道时患淤浅，明正统十年（1445年）九月，采纳河南按察副使荣华的建议，在沛县南距沽头上闸2里处建金沟上闸。清平戴家湾闸和堂邑梁家乡闸二闸之间相距63里，且多流沙，船只常遭浅涩，成化十年（1474年）三月，山东管河按察佥事在堂邑土桥增建节制闸一座，南距梁家乡闸15里。东平安山闸和汶上开河闸间之间相距60里，地势高下悬绝，每至春末，常因水浅阻滞漕船，正德元年（1506年）三月，在汶上袁家口增建节制闸一座，南距开河闸12里。除上述3闸外，还包括正德元年三月，在汶上南旺上闸和济宁天井闸之间修建的汶上之寺前铺建闸；嘉靖二年（1523年）三月，在东平安山闸和汶上袁家口闸之间修建的靳家口闸；万历十六年（1588年），在汶上寺前铺闸和济宁天井闸之间修建的通济闸，在清平梁家乡闸和聊城通济闸之间修建的永通闸。此外，还包括宣德四年（1429年）平江伯陈瑄所建堂邑梁家乡闸，济宁仲家浅闸，沛县八里湾闸、胡陵城闸、谢沟闸、新兴闸；天顺三年（1459年），徐州判官潘东建所建徐州黄家闸；成化二十年（1484年），工部郎中顾余度所建徐州沽头中闸；嘉靖十六年（1537年）所建东戴家庙闸。

三是因运道变迁而修建的节制闸，共计19闸。开挑新运道，需建节制闸以蓄水通船，同时旧运道上的闸也随之而废。自明永乐十年（1412年）以后，计有以下4段运道及节制闸建置的变迁：

袁家口闸（1915 年摄）

万年闸遗址（20 世纪 80 年代摄）

（1）砖河。山东临清位于会通河北端、汶河与卫河二河交会处。汶水抵达临清后，分南北两道会卫河。明永乐九年（1411年），宋礼在北道重建元代会通上、下二闸，船只往来均经该道。永乐十五年（1417年），平江伯陈瑄始于南道建二闸，相距5里，其中关一闸采用砖块修建，称砖闸；一闸以木料修建，称板闸。板闸后改为石砌，更名南板闸，而砖闸则易名为新开闸。至天顺初年，因北道上的会通二闸被卫河涨水冲毁，船只专行南道。弘治二年（1489年），户部左侍郎白昂奉命治河，重建北道上的节制闸，但因闸底过低而船行不便，此后仍专行南道，不久北道渐涸，临清上、下二闸随之而废。

（2）南阳新河。嘉靖四十五年（1566年），朱衡开通南阳新河的同时，建节制闸8座，即鱼台利建闸，沛县珠梅闸、杨庄闸、夏镇闸、满家桥闸、马家桥闸、留城闸。随着新河道的开通，昭阳湖西岸从鱼台南阳至沛县留城之间的旧运道废弃，建于河上的谷亭闸、八里湾闸、孟阳泊闸、湖陵城闸、金沟上下二闸、沽头上中下三闸、谢沟闸、新兴闸等11座节制闸废弃。

（3）泇运河。明万历三十二年（1604年），李应龙开通泇运河，建节制闸9座，即韩庄闸、德胜闸、张庄闸、万年闸、丁家庙闸、顿庄闸、侯迁庄闸、台庄闸、梁城闸。

台儿庄闸（1915年摄）

侯迁闸遗址（20世纪80年代摄）

（4）羊山新河。为改善徐州茶城屡遭黄水内灌之患，先是于明万历二年（1574年）在境山和梁山间创建梁境闸，但仍无法遏阻黄水内灌会通河南段运道；万历四年（1576年），因粮船屡遭阻滞，开挑梁山至戚家港间的运道；鉴于戚家港存在水急湍溜的弊端，万历十一年（1583年），又开凿羊山新河，建古洪、内华二闸以遏黄水内灌；万历十六年（1588年），添建镇口闸。

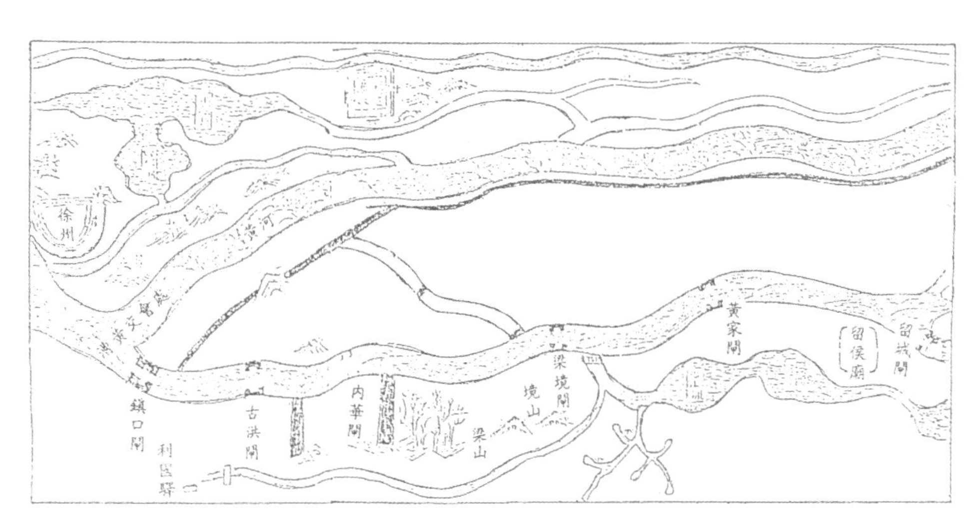

明代羊山新河及节制闸分布示意图（据明潘季驯《河防一览》绘制）

总而言之，终明之世，会通河上共有节制闸50座。其中，永乐九年（1411年）宋礼重浚会通河时，有节制闸26座。此后，为在南旺南北分流而增建节制闸2座；因地势陡直，为避免运河水走泄而增建节制闸16座；因运道变迁而建19座；同时因旧运道不再使用而废弃节制闸13座。

会通河上的节制闸

序号	位置	闸名	距上一闸（里）	始建年代		备注
				元代	明代	
1	山东临清	会通闸（会通镇头闸）	临清西南3里	至元三十年（1293年）		
2		临清闸（会通镇中闸）	会通闸东1里	元贞二年（1296年）		
3		南板闸	临清西南6里余		永乐十五年（1417年）	
4		砖闸（新开上闸）	南板闸东1.5里		永乐十五年（1417年）	
5		会通镇隘船闸		延祐元年（1314年）		
6	山东清平	戴湾闸	新开上闸南30里		成化元年（1465年）	
7	山东堂邑	土桥闸	戴家湾闸南48里		成化七年（1471年）	
8		梁乡闸	土桥闸南50里		宣德四年（1429年）	
9	山东聊城	永通桥闸	梁家乡闸22里		万历十六年（1588年）	
10		通济桥闸	梁家乡闸南35里		永乐十六年（1418年）	
11		李海务闸	通济桥闸南20里	元贞二年（1296年）		
12		周家店闸	李海务闸南12里	大德四年（1300年）		
13	山东阳谷	七级下闸（北闸）	周家店闸南12里	大德元年（1297年）		
14		七级上闸（南闸）	七级下闸南3里	元贞二年（1296年）		
15		阿城下闸（北闸）	七级上闸南12里	大德三年（1299年）		
16		阿城上闸（南闸）	阿城下闸3里	大德二年（1298年）		
17		荆门下闸（北闸）	阿城上闸南10里	大德三年（1299年）		
18		荆门上闸（南闸）	荆门下闸南3里	大德六年（1302年）		
19	山东东平	戴家庙闸	荆门上闸44里		嘉靖十六年（1537年）	
20		寿张闸	戴家庙19里	至元三十一年（1294年）		
21		安山闸	寿张闸南8里	至元二十六年（1289年）		
22		靳家口闸	安山闸南30里		嘉靖四年（1525年）	
23	山东东阿	通源闸			景泰三年（1452年）	
24	山东汶上	袁家口闸	靳家口闸南18里		正德元年（1506年）	
25		开河闸	南旺下闸北13里	至元二十六年（1289年）		
26		南旺北闸（十里闸）	南旺分水口北5里		成化间（1465—1487年）	
27		南旺南闸（柳林闸）	南旺分水口南5里		成化间（1465—1487年）	
28		寺前闸	南旺南闸15里		正德元年（1506年）	
29	山东巨野	通济闸	寺前闸南30里		万历十六年（1588年）	
30		天井闸（济州中闸）	通济闸35里	至治元年（1321年）		
31	山东济宁	分水闸（济州上闸）	天井闸3里	大德元年（1279年）		
32		在城闸（济州下闸）	天井闸东2里	大德七年（1303年）		
33		赵村闸	在城东南6里	泰定四年（1327年）		
34		石佛闸	赵村闸南7里	延祐六年（1319年）		
35		辛店闸（新店闸）	石佛闸南18里	大德元年（1297年）		
36		新闸（黄林庄闸、辛闸）	辛店闸南8里	至正元年（1341年）		
37		仲家浅闸（仲浅闸）	新闸南5里	至正元年（1341年）		
38		师家庄闸	仲家浅闸南8里	大德二年（1248年）		
39		鲁桥闸	师家庄闸南5里		永乐十三年（1415年）	
40		枣林闸	鲁桥闸南6里	延祐五年（1318年）		

续表

序号	位置	闸名	距上一闸（里）	始建年代		备注
				元代	明代	
41	山东鱼台	南阳闸	枣林闸南12里	至顺二年（1331年）		
42		谷亭闸	南阳闸南22里	至顺二年（1331年）		隆庆元年（1567年）废
43		八里湾闸	谷亭闸南8里		宣德八年（1433年）	隆庆元年（1567年）废
44		孟阳泊闸	八里湾闸8里	大德八年（1303年）		隆庆元年（1567年）废
45	江苏沛县	湖陵城闸	孟阳泊闸南9里		宣德四年（1429年）	隆庆元年（1567年）废
46		庙道口闸	湖陵城闸南20里		永乐九年（1411年）	隆庆元年（1567年）废
47		金沟闸	庙道口闸南40里	大德十年（1305年）		隆庆元年（1567年）废
48		沽头上闸（隘船闸）	金沟闸南14里	延祐二年（1315年）		隆庆元年（1567年）废
49		沽头中闸	沽头上闸南7里		成化二十年（1484年）	隆庆元年（1567年）废
50		沽头下闸	沽头中闸南8里	大德十一年（1306年）	成化二十年（1484年）	隆庆元年（1567年）废
51		谢沟闸	沽头下闸南10里		宣德八年（1433年）	隆庆元年（1567年）废
52		新兴闸	谢沟闸南18里		宣德八年（1433年）	
南阳新河上的闸						
53	山东鱼台	利建闸	南阳闸南18里		隆庆元年（1567年）	
54		邢庄闸	利建闸南12里		隆庆元年（1567年）	
55		珠梅	邢庄闸南45里		隆庆元年（1567年）	
56		杨庄	珠梅闸南30里		隆庆元年（1567年）	
57		夏镇闸	杨庄闸南6里		隆庆元年（1567年）	
58		满家桥	夏镇闸南5里		隆庆元年（1567年）	万历三十二年（1604年）废
59		西柳庄	满家桥闸南5里		隆庆元年（1567年）	万历三十二年（1604年）废
60		马家桥	西柳庄闸南10里		隆庆元年（1567年）	万历三十二年（1604年）废
61		留城	马家桥闸南13里		隆庆元年（1567年）	万历三十二年（1604年）废
泇运河上的闸						
62		彭口闸	夏镇闸南20里			乾隆二十四年（1759年）
63		张阿闸	彭口闸南25里			嘉庆十八年（1813年）
64		韩庄闸	张阿闸南25里		万历三十二年（1604年）	
65		德胜闸	韩庄闸南24里		万历三十二年（1604年）	
66		张庄闸	德胜闸南12里		万历三十二年（1604年）	
67		万年闸	张庄闸南6里		万历三十二年（1604年）	
68		丁庙闸	万年闸南12里		万历三十二年（1604年）	
69		顿庄闸	丁庙闸南6里		万历三十二年（1604年）	
70		侯迁闸	顿庄闸南8里		万历三十二年（1604年）	
71		台庄闸	侯迁闸南12里		万历三十二年（1604年）	
72		黄林庄闸	台庄闸东5里			
73						
73		黄家闸	新兴闸南16里		天顺三年（1459年）	
74		梁境闸（境山闸）	黄家闸南20里		嘉靖二十一年（1542年）	
75		内华闸			万历十一年（1583年）	
76		古洪闸	内华闸南3里		万历十一年（1583年）	
77		镇口闸			万历十六年（1588年）	

注：本表根据《元史·河渠志》《漕河图志》《山东运河备览》等制作。

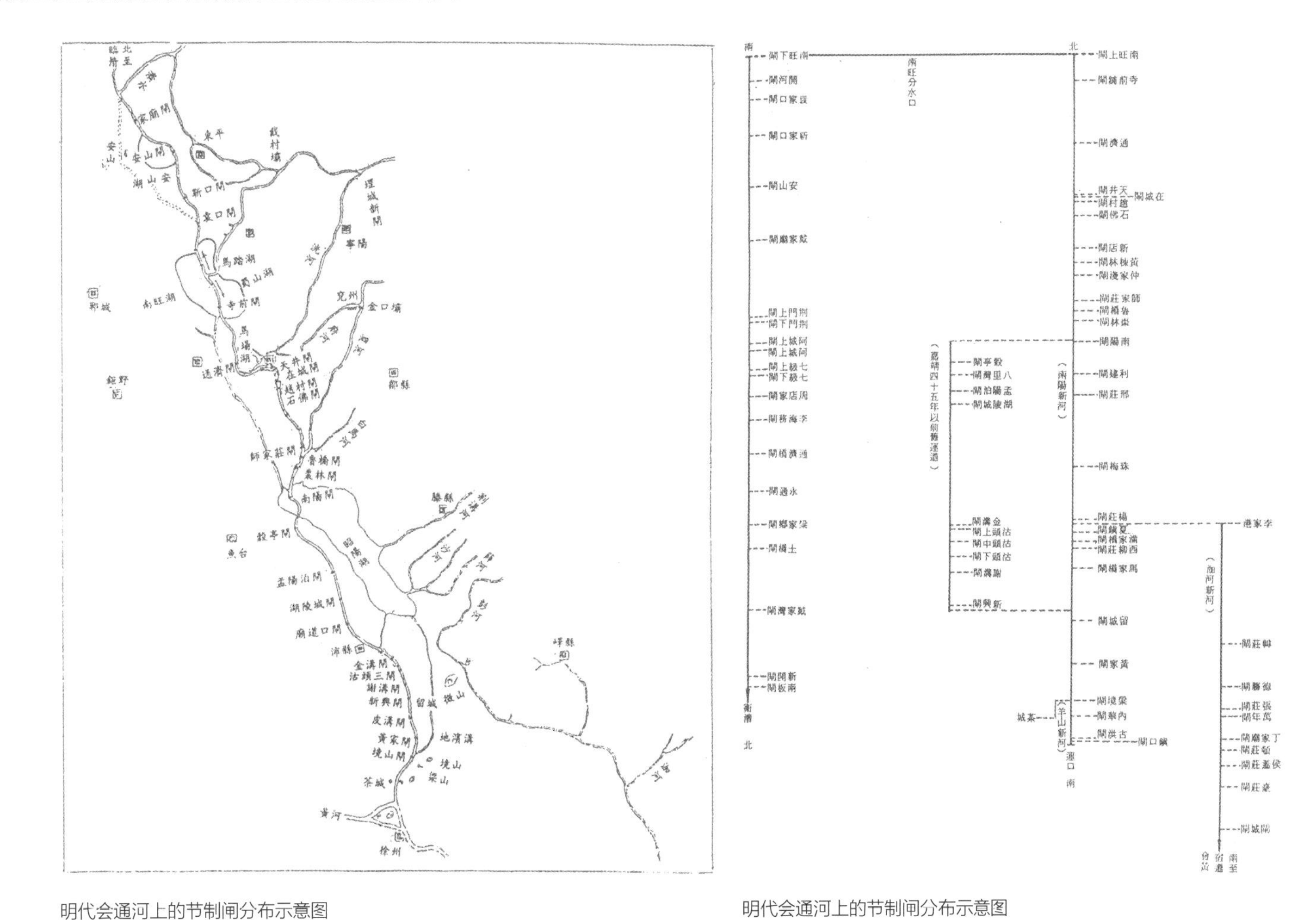

明代会通河上的节制闸分布示意图

明代会通河上的节制闸分布示意图

清代，会通河上的闸坝建设没有较大的变化，多是维修工程。期间，废济州分水闸，新建彭口、张阿、大里石等3座拦河节制闸，建各种水口20个、斗门15个、坝10座、通运涵洞22座。乾隆年间从临清至台庄共有闸49座，间距最长者50里，最短者一二里，整个会通河基本实现梯级渠化通航。

清末民初，漕粮改折白银、河运中止后，会通河上的闸坝大多废弛，有的甚至改为交通桥。

新中国成立后，会通河的功能发生根本性的变化，即济宁以北段不再通航。在济宁以南仍然通航的河段上，南四湖内建有二级坝枢纽，韩庄运河上建有韩庄节制闸、台儿庄节制闸，伊家河上建有伊家河节制闸、船闸和刘庄节制闸等现代通航建筑物。

1.4.5.2　节制闸的布局与结构

完善的闸坝系统对于确保会通河的畅通具有重要作用，因而元明清三代都把闸坝建设作为重要治理内容。

1. 闸的分类

会通河沿线所建之闸主要为单闸结构，按其作用可分为跨河闸（节制闸）、积水闸（进水闸）、减水闸（分水闸）和平水闸等；按其物料则可分为石闸、木闸和草土闸等。

会通河南北纵贯，阻断了其西岸坡水的东泄之路，甚至将一些东西向的河流拦腰截断，由此产生运河西岸积水和东岸泄洪等问题。为此，明清时期在会通河西岸所建之闸大多为进水闸，用于引运河西岸的坡水入运以补其不足；在东岸所建之闸则大多为减水闸，以便汛期洪水由此东泄。会通河沿线的进水闸与减水闸往往隔河相对，形成运道与坡水河道平交之势，如此运河之外的水骤然入运，为防决堤，可立即开启减水闸东泄。

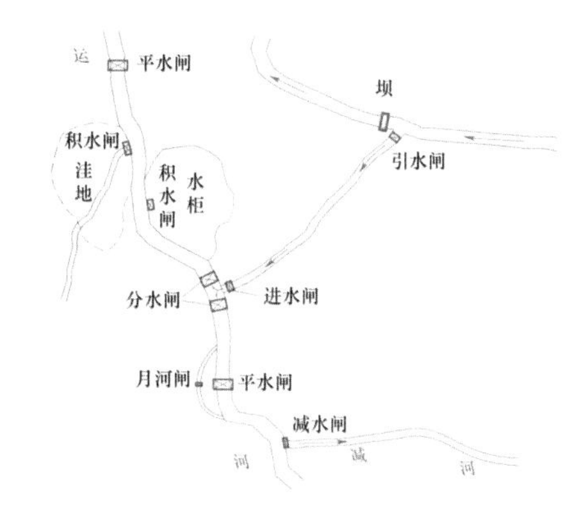

会通河上不同类型的闸（《中国大运河遗产构成及价值评估》）

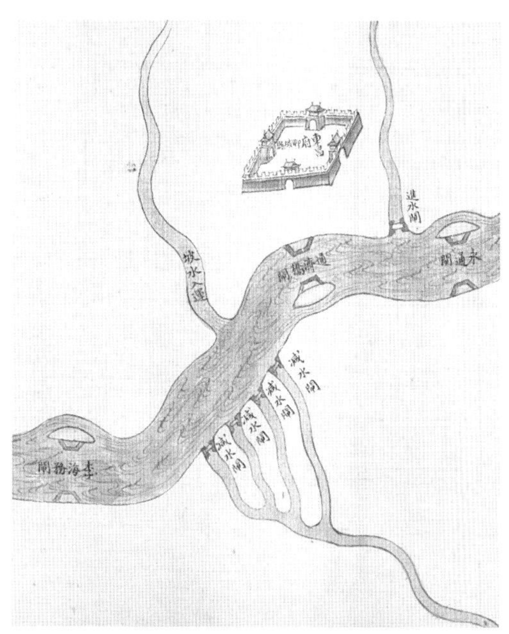
会通河聊城段上的进水闸和减水闸（《北河续记》）

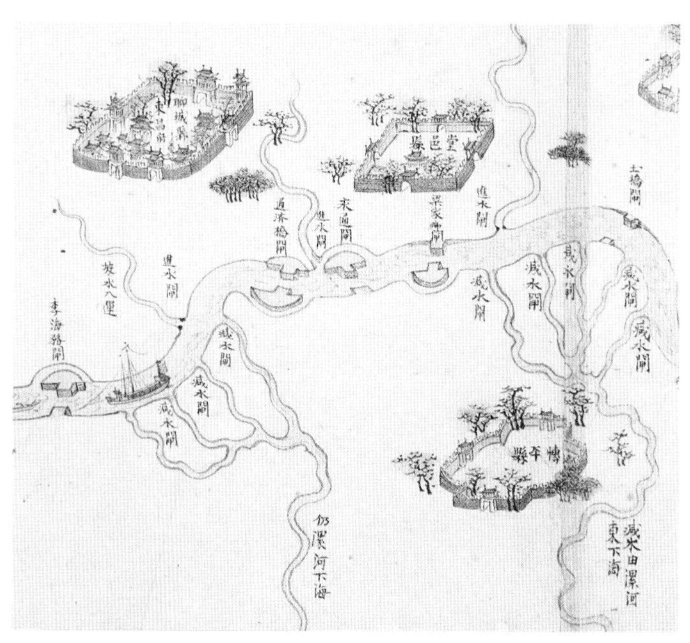
会通河聊城与堂邑段的进水闸和减水闸（《北河续记》）

2. 节制闸的布置

会通河以“闸河”著称，沿线建有数十座跨河闸，两闸之间相距数里或数十里不等。在地形变化较大的河段和重要码头则大多建有2~3座单闸，串联在一起，形成有机组合体。如临清、济宁均为三闸组合，七级、阿城、荆门、金沟、沽头等均为两闸组合，两闸之间的距离一般为2~3里。这些闸虽然都是简易的单闸，但实际上是以两闸间的河段作为大闸厢，此启彼闭，往返控制，既可容纳较多的船只，又可以调节水位、节约用水，与现代厢式船闸类似，基本上达到了梯级渠化航运的目的。通过这种设置，会通河成功跨越了地形高差达50米的山东地垒。

3. 闸旁月河的开挖

会通河上的节制闸具有一个重要的特点，即闸旁常开有月河（越河）一道，月河中常建有闸或坝，名月闸（越闸）或备闸，以别于正闸，可与正闸交替使用。其作用主要有二：一是运河水泛涨、水流湍急时，船只往来往往不易启板，且稍有不慎即触闸败舟，这种情况下往往在闸旁开月河。如明弘治元年（1488年），在济宁州赵村闸旁开月河，即“为坝以待暴水，如月然，曰月河。”万历三十二年（1604年），开通泇运河时，在韩庄、德胜等闸旁，“每闸必阔为月河，令可容百艘，庶其可避水涨败舟”。二是遇到船拥挤在节制闸上、下运道时，往往在该闸旁开有月河，其他往来船只能借此航行。如永乐初年，济宁城内船只鳞集，以致在城、天井二闸不能容，遂于二闸南开挖月河，长4里。

据此可知，节制闸旁另开月河，既能纾解其上、下运道的拥挤，又能在遇到河水泛涨时使船只由此经行。

4. 节制闸的结构

会通河上的跨河节制闸最为重要，其布局具有一定的规划性和整体考虑，闸的型式和结构基本采用统一的标准。

会通河上的闸大多为斜长30尺的雁翅闸，亦有少数闸为龙骨、燕尾形状。闸的内外两面用大条石筑砌，一般砌石20层左右，最多达27层。两条石之间，中填以碎石，灌以泥灰。闸高及金门口宽一般均为20尺左右，中留闸槽，镶嵌叠梁式闸板（称为板），一般下闸板15块左右，其中如临清板闸、南旺湖柳林闸、济宁在城闸等上下塘水位差较大的闸，则下闸板多至18块。控制闸的上下塘水位或水量时，以启板若干块为准。闸的开启常须等到其上下游二闸的会牌通知。开闸前，船只聚集在上塘，等塘内水位达到规定标准，即开闸入下塘。

清《光绪会典事例》记载了会通河石闸的结构：石闸主要由闸口、闸墙、闸基3个部分构成。闸口包括闸门，又称金门，大型斗门船闸的闸口宽约7米左右，闸门槛用条石砌在闸底板上；闸板大多由叠梁木组成，每块叠梁木两侧有供起吊的铁环；绞关石又称闸耳石，用大条石凿孔，立于门槽两侧，用绞关升降叠梁木闸门。闸墙，其闸口间的闸身直长部分称由身，上游闸门前八字墙称雁翅，雁翅与河岸连接的部分称裹头，下游八字墙称燕尾，又称分水燕尾、跌水燕尾，与河岸连接部分称下裹头或顺水裹头。闸基，为防止闸的基础沉陷变形，闸基最下边密布梅花桩，再满铺三合土，其上铺以石灰，上铺块石，闸底石与上下游连接的一定长度范围内，再铺以三合土或块石，起护坦作用。

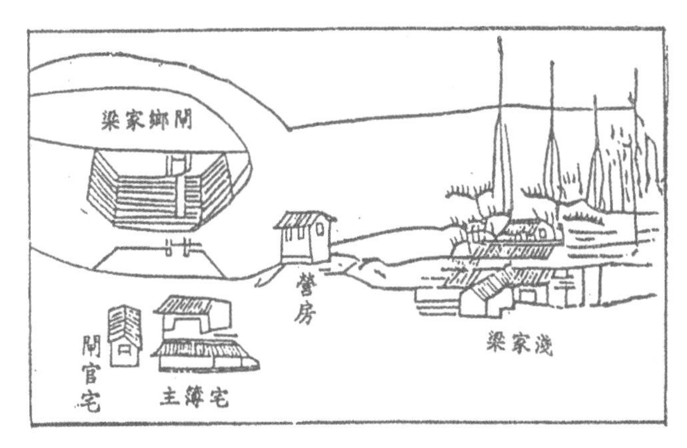

明代会通河上的梁家乡节制闸示意图（《堂邑县志》）

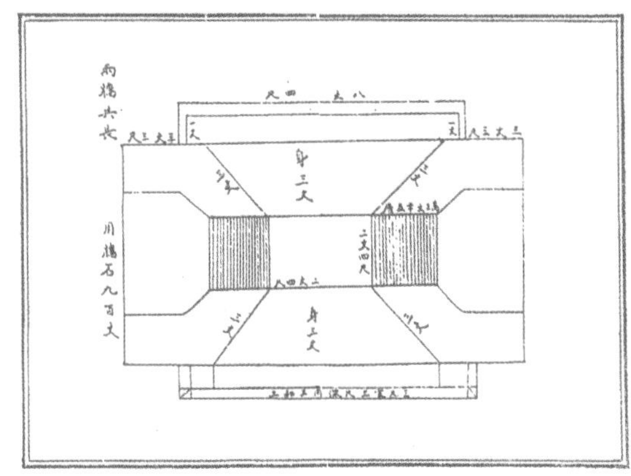

明清时期节制闸结构示意图（清靳辅《治河奏绩书》）

1.4.5.3 节制闸的运行

为使运河水充分发挥其效益，须讲求节制闸的启闭，以达到万恭所说的“理闸如理财，惜水如惜金”的境界。节制闸启闭的基本原则是“启上闸，即闭下闸；启下闸，即闭上闸”，这是通过启闭节制闸而放船通行、但又不致走泄过多水量的方法。就会通河南旺至徐州间的运道而言，当漕船北上时，为逆流而行，若开启前方的节制闸（上闸）放船前行，唯恐河水往南泄，必须严闭下方船闸，故谓“启上闸，即闭下闸”，即不能同时开启上、下各闸；如回空船南返，则“启下闸，即闭上闸”。然而，由于各节制闸所处的地形地势不一，启闭闸板之方法随之各具特殊性。

下文以漕船北上为例，以南旺分水口为界，分南运节制闸和北运节制闸，探讨其启闭运行方法。

1. 南运节制闸的启闭方法

该段运道的节制闸运行方法以以下两座节制闸的启闭为例。

（1）南旺上闸。位于南旺分水口南侧，为南运第一闸，最为关键。因南旺以南运道沿线湖泊较多，不患水少；而南旺下闸以北惟赖汶河一线之河水，故该闸宜下板严闭，而南旺下闸、开河闸的闸板则宜常启，导汶水北注。如北运之水有余而南运不足，则暂闭南旺下闸而开启该闸，导河水南流；如南运、北运之水均资足用，汶河水量也较为盈盛，则将南旺上、下二闸下板关闭，导河水由运道西岸的减水闸泄入南旺西湖。

（2）枣林闸。位于济宁与鱼台交界处，以北为鲁桥、师家庄二闸，以南为南阳、利建二闸。该闸上、下河道皆不深，每逢干旱，时有浅阻。为解决这一问题，须先严闭其以南的南阳、利建二闸，以防河水南泄；然后酌情开启鲁桥闸板，南灌一塘（即闸与闸间所蓄河水）；如漕船仍然不能通行，再启师家庄闸板，得此二塘河水灌注，船只可顺利通行。

2. 北运节制闸的启闭方法

该段运道的节制闸运行方法以以下三座节制闸的启闭为例。

（1）袁家口闸。位于汶上县，引汶水水济北运，南旺下闸和开河闸是常启板，故该闸居北运之咽喉，须多下板，以节蓄上源之河水。如启闭稍不如法，不是上源运道浅阻，就是下源运道浅阻。放船法，船至此闸，须积至二三百艘，再视河水量之情况，决定放船与否。若河水有余，则启板放出；倘值不足，有浅阻之患，决不能放，是时先严闭南旺上闸，再全启南旺下闸和开河闸，导引全汶水量往北注，方能启板放船。

七级上闸遗址（2010 年摄）

七级下闸遗址（2010 年摄）

（2）七级上、下二闸。位于阳谷和聊城交界处，二闸相距仅3里，但七级下闸北距周家店闸14里。由于该处须以3里运道节蓄之水量供应14里运道行运所需之河水，因此该处的放船法为：七级下闸放两塘河水，周家店闸始放一塘；如仍不足用，则七级下闸放三塘，周家店仍放一塘。此因七级下闸放三塘河水，不仅水量增加而已，且船数越多，则运道之水位亦越高涨，查七级之三里塘河能容纳船只六、七十艘，放两塘水，此十四里运道内，有船只一百三、四十艘；放三塘则二百艘，是时令周家店闸启板放船，船只必能通行。

（3）南板闸。位于临清，是会通河沿线最难启板放船处。由于该闸外即卫河，如开启闸板，塘内河水将北泄无余，导致船只浅阻。因此该闸的放船之法，先严闭以南5里处的新开闸，待该塘内河水即将患浅，船只已不能航入卫河时，再启新开闸板一或二块以放水接济。

南阳闸（2019年，魏建国、王颖 摄）

1.5 中运河

中运河是在明、清两代先后开挖的泇运河、皂河、支河和中河基础上拓浚改建而成的。新中国成立后，随着运河的治理和整修，江苏境内张庄以上的支河、皂河和窑湾至陶沟河口的泇运河也称中运河；山东境内陶沟河口以上至韩庄的泇运河则称为韩庄运河。如此，中运河上起山东台儿庄区与江苏邳州交界处，与韩庄运河相接；东南流经邳县，在新沂县二湾至皂河闸与骆马湖相通，皂河闸以下基本上与废黄河平行，流经宿迁、泗阳，至淮阴杨庄，全长179公里。目前，中运河在民便河口以上长55公里，主要承泄南四湖和邳苍地区来水；民便河口以下长124公里，是骆马湖桃汛、汛期参加泄洪和黄墩湖等排涝出路之一，已成为一条行洪、排涝、航运、输水等综合性河道。

1.5.1 河道变迁

中运河古为泗水，元代开凿京杭运河时，会通河以南均利用泗水作为运道。自黄河夺泗、夺淮以后，黄河以向南分流为主，常从涡河、颍河、濉河下注淮河入海，直至明景泰年间，徐州以南运道清水仍占七分、黄水仅占三分，故仍保留泗水之名。但自隆庆以后，总理万恭、潘季驯相继推行“筑堤束水、束水攻沙”的治黄方略，泗水成为黄河行洪的固定河槽，古泗水因而成为黄河下游的组成部分。但黄河时有决溢，漕艘常致阻滞。为此，明清时期，屡兴大役，明开南阳新河与泇河；清开皂河与中河，避黄行运，从而形成今天的中运河。

1.5.1.1 隋代以前的泗水运道

泗水是古代淮河以北地区最为重要的河流，它发源于山东省泗水县东蒙山南麓，西流会洙水、菏水，折向东南，经鱼台，过古沛县城（今江苏沛县城东）东，经留城（今已沦入微山湖，地当今铜山、沛县交界处）而达徐州。泗水过徐州城东，又东南流，经吕梁，过下邳（今江苏睢宁县古邳镇），左岸有沂、沭二水，右岸有古汳水（即汴水）、古睢河汇入。泗水东至泗阳以南，又分二支入淮，主流入淮处称大清口，岔流入淮处为小清口。自春秋战国以来，随着邗沟、鸿沟等运河的开通，泗水逐渐成为淮北地区通往中原和黄河下游的水运主干。

战国时期魏国开鸿沟后，水运可由江、淮通泗水西转古汴水。两汉时期，汴渠通泗水成为沟通黄、淮的重要水道。东汉王景大修汴渠后，泗水成为江淮至洛阳的水运必经之地。

泗水有秦梁洪，又称秦洪，位于今徐州城北9公里处的运河河畔。相传秦始皇帝二十八年（前219年）秦始皇东巡过彭城（今江苏徐州），曾在此处打捞周鼎未获，遂在泗水两岸积石为梁，长一里、高5丈，后人称秦梁洪。鼎本为炊器，禹铸九鼎以象征九州，后“九鼎”逐渐成为国家政权的象征，常以“问鼎”表示谋取国家政权之意。秦昭襄王时，获取八鼎归秦，其中一鼎沉于泗水。秦始皇统一中国后，为显示秦国威德、安抚民心，亲率大臣东巡泰山，临琅琊，涉泗水，来到徐州。据《史记 · 秦始皇本纪》记载：始皇二十八年，“始皇还，过彭城，斋戒祷祠，欲出周鼎泗水，使千人没水求之，弗得。”求鼎时，秦人积石为梁，据此推测，秦梁洪可能是为通过东琵琶山中的急流而捞取滩石堆积而成。

秦始皇画像（清　康熙《帝王圣贤名臣像》）

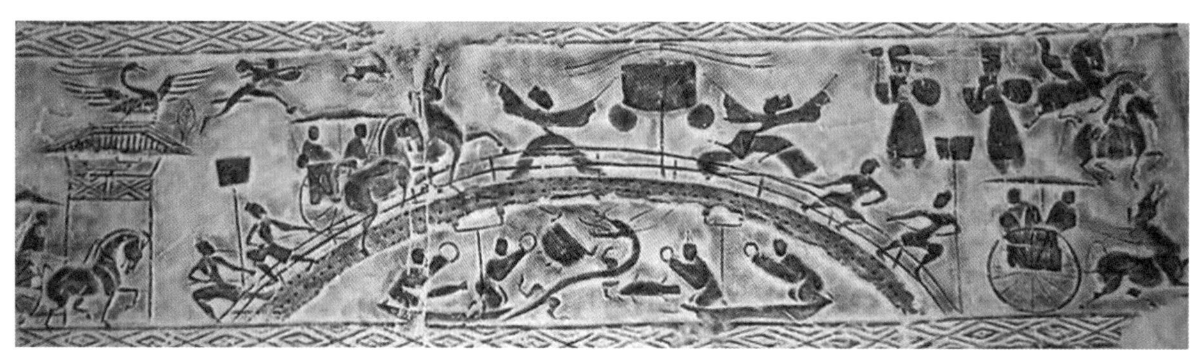

汉画像砖中的《泗水捞鼎》

泗水自北向南过徐州城东又折向东南，因受徐州一带山地所限形成两处湍急水流，即历史上有名的“吕梁二洪”。徐州洪在徐州城东南二里，因“乱石峭立”长达百余步，又名百步洪；吕梁洪在徐州东南50里，有上下二洪，相距六七里。二洪“悬水三十仞，流沫九十里”。汛期水涨，船行其中，稍有不慎即遭破损覆溺之灾。由于吕梁洪较徐州洪更险，早期的工程主要集中于此。

两晋时，已开始初步整治泗水运道上的吕梁洪。据《水经注》记载，至迟西晋时泗水运道已出现绕过吕梁洪的支河，称丁水或丁溪，自吕县分出，由北岸东流至吕梁洪下游入泗。这一时期还对汴水进行了局部整修。泗水过彭城（今江苏徐州）以西，转入汴河，与黄河相接。东晋义熙十二年（416年），刘裕西征，派遣周超之“自彭城缘汳故沟斩树穿道七百余里，以开水路”。汳水，自晋后被认为是汴水的下游，据此可知这是对汴水运道的一次规模较大的整治。

1.5.1.2 隋唐宋时期的泗水运道

隋唐宋时期，通济渠和汴渠成为沟通黄河和淮河两大水系的主要运道，泗水的重要性远不及前代。1128年黄河南徙夺泗入淮后，泗水水道成为黄河的重要组成部分，在黄河泥沙的长期影响下，逐渐面目全非。

隋朝立国之初，为加强对陈的攻势，维持汴渠自彭城以东下段仍走泗水入淮的局面。至大业元年（605年），隋炀帝开通济渠，将旧汴渠改道由泗州直接入淮，再由淮入山阳渎。至此，沟通江淮与中原地区的主要运道不再经由泗水。唐高祖武德七年（624年），尉迟恭导汶河和泗水至任城（今山东济宁）分水，建会源间；同时，治理徐州洪和吕梁洪，以通饷道。

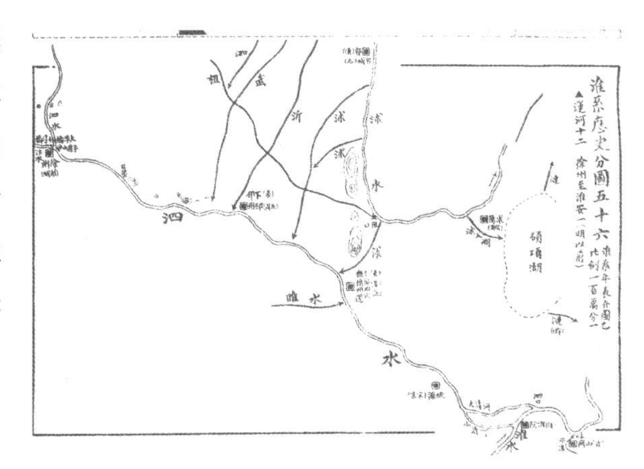

明以前运河徐州至淮安段示意图（据《淮系年表全编》绘制）

北宋时期，曾延伸五丈河，利用泗水通航，为此曾自梁山泊开渠引水入泗，并于元祐四年（1089年）对徐州洪进行整治，开二洪月河，两岸筑石堤，两端建闸。二洪月河分布于运道两侧，东曰里洪，西曰外洪，原有运道称中洪。两条月河形成环运水道，水大时船只分行里外二洪，水小时皆走中洪，从而避免了船只经此碰损沉溺的危险。这是泗水运道的一次较大改进。

1.5.1.3 明前期“漕行河道”格局及徐州、吕梁二洪的治理

元代京杭运河全线贯通后，自徐州至淮阴段借用黄河河道行运，形成所谓的“借黄行运”“漕行河道”格局。明万历三十四年（1606年）以前，徐州洪和吕梁洪是该段运道上最为险要的地段，也是治理重点。

徐吕二洪原是泗水运道上的两处险滩，1128年黄河夺泗入淮后，二洪成为黄河上的险关，水势较前更为湍险。京杭运河开通后，二洪又成为徐州至淮安黄河运道上险工段。因此，明代在此专门设立工部分司，负责监督漕运、治理航道。

围绕避开徐州、吕梁二洪之险，解决该段运河浅涩等问题，明前期屡加整治。先是永乐与宣德年间平江伯陈瑄多次整治以通漕。永乐十二年（1414年），陈瑄开凿徐、吕二洪。次年，陈瑄主持漕运，开凿吕梁洪和百步洪，建吕梁石闸以平复水势，并在徐州设置仓库转运漕粮。宣德初年（1426年），漕船阻滞于吕梁洪，陈瑄在其旧河西岸凿渠，宽5尺，深2尺，夏秋有水时可通船。宣德七年（1432年），陈瑄又将吕梁洪凿深，在西渠设置上下二闸，蓄水通航。

为解决汛期黄河决口导致的水源匮乏问题，明宣德十年（1435年），在凤池口和归德新堤设闸，引睢水以济二洪。次年，将二洪以西原有"运木"小河加以疏浚，以便漕运。正统七年（1442年），在徐州洪上游筑堰，导水入月河，同时于月河南口设闸，以抬高水位。正统十三年（1448年），从河南武陟导沁水入梁靖口，出徐州小浮桥，以济二洪。景泰年间，凿阳武脾沙冈，引黄河之水以济二洪。

明成化年间，由于徐州洪两岸堤防低矮狭窄，汛期水涨，水漫堤上，冲毁纤道。据《明宪宗实录》记载，成化四年（1468年），工部管洪主事郭升将里洪两岸堤防砌成石工，同时凿去外洪乱石。次年完成，共筑西堤960米，东堤640米。4年后，吕梁洪管洪主事张达修砌石坡，上洪长39丈，下洪长36丈；另有主事谢敬修砌吕梁上洪堤岸长36丈，下洪堤岸长35丈。成化十六年（1480年），管河主事费増修筑吕梁洪二石堤，长220余米，筑石坝528米，坝西筑堤60余米。

明嘉靖二十三年（1544年）春，管河主事陈洪范率众疏凿吕梁洪，将狼牙怪石全部凿除，舟行如同坦途。次年四月，立《疏凿吕梁洪记》碑，该碑位于今铜山县伊庄镇凤冠山上，记载了吕梁洪的险恶和当时漕运情况。

明万历三十四年（1606年），李化龙开泇河，徐、吕二洪不再为运道必经之地，二洪之险成为历史。

清康熙二十五年（1686年），河道总督靳辅开挖中运河，上起张庄运口，过骆马湖，经宿迁、桃源（今江苏泗阳），至清河县（今淮安淮阴）西的仲家庄，从而避开了经行黄河180里的风涛之险，这也是今日京杭运河最后开通的河段。

1.5.1.4 近代导淮治运与沂沭泗治理

清咸丰五年（1855年），黄河北徙，不再危害运河，但在黄河夺淮期间对淮河尾闾带来的灾害却并未因此消除。当时台儿庄至淮阴间的中运河由于闸坝失修，蓄水不多，水运间受影响，载重在100~200石间的民船尚可通行，涨水期间，则可通行吃水较浅的小汽船。为此，近代曾进行过大力整修。

1913年，张謇发表《导淮计划宣告书》，明确提出导淮治运必须兼顾泗、沂、沭诸水。这些河流分支河汊纵横相连，互为贯通，既可为中运河、盐河和里运河提供水源，又有利于淮河和鲁南地区排泄洪水，对航运和灌溉均为有利。

1921年，张謇任江苏运河督办时又发表《淮、沂、沭治标商榷书》，进一步说明治淮兼治泗、沂、沭诸河的相互关系及其重要性。但由于经费未能落实，其治理设想未能得以实施。

张謇

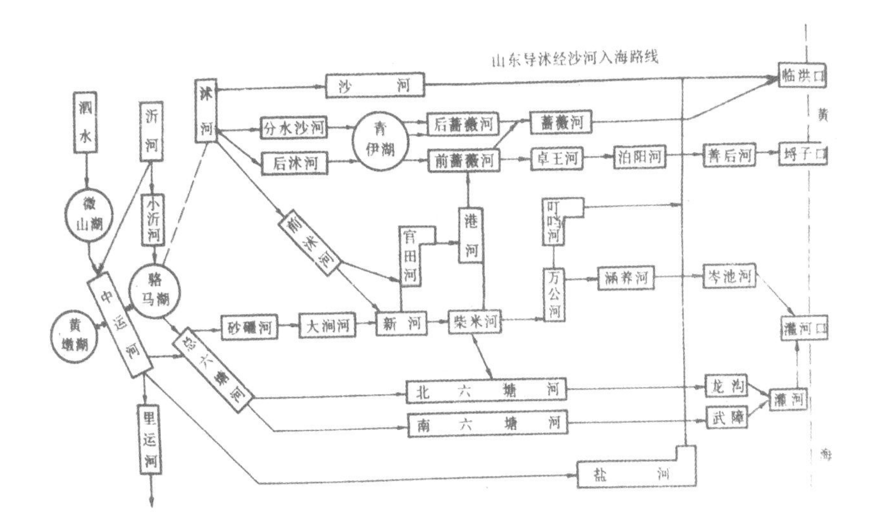

近代沂沭泗水系流向示意图

（《淮河志通信》1985 年第 2 期）

1925年，北洋政府水利局批准这一工程计划，除里运河外，“洪泽湖下游汇及与淮有联络关系之各河，如中运河、沂河、六塘河、沭河、蔷薇河等合计土方闸坝及购置管理费共二千零五十七万（元）有奇”。

1929年，南京国民政府成立“导淮委员会”，制定导淮入江入海规划，决定“江海分疏”。在航运与防洪、灌溉的关系方面，强调几方面同时兼顾。并议订导沂与运河隔离，导沭与沂河隔离，规划以运河刘老涧上游段宣泄泗河洪水，以灌河宣泄沂水，以盐河新浦以下宣泄沭水。灌溉时，以刘老涧以下河段兼作输运灌溉用水。导淮入江，治运通航，从整治运河入手，在运河内建“新式船闸”，使运河能常年通航，是此次导淮的主要目的。为此，拟于中运河沿线建河定闸和刘老涧闸新式船闸各一座，刘老涧以上各船闸旁附设减水活动坝，以增加洪水泄量。由于抗日战争的爆发，导淮计划工程未能全部完工。但在此期间，陆续实施了一些疏浚、挖河、切滩和培堤等工作，如挑浚沭河、蔷薇河，着手治理沭河切滩工程等。

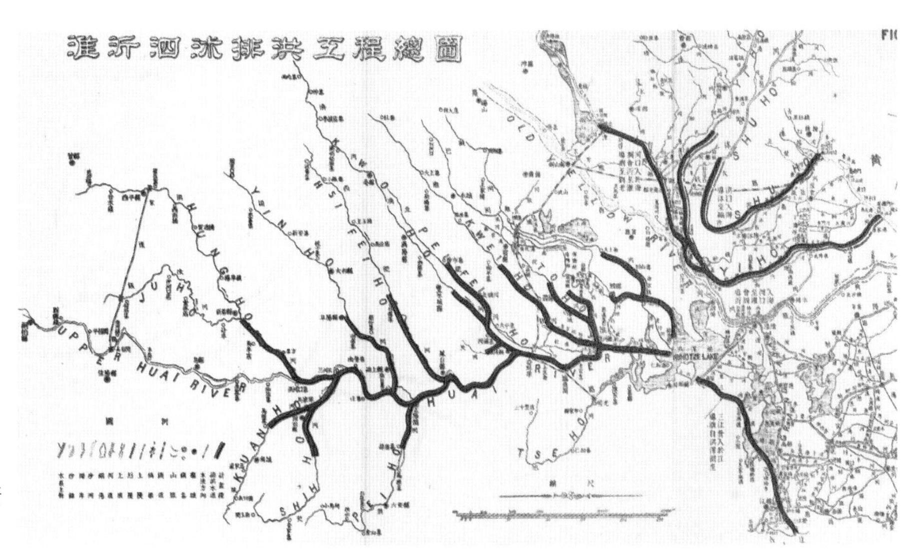

《导淮工程计划》中的淮河与沂沭泗排洪工程总图

1933年，江苏省建设厅大修总六塘河，河线约长150公里，征调民工5万余人。

1935年，疏浚宿迁县六塘河、沭阳县万公河、灌云县涵养河等。

1936年，又疏浚岭池河、车场河、善后河等，泄水归海。

1942年2—6月，解放区苏皖边区政府组织众多人力，对邳县大榆树以下中运河进行了疏浚和复堤。

1.5.1.5 现代中运河治理

新中国成立后，按规划设计，对中运河进行了较大规模地分期治理，使其成为防洪、航运、排水、调水等综合性河道。

今日徐州运河

1. 民便河口以上的中运河段

民便河口以上的中运河段长55公里，原河道左岸城河口以上、右岸引线河口以上均未筑堤，以下两堤则堤身残缺，堤高3米，堤距200米，河槽宽50～120米，这与上游的来水量极不适应。在“导沂整沭”期间，开辟了华沂至骆马湖段新沂河（后改称沂河草桥段），堵闭沂河向中运河支流城河分洪的芦口坝，从而减轻了中运河的防洪负担。

20 世纪 50 年代导沭整沂工程施工现场（《筑梦淮河》）

1957年沂沭泗大水，远远超过中运河的行洪能力，骆马湖以上沿运两岸普遍行洪、滞洪，黄墩湖区也开放滞洪，灾害严重。汛后，采取“筑堤束水行洪，挖河照顾排涝和结合航运”的原则，退建骆马湖以上中运河段两堤和陇海铁路以南的切滩，陇海铁路桥随之相应扩长，同年冬开工，1959年冬完成。

1985—1987年，京杭运河续建工程，按三级航道标准，疏挖了中运河大王庙至民便河段，河道底宽50米。

1994—1998年，按行洪4600立方米每秒完成陶沟河口以下1公里及大王庙段挖河。河底高程为17米，河底宽50米。

1995年1月—1996年4月，建成临时水资源控制工程。50米宽单孔开敞式节制闸，箱式钢结构浮体门。建筑物处在河道中泓，高水位行洪时全部没在水下。

2. 民便河口以下的中运河段

1950年5月，在中运河上建皂河束水坝，以控制下泄流量。

1952年6月，拆除皂河束水坝，建皂河节制闸和船闸。皂河节制闸共27孔，每孔净宽9.2米。1972年加固改建；1974年洪水后将上游翼墙加高至26米。船闸于1974年被洪水冲毁后，建皂河新船闸。1988年建成复线船闸，闸室宽23米，闸室长230米，年通过能力增至3000万吨。

1958年建成宿迁节制闸，共6孔，每孔净宽10米。宿迁船闸于1958年建成通航，闸室长210米，净宽15米。1986年，在其左侧增建复线船闸，闸室长230米，净宽23米，年通过能力共2600万吨。

1959年10月至1960年6月，京杭大运河治理工程，先后完成杨庄至宿迁闸、窑湾至李店中运河段的拓宽疏挖，皂河镇至窑湾段中运河右堤加固。同时兴建泗阳节制闸和船闸、淮阴（杨庄）船闸。

1984年，按二级航道标准拓宽中运河泗阳至杨庄段，河底宽60米，最小航道水深4米；同时，加固堤防。

中运河的终点杨庄，古代黄、淮、运在此交汇，是元、明、清各代的治水重点。经新中国四十年的治理，已形成分洪、排涝、航运、灌溉、输水、水力发电等综合利用的大型水利枢纽。为了江水北调，20世纪70至80年代还在中运河沿线先后建起泗阳、刘老涧、宿迁井儿头、皂河等扬水站。

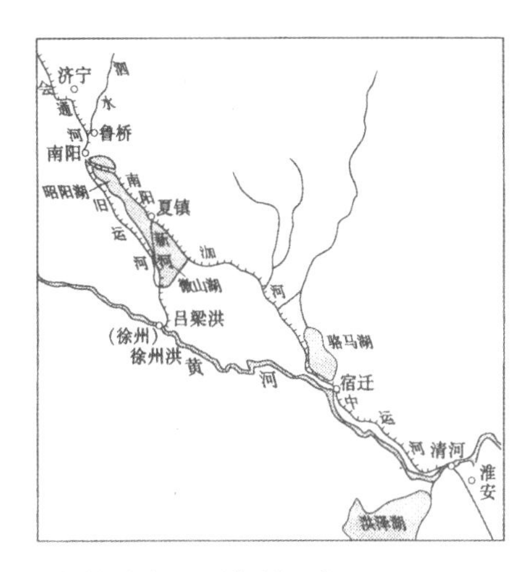

明末清初京杭运河避黄改线示意图

1.5.2 避黄行运工程

明永乐年间重开会通河后，为避免黄河对运河的侵扰，明代先后开南阳新河、泇河、通济河，清代则相继开皂河和中运河，最终实现运河与黄河的分离，并开通了京杭运河最后河段——中运河。

1.5.2.1　通济河的开挖

泇运河开通后，其入黄前的直河口与其东部的马陵山脉之间为骆马湖，东西横亘20余里，水源多为山洪，汛期需宣泄入湖洪水。当时骆马湖水的宣泄出路为黄河，通黄口门主要有三，自西而东依次为董口、骆马湖口和陈口；且骆马湖濒临黄河的一侧地势高低不一，运道艰难。

明天启三年（1623年），漕储参政朱国盛因直河口水势湍急，行船困难，便在骆马湖中新开一河，自直河口东岸的马颊口至骆马湖口，计长57里，上接泇河，下入黄河，名通济新河。以挑河之土筑堤，分隔湖水，兼作纤道。3年后完工，运道改由骆马湖口入黄。次年，总理河道李从心在骆马湖附近补开新河，从陈沟入黄河。

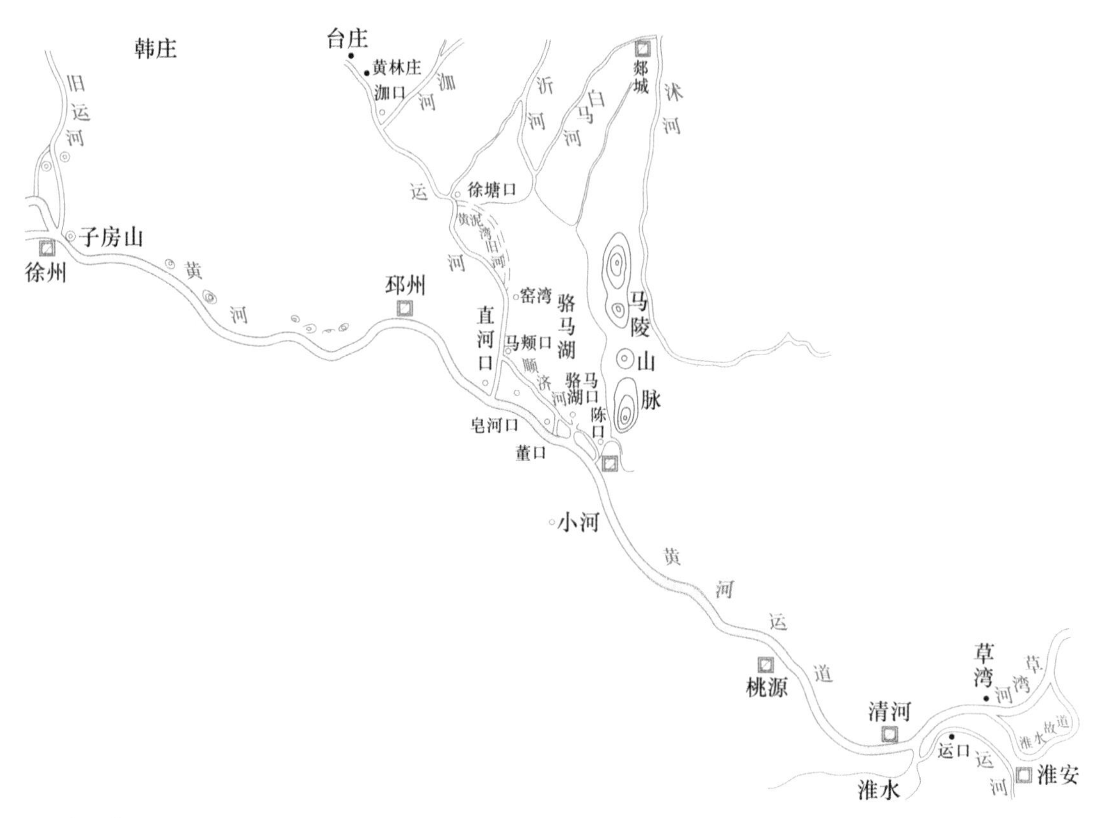

明末通济河与通黄诸口示意图

明崇祯五年（1632年），黄河决入骆马湖，通济河淤塞。总理河道朱光祚疏浚骆马湖，改通济新河为顺济河。崇祯十四年（1641年），漕运总督史可法疏浚董口，开始由此行运。

经过精心治理，终明之世，该段运道没有出现过大的险情。

1.5.2.2 皂河的开挖

经过明中后期多次开挖新河，至清初，借用黄河行运的运道仅剩骆马湖口至淮安间240里，运河治理的重点开始集中在泇河入黄口和黄、淮、运交汇的淮安清口。

清康熙初年，漕船行至宿迁后，仍由董口北上。后董口淤塞，取道骆马湖。然而，骆马湖水浅面阔，冬春常患水源不足，伏秋汛期则湖面辽阔、无法牵挽。

清康熙十九年（1680年），总河靳辅开皂河，长40里，以原直河口与董口间的皂河口为入黄口，由皂河口向西北至窑湾接泇以行运。皂河上接泇河，下通黄河。并于新开皂河两岸筑堤，以防黄河和西面坡水的泛滥侵扰。为防皂河水漫溢冲堤，又在窑湾北的万庄、马庄和猫儿窝建减水坝三座。

今日运河窑湾段（2019 年，魏建国、王颖　摄）

由于黄河东西横亘，皂河自北而南，黄河与皂河相交的皂河口易淤，靳辅又在皂河以东开支河至张庄，长3000余丈，使泇河来水至张庄入黄河，称张庄运口（又称支河口）。自此，黄河和张庄口之水都是自西而东，两溜平行不再相交。且皂河口的地势高于张庄口二尺有余，以“地高之水”注于“地卑之出口”，其势足以抵黄。

运河与窑湾古镇（2019 年，魏建国、王颖　摄）

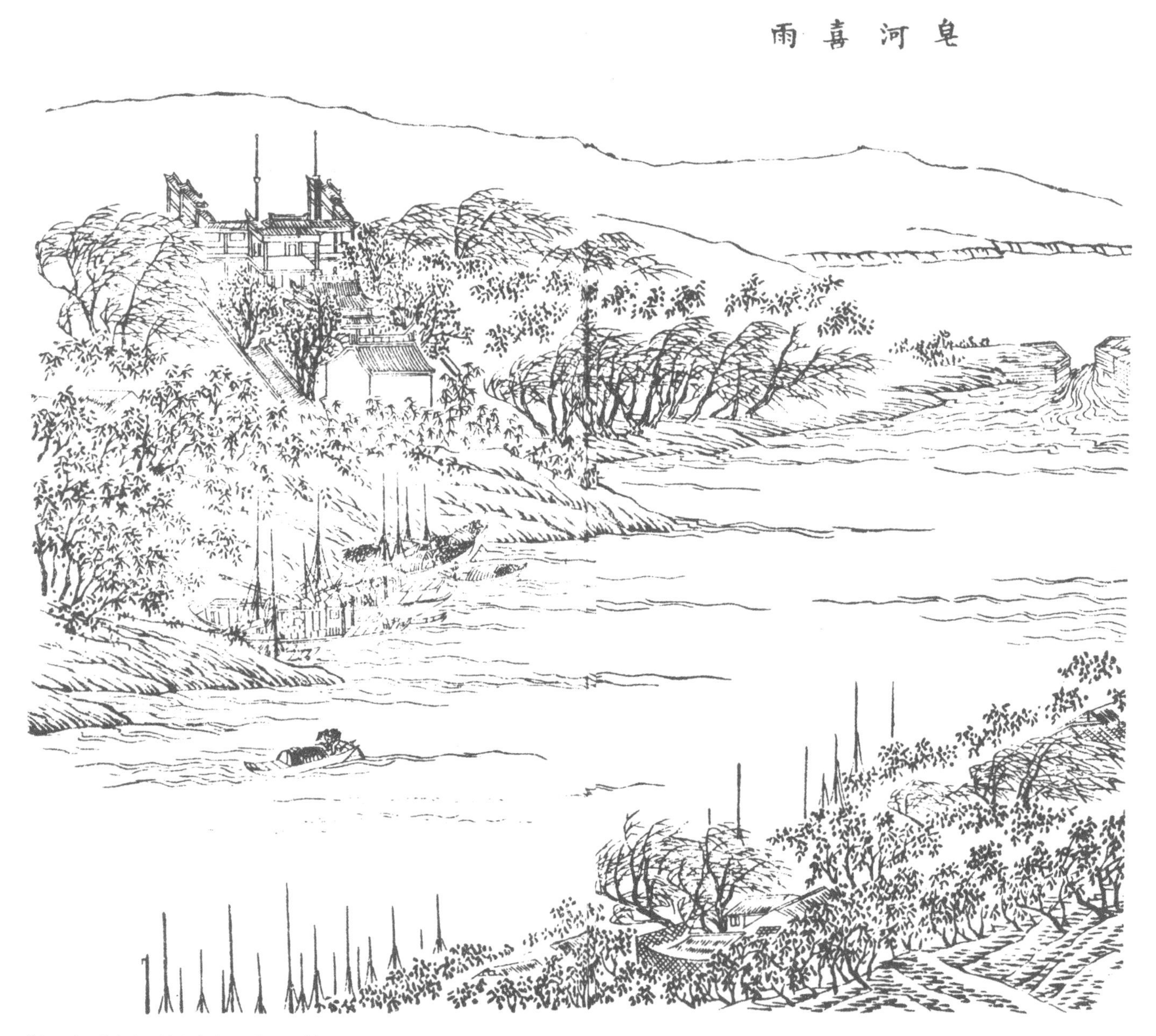

《皂河喜雨》（清　麟庆《鸿雪因缘图记》）

道光十九年（1839 年）三月，漕船首帮行至宿迁。因前一年冬微山湖蓄水较少，漕船阻滞于泇河猫儿窝一带。时任江南河道总督的麟庆遥望皂河安澜龙王庙祈雨后，得大雨，山泉涨发，皂河水顿涨五尺，不仅首进漕船遄行无阻，二、三进漕船亦连樯出境。欣喜之余，麟庆写下《皂河喜雨》篇。

宿迁皂河行宫全景（2018 年，任群　摄）

宿迁皂河行宫龙王庙（2018 年，任群　摄）

1.5.2.3　中运河的开通

中运河是京杭运河最后开凿的河段。

泇河与皂河开通后，自宿迁张庄至清口约200里的运道还要借道黄河，漕船逆流而上，不仅需要重金（每船需银四五十两）雇募纤夫，且行进缓慢，易为风涛漂溺。

为解决这一问题，清康熙二十五年（1686年），总河靳辅在加筑黄河北岸遥堤的同时，于宿迁以下的遥、缕二堤之间开挑中河一道。中河上接张庄运口，引骆马湖水济运；经宿迁、桃源（今江苏泗阳县），至清河（今江苏淮阴县）县西的仲家庄运口，在仲家庄运口建石闸一座，以便出入黄河。仲家庄运口以下又与盐河沟通，经山阳、安东归海。

中运河建成后，进行过三次大的改建，前后历时17年。其中，两次针对河道，一次针对运口。

第一次改建是在清康熙三十八年（1699年），总河于成龙因中河南岸临近黄河，地势低洼，难以筑堤，便以黄河北堤为中运河南堤，自桃源盛家道口至清河，放弃中河下段，另开新河60里，名新中河。

第二次是在次年九月，总河张鹏翮以新中河盛家道口河头弯曲，挽运不顺，且三义坝以上31里处河身浅狭，遇骆马湖水大涨，难以容纳；而旧中河自三义坝以下至仲庄闸25里处河身宽深，因在三义坝筑拦河堤，截旧中河改入新中河，三义坝以上用旧中河，以下用新中河，即合旧中河之上段与新中河之下段为一河，以挑河之土筑两岸堤防。

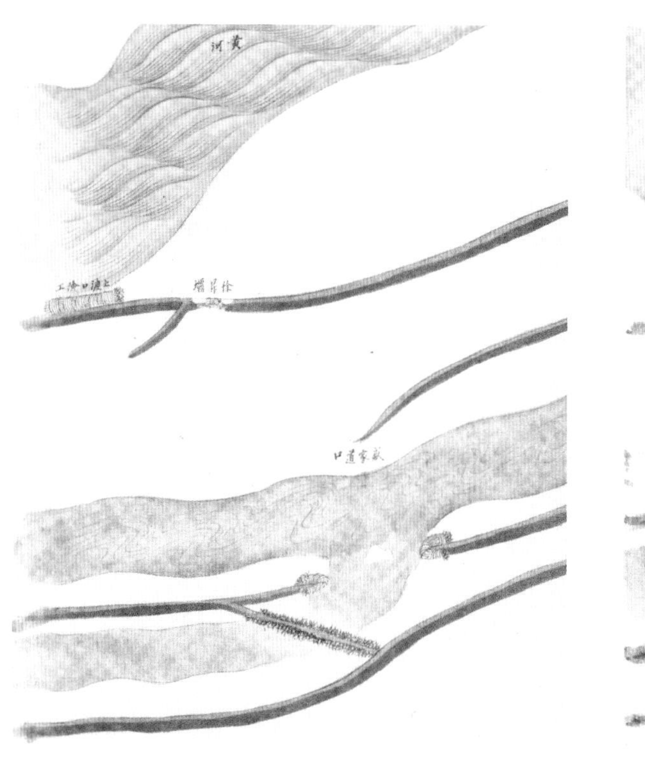

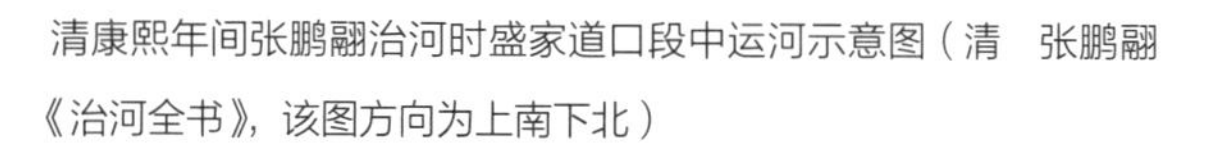

清康熙年间张鹏翮治河时盛家道口段中运河示意图（清　张鹏翮《治河全书》，该图方向为上南下北）

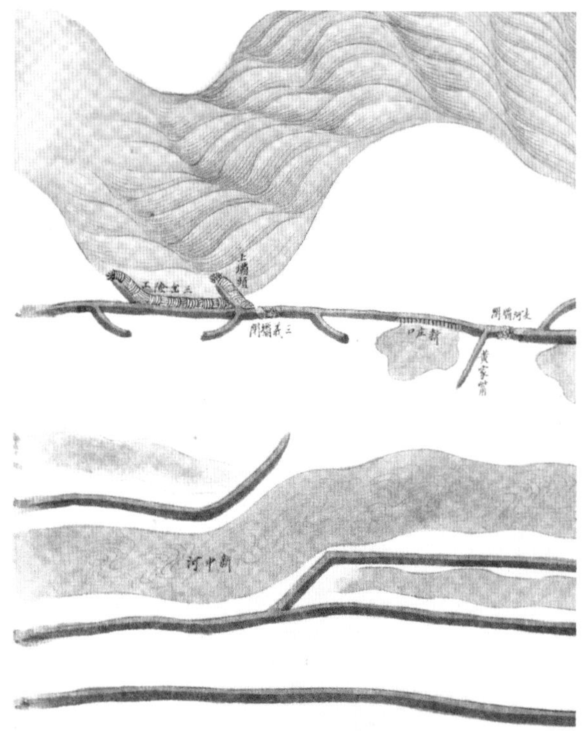

清康熙年间张鹏翮治河时新中河段示意图（清　张鹏翮《治河全书》，该图方向为上南下北）

第三次是在清康熙四十二年（1703年），康熙南巡时发现，黄河大溜在仲庄闸出口处南行，倒灌清口入洪泽湖，令总河张鹏翮在陶家庄以下的杨家庄处开挖引河一道，把运口由仲家庄改移至杨庄。

自此，南来的漕船一出清口，顺流行7里，即从杨庄运口入中河，“扬帆北上而无溯黄逆挽之艰”，运河基本脱离黄河。此后，由于中河、淮扬运河、盐河、黄河和淮河交汇于清口上下数里间，清口一带遂成为清代京杭运河沿线治理最棘手、工程最集中的地区。

1.5.3 运口工程

清康熙二十五年（1686年），靳辅在黄河遥、缕二堤之间挑挖中河行运。中河上接张庄运口，并骆马湖水而东，至淮安清口对岸、清河县西的仲家庄，并在仲家庄建石闸一座以便出入黄河。仲家庄成为中运河最初出入黄河的口门。

清康熙三十八年（1699年），河道总督张鹏翮以桃源、清河县境内的中河南岸逼近黄河，地低积水，改凿新河60里，以原北堤为南堤，称新中河。次年以新河头湾浅狭，上段32里仍用旧道，下段25里改用新河，合为一河，挑浚深通。于是中河自宿迁张庄运口至清河县西黄河口门间共长157里。次年，在中河北岸建刘老涧减水石坝，并在中河头尾均建石闸。康熙四十二年（1703年），以仲庄闸出口处黄溜南行，倒灌清口，张鹏翮于将运口由仲家庄改移到其下游10里处的杨庄，并建石闸。

清康熙五十五年（1716年），在杨庄闸南开月河一道，后船只多行月河，闸废弃。

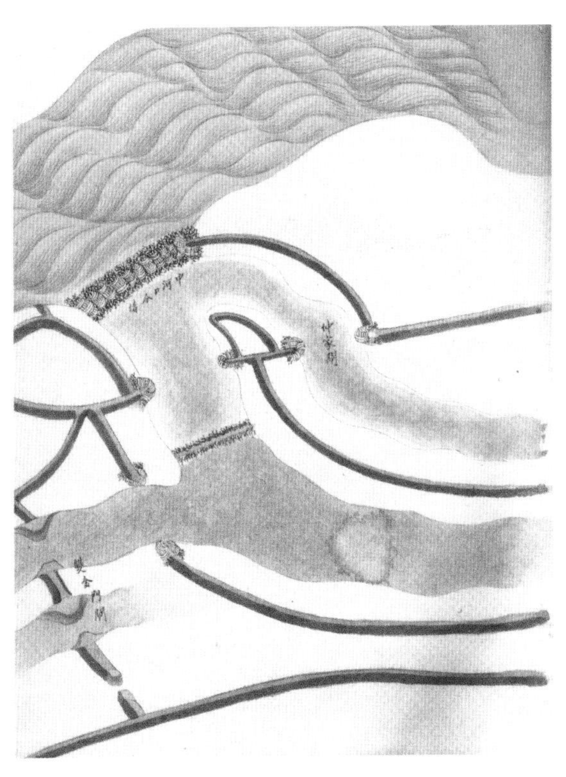

清康熙朝张鹏翮治河时仲家庄运口示意图

（清　张鹏翮《治河全书》）

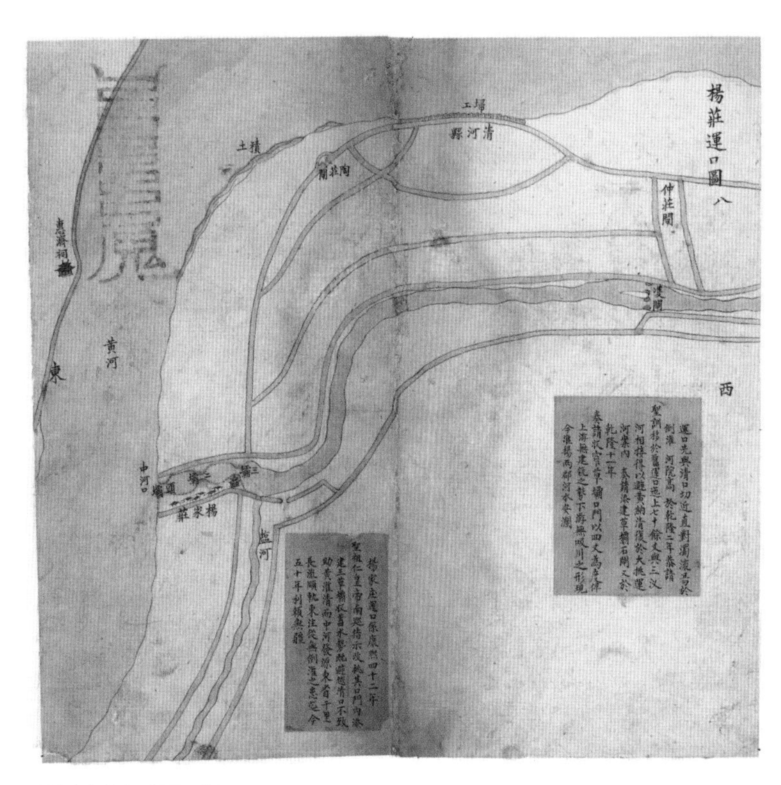

清乾隆年间杨庄运口图

此后，南来的船只出南运口后，自清口横渡黄河7里，就可抵达杨庄运口，再进入中运河，漕运条件大为改善。

清乾隆帝南巡期间横渡黄河（《乾隆南巡图记》

1.5.4　水源工程

明代徐州至淮安间的运道利用的是黄河河道，水源主要来自黄河，或正流或分流，随着黄河河道的变迁而变化。为保证该段运道水量和航运安全，一方面对该段运道中的徐州和吕梁二洪运道的险工进行整治；另一方面采取各种措施应对黄河的频繁决溢。清代，骆马湖成为中运河的主要调蓄水柜。乾隆中期后，为解决中运河水源问题，除骆马湖水外，还常引微山湖水接济；微山湖水不足济运，又开始实施引黄济运。引黄济运主要有两条路线：一自徐州以上黄河北岸先后开挖潘家屯、水线河和茅家山等引河，引黄河水入邳宿运河或经由微山湖济运；一自中运河的十字河通骆马湖及黄河，引黄入运。

1.5.4.1　徐吕二洪的整治

徐吕二洪具有狭义和广义之称，前者指徐州洪（徐州东南二里）和吕梁洪（徐州东南五十里）的称谓；后者则是江苏徐州至淮安城间的运道，也是被黄河所夺的泗水下游河道的别称，明代中叶称该段运道为“河漕”，其中的“河”即指黄河。

徐吕二洪所在怪石嶙峋，水流石上，湍激之声如雷，古有“悬水三十仞，流沫四十里”之说，为“河漕”沿线最为险要之处，每年经此触石覆溺的船只不计其数。

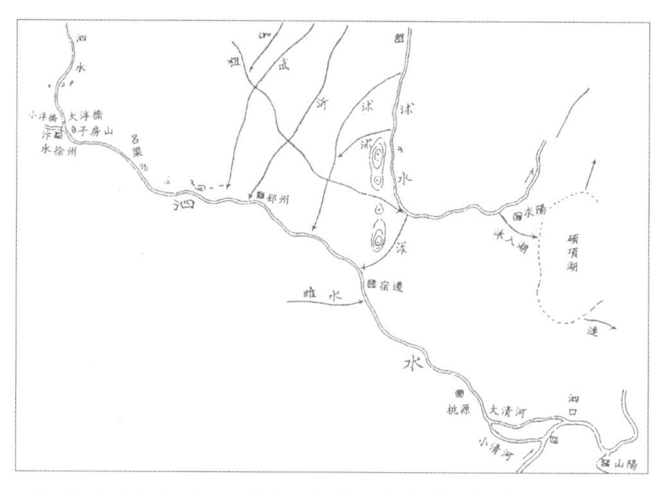

明代以前泗水下游河道示意图（据《淮系年表全编》绘制）

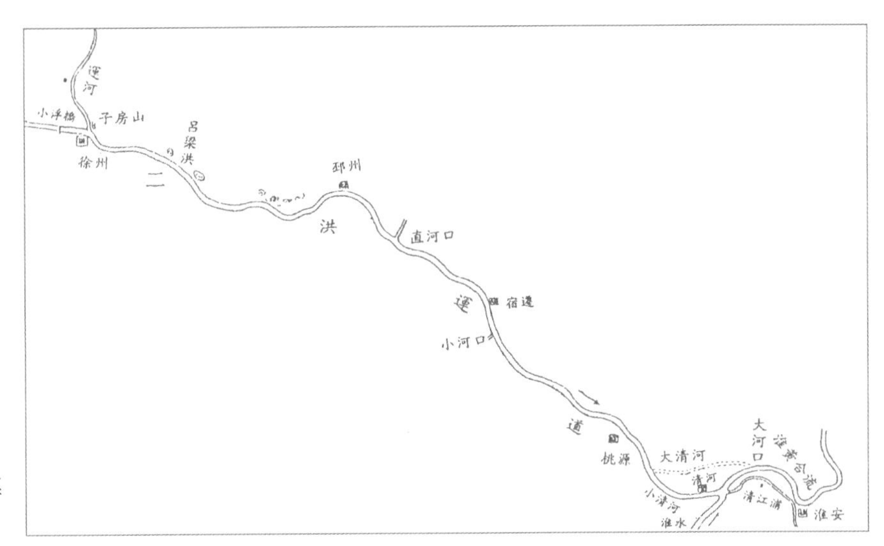

明代徐吕二洪运道示意图（据《淮系年表全编》绘制）

明代徐州、吕梁二洪示意图（《西渎大河志》）

1. 徐吕二洪的形势

（1）徐州洪。位于徐州东南2里，因徐州而得名，因河中狞石峭立，长百余步，又称百步洪。徐州洪形如“川”字，共分为三股河道：

一为外洪，位于西侧，自东北向西南流，河道宽阔，河底巨石连绵不绝，共有百余处，大多为兽蹲状，其中以翻船石最为险峻。

二为中洪：位于中部，自北而南流，又转东，会于里洪。中洪两岸狞石林立，河底又潜藏乱石，形如羊群。

三为里洪：位于东侧，并非天然河道。此为宋元祐四年（1089年），京东转运司为避洪险，在东岸开凿月河，两端各置船闸，以节蓄河水。后因河水泛涨，冲毁船闸，该月河遂成里洪。

徐州洪既然拥有三股河道，船只往来时，大多视水流和水量而决定行于哪一河道。一般而言，水量充沛时，西溯而上者，因里洪东岸筑有牵路，大多选择该股河道；向东而行者，则大多从外洪顺流而下；如遇河水浅涩，船只上下，皆行于中洪。

（2）吕梁洪。位于徐州城东南50里，因吕梁山而得名。此洪分为上、下两洪，相距约7里。河中巨石森列如巨齿，其中以门限石、饮牛石、蛤蟆石、夜叉石、磨盘石及毂轮石最为险峻。

对于徐吕二洪的险峻，明永乐年间的国子监祭酒胡俨在经过该处时曾赋诗二首，详细描述了船只经由二洪时的艰险。其中一首为《上吕梁洪》：“乱石穿空迭浪惊，乌犍百丈上洪轻。扁舟载雨西风急，试问徐州一日程。”另外一首为《百步洪》：“九里山前百步洪，河流如箭石当空，黄头伐鼓穿洪去，宿雨初收日影红。”

徐、吕二洪不仅巨石森列，且河水冲击巨石，惊涛激浪，一瞬数里，船只溯流而上，行进速度往往以尺计之。为使粮船安然渡过，明成化后开始对二洪加以整治。

2. 徐州二洪的整治

（1）徐州里洪的整治。明永乐十三年（1415年），平江伯陈瑄在里洪建船闸，节蓄河水，以便船只能经行往来。

明正统十三年（1448年），黄河自河南荥泽溃决，全流南循颍河入淮河，以致接济二洪的黄河分支断流，二洪因失去黄水的灌注而浅涸，漕运阻滞，于是漕运参将汤节在里洪上游修筑水坝，逼河水全归里洪；同时在里洪南口添建船闸一座，以维护里洪的通航功能。

明景泰年间（1450—1457年），黄河水泛涨，冲毁里洪船闸，迫使船只兼行外洪，如此则易于遭遇狞石、急流之险。鉴于此，成化四年（1468年）郭升出任徐州洪管洪主事后，一改过去在里洪置闸的方法，奏请对外、里二洪道进行整治。其措施主要有二：一是因外洪的翻船石等巨石极为险恶，屡坏船只，须加以铲除；二是里洪两岸牵堤崎岖不平，纤夫难于拉挽，前此管洪官虽曾积草覆土以填平，但遇河水泛涨即被冲走，每年都需修筑，耗费不已，建议改为石堤。这两项工程于次年十月竣工，共凿去翻船等巨石300余块，将里洪两岸牵堤用石甃砌，东岸长150丈，西岸长300丈。次年，又应徐州百姓之请，在外洪筑牵堤130丈，并将河道扩宽10丈。自此，船只行于外洪如走安流，两岸纤道如履坦途。郭升对徐州洪的整治开启铲除二洪狞石之绪端，但当时外洪狞石尚未铲除尽净。

明嘉靖十六年（1537年），管洪主事戴鳌鱼于鉴于外洪尚存的巨石仍时时破船击舟，激流则冲溃堤岸，于是沿袭郭升整治徐州洪的措施，修复牵堤，并增长2里；同时将外洪狞石削除殆尽。

（2）徐州中洪的整治。此前因船只较少经行中洪，所以中洪的狞石仍森列河中。明嘉靖十九年（1540年），黄河自安徽亳县溃决，全流南循涡河入淮河，二洪失去黄水的接济。次年，沛县飞云桥一带的运道又被淤塞，以致汶、泗诸水无法南达二洪，导致外、里二河浅涸，船只上下不得不行于中洪。然中洪的狞石“巉石旁罗，利于剑戟，又其下多大石，盘踞横突，隐见于波涛之间，激飞湍而鸣雷霆者，无虞数十块”，管洪主事陈穆因于冬季洪夫闲暇之时，召集兴役，将门限、中方等巨石全部划削殆尽。

经郭升、戴鳌、陈穆等三位管洪主事的殚力擘画后，徐州洪外、中二河道中的狞石被铲除殆尽，军民商贾往来皆称便利。

（3）吕梁洪的整治。吕梁上、下洪原为一条河道，明永乐十二年（1414年）陈瑄为避河中狞石，在上洪西岸开凿月河一道，深2尺，5丈，称“内洪”，作为夏、秋河水充沛时的运道。宣德七年（1432年），陈瑄凿深内洪，并在两端各置船闸。成化八年（1472年），管洪主事张达在两洪西岸筑石堤以便牵挽，上洪长35丈，下洪长36丈。成化十六年（1480年），管洪主事费仲玉在该洪东岸修筑石堤，长420丈，于是两岸皆有石堤。嘉靖二十年（1541年），徐有让掌洪务，仿上洪开凿内洪的方法，在下洪东岸开挑月河一道，置木闸，砌石。至此，上、下二洪均有内、外二河道，每逢河水盈盛，二道皆能通航；河水浅涸时，为避免狞石触船，并汇集河水，专行内洪。

嘉靖二十三年（1544年），因内洪河道窄狭，船行不便，行于外洪又有狞石之险，于是管洪主事陈穆凿除外洪狞石22处，铲去数千块。其中全部铲除者包括磨盘石、飞檐石、杨家林下首狞石、小毂石、夜叉石、船石等7处，其余的虽未全部铲去，但将其损害船只部分铲去。

至此，“二洪之险闻天下”已成历史，往来船只如履平流而不知有洪。

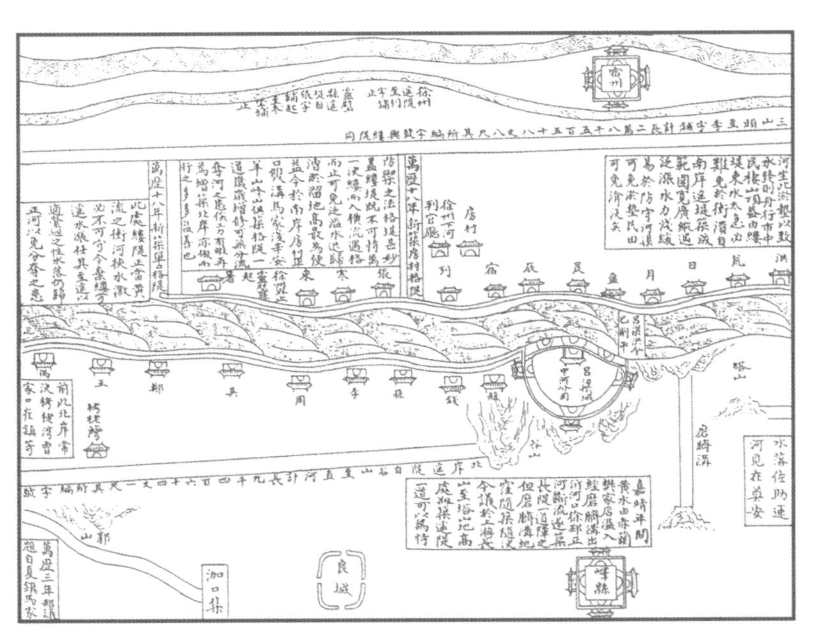

明万历年间吕梁洪示意图（明　潘季驯《河防一览》）

清康熙朝吕梁段黄河（清　张鹏翮《治河全书》）

1.5.4.2　黄河分流二洪济运

自明永乐十三年（1415年）罢海陆兼运而专行河运后，二洪运道成为大运河的重要组成部分。该段运道，除汶、泗诸水外，还须其他水源接济，其中以黄河水最为重要，其次是沁河水和睢河水。在引黄河水接济二洪运道的过程中，一般不导黄河正流东行，这是因为黄水正流流经二洪，固然能够带来充沛的水量，但同时带来严重的水患，所引仅引分流水济运。由于明代黄河正流的流向屡有变迁，因此按明代黄河变迁历程，以弘治朝和嘉靖朝为界，将引黄河分流济运的过程大致划分为三期。

1. 明代前期（1368—1505年）：黄河分流济运

这一时期，沟通黄河正流与二洪运道间的引水河道大多东循贾鲁河，自河南封邱金龙口东至江苏徐州小浮桥。每当黄河自上游北决或南泛时，常致贾鲁河无法与黄河正流相会，从而导致二洪运道浅涩。这一情形下，为引黄河水济运，常在贾鲁河西端另外开河引水。如明正统十三年（1448年）至景泰二年（1451年），黄河北冲山东寿张沙湾，因于河南原武黑羊山和黄河东岸开河三道，引黄水入贾鲁河济运；景泰六年（1455年），黄河正流南循涡河入淮河，因从河南阳武脾沙冈开河一道，引黄水入贾鲁河济运。据此可知，因黄河正流河道的频繁变迁，二洪运道的水源常患不足。二洪运道虽有黄河水接济，但水量仍然不足通行，因此宣德十年（1435年）在河南商丘凤池口南引睢河水北注贾鲁河；成化十九年（1483年），更将沁、黄二河分离，导沁水东行入贾鲁河。总之，这一时期的二洪运道大多以黄河分流水济运为主，无法保证水源的稳定供给。

贾鲁河，明人称其为“铜帮铁底”，意指该河道宽阔而稳定，在明代前期的引黄济运方面扮演着重要的输水功能。据《明实录》《明史河渠志》及其他有关文献的记载，贾鲁河的行径主要包括以下地区：河南封邱金龙口，祥符（今河南开封）鱼王口和中滦，陈留葛冈，仪封（今河南兰封北）黄陵冈，山东曹县新集、梁靖口、武家口，河南虞城马牧集、鸳鸯口；山东南单县黄堌口，河南夏邑，商丘小坝、丁家道口，江苏砀山韩家道口、司家道口，萧县北蓟门、赵家圈口、将军庙、两河口，徐州小浮桥、二洪。据此可知，贾鲁河起自开封商丘金龙口，东达徐州小浮桥后，东流会二洪运道。

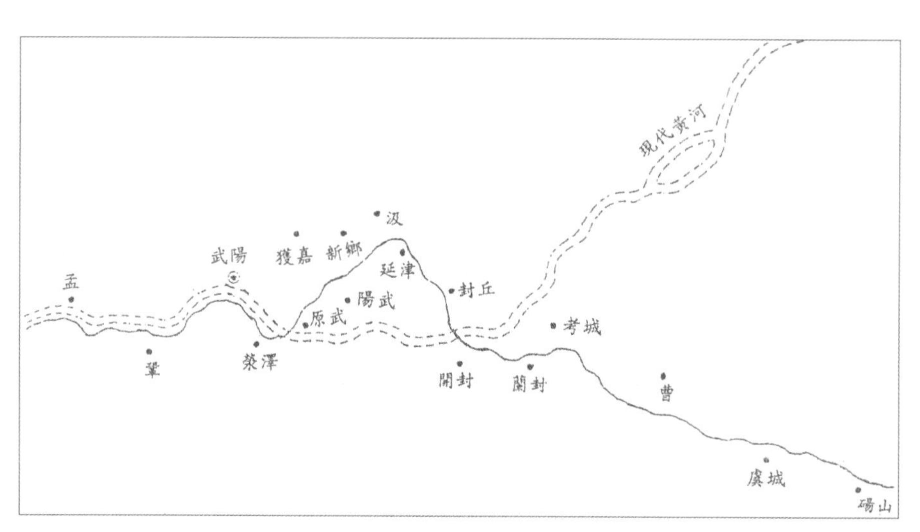

元代贾鲁河经行示意图（据岑仲勉《黄河变迁史》绘制）

明洪武元年（1368年），黄河在河南开封以东分为三支：一支为东行河道，即贾鲁河，也是黄河的正流，从开封东流，经山东曹县、单县，至江苏徐州小浮桥会泗河，东下二洪运道会淮河入海，这也是元至正十一年（1351年）总治河防使贾鲁鉴于黄河向北冲决时，为挽其向东行所开凿的河道。另外两支为黄河的分流，分别为北行河道和东北行河道，均入会通河济运。其中的东北行河道至鱼台塌场口入会通河后，又南下二洪运道济运，这是洪武元年（1368年）大将军徐达北征时为引黄水济运所开凿河道。

明洪武二十四年（1391年），黄河自河南阳武决口，形势为之一变，即黄河正流自开封城北5里处转循颍河入淮河，称“大黄河”；而贾鲁河反成为支流，并日渐淤塞，称“小黄河”。

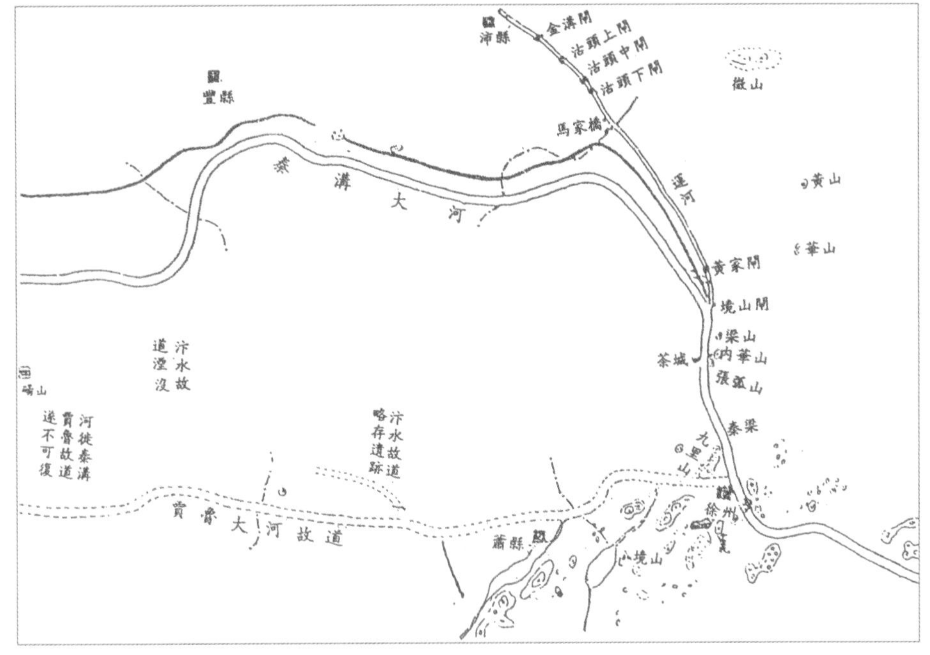

明代贾鲁河示意图（据《淮系年表全编》绘制）

明永乐九年（1411年），工部尚书宋礼重浚会通河。为引黄河水接济会通河南段运道和徐吕二洪，派金纯等征调民夫10万人，挑浚贾鲁河故道，至山东鱼台塌场口入会通河南段河道，南经二洪济运。这一时期，黄河正流仍南循颍河入淮河，东北行河道所引虽仅为黄河分流，但仍然满足了会通河南段运道和徐吕二洪的水量需求。永乐十三年（1415年），罢海陆兼运而专行河运，从此漕、黄二河合而为一，欲漕河通行，必先治黄河。对此，《山东运河备览》曾明确指出："金纯导黄河支流，从汴城金龙口至塌场口，仍合会通以入淮；漕事定，于是运必借黄；欲通运，不得不先治黄也。"可以说，宋礼重开会通河，造就了明代"漕行河运"必须引黄水济运的契机。

明永乐十四年（1416年），黄河自河南开封决口，正流自颍河转徙涡河，至怀远（今安徽潜山）会淮河。宣德六年（1431年），黄河自封邱金龙口至山东鱼台塌场口入会通河的河道因年久而逐渐淤塞，为维持二洪水量，采纳监察御史白珪的建议，重浚贾鲁河祥符以东450余里的河道，使贾鲁河得以完全恢复，黄河与运河的交会处随之由山东鱼台塌场口转至江苏徐州小浮桥，会通河南段运道不再有黄水接济。

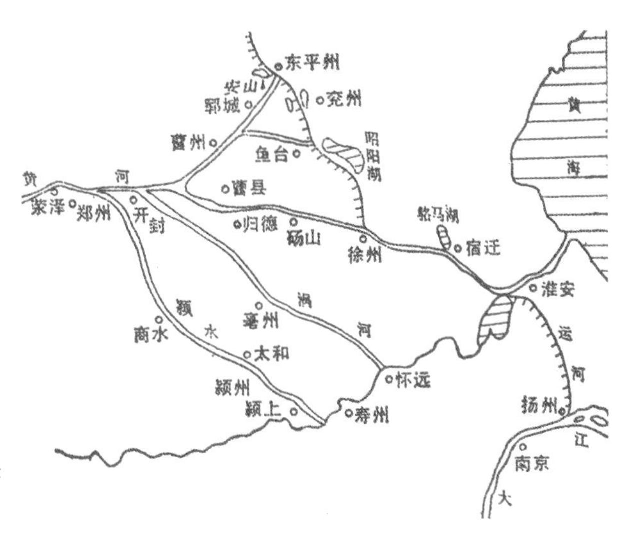

明洪武至永乐年间黄河泛道示意图

贾鲁河浚通后，仅通黄河分流，以致二洪运道时患浅涩。为此，明宣德十年（1435年）九月，在商丘凤池口南引睢河水北注贾鲁河。自此，二洪运道新增一水源。次年，即正统元年（1436年），在凤池口专设河官管理。

明正统十三年（1448年）二月，贾鲁河开封大黄寺段淤塞，都督同知武兴前往挑浚。同年七月，黄河自河南新乡和荥泽决口，河水分为四股，其中两股南入淮河；一股为贾鲁河，虽有河水流通，但水量微弱，不足以供给二洪运道用水；而黄河正流则北决，导致贾鲁河与黄河正流无法相会。次年三月，工部右侍郎王永和自黑洋山（原武县）西湾开河一道，引黄河水至开封大黄寺入贾鲁河。通过该项措施，虽然当年的漕运顺利北上，但黄河水仍大量北流，二洪水量仍然浅涩。为解决这一问题，又在原武县黄河东岸开河两道，引黄河水入黑洋山旧渠，均注于贾鲁河济运。

明正统十三年（1448年）七月，黄河自河南新乡和荥泽决口，河水分为四股，一股自河南新乡的八柳树向北冲决，循北流河道溃决山东寿张沙湾，冲断会通河，掣运河水东出经大清河入海；一股自河南荥阳孙家口，南循颍河至寿州入淮河；一股自河南陈留南入涡河，至怀远入淮河；一股为贾鲁河，虽有河水流通，但水量微弱，不足以供给二洪运道用水。这四股河道，以北流一支水势最盛，工部右侍郎王永和奉命治理寿张沙湾决口。次年三月，王永和在漕船未达之前，施行二项应急措施以保证漕运顺利北上：一是因黄河正流北决，导致贾鲁河无法与黄河正流相会，从黑洋山（原武县）西湾开凿一河，引黄河水至开封大黄寺入贾鲁河；二是修筑寿张沙湾决堤，建减水闸。由于这两项措施的实施，当年的漕运顺利北上，但黄水仍大量北流，二洪水量更加浅涩。为解决这一问题，又在原武县黄河东岸开凿两条河渠，引黄河水入黑洋山旧渠，均注于贾鲁河济运。

明景泰三年（1452年），黄河正流仍行北道，屡屡冲断会通河寿张沙湾段，同时导致正统十三年（1448年）所开三条引黄入贾鲁河的河渠中仅存黑洋山一河，其余二河均被淤塞。为解决二洪浅涩问题，左佥都御史徐有贞采纳河南监察御史张烂的建议，在黑洋山北麓再开新河一道，引黄河水入黑洋山旧渠，东入贾鲁河济运。又因黄河正流河道变迁，在河南阳武脾沙冈（阳武县东南30里）又开新河一道，引黄河分流水注入贾鲁河以接济二洪运道。经过徐有贞等人的治理，在此后明景泰六年（1455年）至成化年间的30余年里，黄河河道再未发生较大的变迁，所以二洪的引黄口门仍在阳武脾沙冈。

这一时期，为保证徐吕二洪的水量，开始加强对这些输水河道的管理，并积极开发其他水源。成化三年（1467年）七月，添设参议一员，专门管理阳武脾沙冈等引黄输水河道。成化十九年（1483年）九月，开始引沁河水东行入贾鲁河济运，即在河南武陟沁水和黄河交会处筑坝，遏沁水使其不再南流入黄河；并在沁河东岸别开一河，引沁水东行，自武陟，经新乡、获嘉、原武、阳武、封丘、祥符等县入贾鲁河。同时，为加强这一输水河道的管理，在河道沿线各州县增设管河主簿一员。至此，二洪运道的水源，除汶、泗诸水以及黄河分流水、由商丘凤池口北入贾鲁河的睢河水之外，又增加沁河水。

明弘治二年（1489年）五月，黄河在南、北两岸溃决。当年冬，黄河水势消落，各决口均被淤塞，黄河正流向东而流，至祥符翟家口会沁河，东循贾鲁河经二洪。这是自洪武二十四年（1391年）以来黄河正流再次流经二洪运道。次年，即弘治三年（1490年），户部左侍郎白昂奉命主持治河，为避免黄河正流奔向二洪后导致严重的水灾，挑浚三股河道以分杀其水势：一股自河南中牟引黄河水经杨桥，南循颍河入淮河；一股自安徽宿县开浚古汴渠（即隋代通济渠），引黄河水至泗州会淮河；另一股为睢河，加以疏浚，使其通行黄水，至宿迁小河口（县治西南十里）入二洪运道。同时，为防黄河再次北决冲断会通河，白昂在河南阳武修筑黄河

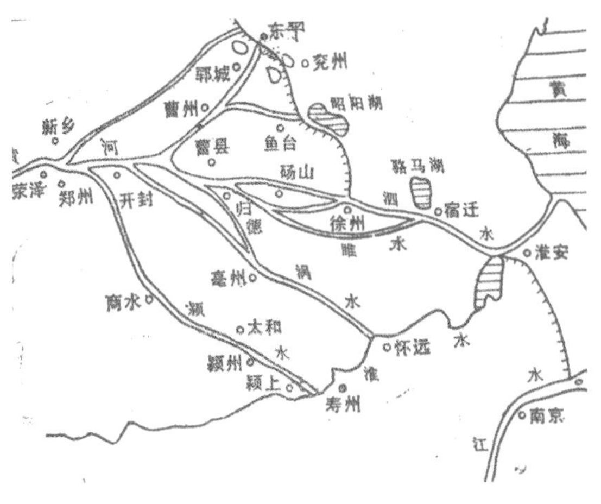

明宣德至弘治年间黄河泛道示意图

北岸长堤。经过白昂的治理，黄河正流东循贾鲁河西南行，入古汴渠，转入睢河，至宿迁小河口入二洪运道，又西南行，至淮安城北会淮河东流入海。史称黄河的这一流向为“使河入汴，汴入睢、汴入泗（即二洪）、泗入淮，以达海。”此后直至弘治初年，二洪运道的水量都较为充沛。

明弘治六年（1493年）六月，黄河又自河南仪封黄陵冈决口，洪水向北溃决，在山东东阿张秋冲断会通河。副都御史刘大夏奉命主持治理，为分泄北流黄河的水势，挑浚四股河道：一是疏浚河南仪封黄陵冈以南的贾鲁河旧道40余里，经山东曹县，达二洪运道；二是疏浚河南祥符四府营淤河，自陈留，经归德，西南循睢河，至宿迁小河口入二洪运道；三是疏浚河南荥阳孙家渡口，使黄水南循颍河入淮；四是自河南归德，南循涡河入淮河。经过刘大夏的整治，四股河道中有两股用于接济二洪运道。此后终弘治一朝，这一形势基本没有较大的变化。

2. 明代中期（1506—1566年）：黄河正流、分流交替济运

这一时期主要集中于明正德、嘉靖两朝，为黄河正流与分流交替济运的时期，可大致分为以下几个阶段：正德四年（1509年），黄河全流东北徙，至沛县飞云桥（县旧城南门外）入会通河南段运道后，即将黄河正流固定于此，二洪运道水量较为充沛。然而，黄河正流东北行后，由此产生冲断会通河南端运道的问题，待嘉靖十三年（1534年）黄河正流转而南循涡河入淮河后，便将这一形势加以维持。但是，黄河正流南行后，仅能引其分流济运，这不仅使二洪运道时患浅涩，而且产生了南行黄水浸淹陵寝之忧，所以嘉靖二十六年（1547年）再次黄河东北徙后，在嘉靖四十五年（1566年）朱衡主持开挖南阳新河时，将徐州城北30里处的茶城视为会通河南段运道与黄河最为理想的交会处，导引黄河全流自此东行。

黄河自明弘治十一年（1498年）后已呈向东北迁徙之势。弘治十八年（1505年），黄河自安徽睢县野鸡冈决口，正流西南循睢河，至宿迁小河口入二洪运道；正德三年（1508年），黄河又向东北徙，东循贾鲁河经二洪；次年六月，再向东北徙，至沛县飞云桥入会通河，于是颍、涡、睢诸河皆无黄水流通。黄河全流至沛县飞云桥入闸漕，二洪运道水量充沛。

明嘉靖元年（1522年），总河龚弘在黄河北岸的仪封黄陵冈等处筑堤防，以防河势北徙。然而，由于颍、涡等黄河的南泛泛道日渐淤高，导致黄河全流奔冲东北河道，泛滥频繁。嘉靖十二年（1533年）十月，总河朱裳挑浚三股河道以杀黄水之势：一是挑河南荥泽孙家渡口，南循颍河；二是疏浚河南兰阳赵皮寨，西南循睢河；三是疏浚山东曹县梁靖口，东循贾鲁河济运。这三股河道，共分泄黄河水的70%，其余30%的水量仍归东北河道，以接济会通河南段运道。

明嘉靖十三年（1534年）十月，黄河决于河南兰阳赵皮寨，全流奔赴睢河，至河南夏邑分为二股：正流南循涡河入淮，分流仍行于睢河。此次溃决，导致黄河东北行河道和贾鲁河完全淤塞。不久，黄河自夏邑大丘（县西北30里）东北溃决，分流经萧县，至徐州小浮桥入运，二洪得此水源，当年的回空船得以畅通无阻。

明嘉靖十六年（1537年），黄河自安徽睢县地丘店等地决口，正流南循涡河入淮，水浸凤阳陵寝，二洪运道浅涩。总河于堪从地丘店开河一道，长约40里，引黄水至河南商丘丁家道口入贾鲁河，接济二洪运道。

次年，即明嘉靖十七年（1538年）正月，总河胡缵宗为增加二洪水量，又于安徽睢县孙继口、考城孙禄口各开新河一道，引黄河水至商邱丁家道口入贾鲁河济运。

明嘉靖十九年（1540年）七月，黄河自安徽睢县野鸡冈（州北60余里），正流仍循涡河入淮，导致前此所开睢县地丘店和考城孙禄口二河淤塞，仅存睢县孙继口一河，二洪水量随之减少十分之七，不仅漕运阻滞，而且黄河正流南行危及凤阳陵寝。嘉靖二十一年（1542年）六月，为解决二洪运道浅涩问题，兵部右侍郎王以旗筑塞睢县野鸡冈决口，并在睢县孙继余口、扈运口和河南仪封李景高口等三处各开新河一道，引黄河水经萧、砀二县，达徐州入运，长六百余里，于是二洪运道的水量大增，漕船通行无阻。

明嘉靖二十二年（1543年），黄运又自睢县野鸡岗决口，南循浍河至泗州入淮河，导致前次所开引黄济运的三条河渠中，睢县扈运口和河南仪封李景高口淤塞，仅存睢县孙继余口一河引黄济运。

明嘉靖二十五年（1546年），黄河自山东曹县决口，向东北徙，至鱼台谷亭入会通河。黄河正流再度向东北徙，从此不再导其正流南行，南泛各河道大多淤塞，当时贾鲁河仍有黄河分流济运。嘉靖三十七年（1558年）七月，号称“铜帮铁底”的贾鲁河完全淤绝，开启明代晚期黄河东行河道，自曹县以东至徐州间，须另循其他河道会运的先河。

贾鲁河淤塞后，导致黄河自山东曹县新集向东北冲决，至单县段家口，分为六股，入会通河。六股河道自北而南依次为：沛县飞云桥河道、胭脂沟，徐州大溜沟、小溜沟、秦沟和浊河。此外，自砀山坚城集又冲出一股，至郭贯楼分为五小股，即龙沟、母河、梁楼沟、杨氏沟、胡店沟，均总会于徐州小浮桥入运。可以说，曹县新集的溃决，导致黄河在徐州小浮桥与沛县之间分为11股河道，这是明代河患最严重的时期。此后6年，黄河忽东（南）忽西（北），无有定向。至嘉靖四十三年（1564年），黄河在徐州城北的六大分股，仅存秦沟一道，其余河道皆淤。

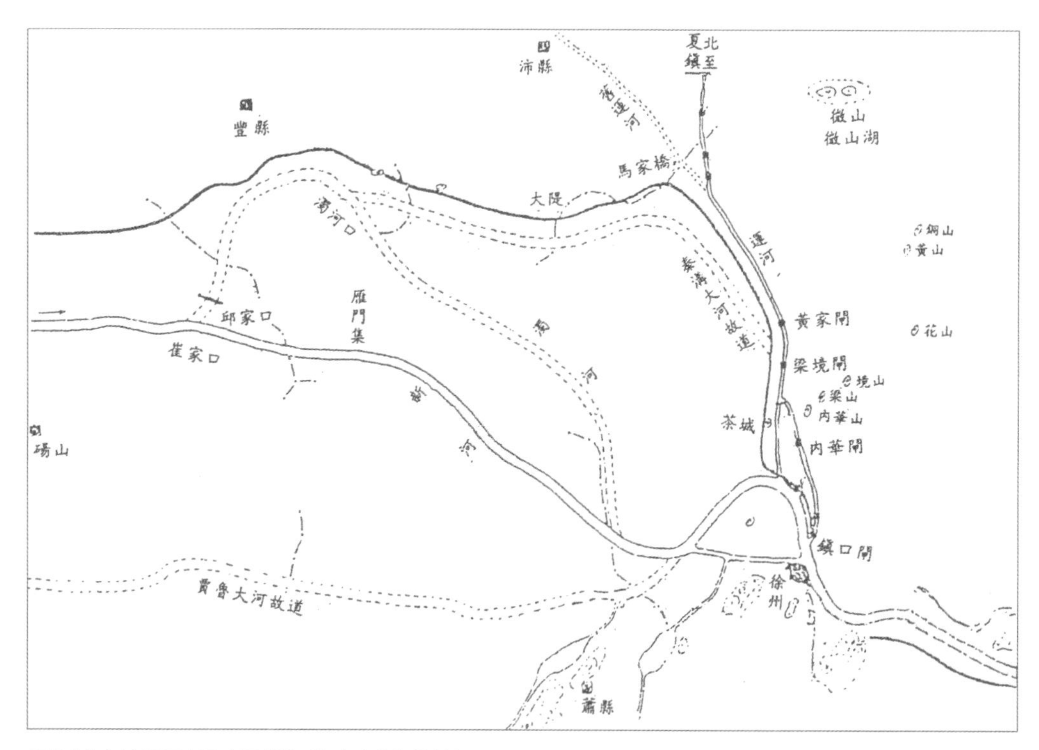

明代秦沟与浊河示意图（据《淮系年表全编》绘制）

明嘉靖四十四年（1565年）七月，黄河自萧县赵家圈东北冲，至丰县棠林集分为南、北二分股，统会于秦沟入会通河南段运道；而北股自丰县华山（县东南）又决出一股，东北冲，至沛县飞云桥散为13支，以致会通河南段运道淤塞200余里。不久，黄河又溃于曹县新集，东北冲，至沛县飞云桥冲断会通河，导致黄河自砀山郭贯楼分出的五小股全部淤塞。同年八月，以朱衡为工部尚书兼理河漕，潘季驯总理河道。二人进行实地勘查后，都认为黄河全流必须维持东行，然在治理措施上存在严重的分期。朱衡认为会通河南段运道已淤为平陆，无法恢复，因此主张在昭阳湖东岸开凿新运道，即后来的泇运河。潘季驯则认为在昭阳湖东岸开凿新运道，虽可避免黄河冲决之患，但所处地势较高，将耗费不赀，难望竣事，因此主张挑浚淤塞的原运道，同时主张黄河东行河道应循秦沟或贾鲁河，而境山（徐州城北四十里）以南至徐州城的40里间，是会通河南段运道与黄河的最理想交会处。若黄河会漕处超出境山以北，将会产生冲断会通河的问题；超出徐州城以南，则二洪会有缺水之忧；而秦沟与会通河南段运道交会于茶城，南距徐州城为里。

由于朱衡坚持己见，而当时朝廷以漕运为急务，且勘河工科给事中何起鸣也赞同朱衡的建议，于是嘉靖四十五年（1566年）开凿新运道，同年九月竣工，称南阳新河，自鱼台南阳至沛县留城，长141里；而留城以南至徐州城，仍属旧运道。黄河东行河道则循秦沟与会通河南段运道交会于茶城。

3. 明代后期（1567—1644年）：黄河全流济运

自会通河南段运道与黄河交会于徐州茶城后，黄河全流东行二洪入海。为巩固这一流向、防止黄河泛滥于二洪运道，并借黄河水冲刷下游的淤沙，万历二十年（1592年）以前，历任总河多主张实施“束水攻沙”措施，在黄河南北两岸建筑双重堤防，尤其是首筑南岸大堤以防黄河再度南循颍、涡等河入淮河。万历二十一年（1593年）黄河自山东单县黄堌口决口，分流水西南循睢河，至宿迁小河口入二洪运道。为防止黄河全流东行对下游产生严重的水患，这一形势便被维持了下来。然而，至万历二十五年（1597年），黄河再次决于黄堌口，正流水奔赴睢河，导致二洪运道仅得黄河分流济运，时有浅涩之患。因此万历三十年（1602年）再次挽黄河全流东行二洪运道。此外，会通河南段运道与黄河交会于徐州茶城，每遇黄水泛涨，常倒灌入茶城，阻塞运道。因此，总理河道潘季驯等极力争取浚通贾鲁故道，以使运、黄交会移于徐州小浮桥。虽然贾鲁河故道不复开通，但至万历三十一年（1603年）在砀山开河一道，引黄河分流水至徐州小浮桥，以减缓黄河全流对会通河南段运道的淤积。至万历三十四年（1606年），将黄河全流导向徐州小浮桥与会通河南段运道交会。

明隆庆元年（1567年）正月时，黄河自江苏丰县东至徐州茶城间的河道尚循秦沟。同年，黄河自丰县东南决口，全流转走浊河，会通河南段运道与黄河的交会处随之南移4里，位于茶城以南。

明后期，随着黄河挟带的大量泥沙淤积于徐州以东的河床中，河道日渐淤高，易于溃决。隆庆四年（1570年）九月，黄河决于江苏邳州，自睢宁至宿迁间的运道淤塞180余里，千余艘回空漕船阻滞于此；次年四月，黄河又决于江苏邳州和安徽灵璧，运道淤塞80余里。为解决黄河频繁冲决、影响运道的问题，前任总河翁大立建议开凿泇运河，使运道逐渐脱离黄河；时任总河潘季驯则主张实施束水攻沙方略，筑塞各决口，并在二洪运道南北两岸修筑缕堤。最终，潘季驯筑缕堤3万余丈，南岸缕堤自徐州以东至宿迁县城，北岸自吕梁洪至邳州之直河口。

除了修筑二洪运道两岸缕堤外，后来的总理河道朱衡和万恭还修筑了徐州以西的黄河南岸大堤，自河南祥符东至江苏砀山。如果说隆庆朝前明代治河的目的是为了保漕，主要实施“南疏北堤”的方略，即所筑堤防大多位于黄河北岸，以防止黄河向北决溢，冲断会通河；而黄河南岸一般不筑堤，以便导黄河正流或分流水南循颍、涡、浍、睢等河入淮河。此次所筑堤防是明代首次在黄河南岸修筑大堤，代表着明代治河已不再分导黄河水南行入淮。此后，为导黄河全流东行二洪运道，通时防止黄河决于二洪运道，在河南祥符以东至安徽睢宁之间的黄河南北两岸，除砀山至徐州间的黄河南岸预留为“涨水回旋之余地”外，其余地方均已筑堤。

明万历元年（1573年）至万历二十年（1592年）间，黄河的泛滥主要集中于下游，因此黄河河道并无变迁，自丰县以东仍走浊河入会通河南段运道。万历二十一年（1593年）五月，黄河自中游的山东单县黄堌口决堤，分出一股，至河南虞城循睢河西南流，经夏邑、永城、砀山、萧县、宿州，至宿迁小河口入二洪运道；至萧县双河口又分出一股，东达徐州小浮桥济二洪运道。此次河决开启此后13年间黄河自徐州以西变迁的先河，但并不影响二洪水量，因而得以维持。

明万历二十五年（1597年）正月，黄河复决单县黄堌口，仍西南循睢河至宿迁小河口入二洪运道。此次溃决已导致黄河正流西南行，二洪时患浅涩。总理河道杨一魁采取以下四项措施：一是疏浚黄河萧县双河口至徐州小浮桥的分支；并在萧县双河口增开一河道，输送黄水至二洪运道；二是挑浚浊河浅塞处，流通部分黄水济运；三是在徐州大浮桥（徐州城北三里）、吕梁下洪及邳州等处运道上修建木闸以节蓄河水；四是引山东沂、武等河水济运。

次年六月，即明万历二十六年（1598年）竣工后，杨一魁升工部尚书，以刘东星接任总河。为引黄水济运，刘东星采取以下两项措施：一是疏浚贾鲁故道，自商丘，经砀山、萧县，至徐州小浮桥；二是疏浚浊河，开挑砀山李吉口至徐州镇口闸间约300里的河道。次年十月告成。为使运河逐渐脱离黄河，刘东星又致力开凿泇运河，但未能成功。

明万历二十七年（1599年）七月，黄河决于商邱萧家口，河水分为二股，一股循睢河西南行，至宿迁小河口入二洪运道；一股南循浍河，自五河入淮，以致二洪“河身变为平淤”，且危及泗川明祖陵。

万历三十年（1602年）二月，工部尚书杨一魁为防黄水南循浍河，浸犯泗州祖陵，在浍河东岸（商丘至虹县）筑堤；挑浚睢河，导南行之黄水由此疏泄。为解决二洪淤积问题，采纳凤阳巡抚李三才之议，在徐州至宿迁间的运道上每隔30里建木闸一座，共计6座，以节制汶、泗诸水。不久，杨一魁因水浸祖陵而罢官，曾如春出任总河，为防止黄河全流东循浊河以内灌会通河南段运道，便在江苏砀山坚城集开凿新河一道，使之通往徐州小浮桥。同时筑塞萧家决口，导黄河全流经新开河道。然而，由于河水携带大量泥沙，河道日渐淤积。三个月后，黄河水暴涨，大决于单县苏家庄，东北决溢，灌昭阳湖，入南阳新河。

李化龙继任总河后，着力开凿泇河，于万历三十二年（1604年）八月竣工。为分泄黄河东北行的河势，于砀山坚城集开浚二河渠，达徐州镇口闸入漕。

泇运河开通后不久，黄河大决于山东单县朱旺口，东北漫溢昭阳湖，阻断会通河；后又决单县苏家庄，济宁、鱼台间一片汪洋。总理河道曹时聘调集民夫50万人，大挑单县朱旺口至徐州小浮桥间淤塞的170河道。万历三十四年（1606年）四月完工，导黄河全流自曹县王家口东行，至砀山坚城集转南，达徐州小浮桥，东下二洪运道。

明万历末年，二洪河床日益增高。崇祯三年（1630年），总河李若星将原行于邳州羊山以北一段河道改经羊山以南。这是二洪运道内唯一的一次河道变迁，反映了当时二洪运道河床淤高的状况。

总而言之，这一时期，为维持黄河全流东行二洪运道的形势，在黄河上、中、下三游南北两岸修筑大堤，尤其是南岸河堤的修建，标志着黄河“南疏”方略的终结，此后黄河被约束于徐州至淮安一线，并逐渐得以固定。至隆庆元年（1567年），黄河转循浊河，与会通河南段运道会于茶城南。万历三十四年（1606年），从砀山坚城集另开一道长170里的河道，通往徐州小浮桥济二洪，往后这一形势不再改变。

4. 清代在黄河南岸修建减水闸坝，分流济运刷沙

明后期，随着徐州以下黄河两岸大堤的建成，黄河全流被约束在二洪运道上，至淮安合淮河东流入海。由于徐州以上至河南荥泽县的河道宽至数百丈，而徐州北岸为山嘴，南岸系州城，河道宽仅68丈，汛期黄河洪水至此受到壅堵，严重威胁徐州城的安全。而且，随着黄河泥沙的不断淤积，至清代，徐州以下河道逐渐抬高。有鉴于此，靳辅于清口以上黄河南岸创建毛城铺等减水闸坝九座，用以分泄汛期黄水，减下的黄水沿途澄清后或注入洪泽湖，或重新汇入黄河，从而一改明代分黄为保陵济运的目标而为济运刷沙，尤其是注入洪泽湖的黄河水，与淮河水合流后共同畅出清口以冲刷清口外的黄河泥沙，从而达到助淮御黄或刷沙的目标。这一功能正如靳辅在上报朝廷的奏疏中所说：“臣再三筹划，别无他策，唯有分黄助淮一法。今年黄水倒灌，因黄强淮弱所致。臣欲于徐睢黄河南岸再造减水坝几座，如遇黄淮并强之时，启黄河北岸减坝开泄；如遇黄强淮弱，则南北两岸减坝并启，以北坝泄黄，以南坝引黄助淮敌黄。”

（1）黄河南岸减水闸坝的修建。为分泄徐州以上黄河涨水，清康熙十八年（1679年），河道总督靳辅在砀山县南岸试筑减水坝一座，即毛城铺减水坝。该坝建成后，徐州以上的涨水仍然不足宣泄，靳辅又在萧县南岸填筑一坝，二坝均宽12丈，宣泄的黄河洪水先入睢河，经姬村、永堌等湖，至小河口和白洋河，重新注入黄河济运和刷沙。

然而，毛城铺等减坝不足宣泄汛期黄河洪水，清康熙二十三年（1684年）十二月，靳辅再于毛城铺减水坝上游建减水闸一座，徐州王家山建减水闸一座（在十八里屯以西），十八里屯建减水闸二座。又鉴于睢宁县鲤鱼山一带北岸系鲤鱼山，南岸有峰山、龙虎山，两岸山岭对峙，河道宽仅百丈，河流至此再被卡束，次年在峰山、龙虎山旁建天然减水闸4座（其中头闸在西，二、三、四闸依次而东）。至此，黄河南岸共建减水闸坝9座，其中7座因山而凿为天然闸。各闸坝分泄的黄河水经过不同的路线汇聚于灵璧县的灵芝、孟山等湖，最终或由归仁堤五堡等闸坝注入洪泽湖，或小河口和白洋河重新注入黄河。其中，毛城铺闸坝减水先入小神湖，

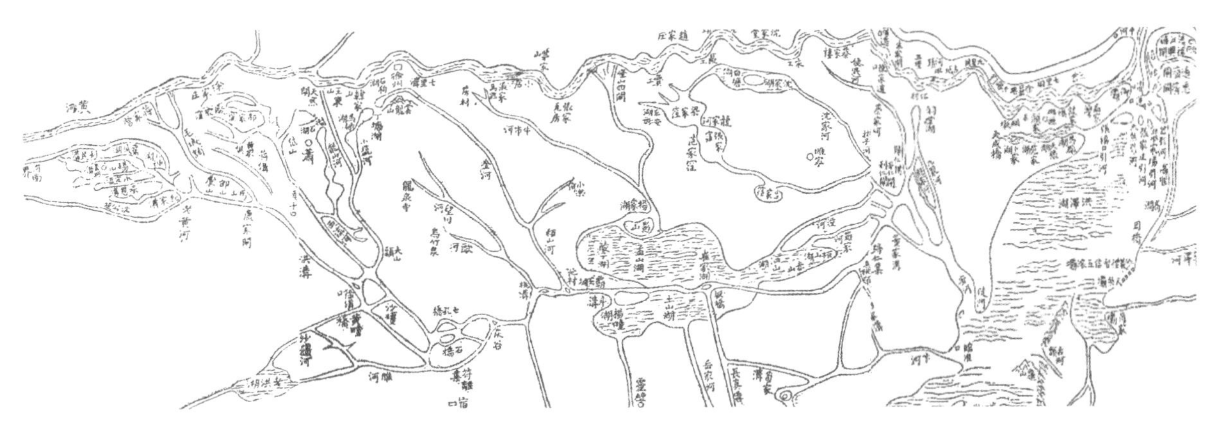

清靳辅治河时期黄河南岸减水闸坝及归仁堤形势示意图

清康熙中期黄河南岸毛城铺、天然闸、十八里屯减水闸坝及其流路示意图（清　康熙四十二年《黄河全图》）

清康熙中期黄河南岸峰山、龙虎山减水闸及其流路示意图（清　康熙四十二年《黄河全图》）

峰山、龙虎山等四闸减水先入马浅湖，王家山、十八里屯减水先入马厂再入永堌湖，然后都汇聚灵芝、孟山等湖注入洪泽湖，助清刷黄。

至于黄河南岸减水闸坝的泄流量，靳辅没有明确交代，只在其所著《治河工程》中提出“量水减泄”“量入为出”的原则，并于清康熙二十六年（1687年）做过一次测量，并总结认为，在高家堰大堤各减水坝下泄的洪泽湖水中，黄河南岸各闸坝所减之水非汛期占十分之二，汛期占十分之四。

黄河南岸减水闸坝创建之初，靳辅并未对其泄水归路进行系统的治理，以致水过之处多受其害。对此，许多官员持有异议。于是靳辅采用以筑堤为主、结合引河开挖的措施加以解决，同时利用沿途地势低洼的灵芝等湖用来沉积黄河水携带的泥沙，减少其对洪泽湖的淤积。

清康熙三十三年（1694年），靳辅所建毛城铺减水坝倒卸，河道总督于成龙在旧坝以北重建一坝，并将其口门拓宽至135丈，黄河南岸各减水闸坝的正常功能由此而败。对此，近代历史学家岑仲勉总结认为，靳辅所建毛城铺闸坝的口门宽仅30丈，其余峰山等闸均不过数丈，正所谓减泄有余，节宣有度。而根据明清时期黄河南岸决口的经验，当决口口门宽至130丈左右时，基本可夺黄河主流。于成龙将毛城铺口门放宽至135丈，无异于人为决口。然而，由于清代对河防事故的处分太过严厉，治河官员惟恐堤岸决溢而受罚，不惜在水涨之前开闸放水，弊窦由此而生。这种情况下，康熙五十五年（1716年），在拆修毛城铺滚水坝的同时，又将口门象征性地缩窄为120丈。

清乾隆元年（1736年）四月，黄河洪水从毛城铺闸漫溢，泛滥于江南萧县及河南永城祝家水口一带，水灾严重，由此引发一场关于毛城铺引河是否应当疏浚的争论。在众多反对者中，以直隶总督李卫、大学士鄂尔泰、张廷玉最具代表性，其中，李卫为熟悉当地情况的徐州人，鄂尔泰、张廷玉二人则进行过专门的实地勘查。次年二月，三人上疏反对疏浚毛城铺引河，理由如下：①毛城铺分泄之水直趋洪泽湖，洪泽湖难以容纳，必危及洪泽湖大堤，即便洪泽湖大堤可保，湖水也必然从天然等坝东泄，直冲淮扬运河；②毛城铺分泄之黄水沿途沉沙，先淤洪泽等湖，次及通、泰等处，渐至淤塞海口；③毛城铺等处泄水过多，致使黄河正槽流缓沙淤。据此，三人建议“将毛城铺出水之口圈一大石减水坝，酌其分量高低，修筑坚固。水小则毋庸宣泄，水大则从上滚出，以去暴涨之势，使黄不分溜，仍在故道”。江南河道总督高斌在后来的治理实践中加以采纳了他们的建议。

清乾隆七年（1742年）七月，黄河洪水冲决黄河北岸的石林口土坝，淹及山东滕、峄等州县。在此后的数月间，决口旋堵旋冲。这场大水引发了清朝廷内外关于如何控制黄河南岸减水闸坝过水量的讨论，并由此制定了毛城铺减水闸坝的开启标准。

清乾隆八年（1743年），钦差大学士陈世倌、总督高斌、南河总督完颜伟等人建议将毛城铺口门底部用乱石填高以防泄水过多，峰山四闸则非汛期不开放。乾隆十一年（1746年）三月，有官员弹劾江南河道总督白钟山犯有驳减工费、需索河员、漫决后匿灾不报等罪行，乾隆帝命协办大学士高斌前往江南会同两江总督尹继善查办。在此期间，高斌主持制定了黄河南岸减水闸坝的开启标准，即各减水闸坝的开启参照其临近工程的寻常水位。其中，淮河可参照高堰石坝，黄河则参照徐州城外的石堤，毛城铺减水闸坝以“徐城石堤连底水长至七尺为度，即行开放，秋汛过后至九月朔，即行堵闭”；天然闸以“徐城石堤连底水长至八尺为度，即行开放，水落坝闭，不拘定日期”；而峰山四闸因在徐州城下游，“非遇异涨，毋许轻开”。自此，各减水闸坝的开启有据可依。

清乾隆二十二年（1757年），清口一带的黄、淮形势由黄强淮弱转变成淮强黄弱，洪泽湖水冲沙有力，乾隆帝意欲关闭毛城铺减坝以减轻下泄黄水沿途河流的淤垫和洪泽湖的防洪压力。在治河官员的坚持下，毛城铺减水闸坝最终得以保留，但将其坝顶高度由2丈5尺增至5丈5尺；同时，修复以南的旧石坝并加高其坝脊，以为重门节制。

清乾隆二十七年（1762年）四月，乾隆帝在第三次南巡之际重新制定了毛城铺减水闸坝的启用标准，将毛城铺减坝的开启标准由乾隆十一年（1746年）的7尺增至1丈1尺5寸。在以后的很长时间内，这一标准被不折不扣地遵循。

清嘉庆年间，靳辅所建的黄河南岸减水闸坝次第淤废，仅存天然、峰山两处，虽每年启放，但泄水无多。随着黄河下游河道的日渐淤高，黄河屡屡漫决堤岸，上游漫溢则下游淤垫，河床的不断淤高迫使河臣不断加高培厚两岸堤防。根据魏源的统计，有清一代仅黄河两岸堤防加高之费“已不下三万万两”之多，因而多次筹划修复黄河两岸减水闸坝。

清嘉庆十三年（1808年），两江总督铁保、前南河总督吴璥、南河总督徐端都主张先修复毛城铺减坝，钦差大学士长麟、戴衢亨及此前派往南河效力的知府衔康基田则主张修复十八里屯闸座。但由于各种缘故，均未得实施，仅将黄河北岸的王营减坝择地移建。

清嘉庆二十年（1815年），南河总督黎世序将十八里屯减水闸移于西南的虎山腰。该处两山对峙，中间的凹处宽20余丈，山根石脚相连，于是就势凿平，改作临河滚水坝，中留口门30丈，减泄之水由丁塘湖出虎山腰，汇入天然闸下引河。当年秋汛，黄河上游的万锦滩涨水9次，沁河涨水11次，洛河涨水2次，由于新建虎山腰减坝的宣泄，黄河堤岸得保无虞。

此后，黎世序决定修复黄河南岸其他减水闸坝。清嘉庆二十三年（1818年）十一月，黎世序将峰山头、四两闸改建成滚水石坝，即将峰、泰两山之间宽20余丈的山坡铲平，修建滚水石坝，减泄之水由坝下注入二、三两闸。

清嘉庆、道光年间，黄河南岸减水闸坝的开启标准变更过多次。如嘉庆二十四年（1819年），黎世序奏定以徐州城北门志桩水位1丈8尺为度，道光六年（1826年）张井改为2丈7尺，道光十四年（1834年）四月麟庆再改为2丈5尺。

至清道光年间，徐州一带减水闸坝中唯有北岸之苏家山、南岸之天然闸、十八里屯等三处尚可使用。

（2）减水闸坝泄水归路——归仁堤的修建。黄河南减水闸坝减泄之水或注入洪泽湖，或经小河口和白洋河再次注入黄河。其中，后者的路线与明代分流济运路线类似；注入洪泽湖则始于清代。

早在明万历六年（1678年），为保护泗州城和明祖陵不受北来黄河的侵扰，总理河道潘季驯在归仁集修建归仁堤，长40余里，以拦截黄水、睢水及当地湖水，使之由小河口、白洋河入黄。至明末清初，由于长期失于管理，归仁堤屡经黄河南泛和睢湖诸水的冲击，逐渐颓废。清顺治十六年（1659年），归仁堤被黄水冲决。三年后，再次冲决。此后，睢湖诸水“悉由决口侵淮，不复入黄刷沙，以致黄水反从小河口、白洋河二处逆灌，停沙积渐淤成平陆”。至靳辅出任河道总督时，黄河河床竟高于归仁堤顶5尺有余，滔滔黄水自白洋河口倒灌而来，合睢湖各水冲决归仁堤，汇入洪泽湖，进而冲决高家堰大堤，东泄淮扬运河，不仅阻滞运道，而

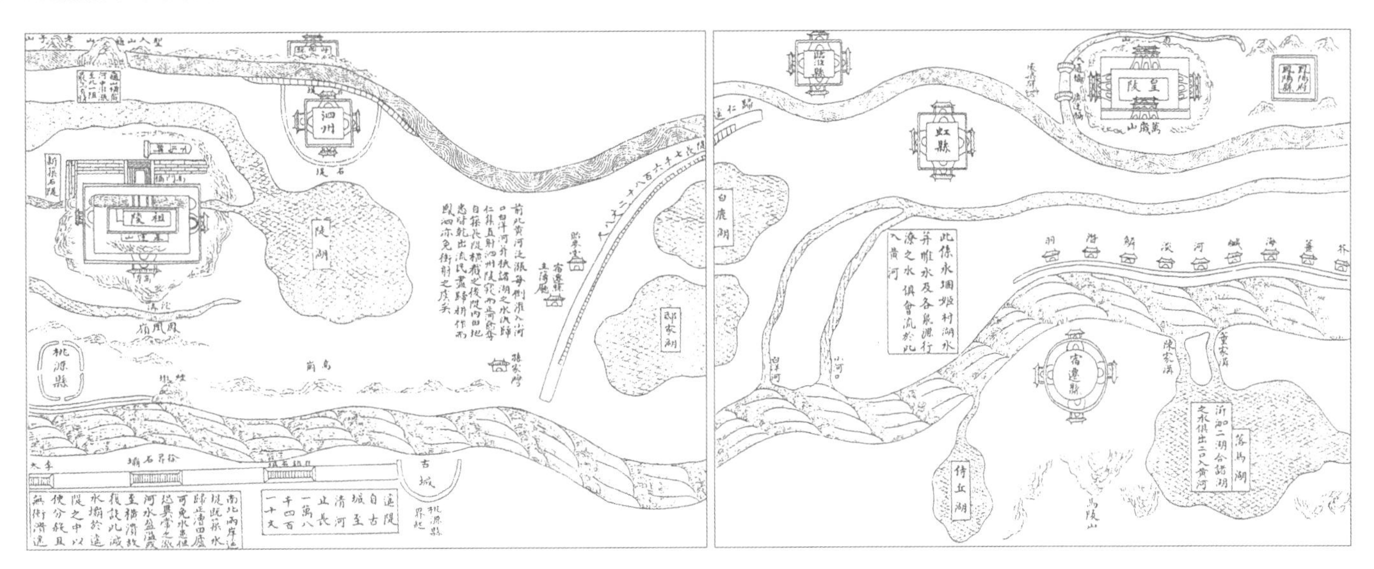

明潘季驯治河时归仁堤形势示意图（明　潘季驯《河防一览》）

且为害里下河地区。

鉴于此，靳辅最初的措施是加高培厚归仁堤，令其截黄河水仍自小河口和白洋河入黄刷沙。然而，清康熙十八年（1679年），靳辅在黄河南岸修建毛城铺减水闸坝后，其治理措施发生了变化。毛城铺减水闸坝建成后次年，靳辅在归仁堤上修建五堡减水坝，减水入洪泽湖，助淮刷黄；同时修筑五堡至白洋河口的归仁格堤，在格堤南首建石涵洞，北首建便民闸，以利商旅往来。5年后，以五堡减水坝和便民闸不足分泄，又在归仁堤上添建减水闸、坝各一座，并将便民闸底落低五六尺。自此，黄河南岸各闸坝减下之水及睢河诸水不再入黄，而是通过归仁堤上的减水闸坝，经由安河口注入洪泽湖。如果说潘季驯创建归仁堤的初衷在于障遏睢黄，使之不入洪泽湖；靳辅则筑五堡减水坝减睢黄水入洪泽湖，河道为之一变。

清康熙三十八年（1699年），总河于成龙在堵闭高堰六坝的同时，曾将归仁堤上的便民闸等口堵塞。同时开挖老堤头引河，引睢水入黄河，即自九龙庙至桃源县老堤头黄河边开挖引河一道，长3700余丈。然后在老堤头入黄处建出水闸一座，名祥符闸，口门宽2.4丈；闸东开挖月河，长90余丈，上建小闸一座，名五瑞闸，口门宽1.2丈。并在引河南北两岸各筑束水堤一道，在临黄处建草坝以防黄水倒灌。归仁堤三闸与老堤头二闸的启闭视黄河水情的变化而定，“黄水大，则闭老堤头闸，开归仁堤闸，以放水入淮；黄水小，即闭归仁闸，开老堤头闸，以引水刷黄。”

然而，此法虽善，惜历时不久。后随黄河河床的日渐淤高，外高内洼，祥符、五瑞二闸不能出水，引河也逐渐淤浅。

清乾隆后期，引黄助清刷黄方略演变成借黄济运。乾隆五十年（1785年），清口一带的淤积导致回空漕船严重迟滞，手足无措的两江总督萨载、南河总督李奉翰决定开放祥符、五瑞二闸以引黄入湖济运。祥符、五瑞二闸距离洪泽湖不过40里，沿途没有多少沉沙的场所，因此这相当于人工将黄水直接引入洪泽湖。此后，为使漕船顺利通过已经淤高的清口一带，频繁开启祥符、五瑞二闸，导致洪泽湖底和清口一带淤积更为严重，最终不得不实施“倒塘灌运”。

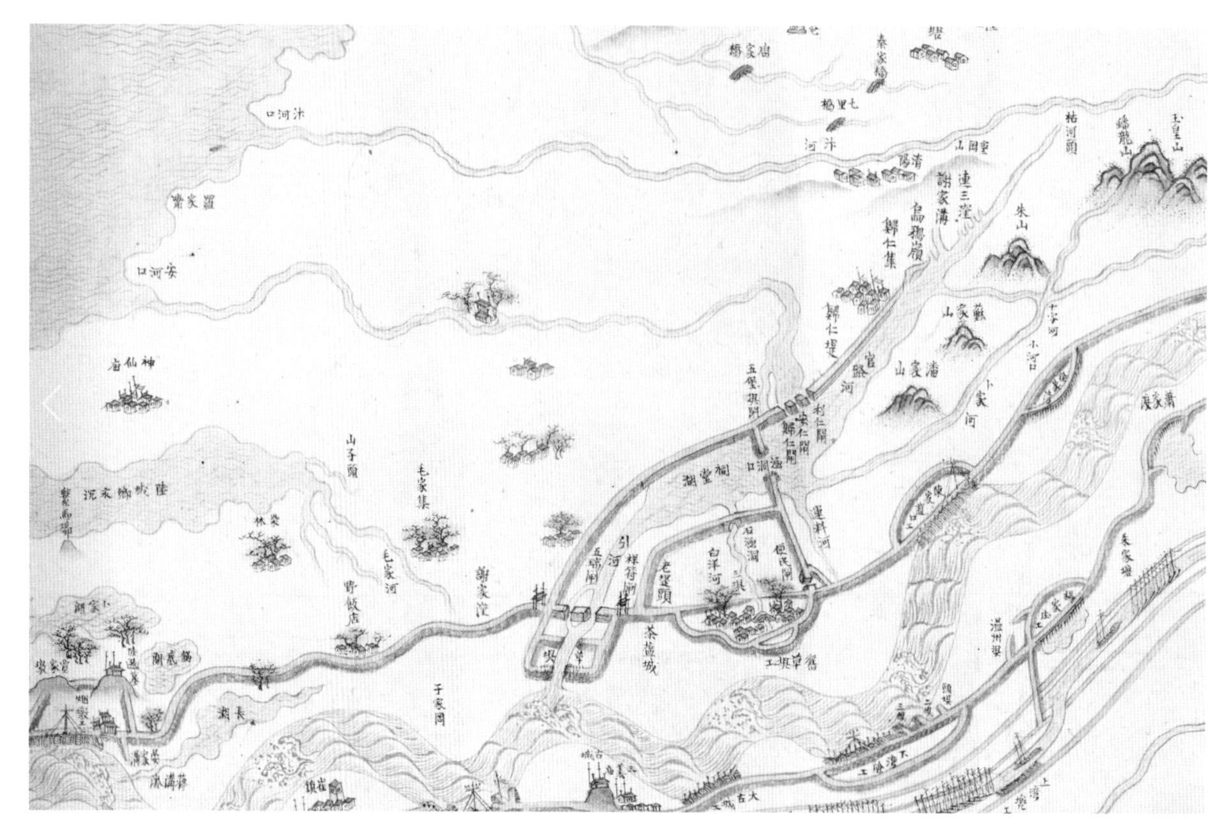

清康熙四十三年归仁堤形势示意图（《黄河全图》）

1.5.4.3　骆马湖的形成与济运

骆马湖位于沂蒙山余脉马陵山脉以西，上承沂蒙山水，西纳微山诸湖余水。原为沂水入泗水口门的洼地。南宋建炎二年（1128年）黄河夺泗入淮后，泗水河道日益淤高，沂水南下入泗之路受阻；加上黄河屡次北决，漫决之水因东面马陵山的阻隔而聚集于洼地中，逐渐潴积成一些分散的小湖。至明万历年间，今骆马湖所在区域自西而东依次分布着周湖、柳湖、黄墩湖和落马湖（今骆马湖前身）。泇运河和中运河开通后，先是利用骆马湖行运，后又用以蓄水济运，致使湖面面积不断扩大。至清初，骆马湖成为南北长70里、东西宽三四十里的大湖。

骆马湖示意图

明末，黄河夺泗入淮已长达500多年，黄河河床的泥沙淤积日益严重，沂河和泗水等河流的入黄出路受阻，被迫汇入骆马湖，遇沂水汛期暴涨或黄河北决入湖，骆马湖屡屡决溢。早在崇祯五年（1632年），直隶巡按赵振业即高呼："近日最可患者，莫如骆马一湖"。崇祯十四年（1641年），疏浚沂河卢口至徐塘口支流，分沂水补充邳州以上运道的水源，同时减少入骆马湖的水量。崇祯十七年（1644年），在宿迁县城北（今井头乡）凿断马陵山脊，开挖拦马河，引骆马湖水东注宿迁县城东的侍邱湖，使骆马湖洪水得以排泄。

清初，由骆马湖行运。至康熙十八年（1679年），黄河北决，骆马湖淤塞。河道总督靳辅开挖皂河40里，自皂河口经窑湾至猫儿洼，两岸筑堤；猫儿洼以上至徐塘口，因地亢土坚，仅在东岸筑堤；同时

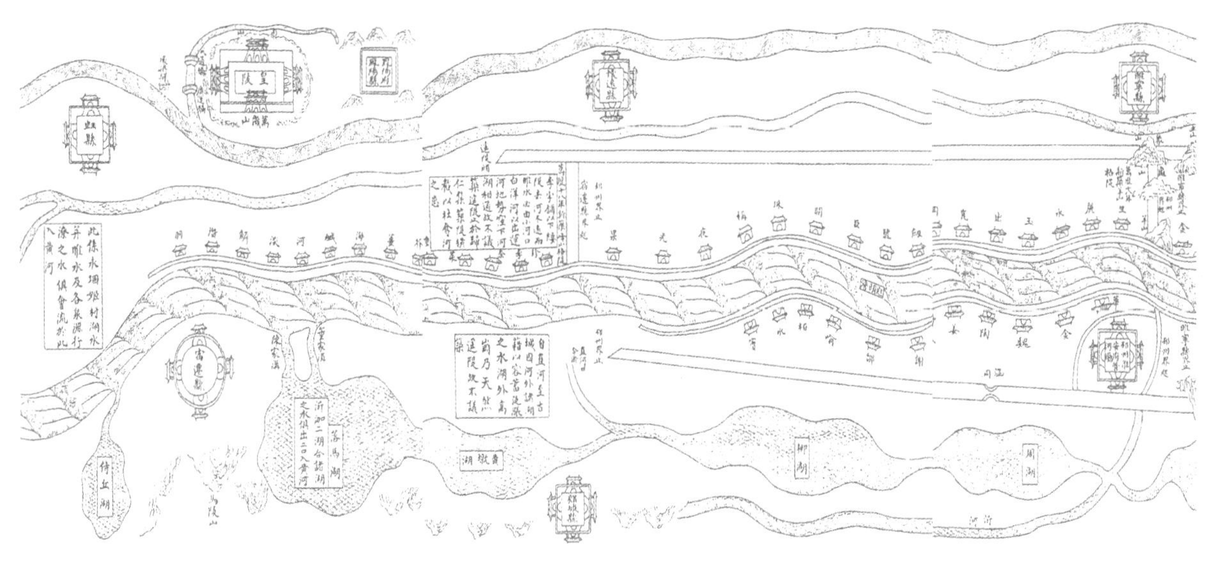

明万历年间的骆马湖示意图（明　潘季驯《河防一览》）

从该图中可以看出，今骆马湖区自西而东依次分布着周湖、柳湖、黄墩湖和落马湖等小湖。

今天的骆马湖（2019 年，魏建国、王颖　摄）

在窑湾修建减水坝，窑湾以上建万庄、马庄、猫儿洼减水坝3座，宣泄皂河涨水入骆马湖。为排泄骆马湖洪水，清康熙十九年（1680年），河道总督靳辅在骆马湖尾闾修建拦马河减水坝6座，筑埝成塘，水大则泄水东流，水小则蓄水济黄行运。坝下开挖引河，名连支河，与宿迁县东南原有的茅家河相接并延伸，拦马河坝下由此形成六塘，通称“六塘河”。该河向下游经沭阳，东流入盐河，至灌河口入海。康熙二十三年（1684年）在坝上建六桥，东南3桥名东奠、德远、镇宁，西北3桥名为西宁、澄池、锡成，前者统称西宁桥，后者通称“五花桥”。

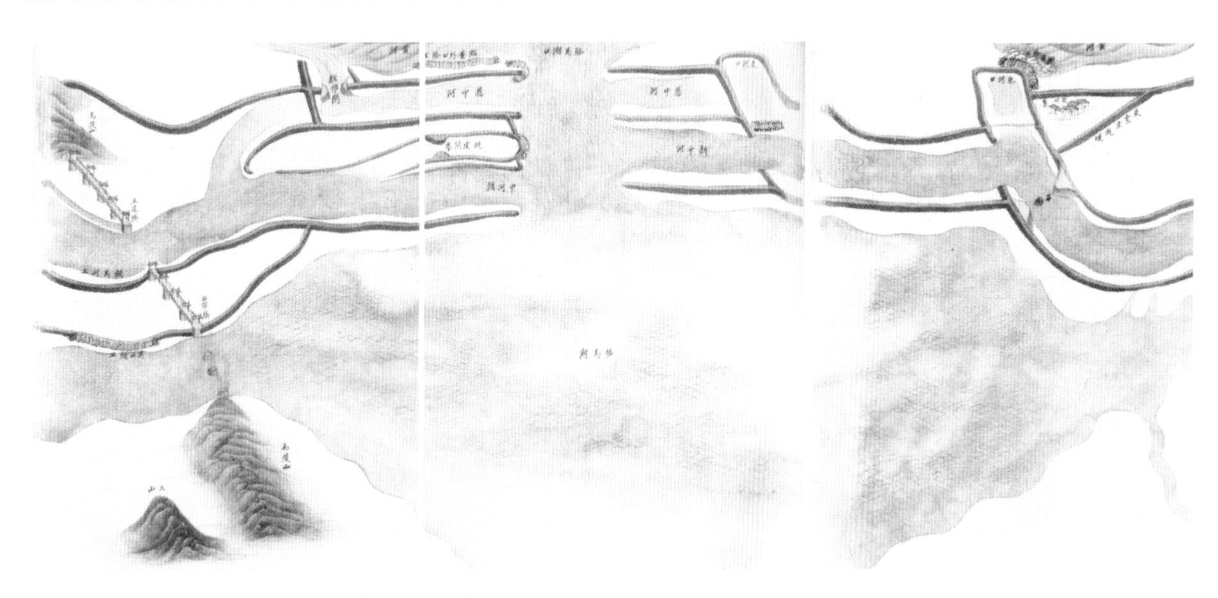

清康熙年间骆马湖示意图（清　张鹏翮《治河全书》）

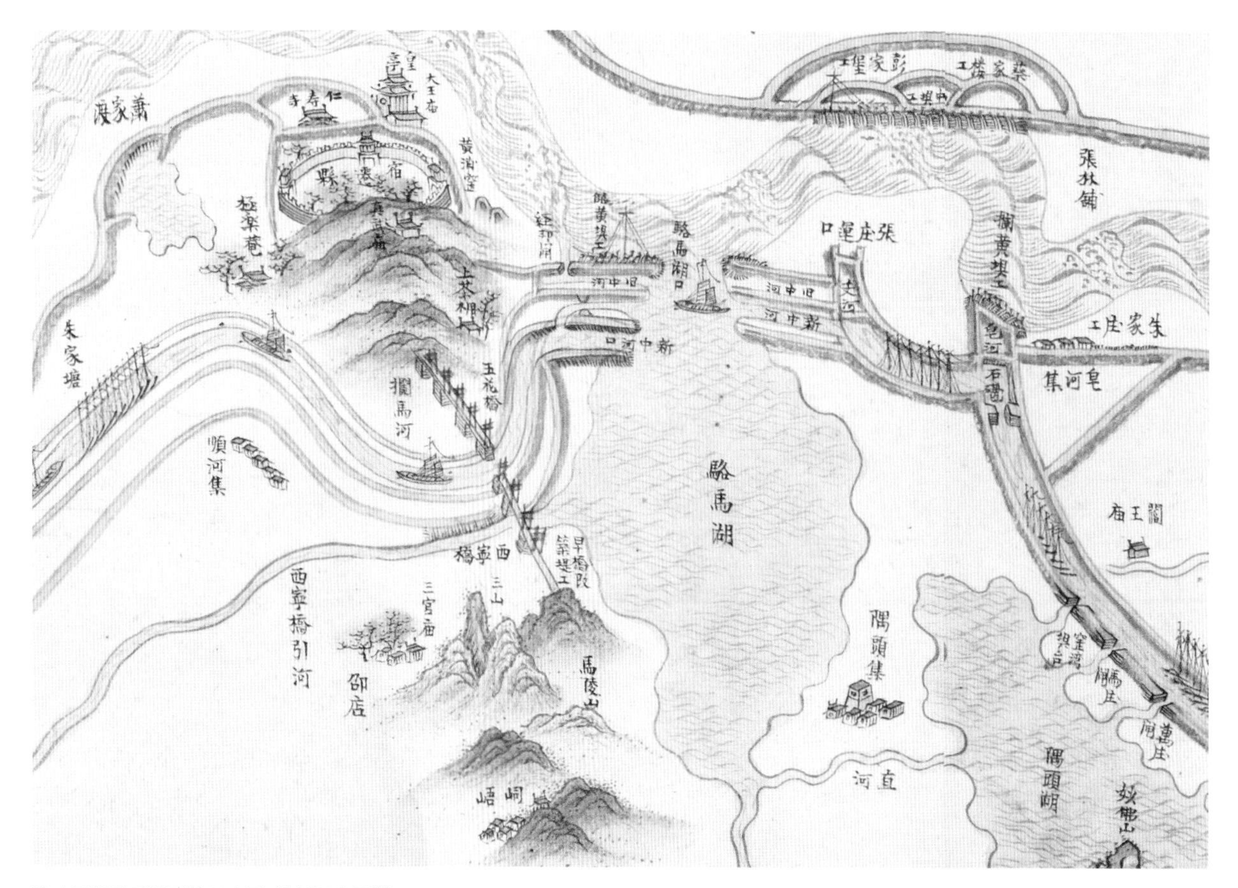

清康熙朝骆马湖形势示意图（《黄河全图》）

今天的骆马湖及运河（2019 年，魏建国、王颖　摄）

清康熙二十四年（1685年），河道总督靳辅在灌河上游的淤废的硕项湖和桑墟湖进行围垦，南北两侧挖河筑圩，后称为南六塘河和北六塘河。两河向西延伸至淮阴县宋集，与宿迁东南流经泗阳的六塘河相接，形成三岔河，自此以上即称为“总六塘河”。

清康熙二十七年（1688年）夏，大水，中运河决堤，淹没田地数千顷。次年，河道总督王新命在中运河南岸临黄缕堤上用竹篓装石叠砌成坝，名竹络坝。因中运河口门北通湖、南通黄，运河横穿其间，故名十字

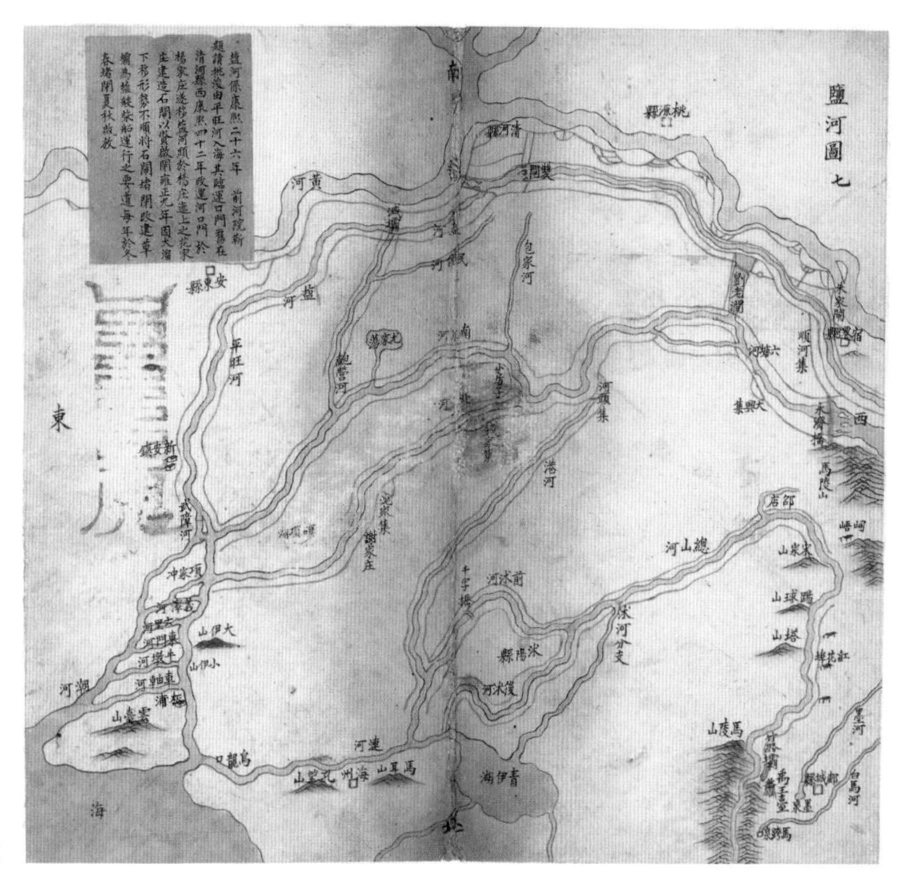

清乾隆朝六塘河示意图

河。清弱，引黄以济；黄盛，分黄以减有余，以节湖、黄出入。后冲塌，随即整修。徐州至淮安间的漕船商船即由黄河下行至竹络坝入运河。

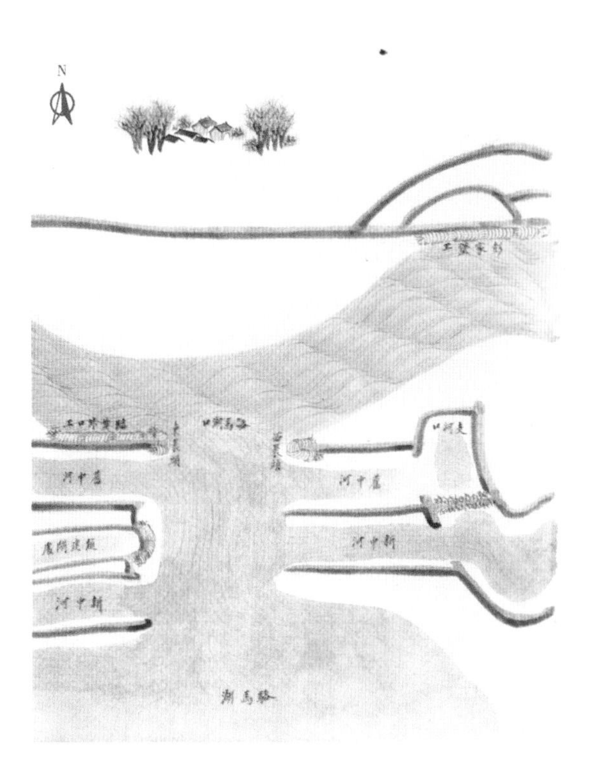

清康熙年间骆马湖口及十字河示意图
（清　张鹏翮《治河全书》）

为调节黄河、骆马湖和中运河的水量，清康熙二十九年（1690年）在骆马湖口、通黄支河口、窑湾和郯城禹王台等处筑竹络坝。其中，窑湾竹络坝用于宣泄运河涨水，由隅头湖入骆马湖；郯城禹王台位于沭水口，原用以障沭水入海，至明代毁弃，致沭水西流，会白马河、沂河等水入骆马湖，骆马湖泛滥益甚，至此，在禹王台旧基处筑竹络石坝，截沭水使其仍由故道东经蔷薇河，穿过盐河至临洪口入海，不再入骆马湖。两年后，在骆马湖口和支河口筑竹络坝。

清康熙三十四年（1695年），在刘老涧处中河左岸建减水草坝，5年后改建为石坝，并留9孔，借以分泄中运河洪水，经江家河（即老涧河）入总六塘河。

清雍正五年（1727年），河道总督齐苏勒在总六塘河上游、骆马湖尾闾西宁桥以西筑三合土坝5座，南接黄河北堤，北抵马陵山麓。两年后，又在坝下挑引河5道，作为骆马湖尾闾五坝，宽60丈。又因黄河大溜北移，冲灌十字河，骆马湖淤垫，所以骆马湖与黄河、中运河有“不得不分立之势”，于是堵闭十字河与骆马湖相通的北口，另于上游王家沟建五孔石闸，金门宽14丈5尺，宣泄骆马湖水济运。尾闾5坝秋冬堵闭，蓄水济运；重运入境，开放王家沟闸，引河济运；重运过后，开放尾闾，预腾湖水，由六塘河入海。

清雍正八年（1730年）蒙、沂大水，冲入骆马湖，泛滥成灾。河道总督嵇曾筠因王家沟闸底过高，分湖济运水流不畅，重开十字河口门，引湖水入运冲沙敌黄，并于口门处建草坝节宣；将西宁桥以西的拦湖堤坝拓宽，并开挑尾闾以下庙湾头引河600余丈，导水东注六塘河；同时疏浚六塘河南北二股挑河，修筑子堰。骆马湖尾闾出水处到刘老涧引河相汇处约50里，原无引河，直至此次嵇曾筠开挑引河后，六塘河才彻底贯通。庙湾头开挑处即今总六塘河河头，下至清河县北分为南、北六塘河，南支穿盐河由五丈河入大潮河，北支穿盐河由龙沟、义泽两河入大潮河，至灌口出海。至此，六塘河的河势益广，成为贯通宿迁、桃源（今江苏泗阳）、清河（今江苏淮阴）、沭阳、安东（今江苏涟水）、海州（今江苏连云港）的主要河道。

清乾隆年间，骆马湖因黄河大溜北移，淤垫日重，因堵闭十字河临黄、临运二口，为解决中运河水源匮乏成为主要问题，乾隆八年（1743年）在窑湾以下添建轮车头土坝；乾隆十三年（1748年）在王家沟闸下游添建柳园头三孔闸，每孔宽1丈8尺，闸下开引河，引骆马湖水济运；乾隆五十年（1785年）在窑湾、皂河之间建利运闸，在宿迁城东建亨济闸；两年后，在猫儿窝以下建汇泽闸，在刘老涧以上建溹流闸。此后，骆马湖和六塘河虽经多次整治，但基本保持这种形势，有时沂河洪水进入骆马湖，有时黄河洪水冲灌而入。

骆马湖中的洪水，除通过中运河排泄部分外，大多经由六塘河排泄入海，为解决骆马湖泄洪问题，清乾隆八年（1743年），在总六塘河首部（位于今六塘河闸下首）修建永济桥，长130丈，计58孔，俗名五花桥，即锡成桥遗址处；至乾隆二十三年（1758年）增至70孔，全长139丈；道光、咸丰年间圮废。

清乾隆二十三年（1758年），疏浚总六塘河，并在大兴集西3公里处疏通凌沟口，建砌石滚水坝，使总六塘河洪水有控制地分泄入砂礓河，东流经柴米河，转入灌河出海。乾隆四十七年（1782年），扩展骆马湖尾闾5条引河和总六塘河，并拆除凌沟口石坝，使总六塘河洪水自由分流入沙礓河。

由于骆马湖淤积严重，水量减少，清道光元年（1821年），湖内开始防垦，高地民居日渐增多，或填筑高庄台定居。骆马湖逐渐演变为汛期滞洪、汛后种麦的季节性湖泊。

1.5.4.4　微山湖的蓄泄与济运

南四湖形成后，收纳周围各县泉水和坡水，通过湖东的泗水、洸河、白马河、沙河、薛河和湖西的赵王河、洙水河、万福河等河流汇入湖中蓄以济运。如果说，明代时，山东济宁以南的运河水柜以独山、昭阳二湖最为重要，昭阳以南的郗山、微山、吕孟、张庄等湖作用相对较小，待泇运河开通后，昭阳以南的微山等湖湖面渐广，蓄水接济泇运河和中运河，作用日渐重要。至清代，微山湖的重要性远在南北各湖之上。它位于鲁南、苏北各县境，西受鲁西各县坡水，北通昭阳各湖，东临运河，所蓄水量过多时需向东宣泄济运，不足则有时引黄河水入湖补充。

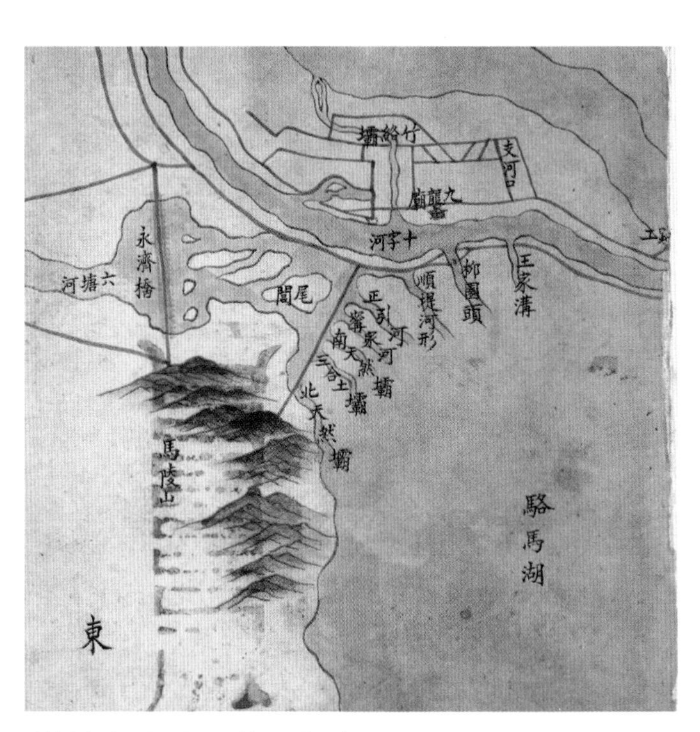

清乾隆朝骆马湖尾闾及六塘河河首示意图

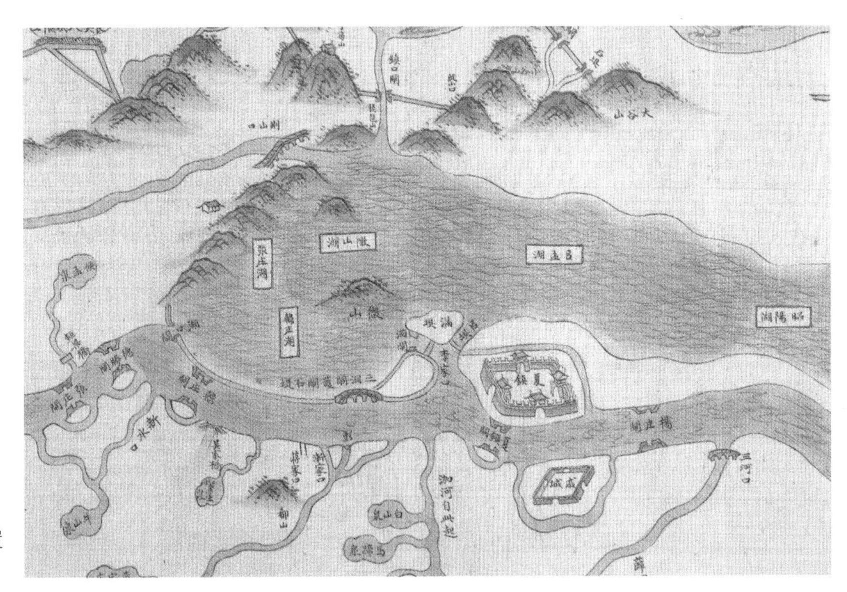

清乾隆中期微山诸湖及其与泇河的位置关系（《京杭大运河水系地名图》）

1. 微山湖的蓄水济运

微山湖蓄水主要包括以下来源：一是收纳湖东的泉水和湖西的坡水。其中，一部分泉水主要通过泗水、洸河和白马河等引入运河，再入南阳湖，递达微山湖；一部分通过沙河、漷河、薛河等引入运河，再入昭阳湖，递达微山湖；湖西的坡水则通过赵王河、洙水河、万福河等汇入湖中。二是运河余水，清乾隆二十七年（1762年）在运河西岸、珠梅闸北建辛庄桥滚水坝，长20丈，中设石垛9座，分泄运河涨水入昭阳湖，递达微山湖济运。三是南旺湖水，主要通过赵王河南支及牛头河等将北五湖中的南旺湖水及坡水引入湖中；极端干旱缺水时，还可将汶河水引入南旺湖，再通过牛头河引入微山湖，如清嘉庆十八年（1813年）、十九年（1814年）都曾直接引南旺湖水南流入微山湖，再引入泇运河济运。四是黄河水。至乾隆中后期，随着骆马湖的逐渐淤积，微山湖水又不足济运，先后自徐州以西黄河北岸开挖潘家屯、水线河和茅家山等河，引黄河水入微山湖济运。

微山湖水的收蓄通过韩庄湖口闸加以控制，一般是冬季蓄水，春季放水补充泇运河和中运河，蓄水水位以清乾隆十七年（1752年）规定的湖口志桩深1丈为度。后来，随着骆马湖等水柜的逐渐淤涸，微山湖成为长达400里的泇运河和中运河的主要水柜，常患不足，加上湖底日渐淤高，微山湖蓄水水位标准随之不断提高。乾隆三十年（1765年）漕运总督杨锡绂奏请增加1尺；乾隆五十二年（1787年）钦差刑部侍郎明兴督办水利，挑浚牛头河、赵王河等河流，又奏请增加1尺，以1丈2尺为度；嘉庆十九年（1814年）规定，微山湖及山东各湖的蓄水水位需每月上报。嘉庆二十一年（1816年）蓄水水位在1.3丈以上，最高时曾达到1.8丈，滨湖民田受灾严重，于是兵部尚书吴璥查勘湖河水势时再次奏请增以1丈4尺为度；咸丰六年（1856年）以微山湖湖底淤高，蓄水水位增以1.5丈为度。

枯水季节需要微山湖水济运时，江苏境内泇运河下段的管理者常嫌放水太少，而山东境内湖水的管理者则指责江苏浚河太浅，争执时有发生。为避免两省争端，清乾隆五十年（1785年）规定，以两省交界处的黄林庄志桩中泓常平水深5尺为度，不足5尺时，山东启放湖口闸闸板放水，达到标准即下板节水。黄林庄志桩设定后，两省又恐志桩的位置被私自移动，于是在嘉庆十六年（1811年）经两省会勘较准后，在台庄闸东墙的旱石上嵌凿红油记，与黄林庄志桩水平5尺数相符。江苏每年估办冬挑时，以红油记为度配平，运河水不足数即照例估挑；如已足数，即不必估挑。重运渡黄后，咨明山东启放湖口新旧两闸，敞板三昼夜以后，仍留漫板水源接济，务必使运河水深符合台庄闸水平红油记定志，即一律水深5尺以足敷漕船通行。如运河水势已平红油记而漕船仍有浅阻，责在江苏；如水势未平红油记而漕船致有浅阻，责在山东。此山东、江苏二省历年铺水之章程。清道光二十年（1840年），重凿红油记，横长1尺2寸5分，宽4寸。

2. 微山湖的泄水济运

黄河夺泗入淮后，南四湖以南的泗水河道成为黄河河道，原与泗水相接的徐州黄河段河床逐渐淤高至数米，南四湖南流出路被隔断，汛期洪水主要通过微山湖东南端的泄水设施宣泄，泇运河和中运河开通后微山湖又兼具为其补充水量的功能。为了宣泄南四湖汛期洪水，同时为其下游的泇运河和中运河补充水量，清代不断在微山湖东南端湖口处修建闸坝工程，并开挖疏浚河道，最终形成三条主要的泄水出路：一由韩庄湖口双闸、湖口滚水坝直接泄入泇运河；二由伊家河入泇运河；三由徐州蔺家山坝入荆山河后，再入泇运河。

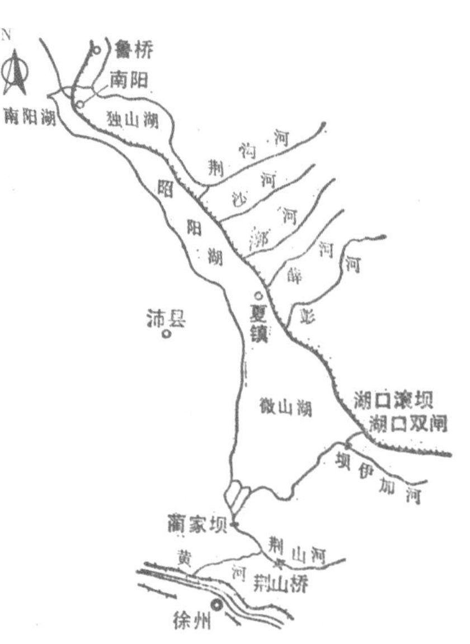

清中叶微山湖水柜示意图

明万历三十二年（1604年）开通泇运河的同时，在微山湖东南端创建韩庄湖口闸，口门宽2.15丈，汛期向泇运河宣泄微山湖洪水，同时为泇运河补充水量。这是微山湖首个泄水通道。

清康熙十八年（1679年），为避免黄河漫决危及徐州城，河道总督靳辅在徐州城西北、黄河北岸筑大谷山减水坝和苏家山减水闸，减泄黄河涨水东北流，合张谷山口微山湖下泄之水，经荆山河（不牢河前身）、彭家河入运。至此，荆山河成为清代微山湖的另一主要泄水通道和邳宿运河的主要补水水源。

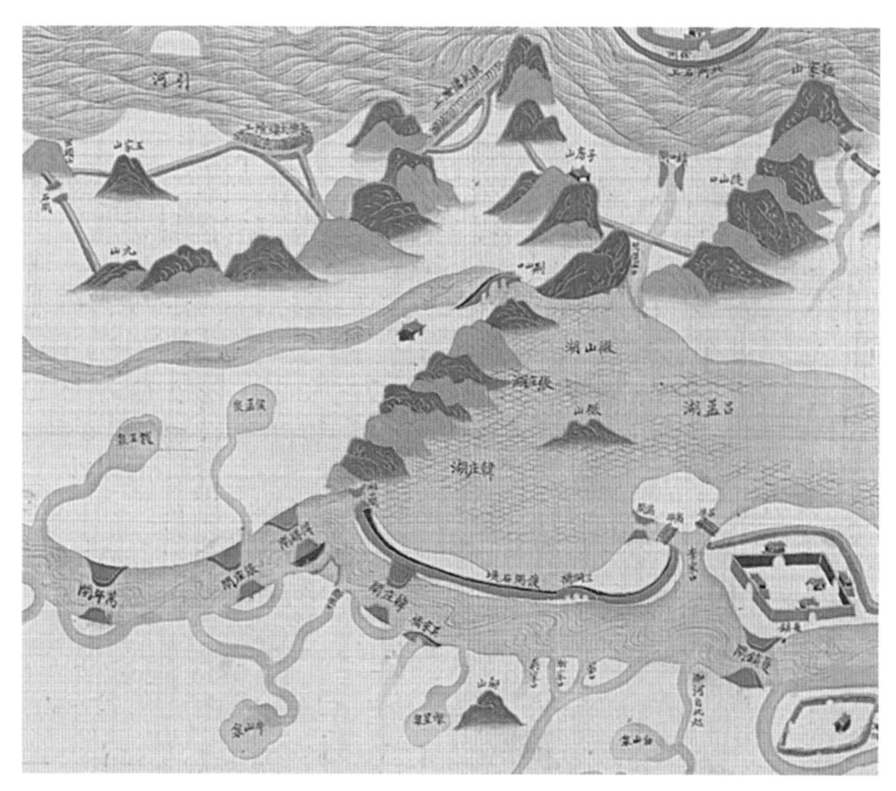
清康熙朝微山泄水设施示意图

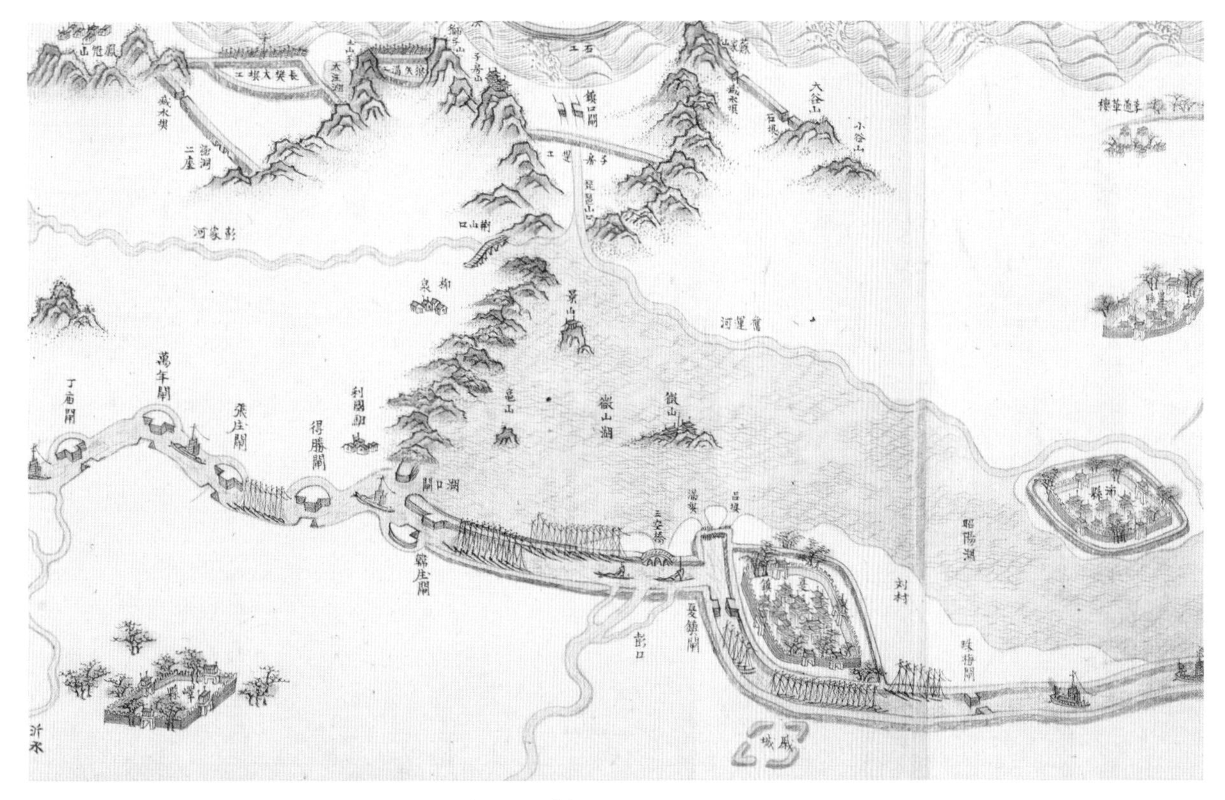

清康熙朝微山泄水设施示意图（清　康熙四十二年《黄河全图》）

清康熙四十六年（1707年）五月，为避免汛期微山湖水宣泄不及、淹及周边农田，康熙帝下令汛前宣泄微山湖水以预先腾空部分库容，只收水2尺用以济运。

清康熙五十七年（1718年），为宣泄徐州和沛县一带的积水，河道总督赵世显建议疏浚泗水河道荆山口以上、徐州茶城十字河一带的淤沙，同时在“十字河上筑草坝一座，水小堵塞，俾水归微山湖，出湖口闸济运”。次年，即康熙五十八年（1719年），在疏浚淤沙以使徐州和沛县积水自荆山口宣泄的同时，又恐微山湖水同时并泄，无以济运，便在徐州城北30里的张孤山东麓、接近微山湖口处创筑蔺家山坝，截断泗水以济运。该坝最初宽仅数十丈，至咸丰、同治时增至240丈。

清乾隆二十一年（1756年）秋，黄河自铜山孙家集漫决，大溜直趋微山等湖，下游的山东金乡、鱼台及江苏铜、邳、宿、桃、沭、海等州县均被淹及，决口至十月才堵塞。此次黄河大决及其导致的巨大灾害引起乾隆帝的高度重视，于是决定对运河工程进行大规模的整治。从乾隆帝进行的一系列前期安排也可看出其重视的程度。首先是在乾隆二十二年（1757年）正月调白钟山为江南河道总督，以嵇璜为江南副总河、漕运总督张师载为河东河道总督，特派侍郎梦麟督办荆山桥、骆马湖等处工程；其次是在次年四月第二次南巡阅视河工，并派遣安徽巡抚高晋会同张师载一起办理徐州黄河两岸工程，命嵇璜专办下河水利工程。在此次大规模的整治过程中，针对黄河以北的水道工程，乾隆帝决定以微山湖为中枢进行兴修和整治。这主要包括以下几项工程措施：

一是扩建、浚治微山湖口的泄水设施。①疏浚荆山河及其下游的靳家河和彭家河，同时在荆山以南修建荆山桥，中设50余孔以便过水。靳家河、彭家河都是由荆山河分出的河流，即二河都上接荆山河，至汴塘开始分流，前者东北流，在王母山前、河清闸南入泇运河；后者东南流，在宿羊山南10里入泇运河。②由于靳家河和彭家河不久淤废，又新开潘家河，上接荆山河，自宿羊山北屈曲东流，至张家土楼入运，长9030丈。由于潘家河入运口为不牢河，后人将荆山河与潘家河统称为“不牢河”。此后，不牢河始终担负着分泄微山湖洪水并接济泇运河的任务。③新开伊家河，在河头建滚水石坝，自韩庄湖口闸以西分泄微山湖水，至邳州梁王城入泇运河，长69里，口宽 8 丈，底宽 4 丈，深一尺三四寸。微山湖口至此又多一泄水通道。伊家河竣工后，不仅常与韩庄湖口闸、蔺家山坝一同开启以宣泄微山湖洪水，而且可汇集邳宿运河以南山区的洪水东流入运。④在韩庄湖口闸以北6丈处修建湖口滚水坝，宽30丈，坝顶高于湖口闸底1丈，中间砌石墩14座，上建桥梁以便牵挽，不久又凿槽加板以控制泄水量。⑤疏浚徐州茶城河、小梁山河、内华山河，各长七八百丈，引微山湖水入荆山河分泄。

二是减少进入微山湖的洪水。重建大谷山至苏家山间的碎石滚坝，宣泄黄河涨水由水线河入荆山桥河，使涨水不入微山湖。大谷山在西，苏家山在东，两山夹峙，地势高亢，原建有滚水坝，长447丈，时已淤埋土内，因在旧址重建，新坝长520丈，并在临近黄河处挑挖引河，引水过坝，以泄黄河涨水。当黄水涨至徐城水志1丈1尺4寸时始由坝顶漫过，水小则仍由黄河河道下泄，借以束水攻沙。由于该处距微山湖40余里，且在其下游，因此黄河涨水可涓滴不入微山湖内，在东省既收保障之益，而江省亦可无另生险工之虞。

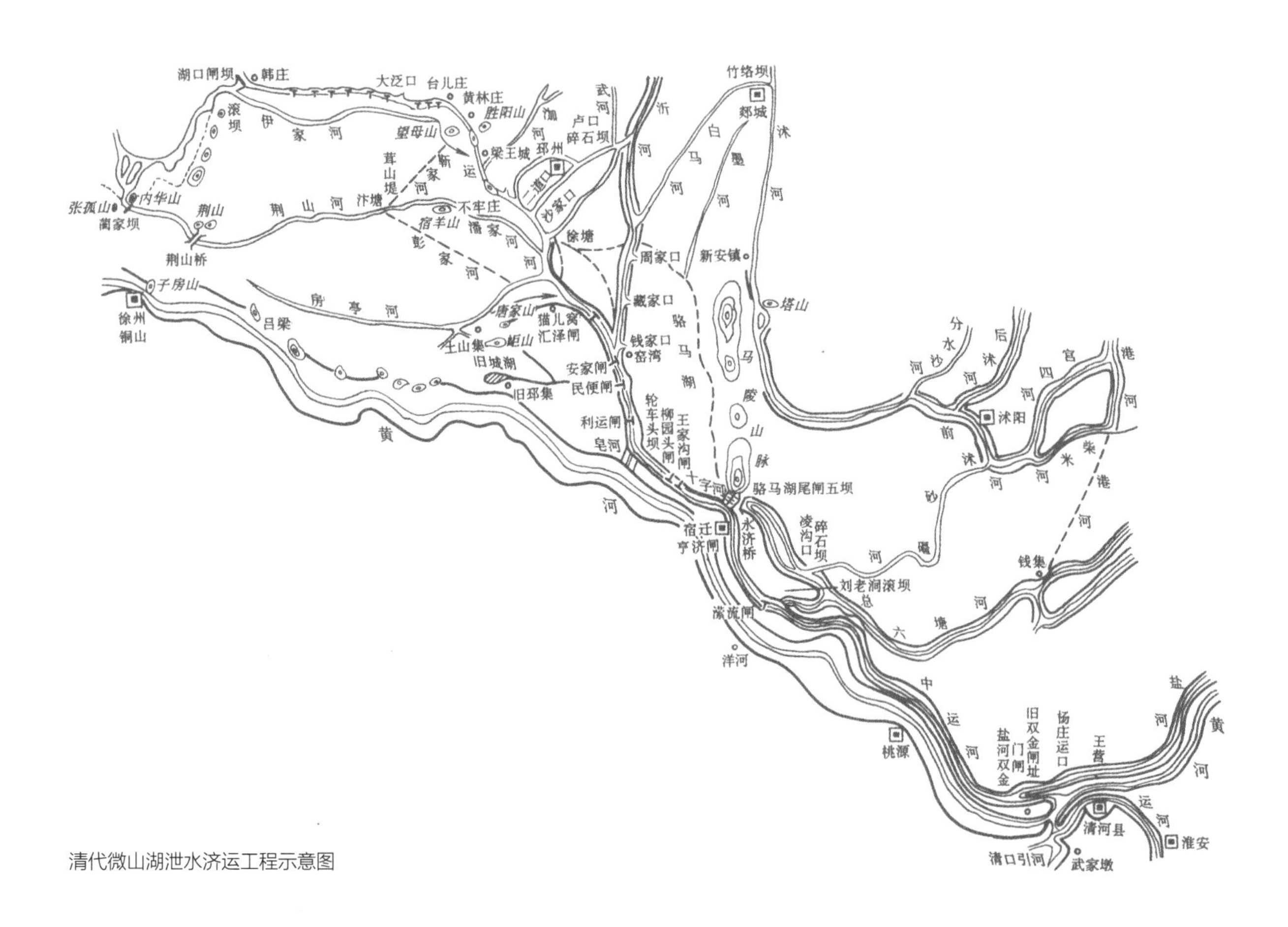

清代微山湖泄水济运工程示意图

三是疏通微山湖下游泇运河和中运河宣泄通道，以利微山湖水下泄。这主要包括以下三个方面的措施：①疏浚邳州境内运河上的河清、河定、河成三闸月河，使泇运河洪水宣泄更为顺畅。②整修沂河江风口，并将卢口滚水坝口门收窄为30丈，中填碎石以过水，使沂水洪水不入运河而畅入骆马湖；暂时堵塞骆马湖王家沟、柳园头各闸口门，开启骆马湖尾闾五坝，增建永济坝至70孔，使骆马湖水暂时不入泇运河而从总六塘河宣泄，以减轻泇运河防洪压力。③挑浚六塘河间段淤滩，修筑堤岸；浚砂礓河、港河，以利总六塘河水的宣泄。④疏浚义泽河下游的小冲河，汇入项冲河，达武障河；同时疏浚五图河，分道归海。

清乾隆二十九年（1764年），在韩庄湖口闸北、滚水坝南建湖口新闸，称韩庄湖口双闸，口门宽2丈2尺，上建桥梁以便牵挽，以微山湖收水1丈为度。自此，微山湖口处建有二闸，水大开启湖口双闸，水小则闭双闸。

清乾隆二十九年（1764年），彭家河淤废，大学士兆惠将荆山河改道，另于彭家河上游左岸开潘家河，经潘家桥、不老庄南，至河成闸入运。因潘家河经不老庄，取其谐音称不牢河。

明清时期，荆山河终年通航。但由于这一时期黄河水患下移，多次向南四湖分洪，再经荆山河漫溢，因而屡决屡塞，屡塞屡浚。康熙末年曾两度挑浚，乾隆二十二年（1757年）又加浚治，嘉庆十二年（1807年）再淤，道光二年（1822年）复又疏浚，光绪二十年（1894年）再次重挑。

清咸丰元年（1851 年），伊家河上段已基本淤平，湖水下泄即四处漫溢成灾，清咸丰二年（1852 年）筑堤，以后的100多年间基本再未进行大的浚治。中华人民共和国成立时，伊家河仅剩新河头至大小单庄段，河宽 20米，深 2米，以下河道几乎全部淤塞。经过治理，今日的伊家河仍是南四湖的出口河道之一，位于韩庄运河南侧，至台儿庄西南汇入韩庄运河，全长34公里。不仅承泄南四湖洪水，还排泄韩庄运河以南的涝水，同时是台儿庄以上京杭运河入微山湖的航道之一。

近代，不牢河主要用于承泄微山湖涨水和沿线山洪内涝。1935年，黄河在董庄决口入微山湖，蔺家坝无控制地下泄，不牢河沿线堤防全部漫决，洪水四溢，灾情惨重。今天的不牢河西起微山湖南端的蔺家坝枢纽，东至邳县大王庙附近入中运河，是京杭运河的组成部分，是1958—1961年间在对老不牢河进行裁弯扩挖的基础上开成的，干流全长 73 公里，主要支流有顺堤河、桃源河、徐沛河、丁万河、荆马河、荆山引河、房改河和屯头河。

3. 微山湖的引黄济运

早在清康熙年间便开始在徐州以上引黄河涨水入微山等湖，再由微山湖出湖口闸或茶城张谷口经荆山桥至直河口北60里的猫儿窝济运。但由于引黄入湖入运工程在满足济运以确保漕运畅通的同时，会导致湖泊和运道的淤积，因而始终是应急性措施，并不常使用。

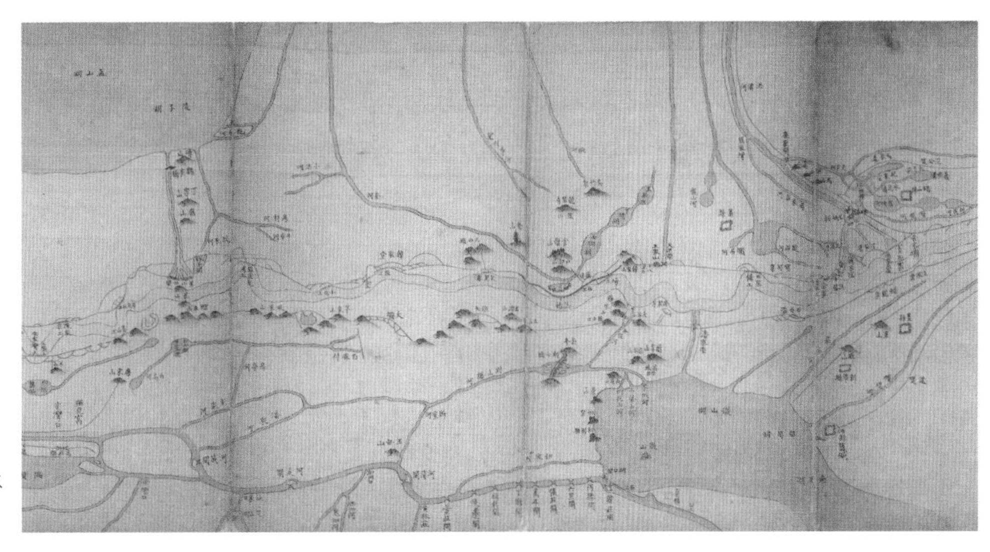

清乾隆中期微山湖泄水设施示意图

（1）石林、黄村引黄口门。清康熙年间，河道总督靳辅曾于黄河北岸留石林、黄村二口分减黄河涨水入微山湖济运，后堵闭二口。至乾隆二十三年（1758年）筑成黄河北岸堤，遂隔绝不通。乾隆三十九年（1774年）以微山湖水少，开引河引黄水，河头建滚水坝控制。乾隆四十九年（1784年）、乾隆五十年（1785年）又引黄济运。嘉庆十二年（1807年）、十四年（1809年）、十五年（1810年）连年引黄水入湖，微山湖底淤高已三尺。嘉庆十八年（1813年）又议引黄，未批准。咸丰初黄河连决入微山等湖，淤出土地不少，西岸农民垦殖颇广。

（2）潘家屯引河。清乾隆三十九年（1774年）八月，因微山湖蓄水较少，济运困难，在徐州黄河北岸潘家屯建滚水坝一座，长10丈。该处距微山湖仅30余里，每年秋冬水落沙少时引黄入湖济运，次年桃汛时堵闭。

（3）苏家山水线河与茅家山引河。清乾隆四十九年（1784年）三月，因黄河连年北决，导致微山湖和邳宿运河淤浅，舟行艰难。为补充邳宿运河水量，在黄河北岸的苏家山开水线河，引黄河水经由荆山河，分别出靳家河、潘家河等入邳宿运河及中运河济运。

同年五月，苏家山不能过水，又在其下游开茅家山引河，引黄河水由房亭河出彭家河济运。茅家山在长樊大坝、王家山东，就山根石底凿槽，砌石裹头，筑钳口坝，引导黄河水屡次启放，并屡次凿深石磡以便过水。

清乾隆五十年（1785年），黄水消落后，苏家山水线河无法过水，便在茅家山厢做钳口坝，引黄水经房亭河由彭家河入运，接济邳宿运河。次年五月，又因邳宿运河水小，开放茅家山引河，引黄接济运，并将外滩引渠改向山根，开成石槽，石底作成石闸，用碎石加砌裹头，以下再厢筑钳口坝工，堤内引渠加筑子堰。次年又凿平闸上下的卧石，水流通畅。自此，常开二河引黄济运。

清嘉庆十四年（1809年）十至十一月，微山湖存水6尺余，仅至定志的一半。东河总督陈凤翔恐次年漕船经临，不敷接济，请开苏家山闸，引黄水由蔺家山坝入湖济运。至此，苏家山闸由引黄直接入邳宿运河改为引黄入微山湖，再由微山湖出湖口闸济运。但当时微山湖淤积已高，不宜再收纳黄河水，苏家山闸建成后仅启放一次。

1.5.5 节制闸群

东晋时开始在泗水河道设置堰埭，这是有确切记载的中运河上最早出现的堰坝。东晋太元九年（384年），谢玄率兵北上，攻伐前秦，至彭城（今江苏徐州），以泗水吕梁段运粮艰难，采纳都护闻人奭的建议，“堰吕梁水，树栅立七埭，为派，拥二岸之流。”“栅”是在河床上“深植桩木，列置石囤”，即以桩木石囤构筑的拦河坝。通过在吕梁段运道上设置木栅7道，形成7个临时堰埭，以分段控制吕梁段运道，增加航道水深，从而改善了航运条件。

西晋时曾在泗水河道设置7座堰埭，这是有确切记载的中运河上最早出现的堰坝。

明万历三十二年（1604年），总河李化龙为避黄河之险，开泇河，并于其上建夏镇、韩庄、德胜、张庄、万年、顿庄、侯迁、台庄8座节制闸。各闸都设有闸门。至清代，仅万年、顿庄、台庄等闸设有闸官。

清康熙二十六年（1687年），河道总督靳辅开中运河，避黄河险，航道得以改善。与此同时，靳辅于清口对岸清河县以西三里处的仲家庄建大石闸一座，名仲庄闸。此后，漕船一出清口便截黄而北，由仲庄闸入中运河，抵达通州的时间较以往提前一个月。

清康熙三十三年（1694年），修仲庄闸，改名广济闸。康熙四十二年（1703年），因中运河水从仲庄闸出口，逼黄河大溜南趋，倒灌清口，总河张鹏翮移仲庄运口于杨庄，建杨庄闸，仲庄闸遂废。

清雍正二年（1724年），由于台庄以下至淮黄交汇处近400里无蓄水之闸，河道总督齐苏勒在台庄以下、徐塘以上，创建河清、河定、河成三闸，调节运道航深，同时开越河，辅助行运。

齐苏勒建成三闸后，自河成闸下至杨庄运口300余里地势建瓴，尚无关束，水流易泄，运道易淤。鉴于此，清乾隆五十年（1785年），又在邳州猫儿窝以下八堡建利运闸，宿迁关以下王庄建亨济闸。两闸均建在河旁所挑新河上，形式较顺。

利运、亨济两闸束水虽有效益，但汛期两闸仍难资擎蓄。清乾隆五十二年（1787年），在河成闸和利运闸之间的马庄集添建汇泽闸一座，下距利运闸40里；在亨济闸以下25里处的坡墩添建潆流闸一座。越河均长200丈，每年秋冬筑坝堵塞蓄水。

各闸建成后，中运河得以层层关束，节节擎蓄，启闭由人，重运经临，足资浮送。此后，随着黄河频繁汇注入运，各闸或淤塞，或因经年汕刷而朽坏，各闸屡加整治。清咸丰后，各闸年久失修，至清末民初俱堙废。

中运河沿线的近代船闸以刘老涧船闸最具代表性。刘老涧本是一条河的名字，在宿迁县城东南2公里处流入总六塘河。刘老涧船闸建在刘老涧斜对岸小官庄的中运河河岸西南面，中运河河水自西北向东南流。1934年，在中运河上、下游各开一引河，建一船闸为两引河间调节水位的枢纽，即刘老涧闸。同时将原中运河用草坝堵断，以维持船闸上下游水位的高差。此后，又在刘老涧西北开挖一条长约1.5公里的引河，引水入总六塘河，并建一活动泄水坝以节制河水。该工程于1934年6月开工，1936年11月建成。刘老涧闸上、下游引河各长685米。该闸建成后，维持了刘老涧及宿迁以上中运河的水位，使其最低水深不小于2.5米，从而确保了其能够常年通航。

刘老涧船闸在淮阴、邵伯两船闸之后开工，加上当时材料运输迟滞，且系砂礓土质，施工较难，因而未能与淮阴、邵伯船闸同时通航。1936年8月建成，放水典礼延至十月举行。后因抗日战争爆发，部分附属工程停工而未能启用。抗战胜利后因未加保护，以致船闸遍体锈蚀，机件残缺甚多。1963年予以修复，此后又历经三次大修改造，但因闸况较差，且通过量太小而不能适应通航的需要，于1984年拆除。

刘老涧船闸

1.6 淮扬运河

淮扬运河，南起江苏省扬州市瓜洲古渡，与长江相接；北至淮安市码头镇与淮河相接，沟通长江和淮河两大水系，是大运河沿线有确切年代记载的最早开凿的河段。古称邗沟、渠水、韩江、中渎水、山阳渎、楚扬运河等，今称里运河。今日里运河南起扬州市六圩，与长江相接；北至淮安市淮阴船闸，与淮河相接，长169.5公里。邗沟曾有过许多名称，唐代以前名邗沟、渠水、邗溟沟、中渎水、邗江、山阳渎等，宋元时期称楚扬运河，明清时期称淮扬运河，今称里运河。今天的淮扬运河不仅是南北水路交通干线，而且是南水北调东线工程的主干输水通道，是里下河地区的防洪屏障，沿线涵闸则可控制运东沿运灌区农田灌溉和运西白马湖宝应湖地区引排水。

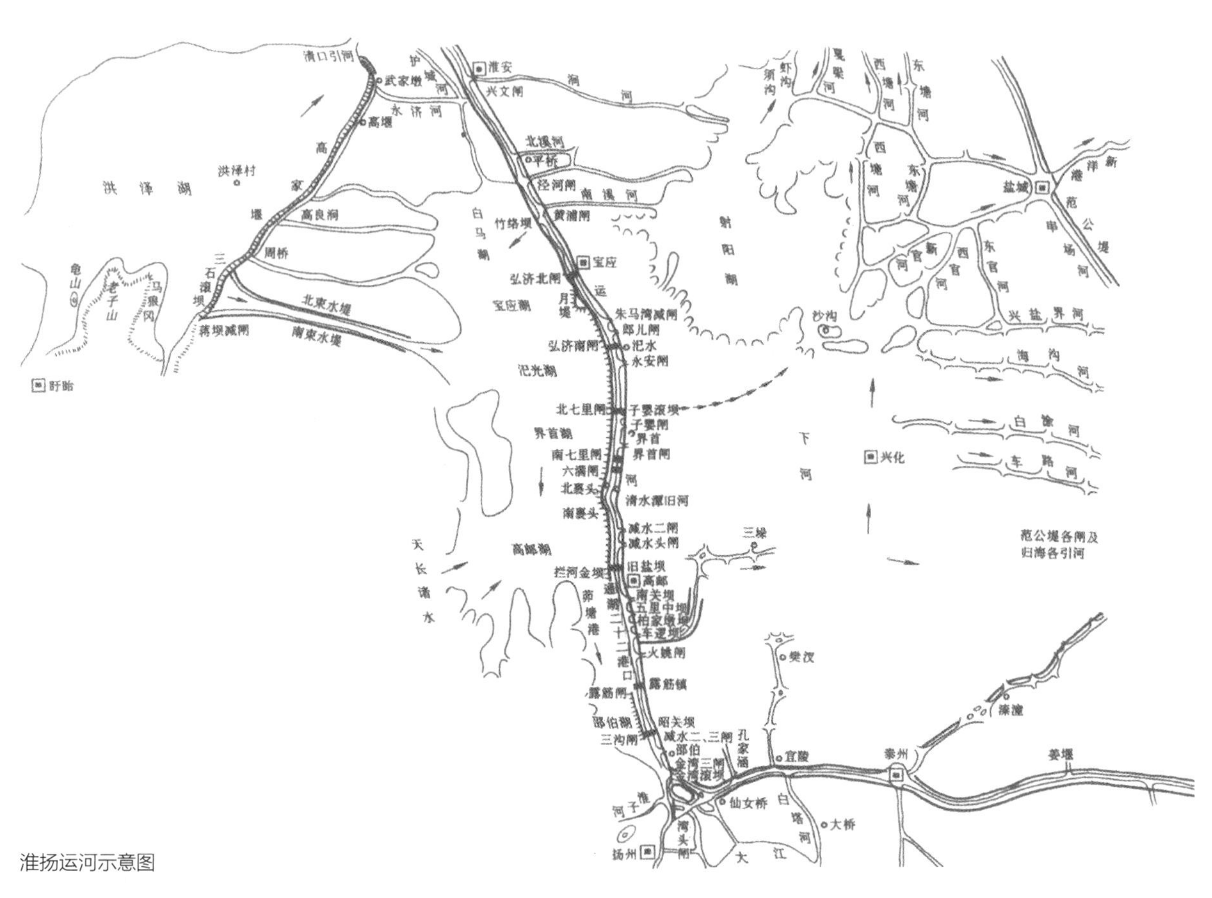

淮扬运河示意图

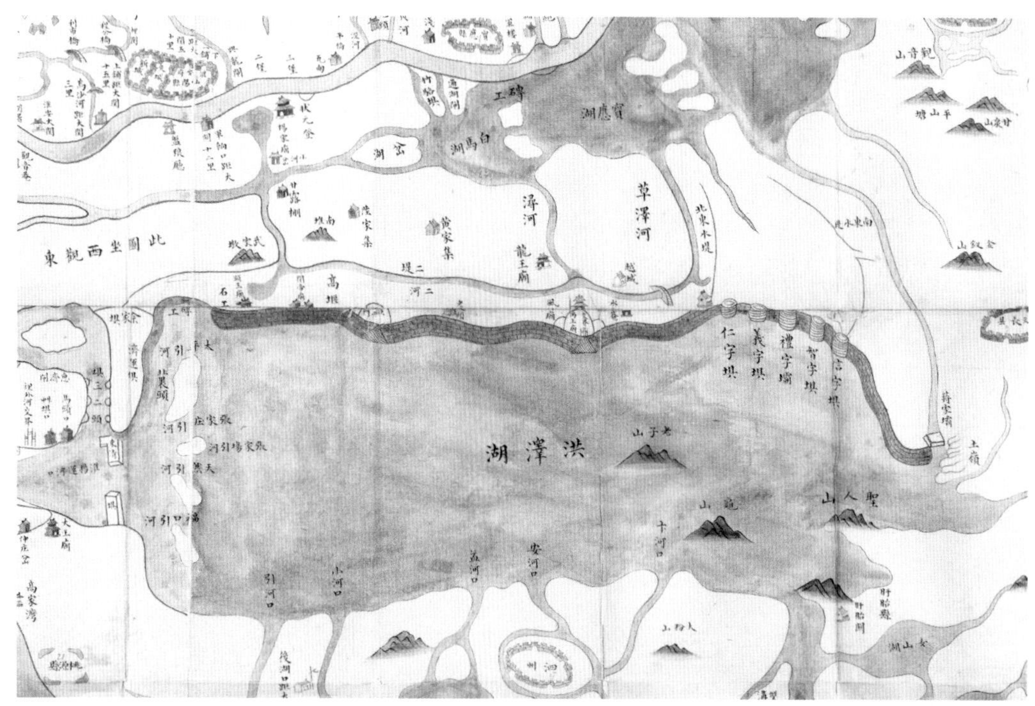

清代淮扬水道图

1.6.1 河道变迁与治理

淮河最初与长江并不通连，春秋末期邗沟开凿后，江淮两大水系才得以沟通。此后，邗沟不断得以改建、扩建和完善。南宋建炎二年（1128年）黄河南徙夺淮前，黄河东北流注渤海，淮河水系相对稳定，干流独自入海，淮扬运河在今江苏淮安与淮河相交，通过淮河与汴河相接。1128年黄河夺泗入淮，在淮安以下挤占淮河河道共同入黄海，此后直至清咸丰五年（1855年）黄河北徙自大清河入海的700多年间，淮扬运河与黄河、淮河交汇于淮安清口一带，并长期遭受黄河泥沙淤积的影响，因此治运与治黄、治淮交织在一起，航运与防洪、泥沙治理交织在一起，形成错综复杂的局面。为确保年均400万石的江南漕粮顺利运抵都城北京，明清两代提出“治河保漕”的治河方针。为了保漕，不得不治黄；为了治黄，明代开始采取“束水攻沙”与“蓄清刷黄”的治河方略，对黄淮下游及运河进行治理，虽暂时满足了南粮北运的需求，但终究未能根本解决黄河泥沙淤积的问题，最终于清咸丰五年（1855年）改道北徙，淮扬运河则在此基础上形成今日里运河。

1.6.1.1 春秋战国时期：邗沟的开通

邗沟又名韩江，后来又有渠水、中渎水、邗溟沟等名称。它首次沟通淮河与长江两大水系。

邗沟开挖以前，长江与淮河之间并不通航，江南地区欲北上中原，要从海上航行，自淮河入海口进入淮河，再溯淮而上，转入泗水，抵达黄河流域。这种路线迂回曲折，且有海上风涛之险。

长江与淮河间有众多河流东流入海，以及一系列湖泊绵亘其间。古代江淮间的分水岭并不明显，大致位于今邵伯镇东，即通扬运河一线。凿通这一分水岭，沟通江淮，始于春秋末年邗沟的开挖。

邗沟的开挖是由水军强大的吴国完成的。吴王夫差打败楚越两国后，意欲北上与齐晋争霸。吴国的主要军事力量是水军，要想在齐晋面前炫耀武力，首要的问题是开通江淮间的水路。春秋后期鲁哀公九年（前486年）吴国动员人力，开挖邗沟。据《左传·哀公九年》杜预注记载，吴国“于邗江筑城穿沟，东北通射阳湖，西北至末口入淮，通粮道也。今广陵韩江是。”韩江即邗沟，曾有过许多名称，唐代以前称邗沟、渠水、邗溟沟、中渎水、邗江、山阳渎等，宋元时期称楚扬运河，明清时期称淮扬运河，今称里运河。

邗沟最初的行经路线，北魏郦道元在其所著《水经·淮水注》进行了具体的记载：“中渎水自广陵北出武广湖东、陆阳湖西。二湖东西相直五里，水出其间，下注樊良湖，旧道东北出，至博芝、射阳二湖，西北出夹耶，乃至山阳矣”其中，武广湖又名武安湖，在今高邮西南30里；陆阳湖即渌洋湖，在今高邮南30里；樊良湖在今高邮北20里；博芝湖即广洋湖，在今宝应东南90里；射阳湖又称射陂，在今宝应东60里；末口即今淮安河下镇，其北即是淮河。

据此可知，邗沟自广陵（今扬州）引长江水，向北过高邮后，折向东北，出射阳湖后又改向西北，经今淮安注入淮河，大部分运道从江淮间的湖荡穿过，航道呈“几”字形。此时的邗沟长380余里，比直线距离长出四分之一，史称邗沟东道。尽管如此，它仍比绕道海上要便捷和安全。

淮安与扬州之间湖泊众多，其中以射阳湖为最大，直到北宋时它仍是个周长300里的大湖。邗沟的开凿充分利用了沿线湖泊河流相互邻近的自然形势，用人工渠道巧妙地加以沟通而成。邗沟最初的路线是北过高邮后折向东北，出射阳湖后又改向西北，绕了一个大弯。这显然是在施工时为尽量利用天然湖泊以减少运河开挖工程量的结果。

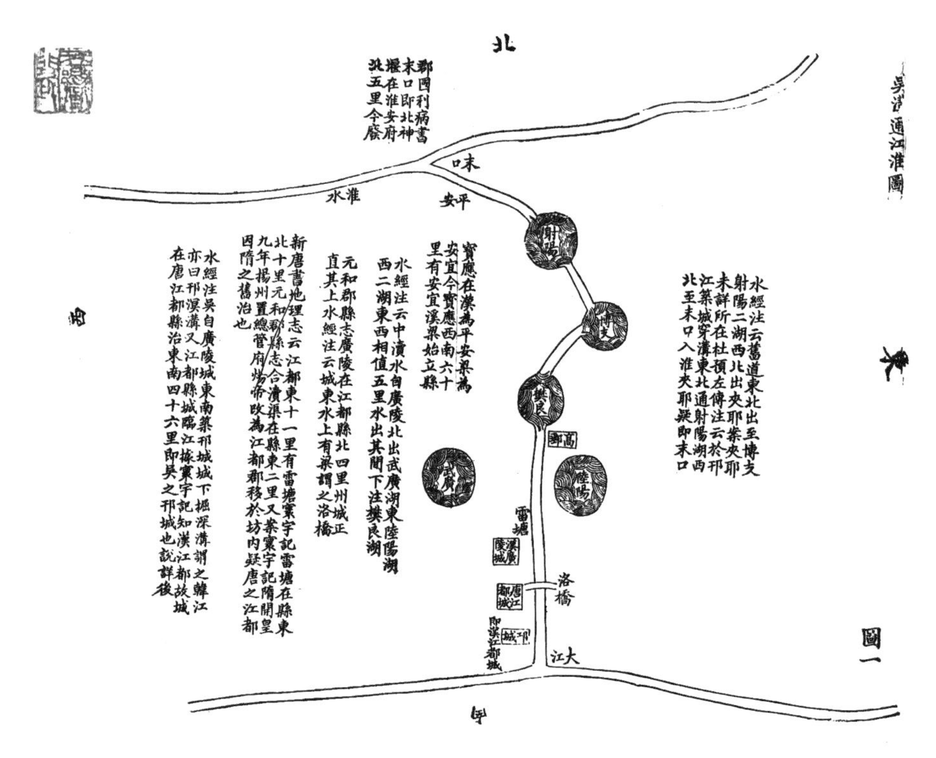

春秋时期邗沟示意图（《扬州水道记》）

邗沟遗址（魏建国　摄）

邗沟的开通为吴军北进开辟了一条新的水运通道，吴军可以从长江经邗沟入淮，然后再沿淮河的支流——泗水、沂水，直达齐国国境。据文献记载，邗沟开通的当年冬季，吴王夫差就兴师伐齐，2年后，即周敬王三十六年（前484年）打败齐国。此后，继续沿运河北上，与晋国争雄。越国灭吴后，越王勾践也曾通过海上、邗沟二路伐齐。这说明邗沟自开通之日起就成为江淮间重要的水运干道。

邗沟的开凿最初主要是为了运送军队和粮饷，约至东汉，其经济价值逐渐显著，因此，历代极其注重对它的维修。

1.6.1.2 秦汉至南北朝时期：邗沟的改建

秦汉时期，因邗沟路线迂回绕远，穿行的湖面风大浪高，不便航行，便对其进行了改道。此外，西汉前期还将邗沟运道延伸到海陵仓。

1. 邗沟的改建

至东汉时期，随着邗沟交通干线地位的显著，航运日渐繁忙，原来东北经博支湖和射阳湖、再向西北出末口入淮的邗沟旧道已嫌迂曲，且博支湖和射阳湖水面辽阔，船行其中多风浪之险，邗沟取直一事提上日程。

东汉建安初年（196年），广陵太守陈登对邗沟北段进行了整治。其中，自长江至樊梁湖南的运道沿用原址，但自樊梁湖北不再绕道博芝和射阳二湖，而是径直向北至津湖，再自津湖北至白马湖，过白马湖后，北至山阳城西（今淮安），由末口入淮。自此，邗沟不再绕道东北，航线渐趋顺直，航道里程大为缩短，史称“西道”。由于改线后的西道仍面临水源不足问题，东道并未废弃，长期维持着邗沟东、西两道并用的局面，直至宋代。

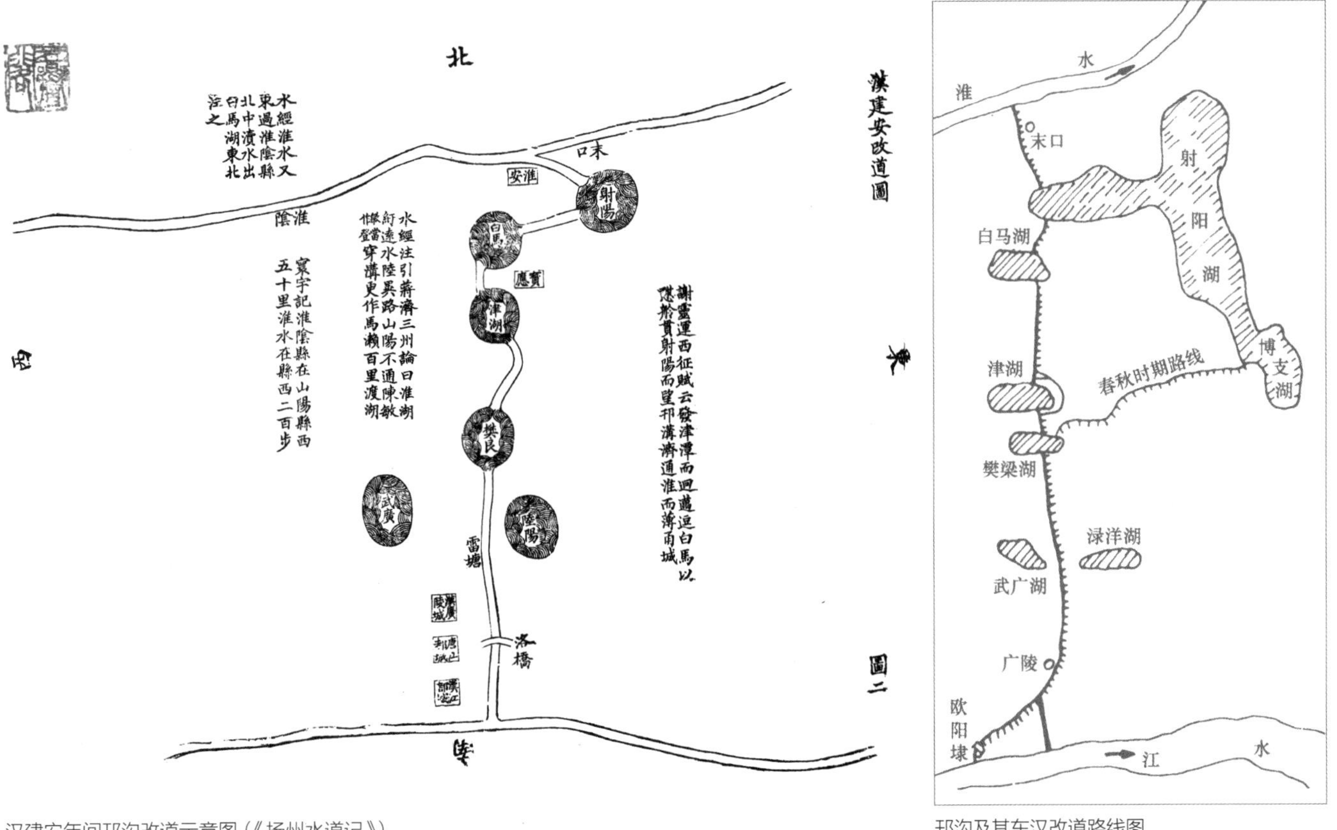

汉建安年间邗沟改道示意图（《扬州水道记》）

邗沟及其东汉改道路线图

2. 通扬运河的开凿

这一时期开挖的另一条重要的人工运渠是扬州至如皋的运盐河。运盐河的开凿始于汉初。据《史记》记载："汉兴，海内为一，开关梁，弛山泽之禁，是以富商大贾周流天下，交易之物莫不通，得其所欲"。

西汉文帝、景帝年间（前179—前141年），吴王刘濞控制淮南，坐镇扬州，大力开发沿海盐业，从中牟利，称雄一方。为了运盐通商，刘濞动员人力，开凿茱萸沟。茱萸沟西起扬州茱萸湾，东通海陵仓及磻溪，这就是通扬运河的前身。茱萸湾即今扬州湾头；海陵即今泰州。茱萸沟西联邗沟，东达沿海盐区，成为一条十分重要的盐运水道，从而有力促进了淮南盐业的发展。史学家班固曾在《汉书·枚乘传》中赞叹道："夫汉并二十四郡，十七诸侯，方输错出，运行数千里，不绝于道，其珍怪不如东山之府；转粟西乡，陆行不绝，水行满河，不如海陵之仓"。这反映了当时淮南盐业的兴盛和盐运的发达。

今日茱萸湾（2019年，魏建国、王颖　摄）

1.6.1.3　三国两晋南北朝时期：邗沟的继续改建与江淮间运道的整治

春秋末期开凿的邗沟东道，较多利用天然河流湖泊，航道条件并不好；经过陈登改造的邗沟西道，虽改变了以往运道迂回曲折的局面，但仍不便通行。曹魏黄初五年至六年（224—225年），魏文帝曹丕曾先后两次率水军渡过淮河，经邗沟抵达广陵（今江苏扬州）以临江观兵，但船队在航行途中都曾遇过困难。第二次由广陵回师时正值冬季，“战船数千，皆滞不得行”，以致到达津湖时，因运道浅涩、无法航行，蒋济只好设法开凿渠道，筑坝壅遏湖水，才得以引船入淮河。三国时期，孙吴虽然能够控制今扬州一带，但势力范围尚不能到达今淮安，因此未对邗沟进行整治。东晋时，南方政权的势力范围已涵盖邗沟流经的区域，为改善江淮间的水运条件，对邗沟运道进行过多次整治，从而使其路线经历过以下三次变动：

（1）改善通江运口。吴王夫差开通邗沟时，长江的地势高于淮河，邗沟南段水源引自长江，其引水口在江都城南（当时的江都故城滨临长江）。随着长江左岸沙滩的日渐淤涨，东晋永和年间（345—356年），江势南趋，造成引水口堙塞，“江都水断”。为了解决邗沟的水源问题以利通航，改由江都城西的欧阳埭引水，并开河60里，至广陵城与邗沟相接。至此，仪征成为邗沟新的南运口。唐代中期虽在扬子津以南开瓜洲运河（伊娄河），但这条运河及其口门始终在使用，东晋时称真扬运河，明清时称仪真运河，近代称古运河，今名仪扬河。

（2）开凿樊良湖水道。樊良湖位于高邮北20里，船只自邗沟西道北出高邮后，穿行樊良湖，风大浪高，危险异常。晋永兴（304—306年）初，为避风浪之险，广陵度支陈敏在樊良湖东侧凿渠，下至江津湖，开凿一条人工运渠。

（3）开凿津湖运渠。津湖即界首湖，在宝应县南60里。樊良湖水道开凿以后，邗沟西道仍需通过津湖。东晋兴宁年间（363—365年），“以津湖多风”，从津湖的南口，沿其东岸开渠20里，抵达津湖北口，从而避开了津湖。经过此次改道，邗沟西道中段全部改为人工渠道，“行者不复由湖”，航运的安全性得到提高。

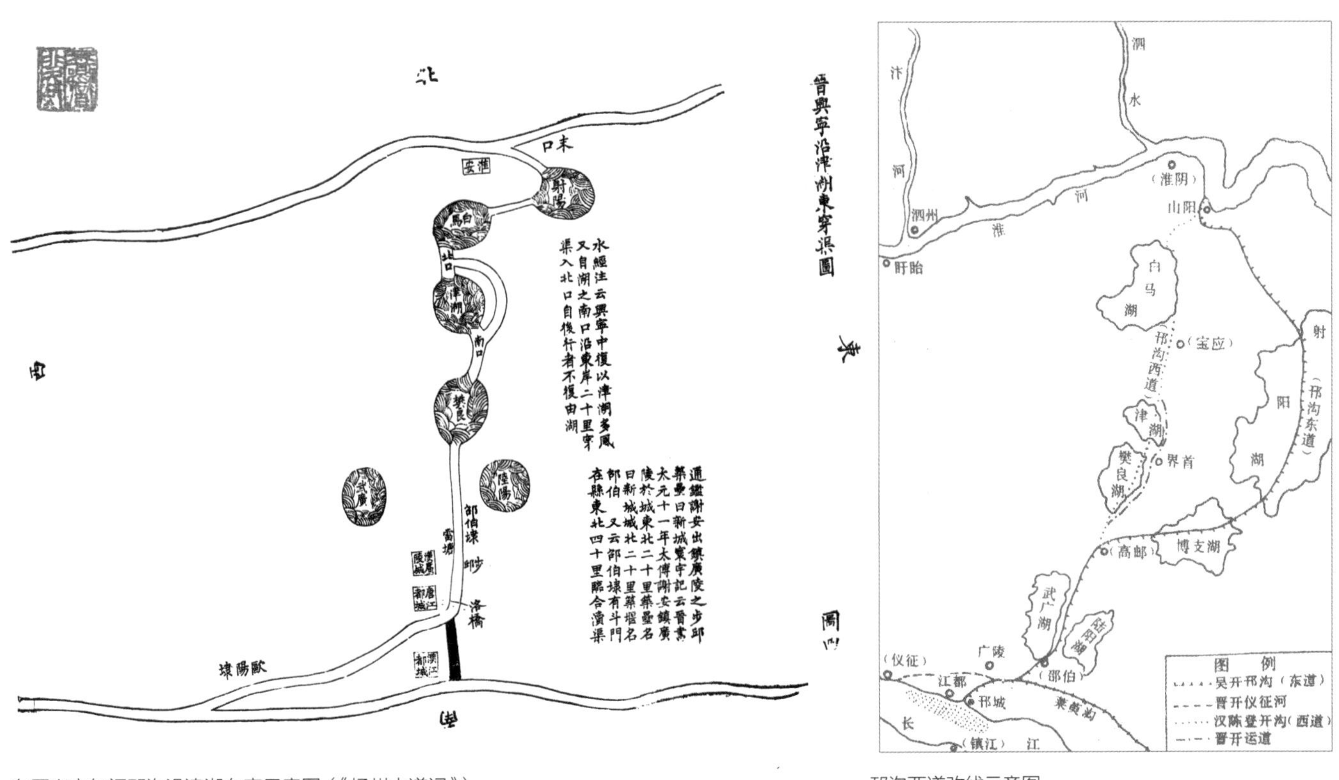

东晋兴宁年间邗沟沿津湖东穿示意图（《扬州水道记》）

邗沟西道改线示意图

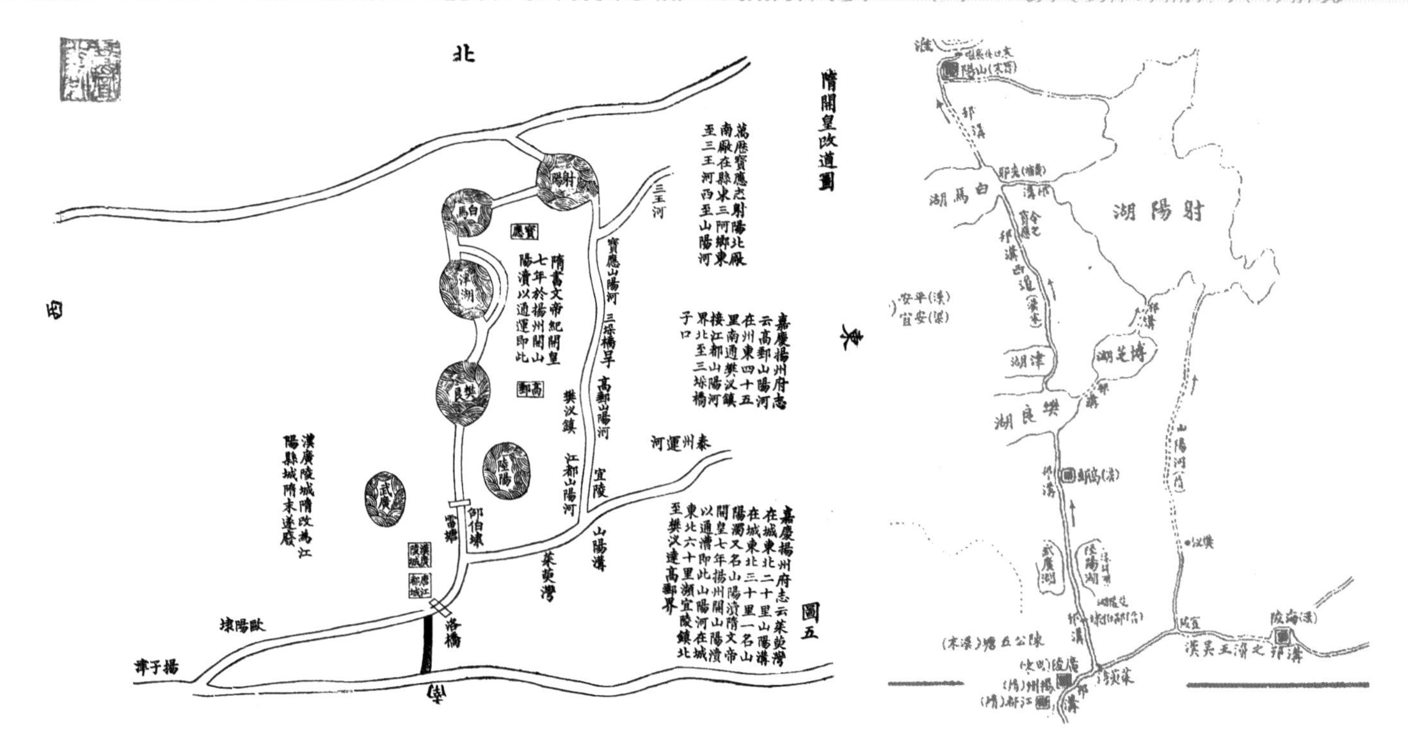

隋开皇年间邗沟改道示意图（《扬州水道记》）　　邗沟历次开凿示意图（据《淮系年表全编》重绘）

西汉文帝、景帝年间（前179—前141年），吴王刘濞开挖古运盐河，又称茱萸沟，当时也称邗沟，即今通扬运河的前身，由茱萸湾（今扬州湾头）向东，东经海陵（今泰州）至如皋礌溪，主要用于运输产自海陵一带的盐。

当时吴王刘濞控制淮南，坐镇扬州，大力开发沿海盐业，称雄一方。所开茱萸沟西联邗沟，东达沿海盐区，是一条重要的盐运水道。唐代，通扬运河盐运规模已相当大。据日本僧人圆仁《入唐求法巡礼记》记载，唐开成三年（838年），他随日本遣唐使船来中国求法，在前往扬州途中，见“盐官船积盐，或三四船，或四五船，双结继编，不绝数十里，相随两行”。

宋嘉祐年间（1056—1063年），曾征调兵夫浚治泰州、海安和如皋境内的运河，最终全线连通。自扬州湾头起，东经江都、泰州、海安，至南通大木桥，全长188公里。东邗沟由此成为连接扬州和南通的运盐干线，泰县、东台、如皋、南通、海门和盐城一带的盐均由此运往扬州外销。

1.6.1.4　隋唐时期：邗沟的扩建

隋代开山阳渎、通济渠后，运道由汴入淮、由淮入山阳渎的格局形成。唐代，山阳渎成为江淮间的主要运道。

1. 隋代邗沟的扩建

隋代对邗沟进行过两次大的改动。

南北朝时，邗沟仍由仪征引水过埭，至扬州，出樊梁湖，北至淮河。隋开皇七年（587年），为南下平陈，统一江南，开山阳渎（即今老三阳河），自茱萸湾（今扬州湾头），东至江都宜陵，折而北，经樊川、高邮三垛至宝应东的射阳湖入淮。山阳渎位于今里运河以东约10公里处，并平行于今里运河，也称“东道”。山阳渎的开凿实际上是对旧运道的疏浚和裁弯取直，同时拆除不必要的堰埭。次年，隋文帝通过山阳渎运兵南下，一举灭掉陈国。

隋文帝开山阳渎后18年，即隋炀帝大业元年（605年），隋炀帝在开通济渠的同时，“发淮南丁夫十余万，开邗沟，自山阳至扬子入江。渠广四十步，渠旁皆筑御道，树以柳”。这是在陈登所开邗沟西道基础上进行的一次大规模拓宽浚深，新开邗沟全长300余里，宽60～70米，形成今日里运河的规模。此次重开后，邗沟虽重回原来的西道，但对其迂曲转态进行了改变。邗沟运道径直始于此。

2. 唐代开伊娄河

伊娄河即今扬州南三汊河至瓜洲的一段运河，为里运河最南段。

历史时期，邗沟南端扬州段曾是长江入海的河口地段，该段江岸涨坍频繁，经历过巨大变迁。公元前486年吴王夫差所开邗沟就是在蜀冈以下长江淤出的滩地上开凿的，当时长江北岸岸线距离蜀冈很近。此后，随着长江口向东延伸，泥沙不断淤积，长江岸线持续南移，至隋代移至距今扬州城南20里的扬子桥（时名扬子津），扬子津成为长江北岸的重要渡口。在润州（今江苏镇江）与扬子其间的长江中有沙洲，晋代时开始露出水面，因其形似“瓜”，故名瓜洲。此后瓜洲逐渐增大，至唐代中叶，已与长江北岸相连。江南漕船北上，由镇江至瓜洲后，需转陆运至扬子入邗沟，费时费力；或由瓜洲沙尾向上游绕行60里，至仪征运口入邗沟，由于该处风浪大、水流急、漩涡多，漕船常被江中风浪漂没。

唐开元二十六年（738年），润州刺史齐浣在瓜洲江滩上开运河，直通长江，名伊娄河，长25里。船只由镇江京口埭入长江，横渡长江20里至瓜洲，再于瓜洲伊娄河行25里，至扬子县入邗沟。伊娄河的开凿，既可省去水陆转运的环节，岁省运费数十万，又因邗沟运口南移至瓜洲，长江南北两运口相对，成功地缩短了经行长江的航程，减少了江上行船的覆溺风险。

伊娄河的开凿既省去了水陆转运之苦，又因邗沟的运口南移至瓜洲，与江南运河的镇江运口隔江相对，成功地缩短了经行长江的航程，减少了江上行船的覆溺风险。

伊娄河是在沙洲上与长江连接的，进口处江流湍急，所以开得较为宽阔，使水流得以缓冲。伊娄河开通后，其入江运口一带很快成为游览胜地，唐代开始在此建城。对此，著名诗人李白曾赞道：“齐公凿新河，万古流不绝……两桥对双阁，芳树有行列……海水落斗门，潮平见沙汭。”

3. 官河与七里港

官河与七里港是唐代穿越扬州市区的运河。

唐代的扬州城包括子城和罗城，杜牧有“街垂千步柳，霞映两重城”之诗。开元年间，伊娄河开通后，船只由瓜洲进口，达扬子桥，穿罗城，至蜀岗下，沿子城南濠，东至禅智寺桥，经茱萸湾北上。由此可知，邗沟贯今扬州城中，该段运道称官河。

唐初，曾疏浚在扬州以西的太子港、爱敬陂等34陂，以便利漕运。贞元四年（788年），扬州城内官河淤垫，富商大贾在其沿岸侵渠造宅，加之水源不足，漕运常常受阻。于是淮南节度使杜亚“相川原，度水势”，自

今日瓜洲运河及其与长江的位置关系示意图（2019 年，魏建国、王颖　摄）

瓜洲古渡口遗址（2019 年，魏建国、王颖　摄）

唐代伊娄河示意图

江都往西至蜀冈（今江苏扬州城北5里）修渠，沟通“方圆百里，支辅四集”的爱敬陂等湖塘，引水至罗城内官河以补充其水源；同时在城西门作斗门，随时起闭。此外，他又“起堤贯城”，改善官河水道条件，以通行大船。

因为蜀冈地势较高，不易蓄水，所以杜亚的措施仅利于一时，再加上官河穿行扬州城中，易阻塞，浅涩问题并未从根本上得以解决。38年后，即唐宝历二年（826年），官河再次淤塞，盐铁使王播开七里港河以与长江相接，将漕河改到扬州城外，“开凿稍深，舟航易济”“漕运不阻，后人赖之”。七里港河自扬州城南阊门西面的七里港向东，经由禅智寺桥，通官河，全长19里。这一措施实际上降低了运河河床的地势，引江水济运。据《扬州水道记》记载：“自是漕河始由阊门外，不复由城内旧官河矣。”

明万历二十五年（1597年），扬州城南段运河因河道顺直，水势直泄，难以蓄存，漕船、盐舟常遭浅阻。知府郭光开挖宝带新河，自城南门二里桥河口起，西折而南，又折而东，迂回六七里，形成“运河三湾”，通过设置弯道延长河线进而加大河道比降，有效地减缓了河水下泄速度，并壅高了上游的水位，运道浅阻问题得以解决。

4. 支线运道的开凿

除淮扬运河主航道之外，这一时期还开挖了一些其他支线运道。

隋仁寿四年（604年），在古运道的基础上，自扬子向东北经茱萸村，再向东经宜陵60里达泰州，开通茱萸湾，又名湾口、湾头、东塘。

唐太极元年（712年），魏景清利用盱眙县的一条直河，引淮水至黄土冈“以通扬州”。该河道大致从盱眙东北30里的龟山蛇浦口，经宝应、天长，至六合瓜埠入长江。

唐垂拱四年（688年），开涟水新漕渠，从涟水向北通海州（今江苏连云港西南）、沂州（今山东临沂）、密州（今山东诸城）等地，沟通淮水、沂水、沭水和潍水。后来该道罢废，但涟水与潍水之间的运道却成为运盐河的前身。

1.6.1.5　宋元时期：淮扬运河完备工程体系的基本形成

宋代，为解决楚扬运河的水源问题，除了修建大量堰埭、堤防和闸坝等工程，还想方设法增辟、节省水源。为解决泗州至淮安段淮河行运的艰险，先后开凿沙河、洪泽河和运河等避淮工程。为解决淮安以南段运行湖中的风浪之险，逐渐实施运河与湖泊的分离措施。经过长期经营，里运河基本形成了相对独立完备的工程体系。

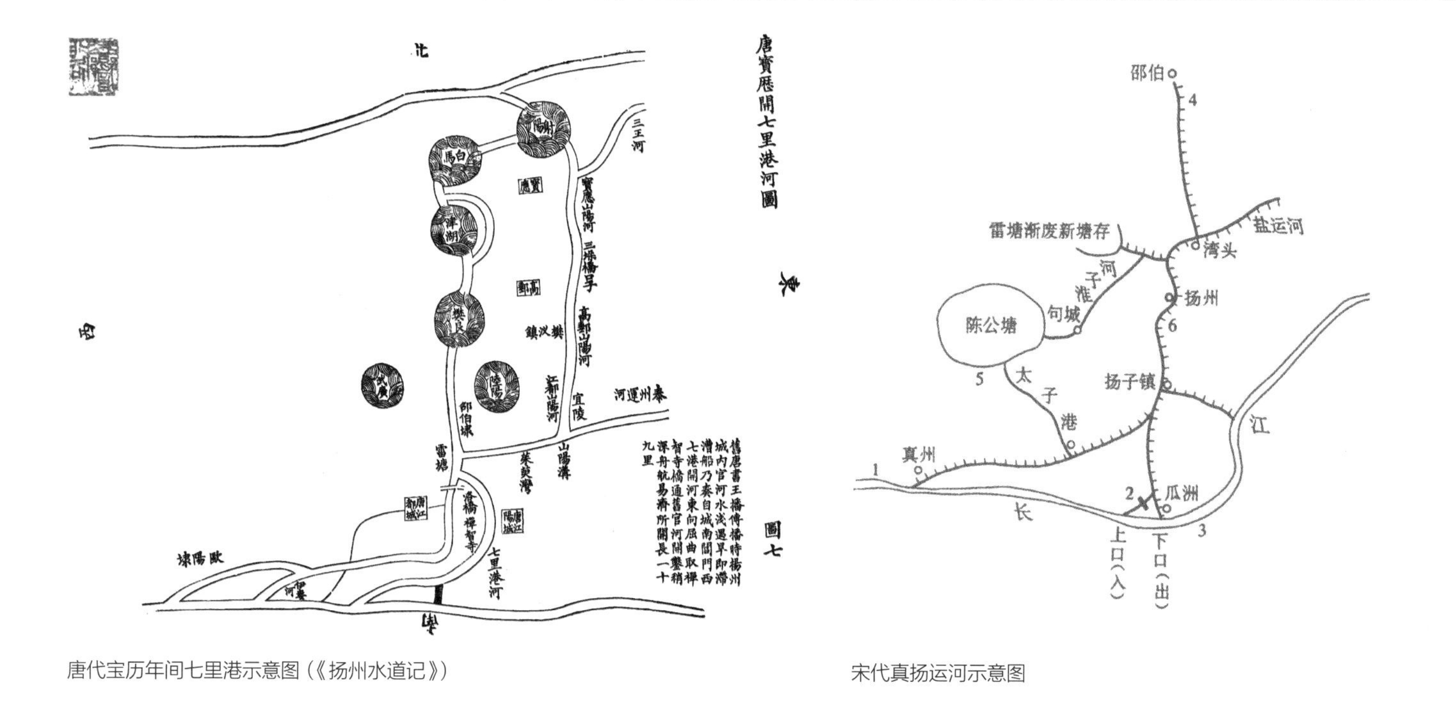

唐代宝历年间七里港示意图（《扬州水道记》）

宋代真扬运河示意图

1.6.1.6 宋代——沙河、洪泽河和运河的开凿

宋初，自淮安至泗州间运道利用淮河河道，这就带来两个问题：①淮扬运河入淮口附近的山阳湾，水流迅疾，行船不便；②泗州至淮安段淮河航道风大浪急，每年在此损失的漕船达170多艘。宋代诗人苏轼《发洪泽遇大风却还宿》中有“谁言淮阳近，阻此骇浪飞”的诗句，梅尧臣《阻浅糙之平甫来饮》中有“泛淮忌水大，我行浩以漫”的诗句。为避开淮河的风浪之险，宋代先后在淮水南侧开沙河、洪泽河和龟山运河，南运口的位置随之发生很大的变化。

1. 避淮工程：沙河、洪泽河和运河的开凿

（1）沙河。早在五代十国时，沙河就曾开凿过，时名老鹳河。周显德五年（958年），周世宗柴荣征伐南唐，欲使战舰自淮河入长江，但被阻于邗沟北端的北神堰，无法通过，于是决定开挖楚州（今江苏淮安）西北的鹳水并亲自勘察规划，历时10天开凿完成，巨舰百艘得以顺利入江。

宋初，淮河在淮安西北山阳县由东流转为西南流，形成约30里的一段河湾，称山阳湾。这里水势湍急，船只至此多遭覆溺。雍熙元年（984年），转运使刘蟠主张开沙河，未成而罢。淮南转运使乔维岳利用故沙湖，自淮安北的末口开河至淮阴磨盘口（今码头镇附近）入淮，避开了山阳湾。新河长40余里，仍名沙河，沿用至明代。邗沟入淮口由末口移至磨盘口，这是南运口位置的首次变迁。

（2）洪泽河。沙河的开凿解决了山阳湾之险，但从淮安往西进入汴河仍须经由淮河，而淮河风浪常致船只覆没，于是乔维岳开沙河70多年后，即皇祐年间（1049—1054年），江淮发运使许元接沙河自磨盘口向西开渠至洪泽镇入淮，长49里。几年后，马仲甫将淮阴至洪泽镇60里的河段全部开成人工河道。然而，该河又“久而浅涩”。熙宁四年（1071年），皮公弼重加整修。南运口改移至洪泽镇。

洪泽镇在淮安上游60里处，今已沦入洪泽湖中。时洪泽河口建有引潮节制闸，即洪泽闸。宋代诗人杨万里在《清晓洪泽放闸四绝句》中曾提及该闸：“满闸浮河是断冰，等人放闸要前行。劣能开得两三板，争作摧

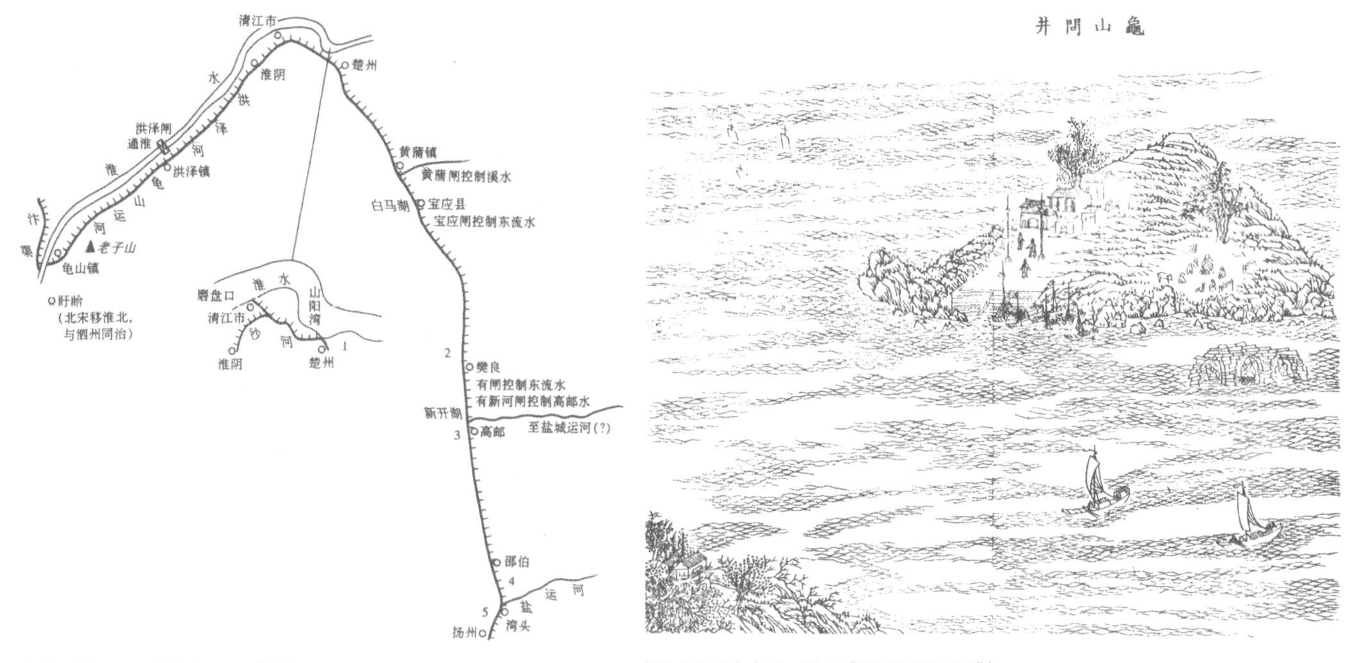

宋代避淮工程及淮扬运河示意图

《龟山问井》（清　麟庆《鸿雪因缘图记》）

据传，大禹治水时，曾至淮河源头桐柏，获淮涡水怪巫支祁，将其锁在龟山山脚的井中，淮水乃安。

琼裂玉声。”南宋诗人楼钥曾于乾道五年（1169年）出使金国，途中曾经由洪泽河，在其所著《北行日录》中，楼钥记载了他亲身经历的过闸过河景象：自洪泽“开闸，张帆三十里，过渎头”。

（3）龟山运河。为完全避开淮河的风浪之险，开洪泽河后12年，即元丰六年（1083年），发运使罗拯建议接洪泽河继续向西延伸，开龟山运河，长约五十七里，宽十五丈，深一丈五尺。发运副使蒋之奇也主张自龟山左侧蛇浦至洪泽开复河，以淮河水为源，不设堰闸。于是宋神宗命都水监丞陈祐甫前往规划执行。正月，调派民夫10万人开凿，二月竣工。1169年楼钥过龟山运河时曾留下这样的记载：洪泽镇上游约30里为渎头镇，又15里为欧家渡，又15里为龟山。也就是说，100年后，龟山运河的长度仍在60里左右，没有较大的变化，且仍在使用。

经过前后100年的努力，自淮安至泗州间的人工运河终于贯通，自此漕船无需再行于淮河干流，可从南岸新开运道抵达盱眙，再北至对岸泗州入汴渠。

2. 楚扬运河的浚治

（1）修浚淮南漕渠（扬州古河）。漕船由真州（今江苏仪征）、扬州经楚扬运河进入淮水，中间要经过5道闸堰，漕粮反复起卸，船只多次牵引，造成人力物力的耗费。为此，北宋天禧二年（1018年），江淮发运使贾宗建议开凿扬州古河，使之绕过扬州城南，接入运河，同时毁去扬州城南20里即扬子桥南面的龙舟堰、扬州东面的茱萸堰和另一道新兴堰，在三堰附近凿通运道，以均衡水势，如此可“岁省官费十数万”。

宋朝廷派屯田郎中梁楚等进行实地查勘后，认为切实可行。次年河工告成，引水注入新运道，其水位与三堰相平，“漕船无阻，公私大便”。这一新开运河即扬州城南的运河。当时，在新开凿的运道上还增设了减水闸，“蓄水济漕，有余泄之”，称“平水法”。

（2）开挖长芦口河（仪征新河）与靖安河。长江进入南京、镇江、扬州一带时，“悍怒触舞”，自南而来的漕船由此渡江，每年的损失高达十分之一二。为此，北宋天圣三年（1025年），发运使张纶开真州长芦口河。该河在今仪征市西40里，经今六合县南25里的长芦镇，上游名西河、沙河。其流路大致是从六合县东30里的浦口河开始，经六合县城南，再东南入瓜州，曲折入长江，意在“避大江风涛之险”。

长芦河修通后，春夏秋三季水源充沛，但冬季缺水，易于枯竭。百年后，发运使卢宗原请开靖安河与仪征新河，以扬子、六合和上元（今江苏南京市）3县分工开挖。靖安河是今南京北面的一条古运河，由该河入长江，再接仪征新河。靖安河开通后，以长80里的人工运河避开了长江150里的险段。仪征新河是重新疏浚的长芦口河。整个工程的施工过程中，扬子功居十分之九。这是北宋末期南北漕粮运输的主要通道。

（3）开修楚州支家河（通涟河）。唐嗣圣五年（688年）所开的涟水县新漕渠，从鲁南的沂、密诸州南达涟水县入淮河，成为唐宋时期苏北沿海地区沟通运河的干道。但是淮安沿淮河至涟水的一段航道“风涛险，舟多溺”，于是北宋元符二年（1099年），江淮发运使王宗望从涟水新漕渠中段（中涟水）向西南至淮安方向开凿支氏渠，以避开淮水险段。次年，继任者吴居厚加以疏通，“楚海之间赖其利”。

（4）修浚运盐河。北宋嘉祐年间（1056—1063年），淮南浙荆湖制置发运副使徐的调兵夫浚治江都古盐河，即自扬州茱萸湾通如皋蟠溪的运盐河，“出滞盐三百万”。熙宁九年（1076年），王子京又修浚泰州至如皋之间170多里的运盐河。

南宋乾道六年（1170年），征调5000多名兵士开浚扬州湾头港口（今江苏江都东北）至镇西山光寺前桥垛头，共485丈，以流通淮东盐课。

（5）开凿和修通润州新河。北宋天圣二年（1024年），润州（今江苏镇江）新河竣工。该河又称京口汛河、利涉桥、浮桥下支河，在镇江府城西、京口闸东，南通运河，北通长江。宋仁宗在位年间所疏通的蒜山（在城西五里）运河，也指润州新河。后来，该河逐渐埋废。政和六年（1116年），鉴于漕船至镇江“无港澳以容舟楫，三年间覆溺五百余艘”的严重情况，勘察到镇江城西久已埋废的一条旧道可避风涛，便令发运司加以浚治。这支旧河就是当初开凿的润州新河。

3. 黄河夺淮对淮扬运河的影响

北宋末年，黄河下游东流、北流互变，反复无常，但基本以北流进入渤海为主。至南宋建炎二年（1128年），为阻止金兵南下，东京（今河南开封）留守杜充决开黄河，“自泗水入淮”，即黄河在今江苏淮安以下挤占淮河河道后，二河合流入海。这是历史上黄河长期南泛夺泗入淮的开始。

在南徙夺淮最初的几十年间，黄河极不稳定。大定八年（1168年），河决李固渡（今河南浚县南），并在单县附近分流。其中，“南流”夺全河十分之六，“北流”仅占十分之四。当时金统治者在李固渡南筑堤以防决溢，使两道分流。此后，黄河在中原地区频繁决溢、灾害渐多。

金明昌五年（1194年），“河决阳武故堤，灌封丘而东”，黄河决水大致经封丘、长垣、东明至徐州以南会淮河。金末天兴三年（1234年），蒙古军南下，认为掘开开封以北的寸金淀“以灌南军（即宋军），南军多溺死”。自此，黄河东南入淮的大势已成定局。

自建炎二年黄河夺泗入淮到清咸丰五年（1855年）黄河北徙由大清河入海，在今江苏淮安以下挤占淮河河道合流入海，不仅使淮水流域灾害频仍，而且对淮扬运河产生了直接和深远的影响。这主要体现在以下两个方面：一是黄河水溢入淮河，淮河不能容纳，遂壅注洪泽湖、高宝湖，威胁淮扬运河河道，频繁决溢里下河地区。于是，黄河与运河、淮河三河交汇的淮安清口一带成为元明清时期的治河重点，成为大运河沿线工程最为集中、管理最为严格，消耗人力物力财力最多的地区；二是在黄河长达700多年的夺淮过程中，携带的大量泥沙导致淮下游河身淤塞，至咸丰元年（1851年）形成淮水改由淮扬运河入长江的局面；三是黄河长期向南泛滥于淮北平原，导致汴水因逐渐淤塞而衰废。汴水的衰废，造成整个大运河中段的东迁，形成元代以后南北大运河的格局。

1.6.1.7　明清时期：淮扬运河的完善

自南宋建炎二年（1128年）黄河南徙夺淮至清末，里运河南接长江，西有淮河，北为挟泗沂诸水夺淮之黄河，古之所谓“四渎”均荟萃于今淮安清口一隅，且沿线又湖泊绵亘。因而，这一时期的里运河北有导淮治黄工程，西有高家堰的修筑，南有入江水道的治理，东有里下河水灾的防治，中有高邮、宝应诸湖的整治，远非一漕运问题。在元明清三代的精心经营下，里运河治理逐渐完善。然而，随着黄河下游河道的逐渐淤高，决溢日甚，淮水失去出路，清口逐渐淤塞，运道阻滞，里运河由盛而衰。

1. 清江浦的开凿

宋元以后沙河逐渐堙废，山阳湾较前尤险。明洪武九年（1376年），在淮安府城南开菊花沟通淮河。沟自城南折而东，又折而北，至新城东北由仁义礼智信5坝西北经淮安、满浦2坝通淮。同时在城南沟口处设砖闸和南锁坝。五坝外即淮河。其中，仁、义二坝在新城东门外，漕船由此入淮；礼、智、信三坝在西门外，商船由此入淮。坝用树木枝条等软料构成，称软坝。船只过坝时，先卸下货物，用绞关拖船上下。过坝后再把货物装船，费时费力，船只多有损坏，且要在淮河中逆水行使60余里方能达清河口，覆溺风险多。

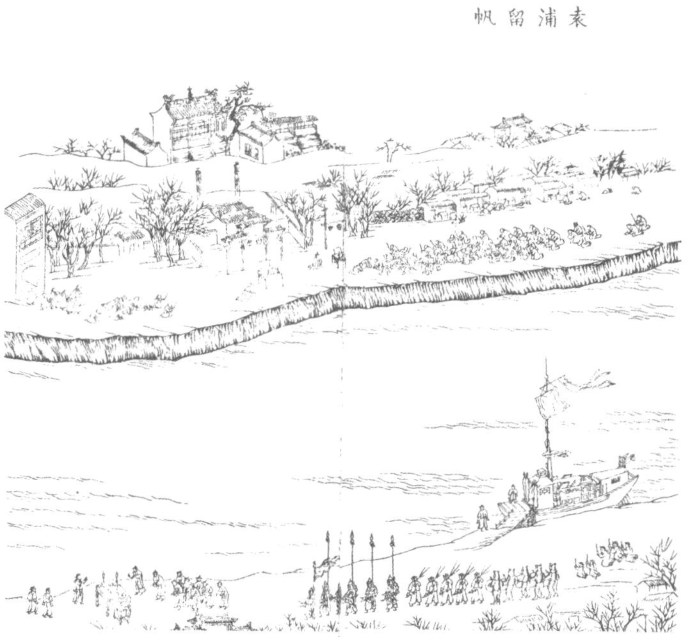

袁浦（清江浦）留帆（清麟庆《鸿雪因缘图记》）

清道光年间的江南河道总督麟庆在其所著《鸿雪因缘图记》中曾对清江浦进行了简单的介绍：“清江浦，一名袁浦，以三国时袁术驻兵得名。滨临淮、黄，冲当水陆，虽无城郭，实南北咽喉要地，且有运河环绕其西北隅。街口有楼，楼西高阜，旧奉北极，后建禹王台于上，迤西有宫曰灵慈，俗称铁树。有祠曰二公，祀前明陈公瑄、潘公季驯。北岸有祠曰四公，祀国朝靳文襄公辅、齐悫勤公苏勒、嵇文敏公曾筠、高文定公斌，皆官河督，有功德于民者。”今陈潘二公祠仍在。

明永乐十三年（1415年），工部尚书陈瑄重新疏浚宋乔维岳所开沙河旧渠，改名清江浦。河自淮安城西的管家湖引水，至淮河边的鸭陈口入淮，以避山阳湾之险。同时沿河建闸，在入淮处建新庄闸，新庄闸以东依次为福兴、清江和移风三闸，在淮阴驿与里运河相接。次年，又于移风闸上游建板闸，各闸联合运用，节制水量，调节航深。另于清江浦西修筑高家堰，逼淮水出清口，以为清江浦之源；筑黄河南堤，沿钵池山，至柳浦迤东，长约40余里，以防黄河水南溢。此后，自新庄闸渡淮7里许即可到达清河口，航运条件大为改善。

为防止黄河洪水倒灌新庄运口，淤塞运道，陈瑄又规定汛前须于新庄闸外筑软坝，船只自淮安5坝盘坝出

今日清江浦及清江浦楼（2019 年，魏建国、王颖　摄）

入淮河；洪水消落后，拆除此坝。此外，还在管家湖修筑长堤，作为纤道，称“新路”。自此，清江浦河成为漕船出入淮河的主要通道。

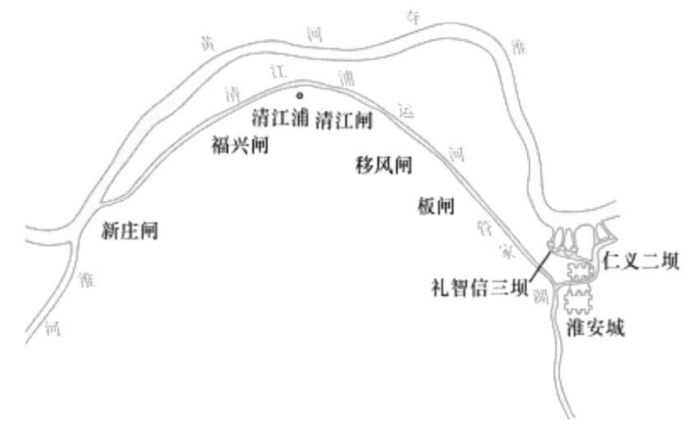

明初淮安五坝及清江浦五闸示意图

清江浦建成后，常遭黄水侵扰，当汛期黄河水涨高于淮河时，往往倒灌清口，导致清江浦淤垫，漕运受阻。黄水逆灌清口，始于明正统元年（1436年），此后屡屡倒灌。景泰六年（1455年），黄水侵入清江浦，淤运道30余里。成化七年（1471年），黄水大涨，灌入运口，新庄闸淤塞，于是在清江浦筑坝蓄水，坝址在今清江大闸附近；另在渡口建仁、义二坝，漕船盘坝入黄北上。嘉靖初，因黄水常侵泗水，三义口淤塞，黄河主流改走小清河口，其位置比大清河口更接近清江浦口门。清江浦常淤，淮阴随之常遭水灾。明末至清初，黄河已严重病运，浊流常浸至高邮、宝应二城。

2. 运河与沿线湖泊的分离

淮扬运河是沟通淮河与长江两大水系的水上交通干线，西有管家、白马、宝应、氾光、界首、高邮、邵伯等湖，东有射阳湖，接纳濒淮的富陵、洪泽诸湖湖水和天长七十二涧，巨波连亘，陂湖渺漫，由扬州五塘而达长江。

淮扬运河与沿线湖泊的分离也是运河堤防工程的修筑过程。

宋代开始在楚扬运河沿线湖中筑堤，实现运道与湖泊的分离。景德年间（1004—1007年），江淮等路发运使李溥在高邮北筑石堤35里。此后，天禧年间（1017—1021年）发运副使张纶、绍熙五年（1194年）淮东提举陈损之都曾增筑运河堤防。至此，江都至淮阴间运河堤防初步形成。当时所筑堤防位于今里运河诸湖以东，故名东堤，漕船仍由湖中行走。

明代，随着黄河南徙夺淮日久，淮河下游河床不断淤高，尾闾不畅；加上为实施“蓄清刷黄”的方略而大筑高家堰，洪泽湖水位不断抬高，一遇黄淮大水，就会冲决高堰大堤，使运河以西诸湖湖面不断扩大，大堤时有溃决。从洪武至万历年间（1368—1619年），一方面不断改建旧堤，砌以砖石；另一方面则在湖堤东西先后开挖淮安永济河、高邮康济河和宝应弘济河三条越河，兴筑重堤，实现运河与湖泊的分隔，逐步形成今日里运河东西堤防工程体系。

明洪武九年（1376年），修宝应县高家潭等处砖堤。洪武二十八年（1395年），宝应老人柏从桂建议在宝应槐楼至界首以东开渠40里，筑重堤，长与渠等，后名柏氏旧堰，此为淮扬运河有重堤之始；两堤之中为越河，这是淮扬运河最早开凿的越河。成化二十一年（1485年），建宝应湖石堤，长30余里。

明永乐年间工部尚书（1403—1424年）陈瑄督运时，增筑高邮湖堤，堤内凿渠40里，以度纤道。弘治三年（1490年），户部侍郎白昂在高邮甓社湖东开挖南北长40里的康济越河一道，在越河以西筑土堤，又称中堤；大堤首尾建南北二闸，与高邮湖相通；越河以东筑石堤，建减水闸4座和涵洞一座，遇湖水盛涨，开湖东闸洞以杀水势。由于越河离湖东老堤较远，越河土堤以西与湖东老堤以东又相距数里，中间形成数万亩的圈子田。越河初开时，尚能安流，军民称便，后年久失修，致水入圈田，又成一湖，而越河两堤遂致溃坏，东堤承受数百里湖涛，致有清水潭之决。万历五年（1577年），总漕侍郎吴桂芳，将康济越河西移，废去原越河东堤，新越河改老堤为西堤，原越河西堤为东堤，该河为今日里运河的中段。

明万历七年（1579年），白马湖东岸八浅堤决，堵口艰难。总理河道潘季驯在湖中筑堤一道，南北两头各建拦河坝，与东堤相连。决口堵塞后拆拦河坝，白马湖越河形成。

宝应县西南有氾光湖，地势低洼，洪泽湖水涨，不断从高家堰周家桥等口泄出，横流白马湖，直射宝应，浩淼无涯，虽湖东有明永乐年间工部尚书陈瑄所筑堤防，但“上有所受，下无所宣，一线之堤，当万顷之波，是以决为入浅，汇为六潭”，不仅里下河地区水灾严重，而且往来漕船屡遭覆溺。其中，万历十年（1582年）遇险而死者竟达千余人，次年“粮船沉溺者数十只，漂没漕粮至七八千石”。万历十二年（1584年），漕抚李世达等人在宝应县西南，沿氾光湖开越河一道，名为弘济，长三十六里，建南北闸2座，添筑东西两堤，以避氾光湖之险。不久总理河道潘季驯在弘济越河北端接西土堤至黄浦，长二十里，是为潘氏土堤。该河为今日里运河的中北段。

明万历二十八年（1600年）正月，总漕刘东星开挑邵伯越河。至此，除高邮至露筋镇一段留作通湖港口外，淮扬运河全线东西运堤基本建成，运河实现了与其沿线湖泊的分隔。

清代由于清口淤塞严重，淮水出路受阻，又采用导淮东流南下的措施，汛期洪泽湖洪水不断泄入运西高邮等湖中，诸湖容纳不了，则冲决运堤，自淮扬运河向里下河地区倾泄，淮扬运河成为淮河洪水的宣泄通道。清康熙十五年（1676年）高家堰决口36处，淮扬运河决高邮县清水潭、陆漫沟、江都大潭湾等数十处。其中以清水潭决口最为严重，宽至300丈，深至七八尺，朝廷为之震惊。康熙十七年（1678年），靳辅出任河道总督后，大挑淮扬运河，以挑河之土增高培厚两岸堤防；同时堵塞决口32处，尤其是堵塞高邮清水潭决口，然后绕开决口，于决口之上避深就浅，退离决口五六十丈，抱决口两端接筑堤防，呈偃月形，该法一直为后世所沿用。次年，靳辅堵塞高邮清水潭决口后，绕湖筑堤开新河，名永安河，运堤稍安。

清乾隆至光绪年间，屡次对淮扬运堤加筑改建，西堤加帮下埽，签钉排桩并多碎石坡工；东堤则多改砌砖石，并先后修建南关、五里中、车逻、昭关等归海五坝，一遇大水，次第开放，经里下河地区入海。至清末，运河东大堤一般筑高二丈左右。大水之年，运河水面高于里下河地区地面一丈五尺以上。东西高下悬绝，运堤不仅是淮扬运河的锁钥，而且是里下河地区的防洪屏障。

3. 塘河

塘河是在清末淮安清口严重淤积的情况下修建的过淮穿黄工程。

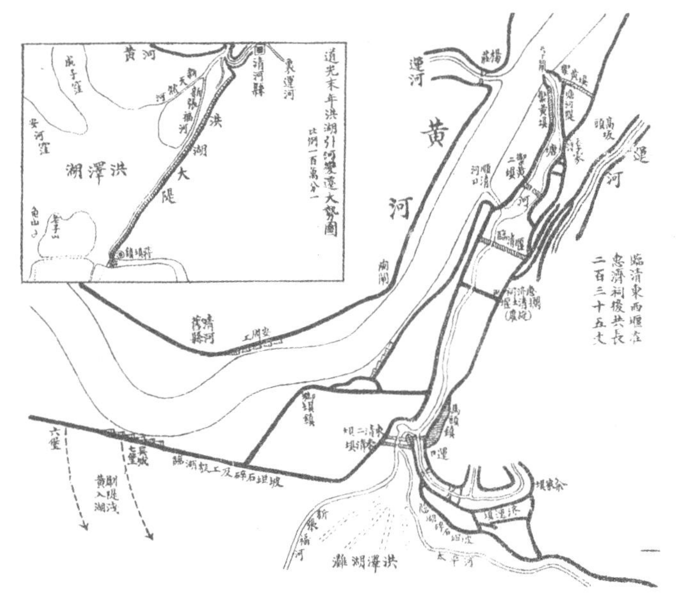
清末清口地区倒塘灌运示意图

明清时期，为避黄引淮，确保漕船顺利过淮穿黄，在清口一带修建了运口惠济、通济和福兴等节制闸，修建束清、御黄坝，开洪泽湖口引河等系列水工建筑物，在减缓黄河泥沙淤积方面发挥了一定效益。

清嘉庆以后，随着淮河下游河道和清口一带淤积的日益严重，漕船过淮穿黄的问题更加棘手。道光四年（1824年），黄水大半倒灌入湖，洪泽湖北部几乎全被淤垫，湖水转而东冲，导致高家堰漫决坍塌11000余丈，湖水东泄，所存无几，回空漕船被阻于黄河北岸。为使回空漕船顺利南返，曾采取借黄入湖济运的措施。

然而，随着淮河下游河道和清口一带淤积的日益严重，这些工程日益不堪，效益越来越低。清道光五年（1825年）正月，黄河水位高于清水一丈三尺有余。为防止黄水倒灌入湖，朝廷采纳吏部尚书文孚的建议，在御黄坝外“添建坝工三道，钳束黄流”；在御黄二坝南“建东西临清堰，钳束清水”。当年二月，为使漕船顺利北上，堵闭束清坝，开放御黄坝，以引黄济运。不料，黄水建瓴而下，冲坏束清坝后直入洪泽湖中。当时洪泽湖中存水已极少，根本无法抵御建瓴之黄水。

清道光六年（1826年），不得已开塘河，试行“倒塘灌运”之法，又称“灌塘济运”。即在临清堰以南建拦清土堰，将御黄坝外的钳口坝改成草闸，再于闸外两边建直堰，中筑拦堰，曰临黄堰。于是在临清堰和临黄堰之间形成一个可容船千只的塘河，用水车车水入塘，当塘河水高于黄水一尺时即启闸放船入黄。“倒塘灌运”的实施，意味着自明潘季驯以来奉行200多年的“蓄清刷黄”方略的终结。

次年，不再车水入塘，改为开临黄堰闸，引黄水入塘。当黄河水高于塘河时，南来之船自临清堰口门入塘，堵闭临清堰，开临黄堰出船北上；北来船只反之而行。倒塘灌运“原理与现代船闸相同，以内塘为闸室，以临时坝为闸门”，一次灌放约需8～10日。

灌塘济运之法使用近30年，几乎年年行之。清咸丰五年（1855年）黄河北徙，里运河可直通中运河，清口已无渡黄问题，塘河遂废。

1.6.1.8 近代里运河

自清咸丰五年（1855年）黄河北徙后，“河势不复南行，徐海下至海口遂成平陆”。淮河下游故道淤塞，难以复归，淮河洪水潴积于洪泽等湖，或分别南流入江、东流入海，里运河成为淮河洪水的宣泄通道。但里运河河道浅窄，无法容纳淮水洪水，频繁泛滥，水灾不已。由于里运河不仅承担着苏北水上运输重任，而且是两淮盐场生产的海盐运销各地的主要通道，因而各届政府都很重视对它的治理。

1914年，筹浚江北运河水利工程局成立后，从逵昌为测量主任，历时一年八个月，对清江浦至瓜洲段运河、归

江北运河工程局全体合影（《江北运河工程局年刊》1935 年 1 期）

淮阴船闸

邵伯船闸

高邮船闸

江各引河及里下河归海各河道进行了测量，并绘制成图。1915年，集中运平、运济、运通、运安4艘挖泥船，巡航捞挖各处浅段，此后岁以为常。其中，运平、运通和运济均为抓斗式挖泥船，每小时最高功效12吨；运安则为链斗式挖泥船，在运河存水七八尺时最为适用。1916年，添置运顺、运利两艘挖泥船，连前4艘，共计6艘同时施工。但由于工具不配套、施工条件限制等原因，挖泥船未能充分发挥其工效，至1917年6月，仅挖土3.4万立方米。

1920年，筹浚江北运河工程局改组为督办江苏运河工程局。在张謇的主持下，聘请英国工程师卫根开展行江北运河测量及制图工作；同时成立淮扬徐海平剖面测量局，由沈秉璜兼任局长，历时7年，最终完成测量，并绘制出版沿线25县城厢图，以及五万分之一的地形图87幅，为此后运河工程规划提供了坚实的基础支撑。这一时期，督办张謇热心治运，上任后即派挖泥机船两艘，捞挖里运河浅段。1924年春，督办运河局挑浚中运河，自宿迁县北车路口起，至泗阳县众兴镇止，共长6100余丈。1925年又用挖泥机船疏浚中运河浅段，自车路口至窑湾。

1921年7月，里运河水涨平堤，决口20余处。除开放归海五坝外，利用挖泥船自清江大闸口以下向东浚挖，并以挖出之泥培筑堤防。此外，还利用挖泥船配合完成里运河高宝段堤防加固工程和1922年自清江至邵伯东西堤岸的整修、加固工程。1935年11月16日至次年5月4日，又用挖泥船疏浚了运河扬州南门外宝塔湾浅段。

1931年，南京国民政府成立导淮委员会。鉴于当时镇江至清江浦间的航道浅阻，小型轮船仅在大水期间才能通航，最为困难时里运河一年中的停航时间往往达七八个月，清江浦以上的中运河更为严重，“苏北、皖

1931 年时的里运河高邮宝应段（《京杭运河图说》）

1935 年高邮运河西堤迎湖碎石工

北之交通几近隔绝”，于是制定《导淮工程计划》，重点整治里运河航道，设置新式船闸，并计划“各闸之间水深不足者挖深之，堤缺者完补之、增高之。邵伯镇以下至瓜洲及三江营完全开放，其航水资藉江湖”，同时刘老涧以上各闸旁附设减水活动坝，以扩大其洪水出路。

1935年5月，整理西堤工程全部完成，同时对里运河东西段的护岸埽工与闸洞护埽全部进行了改建，即拆除原来用柴木筑成的埽工，改用浆砌块石或干砌块石护坡，以加固堤岸。其中护岸改埽建石工程于1935年7月竣工，护闸改埽建石工程于次年4月完成。里运河航道的初步渠化，使其保持了一定水位和流量，吃水2米的船只可终年通行。

1928年南京国民政府成立。次年，江苏水利局编制完成苏北运河改埽为石的十年施工计划，并组织实施了淮安百子堂一带及宝应至界首之间运河浅段的疏浚，引氾光湖水济运等工程。1931年，淮运水涨，里运河漫决多处，里下河地区一片汪洋。江苏省政府组织成立江北运河工程善后委员会，负责里运河五大口的堵筑工程，并筹办复堤工程。

1.6.1.9 现代里运河的再兴

新中国成立前夕，里运河弯曲淤浅，河床大多窄狭，还有不少残断的坝头和暗桩，河底宽度只有20～50米。中常水位时，一般水深2米左右，间有浅段。枯水期通航困难；汛期洪水时水流又太急，不利航行。淮阴以南在中水位时，尚可勉强通行30～40吨的木船和吃水1.0～1.5米左右的小轮船，年货运量不足90万吨。

1950年4至7月，苏北有关专区集中民工2万人，修筑里运河淮

淮阴船闸

邵伯船闸

高邮船闸

安东段堤防，同时对其航道进行初步治理。1951年8月，修复淮阴船闸。经过1949—1952年的广泛清障打捞、重点养护后，里运河面貌得到初步改变，能够全年通行载重60吨级驳船的小型船队。1952—1953年，导沂整沭的配套工程，即100吨级的皂河船闸建成，同时拓宽移建四里铺至高邮段长达25.5公里的里运河东堤。至此，里运河全线贯通。

1953年8月，淮安船闸及江都船闸建成，闸室均长95米，宽10米，最小水深2.5米，设计年通过量300万吨。同时对淮阴、邵伯两座老船闸进行了人修。为维持里运河的通航水位，结合整治淮河入江水道，1954年，自洪泽湖至三江营长江口修筑堤防147公里，沿线建闸涵69处。

1956年11月至1957年7月，里运河高邮县界首至四里铺段，结合移建运河东堤，完成25.5公里的航道整治工程。

1958年10月至1961年10月底，实施第一期京杭运河全面整治工程，历时3年建成船闸7座、节制闸4座、穿运涵洞3座。此外，完成附属工程22项、护坡24.3公里。

1969年，在宝应县境内建成宝应船闸，闸室长135米，门宽13米，门槛水深2.5米，设计年通过能力300万吨；1975年，在淮河入江水道入江口旧道上建成瓜州船闸，在金湖县至宝应县航线与入江水道交会处建成石港船闸；1976年，为与苏北灌溉总渠衔接，在淮安建成运东船闸；1976年，为沟通洪泽湖，在张福河北端建成张福河船闸。1977年，为沟通里下河地区水网，在江都县境内建成盐邵船闸，设计年通过能力1000万吨。这批船闸建成后，里运河的航道水深一般为2.0～3.5米，航道宽一般为45～60米，可常年通航500吨级船舶。

1982年至1989年，实施第二期整治工程。在此期间，扩宽河道；新建淮阴、淮安、邵伯、施桥等4座复线船闸；为保证运河的航运水深、结合灌溉等用水，除已建江都、淮安抽水站外，增建淮阴补水站，提高通航保证率达到95%以上；续建工程完成后，增加煤炭年运输能力1000万吨。工程自1982年11月开工，1988年12月竣工，通过国家验收。完成主要工程项目包括以下三项：一是航道工程，即里运河淮安至高邮界首段中埂切除、高邮临城段和高邮运东船闸及沿线的零星浅窄段的航道整治，其中，中埂切除按二级航道标准疏浚；二是补水工程，即新建淮阴补水站；三是船闸工程，即新建淮阴、淮安、邵伯、施桥4座复线船闸，船闸建设标准均为2级，闸室长230米，净宽23米，门槛水深5米。另外，新建高邮运西（珠湖）船闸。

这些工程的建成，使里运河的货运量显著增加，补水工程的建成后则保证了干旱年份沿线地区的农业、城市工业和生活用水，充分显示了里运河工程的综合经济效益。

1936年实施导淮工程计划过程中，在里运河建淮阴、邵伯和高邮3座船闸。作为当时首建的新式船闸，南京国民政府对这几座船闸的建设非常重视。施工期间及建成后，林森、陈果夫、孙科等要人都曾到邵伯船闸视察，蒋介石还亲自为该闸题写闸名。

1.6.2 运口工程

淮扬运河连通淮河与长江两大水系，在与这两条大河的交汇处都建有运口工程体系，即运河与黄河、淮河交汇的淮安清口枢纽，运河与长江交汇的扬州运口枢纽。

1.6.2.1　淮安清口枢纽——淮扬运河与黄河、淮河交会工程

黄河夺淮期间，淮扬运河与黄河、淮河交会于淮安清口地区。面对这一地区复杂的水系分布格局，为减轻黄河泥沙淤积，实现船只平稳穿黄、过淮的目标，明清两代采取“蓄清刷黄”方略，即利用淮河清水冲刷黄河泥沙。这种情况下，既怕运河与淮河交汇处的南运口水流湍急，更怕黄河淤积运口，采取的措施就是使

淮扬运河与黄河、淮河交汇处（唐岱等　绘《乾隆十六年南巡各地详图》）

黄河与运河交汇处（威廉·亚历山大　绘）

南北运口尽量接近，少走黄河；在运口建控制闸坝，确保船只平顺衔接，同时抵御黄水入侵。为防止黄水入侵洪泽湖，淤垫清口和淤堵淮水，在洪泽湖口一带修建许多御黄、避黄、挑黄设施，同时设置引湖水外出的湖口引河，拦截湖水以壅高水位的束清坝等系列水工建筑物，形成清口枢纽，从而使清口地区的治理十分棘手，工程密集，演变频繁。然而，这些措施虽可减缓黄河泥沙淤积对清口的影响，但终不能使黄水不淤。清乾隆、嘉庆后，清口已严重淤垫。黄河河床抬高，南可以灌南运口，西可以倒灌洪泽湖口，导致淮水不能出、运口不能开。道光时，西修御黄坝切断黄河与洪泽湖间的连通，南用“灌塘济运”法行运，实质上黄河与淮扬运河已被拦腰截断。

1. 拦河坝——高家堰（今洪泽湖大堤）

高家堰即今天的洪泽湖大堤，位于洪泽湖东部，是蓄清刷黄济运的关键工程。清口是洪泽湖的出口，也是淮河出洪泽湖口汇入黄河之处。清口要想畅出刷黄并防止黄水倒灌，关键在于抬高洪泽湖水位，使淮河水位高于黄河，借淮河清水之势冲刷黄河泥沙。但洪泽湖水位抬高后，又有东冲淮扬运河、危害里下河之忧，因而必须加高加固高家堰。根据清代河道总督靳辅的说法，高家堰不仅是蓄清刷黄的关键工程，而且是淮扬两府的屏障，因为它关系到“黄河之内灌、运道之通塞”。

（1）明代以前高家堰的雏形。据说，洪泽湖大堤创建于东汉建安五年（200年），由广陵太守陈登修筑。当时尚无洪泽湖，今洪泽湖区有淮河流径，周边分布着破釜塘、白水塘、富陵湖、泥墩湖等小塘湖泊，以白水塘灌溉效益最大。陈登筑堰30里，名捍淮堰，这是高家堰的雏形，即今洪泽湖大堤北段，主要用于蓄水灌溉，并捍御富陵湖水及淮水，不使东泄决溢里下河地区。三国时期魏国邓艾修建三堰，开八水门。隋末，破釜塘坏，水北入淮河，邻近的白水塘随之亦坏，破釜塘改名为洪泽浦，“洪泽”之名始于此。唐代在白水塘一带屯田，凿诸泾，筑萧家闸，蓄水灌溉。明清时期，统称今洪泽湖大堤为“高家堰”。

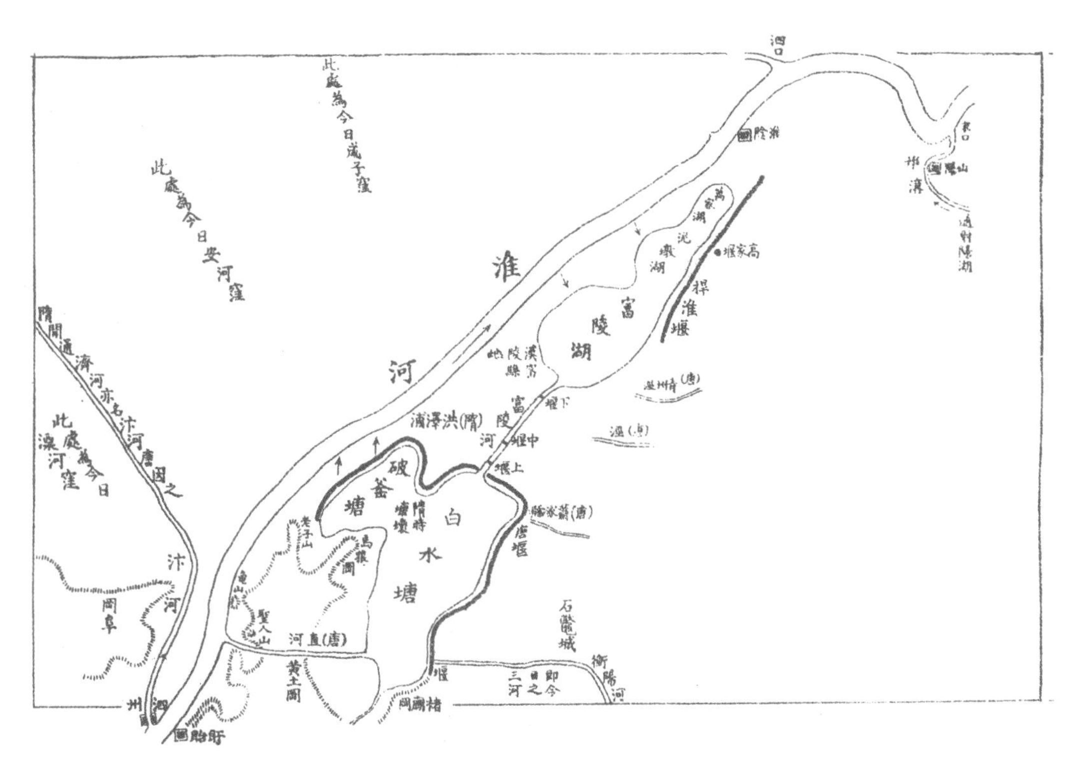

汉魏隋唐时期的高家堰示意图（据《淮系年表全编》改绘）

（2）明代高家堰的创建。明永乐年间，今洪泽湖区已逐渐淤高，经常泛滥里下河地区，平江伯陈瑄筑高家堰大堤以捍之。大堤起武家墩，经大小涧，至阜宁湖。为避免汛期黄河涨水后南决洪泽湖，又自清江浦，沿钵池山、柳浦湾以东筑堤，长40余里。于是，淮水东泄、黄水南泄之路都被堵闭，淮河得以安流100余年，对此，明代著名水利专家潘季驯赞叹道："淮扬藉以耕艺，厥功懋矣"。据清乾隆朝《江南通志》的记载，陈瑄修筑高家堰的具体时间为明永乐十三年（1415年）。

明嘉靖、隆庆年间，黄河决邳、睢，淮河东决高堰，黄水随之倒灌入洪泽湖，黄淮之水不断经由高家堰决口东泄淮扬运河，导致运道受阻、里下河地区水灾严重。隆庆六年（1572年）重修高家堰，自武家墩至石家庄，长30余里，堤顶宽5丈，底宽15丈，高由原来的七尺增至一丈二尺。

明万历六年（1578年），潘季驯总理河道后，针对黄河泥沙淤积问题，提出"束水攻沙"的方略；针对清口及清口以下黄河淤积问题，提出"蓄清刷黄"的方略，并认为实现"蓄清刷黄"的关键在于修筑高家堰。于是当年即动工重修高家堰，北起武家墩，经大小涧、阜陵湖、周桥，南至翟坝，长60多里，高一丈二三尺。同时修筑柳浦湾东堤和西堤，分别长30余里和40余里。自此，"淮水悉从清口故道会黄入海，河深水退，堤外皆干，水及堰址者惟大涧口一处，仅百余丈"。

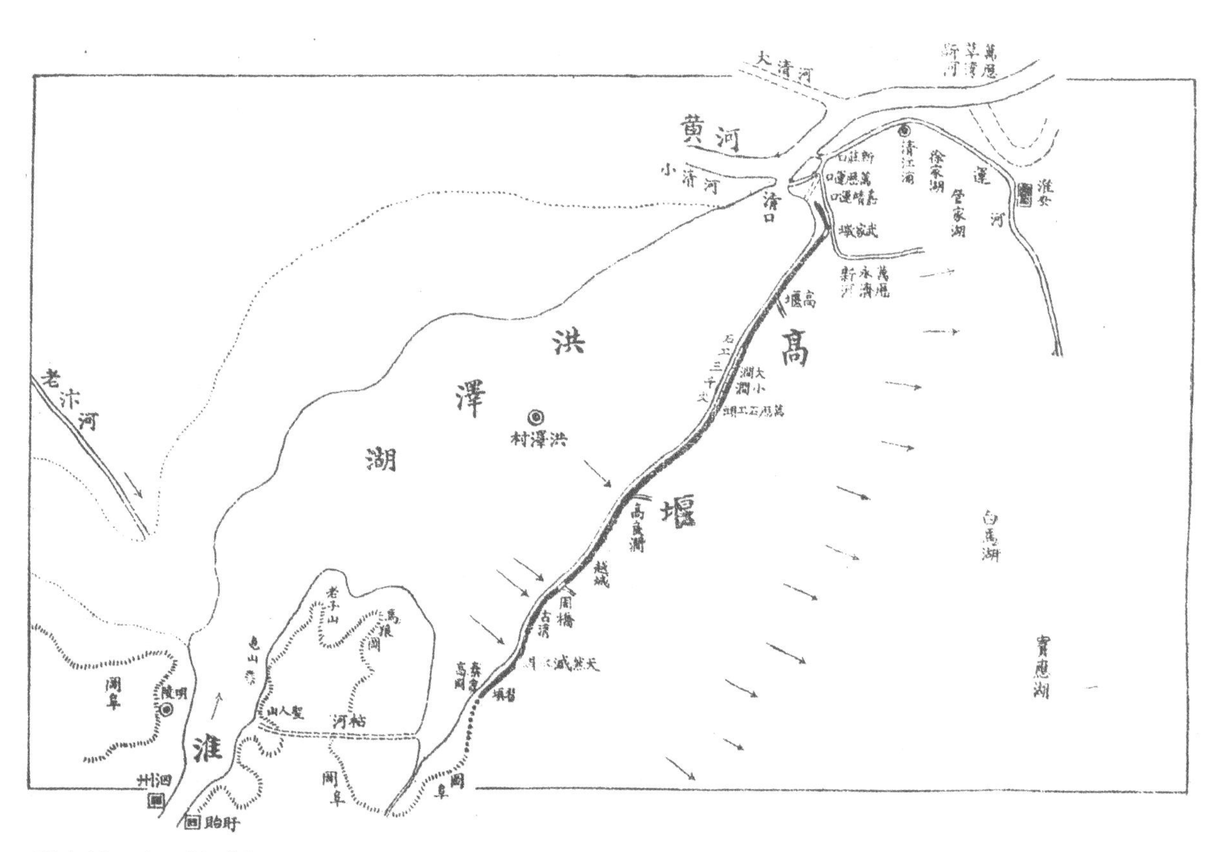

明代高家堰示意图（据《淮系年表全编》改绘）

随着高家堰的加长培厚，洪泽湖水日益壅高，高家堰也随之不断加高。据《南河志》记载，至明万历年间，高家堰"去宝应高可一丈八尺，去高邮高可二丈二尺，而高、宝堤去兴化、泰州田有至一丈而高者，有至八九尺而高者，则其去堰愈下，不啻三丈而奇矣"。又据《今水学》的说法，高家堰名称中的"高家"二字是由"高加"演变而来，所谓"高家者，为护运道邑井宜加高而名之，盖益加而益高耳"。

由于高家堰中部大涧口的地势低洼，明万历八年（1580年）工科给事中尹瑾建议将其改建为石堤。这一建议得到总理河道潘季驯的赞同，在征得朝廷的同意后，潘季驯开始在大涧口修筑石堤，历时4年完成，长3000余丈。高家堰石工墙的修筑，有效地增强了其抵御风浪的能力。近代水利专家武同举认为此举“为今洪湖大堤石工之嚆矢”。由于淮安石料较少，大多取自徐州，因而有明一代并未将高家堰全部砌成石工。

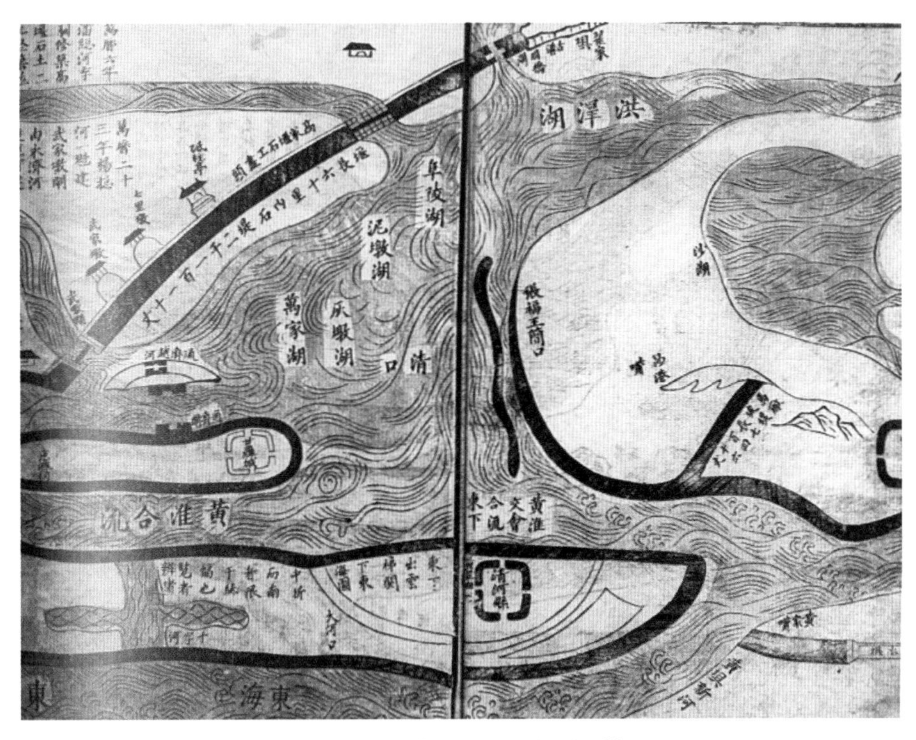

明潘季驯（16 世纪）治河时的高家堰示意图（《中华古地图珍品选集》）

（3）明清时期高家堰的形成与完善。高家堰的基本形成是在清康熙朝，由河道总督靳辅和张鹏翮主持完成。至乾隆年间，大堤最终形成并不断完善。

清康熙初年，明代所建高家堰年久失修，日益不堪。康熙九年（1670年），黄河与淮河同时并涨，高家堰石工倒卸60余段，冲决5丈多。康熙十五年（1676年），黄水倒灌清口，冲决武家墩和高良涧板石工30余处，高家堰几乎崩塌。

靳辅出任河道总督后的次年，即康熙十七年（1678年），开始修复高家堰。先是堵塞大堤各处决口，然后将清口至周桥90里处的旧堤加高培厚。周桥以南至翟坝段地势较高，明代潘季驯并未在此修筑堤防，而是留为天然溢洪道。这是由于当时洪泽湖淤积尚不严重，湖面水位常低于该处堰面，只在汛期水涨时自此漫溢而出。至康熙二十五年（1686年），随着洪泽湖底的逐渐淤高，该处由原本的高亢之地日显低矮，加上湖水的冲刷及私盐渔户的不时偷挖，洪泽湖水频繁自此滔滔东泄，高家堰险工从明隆庆、万历年间的大小涧开始转至周桥以南。因此，靳辅在此筑堤30里。至此，高家堰堤工几乎长达百里。

与此同时，明代所建高家堰石工墙逐渐显得卑矮，以致汛期洪水时几乎“水与堤平”。因此，靳辅将之加高三尺，与新建土堤相平，再于其上加土堤三尺，共高一丈三尺。

高家堰加长加高加固后，靳辅发现石工墙虽然坚固，但在风浪的冲击下仍然常常坍塌，而堤根处设有坦坡的堤段则抗御风浪冲刷的能力较强，因此主张在高家堰临水面修筑坦坡。根据靳辅的修筑方案，高家堰共

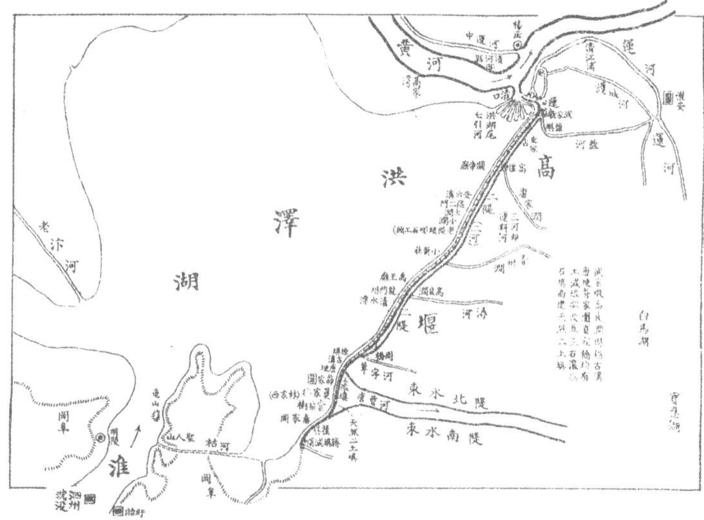

清康熙朝高家堰示意图（据《淮系年表全编》绘制）

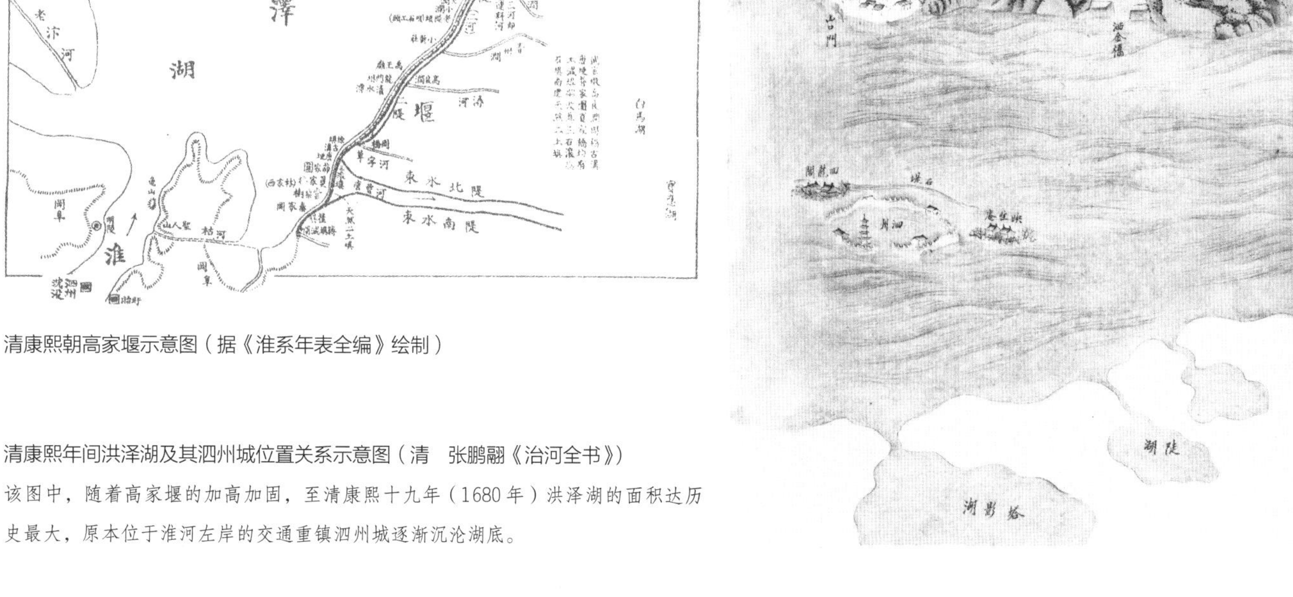

清康熙年间洪泽湖及其泗州城位置关系示意图（清　张鹏翮《治河全书》）
该图中，随着高家堰的加高加固，至清康熙十九年（1680年）洪泽湖的面积达历史最大，原本位于淮河左岸的交通重镇泗州城逐渐沉沦湖底。

长12800余丈，其中3800多丈堤段可直接在其堤根修筑坦坡，其余堤段因堤脚存水，就在离堤一丈处密下排桩，多用板缆，以蒲包包土填出水面；再用芦柴捆成一尺高小埽镶边，内加散土，用力夯杵，筑成坦坡。然后在坡面上密布草根草子，用来坚固堤土。总之，每堤高一丈，填土坦坡8丈，直至填出水面。坦坡建成后，当年秋即发挥作用，且成效显著。根据靳辅的记载，当时洪泽湖内风急浪猛，异于往常，但汹涌之势一遇坦坡，其怒自平，唯有随波上下，无法呈其冲突。有鉴于此，靳辅情不自禁地宣称，“坦坡之力反有倍蓰于石工者”。坦坡是靳辅的创新，得到康熙帝的嘉许，后人据此创筑碎石坦坡。

高家堰经由靳辅治理后，10余年安澜无事。至清康熙三十五年（1696年），黄淮并涨，高家堰决6座滚水坝冲块，黄河水自清口倒灌洪泽湖，南运口淤为平陆，并决淮扬运河高邮清水潭，里下河地区大水。此后，黄河几乎每年都会倒灌洪泽湖，里下河地区水灾不断。这使得康熙帝意识到，欲求久远之计，高家堰“非大为修筑不可”。康熙三十九年（1700年），拨银128万两，令河道总督张鹏翮主持大修高家堰。

张鹏翮在总结分析潘季驯和靳辅治理经验的基础上，提出扩建高家堰石工墙的方案。根据《河防志》的记载，高家堰武家墩至小黄庄段仅高出水面二三尺，且“桩朽石欹”，因而在此筑石工墙5526丈；以小黄庄至周桥段“乃湖之腹”，明代决口多集中于此，康熙三十六年（1697年）也自此溃决，因而全部改建为石工墙；周桥以南段，随着洪泽湖的日渐淤高，“向之亢者转而为卑”，因而在其中的徐坝至林家西间断修筑石工墙2250丈。至此，高家堰武家墩至棠梨泾间的石工墙基本建成，仅剩周桥以南的石工尚有缺处，林家西以南尚为土工。对此，近代著名水利专家武同举认为“大体甃石工程可谓巨矣”，与张鹏翮同时代的漕运总督桑额则用“长虹万丈，屹立如山”来描述高家堰气魄之宏伟。

除高家堰石工墙外，张鹏翮又建高家堰子堤，以高出水面7尺为准。在武家墩至棠梨树间的堤段修筑临湖柴工，长14981丈；在棠梨树以南至秦家冈间的堤段修筑临湖丁头柴工，长894丈，以抵御风浪。另外，在高

周桥石工墙遗址（2006年）

高良涧石工墙遗址（魏建国　摄）

家堰南北两端加镶埽工，加高武家墩至大墩旧堤1272丈。

清雍正、乾隆朝，洪泽湖大堤的一个主要变化就是石工墙的形成，从而形成今日大堤的基本结构规模。

为进一步确保高家堰安全问题，清雍正九年（1731年）自户部拨银100万两，将大堤的险要及卑薄之处改建成石工，次年七月完成。至此，高家堰大堤险要处，即武家墩至古沟东坝段全部建为石工墙。

清乾隆十六年（1751年），高家堰五滚水坝建成，乾隆帝拨户部银100万两，令江南河道总督高斌将信坝以北的大堤改建为石工，在信坝以南至蒋坝段修筑砖工。武同举认为“自是洪湖大堤南端石工完成”。与此同时，将高家堰土工加宽帮厚，一律以底宽10丈为准。

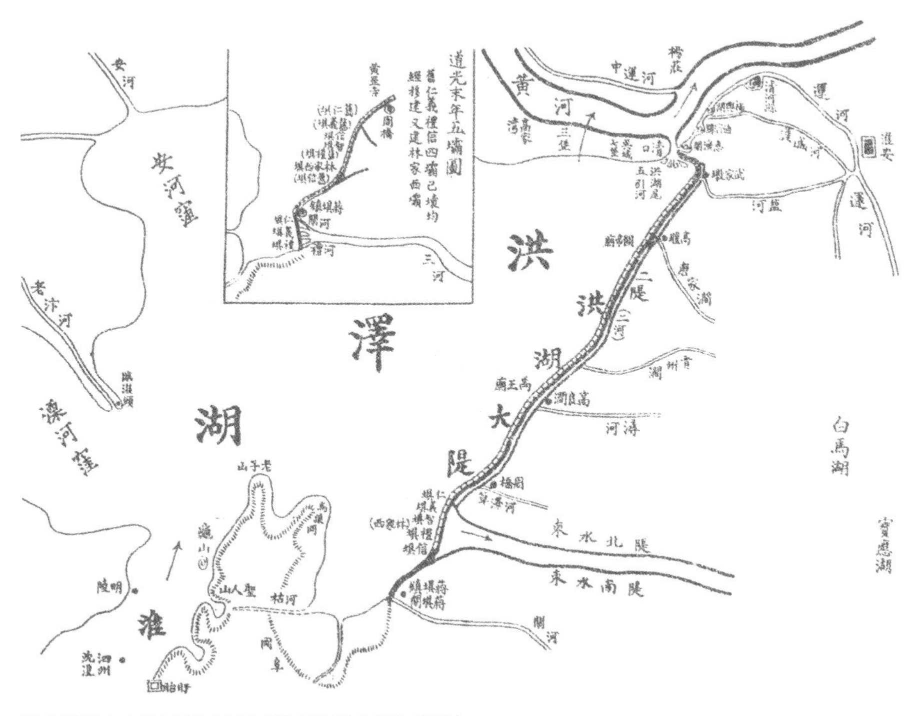

清乾隆朝高家堰示意图（据《淮系年表全编》绘制）

洪泽湖大堤蒋坝石工首遗址（2019 年，魏建国、王颖　摄）

清乾隆十八年（1753年），黄河自江苏铜小县张家马路决口，黄水全部倒灌洪泽湖，高家堰武家墩至蒋坝砖石工崩坍16000余丈、胀裂8000余丈，朝野震动。根据《南河成案》的记载，当时的江南河道总督嵇璜决定改变以往高家堰“止用石二进，石后用砖二进，即与堤身素土相连，砖石与土不能固结”的修筑方式，采用在“砖石背后筑打灰土三尺”的施工方法，高家堰砖石工后加灰步土自此始。次年，将武家墩以北埽工改为砖石工。乾隆四十五年（1780年），江南河道总督萨载将高家堰卑矮堤段加高培厚，临湖大堤全部改建为石工，两年后竣工。自此，高家堰由最初的土堤，至明万历八年（1580年）开始修建石堤，至此则全部完成石堤的修建，前后历时200余年。

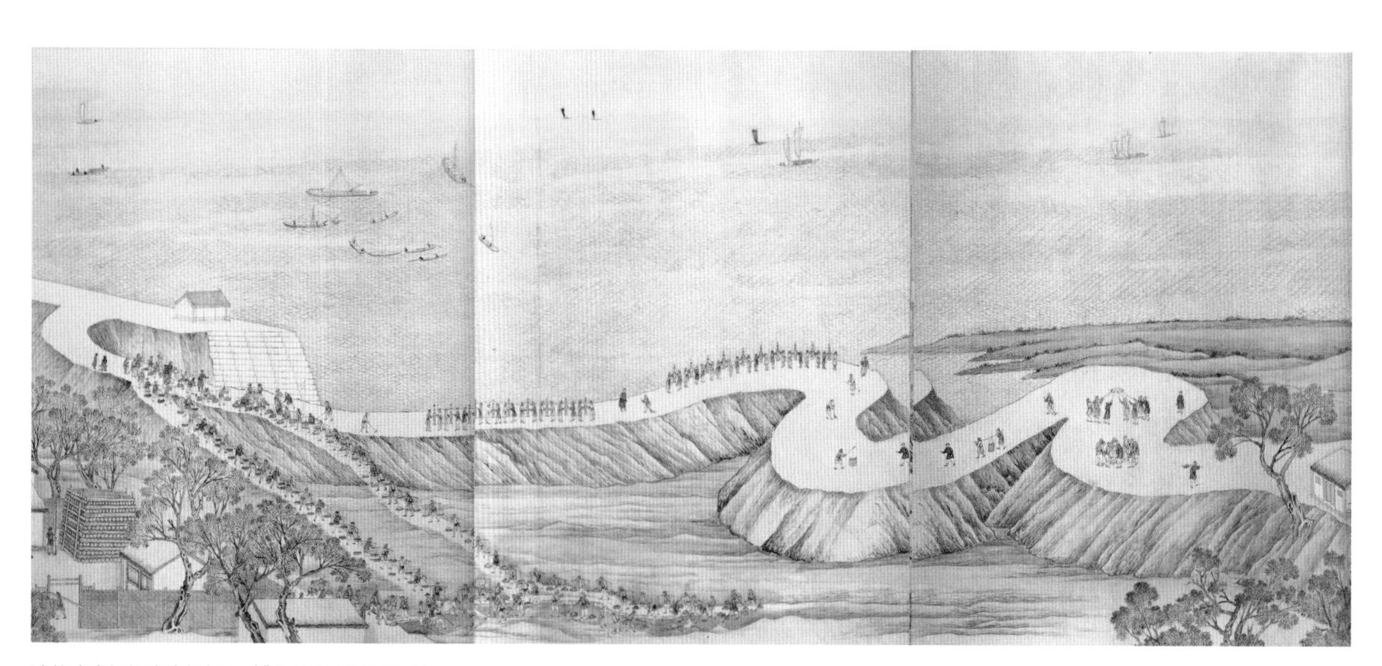

清乾隆帝阅视高家堰堤工（《乾隆南巡图研究》）

从图中可以看到，高家堰大堤蜿蜒屹立。大堤上，民夫正在繁忙而有序地忙碌着。他们中，有的正在挑土上堤；有的正在夯实堤土，或用木夯，或用石夯；有的正在清理或平整堤土等。在取土地与堤顶之间临时修有两条坡路，一条专门通行挑土上堤之人，一条专门用于下堤之人，上下堤人员井然有序。

《乾隆南巡图研究》中的高家堰施工场景

清嘉庆十六年（1811年），加筑高家堰大堤土工16000千余丈，石工间段加高一二层。至清咸丰五年（1855年）黄河北徙时，大堤北起武家墩，南至蒋坝，蜿蜒67公里，可谓“长虹万丈，屹立如山”。

对于高家堰堤工的高度，明隆庆时（1567—1572年）堤顶高程为11.32米，清乾隆四十六（1781年）年增至15.49米，道光年间（1821—1850年）增至17.20米，这与高家堰“益加益高”的名称来源颇为相符。

今天的洪泽湖大堤北起淮阴区码头镇，南至盱眙县张大庄，全长67.25公里，包括明清两代修建的高家堰石工60.1公里，其中有10多公里至今保存完好。

今日洪泽湖大堤（2019 年，魏建国、王颖　摄）

2. 高堰五坝的修建与完善

高堰五坝是修建于高家堰上的泄水设施，相当于现代的侧向溢流堰，平时不过水，汛期洪泽湖水位上涨，清口宣泄不及时，自坝顶东泄，以减轻高家堰大堤的防洪压力。

（1）明代高家堰天然减水坝的设置。根据武同举先生的考证，高家堰减水设施的修筑肇始于明嘉靖年间。当时淮水暴涨，大有吞没明祖陵的势头。情急之下，泗陵太监在洪泽湖大堤东南的高良涧、周家桥和古沟等处建闸，以备宣泄。所建之闸的“闸底以石为梁，上留四尺水头，如滚水坝之制，水大则泄，水小则止”。大水过后，明祖陵仍能安卧泗州城东北，这些闸座起过不少作用。

据《河防一览》记载，明万历六年（1578年），总理河道潘季驯在重修高家堰大堤时发现其南端的越城一带地势较高，越城以南的周家桥又高于越城一带，于是将越城、周家桥一带留为天然减水坝。汛期淮河洪水自此下泄白马湖，“水消仍为陆地”。如此，既可减轻洪泽湖大堤的防洪压力，又能确保泗州东北祖陵的安全。

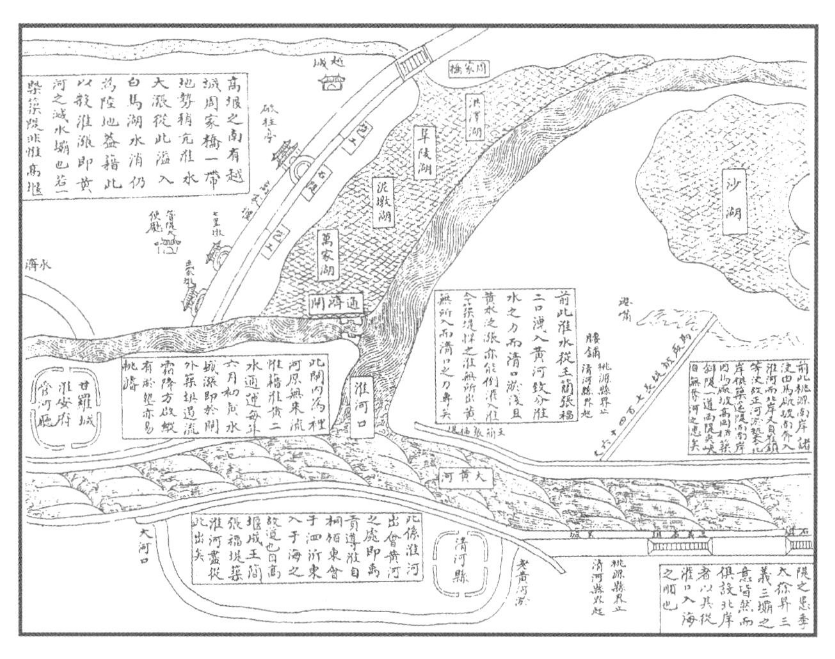

明万历年间潘季驯治河时的高家堰天然减水坝示意图（明　潘季驯《河防一览》）

然而，由于周家桥一带地势较高，所建洪泽湖大堤堤顶可能较之高不出多少，因有“开周桥者乃开堰之别名”的说法，以此强调周桥不宜轻开。所谓“若开周桥而注之湖，是以湖为壑矣。”对此，有诗总结道：“东去最宜开海口，西来切莫放周桥。若非当道仁人力，十万生灵丧巨涛。”

（2）清康熙朝靳辅治河时高堰减水坝的创建。清初，朝廷忙于统一全国的战事，无暇顾及河务，高家堰频频冲决。如顺治十六年（1659年），黄河冲决归仁堤，漫入洪泽湖，自高家堰翟坝、古沟东泄。康熙元年（1662年），黄河再次冲决归仁堤，入洪泽湖，南河分司吴炜擅开周家桥，致使淮水东泄，黄水自清口倒灌洪泽湖，旋又冲决高家堰上的翟家坝，流成大涧9条。此后的康熙三年（1664年）、十二年（1673年）、十五年（1676年），高家堰大堤都曾漫决，淮扬运河和下河地区汪洋一片。

清康熙十六年（1677年），靳辅出任河道总督，上任伊始即以堵塞决口为急务，加高培厚高家堰，同时在高家堰大堤上修建减水坝，汛期宣泄淮河洪水，减轻大堤压力。

清康熙十九年（1680年），靳辅在高家堰大堤上修建了周桥、高良涧、武家墩、唐埂、古沟东、古沟西减水坝6座，“高堰六坝”之名由此而来。据《重修扬州府志》的记载，高家堰6座减水坝的长度分别为：14丈、10丈2尺、10丈、48丈、34丈5尺、53丈5尺，共长170丈2尺，汛期可泄水1000立方米左右。

高堰六坝建成后不久就发生了数量与位置上的变化。在靳辅所著《治河方略》中载有武家墩、高良涧、古沟、茆家围、夏家桥、唐埂北、唐埂中和唐埂南减水坝8座，另外有武家墩、小黄庄和周桥涵洞3座。

至于具体的变化过程，近代水利专家武同举曾进行过考证，但只得出一个大概结论，即“十余岁后，减水坝之数颇有变易，故六坝之名不同，坝址次序亦不尽可考。大抵嗣后减水趋重在周桥以南减水者六处，故亦称六坝”。6座减水坝中，武家墩、高良涧和周桥都属于备而未用之坝，或用三合土建成，或将凹口筑堤堵塞后即名为坝。由于工程比较简易，所以常常变更。这也是“改闸为坝之原始”。

高家堰减水坝泄水的水位标准，据《江南通志》记载，当洪泽湖水位涨至8尺5寸以上时，开始自坝顶过水宣泄。

（3）清康熙朝张鹏翮改六减水坝为三滚水坝。清康熙年间的河道总督张鹏翮主持治河时，将高家堰大堤上的6座减水坝改为3座滚水坝。

滚水坝与减水坝之间的区别，河道总督靳辅的幕僚陈潢曾分析认为：“减坝与滚坝不同，减坝坝面与地相平，过水多；滚坝坝面比地高，过水少”。于成龙对滚水坝的功能也有叙述，“水长，听其自漫而保堤工；水小，资其涵蓄以济运道”。也就是说，滚水坝即今天的溢流堰。

早在清康熙三十八年（1699年），河道总督于成龙已将高家堰6座减水坝改为4座滚水坝。次年，上任不久的河道总督张鹏翮堵闭6座减水坝，同时将于成龙所改4座滚水坝并为3座滚水坝。康熙四十年（1701年）春竣工。张鹏翮在改建滚水石坝时，将其坝底加高3尺。三座滚水坝中，唐埂北坝以北为第一坝，宽60丈；周桥以南为第二坝，宽70丈；林家西以南为第三坝，宽70丈，三坝共宽200丈。近代水利专家武同举认为，“此为改土坝为石坝之原始”。

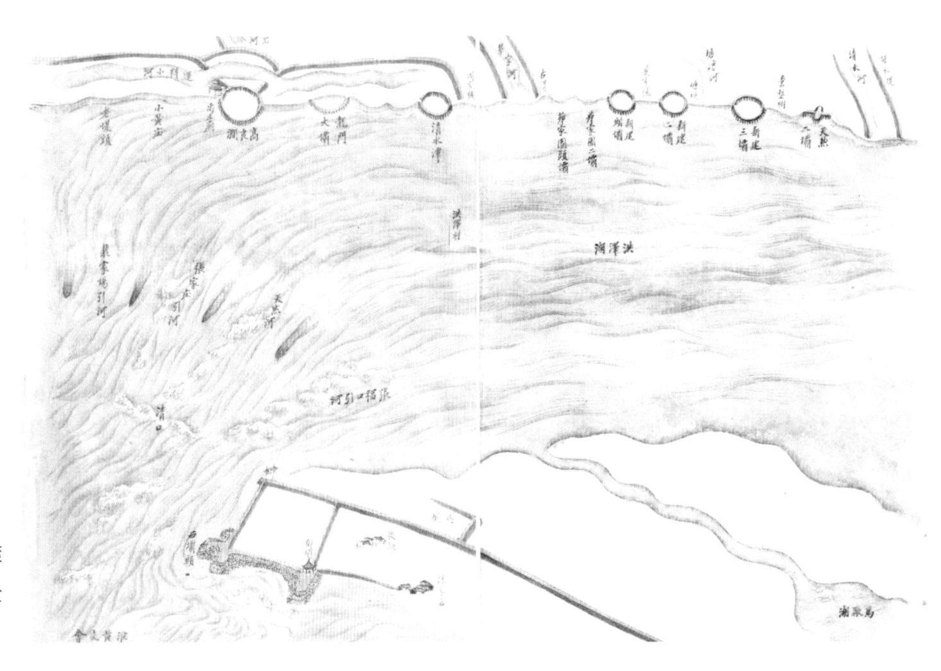

张鹏翮所建洪泽湖大堤三滚水坝（清　张鹏翮《治河全书》）

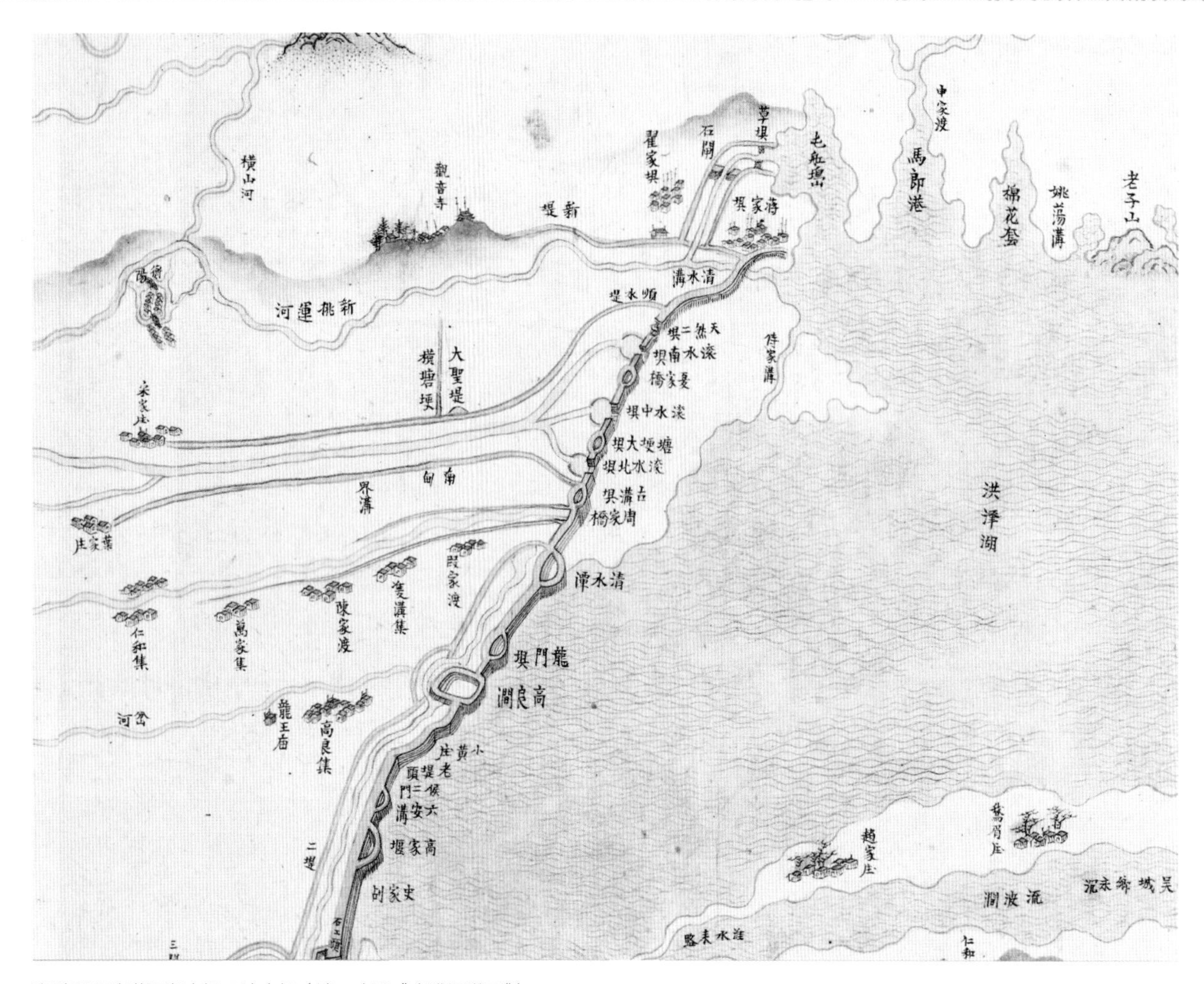

张鹏翮所建洪泽湖大堤三滚水坝（清　康熙《全漕运道图》）

据《行水金鉴》记载，高家堰滚水坝建成后，张鹏翮还制定了比较具体的各坝过水水位标准：当新建石工高出水面3尺7寸时，北、中二坝开始过水；南坝地势稍高，当新建石工高出水面3.2尺时才开始过水；天然二土坝在3座滚水坝以南，外筑拦湖越坝，不轻易启放。如此，“平漕之水蓄以济运，溢漕之水听其滚出塘漕河入白马湖”。这一标准一直使用到清乾隆年间清口过水标准的制定。

（4）清乾隆朝高家堰滚水坝的逐步完善。清乾隆年间高家堰大堤滚水坝的一个很大变化就是由康熙年间的3座增至5座。

据《南河成案》的记载，清乾隆十五年（1750年）四月，即乾隆首次南巡的前一年，江南河道总督高斌奏呈南河河工图及其说明，提出增建滚水坝的建议，“洪湖为全淮委注之地，汪洋浩瀚，天然坝既未可轻启，若专恃南北中三滚坝过水，其蒋家闸分泄亦属无多，不能一时消退，设遇出格之水，湖身不能容，则淮扬二郡深为可虑……应请仍照八年原议，相度地势，添二石坝，其天然旧坝照旧堵闭，庶节宣有制，异涨既可多为分减，而过水只在坝面以上，一经平坝，便已断流，于全湖应蓄之水毫无损碍，与天然坝之彻底启放致清水受亏者迥别，兼之循序渐下，下游不致有骤涨之虞，而高堰一带又可无危险之患。”

清乾隆十六年（1751年）二月，乾隆帝南巡期间曾沿洪泽湖大堤巡行，越过三滚坝来至蒋家闸。在对洪泽湖大堤进行了全面的视察后，乾隆终于认可了高斌等人增建滚水坝的建议。指出“洪泽湖上承淮、汝、颍诸水，汇为巨浸，所恃以保障者惟高堰一堤。天然坝乃其尾闾，伏秋盛涨，则开此坝泄之，而下游诸州县胥被其患；冬月清水势弱，不能刷黄，往往浊流倒灌，在下游居民深以开坝为惧，而河臣转藉为防险秘钥，二者恒相相持……天然坝当立石永禁开放，以杜绝妄见。近者河督大学士高斌、副总河巡抚张师载于开天然坝之说亦深以为非，而请于三滚坝外增建石滚坝，以资宣泄。朕亲临阅视，谓增三为五，即以过水一二尺言之，向过三尺者即为五尺，向过六尺者增而至丈，是与天然坝名异实同，人必有议其巧避开坝之名而音袭其用者，当为之限制。上年，滚坝过水三尺五寸，天然坝仍未开放，应即以是为准，俾五坝石面高下惟均以仁义礼智信为之次，仁义礼三坝一如其旧，智信二坝则于石面之上加封浮土。必仁义礼三坝过水三尺五寸，犹不足以减盛涨，则启智坝址之土，仍不减，乃次及于信。斯为节宣有度，较之开天然坝之一往莫御者悬殊矣”。新建二坝各宽60丈，坝基石脊以“五坝高下一律维均总以高堰水志深八尺五寸平水为度”。洪泽湖大堤石滚坝由三座增至五座，与此同时，天然坝永禁开放。

对此，近代水利专家郑肇经在《中国水利史》赞叹道：“前此康熙六坝，皆三合土底，共宽三百丈左右，每遇开放，可刷深数尺至丈许。又张鹏翮塞六坝创建三滚水坝，其金门共宽仅为一百九十丈，坝底抬高三尺，过水仅二尺上下，泄水之量大减，幸赖天然二土坝宣泄以资救济，高堰得免溃决。顾宣泄既多，不但淮扬受害，而湖潴不足，又有清不敌黄之虞。天然坝既永禁开放，滚水石坝又增三为五，当局之用心亦良苦矣。”

至清乾隆三十年（1765年），黄强淮弱，洪泽湖水宣泄过多，力不敌黄。河道总督李宏仿照智、信二坝将仁、义、礼三坝坝顶酌加封土，以便蓄水。这相当于现在的自溃式溢流坝。

清乾隆四十三年（1778年），淮、黄并涨，黄水自河南漫溢，由淮入湖，清口不及宣泄，不得已再次开放高堰五坝以分泄洪水。乾隆君臣少开高堰五坝的希望破灭，高堰五坝全部开启以分减盛涨的历史再次开始。

（5）清嘉庆后高家堰滚水坝的逐渐废弃。清嘉庆年间，随着清口一带的逐渐淤高，用于汛期宣泄洪泽湖洪水的高堰五坝日渐敝坏。

首先是义字一坝的废弃。清嘉庆十年（1805年）三月，洪泽湖水涨，风急浪涌，义字坝坝底全行掀揭，跌塘之水深至3丈，车戽修复已不可能，仅恃柴坝又势难保固。于是，钦差吏部侍郎戴均元请将此处改建成堤工，即“减去一坝”。义坝改堤始于是年，“山盱五坝至是仅存其四”。

清嘉庆十一年（1806年）五月底，风浪掣通信坝，河臣旋即将之堵闭，洪泽湖水畅出清口。十三年（1808年），洪泽湖水涨，启放信坝后，水位仍不断抬高，高堰志桩长至1丈9尺，又开放智坝宣泄。未几，信坝被水冲坏，难以修复。“山盱五坝至此仅存其三”。

清嘉庆十六年（1811年）七月，河决萧南李家楼，汇入洪泽湖，河臣开放智、礼、仁三坝。仁坝跌成深塘，堵闭后废弃；礼坝跌穿。“五坝至是仅存其二”。

至清嘉庆十七年（1812年）时，“五坝已坏其四，惟余智字一坝”。礼坝跌穿后，洪泽湖泄水过多，下游颇受其患。南河总督黎世序当年即修复信坝，且将坝底加高1尺。至此，“五坝仍存两坝”，即智、信二坝。

清嘉庆十八年（1813年）三月，两江总督百龄、南河总督黎世序请将仁、义、礼三坝移建于蒋家坝以南地势较高之处，坝下另挑引河三道。计划中的仁、义二坝启放标准分别为：仁坝的启放以湖水涨至1丈2尺为度，义坝以湖水涨至1丈3尺为度。三坝坝身各宽60丈，总计180丈。坝下三引河，仁河在北，义河在中，礼河在南，又名一、二、三河，“三河”之名始于此。

次年，即嘉庆十九年（1814年），接长智坝石底，抬高信坝坝底，仁、义两引河挑成。于是，制定了新的启放标准：湖水涨至1丈4尺，启放新挑仁、义两引河；涨至1.5丈以上，次第启放智、信两坝。

清嘉庆二十一年（1816年）三月，礼字河挑成。是年伏秋，淮水盛涨，河臣先后开放智、信二坝和仁、义、礼三河，泄水量超过原有五坝。次年，于仁字河头建石滚坝一座。嘉庆二十三年（1818年）二月，因三引河挑成后，旧有仁、义、礼三坝已经无用，黎世序将之改建为石工，计长268丈。

至清道光二年（1822年）十一月，黎世序等人请将义、礼两河照仁字河修筑石坝，以免刷深跌塘。次年，义字河滚水石坝建成，金门宽60丈。

清道光九年（1829年），在智、信两坝间修建林家西坝一座，以补三河两坝之不足，口门宽60丈。两年后，洪泽湖高堰志桩涨至2丈1尺，开放新建的林家西坝，湖水得以充分宣泄。道光十九年（1839年），林家西坝废弃。

清道光十二年（1832年），信坝跌塘已深，总河张井将之移建于仁、义两坝间。

清道光十八年（1838年），建礼字河滚坝，“自是三河皆有坝”。

清道光二十二年（1842年），总河庆麟请将仁字河改建成滚水石坝，较旧制长30丈。

清咸丰元年（1851年），开启礼河坝，冲损未修，遂为通口，即三河口。前此，淮水通过高堰各闸坝宣泄，尚有节制，至此则终年开放，宣泄不已。咸丰五年（1855年），河决河南铜瓦厢，东北由大清河入海。黄河自南宋合泗夺淮，淮河下游为河所夺者770余年，河病而淮亦病。至是黄河北徙，黄河夺淮之局面告终，但淮河入海故道难以自复，淮河遂由三河口下泄长江。导淮之议纷然而起。

1.6.2.2　逼黄导淮工程：洪泽湖口引河

洪泽湖口引河就是在洪泽湖出口处的淤滩上开挖导淮外出的引河，以增强对黄河泥沙的冲刷，同时引淮济运。

清康熙十六年（1677年），靳辅出任河道总督时，正值黄淮大水，黄河倒灌清口，洪泽湖口淤积严重。根据《靳文襄公奏疏》记载，当时清口内裴家场、帅家庄、烂泥浅周围数十里几乎淤成平陆，导致“黄、淮相隔约有二十里之遥”，淮水难以自清口畅出，转而东泄淮扬运河，危害里下河地区。于是，靳辅在洪泽湖口开引河4条，导湖水外出。4条引河的位置，自西而东依次为张福口、帅家庄、裴家场、烂泥浅。三年后，靳辅又在烂泥浅以东开挑三岔引河。5条引河合流后，导引淮河水浩浩荡荡而出，“三分入运，七分敌黄”，成为导淮刷黄的主要引水通道。

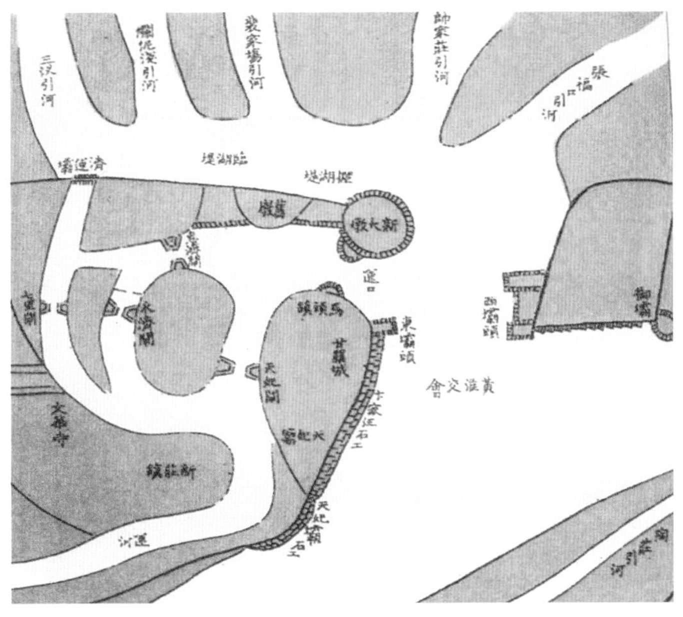

清康熙朝靳辅治河时洪泽湖口五引河示意图（李孝聪《淮安运河图考》）

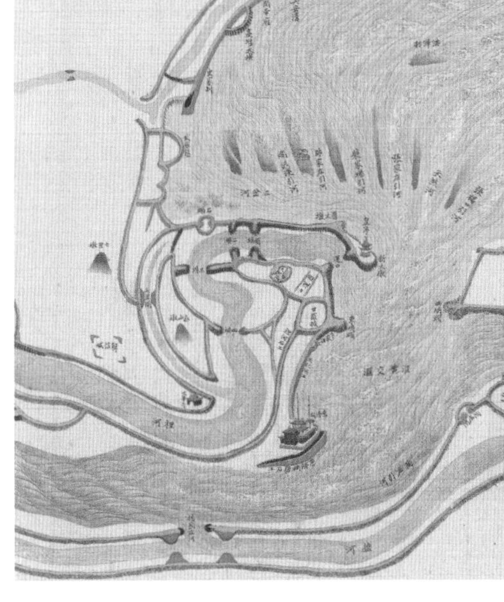

清康熙朝张鹏翮治河时洪泽湖口七引河示意图

清康熙四十二年（1703年），河道总督张鹏翮将湖口引河由4条增至7条，共宽100丈。当时清口内淤沙长约30里，形势与靳辅时类似，于是张鹏翮重新疏浚靳辅所开张福口、裴家场、烂泥浅和三岔河引河。然而，4条引河重开后，清口口门仅宽30余丈，洪泽湖水“趑趄而不尽出”，于是张鹏翮在张福口、裴家场二河之间开挖张家庄引河，宽20丈。该引河不仅导淮畅出刷黄，且与烂泥浅引、三岔河交汇，自七里河经文华寺入运接济。各引河在河头处相连为一河，遇淮水而酾为二河，当地人神之，呼为天然河，又称天赐河。至此清口有引河7道，宽达100余丈，“淮之门户大辟”，且淮河水高黄河数尺。

清道光二十九年（1849年），随着洪泽湖的淤高，裴家场、张庄、天然三条引河淤废，只存太平、张福两引河。然张福口引河已非旧日形势，太平引河不久亦淤。目前，清口一带惟存张福口引河一道。

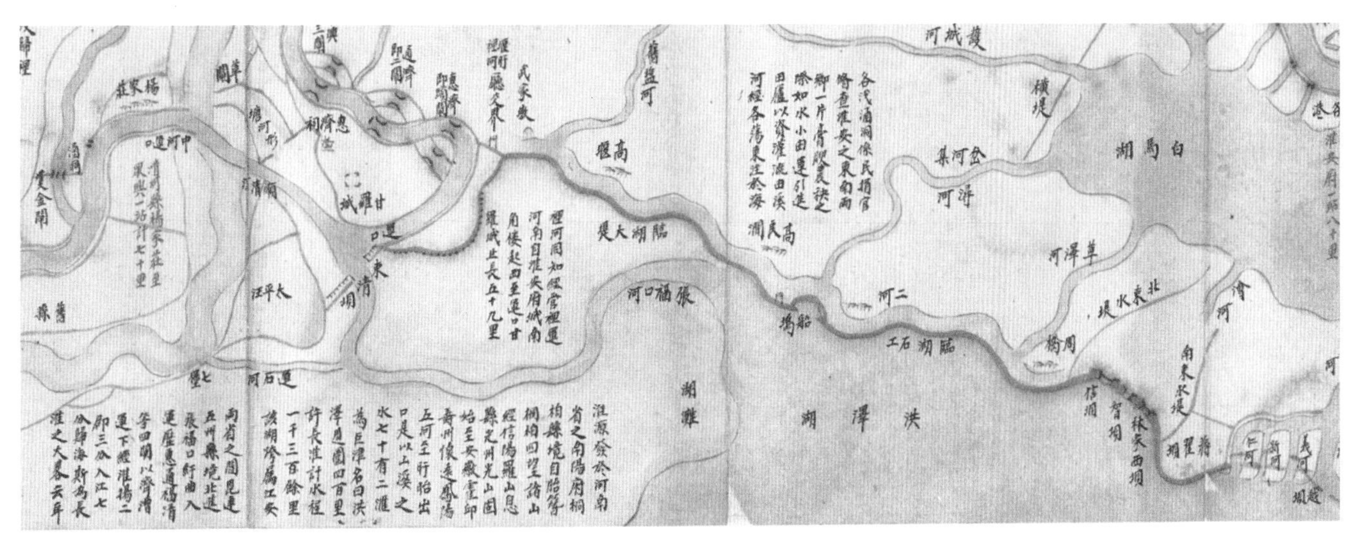

清道光年间洪泽湖口的张福引河（《京杭运河全图》）

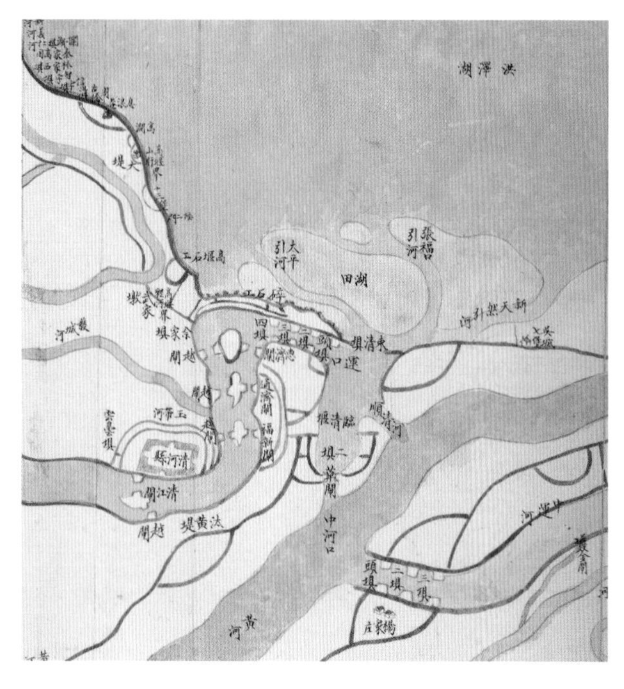

清光绪年间清口引河示意图

1.6.2.3 洪泽湖口避黄引淮工程：束清御黄坝

清康熙十六年（1677年），靳辅出任河道总督时，正值黄淮大水，黄河倒灌清口，洪泽湖口淤积严重。根据《靳文襄公奏疏》记载，当时清口内裴家场、师家庄、烂泥浅周围数十里几乎淤成平陆，导致“黄、淮相隔约有二十里之遥”，淮水难以自清口畅出，转而自高家堰东泄淮扬运河，危害里下河地区。于是，靳辅在洪泽湖口开引河4条，导湖水外出。4条引河的位置，自西而东依次为张福口、帅家庄、裴家场、烂泥浅。3年后，靳辅又在烂泥浅以东开挑三岔引河。5条引河合流后，导引淮河水浩浩荡荡而出，“三分入运，七分敌黄”，成为导淮刷黄的主要引水通道。

清康熙四十二年（1703年）张鹏翮任河道总督时，将湖口引河由4条增至7条，共宽100丈。当时清口内淤沙长约30里，形势与靳辅时类似，于是张鹏翮重新疏浚靳辅所开张福口、裴家场、烂泥浅和三岔河引河。然而，4条引河重开后，口门仅宽30余丈，洪泽湖水“趑趄而不尽出”，于是张鹏翮在张福口、裴家场二河之间开挖张家庄引河，宽20丈。该引河不仅导淮畅出刷黄，且与烂泥浅引、三岔河交汇，自七里河经文华寺入运接济。各引河在河头处相连为一河，遇淮水而酾为二河，当地人神之，呼为天然河，又称天赐河。至此清口有引河7条，宽达100余丈，“淮之门户大辟”“淮且高黄数尺”。

清道光二十九年（1849年），随着洪泽湖的淤高，裴家场、张家庄、天然三条引河淤废，只存太平、张福口两条引河。然张福口引河已非旧日形势，太平引河不久亦淤。目前，清口一带唯存张福口引河一道。

清口未建束水坝以前为一敞口，无所关束。如淮河水位高于黄水，就会发挥“蓄清刷黄”作用；但如黄河水位高于淮水，就易发生黄水倒灌清口、病湖病运的现象。自明万历年间潘季驯修高家堰，筑王简、张福诸堤后，淮水始专出清口刷黄。当时除淮扬运河入淮口门处设有闸坝外，其他水工建筑物很少。至清康熙中叶后，清口一带工程渐多，其中较为重要的就是用来避黄引淮的束清、御黄坝。

明总理河道潘季驯修筑高家堰，抬高洪泽湖水位，实现了以淮河清水之势冲刷黄河泥沙的目标。但当时湖水自行流出清口刷沙，至清代修建束清、御黄二坝后，开始通过人工调节束清坝口门的宽度，进而调控洪泽湖的水位来冲刷黄沙，启清口一带人工刷沙之端绪；而御黄坝的修筑则改变了以往汛期任由黄水倒灌入湖的无奈局面，从而使清口枢纽的工程布置更为完善。

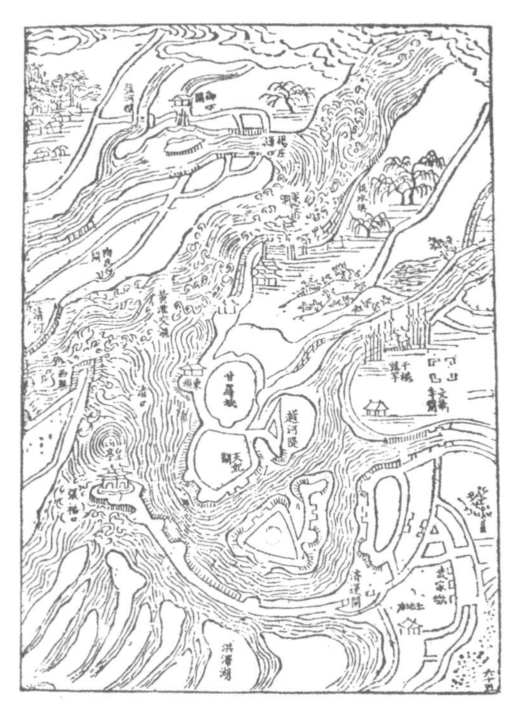

清康熙年间东西坝示意图（清 傅泽洪《行水金鉴》）

清口东西坝的创建。束清、御黄坝的前身是清口东西坝，清康熙三十七年（1698年）由河道总督董安国主持创建。

清康熙三十五年（1696年），黄、淮大涨，高家堰被冲决，黄水倒灌清口，洪泽湖口各引河淤积，淮扬运河运口淤垫成陆。两年后，黄淮又涨，黄水再次倒灌清口。为改变黄水动辄倒灌入湖的局面，河道总督董安国创建清口东西坝，建于风神庙前。东坝长26丈，西坝长24丈，中留口门20余丈。东西坝为草坝，平时蓄积湖水刷沙；汛期淮水涨发，及时拆展以泄洪；枯季淮水消落，及时修筑以收束湖水。西坝主要用于避免黄水倒灌清口，平时只需慎守即可。如此通过人工调节清口口门宽度进而调节洪泽湖水位来蓄清敌黄，并防止黄水倒灌。

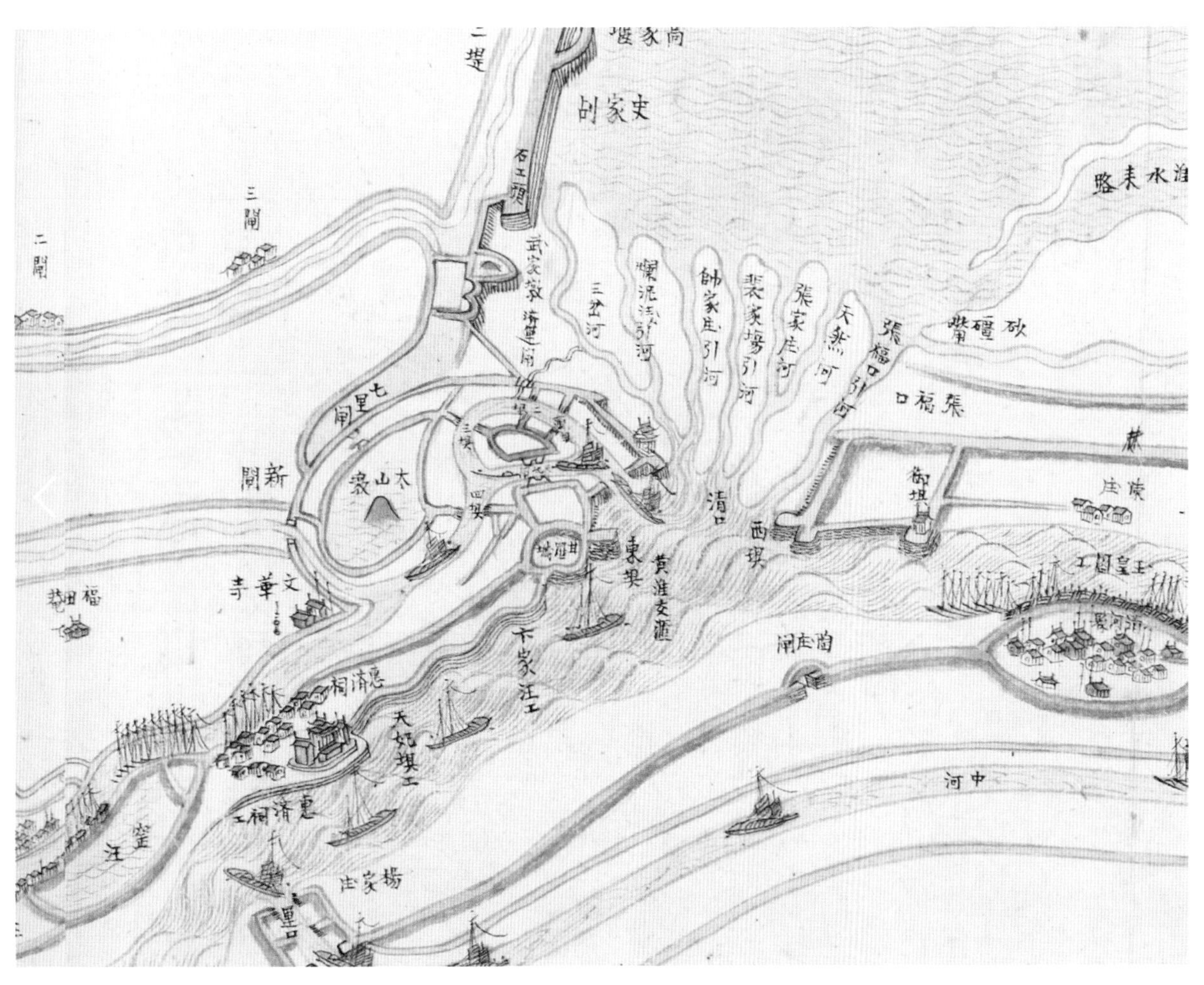

清康熙年间清口东坝西示意图（清康熙四十二年《黄河全图》）

为解决黄水倒灌清口问题，清康熙、雍正两朝将关注焦点集中于清口西坝。

清康熙三十八年（1699年），康熙帝在第三次南巡途中发现黄水倒灌清口的形势依然严峻，于是，为进一步增强清口西坝的御黄功能，在此实施一系列措施：先是当年开挑陶庄引河，导黄北趋以远离清口；接着亲自选址，在清口西坝上游、陈家庄以东建挑水坝一座以挑溜北趋，当地人称“御坝”。康熙帝对自己的这一措施颇为得意，曾在即位50年后的一次回忆中指出：“自此坝告成，清、黄二水始会流入海矣”。两年后，陶庄引河开放，河道总督张鹏翮又在御坝以西筑堤480丈，并将西坝加长5丈；又两年后，康熙帝在第四次南巡时令将清口西坝再加长数丈。

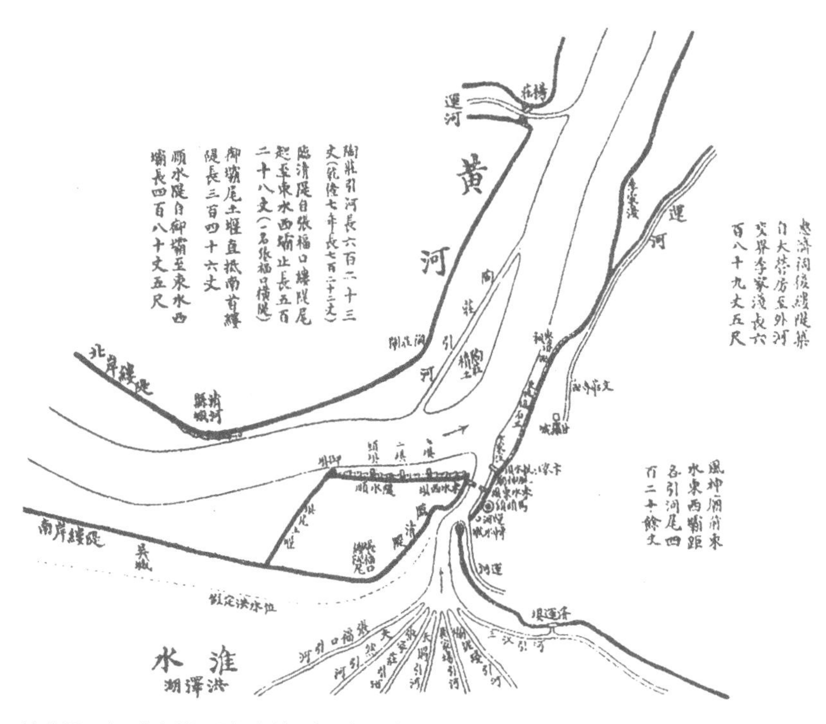

清康熙、雍正年间湖口引河与清口东西坝示意图

清雍正年间仍然以清口西坝为重点，重筑清口东西坝，使其距洪泽湖口各引河420余丈。在西坝上游建挑水坝一座，长10丈，为头坝；恐回溜倒冲，又在头坝下游陆续添建挑水二坝和三坝，三坝雁翅连比，有力地挑溜北注陶庄引河，从而减缓了黄水对清口的倒灌。

清口东西坝展束标准的制定。清乾隆前期，关注重点由清口西坝转移至清口东坝，并通过第二、第三次南巡，制定清口东坝拆展的水位标准。

清乾隆二十二年（1757年）六月，洪泽湖水盛涨，江南河道总督白钟山拆展清口东坝过迟，导致湖水自高家堰三座滚水坝滔滔东泄，里下河地区水灾严重。乾隆第二次南巡期间，首次提出根据高家堰滚水坝的过水水位，决定拆展清口东坝的宽度，即秋冬枯水季节，按例堵筑清口东坝以蓄清敌黄；春夏之交，一遇水涨，即行拆展清口东坝；盛涨时，如高家堰滚水坝过水一寸，则清口东坝拆展二丈；过水二寸，则拆展4丈，以便汛期淮河洪水畅出清口刷黄而非东泄高家堰、为害里下河地区。

清乾隆二十七年（1762年），乾隆在第三次南巡期间详细查勘了清口东西坝的形势，并制定了更为详尽的拆展标准：以高堰五坝高于水面7~7.5尺、清口口门宽20丈为度，平时蓄清刷黄；如5坝水位涨至4尺，即将清口拆宽10丈；每增涨一尺，口门加拆10丈。然后，以秋汛为限，逐渐收窄清口东坝，仍以口门宽20丈为度。乾隆三十年（1765年）七月，江南河道总督高晋进一步详细制定了秋汛后清口东西坝收束的水位标准：高家堰滚水坝断流后，如湖水消落一尺，清口东西坝即收束10丈；湖水以次递落，则清口东西坝以次递收，直到收过40丈后，再根据湖水涨落的具体情况妥善处理。此后，清口东西坝拆坝、筑坝都有了较为具体的依据。

清口东西坝的移建。至清乾隆中后期，随着黄河下游河道和洪泽湖口的日渐淤高，清口东西坝的工程布置发生很大的变化，这主要体现在以下两个方面：一是东西两坝坝址不得不多次向下游改移；二是开始分设束清、御黄坝，且两坝的宽度较前加长。

清乾隆三十三年（1768年）、三十六年（1771年）两年，黄水倒灌洪泽湖的持续时间长达两三个月，湖口各引河相继淤积，淮水不得畅出，转而东泄高家堰，危及淮扬运河及里下河地区。乾隆四十一年（1776年），江南河道总督萨载不得不将清口东西坝的基址向下游改移至160丈外的平成台，同时在陶庄积土以北新开引河一道，导引黄水远离清口，至周家庄后汇于淮水，黄水倒灌入湖的情形大为改观。这是清口东西坝的首次移建。

清乾隆四十三年（1778年）七月，河决河南仪封六堡等处，至次年四月，决口仍未合龙，黄河主流通过涡、淮等河源源不断地注入洪泽湖。当时汛期将至，乾隆下令将高家堰5坝全部开启泄洪，这是高家堰5坝首次全开；同时陆续将清口两坝坝基全部拆除，使其口门宽达89丈。此后，在清口东西坝重建过程中，再次将其坝址向下游改移290丈，建于惠济祠前。至此清口东西坝已较前下移450丈，离清口更远，御黄更力。这是清口东西坝的第二次移建。

清乾隆四十六年（1781年）冬，清口东西坝口门收窄后，为避免洪泽湖水的继续外出，在风神庙南、淮扬运河口北添建兜水坝，以为重门关束。其中东坝长43丈，西坝长41丈，中留口门12丈。汛期拆展，宣泄洪水；冬初收束，蓄水济运，收束时如湖水水位下降至三尺，则留口门12丈；下降至二尺，留口门8丈。乾隆四十九年（1784年）秋至五十年（1785年）春夏，降水较少，高家堰志桩水位仅2.4尺，且仍在下降，至六月下旬，黄水骤涨，倒漾入湖，淮水竟涓滴不出，致使清口淤浅，漕运长期受阻。大学士阿桂实地考察后，发现清口东西坝已远离黄、淮交汇处500余丈，建议以前此所建兜水坝为束清坝，共宽115丈，专用于收束洪泽湖水；将原东西坝坝址再向下游改移300丈，在福神庵前修筑，共宽250丈，专用于抵御黄水倒灌。如遇黄水过大之年，即将御黄坝口门收窄，不使漾入；遇淮水过大之年，上游的束清坝相继拆展，御黄坝随之一同拆展；并将其东坝做长以挡黄水回流，西坝收短以使清水直出抵黄。如此，外有御黄坝抵御黄水倒灌，内有束清坝蓄水敌黄。河道总督李奉翰制定了束清、御黄坝各自口门的收束宽度，根据高堰志桩，如消落后的湖水水位为4尺，口门宽度酌留20丈；湖水水位为三尺，酌留口门12丈；湖水水位2尺，酌留口门8丈。该建议得到乾隆帝的高度赞同，认为“此法是极”。这是清口东西坝的第三次移建，也是束清、御黄分设两坝的开端。

清乾隆后期至嘉庆初期，黄水倒灌入湖的趋势日渐严重，清口一带愈益淤积。嘉庆十年（1805年），清口淤浅、漕船受阻的现象再次出现。河道总督徐端将束清坝由运口北改移至运口以南洪泽湖口引河交汇处，以

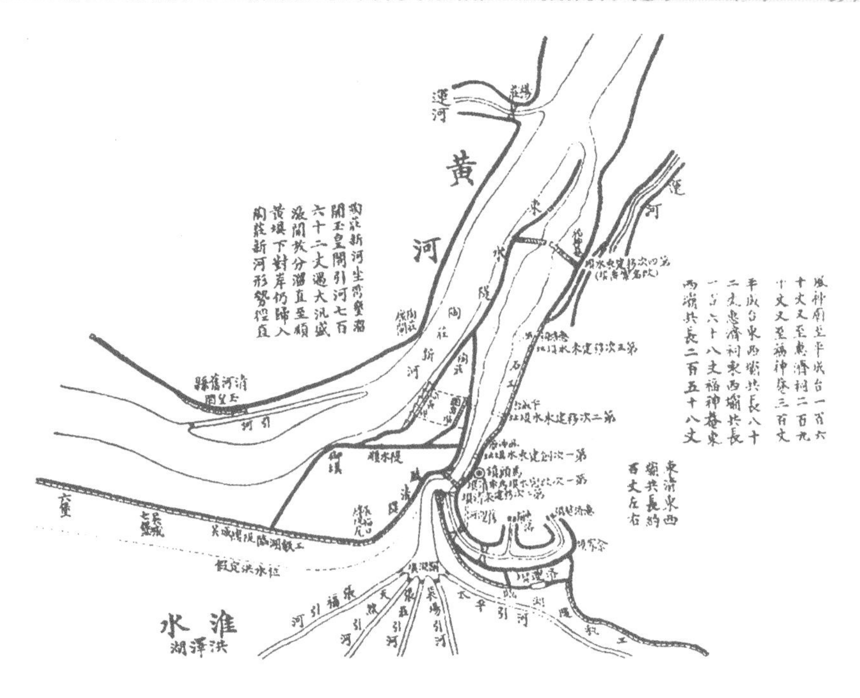

清乾隆朝清口东西坝创建与改建过程示意图（据《淮系年表全编》绘制）

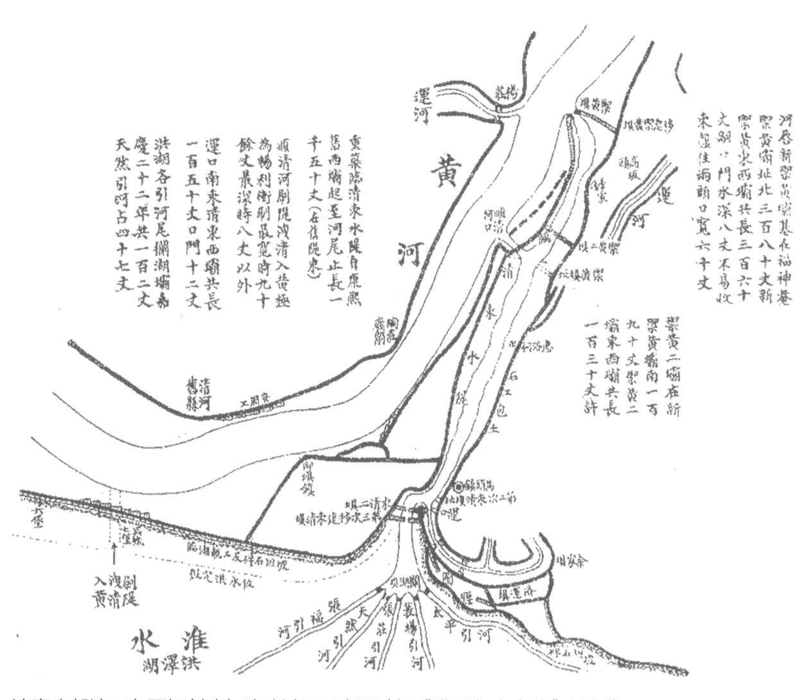

清嘉庆朝清口东西坝创建与改建过程示意图（据《淮系年表全编》绘制）

便更为有效地控蓄淮河清水；同时将御黄坝北移至380丈处的黄河河唇，以避免黄水倒灌。6年后，在御黄坝外建钳口坝，坝内190丈处建御黄二坝，以为重门钳束。嘉庆二十三年（1818年），在束清坝北、运口盖坝南添建束清二坝，自此淮河清水的收蓄也得到双重关束。

然而，尽管嘉庆朝对束清、御黄坝进行了精心的治理，但并不能从根本上解决清口的淤积问题。此后，形势继续恶化，渐呈不可挽救之态。于是乾隆中束清、御黄两坝常夏启冬闭，以蓄清刷黄；至嘉庆时以黄河淤高、不能刷黄，而演变为秋启夏闭，仅用以济运。

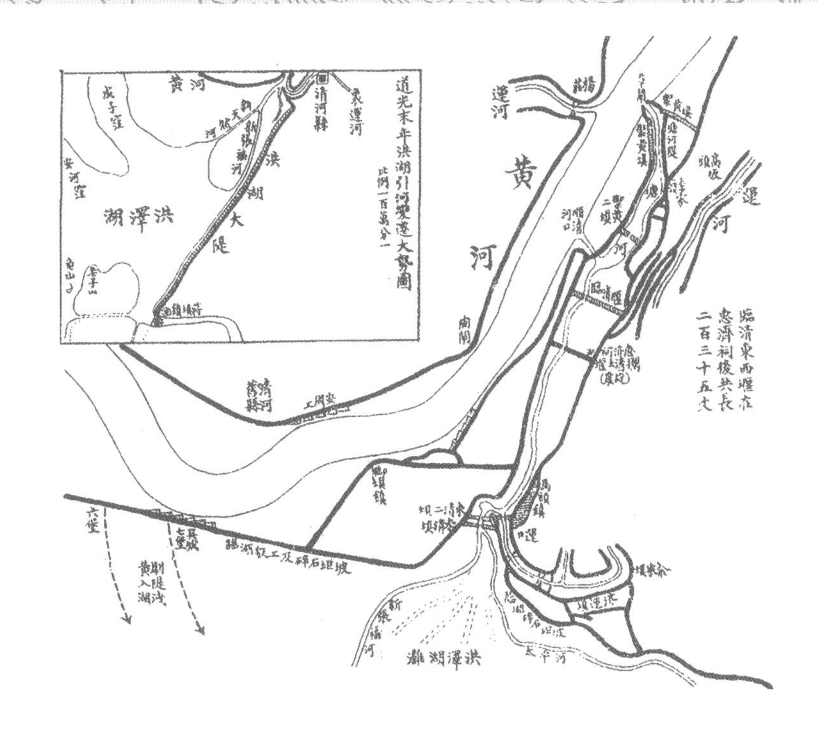

清末清口地区倒塘灌运示意图

1.6.2.4　里运河与黄河、淮河交会处的口门——南运口

南运口是明清时期漕船由淮扬运河出入淮河、黄河的口门，因在黄河以南，故称南运口，它的位置和工程布置在淮河河势尤其是在黄淮合流后黄河泥沙的淤积影响下而不断变化。

公元前486年，吴王夫差开邗沟，在今淮安市北5里处的末口入淮河。这是淮扬运河最早设立的南运口。

北宋雍熙元年（984年），淮南转运使乔维岳开沙河，在淮阴磨盘口（今码头镇附近）入淮河。磨盘口在末口以西40里处，这是淮扬运河南运口位置的首次变迁。

皇祐年间（1049—1054年），开洪泽河，南运口迁移至洪泽镇。

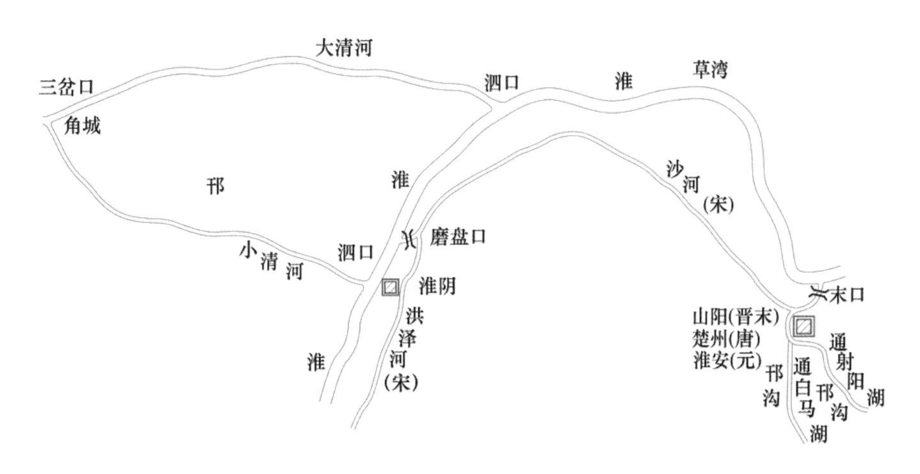

明以前淮安南北运口示意图（据《淮系年表全编》改绘）

明代南运口发生过三次大的变化：①永乐新庄运口；②嘉靖三里沟运口；③万历甘罗城南运口。

黄河夺淮前，淮扬运河的水位高于淮河，为了防止运河水走泄入淮，曾在淮河与淮扬运河交会处修建堰闸以控制。到明初，堰闸大多荡然无存。为通航需要，洪武元年（1368年），在淮安新城东门外建仁字坝。永乐二年（1404年），随着漕粮运输量的增多，添建义、礼、智、信四坝，与原来的仁坝总称淮安五坝。五坝中，仁、义二坝在新城东门外，漕船由此入淮河；礼、智、信坝在新城西门外，商船由此入淮北上。淮安五坝最初由软料树木、枝条等构成，称软坝。船只过坝时，先卸下货物，用辘轳绞关挽牵而过，称为车盘或盘坝，不但费时费力，而且船只和货物多有损失。过坝后，船只还要在淮河中逆水上行60里，才能进入黄河。

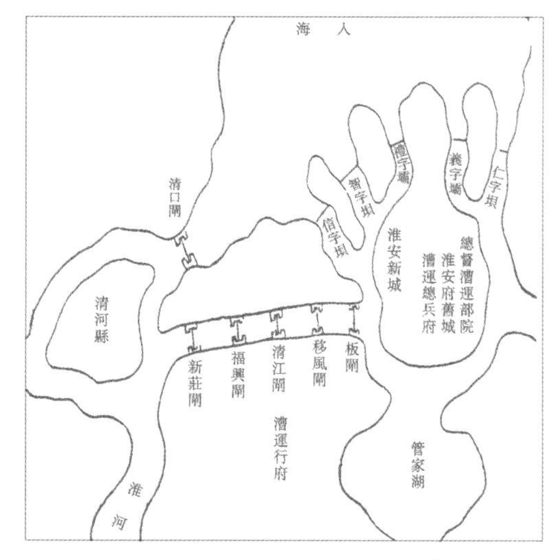

清江浦及淮安五坝示意图（明　杨宏、谢纯《漕运通志》）

明永乐十三年（1415年），为避淮河山阳湾段的风涛之险，漕运总兵陈瑄重新疏浚宋代乔维岳所开沙河，改名清江浦，自淮安城西的管家湖引水济运，由鸭陈口通淮河。浦上建新庄、福兴、清江和移风四闸。其中，新庄闸最北，为南运口，又称头闸或大闸，东南距淮安城50里。次年，在城西建板闸。五闸迭为启闭，启一闸则其余四闸俱闭。汛期闭闸，并在闸口筑软坝御黄，所有船只俱盘坝。清江浦之名始此，并在后来逐渐发展为重镇。

明正统三年（1438年），在运口一侧建天妃庙，新庄闸因又称天妃闸。嘉靖中期，黄河开始频繁影响淮扬运河南运口。根据《明世宗实录》记载，嘉靖三十年（1551年），由于新庄运口位于黄河与淮河处的下游，经过100多年的运行，已逐渐淤垫，漕运总督应桢建议堵塞新庄闸口，在清江浦以南开三里沟至通济桥，设通济闸，漕船由三里沟出通济闸后，直达淮河而不再通黄，以趋清避黄。次年，三里沟河开通，因其运口由马头镇东北移至马头镇东南三里，故名。

然而，三里沟运口虽不再直通黄河，但其水位高于原新庄闸口6尺，为调节水位以避免淮水自运口冲淹运河，在三里沟口增建惠济闸。而且，遇到黄河大涨时仍未免倒灌，三里沟运口的淤积在所难免。

明隆庆三年（1569年），黄河倒灌，通济闸内外、清江浦上下淤浅。次年，自泰山庙至七里沟淮河淤10余里，淮河与运口之间的连通被切断，工部尚书翁大立建议将南运口重新移回新庄闸旧址。万历六年（1578年），总河河道万恭恢复新庄运口，重修天妃闸（即原新庄闸）。总理河道潘季驯以天妃闸直通黄河，为避免黄水倒灌，改闸为坝，同时移通济闸于甘罗城南，南距旧闸一里，改新运口斜向西南，以避黄趋淮。至此，南运口改移至新建通济闸处。新运口位于马头镇北，通航时间限制在九月至次年六月上旬黄河小水季节，黄河水涨时关闸打坝，以免倒灌。新庄闸改坝后，与淮安五坝中的智、礼二坝（时仁、义、信三坝已废）通称车盘三坝。通济闸打坝断航期间，官民船只一律由此三坝通航。过船时，三座闸门“启一闭二”。4年后，潘季驯开永济新河，起淮安城南，经武家墩，达通济闸，以备清江浦之险。

为防止黄河倒灌运道，明代采取在南运口筑草土坝拦堵、又将南运口不断向洪泽湖口靠拢的方法。但没有从根本上解决问题。

清初，高家堰多次溃决，黄水倒灌洪泽湖，清口淤塞日甚，明万历六年（1578年）总理河道潘季驯所建新运口距黄河与淮河交汇处不过200丈，黄水经常倒灌，运道日高，浚而复淤。且黄、淮两河汇合处水流紊

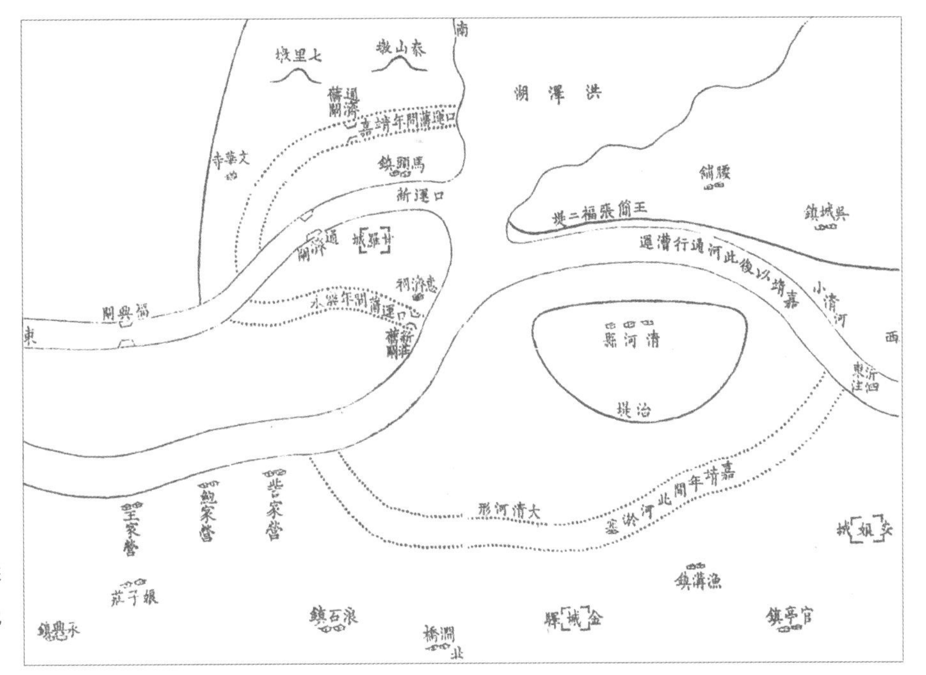

明万历六年（1578年）运口形势示意图（据《清河县志》图说改绘）

乱，漕船北行，每只常需七八百人甚至上千人纤挽，每天出船仅二三十只。

清康熙十六年（1677年），靳辅任河道总督后，将南运口由惠济祠后移至烂泥浅引河，然后自天妃闸西南开引河一道，至太平草坝，即后来的太平引河；又自文华寺永济河头开七里闸河，建七里闸，改名惠济，以此为运口，即三汊河运口，又转而西南7里至武家墩，再折而西北，接太平坝，均达烂泥浅引河尾。“两渠并行，互为越河，以舒急流”。康熙四十年（1701年），将惠济闸改移至头草坝，又自旧大墩至太平坝筑拦湖堤一道，于旧大墩以西筑新大墩。次年，自武家墩北筑临湖堤一道，堤上建石勘，名济运坝。相时启闭，引三汊河水由文华寺入运接济。

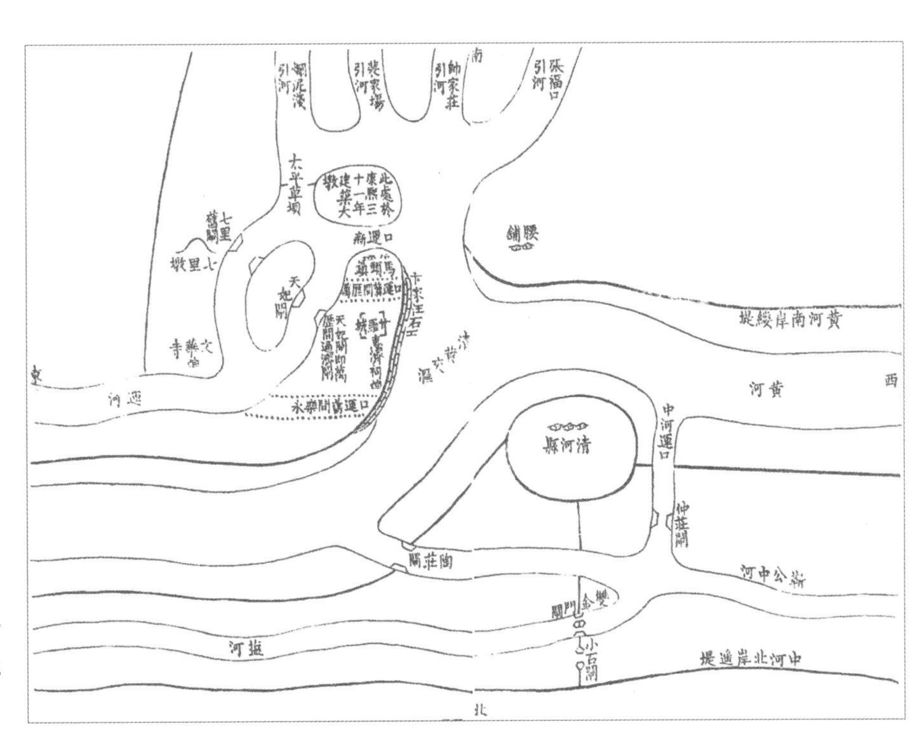

清康熙朝靳辅治河时运口形势示意图（据《清河县志》图说改绘）

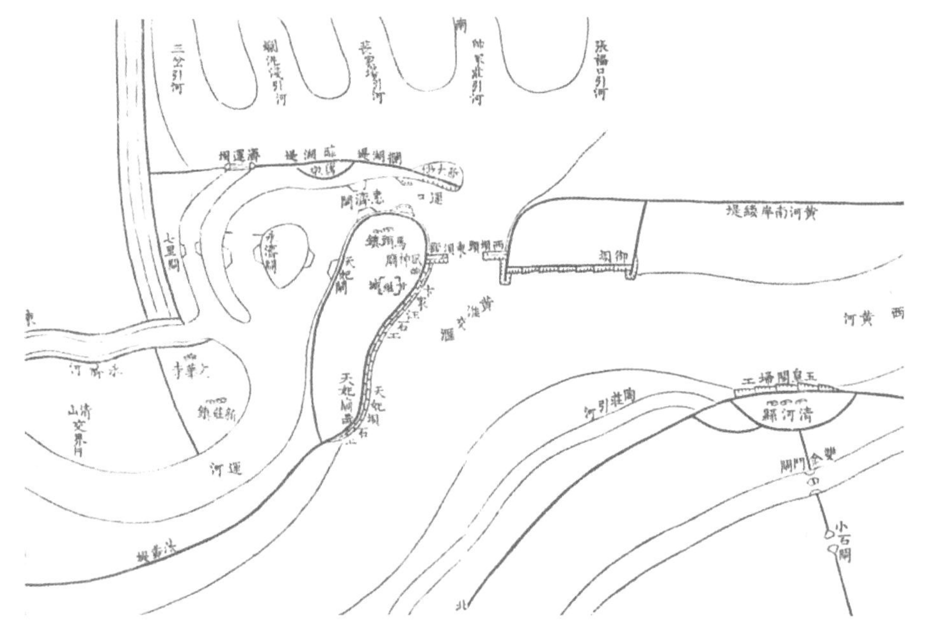

清康熙朝张鹏翮治河时运口形势示意图（据《清河县志》图说改绘）

清乾隆二年（1737年），江南河道总督高斌将南运口南移75丈处，与三汊河相接，在新运口筑钳口草坝三道，口内建通济、福兴正越4闸，正闸在西，越闸在东，口门均宽2.4丈，与惠济正越闸同。天妃闸改名惠济闸，下游清江浦之龙汪闸名清江闸。如此，惠济、通济、福兴正越闸6座，形成三组通航闸串联格局；而运口处的河形状如葫芦，当地人称为葫芦河。自此，南运口内为抵御黄流、引淮济运而修建的闸坝体系基本形成，这一格局维持了百余年时间，没有较大的变化。又因清口下游黄河缕堤及惠济祠后堤防宽仅数丈，黄河与运道仅隔一堤，于是自天妃闸北开新河一道，即淮安护城河，长1000余丈，穿永济河头，至庞家湾接入旧河。将旧河南堤作为北堤，以挑河之土另筑南堤，则惠济祠后运道可远离黄河。次年，专门设置闸官二人分别管理福兴、通济二闸，并将原设广济闸官改为通济闸官。

清康熙朝张鹏翮治河时的南运口示意图（清　张鹏翮《治河全书》）

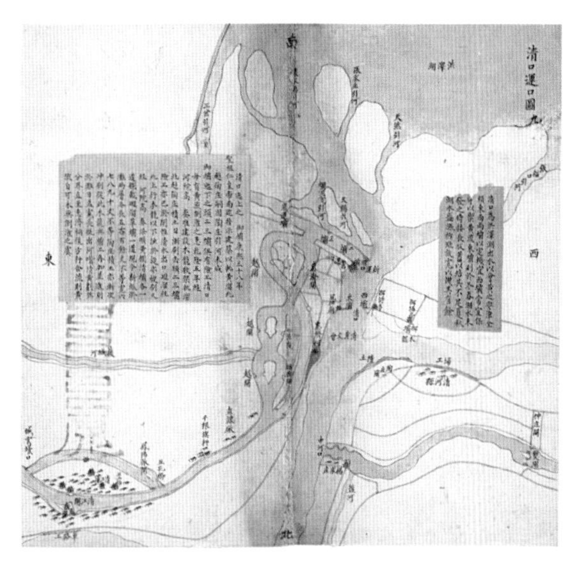

清乾隆年间南运口及其葫芦状河形示意图

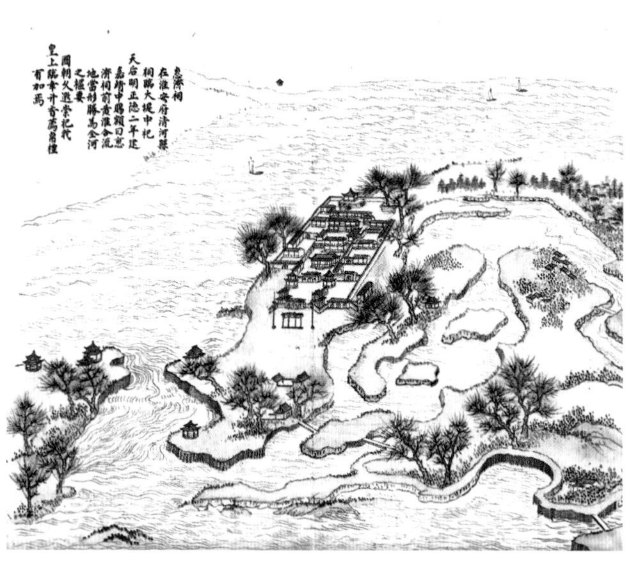

清乾隆年间南运口及惠济祠示意图

阅视黄淮河工（《乾隆南巡图研究》）

阅视黄淮河工（《乾隆南巡图研究》）

惠济闸（1926 年）

1.6.2.5 淮扬运河与长江交会工程：扬州运口

淮扬运河在扬州以南与长江北岸相交。吴王夫差首开邗沟，入江口在蜀岗之下。后来随着长江北岸岸线的南移、河道的变迁及水运需求的不断发展，淮扬运河与长江北岸交汇的运口位置和数量也随之发生变化。其中，最为主要的为瓜洲、仪征和白塔河三个运口。

此外，明景泰（1450—1457年）和成化（1465—1487年）年间还曾开浚泰兴新河（即今泰州南官河位置），南通长江，江浙漕船由常州德胜新河过长江后即入该新河，然后西转通扬运河，达淮扬运河北上。万历年间（1573—1620年）为分淮入江而疏凿芒稻河和人字河，江浙漕船也曾由三江营入夹江，通过芒稻、人字二河达淮扬运河北上。

1. 瓜洲运口

瓜洲运口开于唐代，是两浙漕船过江的主要通道。

唐开元二十六年（738年），润州刺史齐浣为免绕瓜洲沙尾，在瓜洲上开凿一条长25里的运河，史称伊娄河，即今扬子桥至瓜洲镇古运河，又名瓜洲运河，亦称新河。邗沟南运口由扬子桥向南延伸至瓜洲渡口。

伊娄河的开凿是运河由瓜洲出入之始。齐浣在伊娄河上修建伊娄埭，即瓜洲运口，立二斗门船闸。潮水顶托时，开斗门引船入埭；潮退时，关闭斗门以防水走泄；一般水位时，斗门打开通船。这是中国有据可考的最早的二斗门船闸。自此，淮扬运河拥有两个南运口，即瓜州运口和仪征运口。自长江上游湖广、江西等省的来船可由仪征入运；自两浙的来船则由瓜洲入运。

唐代，船只过往瓜洲埭时须缴税，每年可收税上百亿。北宋熙宁五年（1072年）九月，日本僧人成寻自南往北由水路经过这段运河时，曾亲眼目睹瓜洲埭过船的场景。根据他的记载，当时需22头牛驱动绞关，拖曳船只过埭。

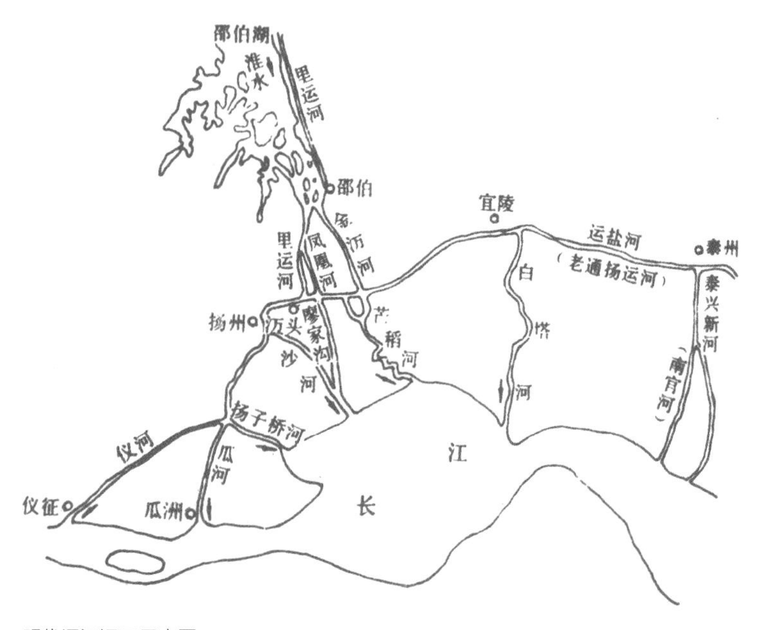

明代通江运口示意图

瓜洲古渡

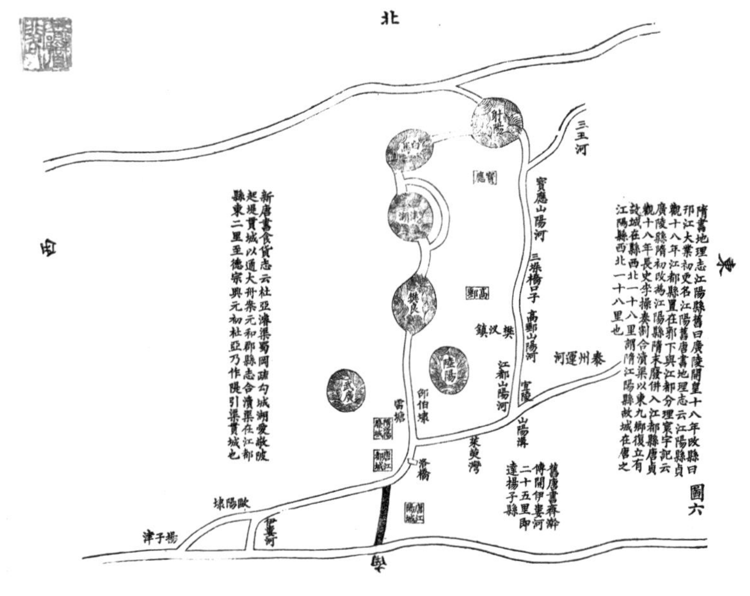

唐开伊娄河（《扬州水道记》）

北宋绍圣中（1094—1097年），瓜洲堰与长江以南的京口、奔牛同时改堰为闸。其中，瓜洲闸的结构为三门二级，有澳蓄水。并规定了瓜洲闸的启闭时间，即三日一开放以节省水量。

北宋宣和三年（1121年），仪征、扬州等地运河浅阻，漕船滞留，于是在仪征太子港、瓜洲河口、海陵河口各筑一坝，以阻截运河之水走泄长江，漕运始通。

宋代，瓜洲有3座闸。当时淮扬运河的水位高长江数尺，为避免运河水走泄长江，明洪武三年（1370年）改为一至十坝。其中，东港3座，西港7座，另建盐坝1座，共11座，均位于瓜洲镇。运河至此分为3支，形如“瓜”字，中间一支筑堤与长江隔断，东一支名东港，西一支名西港，东西两港均与长江相通。据《漕河图志》记载，中间一支入东港后又有2支：第一支筑坝两座，北为第八坝，南为第九坝；第二支筑坝一座，为第十坝。由中间一支入西港后又有4支：第一支筑坝3座，由北向南分别为第七坝、第六坝、第五坝；第二支筑坝2座，北为第四坝，南为第三坝；第三支筑坝2座，北为第二坝，南为第一坝；第四支筑有盐坝1座。平时运河水位高出长江数尺，潮大时内外水位相差不大，因而东西二港都可引潮水入运，各坝则可防止运河水走泄入江。

明永乐元年（1403年），对瓜洲各坝河道进行了全面浚治。永乐九年（1411年），东港尽淤，只存西港7座坝。坝废港塞，舟楫往来迟延，且停泊于大江，屡遭漂没之灾。为此，漕运总兵除了主持浚治通运河道外，还根据黄河下游夺淮后淮扬运河水情的变化，在其临江处设置减水闸两座，使运河水既有所蓄又有所泄。至此，瓜州运口形成一个较为完善的通航枢纽。嗣后瓜洲沙岸涨塌不定，又进行过多次整治。

明正统元年（1436年）九月，根据督漕总兵官都督佥事武兴的建议，从镇江、扬州二府征调7000余人疏浚瓜洲东港。次年，修复八、九二坝。正统八年（1443年）三月，浚东港，并由巡抚周忱在白塔河大桥闸筑坝，分流瓜洲运口的船只。正统十四年（1449年），修复第十坝。

鉴于瓜洲江口所建为土坝，“江北粮船空回，撤坝以出；而江南重船反令盘坝，盘剥艰难，风涛守候”。明隆庆六年（1572年），河道侍郎万恭自时家洲至花园港开渠一道，即花园港河，长6里；同时建瓜洲通江二闸，上闸为广惠闸，下闸为通惠闸，自此漕船免去盘坝之苦。万历元年（1573年），规定瓜洲闸每年仅开3个月，漕船过完即闭闸，仍车盘过坝。次年，下闸广惠闸被冲啮损坏，于是改上闸为下闸，并在盾家洲建中闸。次年又修建扬子桥闸。

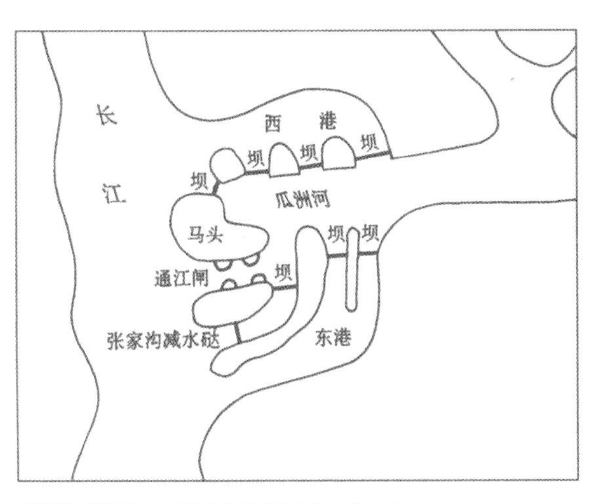

明前期瓜洲运口示意图（据《漕河图志》绘）

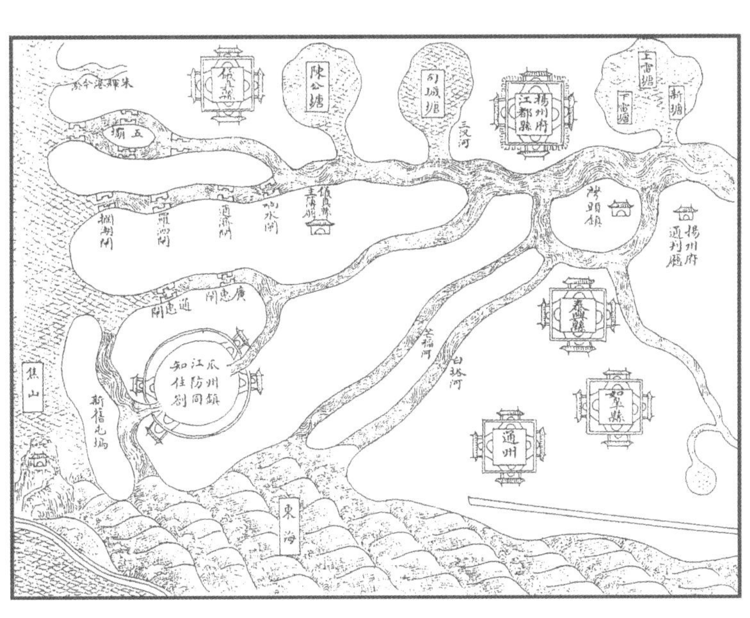

明万历年间瓜洲运口示意图（明　潘季驯《河防一览》）

瓜洲泊月（清　麟庆《鸿雪因缘图记》）

瓜洲大观楼（民国《瓜洲续志》）

明万历四年（1576年），在瓜洲开港坞，用于船只停泊。万历年间中，随着瓜洲口坍势的日渐严重，出现了瓜洲、仪真运口交替运用的情况。

清初，三汊河以南至江口计程十七里，仍设广惠、通惠2闸。康熙五十四年（1715年），江流北徙，将运河南岸花园港芦滩坍塌102丈，息浪庵前码头坍塌大半，通惠闸坍塌入江，堵闭广惠闸，自瓜洲绕城河通漕。雍正六年（1728年），因花园港坍卸，绕城河运口难以行漕，于是闭绕城河，仍开旧闸河，船由广惠闸通行。乾隆十一年（1746年），又将广惠闸堵闭，漕船由闸上之青莲庵旧越河行走。此后，江水频繁北冲瓜洲，屡次将瓜洲城垣向北收进，并修城中跨河。

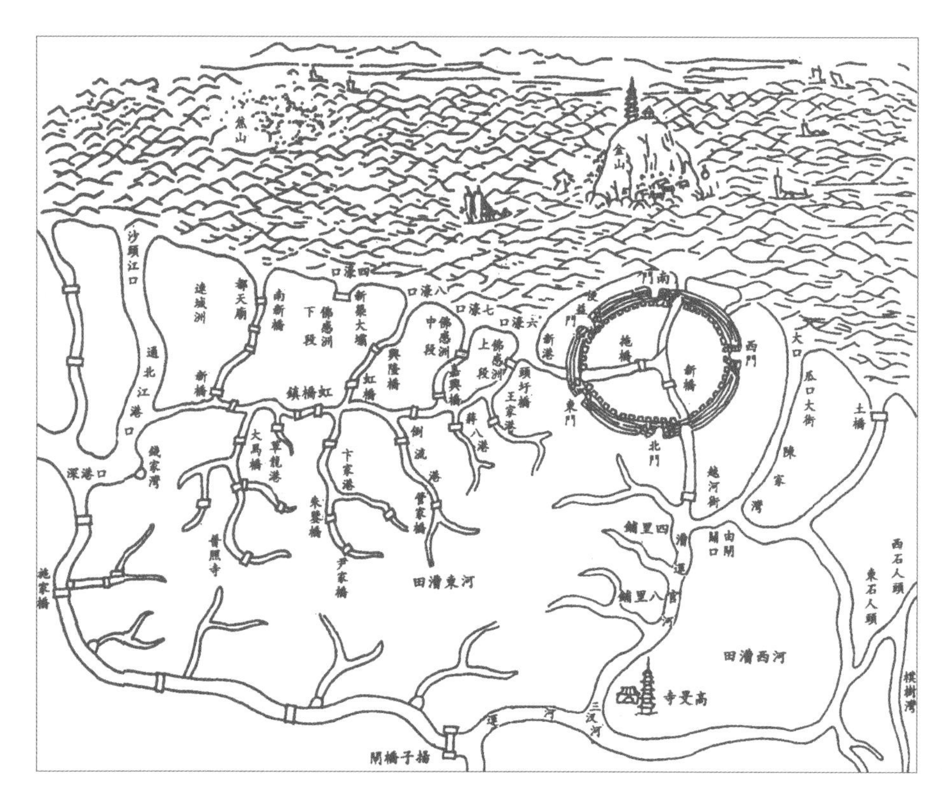

瓜洲全景图（民国《瓜洲续志》）

清道光二十三年（1843年），瓜洲城南门塌陷，民居河道悉沦入江。自此，瓜洲运河废止二十余年，漕运实施海运，盐运则走仪扬河。咸丰年间（1851—1861年），一度以沙头江口和芒稻河为南北经由之路。

清同治四年（1865年），因仪扬河淤塞不通，在瓜洲城东北开新河以通盐运，称新开盐河。自陈家湾起，经瓜洲城北水关绕至东门桥东，达六濠口出长江。同年，在临江处筑盐栈。不久，盐栈改设为仪征十二圩。

经过历朝各代的不断完善，瓜洲运口成为一个与镇江隔江相望，具有通航、灌溉、行洪、排涝和挡潮等综合利用功能的枢纽工程，至今仍在发挥效益。

2. 仪征运口

仪征运口是仪扬河的入江口，仪扬河是古代淮扬运河的入江西道，是湖广、江西及长江上游地区的漕船，以及两淮盐船的经由要道。宋代称仪真运河，明清时期成真扬运河、仪真运河，近代称古运河、盐河，新中国成立后改称仪扬河。

今日仪扬运河入江口（2019 年，魏建国、王颖　摄）

仪征运河开挖于东晋永和中（345—356年）。这一年，由于长江江岸南移，江都故城下的邗沟入江口淤塞，遂向西开挖新的入江运道，至今扬州西南60里处（今仪征）入江，并在入江口门处建欧阳埭，引江水入埭济运。新开挖的邗沟入江西线即今仪扬河，它的开挖使古邗沟新增一条入江运道，欧阳埭所在则已接近后来的仪征运口，为西线最初的入江口。

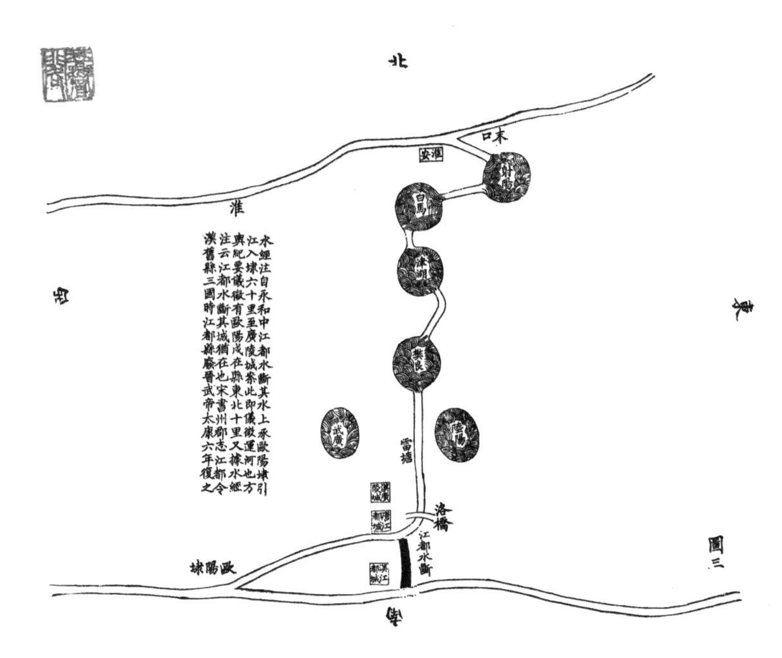

东晋永和年间引江入欧阳埭示意图（《扬州水道记》）

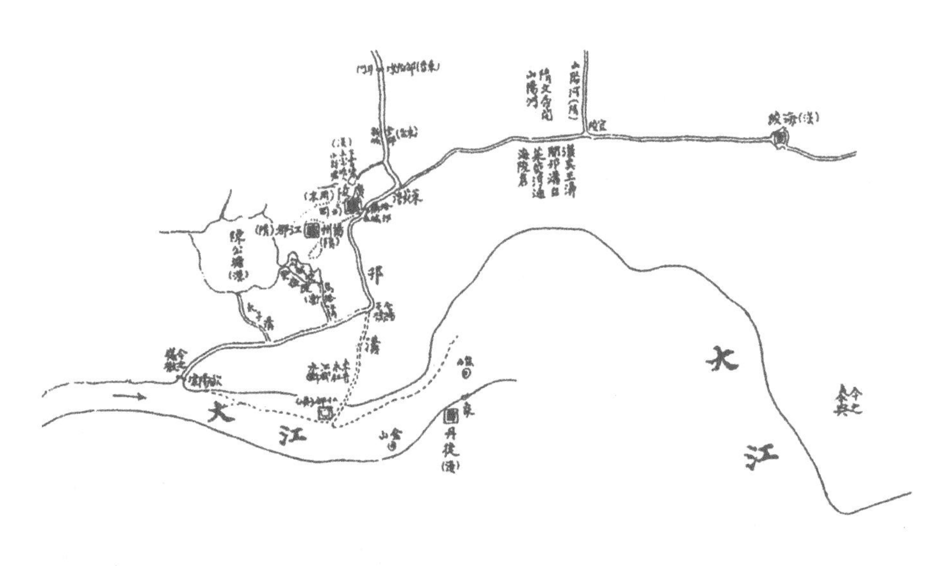

隋代以前临江运道

为避免船只过堰时的劳费，宋天圣四年（1026年），监真州排岸司右侍禁陶鉴将真州堰改为二斗门船闸，即在约百米的河段上建上下闸门，形成闸室，依次启闭，调节水位以通舟。闸门为木闸，史称“西河闸”。

宋天圣四年（1026年），监真州排岸司右侍禁陶鉴在仪征“易堰为通江木闸”以利航运。陶鉴所建船闸一名外闸，一名内闸，闸旁建有澳，亦称澳闸。所谓“澳闸”，即在闸旁建小型蓄水池，蓄积高处流水和雨水，提升低处积水，以及接纳江潮，开小渠通于船闸，并设闸门控制以蓄水，补充船闸水量，史称“西河闸”。

宋嘉定元年（1208年），知州张頠改木闸为石闸，并将外闸改名潮闸，位于城南门外；内闸改名腰闸，位于广惠桥下；同时增建清江闸，位于城南门内，三闸内接运河，外通长江。

南宋绍兴四年（1134年），诏宣抚使毁掉仪征、扬州境内的堰闸及陈公塘，以阻止金兵舰船南下。嘉泰元年（1201年），真州守张颁在西河闸旧址易二木闸为二石闸，即腰闸通河，潮闸通江，两闸相距195丈，称真州闸。

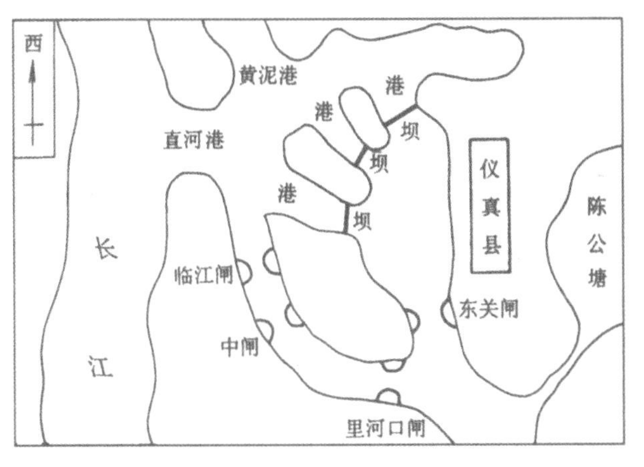

明前期仪征运口示意图（据《漕河图志》绘）

元泰定元年（1324年）十月，自新城向南开挖新河至长江，名珠金沙河，即今沙河，自此仪征运口改移到沙河口。

明洪武四年（1371年），宋代张頠所建三闸废弃已久，遂在清江闸址筑土坝，漕船自此上下车盘。

明洪武十六年（1383年），采纳兵部尚书单安仁的建议，修复宋代所建清江闸、腰闸及潮闸三闸，同时在外河筑土坝5座。其中，一、二两坝在县治东南半里许，同在一港，专过官船及官运竹木诸物；三坝独占一港，在县治东南2里许；四、五两坝同在一港，在县治东南2里许，这三座土坝专过粮船和民船。

由于扬子桥（扬州城南15里）一带地势隆起，自此以南至长江的地形呈倾斜状，以致河水易于走泄入江。废坝置闸，如启闭闸板稍不如法，就会导致河水走泄无余，所以这三座闸最迟在永乐初年已改建为坝。至永乐十三年（1415年）陈瑄整治淮扬运河时，仍以坝蓄水。据《天下郡国利病书》记载，“及会通河成，令瑄漕河事……遂浚瓜洲、仪真二坝，祛湖港之湮”。此后，历经洪熙、宣德、正统、景泰四朝，这一形式始终没有较大的变化。

明永乐十五年（1417年），县丞陈孚先重修三闸，后因泄水，在闸上筑土坝障水，闸废不用。

明景泰五年（1454年），工部主事郑灵重浚珠金沙河，改名新坝河，建卧虎闸和二闸。后因河港涨滩，二闸淤废。

明成化十年（1474年），工部巡河郎中郭升以漕船过江时车坝劳费，且里河（即运河）泄水时需开挖临时缺口，水退后再修复，费时费力；而仪征县罗泗桥原有通江河港，上至里河4里许，潮大时内外水势基本相等，因而建议在该河港建闸3座，潮来时先开临江闸（又名罗泗桥闸），船随潮进，潮平后再开启中、二闸入运，如此不仅船只通行便利，而且里河水势得以随时疏泄。获得朝廷批准后，郭升与总漕李裕主持在里河东关至罗泗桥之间建闸4座，以通长江，潮满时开闸放船，潮退后则闭闸蓄水。自北而南依次为里河口闸，又名东关闸；闸南百步为响水闸；响水西南2里许为通济闸，又名中闸；中闸西2里为通江闸，又名临江闸、罗泗桥闸。

明成化二十一年（1485年），因启闭无节，致使运河水浅，闭闸不用，船只仍由5坝车盘。成化二十三年（1487年），将东关浮桥改为东关闸，视五坝盈涸，以时蓄泄。不久，通江港淤塞，各闸随之而废。

明成化二十三年（1487年），工部主事夏英因先年水涨冲决五坝，难以筑塞，建议在五坝以上的运河中设闸，以备坝决时闭闸截流。于是将东关浮桥改为东关闸。东关闸坐落在仪征县城东门外运河中，响水闸以西，“北振漕河之上流，南通五坝之江脉”，成为五坝的辅助设施。

明弘治元年（1488年），南京守备太监蒋琮请开通江港，恢复闸制。经过调查，最终决定闸坝并存互用，夏秋长江水涨则启闸纳潮，通行船只；冬春水枯则闭闸蓄水，船只仍由五坝车盘。同年，修复东关、罗泗二闸；因响水闸距东关闸只有百步许，水势冲激，船行艰险，决定拆除；又因当时出现两个东关闸之名而无响水闸，所以将郭升所建之东关闸改称响水闸。弘治四年（1491年），改建通济闸，拆除响水闸。弘治十二年（1499年）冬，在罗泗桥西一里处建拦潮闸，引潮济运。拦潮闸距长江200丈，与罗泗、通济、响水合为4闸。运河水大涨，通过4闸排泄。后因走泄水流，闸复不用。此后，各闸多次废修。

至万历年间，开钥匙河，长10余里，用来停泊待闸之舟。后因新淤江洲阻遏，漕船改行瓜洲。

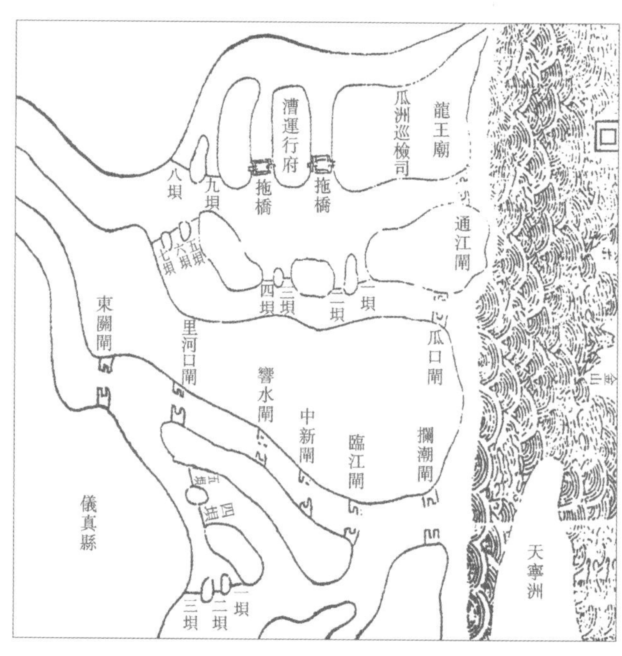

明中期仪征运口示意图（明　杨宏、谢纯《漕运通志》）

清顺治年间，仪征运口淤，仅通盐船，漕船仍走瓜洲。

清康熙二十八年（1689年），因仪真运河水浅闸坏，行船艰难，上江各省漕船均由瓜洲入运，恐迟误漕期，知县马章玉修复响水、通济、罗泗、拦潮四闸。同年，开挑北新洲旧河，令漕船沿沙漫洲尾入新河口。

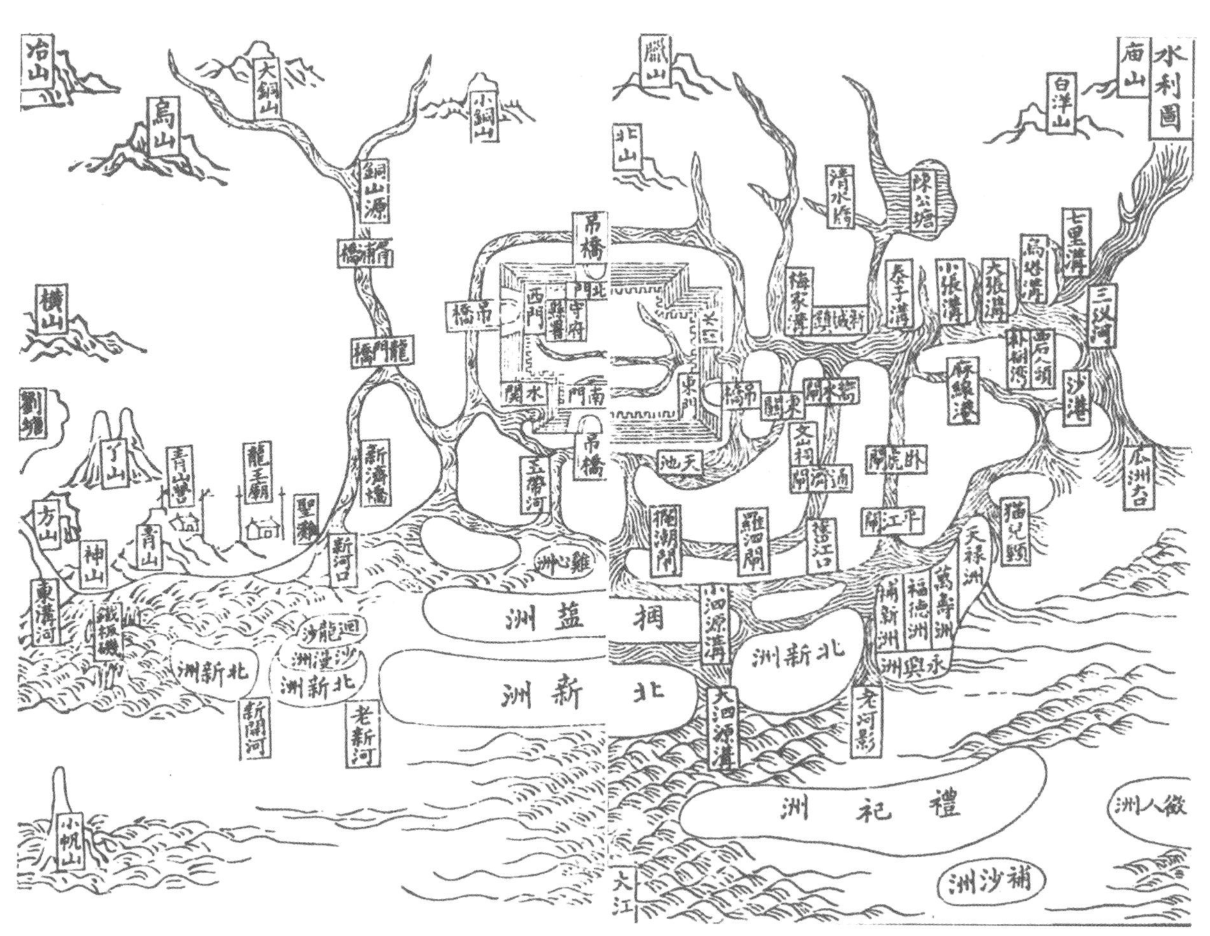

清道光年间仪征运口示意图

儀徵設局

仪征设局（清　麟庆《鸿雪因缘图记》）

江北督師

江北督师（清　麟庆《鸿雪因缘图记》）

此后，四闸多次修补或拆修。乾隆四十年（1775年）后，仪真运河逐渐浅涩，漕船均由瓜洲进口，该河仅为淮南盐船经由之道。

清嘉庆年间（1796—1820年），改挑仪扬河，西出沙漫洲，通盐运。此后，多次挑浚沙漫洲、泗源沟等处，成效甚微。

清道光二十四年（1844年），开卧虎闸河，建闸2座，闸底落低4尺。又开北新洲、沙漫洲新河。同治年间，盐运改由瓜洲，达六濠口盐栈。同治十二年（1873年）淮南盐栈改设十二圩，仍开仪扬河通江口门。后由于仪扬河浅阻难以行舟，漕船复由瓜洲入江，仪征运口斗门闸废而不用，日久倾圮。

清末，从沙河折向西开挖仪泗河出江。

1949年前后，将沙河口、仪泗河口堵断。1959年冬将泗源沟口堵断，向西400米开辟新泗源沟出江。

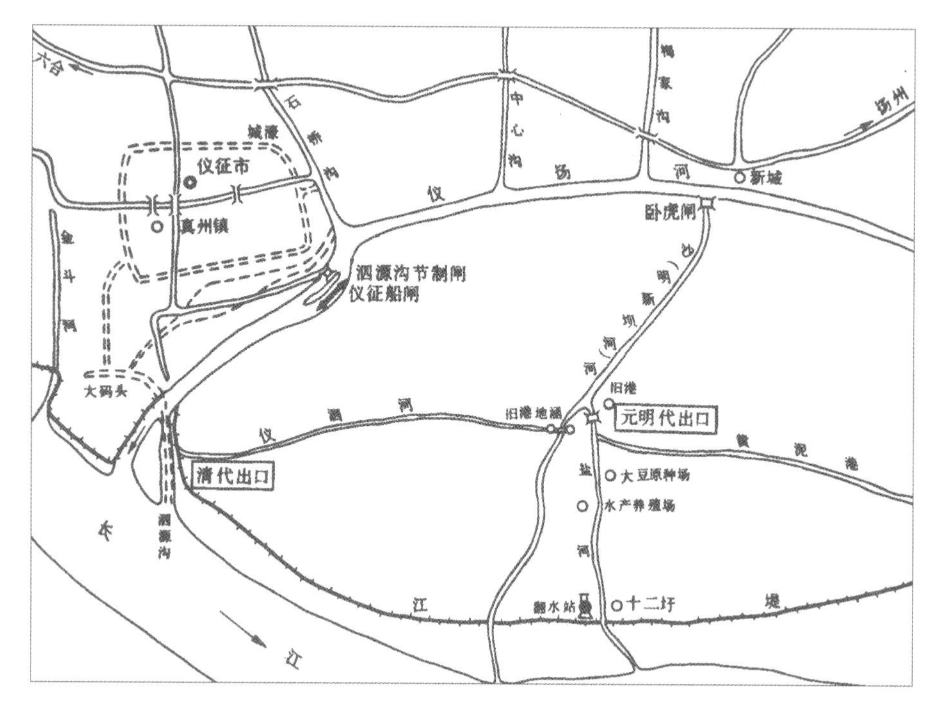

仪扬河入江口门变迁示意图

3. 白塔河

白塔河开于明宣德六年（1431年）。为减轻瓜洲运口盘坝的劳费，提高漕船横渡长江北运的能力，明宣德七年（1432年），漕运总兵陈瑄在宜陵镇开挖白塔河，长45里，分通扬运河之水南出长江，是为白塔河运口。

江浙漕船如从常州孟渎河出长江，即可横渡长江，进入白塔运口，经宜陵，转入通扬运河，接茱萸湾运河，达淮扬运河北上，不仅可避免瓜洲运口的盘坝之苦，而且航线顺直，非常便利。自此，白塔河成为江浙漕船北上的主要通道，直至瓜洲改坝为闸。

陈瑄开白塔河的同时，在河上建新开、潘家庄、大桥、江口4闸。至明正统四年（1439年），在江口筑坝，运河水盛，则启坝行舟，水枯则闭坝，舟船翻坝而过，漕船改由瓜洲、仪征出入江口。成化十年（1474

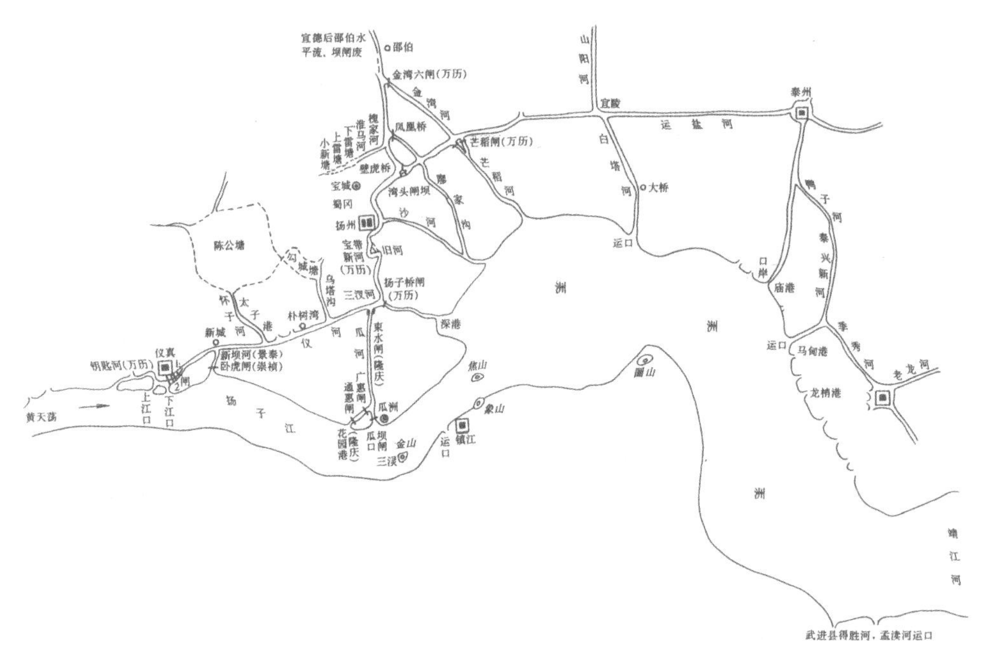

明后期白塔河及临江运道示意图

年）废新开闸、潘家庄闸及大桥闸，于白塔河内重建新开、通江、留潮3闸，增建土坝3座。夏季潮涨则由闸，冬季水涸则由坝。正德二年（1507年），复开白塔河及江口、大桥、潘家和通江4闸。

因白塔河浅狭，时浚时淤，又因私盐船只由此入江难以防捕，于是不再疏浚。此后，江口闸坍没入长江。

明万历以后，白塔河不再通漕，仅作泄洪入江水道。现在仍是引排水河道。

1.6.3 水源工程

京杭运河最早利用水柜改善供水条件的是淮扬运河，主要依靠东汉广陵太守陈登所筑陈公塘等扬州五塘加以调蓄。

早期的淮扬运河南端水位高于长江，水源是最大的问题，漕船每年“二月至扬州入斗门，四月以后始渡淮入汴，常苦水浅”。因而，水源开发主要依靠引江潮和塘陂水济运。塘陂主要为扬州五塘，即陈公塘、上下雷塘、勾城塘和小新塘等。其中，陈公塘在今仪征县东北30里处；勾城塘在仪征县东北40里处；上下雷塘在今扬州西北15里处；上雷塘之上为小新塘。五塘的面积都不大，最大的陈公塘（爱敬陂）周长90里；其次为勾城塘；小新塘最小，周长仅二三里。

陈登像

1. 陈公塘

陈公塘原是东汉建安初年（197—199年）广陵太守陈登为发展农业灌溉所筑。塘堤位于今江苏仪征龙河集北官塘庵，塘身延展到白羊山脚下，东、西、北三面依山为岸，周长百里，收蓄三十六汊之水，能灌溉大量农田，百姓对陈登爱而敬之，故又称陈登塘、爱敬陂。

唐中叶，扬州城内官河日久淤积，两岸被居民侵占，漕运困难，常需塘水接济。贞元四年（788年），淮南节度使杜亚在开宽街道、疏浚运道的同时，增筑陈公塘堤，建斗门，并于蜀岗一带开渠，西引陈公塘（爱敬陂）、勾城塘水济运。稍后，杜佑又引雷塘水济运。

宋代淮扬运河缺水更为严重，于是经常修筑引塘水济运。

明洪武八年（1375年）、永乐二年（1404年）、永乐十五年（1417年），宣德、成化、正德年间都屡加修理扬州五塘，复塘堤、建减水闸和斗门，放水灌溉或接济运河。嘉靖三十年（1551年），将军仇鸾占塘废制，次年全部佃塘为田，租给百姓，每年交租官府，今塘田由此得名。为造瓜州城，管工高守一拆塘闸运石料筑城，至此陈公塘湮废，历经1350余年。陈公塘被佃一万零一十六亩，可见规模之大。后来朝廷曾议复塘，万历总漕都御史潘季驯曾实地查勘，不必复塘。清雍正初也曾议复“扬州五塘”，经查勘，塘租甚大，无需复塘。

2. 其他各塘

句城塘又名勾城塘、句城湖，位于今江苏仪征牌楼脚北友谊河上。唐贞观年间（627—649年）长史李袭誉筑，东西宽346丈，南北长1160丈，灌田800顷。从唐代到明代，历代屡加整修，与陈公塘一起放塘水济运，明中叶遂废。

陈公塘图（明　隆庆《仪真县志》）

元至正元年（1341年），于上雷塘堤北建石闸一座。

1.6.4　泄水工程

淮扬运河是通过人工开挖运道以沟通长江与淮河间天然湖泊而形成的连续水道，因其间湖泊众多，连绵横亘，明代称其为“湖漕”。为解决湖中行运因风浪而带来的船只覆溺等问题，唐宋以后开始修筑分隔运河与湖泊的堤防。运河两岸系统堤防建成后，沿线湖泊之水东流入海的通道被阻断，运西通湖二十二港和归海、入江泄水设施应运而生。南宋建炎二年（1128年）黄河南徙夺淮后，逐渐在淮河与黄河结合部位形成洪泽湖；在黄河泥沙长期淤积下，淮河下游和洪泽湖出口处的河床逐渐抬高，逼使淮水难以入海转而东泄淮扬运河，不仅严重威胁淮扬运河的防洪安全，而且为运河以东的里下河地区带来数百年的水灾之患。为此，明清时期开始通过归海五坝和归江十坝的修建而广筹泄水出路。

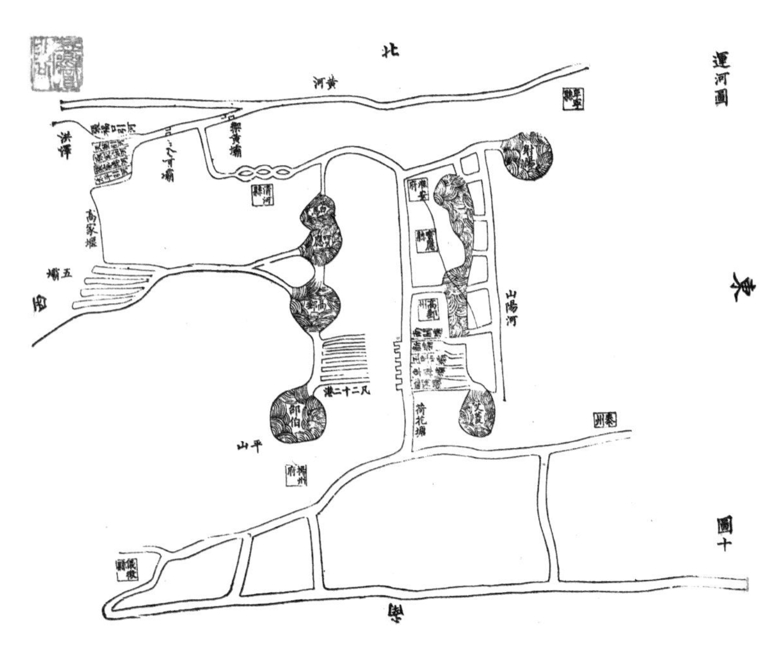

淮扬运河形势示意图（《扬州水道记》）

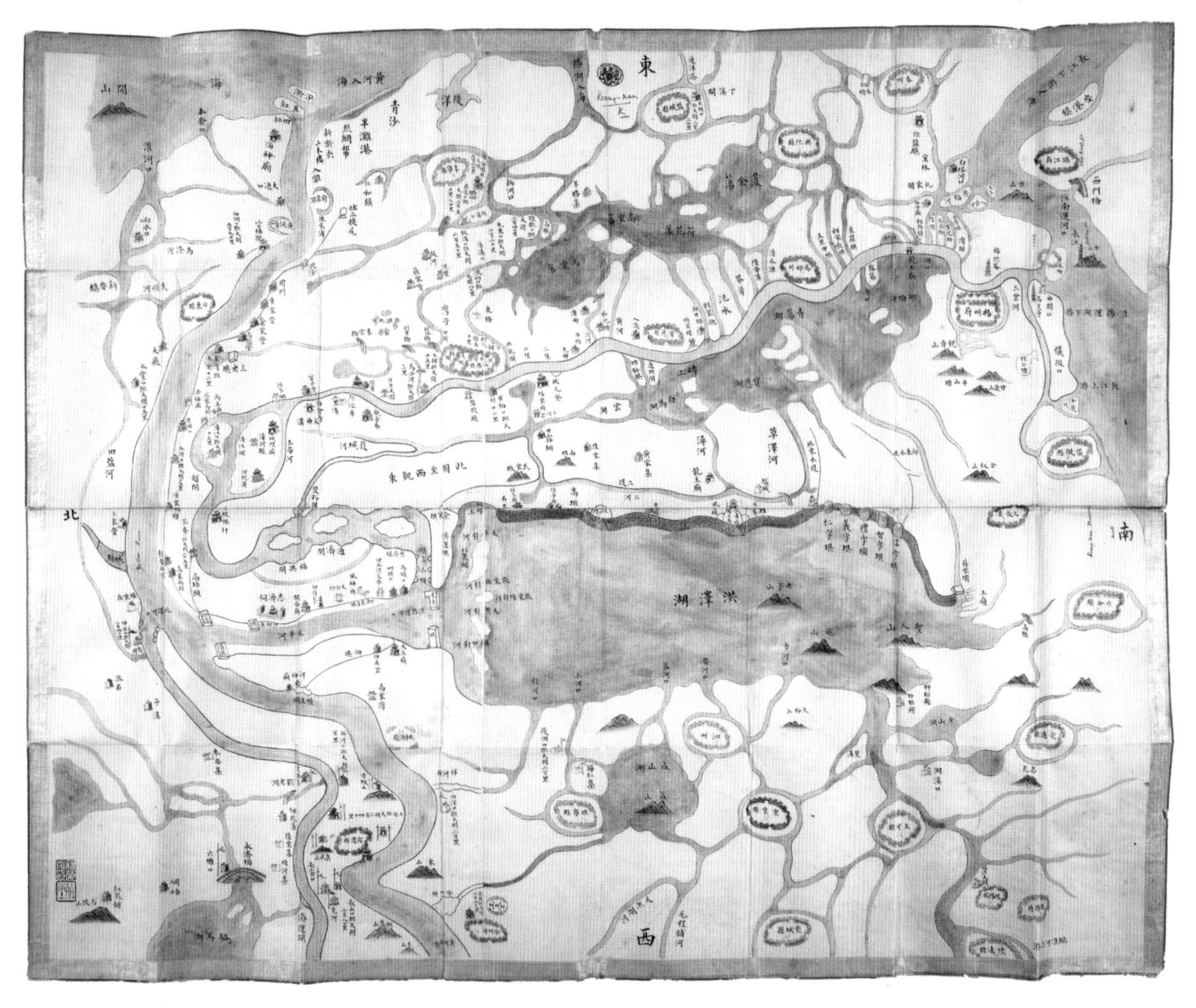

清代淮扬水道示意图

1.6.4.1　运河堤防的修筑及其与沿线湖泊的分离

淮扬运河西有管家、白马、宝应、氾光、界首、高邮、邵伯等湖，东有射阳湖，接纳濒淮的富陵、洪泽诸湖湖水和天长七十二涧，巨波连亘，陂湖渺漫，由扬州五塘而达长江，为了免除湖水风浪之险，保证漕船安全航驶，唐宋以后开始在淮扬运河沿线筑堤，形成系统堤防，使运河与沿线湖泊分隔开来。淮扬运河两岸堤防的修建过程也是运河与沿线湖泊逐渐分离的过程。

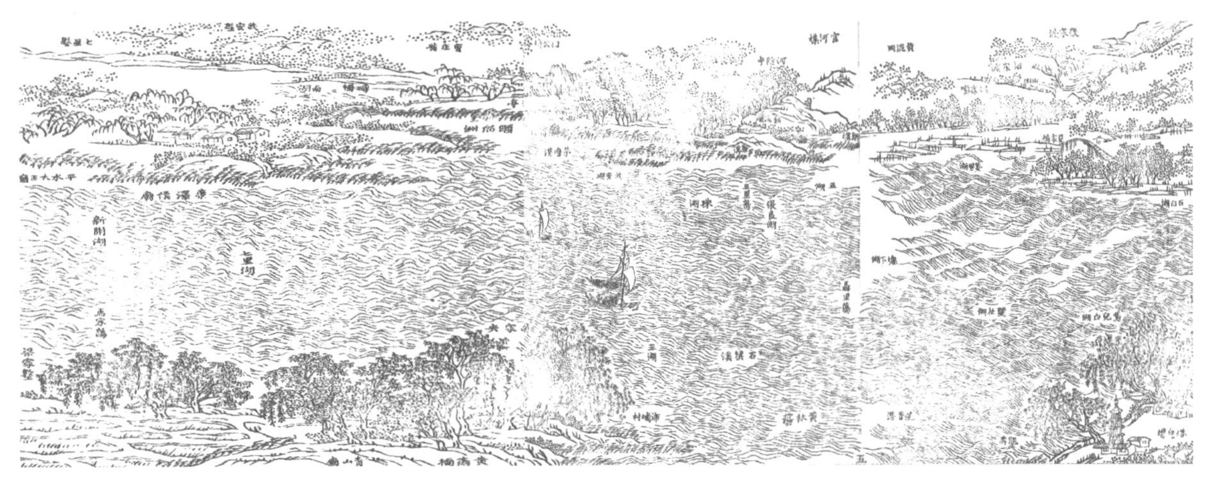

淮扬运河沿线各湖总汇图（清　嘉庆《高邮州志》）

有明确记载的最早修建的淮扬运河堤防为唐代淮南节度使李吉甫主持修建的宝应段堤防，自黄浦至界首，长80里。

宋代最先修筑的是高邮新开湖石堤。新开湖在高邮北，长35里，与其北部的樊良湖相连，东南则与楚扬运河相通，天长以东诸水均汇于此。此湖“水散漫，多风涛”，船行至此，常有覆溺之险。北宋景德年间（1004—1007年），江淮等路发运使李溥建议，凡回空漕船东下经过泗州时，均须顺路搭载石块至此，用来修筑湖堤。湖堤筑成后，湖中风浪之险减轻，船行便利。

北宋天禧年间（1017—1021年），江淮制置发运副使张纶在李溥所筑新开湖石堤的基础上，自高邮以北接筑运河堤防至淮阴，长200余里；同时用巨石沿堤砌筑减水闸10座，用以宣泄汛期洪水，确保堤防安全，开后来“归海五坝”建设之先河。

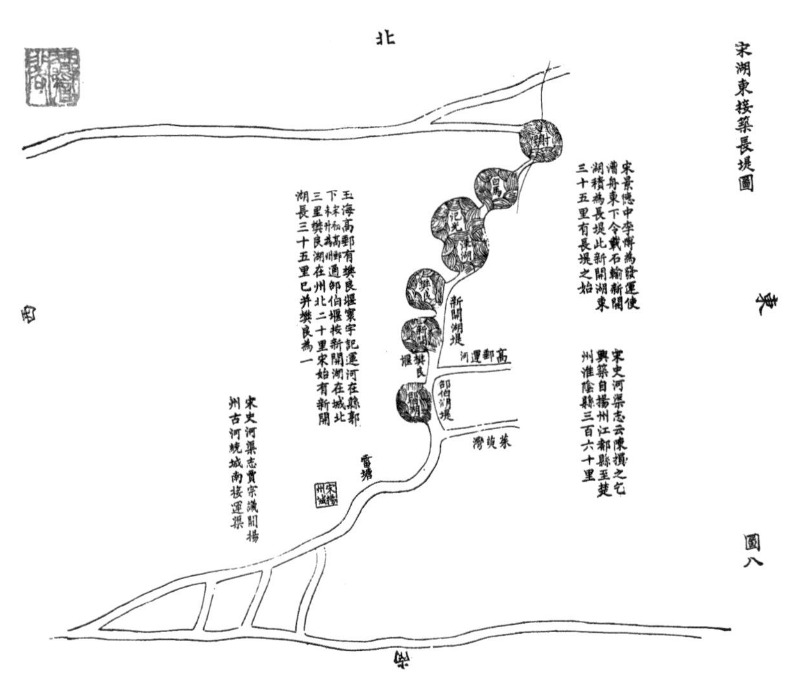

宋代湖东接筑长堤示意图（《扬州水道记》）

经过唐宋多次整治，淮扬运河的路线已较为径直，但在黄浦以南到邵伯之间，大部分航运仍需通过白马、汜光、新开、宝应、高邮等湖。明代，由于黄河南徙夺淮时间已久，淮河下游河床不断淤高，入海尾闾不畅；加上为实施“蓄清刷黄”方略而大筑高家堰，使洪泽湖水位不断抬高，一遇黄、淮两河大水，就会冲决高家堰大堤，下泄之水使淮扬运河以西诸湖的湖面不断扩大，淮扬运河大堤时有溃决。从洪武至万历年间（1368—1619年），一方面不断改建旧堤，将土堤改砌为砖堤或石堤；另一方面在湖堤东侧先后开挖淮安永济河、高邮康济河和宝应弘济河三条越河，兴筑重堤，基本实现运河与湖泊的分隔，并逐步形成今日里运河堤防工程体系。

明洪武九年（1376年），修宝应县高家潭等处砖堤。洪武二十八年（1395年），根据宝应老人柏从桂的建议，在宝应湖东侧，自槐楼至界首以东开渠40里，筑重堤，长与渠等，后名柏氏旧堰，此为淮扬运河有重堤之始。两堤之中为越河，是淮扬运河最早开凿的越河。成化二十一年（1485年），建宝应湖石堤，长30余里。

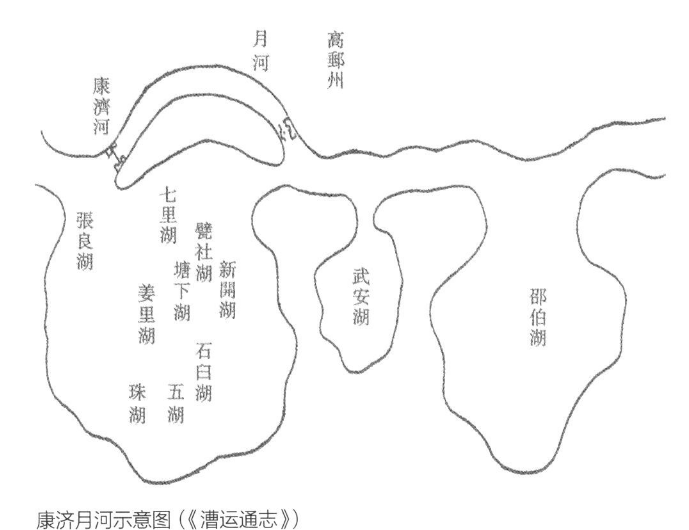

康济月河示意图（《漕运通志》）

汜光证梦（清　麟庆《鸿雪因缘图记》）

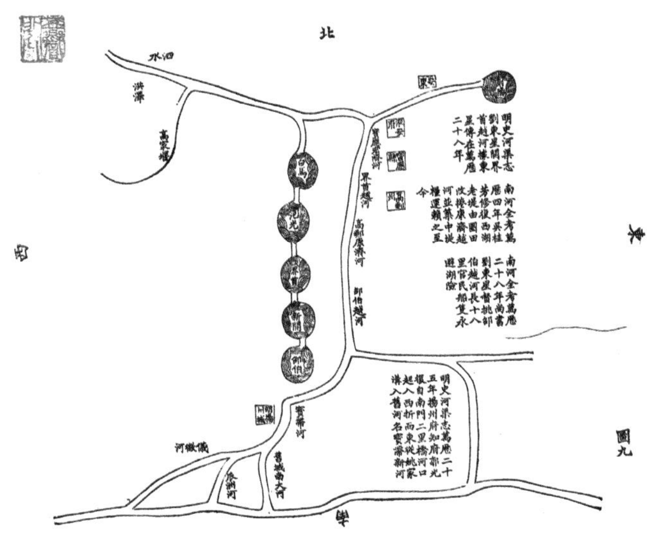

明代康济、弘济月河示意图（《扬州水道记》）

明永乐年间（1403—1424年），工部尚书陈瑄督运时，增筑高邮湖堤，堤内凿渠40里。弘治三年（1490年），户部侍郎白昂在高邮新开湖、甓社湖东开挖运渠40里，自杭家嘴至张家镇，名康济月河。在月河以西筑土堤，又称中堤；在大堤首尾建南北2闸，与高邮湖相通；月河以东筑石堤，建减水闸4座和涵洞一座，遇湖水盛涨，开启减水闸和涵洞宣泄。由于月河离湖东老堤较远，月河土堤以西与湖东老堤以东又相距数里，中间形成数万亩的圈子田。月河初开时，尚能安流，军民称便，后因年久失修，水入圈田，又成一湖，而月河两堤遂致溃坏，东堤承受数百里湖涛，致有清水潭之决。万历五年（1577年），总漕侍郎吴桂芳将康济月河西移，废去原月河东堤，新月河改湖东老堤为西堤，原月河西堤为东堤。该河为今日里运河的中段。

明万历七年（1579年），白马湖东岸八浅堤决，堵口艰难。总理河道潘季驯在湖中筑堤一道，南北两头各建拦河坝，与东堤相连。决口堵塞后拆拦河坝，白马湖月河形成。

宝应县西南有汜光湖，地势低洼，洪泽湖水涨，不断从高家堰周家桥等口泄出，横流白马湖，直射宝应，浩渺无涯，虽湖东有明永乐年间（1403—1424年）工部尚书陈瑄所筑堤防，但“上有所受，下无所宣，一线之堤，当万顷之波，是以决为入浅，汇为六潭”，不仅里下河地区水灾严重，而且往来漕船屡遭覆溺。其中，万历十年（1582年）在湖中遇险而死者竟达千余人，次年“粮船沉溺者数十只，漂没漕粮至七八千石”。万历十二年（1584年），漕抚李世达等人沿汜光湖以东开月河一道，长36里，起自宝应南门，经槐楼至新镇三官庙，名弘济河；同时建南北闸二座，添筑东西两堤，以避汜光湖之险。万历十六年（1588年），总理河道潘季驯又自弘济河北端开河20里，北至黄浦，并接筑西堤，名潘氏土堤。该河为今日里运河的中北段。

明万历二十八年（1600年），总理河漕刘东星主持在界首湖东，自康济河北端开凿漕渠10里余，与洪武年间所开柏氏运渠相接；又在邵伯湖东从邵伯镇至露筋庙开河18里，即邵伯越河。经过上述一系列的开渠筑堤，除了高邮至露筋镇一段留作通湖港口外，淮安至扬州之间的运道基本完成了湖运分离，形成了今天的里运河格局，结束了湖水激荡、风波覆舟的局面，改善了航运条件。

贞应培堤（清　麟庆《鸿雪因缘图记》）

清代由于清口淤塞严重，淮水出路受阻，又采用导淮东流南下的措施，汛期洪泽湖中的淮河洪水不断泄入运西高邮等湖中，诸湖容纳不了，则冲决运堤，自淮扬运河东堤向里下河地区倾泄，淮扬运河成为汛期淮河洪水的宣泄通道。清康熙十五年（1676年）高家堰决口36处，淮扬运河随之决高邮县清水潭、陆漫沟、江都大潭湾等数十处。其中以清水潭决口最为严重，宽至300丈，深至七八尺，朝廷为之震惊。康熙十七年（1678年），靳辅出任河道总督后，大挑淮扬运河，以挑河之土增高培厚两岸堤防；同时堵塞决口32处，尤其是堵塞高邮清水潭决口，然后绕开决口，于决口之上避深就浅，退离决口五六十丈，抱决口两端接筑堤防，呈偃月形，该法一直为后世所沿用。次年，靳辅堵塞高邮清水潭决口后，绕湖筑堤开新河，名永安河，运堤稍安。

清乾隆至光绪年间，屡次对淮扬运堤加筑改建，西堤加帮，多碎石坡工；东堤则多改砌砖石，并陆续建起南关坝、五里中坝、车逻坝、昭关坝等归海五坝，汛期次第开放，经里下河地区入海。至清末，运河东堤一般

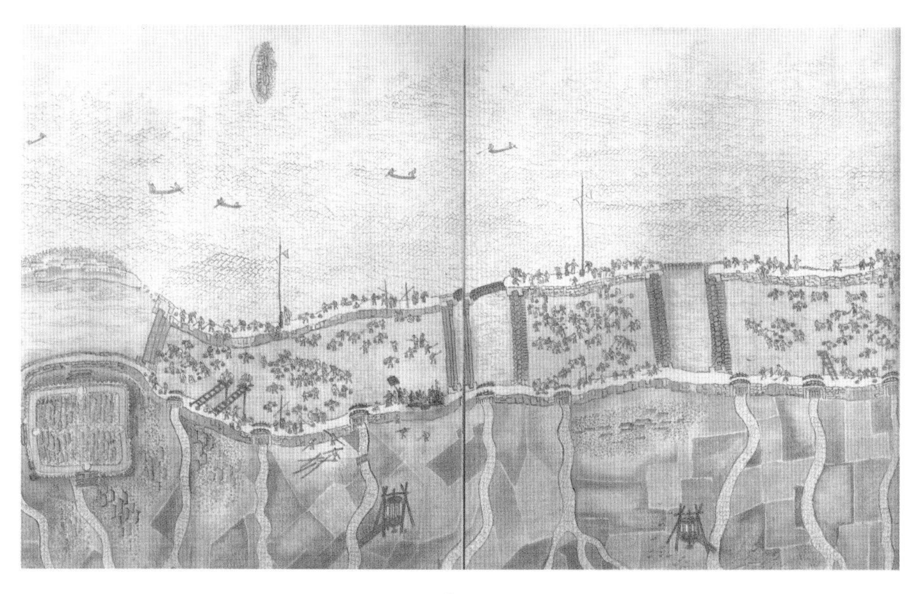

清代淮扬运河河道疏浚、堤防加固图（清　赵澄《高明治水图卷》）

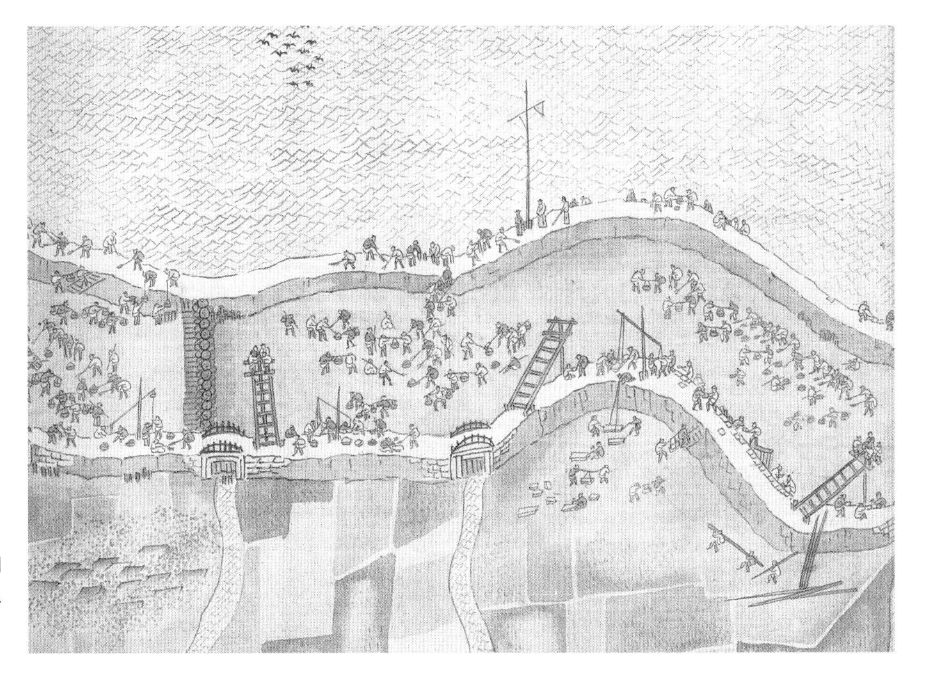

清代淮扬运河河道疏浚、堤防加固施工现场（清　赵澄《高明治水图卷》）

筑高2丈左右。大水之年，运河水面往往高于里下河地区地面1丈5尺以上，东西高下悬绝，运堤不仅成为淮扬运河的锁钥，而且是里下河地区的防洪屏障。

1.6.4.2　运西通湖二十二港的设置

至清康熙年间，随着淮扬运河东西两岸堤防的逐步建成，纵贯南北的运河堤防阻挡了运河以西诸湖之水的东泄通路，汛期诸湖之水以及自其上游高家堰下泄的淮河洪水潴积其间，严重威胁着淮扬运河堤防的安全。

清康熙十九年（1680年），为使运河以西之水顺利进入淮扬运河，以便及时得以宣泄，河道总督靳辅在高邮以南至露筋镇的淮扬运河西堤上开挖通湖港口22座，以沟通运西诸湖与运河之间的通道，即运西通湖二十二港。其中，石港5座，土港17座。二十二港总计长994米，平时用草土封住港口，汛期大水时扒口以使运西之水入运宣泄。其位置与高邮境内的减水坝东西相应，以使入运之水尽快得以宣泄。

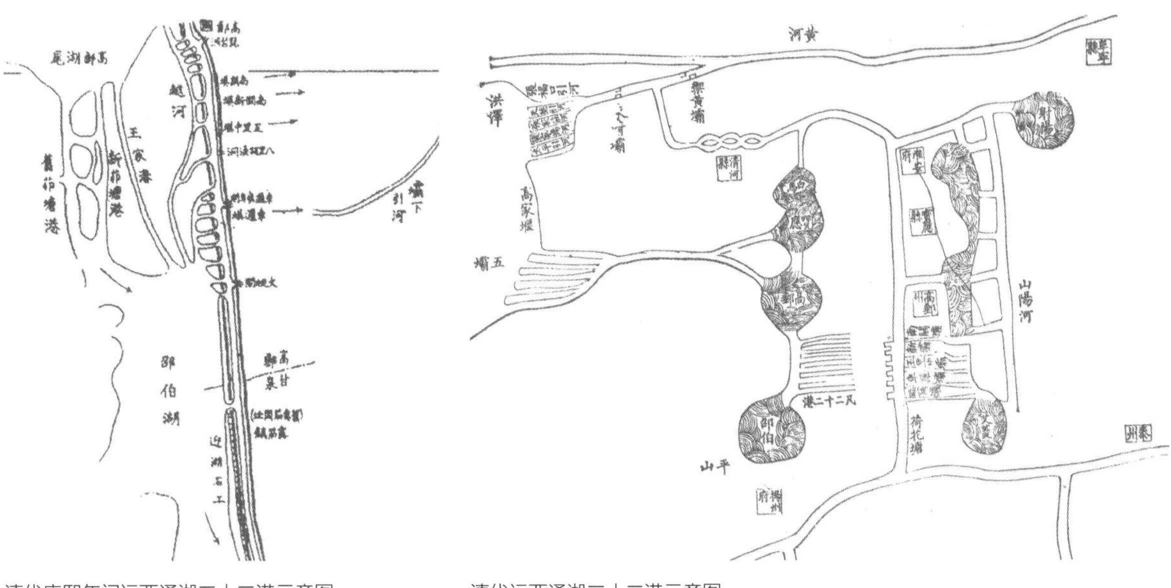

清代康熙年间运西通湖二十二港示意图（《淮系编年全编》）

清代运西通湖二十二港示意图

清道光十三年（1833年），堵闭5处石港，17处土港则时有开堵，且通水港口长度的变化较大。至1922年，仅存9处通湖港口，全长1367米。13年后，全部堵塞。1936年，在越河港建造一座小型船闸，以解决河湖分隔后河湖间的通航问题。

新中国成立后，随着苏北灌溉总渠的建成，淮扬运河直接从运南闸获取水源，加之高堰五坝和归海五坝的彻底废除，从而为淮扬运河与高邮、宝应湖的分隔创造了条件。1952年，将当时尚存的7处通湖港口全部堵闭。

1.6.4.3 运河泄水设施的修建与演变

唐宋时期，在修筑淮扬运河堤防的同时，已开始修建泄水设施。至明清时期，随着淮河入海通道的淤高和高家堰减水闸坝的修建，汛期淮河洪水自高家堰建瓴而下，冲入淮扬运河，淮扬运河开始成为淮河洪水的宣泄通道，严重威胁着堤防的防洪安全，并给里下河地区带来严重的洪水灾害。为此，开始广筹泄水通道，在运河东堤修建减水闸坝，使入运之水东泄入黄海；在运河南端修建归江十坝，使入运之水自此南泄入长江。这些设施的修建，使淮扬运河逐渐成为相对独立和完备的工程体系。

1. 宋代石礎的创建

北宋天禧四年（1020年），江淮发运副使张纶在高邮以北修筑运河堤防的同时，在运河东堤上用巨石修建石礎10座，石礎顶部与河底之间保持一定距离以维持足够的航深，多余之水则从石礎顶部泄走，类似今天的溢流堰。

宋景祐三年（1036年）后，淮南转运副使吴遵又在仪征、淮安、泰州、高邮相继建斗门19座。斗门为减水闸，作用与石礎类似，但通过闸门控制泄水量。至重和元年（1118年）时，仪征、扬州、高邮、淮安、盱眙运堤上已建有斗门水闸79座。

宋代石礎的创建开淮扬运河泄水设施修建之开河，并为后来归海、入江通道的修建提供了思路。

2. 明代导淮归海入江方略的提出

明代沿袭宋代在淮扬运河东堤修建泄水设施的思路，并在具体措施上逐步加以完善。

明宣德年间（1426—1435年），平江伯陈瑄主持治河时，重新修建淮扬运河减水闸，并提出开启减水闸以泄水的水深标准，即“七尺以下蓄以济漕，水长则减入（运东）诸湖，会于射阳湖以入海”。嘉靖年间（1522—1566年），为防止洪泽湖水淹没明祖陵，开始在高家堰大堤东南的周桥、高良涧、古沟等处建减水石闸，闸底以石为梁，上留4尺过水，水大则泄，水小则止；隆庆、万历年间（1567—1620年），总河潘季驯加以重修，仍留石限，不许过船。自此，汛期淮河洪水往往自高家堰减水闸滔滔东泄，使淮扬运河防洪压力进一步加大。为解决这一问题，万历元年（1573年），总河侍郎万恭在仪征、江都、高邮、宝应、淮安等运河沿线建平水闸23座，宣泄异涨之水。

至明万历年间（1573—1620年），总理河道潘季驯实施的“蓄清刷黄”措施虽收到一定成效，但由于黄河下游河道和清口一带的淤积，当黄河水势较强时，不仅淮水难以自清口畅出，而且黄河水会倒灌洪泽湖，从而逼使湖水自高家堰大堤东泄淮扬运河，危及运河堤防及里下河地区；而清口淤高导致洪泽湖水位的上涨，则会危及上游的泗州城和明祖陵。万历十九年（1591年），淮河大水，洪泽湖水位上涨，淹及泗州城和明祖陵。两年后，淮水再涨，高家堰大堤决口20余处。次年，即万历二十二年（1594年），黄河大水，清口淤积，洪泽湖水难以畅出，又浸及泗州城和明祖陵，“泗城如水上浮盂，盂中之水复满。祖陵自神路至三桥丹墀，无一不被水”。当时的“国家经济命脉”淮扬运河和“国脉”明祖陵同时受到威胁，朝野震惊，议论纷出，“分黄导淮”方略由此诞生，由总理河道杨一魁等人提出并实施。

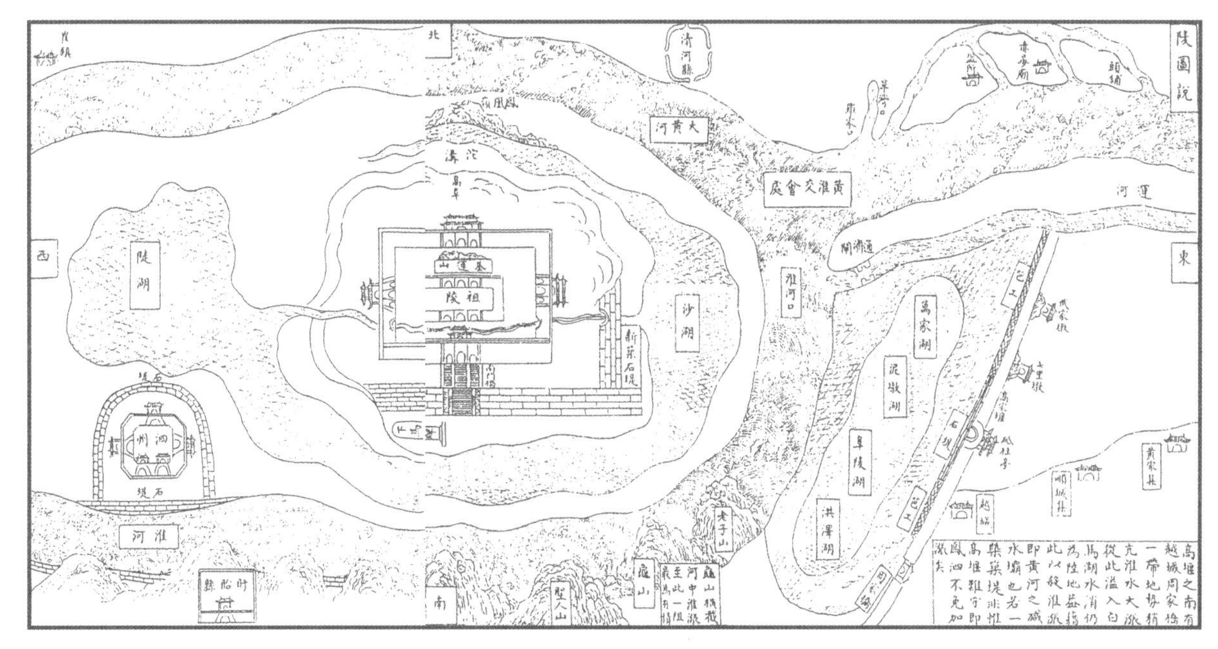

明万历年间洪泽湖与泗州城、明祖陵形势示意图（明　潘季驯《河防一览》）

其实，早在杨一魁之前，已有人提出类似主张，具体如下。

一是“分黄”，指开挖支渠以分泄黄河水势。早在潘季驯重修高家堰大堤前，河漕总督吴桂芳曾于明万历四年（1576年）开挖过一条长11148丈长的草湾新河，由此开“分黄”之先河。

二是“导淮”，指通过修建泄水设施，引导进入淮扬运河的淮河洪水东流入黄海或南流入长江。导淮又分为导淮入海和导淮入江两种措施。

（1）“导淮入海”。早在高家堰减水闸建成前，明代一些治河官员便开始考虑淮扬运河多余之水的排泄问题。如明弘治三年（1490年），白昂开挖康济河时，运河东岸设闸四座、涵洞一座以分泄入运湖水。嘉靖五年（1526年），工部郎中陈毓贤请在宝应、高邮间建平水闸10座。万历初年（1573年）又规划在仪征建平水闸二座、江都一座、高邮10座，宝应8座。这些减水闸所泄之水通过不同的路径最终归海。

（2）“导淮入江”。始作俑者为礼科给事中汤聘尹。明万历四年（1576年），黄河在桃源县（今江苏泗阳）崔镇向北决口，主流不再走清口，致使清口“梗塞”，淮水全部自高家堰东泄，高邮、宝应间的湖水水位剧增，运堤由原来的7尺加高至1丈2尺，但仍无法阻止湖水漫决入运，山阳、高、宝一带运道水满为患。给事中汤聘尹主张导淮入江，在瓜洲入江口增建水闸以分杀水势。后来，黄河主流恢复故道，淮河开始自清口畅泄，汤聘尹“导淮入江”的主张未得试行。

明万历八年（1580年），潘季驯修筑高家堰大堤石工墙时，泗州人常三省以此举恐淹及洪泽湖上游的泗州城和明祖陵为由，上书反对并主张“导淮”，即在高家堰大涧口一带建闸10余座，在高良涧一带建闸5至7座，“以通淮水东出之路”。当清口宣泄不及时，可根据洪泽湖的水情酌情开启各闸。15年后，他的这一建议总理河道杨一魁采纳。

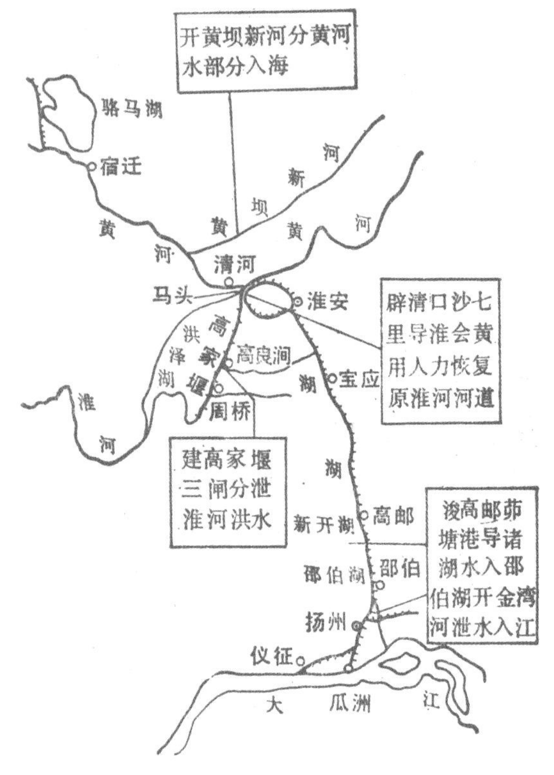

明万历年间杨一魁分黄导淮示意图

明万历二十三年（1595年），杨一魁出任河道总督后，牢记“护陵”“保运”的治河目标，并派礼科给事中张企程前去泗州城和明祖陵实地查勘水情和灾情，在此基础上，提出“分黄导淮”的方略，并决定实施以下两项主要措施：一是分黄，即开挖黄坝新河以分杀黄河水势，自桃源县（今江苏泗阳）黄家嘴起，至安东五港、灌口入海。二是导淮，这又包括以下三个方面：①辟清口沙7里，导淮会黄；②在高家堰大堤上建武家墩、高良涧和周家桥三闸以分泄汛期淮河洪水，闸下开挖引河，导水下泄，其中，武家墩闸减泄之水由永济河达泾河，入射阳湖；高良涧闸减泄之水由岔河达泾河，入射阳湖，周家桥闸减泄之水由草子湖、宝应湖达子婴沟，注入广洋湖，三闸的设置使得洪泽湖水位能够在一定范围内得以调节；③又恐入运淮水洪水东泄入海不及，转而南注各湖为患，于是疏浚高邮茆塘港，引水入邵伯湖；开金家湾14里，下入芒稻河，导淮河洪水入长江，当时，自高家堰大堤东泄的淮水大部分入海，仅“支流被于江”。

杨一魁的分黄导淮工程虽一时平息了泗州和明祖陵的水患，但仍然未能解决淮河下游和清口一带的泥沙淤积问题。不久，黄坝新河淤废，“分黄”措施宣告失败。但迫于清口一带的复杂局势，杨一魁的“导淮”主张为后来尤其是清代的治水者所沿袭。面对频繁注入淮扬运河的淮河洪水，历任治河者不得不为其寻找出路，因有归海五坝和归江十坝的修建与演变。

3. 清代归海和归江通道的创建与演变

至清代，淮扬运河堤防已基本建成，而运河以东到范公堤之间是里下河的腹部地区，地势低洼，湖荡成群，一般地面海拔不到2米；范公堤则是阻挡海潮侵袭的海堤，高出地面，自里下河腹部地区排出的积水只能依靠横穿范公堤的通海各港排泄，排水能力极差；而范公堤以东的滨海地区则在黄河南徙夺淮尤其是明中叶被固定在今废黄河一线的河槽后，随着黄河携带的泥沙大量输入黄海，其地势逐渐高于腹部地区，从而使里下河腹部地区成为“釜底状”低洼地带。只要淮扬运河向东泄水或决口，里下河地区就会受到一定程度的影响，经常汪洋一片。这种情况下，为解决入运淮河洪水的出路问题以保证运道畅通，除了在高邮以南至邵伯段运堤上修建滚水坝，即侧向溢流坝，使入运淮水由此东排入海外，清代还积极筹措向南泄水的入江通道，以减少里下河地区的洪涝灾害。

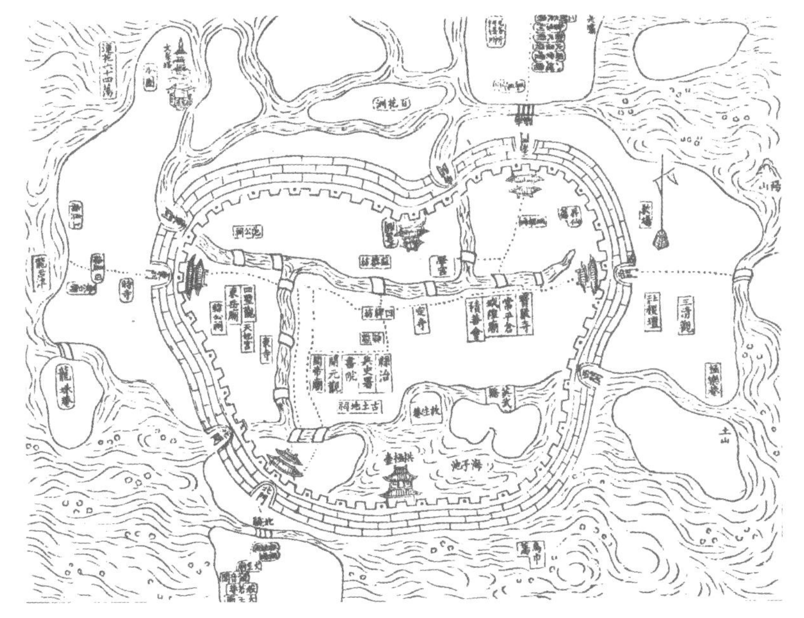

清代兴化城形势示意图（清　咸丰《重修兴化县志》）

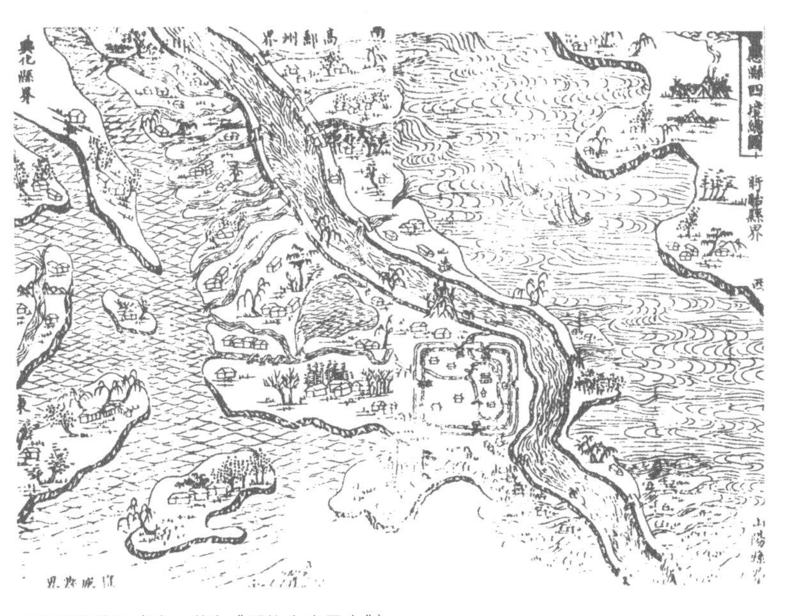

宝应四境总图（清　道光《重修宝应县志》）

4. 归海五坝

清康熙十八年至二十年（1679—1681年），河道总督靳辅在创建高家堰周桥等减水坝的同时，创建宝应子婴沟，高邮永平港、南关、八里铺、柏家墩，江都鳅鱼嘴减水坝6座，同时改建此前已有的高邮五里铺、车逻减水坝两座，8座减水坝的口门共宽189丈，全部为土底，“以新建八坝抵泄周桥六坝之水”。此后，这些减水坝的位置有所调整。

然而，淮扬运河东堤上的减水坝建成后，虽然入运洪水得以及时宣泄，但排入里下河地区的洪水的入海通道仍不顺畅，频繁导致里下河地区受灾。清康熙二十三年（1684年），康熙帝首次南巡过程中亲眼目睹里下河地区被淹后的凄惨景象，决定寻找新的方案，在此过程中逐步形成归海五坝。

康熙帝南巡回京后，派大臣前往里下河地区进行实地查勘，并提出解决方案。其中，户部尚书伊桑阿、安徽按察使于成龙等人主张疏浚里下河地区已经淤积的河道，并挑浚范公堤以东滨海地区的海口故道，以利积水宣泄；靳辅则反对开浚海口故道，理由是里下河地区的地势低于海口5尺，挑浚海口无异于引海潮内灌，不仅里下河积水难泄，而且糜帑殃民。基于此，他建议自高邮城东起，筑长堤两道，经兴化白驹场至海东，以使高邮各闸坝减泄之水约束于长堤中汇流入海。最终，康熙采纳了伊桑阿等人的意见，并将靳辅革职。

清康熙三十八年（1699年）三月，康熙帝第三次南巡，亲眼见到根据伊桑阿等人的建议而开展的里下河疏浚工程效果并不显著，于是又下令拆除高邮东岸滚水坝和涵洞，引导入运洪水由芒稻河、人字河南入长江。当时已任河道总督的于成龙已认识到运河东堤泄水设施开启与关闭的两难选择，即“总缘高邮河身与山阳、宝应河身相等，骤受高、宝诸湖滔天之水，开闸则有害于民田，闭闸则有伤于堤岸，却两相保护难已”，因此建议“将泄水减坝改为滚水石坝，水长听其自漫而保堤，水小听其涵蓄而济运，则运道民生两有裨益”。

清康熙三十九年（1700年），河道总督张鹏翮将土质滚水坝改为石坝。改建过程中，拆除子婴、永平两坝；堵闭南关坝，并将其移建于五里铺坝址处，称南关新坝；在八里铺坝址处建五里中坝；堵闭柏家墩坝；在车逻坝南建新车逻坝；将鳅鱼口坝改建于昭关庙，称昭关坝。至此，归海五坝基本形成。

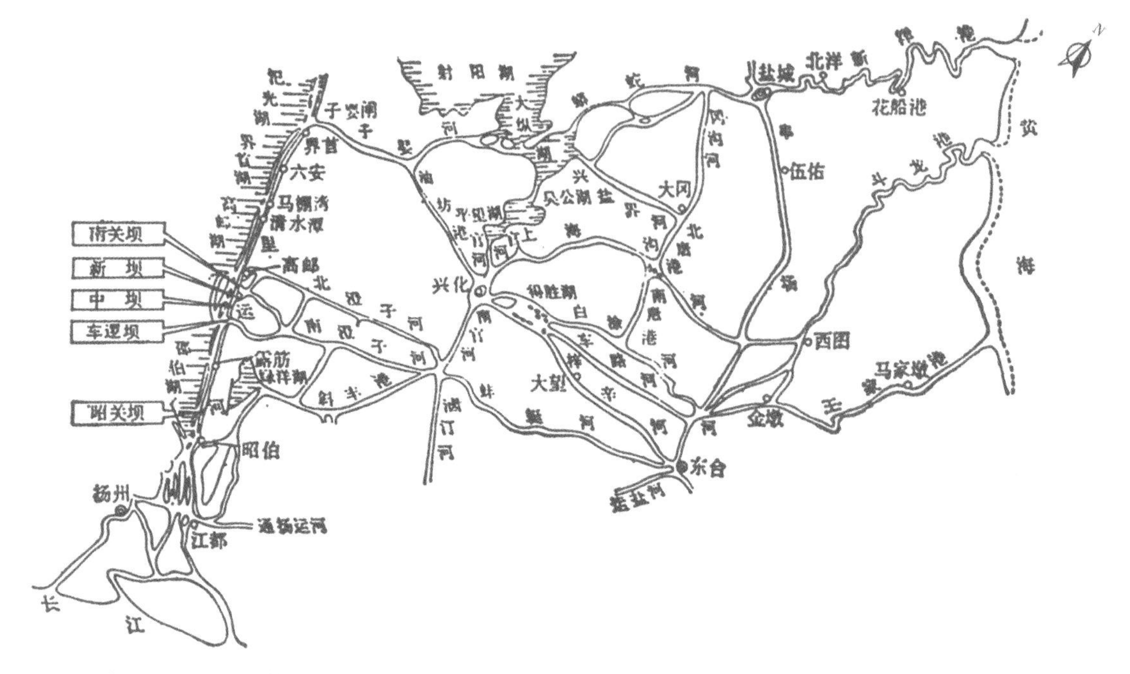

里运河归海五坝位置示意图（《淮河水利简史》）

清乾隆十五年（1750年），即乾隆帝首次南巡前一年，河道总督高斌奏呈河工图说20条，认为在淮扬运河东堤14处泄水闸坝中，唯有南关、五里和车逻三坝各宽60余丈，泄水较多，平时可用柴草筑堵；遇高家堰五坝泄水过多时，则酌情开启南关、车逻二坝；而五里中坝地势较低，一旦开放，泄水过多，因此不宜轻启。这一建议得到乾隆的首肯。

清乾隆十八年（1753年）秋，洪泽湖水涨，自高家堰五坝东泄高邮诸湖，冲决运河东堤，里下河地区水患严重，朝野震惊，江南河道总督高斌则因未能及时开启南关、车逻二坝泄水而被罢职。同年十二月，首次制定高邮南关、五里和车逻三滚坝开启的水位标准：南关、车逻等坝平时封土3尺，当淮扬运河水位高于车逻坝顶3尺时，先开启车逻坝；高于车逻坝顶3尺以外，再将五里、南关坝次第开放；如不及3尺，各坝不得轻开。柏家墩、南关旧坝为草坝，堵闭不开。

清乾隆二十二年（1757年），江南副总河嵇璜以高家堰五坝所泄淮河洪水仅通过高邮三坝宣泄，未免来多去少，请在南关坝以南添建南关新坝。自此，归海五坝全部建成，即南关坝、南关新坝、五里中坝、车逻坝和昭关坝5座。由于高家堰五坝位于归海五坝的上游，二者上下相承，所以又称高家堰五坝为“上五坝”，归海五坝为“下五坝”。

归海五坝全部建成后，对其开启标准进行了修订：如高家堰五坝过水渐多，当车逻、南关二坝过水至3尺5寸时，开启五里中坝；车逻、南关二坝过水至5尺时，开启南关新坝。五坝中，车逻、南关二坝常年开启，随时减泄；其他各坝则不轻易开启，总以运河存水5尺为度。同时挑浚二坝下的引河及运西港河，使其畅通。4年后，又针对昭关坝制定了相应的开启标准。

清乾隆后，归海五坝开启的标准经过多次修订。至道光八年（1828年），不再以运河水位与各坝坝高之间的高差而改以设立于御码头的高邮汛志桩为依据，即当高邮汛志桩的水位涨至1丈2尺8寸时，开启车逻坝；涨至1丈3尺2寸时，开启南关坝；涨至1丈3尺6寸时，再开五里中坝；涨至1丈4尺时，开南关新坝。

清咸丰三年（1853年），归海五坝中仅存南关坝、新坝和车逻坝，所以称“归海三坝”。其中，南关坝长221米，新坝长211米，车逻坝长205米，三坝共宽637米。汛期淮河大水时，归海坝的排洪流量可达4000~5000立方米每秒。

清咸丰五年（1855年），署两江总督李鸿章等请以立秋为度，立秋节前，当高邮汛志桩长至1丈4尺时，开启车逻坝；每加4寸，次第开启南关坝、五里中坝、南关新坝。立秋过后，则按照道光八年（1828年）所定1丈2尺8寸的标准开启。

乾隆朝通湖各港口与归海五坝位置示意图

车逻坝（1931 年，《运工专刊》）

据初步统计，在归海五坝运行的242年间共有65年开坝，其中以清嘉庆、道光年间的开坝频率为最高，这与当时黄河的形势日益恶化关系密切。在1796—1850年的54年中，有28年开启归海坝，合计95坝次，平均每两年就有一年开坝。归海坝在确保运堤安全和漕运畅通方面发挥了积极的作用，但由于里下河地区四周高、中间低的地形特点，导致下泄洪水难以顺畅入海，因而为里下河地区带来深重的灾难。当时有许多文献记述了过洪水过后里下河的凄惨景象，如《冬生草堂诗录 · 避水词》曾如此描述：“一夜飞符开五坝，朝来屋上已牵船。田舍漂沉已可哀，中流往往见残骸。”

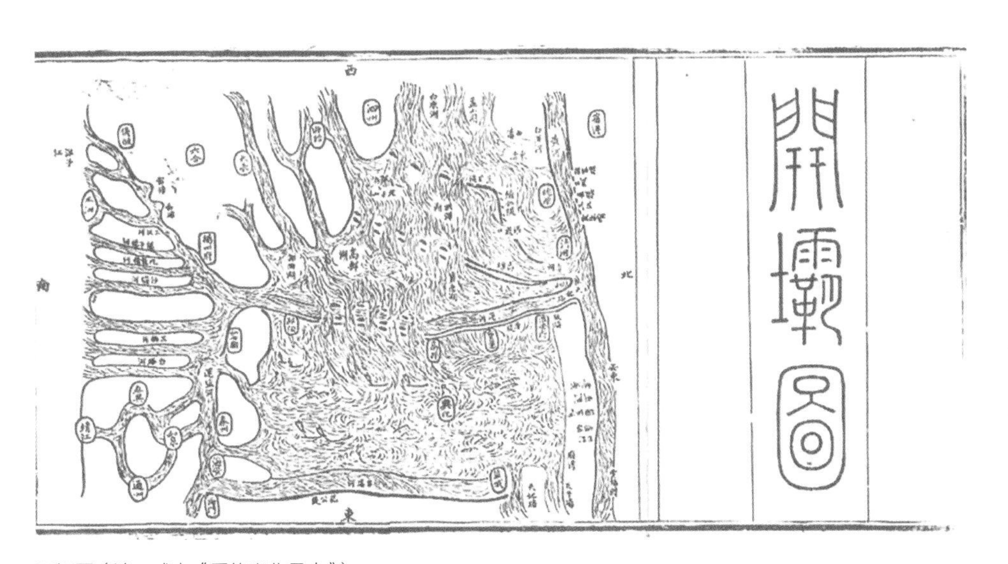

开坝图（清　咸丰《重修兴化县志》）

根据该文献记载，“淮黄交汇，漕堤或决或开，诸水直从天而下之最大者，乾隆七年、嘉庆十三年，越道光六年、十一二年、二十八九两年，乘舟入市，城内几无干土，城外村庄庐舍无存，安问田亩？生民转徙，安问邱墓？”

1.6.4.4　归江十坝

为减轻里下河地区水灾，明清时期尤其清代广筹泄水归江之路。最初，归海坝承担的泄洪任务较重。至乾隆年间（1736—1796年），随着清口淤积的加重，入江水量渐多。1851年，淮河改道由三河口入江，运河成为淮河尾闾，归江工程成为防洪和保障漕运畅通的关键。

1. 设置背景

淮河原为独流入海的河道，江淮之间并不通流。自春秋时期吴王夫差开凿邗沟后，江淮才开始沟通，当时二者间的地形为“江高淮低”，邗沟水流向是自长江向北，淮水不能入江。自南宋建炎二年（1128年）黄河南徙夺淮后，不仅淤高淮河下游河床，导致淮河失去原有出路，而且使里运河北段淤高，导致江淮之间的地形改变为淮高江低。特别是明潘季驯实施“蓄清刷黄”，大筑高家堰，形成洪泽湖后，淮高江低的形势更加突出，这就为失去原有出路的淮河入江创造了前提条件。

2. 归江十坝开凿始末

明万历二十一年（1593年），洪泽湖大堤在高良涧、周家桥等处决口22处；次年堵塞决口，黄河水又涨，淮水入黄口门淤塞，洪泽湖水位急剧上升，淹没泗州城和明祖陵，有人建议在洪泽湖大堤上开口门泄洪。两年后，即万历二十三年（1595年），洪泽湖水又侵扰祖陵，洪泽湖大堤再决。明祖陵一浸再浸，洪泽湖大堤一决再决，朝野震惊。总理河道杨一魁采纳张企程的建议，大举实施分黄导淮，在洪泽湖大堤修建武家墩、高良涧、周家桥三座减水闸，分泄淮河洪水经淮扬运河下泄至里下河地区入海。

又恐淮水入海之路不畅，导致高宝湖地区水患，又疏浚接连高邮湖和邵伯湖的茆塘港，引水入邵伯湖；开金湾河，经芒稻河减水入长江，这是正式开挖水道、疏通淮水入江的开始。

明代前期，为保持淮扬运河的航运水位，治理重点放在蓄水上；自淮水汛期洪水开始经由淮扬运河入江后，治理重点逐渐改为蓄泄兼筹。因此万历二十三年（1595年）总河杨一魁在开挖茆塘港和金湾河后，修建金湾减水闸三座和芒稻河东西减水闸二座。天启六年（1626年），为保持航运水位，将芒稻河西闸闸底抬高两米；在凤凰河、壁虎河上建砖桥，桥下设滚水坝；同时在湾头建闸，也可泄水入江。然而，终明之世，淮河自洪泽湖下泄的洪水，以向东经里下河地区入海为主，向南入江则是次要的，入江的主要河道为金湾河和芒稻河。

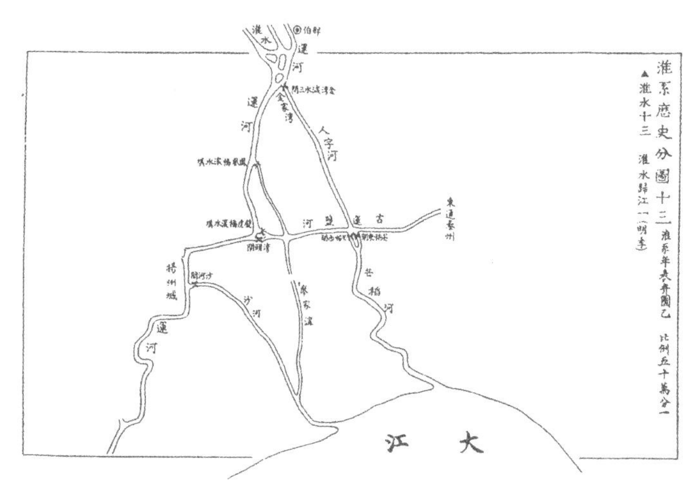

明代淮河归江之路示意图（据《淮系年表全编》改绘）

清代，以淮扬运河洪水自里下河入海之路迂远，而入江之路变得径直，因而积极扩大入江河道，最终形成归江十坝，入江水道正式形成。

为增加入江水量，清康熙元年（1662年），总河朱之锡将芒稻河西闸闸底落低一尺5寸，在对闸北岸挑越河一道通盐船，以避开金湾闸口的湍急河流，即后来的人字河。河道总督靳辅在金湾闸南建三合土滚水坝一座，即金湾滚水坝，长40丈。后来在凤凰桥南北各填建木桥一座，形成凤凰三桥，桥下为滚水坝；扩建芒稻河西闸为七门，建董家沟滚水坝一座。如此，归江河道增加至两条，归江局势渐与归海并重。

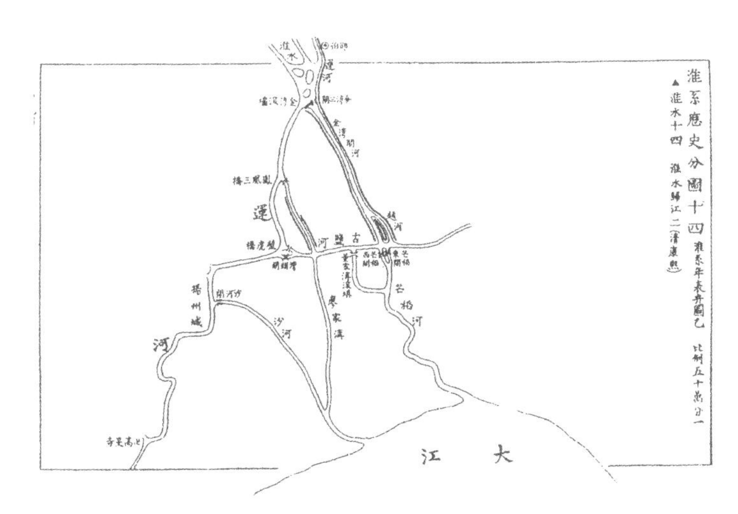

清康熙年间淮河归江之路示意图（据《淮系年表全编》改绘）

时归江泄水之口有五，即芒稻河、董家沟、石羊沟、廖家沟和沙河。其中，芒稻河泄水最畅。

接着开挖太平河，在河口建东湾、西湾滚水坝各一座。

清乾隆七年（1742年），开始大规模扩建湖河入江之路。在金湾滚坝下建东西湾滚水坝各一座，坝下挑引河，即东西湾坝引河，今称太平河；又开挖石羊沟引河一道，宣泄东西湾坝引水之水。开挖凤凰桥下引河，同时填建壁虎桥二座，形成壁虎三桥，桥下建滚水坝，开挖引河，二引河水均直达廖家沟，汇归石羊河达于大江；董家沟原归芒稻河，河形短促，不足宣泄，将河尾加长接挑，使自为一河，直注大江。在芒稻闸下、仙女庙上的泰州河开挖越河一道，接入金湾河。再于金湾闸上添建大石闸一座，并修牵道，使盐船由此避险就平。

乾隆十三年（1748年），在石羊沟、廖家沟河头建滚水坝各一座。

乾隆二十二年（1757年），为更快宣泄河湖洪水，落低金湾滚坝一尺、金湾闸一尺、东湾滚坝二尺五寸。疏浚运盐河道，以芒稻西闸底水深5尺为度。次年，在芒稻闸东开挑旧越河一道，长600余丈，令盐船走越河，直出金湾北闸入运河，不再绕行芒稻闸出湾头入运，从而使泄水、运盐分为两路，互不干扰。自此芒稻闸不再下板，使河湖水畅泄归江。

乾隆二十六年（1761年），开挖金湾坝下引河，由董家沟注大江，即金湾坝引河。将廖家沟、石羊沟、董家沟三坝坝底落低三尺，与芒稻西闸底相平。金湾坝由10丈展宽至50丈；董家沟坝展宽12丈，连旧坝共宽30丈；石羊沟坝展宽5丈4尺，连旧坝共宽37丈4尺；廖家沟由16丈展宽至60丈，坝下各引河随之拓宽浚深。这一时期，归江河道增加到5条。自此，河湖洪水主要出路以归江为主，入海成为次要通道，淮扬运河成为汛期淮河洪水的排泄通道。

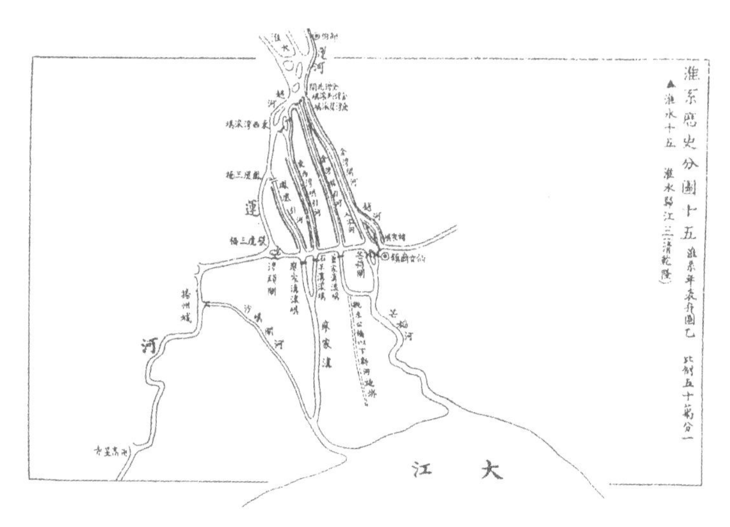

清乾隆年间淮河归江之路示意图（据《淮系年表全编》改绘）

嘉庆年间，随着清口一带的淤积，洪泽湖大堤滚水坝多所损毁，淮水自决口滔滔注入高邮、宝应等湖，淮扬运河成为主要排水通道。嘉庆十一年（1806年），在归江河道上筑柴土草坝8道，汛期相继启除，这是归江闸坝改为柴土草坝之始。随着淮水入江水量的增加，入江水道由蓄泄兼筹被迫变为以泄为主。

清道光初年（1821年），在黄河泥沙的淤积影响下，洪泽湖北部淤平，黄、淮隔绝，湖水大多由高家堰南端的仁、义、礼三河泄入高邮、宝应诸湖，再由淮扬运河南排入江。为提高泄水能力，道光八年（1828年），开挖瓦窑铺新河，这是清代开挖的最后一条归江河道。三年后，制定归江各坝开启的水位标准：以三沟闸志桩存水9尺为度。如存水一丈，启金湾旧坝、东西湾坝。一丈一尺，启凤凰桥、瓦窑铺坝。一丈二尺，启人字河坝、褚家山坝。以扬州城河存水5尺以上为度。金湾北闸、湾头闸因盐船通行，常启无闭。

1932 年堵闭凤凰坝合龙（《江北运河工程局年刊》）

江都廖家沟万福桥（1961 年）

道光年间的归江之路，邵伯湖口以下临运河道主要有坝河7条，自西而东依次为南北向运盐河、人字河、金湾河、太平河、凤凰河、瓦窑铺新河等，通过东西向运盐河南岸的芒稻河、董家沟、石羊沟、廖家沟4河南流，进而汇聚为廖家沟、芒稻二河入江。为蓄水济运，在7条坝河与淮扬运河和运盐河交叉处都建有闸坝。董家沟、石羊沟、廖家沟均建有木桥以资通行，其中廖家沟桥名万福桥，长亘一里。廖家沟的泄水量较芒稻河为大。

3. 归江十坝工程布置

归江河道众多，口门极宽，如果畅泄不堵，容易导致淮扬运河水流下泄过快，水量不足，航运受阻，故在各归江河道上堵筑柴土草坝，用以蓄水，但工程比较简陋。

江都北建有淮水入江6闸，闸下向东南陆续分出6条引河，即淮河入江6条通道，最东一条为运盐河（即今通扬运河），该河南行至仙女庙附近，分为两支，一支向东行可达泰州；一支南下称人字河，穿过自江都至扬州的古运盐河，经稻河入长江。人字河口设拦江坝，下游与通扬运河相接处设土山坝。大水时两坝均开，排泄淮河洪水入长江；水小时筑坝，使里运河水专注通扬运河，用以运盐。这条运河是清代里下河地区对外出入的通道。

运盐河西为金湾河，北端有金湾坝。金湾河下游穿过古运盐河，经董家沟由芒稻河入长江。

金湾河之西为东湾河，又西为西湾河，中间只隔一个小岛，东西湾河合流后称为太平河，东湾河和西湾河北口均有坝，称为东海坝和西湾坝。太平河穿古运盐河，经石羊沟河并入廖家沟，经沙头河入长江。

太平河之西为凤凰河，再西为新河，河口也都有草坝，称为凤凰坝与新河坝。新河底高水浅，所以新河坝不常堵闭。两河向南行，与古运盐河相交处汇合，经廖家沟入长江。

湾头镇附近有两个坝，镇东北的叫壁虎坝，镇南叫老坝。两坝下游都汇流入廖家沟。壁虎坝是归江十坝中口门最宽，也是最重要的归江坝，运河在湾头镇北突然向西折，壁虎坝一经打开，则淮水大溜有直趋南下之势。

此外，在扬州市东面还有 个沙河坝，位于沙河口上，下游也进入廖家沟。

归江10坝中，沙河坝和老坝地势较高，口门小，作用不大。其余8坝口门共计宽970米。1921年大水时，8坝入江泄量共计8400立方米每秒，总泄量达淮河洪水的55%。

归江河道及其工程是为排泄入运淮河洪水而建，其规划设计具有很高的科学性。自六闸至湾头相距12公里，归江10坝之下有引河6道，河形均自北而南，而湾头至仙女庙则有古运河自西而东，北岸承6引河之水；南岸则为廖家沟、石洋沟、董家沟、芒稻河合为4引河；又南下至十里店、韩家渡4引河入芒稻河、与石洋沟合为二引河；同入沙头夹江至三江营则合二引河为一河。归江河道由六而四，再合为二，合为一，河面由宽浅而窄深，水势先散而后紧，河身自高而低，其冲刷力数百年不变，至今仍在运用。

1.6.5 节制工程

淮扬运河上用于节制水流以利船只航行的通航建筑物，最初为埭堰；至迟至南北朝时，开始出现斗门船闸；至唐代，出现二斗门船闸。宋代，二斗门船闸得到进一步发展和完善，开始出现复闸和澳闸。然而受水源和水流比降的制约，船闸只能在水盛或水流比降较小时使用；反之，只能使用埭堰，因为它具有适应落差大、不耗水、建造方便和工程投资少等特点。在很长一段时间内，淮扬运河时而废埭堰为闸，时而又废闸复用埭堰，或于埭堰旁建闸，堰埭与斗门船闸同时并存。

近代，利用西方水利科学技术兴建邵伯、淮阴、刘老涧船闸，称“新式船闸”。新式船闸变人力绞曳为机械（手摇）启闭，节时省力，通过能力远非旧有船闸所能比拟。

1.6.5.1　堰埭

堰埭即拦河坝，它可以横截河道，拦蓄水流以防止下泄，但会影响船只通航。后来人们基于经验开始在拦河坝上下游两侧各建具有一定坡比的斜坡道，顶部为平缓的弧形，作为上下游坡面的过渡段。堰坝一般由土石或草土材料建成，为减小过坝船只接触面的摩擦系数，通常在斜坡上敷以泥浆。船只过坝时，用绳索将其从一侧拖拉至埭顶，然后再向另一侧缓缓下放。人力不胜任，可用畜力，后来又采用绞关、牛拉辘轳卷绳拖船等可以省力的设施。如果船载过重，就先卸下部分货物，过埭后再重新装船。古代对堰坝的称呼不一，有时称埭，有时称堰，元代以后一般称坝，又称车盘坝或车船坝。

清傅泽洪所著《行水金鉴》中对堰埭的施工过程与材料、船只过坝时所用绞关的结构与布置等内容进行了详细记载："建车船坝，先筑基坚实，埋大木于下，以草土覆之，时灌水其上，令软滑不伤船。坝东西用将军柱各四，柱上横施天盘木各二，下施石窝各二，中置转轴木各二根，每根为窍二，贯以绞关木，系篾缆于船，缚于轴，执绞关木环轴而推之。"

1. 两淮堰坝

淮扬运河上最早出现的堰埭是春秋末期吴王夫差所筑北神堰。周敬王三十四年（前486年），吴王夫差开邗沟。当时淮河水低于邗沟，为防止邗沟水下泄入淮河，在邗沟与淮水交汇处的末口（今淮安城北5里）建北神堰，船只至此须翻过此堰进入淮河。至北宋初，改北神堰为石闸，以利转运。

三国曹魏黄初五年、六年（224—225年），魏文帝两次率水军由淮河入邗沟至长江。第二次由广陵（今江苏扬州）回军北上时正值冬季，邗沟水浅，几千条战船行驶迟缓，为防止被敌军夺去，魏文帝一度打算烧掉。当船队到达津湖时，湖水已基本干涸，船队断续绵延几百里。这种情况下，扬州别驾蒋济开渠四五道，先用"土豚"壅遏湖水，再将集中战船引入津湖中，趁挖开"土豚"水势迅疾时驶入淮河。"土豚"即临时土坝，是堰埭的雏形。

淮扬运河上堰埭的大规模修建始于东晋时期，当时航道已逐渐渠化，自南而北分布着欧阳埭、邵伯埭、秦梁埭、三枚埭、镜梁埭等。其中，仪征长江引水处设有欧阳埭；邵伯镇附近有东晋太元七年（385年）谢安所筑召伯埭；邵伯埭以南20里处有东晋末年所筑秦梁埭；秦梁埭以北15里处有三枚埭；更北15里有统梁埭。至此，邗沟南段基本完全由人工控制；北段则由于湖水较多，水流入淮，未见有堰埭记载。

宋天禧二年（1018年），自仪征和扬州进入淮河和汴河，须经过龙舟、新兴、茱萸、邵伯、北神5座堰。次年，废除龙舟、新兴、茱萸3堰，每年节省官费10多缗。后由于管理不善，启闭失时，至宣和二年（1120年），仪征、扬州等处运河浅涩，漕运不通。为此，在仪征太子港筑坝一座，以恢复怀子河故道；在瓜洲河口筑坝一座，以恢复龙舟堰（原址在扬子桥南）；在海陵（今泰州）河口筑坝一座，以恢复茱萸（原址在湾头）、待贤堰，使诸塘水不被瓜洲、仪征、泰州3河所分。又在北神堰附近筑坝一座，并暂闭满浦闸，修复朝宗闸。于是，淮扬运河畅通。宋神宗熙宁五年（1072年），日本僧人成寻来中国参山拜佛，自浙江入境，沿运河入汴京，沿途曾翻越过8座堰埭。过瓜洲堰时，成寻还见到用22头牛拉辘轳拖船过埭的情况。

南宋绍兴四年（1134年），金兵进军淮南，为阻止敌船进入淮扬运河，高宗下令宣抚司拆毁仪征和扬州境内的堰闸及陈公塘，并令守臣开掘焚毁湾头港口闸、泰州姜堰、通州白蒲堰等堰闸。至此，各堰埭俱废。

此后，淮安境内先后建有11座坝，即淮安坝、满浦坝、南锁坝、泾河坝、仁义礼智信5坝、清江浦东西2坝。

其中，淮安、满浦、南锁3坝都是明代以前所建。淮安坝、满浦坝俱在淮安新城西北7里的淮河南岸，南锁坝则在旧城南7里运河以东的菊花沟。洪武初年，3坝各设官2员，负责管理车盘船只。宣德五年（1430年）五月，平江伯陈瑄因淮安、满浦、南锁等坝废置已久，令其官吏坝夫维护管理用来牵挽的淮安西湖堤岸。景泰二年（1451年），3坝坝官均被裁革。后来，满浦坝坍没，仅剩淮安坝，只用于车盘盐船。

明洪武三年（1370年），淮安知府姚斌建仁字坝；永乐二年（1404年），平江伯陈瑄又建义、礼、智、信四坝，加上姚斌此前所建仁字坝，形成淮安五坝。其中，仁、义二坝在淮安新城东门外东北，礼、智、信三坝在新城西门外西北，五坝都从淮安城南引湖水抵坝口，坝外即淮河。漕船由仁、义二坝车盘入淮河，官民商船则由礼、智、信3坝车盘入淮河。成化七年（1471年），运河水涸，筑闭新庄闸口，设清江浦东、西二坝于清江浦运河以北的淮河南岸，仅用于车盘盐船，以助仁、义二坝之不及。清江浦东、西二坝也称仁、义二坝。

明正德二年（1507年）春冬，淮水消退，清江浦淤浅，外河与里河之水高下悬隔，设坝盘剥，船行不便，于是改清江浦东、西二坝为内、外二闸，以便启闭，节水通舟。万历七年（1579年），将智、礼二坝加筑，仍旧车盘船只。仁、义二坝因与清江闸相邻，恐有冲浸，便移筑于天妃闸内。惟信字坝久废不用。万历十七年（1589年），黄河由草湾直趋安东（今江苏涟水），淮安新城北门外大河淤弃，淮安车船坝全部废弃。

2. 欧阳埭

欧阳埭位于今江苏仪征境内邗沟西线今仪扬河入长江的口门处，始建于晋永和中（345—356年）。南朝陈太建五年（573年），都督徐敬成曾率水师舰队由欧阳埭入邗沟北伐。

宋代，为防仪扬河水下泄入长江，导致水源匮乏，在仪征置斗门船闸，后又多次废除。

明洪武四年（1371年），在仪征宋闸旧址处修拦河筑坝，上下车盘。洪武十六年（1383年），修筑五坝。其中，一坝、二坝在仪征东南半里许，共一港；三坝在县治东南2里许，独一港；四坝、五坝在县治东南3里许，共一港。一坝、二坝专过官船及官运竹木诸物，其余三坝专过粮船和民船。景泰五年（1454年），在仪征县治东12里处增设新坝1座。

明宣德六年（1431年）二月，巡抚侍郎赵询因仪征五坝处过船繁多，虽昼夜通行，仍有阻滞，有的需要等待十余日，而坝下河道狭窄，船只无所停泊，建议增设2坝，增开河道1条。后来因修浚瓜洲东港、并在白塔河大桥闸筑坝，船只得以分流，赵询之议遂罢。20余年后，即景泰五年（1454年），在仪征县治东12里处增设新坝1座。

此后，仪征江口的助航设施，时而为埭坝，时而为斗门船闸，频繁更迭。

3. 瓜洲至湾头堰埭

唐开元二十五年（737年），润州刺史齐浣在瓜洲开伊娄河时筑伊娄埭，在伊娄埭的一侧建斗门通航。北宋时，伊娄埭过船时拉辘轳的牛多达22头。

北宋天禧二年（1018年），江淮发运使贾宗因漕船自瓜洲和仪征运口入淮扬运河后再北上淮河，沿途需经由龙舟、新兴、茱萸、邵伯和北神等5座堰坝，车盘牵挽，费时费力，且易于损坏船只，建议开挖扬州古河，绕城南与运渠相接，凿近堰漕路以均水势，收到一定效果。次年六月，废龙舟、新兴和茱萸3堰，每年节省费用10多万缗。后由于漕运“行直达之法，走茶盐之利，且应奉权幸，朝夕经由，或启或闭，不暇归水”，至宣和二年（1120年），仪真、扬州等处运河浅涩，漕运不通。为改变这一状况，陈亨伯采纳其下属向子諲的建议，在仪征太子港筑坝一座以恢复怀子河故道，在瓜洲河口筑坝一座以恢复龙舟堰（龙舟堰原址在扬子桥南），在海陵（今江苏泰州）河口筑坝一座，以恢复茱萸（原址在湾头）、待贤堰，使诸塘水不被瓜洲、仪征、泰州三河所分。

南宋绍兴四年（1134年），金兵进军淮南，为阻止敌船进入淮扬运河，宋高宗下令宣抚司拆毁仪征和扬州境内的堰闸，开决焚毁湾头港口闸、泰州姜堰、通州白莆堰等堰闸。至此，各埭堰俱废。次年，开浚淮扬运河浅涩处，重新修建瓜洲闸。

宋代时瓜洲建有3闸，至明洪武三年（1370年）改建为一至十坝。其中，东港3坝，西港7坝，另有盐坝一座。当时运河的水位比长江高数尺，筑坝的目的是避免运河水走泄入江。至此，运河分为三支：中间一支阻堤隔江，东一支为东港，西一支为西港，东西两港与江潮相通。

明永乐九年（1411年），东港各坝全部淤废，只存西港7坝，船只往来迟滞，且停泊于大江中，屡遭漂没之灾。正统元年（1436年），采纳督漕总兵官都督佥事武兴的建议，疏浚瓜洲东港。次年，修复八坝、九坝。正统八年（1443年）三月，复浚东港，由巡抚周忱在白塔河大桥闸筑坝，以时启闭，分流瓜洲的船只。正统十四年（1449年），修复十坝。成化六年（1470年），工部主事吴英将十坝移到旧坝东一里处。隆庆六年（1572年），为免车盘之苦，将瓜洲坝改建成斗门船闸。

4. 邵伯埭

东晋太元十年（385年），谢安镇守广陵（今江苏扬州），在广陵城东北20里的步邱（今扬州东北瓦窑铺附近）筑垒，名新城。新城北部地势西高东低，水易下泄，且春夏邵伯湖水盛涨，东淹民田，西苦干旱。谢安便在新城以北20里处筑埭挡水，利漕便民。为感念谢安，后人将之比作春秋时期的召伯，并称其所筑之埭为“邵伯埭”。至东晋末年，邗沟上已有秦梁、邵伯、三救、镜梁等4座堰埭，形成人工控制、分段节流的梯级航道。

宋代，邵伯建有斗门船闸，同时车船坝仍在使用。明代，邵伯建有坝5座，其中上下闸两侧建坝4座，另有邵伯小坝一座。洪武初，建邵伯上下二闸，以供官船行走；民船则仍由东西4座坝车盘。邵伯小坝建于洪武七年（1374年），位于邵伯镇运河东岸，坝下小河可通泰州、兴化。

自南宋建炎二年（1128年）黄河夺淮后，淮河日渐淤垫，至明正统年间（1436—1449年），淮河与运河水位相平，水流平顺，邵伯闸失去作用。万历后，闸坝废而复兴。

5. 平津堰

唐贞观四年（630年），淮南节度使杜亚自江都西引爱敬陂水入扬州以济运，运河水量得到补充，但随之带来新的问题。夏季江南地区多雨，地面径流集中入运；而运河地势低洼，句城湖、爱敬陂等湖陂的洪水也宣泄入运，导致运河堤防屡被冲决。为解决运河水“泄有余”的问题，李吉甫修建了平津堰。

据《新唐书·李吉甫传》记载，李吉甫因“漕渠庳下，不能居水，乃筑堤阏，以防不足，泄有余，名曰平津堰”。又据该书《食货志》记载：“初，扬州疏太子港、陈登塘凡三十四陂，以益漕河，辄复堙塞。淮南节度使杜亚，乃浚渠蜀冈，疏句城湖、爱敬陂，起堤贯城，以通大舟。河益庳，水下走淮，夏则舟不得前。节度使李吉甫筑平津堰，以泄有余防不足，漕流遂通。”

1.6.5.2　单闸

与堰坝相比，运河上用于节制水流、控制水位的单闸，古代称斗门或水门。相邻的两座及以上的斗门统一管理，递互启闭，也能发挥类似现代船闸的功能。斗门的闸门主要有两种型式：一是整体闸门，配以辘轳和启闭架，用人力或畜力升降；二是叠梁式闸门，用人力逐块升降横方木。

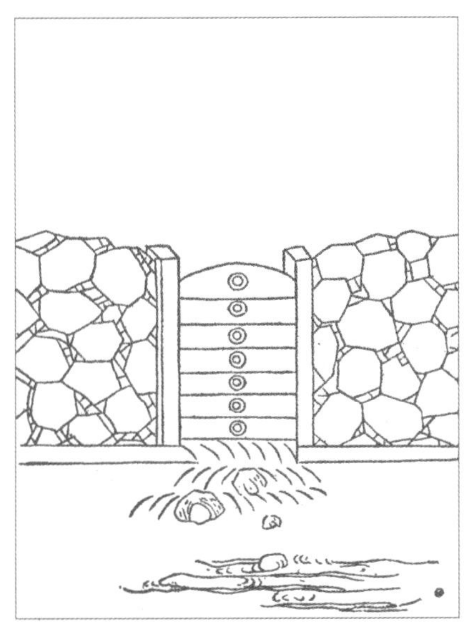
叠梁闸（《农书》）

利用绞关提升叠梁闸上的横方木（清　乾隆《八旬万寿盛典》）

1. 两淮节制闸

宋初，淮安城运河有南北二闸，南闸位于香桥，北闸位于天妃宫附近，二闸险溜异常，过闸者多祭神求庇护。

明洪武九年（1376年），在淮安城南门运河东岸建砖闸一座，由菊花沟东北通淮河。次年，又建新城上下二闸，上闸在新城北，下闸在新城内，二门相接，内通菊花沟，外通淮河。

明永乐十三年（1415年），平江伯陈瑄开凿清江浦，导管家湖水入淮河。同时，自北向南依次建新庄、福兴、清江、移风4闸，次年建成。其中，新庄闸在清江浦河入淮河的河口处，也是淮扬运河北端的运口，因位于天妃庙旁又称天妃闸；福兴闸北距新庄闸10里，清江闸北距福兴闸9里，移风闸北至清江闸14里。永乐十五年（1417年），陈瑄又在移风闸南2里处建板闸。5座节制闸递互启闭，可平缓水流、渠化航道。

清江闸下游（1925 年，《江苏水利协会杂志》）

清江浦河及其月河（2019 年，魏建国、王颖　摄）

清江正闸和月闸（2019 年，魏建国、王颖　摄）

明成化七年（1471年）秋，黄河水涨，自新庄闸口倒灌清江浦河，淤浅20余里，漕运不通，于是筑闭新庄闸，另于清江浦北筑坝蓄水。成化十五年（1479年），平江伯陈锐又将浦北之坝改建为石闸，同时整修移风、清江、福兴、新庄4闸。

明嘉靖七年（1528年）筑天妃坝，废天妃闸。次年，又建新庄闸（亦名天妃闸）。嘉靖十四年（1535年），黄河冲决天妃坝，淤福兴闸，于是将其全部筑塞。万历初年（1573年），黄强淮弱，五坝不通，闸座不闭，以致泥沙倒灌运河。伏秋水高溜急，漕船过闸时，每船牵挽用纤夫400人犹不能过，用力过猛，则会缆断船沉。万历十六年（1588年）在各闸之侧开挖月河一道，避险就平。次年，相继兴建清江、福兴、通济、新庄等越闸。

清康熙初年，清江浦仅存天妃头闸及清江闸，其余各闸都已废弃不用。明清两代，随着黄河、淮河和运河交汇处形势的不断变化，以清江浦闸为代表的建在淮扬运河入淮河口门——南运口处的闸频繁改修，不断更换闸址和闸名，直至乾隆四年（1739年）始定。

清乾隆年间，在南运口头草坝至清江浦数里内，由西向东设有惠济、通济、福兴三闸，因闸门处水流湍急，船只难行，在各闸外又建越闸，以分其势；以下的清江闸也建正越二闸，以资擎托，共计闸8座。越闸建在越河上，与正闸交互使用。这8座闸的结构基本相同，都为单孔，条石砌筑的底和墙，木桩基础，进出口为八字条石墙，与闸身岸墙连续衔接，伸向两岸，下游出口墙较长；在闸身中部，设有板槽2道，相距约2米；进出口护坦为三合土加铺条石，出口长达70余米。

惠济闸俗名头闸，位于淮阴县马头镇附近，有正越两闸，为淮扬运河入淮口——南运口的第一组闸。惠济正闸，原名天妃闸，又名新庄闸、七里闸，旧在惠济祠后，明永乐十三年（1415年）平江伯陈瑄建，嘉靖三十年（1551年）移到马头镇东南半里处，改名通济；万历二十年（1592年）又移于甘罗城南。清康熙二十三年（1684年）移于烂泥浅之上、马头镇东南的七里沟，由南运口七里闸改建而成，名惠济闸。同年，河道总督靳辅虑黄河水大涨，恐惠济闸不能承当，在南运口修建清水闸束水。雍正十年（1732年）将惠济正闸改移到码头镇附近，此后基本再未改移。惠济闸外即淮扬运河入淮口。惠济正闸，金门宽2丈4尺，砌石23层。乾隆六年（1741年）、二十二年（1757年）、四十年（1775年）和嘉庆十三年（1808年），都因闸身损坏而进行过维修。嘉庆二十三年（1818年），惠济正闸金门水势湍溜异常，帮船提挽，不能迅速。为平闸门溜势，在闸上添筑钳水坝一道，在钳水坝上添筑升关坝一道，以便安设绞关提挽帮船。道光二十年（1840年）再次拆修惠济正闸。

惠济越闸，建于清康熙四十九年（1710年），金门宽2丈2尺，条石25层。乾隆八年（1743年）加石1层，二十七年又拆修。至嘉庆十一年（1806年），因年久损坏，启闭不灵，再次拆修，加石2层，并在闸下开越河一道，长461丈。嘉庆十五年（1810年）大汛，水势涌激，西闸墙由于建时灰浆不足而导致墙面石块脱落，虽未倾圮，但影响漕船通行，次年正月拆卸，另砌坚实。道光十四年（1834年）再次修造。

通济闸俗称二闸，在福兴闸南1里许，惠济闸北2里处。有正越两闸。正越二闸都建于清乾隆二年（1737年），金门均宽2丈2尺，其中正闸条石25层，越闸26层。乾隆二十五年（1760年），因年久失修，启闭不灵，对二闸进行了拆修。嘉庆十一年（1806年）再次拆修，加石2层，并在越闸下开挖越河一道，长32丈6尺。光绪十七年（1891年），因通济正闸石缝蹿水，加以堵闭，此后均用越闸。

惠济呈鱼（清　麟庆《鸿雪因缘图记》）

惠济闸（1931年）

福兴闸俗称三闸，明永乐十三年（1415年）陈瑄曾于清江浦西5里建福兴闸。万历中改建于寿州厂适中处，后废。清康熙十年（1671年）在旧基上重建，与当时仅存的天妃头闸、清江闸相互启闭，启一闭二，使天妃头闸的水势得平1～2尺，往来商民船只过闸时不再有颠覆沉溺之忧。乾隆二年（1737年），高斌移运口于旧运口迤上与三汊河相接，避黄纳清，并增建运河闸坝以资节宣。福兴闸即该年所建，有正越两闸。二闸金门均宽2丈2尺，都有条石26层。此后，多次拆修。其中，道光十四年（1834年）拆修时，在越闸下开挖越河，长368丈5尺。

福兴起碑（清　麟庆《鸿雪因缘图记》）

清道光年间的江南河道总督麟庆曾在《鸿雪因缘图记》中记载了福兴起碑的原因与经过："余下车亲勘，见通济越闸业经修整，其惠济越闸、福兴正闸，前任曾议拆补，只以畏难未办。爰即请帑兴工，委副将张兆（字景峰，铜山人）、知府朱楹（字春隽，浙江贡生）监修。福兴正闸，甲午四月戽水既净，拆石见底，忽得卧碑。遂鸠工人贯木而旋，系绳以引，置诸庙前。余闻报往观，其文曰：'淮水清，湖水清，百世安澜庆有成，从此河防万福兴'。后署'乾隆三年督河使者高斌造'。因命工摹搨而援笔和之曰：'运河清，闸溜平。九十七载重告成，我和文定歌福兴。'后亦署款勒石，同藏闸内。"

清江闸有正越两闸，构造与天妃三闸同，惟正闸下游翼墙及护岸挡墙特长，河道亦宽，闸下跌塘甚深。清江正闸，亦称清江大闸，明永乐十三年（1415年）陈瑄建，后改名为龙汪闸。康熙三十八年（1699年）拆修，改金门宽2丈1尺2寸，加高4层，共26层。乾隆四年（1739年）将龙汪闸仍更名为清江闸。清江越闸，万历十七年（1589年）建，康熙四十八年（1709年）拆修。此闸高深3丈1尺3寸，计石24层，金门宽2丈7尺6寸。此后，多次拆修。

惠济、通济、福兴、清江4道闸的建置，使淮扬运河的水位得以节制，水流得以束窄，然而船只过闸却艰险异常，当地人把过闸比作"过关"。这4道闸箝束洪泽湖下注之水，来源广远，霜降水定时闸门处的溜势已属湍急，汛期水涨时溜势更为迅猛。有时水未涨发，连遇西南大风，将湖面波涛鼓荡外出，河口之水即陡涨数尺，闸门水势亦因此骤发，漕船过闸，每闸每船都需用绞关20余部至五六十部，缆绳数十条至一二百条，人夫三四百名至八九百名不等，不仅需费浩繁，而且用力稍急则缆断舟沉，人亡财空。

1931年，惠济正闸因久未启闭，铁锭大多被人撬去，几乎成为废闸，船只只好走惠济越闸。通济正越二闸虽有损坏，但仍在使用。福兴闸以正闸行水，越闸自道光十九年（1839年）修理以后一直未用。清江大闸则正越两闸并用，闸门水势较为和缓。

1934年，修建淮阴船闸，废惠济、通济、福兴正越6座闸。20世纪70年代初期，6座闸全部被拆除。目前，仅有清江闸尚存。因清江运河是平水，清江闸已不发挥控制作用，闸上建有公路桥梁，名若飞桥。

2. 高邮至宝应斗门船闸

明弘治三年（1490年），白昂开康济河时，曾于河的首尾建石闸，以通航运，后河废闸圮。万历五年（1577年），漕抚侍郎吴桂芳重开康济河，通水重建南北石闸。两闸均在高邮州城北。万历十二年（1584年），在宝应开弘济越河36里，建弘济河南北石闸两座，即南弘济闸、北弘济闸，使往来船只永避湖险。万历二十八年（1600年），河臣刘东星令郎中顾云凤等挑界首越河1889丈7尺，建南北金门石闸两座。

清乾隆年间，为使泄入淮扬运河的淮河洪水顺利排入长江，将高邮至宝应运河沿线的拦河石闸全部拆除。乾隆二年（1737年）拆除露筋拦河闸；乾隆六年（1741年），拆除三沟闸拦河石闸，两岸改筑埽工；乾隆四十三年（1778年），将建于宝应护城砖工尾的拦河弘济石闸西墙拆去，展宽河面，仅存东墙长24丈；将拦河七里闸改为石裹头。

3. 邵伯与白塔河斗门船闸

唐代，广陵县邵伯埭建有斗门，临合邗沟别称。

宋天圣年间（1023—1032年），监楚州税王乙请疏浚邵伯埭至瓜洲运河，并在邵伯、瓜洲两地废埭建闸。天圣七年（1029年），邵伯闸建成。熙宁六年（1073年），日本僧人成寻在其所著《参天台五台山记》中记载了他经过邵伯闸时的情景："开第三闸而入，夜间不出，船止宿"。从成寻"船止宿"闸室的记载中可知，宋代的邵伯上、下闸当是三门两室船闸。此后，宋代在淮扬运河沿线大力推广二斗门船闸，长江与运河交汇口处的埭堰均被船闸取代。至宋徽宗重和元年（1118年），真、扬、楚、泗、高邮运河上的斗门水闸共计有79座（含泄水闸）。

明洪武初，在邵伯建上下二闸，专行官船，民船则由东西四坝车盘。永乐十四年（1416年）五月，修上下二闸。正统间，邵伯水皆平流，闸坝俱废，官夫尽成虚设。邵伯闸坝原设闸官2员，闸夫230名，经正统十一年（1446年）裁革后，仅留闸夫40名，隶属邵伯驿。

明嘉靖以后，河道总督潘季驯大筑黄河两岸堤防，固定河槽，河床淤垫日甚，江淮地势变化加剧，转而北高南低，邵伯镇"平流"之水也由北而南，日渐湍急，于是闸坝废而复兴。万历二十八年（1600年），刘东星令郎中顾云凤开邵伯越河长18里，建南北石闸两座，以节制水流，利于航运。

清乾隆二十三年（1758年），将金湾减水闸北闸闸底降低2尺4寸，作为沟通运盐河与京杭运河的通航闸，后名邵伯六闸。邵伯六闸并列两个闸门，闸对河设关亭一座，亭内设绞关。船只上水时用绞关牵曳，闸门两侧用人夫齐力牵挽。

邵伯六闸绞曳过船图（《两淮盐法志》）

江都白塔河上至邵伯与淮扬运河沟通，下注长江，明宣德七年（1432年）开凿，置新开、潘家庄、大桥、江口四闸。新开闸在白塔河口，南10里为潘家庄闸，再南10里为大桥闸，再南20里为江口闸，江口闸下距长江5里。自江南而来的漕船为省瓜洲车盘之费，多从常州孟渎河过长江，然后入白塔河至湾头后，再入淮扬运河。正统八年（1443年），于白塔河大桥闸筑坝，候运河水涨启闸行舟，水落则闭塞。正统十一年（1446年），裁革大桥、潘家庄二闸官吏，闸夫隶属新开、江口二闸。成化十年（1474年）废新开闸、潘家庄闸和大桥闸，在白塔河内重建新开、通江、留潮三闸。

白塔河内还有大同闸，建置何时待考。明正德二年（1507年），重开白塔河及江口、大桥、潘家、通江四闸。其后，因运道淤浅，屡浚屡淤，又因私盐船只由此入江难以防捕，于是不再疏浚。江口闸后坍没入长江。

1.6.5.3 复闸（澳闸）

复式船闸是在水位差较大的河段上设置两个或更多的闸门，用放闸积水的方式使下段水位升高，以便船只逐级上行；有时则在河侧设有与之配套的“归水澳”，达到升降水位的目的。无疑，它较之用人力畜力牵挽而过的堰闸具有省力、省时、节水和提高运载能力的优越性。因此，它的创建，不仅在中国水运史上具有划时代的意义，而且在世界航道工程上也是一个创举。

澳闸是复闸配套建设的一种节水工程，一般设置两处，分别为“积水”（上澳）和“归水”（下澳）。积水澳与上游闸室相通，水位一般高于或平于该闸室的高水位，船只过闸后，放水入闸室补充所耗之水，抬高闸室水位使与上游平，以待下次开闸过船。归水澳与下游闸室相通，水位低于或平于该闸室的低水位，船只过闸时，用于回收闸室下泄之水，使其不致流失。积水澳中的水源主要来自三个方面：蓄积于高处的河水或雨水；临江处可在潮涨时引蓄潮水，如京口闸的澳；将归水澳中的水车戽至积水澳中重复利用，如吕城闸的澳。普通复闸每过一次船，至少消耗一闸室的水，而“澳”的设置使部分水得以重复利用。可以说，“澳闸”是大运河沿线为充分利用水源、节制水量所建的由节制闸组、供水的澳、连通澳与运河的渠道等组成的可泄、可引、可蓄的工程体系，是中国航运史上的创举，它的创建代表了当时中国船闸工程设计和运行管理的水平。

1. 瓜洲二斗门船闸

瓜洲斗门船闸是淮扬运河最早修建的二斗门船闸，唐开元二十六年（738年）润州刺史齐浣主持修建。

唐开元二十六年（738年），润州刺史齐浣开挖瓜洲至扬子镇之间的伊娄河，并在瓜洲建伊娄埭节水，立二斗门船闸通舟。同时代的诗人李白赋诗赞道："齐公凿新河，万古流不绝。丰功利生人，天地同朽灭。两桥对双阁，芳树有行列……海水落斗门，潮平见沙汭。"诗中所谓"两桥对双阁"指的就是二斗门船闸的辅助设施。唐代水法《水部式》中也记载扬州有"扬子津斗门二所"。扬子津在今扬子桥附近，在同一河段上连建有两座通航斗门，并统一管理，"随次开闭"，这不仅是淮扬运河也是中国水利史上有据可考的最早的二斗门船闸。

宋淳熙十四年（1187年），瓜洲仍有上下二闸，扬州守臣熊飞曾令人整治过。宋代瓜洲斗门船闸与埭堰并存，时而用堰，时而用闸，历经变迁。

2. 西河二斗门船闸

沙河二斗门是有明确记载的淮扬运河最早兴建的工作原理与现代船闸相似的二斗门船闸，北宋雍熙（984—987年）由淮南转运使乔维岳主持修建。

北宋雍熙初（984年），乔惟岳出任淮南转运使，在西河第三堰创建二斗门船闸。据《宋史·乔惟岳传》记载："……又建安北至淮澨，总五堰，运舟所至，十经上下，其重载者皆卸粮而过，舟时坏失粮，纲卒缘此为奸，潜有侵盗。惟岳始命创二斗门于西河第三堰，二门相距逾五十步，覆以厦屋，设悬门积水，俟潮平乃泄之。建横桥岸上，筑土累石，以牢其址。自是弊尽革，而运舟往来无滞矣。"根据宋史的记载，乔维岳所建船闸有上、下两个闸门，闸室长50步，闸门为叠梁门，启闭时用辘轳，上建工作桥，与今之船闸结构基本相似，史学界称谓"西河船闸"。

关于船只过闸的过程，日本来华僧人成寻在《参天台五台山记》中有如下记载，北宋熙宁五年（1072年）九月十七日，路经西河二斗门，"巳时，过十里至闸头，先入船百余只，其间经一时。亥时出船，依次开第二水门，船在门内宿。十八日……戌时，开水闸出船"。成寻记载的西河二斗门过船过程与现代船闸的工作原理相近。

西河二斗门建成后，其作用很快便得以体现。据《梦溪笔谈》记载：二斗门修建前，船只需车盘过堰，每船重载不得超过300石；二斗门建成后，重载700石甚至更多的船只也可自此顺利通过。

关于二斗门船闸的所在位置，大多数学者倾向于在楚州（今江苏淮安），也有认为在茱萸，即今扬州湾头。

3. 仪征澳闸

仪征是江广漕船的出入咽喉和两淮盐船的经由要道。宋天圣四年（1026年），监真州排岸司右侍禁陶鉴在真州（今江苏仪征）"易堰为通江木闸"以利船行，该闸一名外闸，一名内闸。闸旁建有归水澳，又称澳闸。所谓"澳闸"，即在闸旁建小型蓄水池，蓄积高处流水和雨水，提升低处积水，以及接纳江潮，开小渠通于船闸，并设闸门控制以蓄水，补充船闸水源。嘉定元年（1208年），郡守张頠改木闸为石闸，并改外闸名潮闸，内闸名腰闸。后又增建清江闸。潮闸建在南门外，腰闸在广惠桥下，续建的清江闸在南门内。三闸内通运河，外通大江。

1.6.5.4 近代船闸

清咸丰五年（1855年）黄河北徙自大清河入海，不再影响淮扬运河，但在黄河夺淮期间对淮扬淮河带来的影响却并未因黄河北徙而消除。清末光绪年间，南通实业家张謇积极主张“导淮”，但他的导淮工程计划并未得到实施，当时淮扬运河节泄无方，操纵无术，水势盛衰常随季节而异。正常年份的夏秋之际，航道水深可保持在1米左右，载重30吨的木帆船和小客轮可以通航；冬春枯水季节则水位低落，航运几乎停顿。

1929年，南京国民政府成立“导淮委员会”，制订导淮入江计划，决定“江海分流”。其中，导淮入江、治运通航，即从整治运河着手，于是在淮扬运河修建“新式船闸”，以便运河能够常年通航。1934年，开始兴建邵伯、淮阴两座新式船闸，同时在高邮城西运河右岸兴建支线航道上的高邮船闸。

邵伯船闸位于邵伯古运河西岸，用以维持邵伯至淮阴之间的运河水位，使其最低水深不小于2.5米，吃水2米的重载船舶得以常年通行。船闸由导淮委员会工程处设计,上海陶馥记营造厂承包施工。1936年8月放水验收，同年12月正式通航。船闸闸室有效长度100米，宽10米，闸顶高程9.8米；上游的门槛高程为3.32米，下游为负2.9米；上游设计最高水位高程7.3米，常水位6.8米，最低水位5.47米；下游设计最低水位高程0.4米。船闸从1936年建成通航至1979年报废，历时43年。

淮阴船闸位于淮阴城西中运河与淮扬运河交会处。这一带的河床高低悬殊，比降较大，维持终年通航的难度较大。明清时期，曾通过延长河线、修建多级斗门船闸等方式进行控制，但通行仍然非常困难。至近代，水盛时可维持30吨以下的木帆船和小客轮通航，枯水季节则难以航行。面对这种局面，南京国民政府导淮委员会决定兴建淮阴船闸以代替原来的惠济、通济、福兴等3组旧式斗门船闸，以维持常年通航。船闸由导淮委员会工程处设计，上海陶馥记营造厂承包修建。1936年6月完成，7月通航。建成后的淮阴船闸闸室有效长度为96.8米，有效宽度为10米，门槛最低水深2.5米。上游设计最高水位高程16米，最低水位11米；下游设计最高水位10米，最低水位6.8米。上下游最大水位级差9.2米，最小航深2.5米。1961年一线船闸建成后，淮阴船闸即作为辅助船闸使用，1984年冬全部拆除，在原址兴建淮阴复线船闸。

作为当时首建的比较先进的新式船闸，国民政府对这三座船闸颇为重视。在施工期间及建成后，南京国民政府主席林森及陈果夫、孙科等要人都曾到邵伯船闸视察，蒋介石则其题写闸名。

新中国建立后，随着国民经济的发展，淮扬运河相继兴建一线及复线船闸，近代所建船闸随之因通过能力低、不适应航运事业发展的需要而先后拆除，建于运河西岸的高邮船闸也因防洪标准偏低、通航时断时续而于1993年改造为节制闸。

1.7 江南运河

江南运河北起江苏镇江，南至浙江杭州，沟通长江、太湖及钱塘江三大水系，是京杭运河形成最早的河段之一；流经的地区雨水丰沛，河网密布，因而也是自然条件最好的河段。在江南运河的形成过程中，先后被称为渎、水道、运渠、河、塘、运道塘等，宋代始有运河之称，南宋称浙西运河，后称江南运河，俗称“官河”或“官塘”。今日江南运河自镇江谏壁船闸由长江进入太湖流域，至杭州三堡船闸出杭州湾，全长312公里，

江南运河杭州段

中间经过常州、无锡、苏州、嘉兴等城市，与沿线众多的塘、浦、泾、河相互沟通，纵横交错，四通八达，在航运和排涝、灌溉方面发挥着重要作用。

1.7.1 河道

江南运河以太湖水系为中心，南通钱塘江，北达长江，是“三江五湖”之区。这里湖泊棋布，天然水道纵横交错，江南运河纵贯其间。与其他河段相较，江南运河沿线水源丰富，大致水平岸阔，因而航道较为稳定。仅北端常州以北地势较高，水源匮乏，工程较多；其次是南端杭州附近，中段与太湖利害息息相关。

太湖运河水系

江南运河开凿始于春秋时期的吴越；至秦代，初步沟通长江与钱塘江两大水系；隋代重新疏凿和拓宽长江以南的运河古道后，江南运河线路基本固定；北宋江南运河随着其与太湖的分离而成为独立的工程体系，并开始出现复闸和澳闸；元代江南运河局部改道，南段的下塘河取代上塘河成为主线。

1.7.1.1　春秋战国时期：区间运河的开凿

江南运河是中国大运河工程体系中最早开发的河段，它纵穿长江与钱塘江之间的太湖平原，自然地理条件都较好。这里分布着众多的自然河流和湖泊，是典型的水网地区，古人只要加以疏通与连接，就可形成运道。

春秋战国时期，地处水乡泽地的吴、越两国都是“以船为车，以楫为马”的国家，为满足军事和经济发展以图强争霸的需要，两国已开始对太湖平原的河道进行开凿和整治，形成一些区间运河。正如史学家司马迁在《史记 · 河渠书》中所记载的，“于吴，则通渠三江五湖”。“三江”当指松江、娄江和东江。据复旦大学历史地理研究室1974年的实地考察，“三江”分流处在今江苏省苏州市东南甪直以西、澄湖以北。其中，松江、娄江大致与今吴淞江、浏河流经路线相符；东江则穿越今江苏省境内澄湖、白蚬湖及淀泖地区，由浙江省平湖县东南入海。所谓“五湖”，即今太湖。这些河流湖泊的存在，为春秋时期太湖平原上吴、越两国的水上交通提供了方便。

1. 泰伯渎的开挖

早在公元前11世纪，周太王长子泰伯与其弟仲庸为让贤给三弟季历，结伴自陕西岐山来至江南，断发文身，定居于此，在太湖地区的梅里（今无锡梅村一带）建立勾吴国，并在无锡东南开渎排水，发展农业，该渎沟通了苏州与无锡间，称泰伯渎。据《读史方舆纪要》记载，泰伯渎位于无锡县东南5里，西枕运河，东连蠡湖，长81里。

伯渎河今称伯渎港，为无锡市向东排水的河道，也是无锡市重要水路之一。西起无锡市东郊，与老运河相接，东至望虞河漕湖，长24.2公里。

在纪念泰伯为民兴利，当地人在无锡锡山区梅村修建泰伯庙，大殿内有高七八米的泰伯立像。泰伯第21世孙即春秋时称霸的吴王阖闾。

2. 百尺渎的开凿

据《越绝书 · 吴地传》记载，春秋后期，为进一步完善太湖平原上的水运交通，吴越两国分别整治过各自境内的运道。在吴国通往越国的河道中，见诸记载的有“百尺渎”，即“百

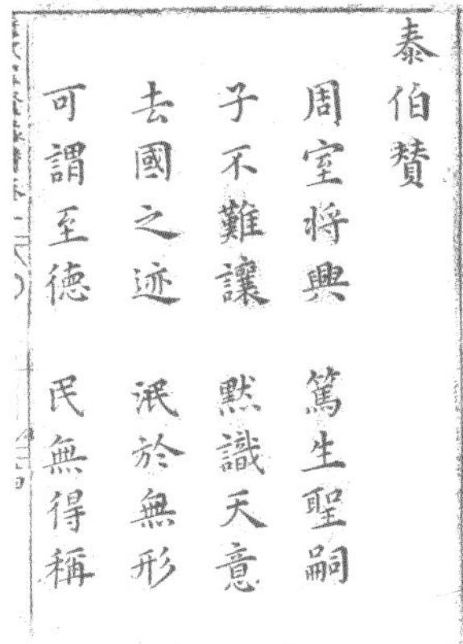

泰伯画像（《新刻历代圣贤像赞》）

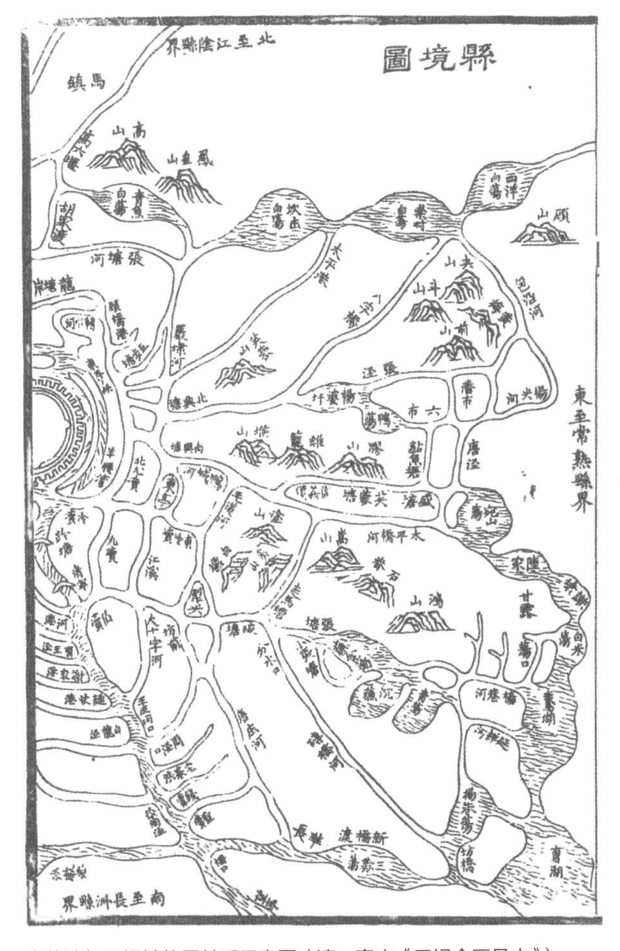

泰伯渎与无锡城位置关系示意图（清　嘉庆《无锡金匮县志》）

泰伯渎（今伯渎港）

尺渎，奏江，吴以达粮”。百尺渎入钱塘江处称“百尺浦”，又因越王曾在该河道上兴过工而称“越王浦”。自今苏州向南，过太湖，通过吴江、平望、嘉兴、崇德，直达钱塘江边，沟通太湖与钱塘江两大水系。这是目前最早的关于江南运河的记载，也是最早的关于江河沟通的记载。

3. 吴国开凿胥溪和吴古故水道

百尺渎开凿后，吴国在太湖地区又先后开凿了胥溪、胥浦、常州运河、蠡渎和吴古故水道等。

春秋战国时期，吴国已逐渐强大，多次征伐楚国，又欲北上中原争霸。由于吴国地势低洼，河流阻隔，陆上交通相当困难，吴国与外界的联系主要通过水运，当时除了通过海路北上进入山东半岛外，就是通过开凿运河以沟通长江、淮水和黄河，并在此后成为主要手段。吴国开凿的运河有的即利用自然湖泊和古老的人工水道，再加上新开挖的若干河段，沟通起来。

（1）胥溪。春秋战国时期，强大后的吴国经常派遣水军同其西部的敌国——楚国作战。吴军讨伐楚国时，水军的行军路线主要包括以下两条：一是从太湖笠泽（今吴淞江）出海，沿海岸北上，然后从淮河入海口入淮河，溯淮河西进；二是从笠泽出海后，溯长江至濡须口，穿越巢湖，进入淮南一带。这两条线路均须绕道，且有江海风涛之险。周敬王十四年（前506年）初，吴王阖闾采纳伍子胥的建议，开凿胥溪以运粮，自苏州胥门通太湖，经宜兴、溧阳、桐汭（今江苏高淳），至安徽芜湖，以达长江，全长450里，大大缩短了吴楚间的水路里程，同时避开了长江的风浪之险。另外，这条运河通过茅山丘陵的延伸部分，打通了太湖流域与水阳江流域的分水岗岭，沟通了两流域之间的水运联系。胥溪开通后，阖闾大举攻楚，五战五捷，并攻破楚国郢都。

伍子胥在设计胥溪路线时，充分利用太湖与芜湖间河湖密布的有利地理条件。太湖西岸有一条支流荆溪，芜湖以东有长江的支流水阳江，水阳江流域与太湖流域之间的分水岭是茅山余脉的低丘陵地区。开凿胥溪运河，就是将两个流域之间的分水岭打通，使之东通太湖，西接长江，其间充分利用沿途的河流湖泊。具体线路就是以今宜兴东南为起点，经溧阳、高淳，通过固城、石臼二湖连接水阳江，沿水阳江至芜湖入长江，长仅100多公里，较原来绕道江阴入长江至芜湖约500多公里的航道里程大为缩短，且可避免长江风浪之险。后人称胥溪运河，又称子胥渎。

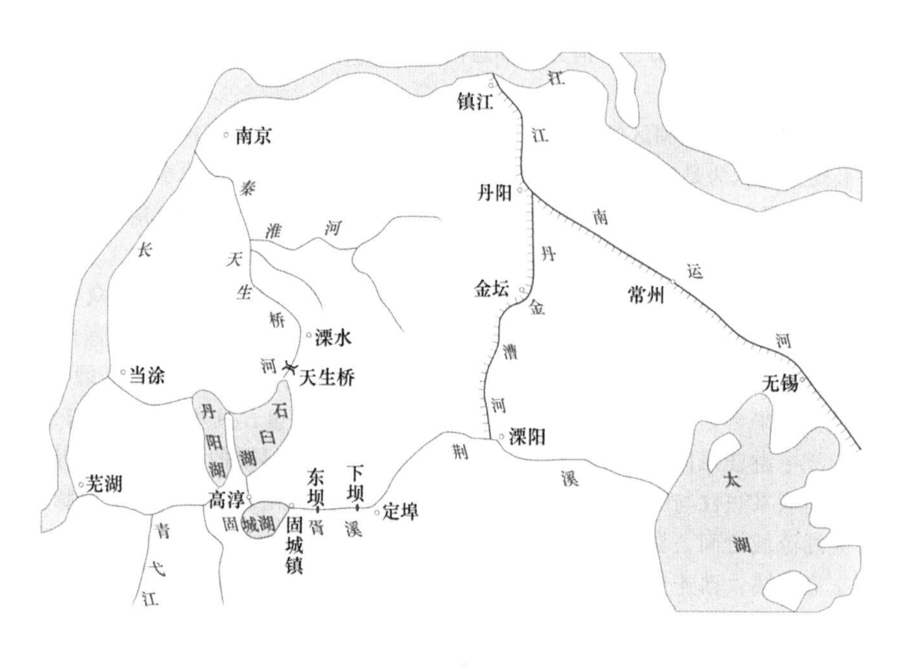

胥溪与江南运河、长江、太湖诸水间的关系示意图

太湖胥口伍员庙（1918 年,《江苏水利协会杂志》）

（2）胥浦。吴国南方的敌国是越国，越国的都城在今浙江绍兴。在杭嘉湖运河开通前，吴越两国间的水上交通主要借助海运。吴国曾在松江海口筑垒，以防越军入侵。为了便于出海，周敬王二十五年（前495年），吴王夫差命伍子胥主持开凿胥浦。胥浦充分利用太湖东南天然河湖加以沟通而成，西连太湖，东通大海，自长泖接界泾而东，尽纳惠高、彭巷、处士和沥渎诸水。

（3）常州府运河。在修凿胥浦的同年，即周敬王二十五年（前495年），吴王夫差为北上争霸中原，主持开凿常州府运河。运河在苏州府南，自望亭入无锡县界，流经郡治西北，至常州奔牛镇达孟河以入长江，长170里。由于当时奔牛镇向西至镇江地势高仰，工程艰巨，不易着手，于是吴王夫差选择由孟河出长江。

（4）吴古故水道。据《越绝书》记载，该水道的大致走向是，从苏州平门北上，经古泰伯渎，至无锡北行，穿越古芙蓉湖，在常州北面的江阴利港入长江。从行经路线看来，吴古故水道是利用自然湖泊和原先开凿的河渠，再加上新开挖的若干河段，沟通起来。这是吴国的又一条出江水道。

（5）吴古故水道。据《越绝书》记载，该水道的大致走向是，从苏州平门北上，经古泰伯渎，至无锡北行，穿越古芙蓉湖，在常州奔牛镇，达孟河利港入长江。从行经路线看来，吴古故水道是利用自然湖泊和原先开凿的河渠，再加上新开挖的若干河段，沟通起来。这是吴国的又一条出江水道。

通过上述运道，至迟至秦代，长江、太湖与钱塘江三大水系之间已经连通。

4. 其他运道

（1）范蠡开蠡渎。周元王元年（前475年），越国大夫范蠡讨伐吴国，在无锡东南开挖运河以运粮，与苏州相连，称“蠡渎”或“常昭运河”。据清康熙朝《常州府志》记载：“周元王二年，越大夫范蠡伐吴开漕，今曰漕河，亦曰蠡河，今名南运河”。

（2）春申君黄歇对江南河道的整治改造。楚考烈王十五年（前248年），楚国丞相春申君黄歇的封地由淮北改为吴地，他在新的封地内分设都邑，兴修水利，抑制水患，同时对苏州至无锡间的运道进行了整治改

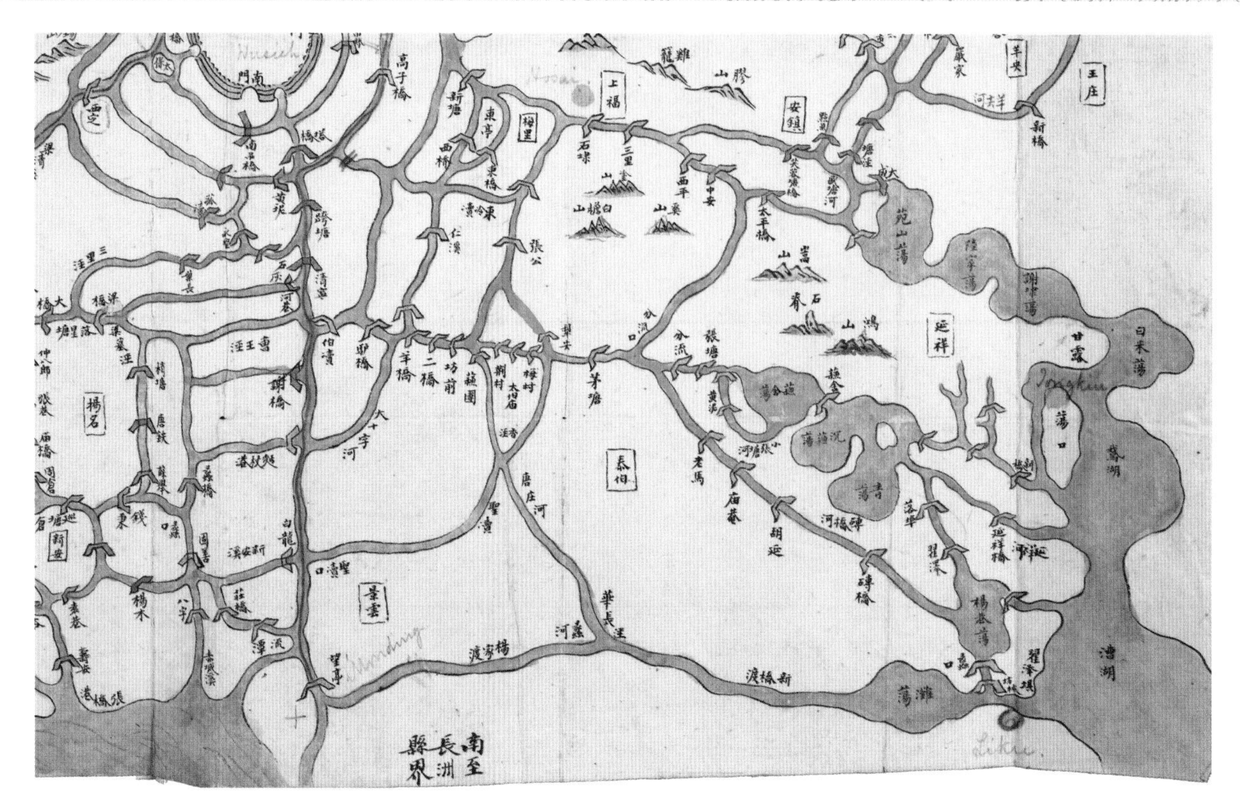

蠡河与无锡位置关系图（《无锡金匮舆地全图》）

造。据《越绝书》记载：“无锡湖者，春申君治以为陂，凿语昭渎以东到大田，田名胥卑。凿胥卑下以南注太湖，以泻西野，去县三十五里。”“语昭湖，周二百八十顷，去县五十里。”该段运道成为后来江南运河苏州至无锡段的雏形。

至此，长江、太湖与钱塘江三大水系之间，在充分利用天然河流湖泊的基础上，通过人工开挖区间运道得以连通。

1.7.1.2 秦汉时期：江南运河雏形的形成

在“三江五湖”的太湖平原地区，虽然春秋战国时期形成了从百尺浦，经嘉兴、苏州，到江阴利港的沟通钱塘江与长江的渠道，但由于长江三角洲的不等量下沉和沿海地区泥沙的淤积，使得太湖平原不断向碟形洼地发展。到了秦代，这条渠道不仅航运条件恶化，而且南北出江口也出现了问题。秦始皇灭六国、建立大一统国家后，为了加强对东南越人地区的统治，开始对江南运河进行整治。

1. 秦汉时期对江南运河的整治

秦统一中国后，为加强对东南地区政治和经济上的控制，秦始皇于始皇三十七年（前210年）进行第五次东巡，从长江中游的云梦地区浮江而下，东巡会稽（今浙江绍兴）。东巡期间，分别对江南运河北段与南段的河段进行整治。

在江南运河北段，开凿了丹徒到丹阳之间的丹徒运河。据元至顺朝《镇江志》等文献记载，秦始皇“使赭衣徒三千，凿京岘东南垄”“凿丹徒曲阿”“秦凿云阳北冈”，其中“曲阿”即今江苏丹阳。据此可知，秦始皇所开北段运河即丹徒至丹阳间的丹徒运河雏形，丹徒口由此成为江南运河最早的入江口。

在江南运河的南段，开凿陵水道。据《越绝书·吴地传》记载，“秦始皇造道陵南，可通陵道，到由拳塞，同起马塘，湛以为陂，治陵水道到钱唐、越地，通浙江”。“由拳”即今嘉兴。据此可知，秦始皇时堰嘉兴马塘为陂，从嘉兴“治陵水道，到钱塘越地，通浙江”。“陵水道”是水陆并行的通道，即后来太湖地区通常所说的“塘河”。秦之钱唐县即今杭州。因此一般认为这段水道就是杭嘉运河的前身，沟通了太湖与钱塘江两大水系。

在江南运河中段，尤其是苏州至嘉兴段，地势低洼，湖沼密布，沮洳下湿，是古代太湖的泄水通道。在这一带开河需在水中筑堤，工程极其艰巨。因此，该段运道形成得较晚，直到汉武帝时（前140—前87年），为运输闽越物资，自苏州吴江南北起，沿太湖东缘沼泽地带开河100余里，南接杭嘉运河，基本沟通了苏、嘉间的运道。

至此，经过春秋、战国、秦、汉时期的分段开挖，由今江苏省镇江，经丹阳、苏州、浙江省的嘉兴，直到杭州，沟通长江和钱塘江的水上渠道终于形成，初步奠定了江南运河的基本走向。

2. 从秦始皇东巡会稽的路线看江南运河

秦始皇二十六年（前221年），秦国统一中国，为威服六国的残余势力，加强中央集权统治，从次年起，秦始皇开始巡视。在此后直至秦始皇三十七年（前210年）的10年间，他先后5次大规模外出巡视。最后一次巡视江浙地区，一直到达会稽（今浙江绍兴）。对于这次巡视的路线，文献记载较为详细，从中可以大致了解当时江南运河的经行。

据《史记·秦始皇本纪》记载，秦始皇第五次巡视的路线为：“三十七年十月癸丑，始皇出游……十一月，行至云梦，望祀虞舜于九嶷山。浮江下，观籍柯，渡海渚，过丹阳，至钱塘。临浙江，水波恶，乃西百二十里从狭中渡。上会稽，祭大禹，望于南海而立石刻，颂秦德”。又据《越绝书·越绝外传记地传》记载：秦始皇“以其三十七年东游之会稽，道度牛渚，奏东安（今浙江富春）、丹阳、溧阳、彰、故余杭轲亭，东南奏槿头，道度诸暨大越，以正月甲戌到大越，留舍都亭。”上述两则记载表明，秦始皇东巡会稽的路线大致是：从都城咸阳出发，出武关南下，沿丹水、汉水抵达云梦；在云梦望祭葬于南部九嶷山的虞舜后，沿长江东下，抵达牛渚；然后循胥溪河经今高淳、溧阳、宜兴等地，东入太湖；再沿太湖西岸至今湖州，经安吉、余杭、到杭州；沿钱塘江北岸西行至今富阳一带渡过钱塘江，沿浦阳江而上，到达诸暨，再经枫桥、古博岭，循若耶溪到达绍兴，在会稽祭祀大禹并立刻石后，离开绍兴返回。

上述两种文献还对秦始皇的返程路线进行了记载。据《史记·秦始皇本纪》记载，“还过吴，从江乘渡，并海上，北至琅琊。”又据《越绝书·越绝外传记地传》记载：“已去，奏诸暨、钱塘，因奏吴，上姑苏台，则治射防于宅亭、贾亭北，年至灵，不射，去，奏曲阿、句容，渡牛渚，西至咸阳。”上述两则记载表明，秦始皇东巡会稽后返程的路线大致是：由绍兴至诸暨，由诸暨顺浦阳江而下至钱塘；然后经由拳（今浙江嘉兴市）、吴（今江苏苏州市）、曲阿（今江苏丹阳县）、句容（今江苏句容县），从江乘（今江苏句容县北）渡过长江；渡江以后，傍海北上而至琅琊（今山东胶南县西南）。由钱塘至江乘这一段路线可能就是秦代开凿的江南运河段。

秦始皇巡视会稽的记载反映了航运以下几方面的情况：其一，西苕溪、东苕溪、浦阳江、若耶溪都可通航；其二，钱塘江的航运受潮汐的影响很大，有时无法通航；其三，由钱塘江经嘉兴、苏州至镇江入长江的江

钱塘江

南运河已经形成；其四，这些水道既然可以载万乘之尊的秦始皇东巡船队，航道条件当是较好的；其五，浙江省境与中原地区的水上交往既可溯长江西去，也可由江苏句容出海北上。

1.7.1.3 三国两晋南北朝：江南运河基本形成

三国时期的孙吴、东晋及南朝的宋、齐、梁、陈均以建康（今江苏南京）为都城。一方面，江南地区既是当时中国南部半壁江山的政治中心所在地，也是经济中心所在地：另一方面，这里又是南北对峙状态下的前哨阵地，各割据政权之间相互混战，战火频仍，各方“皆以通渠积谷为备武之道”，水上交通运输成为支撑军事斗争的重要手段。为了加强政治中心与经济区域的联系，各政权开始以建康为中心开拓水道，除了一直沿用秦始皇所开凿的运道、并对其航道进行整治外，还在六朝时期为避开长江之险而相继开凿茅山山麓的破冈渎和上容渎，西连秦淮河，东接江南运河，以达吴、会漕运；东晋吴兴太守殷康又开凿了荻塘，引余不溪、苕溪之水，自乌程县（今浙江湖州）东“合流而东过旧馆，至南浔镇，入江南界。又东经震泽、平望二镇，与嘉兴之运河合”，直接沟通了江南运河与湖州地区的水上交通，从而进一步扩大了航运所联系的范围。

1. 破岗渎和上容渎的开凿

东汉建安十六年（211年），孙权将其政治中心从京口徙居到建业（今江苏南京）。黄龙元年（229年），正式以建业为都城。东吴政治中心的转移，导致了其水上官运方向的变化。东吴政权占据京口时，利用江南运河就可沟通政治中心与太湖经济区的联系；建都建业后，来自东南地区的船只则需从江南运河出京口入长江，再溯长江而上180余里抵达建业。这条航线不仅绕道迂远，且有风涛之险。为了适应政治中心的转移，加强与太湖经济区的联系，孙吴开辟了一条径直便捷的航路。

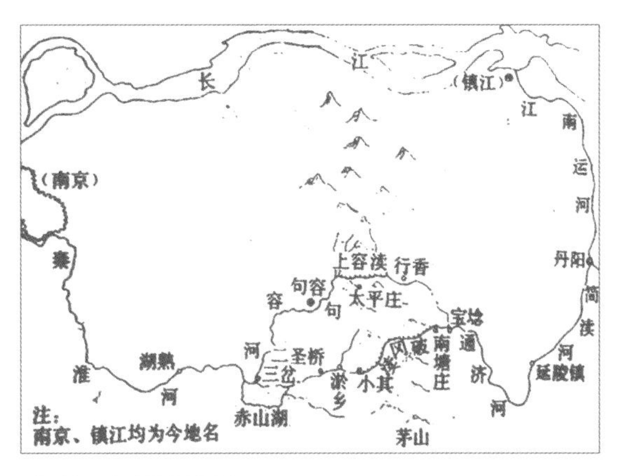

破冈渎、上容渎示意图

三国吴赤乌八年（245年）八月，孙权派遣校尉陈勋率领屯田兵士3万人，开凿句容中道，自小其至云阳西城，以通吴、会船舰。小其是村名，位于今句容县东南约17里；云阳是古丹阳县名，云阳西城即今句容县南唐庄。据此可知，陈勋主持开凿的句容中道位于今句容小其村至南唐庄之间，中间经过何庄庙、毕墟村、鼍龙庙、吕坊寺，直至今丹徒宝埝镇，全长约30多里。它东注香草河，接江南运河；西入句容南河，接秦淮河。由于它横贯茅山丘陵岗地，为凿山劈岭而成，故称“破冈渎”。它的开凿通航，使东南粮船由丹阳入句容，下秦淮，并经赤乌三年（240年）开凿的“运渎”，直抵京城建业。

破冈渎穿越茅山丘陵，河道纵坡以分水岭为顶点分别向东西两侧倾斜，比降较大，水易泄泻，不便航行。所以，在总长四五十里的运道上修建了14座埭，平均约三四里就建埭一座，用以节制水流，形成梯级航道。运用堰埭设施，渠化水道，供船只爬山越岭，是破冈渎的一大特点，也是古代江南运河航道工程技术上的一大进步。

破冈渎的开凿沟通了太湖与秦淮河两个水系，它的开通，使船只不再经由镇江京口入长江、并逆流而上至今南京，避开了长江之险。在此后的250多年间，它一直是南京联系日益富庶的太湖地区的重要航道。

由于破岗渎地势高昂，所蓄水量有限，船行其间“不得并行”。为了缓解破冈渎日趋紧张的水运交通，梁武帝时（502—549年）时，在破冈渎北开凿上容渎。上容渎位于句容县城东北13里处，从五里岗分流，一股东南流20里，接句容河入秦淮河；一股西南流25里，接洛阳河入通济渠。

由于上容渎经过的地区冈峦更加高峻，河道纵坡更陡，在全长50多里的河段上筑有21座堰埭，平均2.6里就设埭一座。上容渎凿通后，由于埭多而水浅，与破岗渎相较航行更为艰难，到陈霸先执政时（557—559年）时，恢复使用破岗渎，废弃上容渎。

隋开皇九年（589年），杨坚灭陈，统一全国，并建都长安（今陕西西安），建业（今江苏南京）不再作为都城，破冈渎和上容渎随之失去其重要地位,因年久失修而逐渐淤废，江南运河恢复由京口入长江的路线。

2. 徒阳运河的整治

公元2世纪末起，孙吴据有江东，其政治中心最初在京口（今江苏镇江），而经济来源主要仰给太湖地区。为了加强京口与东南诸郡的水运联系，在岑昏的主持下，首次对丹徒、丹阳间的运道进行疏凿。

据《太平御览》记载，该项工程因杜野（今镇江东15里）和小辛（今丹阳城北10余里）之间“皆斩绝陵袭”而收效甚微，也就是说，工程施工期间需要开山凿岭，非常艰巨。经过疏凿，徒阳运河的运道较前平直，航运条件有所改善，并在此后相当长的时间内维持了水运的畅通。由于此次疏凿对于江南运河的全线通航作用重大，并在一定程度上奠定了徒阳运河的基础，所以有学者提出：“自今吴县舟行，过无锡、武进、丹阳至丹徒水道，自孙氏始”。

徒阳运河及夹岗（明　钱谷、张复　绘）

后来虽有破岗渎的开凿，但在六朝时期，经过多次整治，徒阳运河始终是沟通吴国和东南诸郡的主要水道。

1.7.1.4　隋唐五代时期：江南运河主航道的基本形成

隋唐五代时期，江南地区的社会经济在孙吴、两晋和南朝的基础上得到迅速发展，尤其是杭嘉湖地区，其优越的自然条件得到进一步的发挥，生产开始向深度开发，江南地区作为中国经济重心的地位日渐巩固，这使得活动中心在中原地区的封建王朝对它更加依赖，由此推动了隋唐时期对江南运河的大规模整治。

1. 隋炀帝“敕穿江南河”

隋朝重新统一中国后，为巩固对江南地区的控制和加强关中与江南地区的经济联系，并满足北征高丽等军事上的需要，对大运河进行了系统的、大规模的治理。隋文帝时，开凿了从大兴城（今陕西西安）到潼关的广通渠。隋炀帝即位后，相继开凿了从河南洛阳到江苏泗州的通济渠、从河南武陟到涿郡（今北京）的永济渠，接着开始大规模地修浚江南运河。最终，形成一条以洛阳为中心，北通涿郡，南至余杭，西连长安（今陕西西安）的水运大动脉，它沟通了钱塘江、长江、淮河、黄河和海河五大水系。

隋大业六年（610年）十二月，隋炀帝“敕穿江南河，自京口至余杭，八百余里，广十余丈，使可通龙舟，并置驿宫、草顿，欲东巡会稽”。由于江南运河早在秦代时已初步奠定了基本走向，因而隋炀帝穿凿的运河在秦汉以来历代开凿经营的运河故道及自然河道的基础上，加以扩宽、浚深、顺直而成的，但其成就却极大地超越了前人所经营的江南运河。重修后的江南运河，北起镇江京口，经丹阳、吕城、奔牛、无锡、苏州、吴江、望亭、平望、嘉兴，折向西南经石门、崇福、长安、临平，循上塘河至杭州西南的大通桥入钱塘江，全长约330余公里，宽“十余丈”。至此，江南运河全线基本贯通。

江南运河全线贯通后，北过长江接邗沟，再过淮河接通济渠，再过黄河接永济渠，中国历史上第一次形成以隋东都（今河南洛阳）为中心，西通都城（今陕西西安），北至涿郡（今北京附近），南抵杭州余杭，长达2000多公里的南北大运河空间格局。此后，随着中国政治中心的迁移，大运河的北端或者说终点在不断变化，从隋唐时期的以都城长安（今陕西西安）和洛阳为终点，到宋代以都城汴京（今河南开封）为终点，再到元明清时期以都城北京为终点。然而，随着江南地区作为中国经济中心地位的日渐稳固，作为连接政治中心与经济中心的大运河，无论其北端或重点随着政治中心的迁移而如何变化，其南端或者说其起点却始终是位于江南地区的杭州余杭。

隋代立国短促，江南运河的巨大作用尚未显现，直至唐宋时期始得以充分发挥，尤其是在东南漕粮和贡赋的运输方面。对此，唐代文学家韩愈曾明确指出，“当今赋出于天下，江南居十九”。因此，唐代对江南运河的整治不遗余力，治理重点主要集中于南北两端的引蓄水济运工程和中部运河与太湖的分离方面。

2. 胥溪五堰的修建

唐末景福二年（893年），杨行密守宣州，被孙儒围困5月不解。杨行密的部将台濛运粮增援，船队入胥溪河受阻，便在胥溪河上作堰5座，使水位差分散在各河段之间，从而改善了河水湍急的状况，然后以轻舟运粮盘坝而过，运至宣州，最终破孙儒军而解围，故胥溪河又称鲁阳五堰。

胥溪五堰的名称和位置，据《高淳县志》记载，自西而东依次为银林堰、分水堰、苦李堰、何家堰和余家堰。后来，皖南商人贩运簰木东入两浙，因5堰阻隔，便贿赂当地官吏废去。5堰废后，邻近宣州、金陵等地的水都汇集胥溪河直注太湖，东灌苏、常、湖三州，加重了这些地区的水患。北宋中期，单锷曾建议修复堰坝以减少注入太湖的水量，但未被采纳。南宋建炎、绍兴年间（1127—1162年）为阻遏胥溪河水势，复置五堰之一的银林堰，又在其东18里的邓步（今定埠）作一坝，名东坝，合称东西两坝。元代至元到至正年间（1264—1368年）堰废。

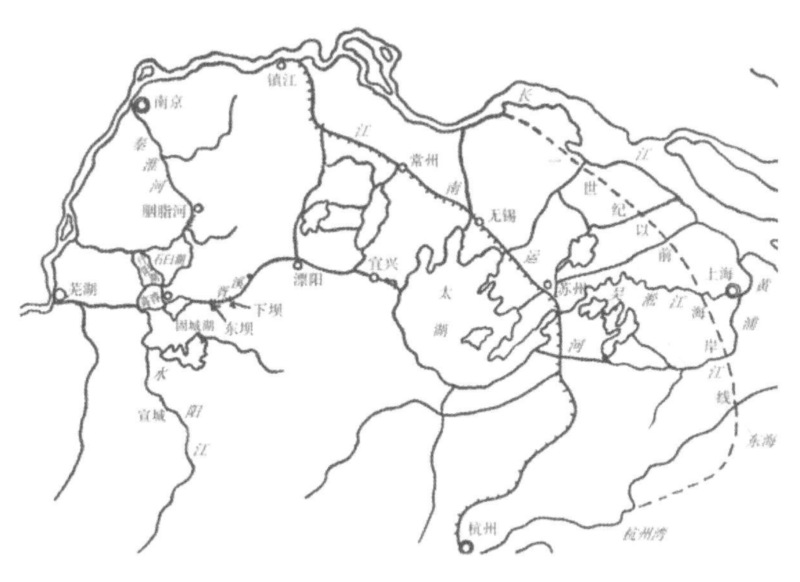

胥溪运河示意图

3. 吴江塘路和荻塘的修建

江南运河中段，自无锡望亭至苏州平望，地势低平，水流缓慢，主要靠太湖来调节水量。太湖“包孕吴越”“广袤八百里”。唐以前，今苏州市至平望间的运河与太湖之间没有明显的界线，车无陆路，舟无纤道，船只在太湖中行驶，屡遭风浪之险。唐朝和五代时期，通过吴江塘路的修建、頔塘的开挖和太湖水系的整治等工程，使江南运河逐渐脱离了太湖，同时较好地兼顾了太湖洪水的东泄问题。

唐元和五年（810年），苏州刺史王仲舒“堤松江为路……建宝带桥”，在苏州至吴江之间的太湖东岸修建长堤，从浩渺一片的太湖中初步构建出苏州至吴江松陵镇间的驿道，后人称吴江塘路。自北宋天圣元年（1023年）至庆历八年（1048年），通过26年间的断续施工，逐渐筑成松陵镇以南直达王江泾的塘路，使之在平望镇的安德桥处与頔塘堤岸相接，从而连接成为环绕太湖东面和南面的环湖堤。

早在晋代，吴兴太守殷康开河筑堤，水陆两利，地临湖滩，芦荻丛生，故取名荻塘。唐开元十一年（723年）乌程（今吴兴）县令严谋达对荻塘进行疏浚，“以出南面诸山来水”。贞元八年（792年），苏州刺史于頔又对荻塘进行全面整治，“缮完堤防，疏凿畎浍，列树以表道，决水以溉田”，民颂其德，改名頔塘。頔塘位于太湖南岸，长90里，吴兴县与吴江县约各占其半，吴江段頔塘堤岸为太湖西堤的前身。

自此，吴江至嘉兴间从此前的没有工程控制、河湖不分、无法行船等被动局面，逐渐形成由苏州经吴江、平望、南浔至湖州的吴江塘路与设于其上的连续桥梁和涵洞共同构成的“吴江枢纽”。枢纽形成后，一方面通过塘路使江南运河与太湖分离，且以塘路作为牵挽行船的纤道；另一方面，通过塘路上的桥梁和涵洞排泄湖水，因而具有航运、防洪和交通等综合效益。它的建成标志着江南运河开始成为独立的工程体系。

4.东苕溪航道的开辟

隋大业六年（610年）开通江南运河后，其南段的主航道路线为：自江苏平望至嘉兴王江泾入浙江境，南流至嘉兴，西南流至石门折南流，经崇德（崇福）至长安，通过长安闸进入今上塘河，西流经临平，转西南流再折北进入杭州，通过浙江闸和龙山闸到达钱塘江。这条从下塘河水系转入上塘河水系的航道，至元末至正十九年（1359年）改向西线，使用近750年。

在此期间，唐代，以江南运河为主干航道的杭嘉湖平原水运网又有新的发展，即东苕溪航道的开辟。

由于隋代开凿的江南运河自临平以下循上塘河进入杭州，偏居杭嘉湖平原的东部，平原西部各县则有迴远不便之虑；同时上塘河的主要水源之一杭州西湖至唐初已日渐淤浅，供水不足，航运与灌溉的矛盾日益尖锐。武则天天授三年（692年），“敕钱塘、於潜、余杭、临安四县，经取道于北”。其中，“取道于北”即开辟东苕溪航道。

湖州刺史杨汉公开凿了乌程县（今浙江湖州）北的蒲帆塘，另一位湖州刺史崔文亮则在归安县境开凿了吴兴塘、洪城塘、保塘、连云塘等，进一步扩大了苕溪水系的交通网。

至此，隋朝所开的江南运河在杭嘉湖平原上形成了上塘河和东苕溪两条主干航道。

1.7.1.5　两宋时期：江南运河成为完备的工程体系

两宋时期，隋唐以来南方经济持续发展的趋势得到进一步的加强。以农业生产中的稻米为例，苏州的稻田面积仅3万余顷，而稻米产量竟高达700余万石，“东南每岁上供之数六百万石，乃一州所出”。因此，宋代流传有“苏湖（太湖）熟，天下足”的谚语。宋室南迁后，北方人口随之向南方大规模迁徙，淮河以北的制瓷、丝织等手工业中心也随之转至江南地区。随着政治、文化中心的南移，江南地区逐渐成为全国最为发达的地区。这种形势下，江南运河得到新的发展。

1. 江南运河北段的疏浚

江苏镇江与苏州之间，以丹阳为最高点的常州与镇江之间的运道，地势高仰，往南逐渐低落，到苏州又略升高。这种情况下，如太湖水位上升，势必横遏运河，使其难以排出：如遇干旱或练湖水源衰减，常镇运河又势必陷于浅涩状态。于是，北宋庆历三年（1043年）、皇祐三年（1051年）、嘉祐六年（1061年）、治平四年（1067年）、崇宁二年（1103年）、大观二年（1108年）、宣和五年（1123年）多次疏通常镇运河，但成效均不显著。在此期间，绍圣年间（1094—1098年）、大观四年（1110年）、宣和五年（1123年）又多次对练湖进行过修浚。

南宋时期，江南运河成为漕运干道，是南宋政权赖以生存的命脉，所以更加重视对它的整治工程。乾道六年（1170年），疏浚自丹阳南往北至夹冈（丹阳北称大夹冈，丹徒南为小夹冈）段运道；两年后，疏通从丹徒利涉门北至长江岸边的运道。淳熙二年（1175年），疏浚京口闸河以北至江口的运道。同年，疏浚常州运河30里，苏州运河54里。3年后，开浚无锡西北横林小井及奔牛、吕城一带地高水浅处。淳熙九年（1182年），浚治向运河提供水源的白鹤溪西懿河。绍兴四年（1134年），提举浙西茶盐王珏开华亭濒海支河，长200余里，“自是盐得流通，田资灌溉”。

2. 江南运河南段的治理

（1）水源工程的治理与补给能力的提高。宋元时代，江南运河（自杭州循上塘河，经临平、长安镇、崇德、嘉兴、苏州到镇江）仍是杭州通往润州（今江苏省镇江）的主要航道。江南运河在浙江境内仍以沿途湖泊、杭州西湖和钱塘江为主要水源。所以，熙宁元年（1068年）十月，宋神宗特地下诏将“杭之长安、秀之杉青、常之望亭三堰，监护使臣并以‘管干河塘’系衔，常同所属令佐巡视修固，以时启闭”。又设提举淮浙澳闸司及开江兵卒，专门负责河道、堤防、堰闸的管理和建设。淳熙二年（1175年）“长安插至许村巡检司一带，漕河浅涩”，两浙漕臣赵老“请出钱米，发两岸人户出力开浚”。元朝武宗、仁宗时期，鉴于杭州城南龙山河自南宋以来“粪壤填塞，两岸居民间有侵占”，河道壅塞，阻隔江水，在丞相脱脱主持之下，浚挖了河道，建造了上下二闸，使运河直抵钱塘江。

为了保障运河的畅通，对运河的水源之一——钱塘江也进行了治理。政和二年（1112年）七月，兵部尚书张阁言：“臣昨守杭州，闻钱塘江自元丰六年泛滥之后，潮汐往来率无宁岁，而比年水势稍改，自海门过赭山，即回薄严门、白石一带北岸，坏民田及盐亭、监地，东西三十余里，南北二十余里。江东距仁和监止及三里，北趣赤岸瓯口二十里。运河正出临平下塘，西入苏、秀，若失障御，恐他日数十里膏腴平路皆溃于江，下塘田庐莫能自保，运河中绝，有害漕运”。宋徽宗“诏亟修筑之”。政和六年（1116年）杭州知州李偃言：“汤村、岩门、白石等处并钱塘江通大海，日受两潮，渐至侵啮，乞依六和寺岸，用石砌叠”。宋徽宗乃命刘既济修治。元朝又在盐官州一带修建海塘，因为采用“石囤木植”的办法，海塘修成以后，“并无颓圮，水息安民”，于是将盐官州改名海宁州。由于采取上述措施，从而保障了航道的安全。

（2）杭州奉口河的疏凿。南宋建都杭州后，江南运河更为漕运所资，其地位更显重要。北宋后期，江南运河南段的水源之一——西湖频繁淤塞，于是经常引钱塘江水入运，但随之而来的大量泥沙又导致航道淤积。南宋时，由于上塘河航道经常淤浅，且颇费开浚，于是就着力整治东苕溪航道。

南宋淳熙六年（1179年），在东苕溪右岸“分段筑堤，间以陡门，为十塘五闸”。其中，“十塘”为黄鄱、烂泥湾、化湾、羊山、压沙、上林陵、中林陵、下林陵、唐家渡、大云寺湾；“五塘”为化湾、角窦、安溪、乌麻和奉口等斗门五闸，既可防洪，又利于通航，奠定了后来西险大塘的基础。

南宋淳熙十四年（1187年）五月至七月，天旱不雨，河浅碍航，宋孝宗诏准开浚临安府以北的奉口河，以利漕运而平粮价。

淳祐七年（1247年），杭州大旱，西湖枯竭，上塘河断流，临安知府决定为运河引入东苕溪的水源，即开浚杭州北新关到德清奉口的河道，长36里，以浚河之土沿河修筑塘路。该河于当年七月竣工，既可引水，又能通漕，成为江南运河进入杭州的又一通道。后来，它又被称为宦塘河、奉口河，从此主航道逐渐移至下塘河一线。

（3）主航道由上塘河移到下塘河。自北宋开始，江南运河南段在崇德（今桐乡市崇福镇）以南就有两支：北支自为下塘河，南支为上塘河。上塘河是漕运主线，由崇德向南经长安闸西折至杭州；下塘河自崇德西折经塘栖南折至杭州，是支线，漕船经行较少。北宋时上塘河由于靠近钱塘江北岸而屡屡被大潮冲断。南宋时，上塘河的水源问题也经常出现。淳祐七年（1247年）大旱，西湖枯竭，上塘河断流，又开渠引东苕溪水入余杭塘河灌西湖。由于上塘河水源的不稳定，之后在德清县南奉口至北新桥开河引东苕溪水入下塘河。之后漕船开始走这条路，但还是以上塘河为主。元代由于钱塘江北岸海滩沙涨，上塘河引水不便逐渐淤浅，到至正年间因通航不利弃之不修，转而大力治理下塘河。元末又自塘栖新开一渠将下塘河向南延伸至杭州江涨桥，遂以此线取代上塘河成为漕运主线。上塘河转而成为支线，直至现在。

1.7.1.6　元明清：江南运河的完善

元明清三代建都北京，而经济中心在江南，平均每年需从江南地区运送400多万石漕粮至都城，漕运成为巩固朝廷的生命线，所以对江南运河的治理更为重视。除北方会通河、通惠河时兴大役外，长江以南的苏南运河亦屡屡兴役。

1. 江南运河北段的浚治

（1）元代对江南运河北段的整治。经过历代整治，至元代时，江南运河北段已有较好的基础，因此与前代相比，元代对江南运河整治的规模和次数都明显减少。这一时期所做工程主要包括以下两项：

一是开挖江南河，疏治练湖。自镇江至常州武进吕城坝的131里运道，元代称镇江运河，其水源“全藉练湖之水为上流”。元至元、大德年间（1264—1307年），虽对练湖进行过多次疏浚，并重修其堤圩、斗门、碶和涵洞，但仍然时有淤浅梗阻。泰定元年（1324年）正月，征调平江、昆山、嘉定、常熟、吴江、吴县、镇江、常州、江阴等地民夫10500人，对镇江运河进行浚治，使其河面宽至5丈，底宽3丈，浚深4尺，加上原有的2尺水深，共积水6尺。同时，征调3000民夫，疏浚练湖，除补渗漏、崩缺外，将4780丈长的堤面增宽至1.2丈，斜高达2.5丈。

二是整治苏锡河段。这一工程又包括两个方面，①元大德三年（1299年），在浙西平江（今江苏苏州）河渠设置78处闸堰，以改善通航条件；②泰定二年（1325年），疏通无锡北水关至南水关的河道。工程虽然不大，但对保证运河的畅通是十分必要的。

（2）明代江南运河北段治理。明代江浙漕船大多由镇江北渡入长江；如遇镇江、丹阳间的运渠水浅，就从常州北走孟渎、德胜两河入长江。然而，从孟渎等河入长江后，需溯江而上二三百里方能到达瓜洲，航程迂远，风涛险恶，不及从镇江入长江便捷。因此，有明一代对于镇江、丹阳间运道的修治非常重视，并将重点集中在镇江、丹徒通江港道的治理以引水通运，丹阳练湖的整治以蓄水济运等方面。

明初，镇江、丹徒一带有京口、新港和甘露三港通江，港口设闸，蓄水通船，成为江浙漕舟北运的咽喉，但因江沙淤积，经常堙塞不通，需要不断浚治。永乐年间，“复浚京口、新港及甘露三港以达于江，漕舟自奔牛溯京口，水涸则改从孟渎，右趋瓜洲，抵白塔，以为常”。此后，江浙漕船以自京口过江为正道，自孟渎入江为间道，两道交替行运，成为惯例。为了维持京口正道的畅通，明代曾经进行过多次施工。据《江苏水利全书》统计，从永乐到崇祯年间，比较重要的修治工程达十五六次之多，平均每隔20年左右就要进行一次整治。

通江河港畅通后，有利于引江潮济运以维持航道水深，但江潮有涨有落，可用而不可靠，尤其是冬春枯水季节，江水低落，难以引注，运道常患水量不足。因此，自唐宋以来，便借用练湖蓄水济运，有“湖水放一寸、河水涨一尺”的说法。明代继续以练湖为水柜，并对其勤加修治，以保证运河水源的供给。建文三年（1401年），在镇江知府刘辰的主持下，对练湖进行了全面整治，修筑3闸，放水济运。此后，颁布禁令，严禁豪强大族侵耕湖滩，弘治、嘉靖年间，曾多次处置过侵湖的行为，并退田还湖以利蓄水。

明代以前无锡市区段运河是穿越而过，即今胜利门至南门一线，名直河。嘉靖末年（1566年）于城东另开辟新河，即今工运桥、亭子桥至南门外跨塘桥、清明桥一线运河。清代以后，又开凿城西经西门、西水墩、梁溪河的运河，南行与城东运河交汇，形成“穿城加抱城”三河并存的局面。

原苏州市区段运河是从枫桥经上塘河至阊门、胥门、盘门、觅渡桥南下吴江的。明末清初，因上塘河河窄水浅而改道从枫桥至横塘，然后经胥江东行至胥门进入护城河（即古运河），由此古胥江更为繁忙。

苏州盘门（1929年）今日苏州盘门（魏建国　摄）

苏州枫桥

胥江春晓图（清　任预　绘）

（3）清代江南运河北段的疏浚。清代对江南河道的疏浚虽未能像治理江北的淮扬运河那样复杂，但江南地区是其财赋重地。因此，清朝廷仍然给予一定程度的重视。经过明代大规模的疏浚，清代江南运河已基本上具备了通航条件，但在明末清初，吕城、奔牛等闸大多已毁，一遇天旱，运河即患浅涩。为解决这一问题，清代实施了一系列治理措施。

为保证漕运的顺利北上，清康熙十三年（1674年）和十九年（1680年），清政府先后严申禁止侵垦练湖，并对侵垦状况进行了清理。雍正、乾隆年间，多次修筑练湖堤坝，并增建和改建济运涵闸；嘉庆十五年（1810年），重修练湖济运4闸；道光八年（1828年）、九年（1829年）和十四年（1834年），陶澍对练湖的闸坝设施重新进行了调整和布置，使其水源得到合理利用。经过不断的修治，练湖济运水柜的作用基本得以发挥，从而满足了江南运河北段的水源需要。

清代，常州的孟渎、德胜两河已不再通行，江浙漕船专出京口入江，因此对运口的修治更为频繁。康熙六年（1667年），浚治徒阳运河，此后又多次施工，但屡浚屡淤，不得已确定了“年年小挑，六年一大挑”的疏浚制度，并在通江门闸设专人管理。由于长期坚持维修管理制度，常浚不辍，尽管入江河港时有变迁，但徒阳河段始终维持通畅的局面。

（4）胥溪运道的整治与胭脂河的开凿。宋末至元，胥溪河由于年久失修，逐渐淤塞。明太祖定都金陵（今南京），南京成为全国的政治和经济中心，“四方贡献，由江以达京师”。然而，当时两浙赋税“自浙河至丹阳，舍舟登陆，转输甚艰；一自大江溯流而上，风涛之险，覆溺者多”。为避免长江风涛之险，便利江浙至南京之间的漕运，明初开始整治胥溪运河，并开凿胭脂河。

胥溪运河开凿于春秋时期，东通太湖，西连长江，是沟通太湖地区和水阳江流域的水上通道。宋元时期，因长期失修，运道逐渐堙废。

明洪武二十五年（1392年），征调民夫35.9万余人，疏浚胥溪河4300余丈，并在原银林堰处建造石闸，既利通航，又可节制水流，名广通镇闸（今东坝镇）。闸厢长10米，单孔净宽5米，用条石砌造，因坝址在固城湖东，后称东坝，又称上坝，成为太湖和水阳江两个水系的分水坝。经过疏凿改造，太湖流域的船只可由宜兴经溧阳、东坝、固城湖到溧水附近的石臼湖，从而恢复了太湖流域与固城湖、石臼湖间的水运交通。

洪武二十六年（1393年），崇山侯李新主持开凿了胭脂河。胭脂河位于溧水县城西南，穿越小茅山岗岭地带，需劈山凿岭，工程极其艰巨，所以征调数万、历时10年方开凿而成，这一过程中“役而死者万人”。

胭脂河起自溧水县的沙河口，向南穿过秦淮河与石臼湖流域的分水岭，至洪蓝埠，由毛家河经仓口入石臼湖，全长15里。洪蓝埠北的岗岭系风化砂岩，色若胭脂，胭脂河由此得名。开凿运河时，在洪蓝埠北7里处留有两处巨石作为桥面，下凿石洞以通舟，取名“天生桥”，所以胭脂河又名天生桥河。天生桥河南北长约7里的河床，系开凿岩石而成，河宽约15米左右，深约20米左右。两岸岩石壁立，宽厚各7米的天然石桥高卧于岩石河床之上，气势磅礴，令人叹为观止。

胥溪运河的浚治与胭脂河的开凿，把太湖、石臼湖和秦淮河3个流域沟通起来，形成浙西、苏南、皖南至应天（今江苏南京）的新的水运通道，大大缩短了航运里程，改善了运输条件。从此，江浙及皖南的漕粮和物资可由胥溪、石臼湖，经胭脂河，下秦淮河，直达应天，无须绕道长江，从而避免了江上的风波之险。

明成祖朱棣迁都北京后，江浙漕粮改由镇江渡江北上，胥溪和胭脂河失去其重要地位。永乐元年（1403年），为阻止青弋江、水阳江洪水经东坝入胥溪河，东泄太湖地区，改广通镇闸为坝。正统六年（1441年）该坝毁于洪水，重筑以后，规定“如有走泄水利、淹没苏松田禾者，坝官吏处斩，夫匠充军”。此后数十年间，针对是否要开通胥溪河，争论不决，后终将广通镇坝加高3丈余。自此，固城、丹阳、石臼三湖之水不复东流，水位顿高，导致西部高淳、溧水、宣城、当涂诸县大批圩田被淹，仅高淳一县被淹圩埠即多达80座，毁良田10万余田，约占当时农田总数量的20%。嘉靖三十五年（1556年），倭寇入侵，商旅由东坝往来者络绎不绝，沿坝居民利其盘剥，在广通镇坝以东10处、何家堰旧址附近增筑一坝。因广通镇坝俗称上坝，新坝随之又称下坝，二者合称东坝之上、下两坝。至此，胥溪河被截为三段，东坝以西至固城湖口为上河，东坝至下坝为中河，下坝至朱家桥为下河。

为利于中河水蓄泄，清顺治十三年（1656年），在下坝以西60米处建分水堰，名月河堰；康熙十八年（1679年）建石桥于其上，名刘公桥。堰前有土坝一道，较堰稍高；堰正中有涵洞，若中河水高于土坝项时，即由土坝滚泄而下；水较小时，由涵洞泄出；水过多而不及宣泄时，并由堰面下泄。道光二十九年（1849年），宣邑圩民撬开东坝放水，导致下坝被洪水冲毁。咸丰元年（1851年）重建下坝为石坝，坝长40米，高10.12米，系重力式破壳坝。

2. 江南运河南段的治理

（1）元代杭州北关河的疏凿。江南运河浙江段在宋元时期的又一较大发展是元朝末年疏凿了今杭州境内的北关河，由张士诚主持疏凿而成。元代元贞、大德年间（1295—1307年），钱塘江北岸大面积淤积，随着浙江闸口及南宋时期已封闭的龙山闸的堵塞，杭州城境内的两条通江河道全部北堵塞。延祐三年（1316年），疏浚龙山河，修复龙山上、下两闸，并对保安水门、候潮门外至浙江闸的河道进行了疏浚。元末，张士诚降元据守杭州后，其“军船往来苏杭”，以上塘河段河道狭窄碍航，不利于军运。至正十九年（1359年），张士诚发动军民20万人，“自塘栖南五林港，开河至江涨桥，因名新开运河，亦名北关河”。北关河是张士诚在旧有河道的基础上、结合战船航行需要加以浚深、拓宽而成，长45里，宽20丈。为解决水源问题，除了利用沿线湖泊外，还通过奉口闸引东苕溪水济运；此外，对沿途一些具有风波之险的湖泊如三里漾、十二里漾等进行了治理。

北关河开凿后，很快成为江南运河浙江境内的第二条主运道。其路线为：自江苏入浙江境内至崇德后，改为西向，流经大麻、塘栖至五林港（今武林头），折南流至杭州江涨桥。自此江南运河南段主航道不再走进入

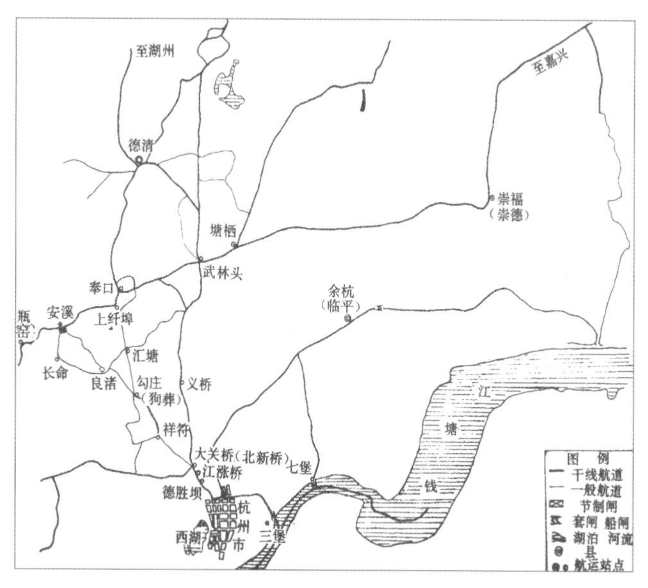

江南运河杭州段路线示意图

上塘河水系，而是改由下河水系运行，上河水系的上塘河成为支线航道。此后，该运道又称杭申甲线、东线，目前已成为今天的京杭运河杭州段主航道之一。

元末北关河的疏凿并成为主航道，并不意味着上塘河、奉口河的废弃，而是在此后的很长时期内江南运河杭州段形成上塘河、奉口河、北关河三条主要航道交互使用的局面。

（2）明清时期江南运河南段的疏浚。经过历代的治理，至明代，江南运河南段运道日臻完善。这一时期的浙江段运河“自杭州北郭务至谢村北，为十二里洋，为塘栖、德清之水入之。逾北陆桥入崇德界，过松老，抵高新桥，海盐支河通之。绕崇德城南，转东北，至小高阳桥东过石门塘，折而东，过王湾，至早林，水深者及丈。过永新，入秀水界，逾陡门镇，北为分乡铺，稍东为練塔。北由嘉兴城西转而北，出杉青三闸，至王江泾镇，松江运艘自东来会之。北为平望驿，东通莺脰湖，湖州运艘自西出新兴桥会之”。然后北上进入江苏省境内，经苏州，至镇江，出京口闸，入长江。杭嘉湖平原南起杭州，北至嘉兴，东至海盐，西及湖州，全部纳入江南运河浙江段航道。然而，由于棚民大规模的砍伐山林耕种，造成水土严重流失，加上太湖平原地面下沉、海面上升等因素，杭嘉湖地区在明清时期的水旱灾害较前显著增加，频繁的水旱灾害，不仅危及人民的生命财产安全，而且冲坏堤岸，淤塞河道，影响运道的畅通。为保护运河的安全、保证运河的水量和航运的畅通，明清时期对江南运河南端进行过多次疏浚。

在嘉兴府秀水县（今嘉兴市）境内，明永乐年间（1403—1424年）通政赵居仁主持浚挖其间的运道，万历二十年（1592年）秀水县令李培征集附近居民疏浚自陡门至王江泾界的运河，从而改善了嘉兴以北运河的航运条件。

崇德县（今浙江桐乡县）境内的运河是明朝疏浚的重点。天顺元年（1457年），崇德县令郁纶率领众民“绳其直，度其阔”，浚深了自石门至大漠约40里的运河；成化二年（1466年），分守参政何宜委派官吏疏浚崇德县境内的河泾，修筑圩岸；嘉靖年间（1522—1566年），崇德县城已扩展到运河以东，运河流经城中有碍航运，于是在城外别开一河以通漕运；嘉靖三十九年（1560年），崇德县令刘宗武大浚城河。万历元年（1573年），崇德县令蔡贵易浚挖自彭河桥至羔羊长20里的运河，并在包角堰故址“勒石树之以固风气”；

万历十七年（1589年），郡判方玘董又一次对崇德境内的运河进行治理；万历三十八年（1610年）、三十九年（1611年），县令靳一派连续两年大浚城河，浚辟石门湾，疏通各浜河。经过一系列的整治，崇德县境内的航道基本成形。

清朝康熙六年（1667年），石门县知县刘引楷主持浚治“自松老桥至玉溪镇约三十六里，计六千一百七十丈”的运河；康熙四十六年（1707年），嘉兴知府藏宪祖主持浚治了石门县境内金堂庙至玉溪镇长6480丈的运河，以及西塘诸泾及各区浜河；浚治了秀水县境内淤浅的西丽桥85丈、北丽桥95丈、端平桥85丈，均深5尺，宽5丈余；同时浚各乡诸港。康熙六十一年（1722年），桐乡县知县陈大庆带头“捐俸”，筹集资金，开浚了境内的运河、诸泾及各区浜河。

在杭州府境内，自德胜桥东至长安、海宁的上塘河，自元末以来，长期失于疏浚，沙壅渐高，一遇干旱，沿河百余里“苗槁无济，舟阻不行”。因此，明清时期对其进行过多次浚治，具体工程如下：

1）明天顺年间（1457—1464年）知府胡浚、知县周博征调民夫进行了疏浚。

2）清康熙四十七年（1708年），浙江巡抚王然奉旨对武林门外北新桥至塘栖五林港的新开运河进行了重浚，主要包括：一都十五图登云桥至泥坝内戚家桥390丈、二都十一图柴公桥至南石桥内张家浜120丈、二都十五图驼子桥至北石桥340丈、三都七图石灰桥至礼佛桥内谢家浜170丈、四都七图义桥至治平寺内河港口180丈、五杭桥东太平港115丈，共计浚疏河道1315丈，这是新开运河自张士诚开凿以后的最大规模的一次疏浚。

3）杭州府海宁县境内的二十五里塘河，是运河连接海宁县的重要河流，康熙十四年（公元1675年）知县许三礼主持进行了重浚。雍正五年（1727年）李卫又委派湖州知府吴简明及杭防同知李飞鲲动支邑绅陈邦彦的捐输银，重浚，自镇海门外吊桥直抵长安镇迤西至施家堰仁和县界为止。

4）清雍正年间，李卫出任浙江巡抚后，对杭州府境内的运河进行大规模的疏浚。雍正五年（1727年），李卫委派杭防同知马日炳开浚了艮山门外施家桥至施家堰、在武林水门外经清湖闸流入运河的下塘河，长7799丈；委派分司徐有纬开浚了自驿桥至清湖闸的运道，长302丈。雍正七年（1729年），李卫又拨给帑银1300余两，专门委派官吏开浚奉口河。

（3）水源工程的整治。江南运河杭州段在明清时期仍以东苕溪为主要水源，为控制水流量，节制蓄泄，对西险大塘上的化湾陡门、安溪陡门、乌麻陡门、奉口陡门等闸进行了重修。为节制运河水位，对德胜闸、隽堰闸、临平闸和长安三闸等闸进行了重修，使其继续发挥作用。

（4）运河堤岸的加固改造。在疏浚运河的同时，还多次兴工加固改造堤岸。在嘉兴府境内，明朝永乐年间（1403—1424年），通政赵居仁在主持疏浚运河的同时，修筑长洲至嘉兴石土塘桥路70余里，泄水洞131处，并且种植榆柳以巩固塘岸。弘治八年（1495年）浙江参政周季麟修筑嘉兴旧堤30里，并将其改为石堤。万历二十一年（1593年），秀水县知县李培采取“富民出资，贫民出力”的办法，以田地出民夫，加固堤岸。万历四十年（1612年），嘉兴知府吴国仕鉴于嘉兴杉青闸到王江泾一带运河塘岸“土石各半，岁久倾圮”，用4个月的时间，修筑秀水北塘1488丈5尺、西塘951丈6尺、桐乡塘215丈4尺、泄水洞5座、崇德塘361丈2尺，三县共筑石塘3207丈7尺，这是明朝继赵居仁、周忱以后又一次大规模地修筑运河塘岸。清朝康熙十二年（1673年），水溢塘，知县李见龙主持修筑帮阔堤岸。康熙六十年（1721年），嘉兴知府吴永芳捐赀兴工，主持修筑南塘，加石培土，令益高厚；北塘自城至王江泾30里，在旧塘外增筑石岸。雍正五年（1727年）、六年（1728年），浙江巡抚李卫又发帑开浚河道，修理城垣、堤岸，并委派官员修筑西北二路堤岸，行旅往来称便。

在杭州府境内，明正统七年（1442年），巡抚侍郎周忱自北新桥北至崇德县界，修筑塘岸13272丈4尺，建桥72座，水陆并行，便于漕运。清康熙九年（1670年），总督刘兆麟、巡抚范承谟及布政使、按察使，集银4万两，委派耆民施国贤，历时一年，筑成石塘4383丈、建桥623洞。这次工程虽然因为经费不继而没有完成预定的目标，但是清代规模最大的一次塘岸修建，为商旅漕运往来带来了很大的方便。此后，雍正七年（1729年）修筑北新关外一带塘岸；道光元年（1821年）又修筑了北新关外的官河常道。

（5）杭州城内外主要河道和西湖的疏浚。明代，流经杭州城内外的河流主要包括城内的大河（中河）、小河（市河）、西河（清湖河）、东运河（东河）和城外的龙山河、贴沙河。贴沙河，又称旧运河、里沙河，南自三郎庙入江（钱塘江）口起，贴近东北流，至艮山门外会上塘河，是杭州水上交通的咽喉，舟筏鳞集，交通繁忙。元延祐三年（1316年），丞相脱脱曾加浚治。明洪武五年（1372年），徐本、徐司马等曾开挖河道，增建闸座。然而，由于贴沙河的河道狭窄，常致行于其中的舟筏互相拥挤，影响航运安全。嘉靖九年（1530年），工部汪大受在实地调查的基础上，筹措经费，募役兴工，“辟土为渠，疏浅为深，引曲为直，削廉角，壮堤岸”。九月兴工，十二月完成，自江阳寺至络家跳，长784丈，宽3丈至5丈有奇，并建桥4座。此前舟筏相挤的局面由此得到改观。

龙山河是杭州城内大河（中河）沟通钱塘江的河道。元末至正六年（1346年），江浙行省平章达识铁木迩曾加疏浚，但“舟楫虽通而未达于江”，而且河道狭窄，军船行驰不便。明洪武七年（1374年），参政徐本、都指挥使徐司马主持拓宽10丈，浚深2尺，并“置闸限潮”。清代在明代浚治的基础上，于康熙二十四年（1685年）进行了重浚。雍正五年（1727年），宁绍分司徐有纬又奉命开浚庆丰桥对岸小闸桥一带的淤浅13丈。

至清代，杭州城内的河道日趋淤塞，这是因为自元末以来长期失于疏浚，导致泥沙大量淤积；同时，商船出于“水浅运艰”的考虑，去掉了涌金门外的闸以放西湖水入河，增加了新河闸闸板（泄城内河水入城外河），借以提高城内河道的水位，方便航运，以致杭州城内“遇旱魃则汙秽不堪，逢雨雪则街道成河”，河道淤塞更为严重。康熙二十三年（1684年），巡抚赵士麟筹措经费，拉开清代杭州城内河道的首次疏浚，并采取分段负责的方法，分别委派不同的官员开浚正阳门外河道、清湖闸至盐桥河、武林闸破仓桥至大河口、梅家桥至过东桥、回龙桥至中宫桥、候潮水门至过军桥、武林水门至破仓桥、教场桥至杜子桥、正阳门外至铁佛寺桥、涌金门外至清波门外、梅东高桥至盐桥、破仓桥至贡院东桥等河段。工程从十一月开始，次年六月完成，用银二万余两，雇募民夫20余万，全疏河道12里，疏浅河道25里。同时，在每座桥旁立石碑一座，“严禁居民淘夫倾泼淤泥”。这次大规模的疏浚取得了较好的效果，沈珩在《开河碑记略》中誉其为“非唐宋明以来贤刺史诸公所及者”。

此后，又多次整治杭州城内的河道。清康熙四十六年（1707年），疏浚了导引湖水入城的港汊。河道疏浚方面，尤以雍正二年（1724年）、乾隆三十六年（1771年）两次的规模为最大。前者由两江总督觉罗满保和浙江巡抚黄叔琳会勘后奏请兴工，历时两年，拓宽河道、疏浚淤浅，共计6600多丈；后者则由候选知府许承基“创议捐费”经营而成，当年十一月开工，次年三月告成，用费9500余两，浚河7300余丈，“凡城内大小泾河以及支歧小港”，“无不开除深朗”，杭州城内的河道再度出现船只“往来如织”的盛况。

明清时期杭州城内河道以西湖为主要水源。然而，由于元代长期失于疏浚，沿湖四周淤泥没为菱田，荷荡则属于豪民，导致“湖西一带葑草蔓合，侵塞湖面，如野陂然”，至明代，西湖已呈现出“民田无资灌溉，官河亦涩阻”的局面。明朝浚治西湖规模最大的是正德三年（1508年）杨孟瑛主持的工程，用工8000余人，历时152天，拆毁田荡3481亩，使西湖恢复了唐宋时期的面貌。

清朝西湖治理规模最大的雍正二年（1724年）两浙转运盐驿道副史王钧主持的工程。在他的主持下，根据旧址“清出开通水源，凡湖中沙草淤浅之处，悉疏浚深通。其旧堤坍塌者，即将所挑沙草帮筑坚固。其上流沙土填塞於赤山埠、毛家埠、丁家山、金沙滩四处建筑石闸，以时启闭”。同时对西湖范围进行了厘定，“丈定湖面周围计二十二里四分”。

此后，仍不断对西湖实施“筑堤为荡，或培土成田”等工程。至乾隆二十二年（1757年），西湖湖面“只存不及二十里之数”，地方官吏几度兴工整治，开挖被占湖面，丈量湖面，并造册绘图存案，立下规定，永禁侵占。饬令地方官吏于每年秋冬之际捞取葑草一次，使湖面不致淤积。道光年间，巡抚帅承瀛将在任时裁存的商捐银二三十万两充作浚湖资金。同治、光绪年间也曾几度兴工浚治西湖。据同治十二年（1873年）测量，西湖总面积为“五十四万三百八十九丈方，积亩九千六亩有奇”。

1.7.1.7 近当代：江南运河的衰败与再兴

1. 江南运河北段

近代，江南运河北段虽水患较少，但长期失于养护，运道淤浅、岸坡坍塌、市河阻塞、通江口门不畅的状况仍很严重。因此，陆续实施过一些零星疏浚和整治。

1913—1919年，先后4次疏浚江南运河的丹徒至丹阳段和觅渡桥南北河段。

1933年12月，太湖流域水利委员会与江、浙两省建设厅就江南运河的整治提出计划。1935年7月，成立江南水利工程处，其主要任务就是整治江南运河，但议论多而实施少。

1931年2月，分别对以下河段进行了疏浚：一是奔牛天禧桥至戚墅埝储家滨运河段，长30.5公里；二是镇武运河，从镇江京口起至东仓桥，后向东延伸至无锡县洛社，施工长119公里；三是镇武段运河疏浚工程基本完成之后，对江河通道并逐渐形成江南运河复线的锡澄运河进行了一次较大的浚治，由江阴县招募民工7000名，在黄田港至泗河口长26公里的航段上从事挖挑，1935年1月1日开工，3月底竣工。

新中国成立之初，谏壁至丹阳段和丹阳以东的陵口段，枯水季节已濒临断航。条件略好的苏、锡、常河段，也因航道弯、浅、狭、窄，通航船舶平均吨位不足30吨，通过能力甚小。为迅速恢复水上运输，1951年5月华东军政委员会决定对常州围城运河等碍航河段，按先通后畅的要求实施维护性治理。1952年交通部组织对京杭运河全线查勘，并编制了苏南运河整治建设规划。随着国民经济的恢复和发展，江苏省自1958年以来，对苏南运河先后进行了初期整治、部分河段重点整治和全线按国家四级航道标准实施的全面整治。

2. 江南运河南段

近代，因疏于管理，江南运河部分河段日渐浅涩，舟楫难通。沿线地方士绅从当地及自身利益出发，或由民间集资，或官民合办，多次局部施工。

如1932年，疏浚桐乡城南附近河道；1934年，疏浚嘉兴河道。然而，这些工程的规模都很小，仅能勉强维持通航。

中华人民共和国成立以来，运河浙江段不断完善，运输日盛。元末以来的浙江段航线，即由江苏平望入浙江，经嘉兴、石门、崇福、塘栖、武林头至杭州的老航线，航程约130公里，继续通航，称杭申甲线。通过延伸航道和全面改造，又发展新航线。1988年完成运河与钱塘江沟通工程，1999年完成新航线改造整治。这条新航道由江苏平望入浙江后，循澜溪塘，经乌镇、练市、新市、塘栖、武林头至杭州，航程缩短至107公里，已成为运河浙江段的主航道，称杭申乙线、中线。其中，自塘栖至杭州直至三堡为杭申甲线和杭申乙线的共同航道。

在河道整治方面，20世纪50年代初，运河浙江段全线进行过疏浚，其中武林头至塘栖段，疏浚多次。20世纪60年代，运河杭州段实行机械疏浚；余杭县对堤塘险工地段进行抛石护岸；再次疏浚乌镇市河，挖土55万立方米，拆桥8座，新建桥5座，投资62万元。20世纪70年代，对德胜坝至艮山码头5公里河段进行疏浚拓宽。20世纪80年代，从运河最南端的杭州市艮山港到钱塘江边三堡，新开航道5.56公里，在三堡建成有史以来规模最大的京杭运河与钱塘江沟通工程，使运河浙江段的面貌发生了根本性变化。

京杭运河浙江段建国后经过疏浚、裁弯取直，拆建桥梁，清除河障，通航泄水能力大为提高。一般河宽为45～70米，最宽达90米，河底高程为-0.9～0.5米（吴淞高程系），河底宽为10～20米，水深为2.0～2.5米，全年可通60～100吨级船只，部分河段已提高到300吨。

1.7.2 运口工程

1.7.2.1 江南运河与长江交会工程

1. 镇江运口

为确保南来的漕船顺利进入长江北上，唐宋后曾在镇江设置过5个运河入江口门，依次为丹徒口、大京口、越河口、小京口和甘露港。随着上述口门的开辟以及埭闸的逐步设置和完善，镇江逐渐发展为重要的商埠和港口城市。

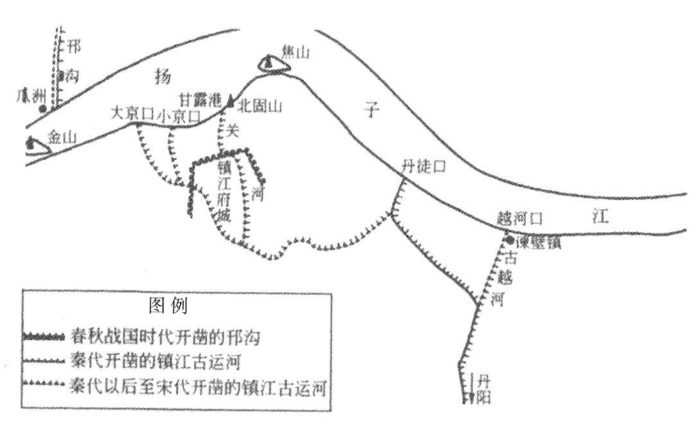

镇江江南运河入江口门变迁示意图

2. 丹徒口

丹徒口位于镇江市郊东南7公里处的丹徒镇附近，是最早开凿的江南运河入江口门，古称徒儿浦（今丹徒镇东），为今日团结河自然入江口门，是隋以前江南运河入江的主要口门。

秦以前丹徒水道即已存在，是北通长江、南接今丹阳的直道。秦始皇三十七年（前210年），秦始皇第五次东巡时，“使赭衣徒三千，凿京岘山东南垄”，“秦凿丹徒曲阿”，使“水北注”，这是徒阳运河开凿之始，也是镇江最早的入江口。

由于该段河道是“凿山通道，并无水源”，流经地区多丘陵高地，两岸夹冈，极易淤湮，常致水浅舟滞。三国孙吴末年（280年），吴主孙皓曾命岑昏疏凿丹徒至云阳间的运河。南朝齐建武年间（494—497年），明帝“凿丹徒云阳运渎”，对丹徒水道进行全面浚治，使其“入通吴会”，江南运河北段渐具雏形。这时丹徒水道的入江口已向西延伸至蒜山东侧，即隋炀帝重开江南运河后的运口——“大京口”。大京口形成后，丹徒口仍发挥着引江潮济运的功能。

南宋淳熙十六年（1189年），废埭，建丹徒横闸。庆元二年（1196年），总领朱晞颜创建丹江口石碇，以引江潮入渠，后废。元代改建为斗门石闸。

元天历二年（1329年），开始修建斗门船闸，名横闸，后名丹徒闸，口宽2丈2尺。该闸位于丹徒镇北，距长江较近。

丹徒镇及横闸（明　钱谷、张复　绘）

清乾隆以前，“横闸旧制金门狭而长，西向，闸底高。金门狭而长者，欲其涨潮力猛而泥活不淤也；西向者，欲其涨潮直冲而上，落潮从大闸（指京口闸）出口也；闸底高者，欲其蓄水也”。后来，木商的簰筏须从横闸进口，但横闸金门狭而长且西向，潮水西注，木排入闸时因闸之左燕尾较长，转折不便，于是木商贿赂官府，将金门改为东南向，口门改宽。而且，木筏进闸时闸常遭损坏。后来严禁木筏从横闸进入运河，令其仍从京口大闸进入江南运河，漕船未过时可停于排湾，漕船过完可从京口大闸进入运河。

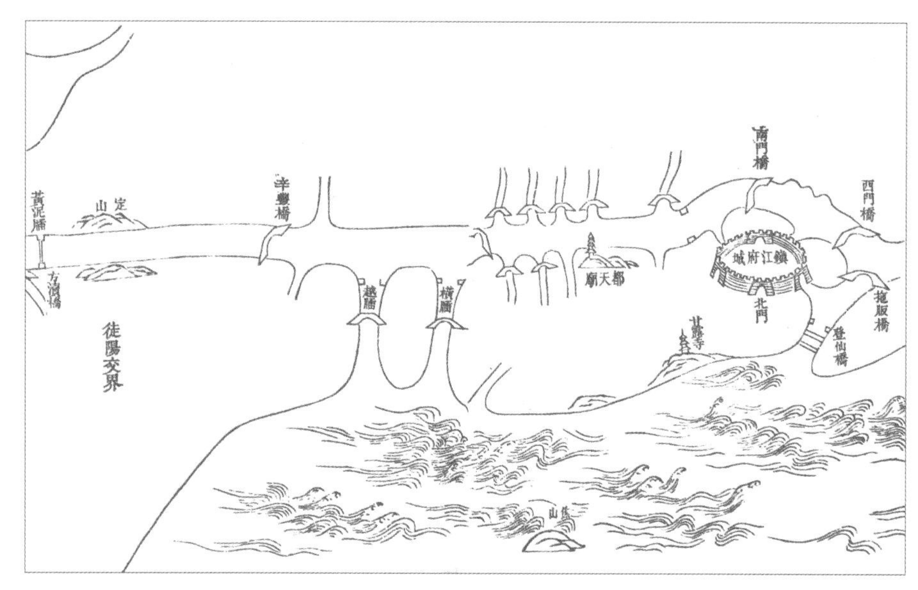

丹徒运河示意图（清　道光《重浚江南水利全书》）

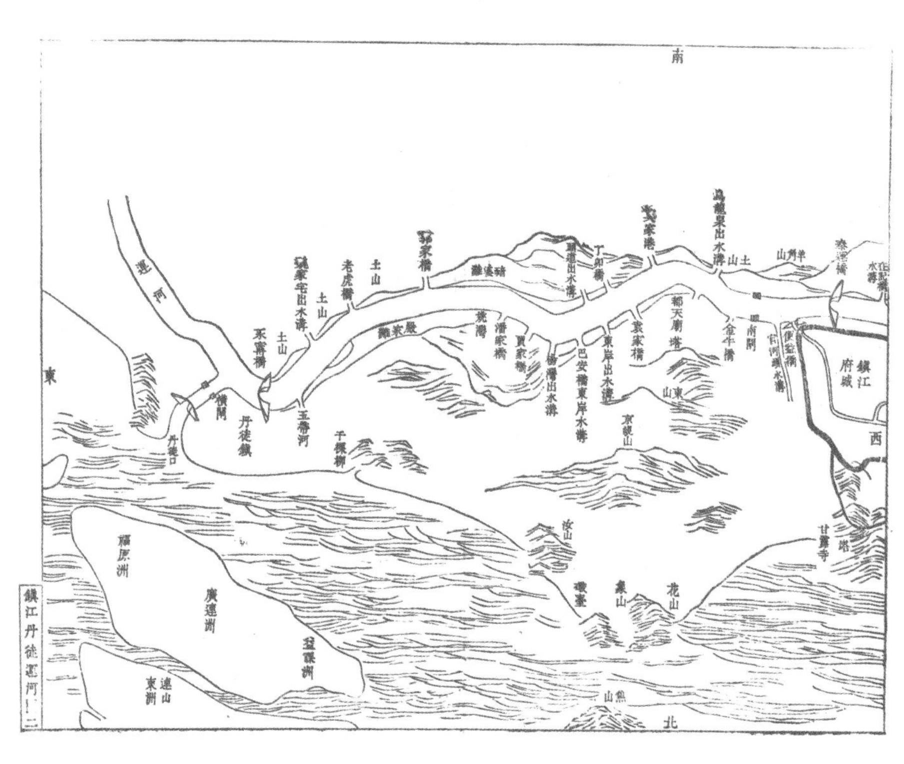

清代丹徒运河示意图（清　宣统《江苏水利图说》）

清嘉庆二十一年（1816年），巡抚给事中陶澍对横闸进行修缮。道光八年（1828年），横闸开始作为漕船回空之所。

1936年，重建丹徒闸。1949年后，经过多次改建和维修，丹徒闸最大可通航100吨级船舶，全年最大通过量可达80万吨。1980年谏壁船闸建成后，该闸逐渐停止通航。

3. 大京口

秦代后，为避开绕行长江带来的风浪之险，陆续开凿江南运河丹徒至京口河段，进而把入江口西移至大京口，从而使江南运河入江口与里运河入江口瓜洲隔江相对。该段运道的地形南北低、中间高，是长江和太湖的分水岭，为解决运河水源及其与长江交汇处的平顺衔接问题，历代各朝在此实施了一系列工程措施。

早在东晋建武元年（317年），因江南运河与长江交汇处水浅，设立丁卯埭，壅水通船入江。这是江南运河沿线较早设置的堰埭。

唐开元二十二年（734年）在江南运河入江口设立京口埭。北宋淳化元年（990年）废埭建闸。然而，仅靠筑坝或置闸，京口段水源供给和航行仍面临很多困难。

北宋元符二年（1099年），两浙转运使曾孝蕴改堰为闸，同时改建为一座集航运、拦潮、供水和蓄水为一体的多级澳闸。京口闸扼江南运河入长江口门，是吞吐长江与运河来往物资的咽喉。

据元至顺朝《镇江志》记载，“京口闸在城西北京口港，距江一里许”。又据南宋嘉定朝《镇江志》记载，京口闸共设有5闸，自北而南依次为京口闸（又称潮闸）、腰闸、下中上三闸，另有水澳及其闸门。潮闸即头闸，距长江1里远，直接接纳江潮。又南为腰闸，与潮闸组成一座二斗门船闸，为引潮段，也是船只候潮南行或北渡长江的泊地。又东，为下、中、上3闸，腰闸至下闸间长约400米。下、中、上三闸正当镇江段运河分水岭，组成一座三斗门两室船闸，各闸室长约120米。因此，京口闸是由5座闸门、4个闸室的多级船闸。下闸与中闸之间的闸室与归水澳相通，中、上两闸间的闸室与积水澳相通，两澳与闸室相通处均建有节制闸，四周建有堤防。归水澳的水位低于下、中两闸间的闸室水位，用于回收开闸时下泄之水；积水澳水位高于中、上两闸间的闸室水位，用于接济漕船过闸时闸室水量，如澳水不足，可从归水澳中车水入内。归水澳中的水可车入积水澳中，循环使用，以节省水量。水澳的布置充分利用了镇江城东侧的洼地，该处高程高于运河，可居高临下地向运河自流供水。堤防是澳的拦蓄水设施，通过它扩大了澳的蓄水容积，并取得自流供水的势能。南宋嘉定朝《镇江志》中对澳闸的运行原理进行了详细记载：“为渠谋者虑斗门之开而水走下也，则为积水、归水之澳，以辅乎渠。积水在东，归水在北，皆有闸焉。渠满则闭，耗则启，以有余补不足，是故渠常通流而无浅淤之患。”

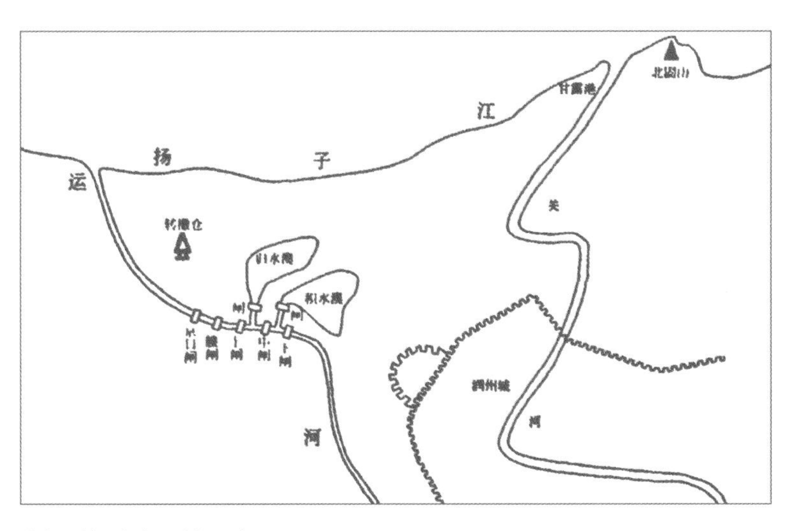

北宋元符二年京口澳闸示意图

北宋崇宁（1102—1106年）后，由于疏于管理，京口闸一度淤废，船只不得不改由京口下游的江阴五泻堰出入，导致船只在长江行运的航程延长。宣和五年（1123年），廉访使刘仲光、漕臣孟庾曾对京口闸予以缮修，但后来由于管理维修不当，运道仍然堙塞，斗门无法开启。

南宋嘉定十一年（1218年），镇江知府史弥坚重修京口闸，改归水澳为积水澳，原积水澳废弃不用。积水澳旁即转般仓，为南宋的重要仓储，专为长江与运河转运及部分储藏。甘露港与归水澳间开有渠道以与京口闸相通，自甘露港引来的潮水先入该渠道而非直接入澳，以便减轻泥沙淤积。运河中的船只可通过闸室直驶仓库停泊装卸作业。港区与积水澳结合在一起，可发挥多功能的作用。

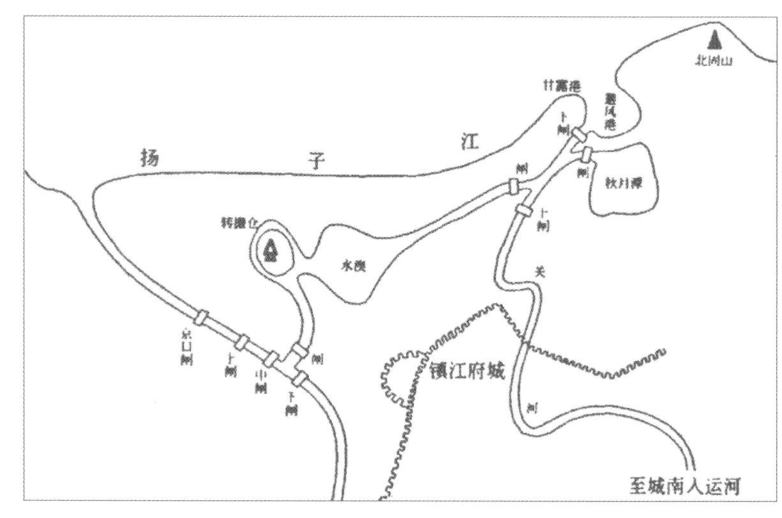

南宋嘉定十一年（1218 年）京口澳闸与关河甘露港位置示意图

史弥坚重修京口闸时，还把积水澳和东面的甘露港加以相连。甘露港北通长江，南有关河穿越镇江城南入运河，也是一条江南运河入长江的运口；而且它的设置，使京口闸自长江获取水源供给的口门由一处增为两处。澳水通甘露港，并在甘露港修上、下闸，这是一座二斗门船闸，以便在京口闸船舶过多时，可分流部分船舶，从甘露港过闸、经关河入运河，以减少京口闸的通航压力，防止船舶积压。又在北固山下深浚分散的沼泽地，连片而成秋月潭，作为一个新的积水澳，并使澳中能停泊相当数量的船舶，以加大甘露港港口的通航能力。同时，在甘露港下闸之外开浚避风港，以使渡江之舟免遭风涛之险。

南宋嘉定十一年（1218年）所建澳闸，在10余年后又坏，于是筑江口和吕城二坝。淳祐二年（1242年），镇江知府在疏浚运河、修复练湖的同时，修复前所废弃的京口港与甘露港两组斗门船闸。淳祐中，镇江知府许堪重修史弥坚所建下闸。宝祐元年（1253年）二月，镇江知府赵与訔重建京口闸。咸淳六年（1270年），镇江知府赵溍在京口、甘露二港建坝，说明此时二港闸已废。另于京口坝东建减水闸。

元初（1264年），京口闸废，坏闸外一里的江岸全部淤塞，只好利用江口原有的其他3座坝闸东灌运河，引船入运河。后来，每逢干旱便丧失水源，江南漕粮不得不再次由江阴入江。有元一代，漕粮以海运为主，京口和吕城等闸迟迟未予修复，直到天历二年（1329年），本路达鲁花赤明里答失开掘淤泥，拆去土埭，复建京口闸，以时启闭，通行运舟。元代，还在镇江设递运站，建屋5间，备船20只，车25辆；在西津渡口（南距城中心10里）设西津短站，建有房屋8间，“以伺北来使客”西津渡渡江到瓜州。

明建文帝时，京口闸又废，江南漕舟不得不再次改由江阴和德胜新河入江，多风涛之险，时有沉溺。建文年间（1399—1402年），镇江知府刘辰修京口闸，浚运河120里，漕运畅通。至正统年间（1436—1449年）时，运河水源不足，改闸为坝，漕船又大多改由孟渎、德胜等河入江。天顺元年（1457年），巡抚崔恭疏浚京口港，并修建闸座，10余年后始成。弘治四年（1491年），都御史吕钟再修京口闸。万历五年（1577年）闰八月，礼科左给事中汤聘尹奏请于京口闸旁另建一低闸，视水势启闭，潮涨开闸，潮退则闭，以增加引水量。

清康熙元年（1662年），重建丹徒县新河小闸，位于京口闸东的润州新河内。雍正元年（1723年）十月，两江总督查弼、江宁巡抚何天培、河道总督齐苏勒、漕运总督张大有等在对京口至奔牛一带的苏南运河和沿线闸坝进行实地查勘后，奏请修闸浚河，最终决修复江口两闸（即京口闸）、利涉桥小闸（即新河小闸，后称小京口闸）、丹徒镇横闸；重建张官渡闸、陵口闸、吕城闸、越河闸。嘉庆二十二年（1817年），重修京口闸、新河小闸、南石闸。光绪六年（1880年）四月，江苏候补道李庆云、镇江知府赵祐宸、丹徒知县冯寿镜拆修京口大闸。光绪九年，丹徒知县马海曙又重修京口闸。

镇江闸口（明　钱谷、张复　绘）

京口送别图（明　沈周　绘）

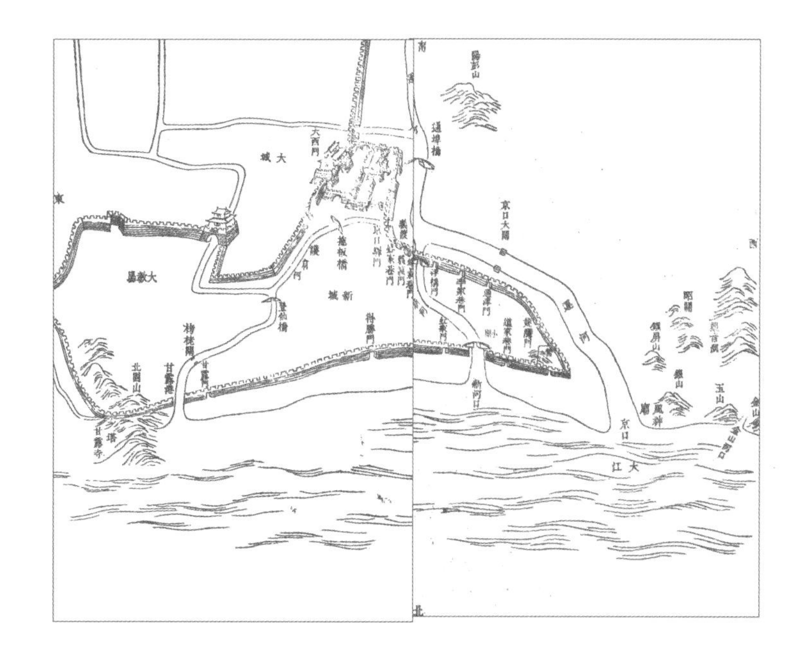

清代京口示意图（清　宣统《江苏水利图说》）

1933年，小京口进潮比京口闸为畅，江苏省建设厅决定保留小京口，废大京口闸，并用拆除城墙之土填塞大京口闸河，铺筑马路，长1里许，名中华路，大京口闸遂废。

南宋淳熙五年（1178年），嘉定十一年（1218年），京口闸与甘露港一并改建成大型通江综合澳闸，使镇江成为水运枢纽。大京口成为唐以后的主要入江口门。1933年，由于口门外江滩淤涨，将口门淤平，口门内城区河段被填筑成中华路。

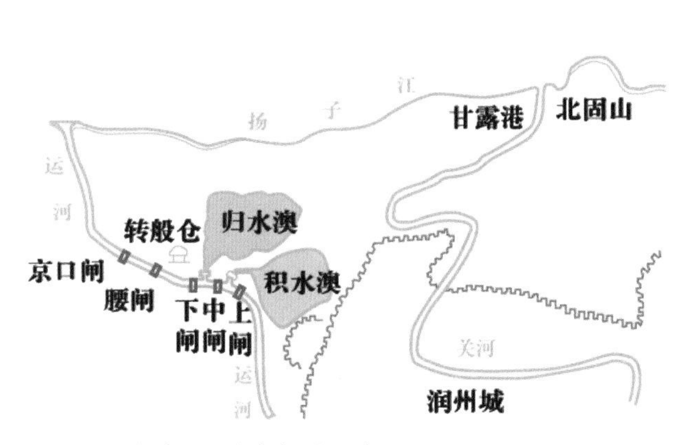

北宋元符二年（1099 年）京口闸示意图

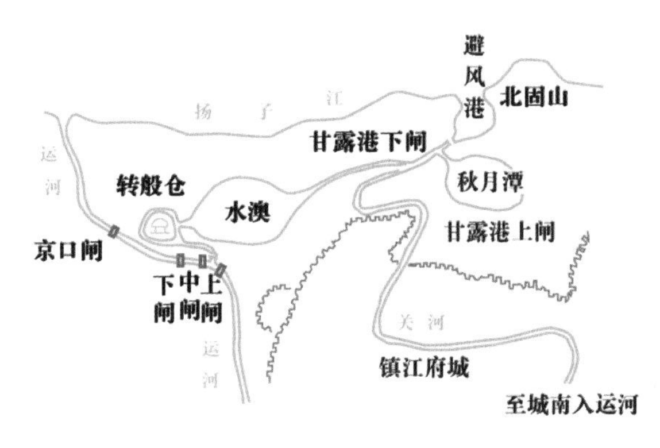

南宋嘉定十一年（1218 年）京口闸示意图

4. 越河口

越河口（今谏壁电厂西侧）是集辛丰、黄墟等丘陵山区来水的古越河入江口门，古称铁锚港。南宋庆元三年（1197年），在口门设闸，与丹徒闸一起形成套闸，发挥引潮济运的作用。由于越河迂曲，重载漕船不由此入江，但回空漕船可经此进入运河，以便对丹徒口的船只分流。1958年拓浚谏壁节制闸时，入江口门旧闸址被挖废，古越河也在拓浚徒阳运河和兴建谏壁船闸时被填塞。

5. 小京口（今京口闸）

北宋天圣年间建，为避免出江拥塞，自大京口东的城区运河开新河至江口（今宝塔路北端），另辟一出江口，用于分流大京口船只。1934年，尚存的旧闸址被湮没，口门处已无闸控制。1957年建节制闸，最大通过船只为60吨，全年最大通过量为35万吨。

6. 甘露港

甘露港位于今固山西麓，是为减轻京口闸通航压力而开辟的另一个入江口门。南宋嘉定十一年（1218年），镇江知府史弥坚浚镇江运渠，重修京口闸时，在甘露港置上、下二闸，西与京口闸有渠相通，南由关河入运河。该港于20世纪30年代淤废，关河也被填筑成解放路（民国时期的中正路）。

镇江运口经历了一个自东而西，然后又自西而东的变迁历程。自东而西，是为了缩短长江航程，并与长江北岸的运口相对。再次东迁，则是由于长江中泓北移，南岸淤积。在海口东移、江滩淤涨、南岸淤积的情况下，在宋代形成大京口、小京口、甘露港、丹徒口、越河口等多口通江的格局。在较长的历史时期，镇江运口一直是江南运河出入长江的主要口门。

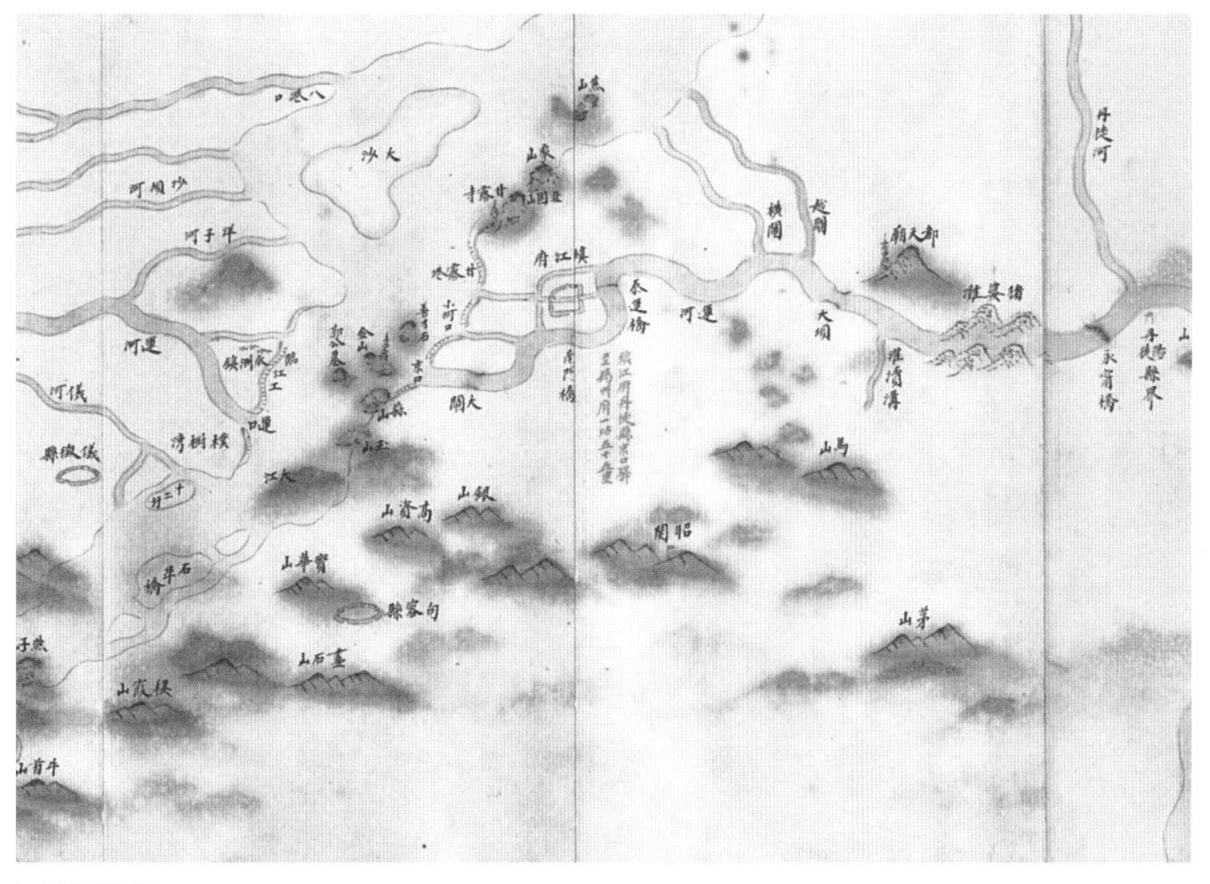

江南运河镇江段

甘露凌雲

甘露凌云（清　麟庆《鸿雪因缘图记》）

清道光年间的江南河道总督麟庆在其所著《鸿雪因缘图记》中如此描绘登临甘露寺俯瞰长江的景观："北固山在镇江府城北，三面临江，岩壑陡絶。晋蔡谟建楼其上，梁武帝登楼延望，更名北顾。吴孙皓建寺山旁，因值改元甘露，遂以命名……又唐节度使李德裕在山东铸铁为塔，高七级，以镇江潮，因名卫公塔。东为走马涧、甘露港，其水俱入大江。丙申六月，余勘京口埽工……登多景楼。楼北向，面临大江，金、焦二山拔出江心，岌嶪于左右……且江流滚滚横亘于前，南临铁瓮，北接瓜步，西连天荡，东控海门，浩浩乎，荡荡乎，觉目力有尽，水流无尽，诚哉巨观也。"

1.7.2.2 常州运口

常州通江运口主要有孟渎、德胜二河。

1. 孟渎河

孟渎河位于常州武进县奔牛镇。唐代时，这里有一条自然的通江河港，用以引江灌溉。唐元和八年（813年），常州刺史孟简在原有河渠基础上开河41里，引江水南注济运，并灌溉农田，后称孟渎河。

明代，孟渎河成为江南漕运的主要通江口门。洪熙元年（1425年），制定孟渎河“三年一浚”的制度。此后，频繁疏浚。

镇江入江口（《大清帝国城市印象》）

江南运河常州段

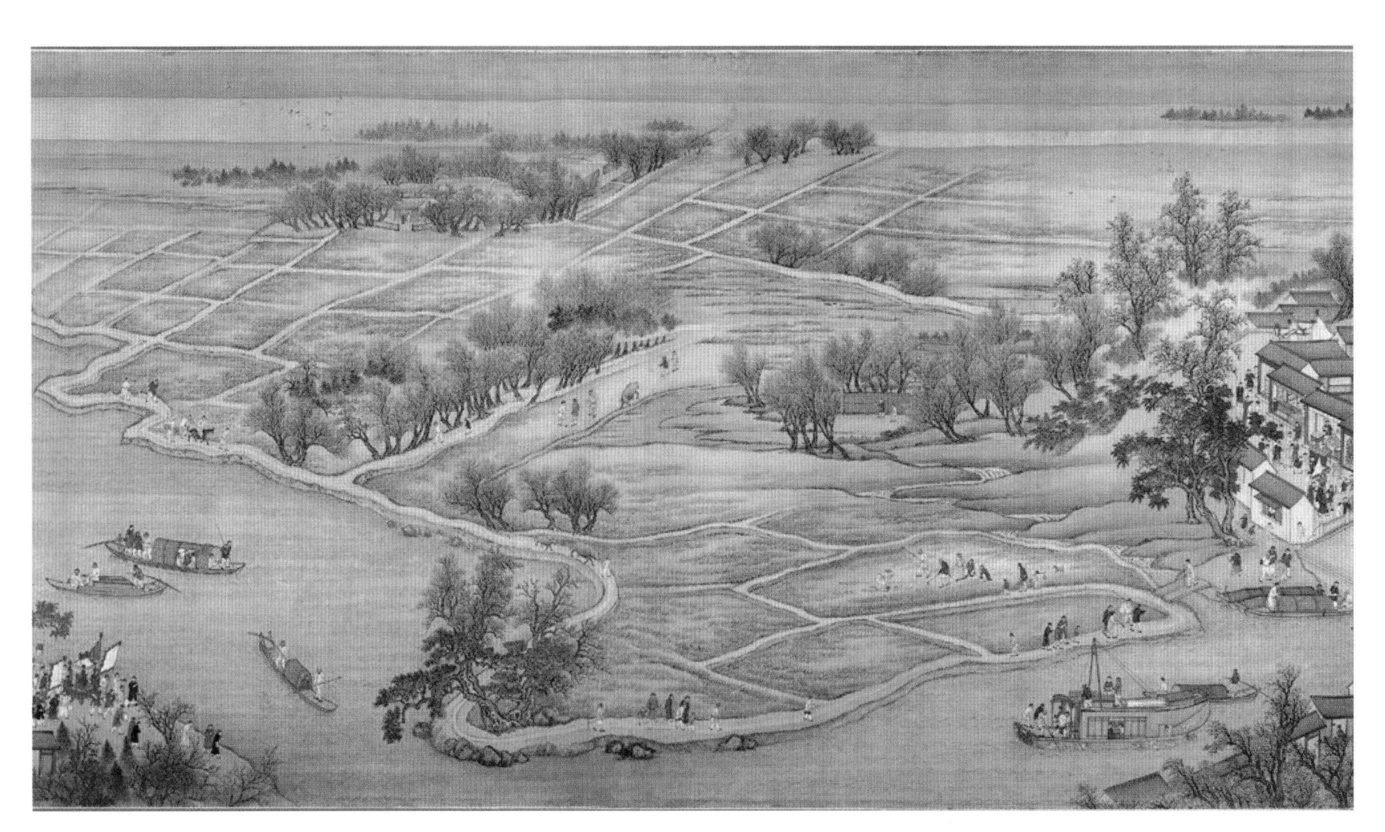

江南运河常州段（《康熙南巡图》）

孟渎河入江口建有孟河闸，该闸创建于何年不详，但据清雍正朝《江南通志》记载，南唐保大元年（943年）已有修孟渎水门的记载，所以孟河闸应建于此前。宋元两朝，未见修孟河闸的记载。

明洪武二十九年（1396年），武进县建孟河闸。宣德九年（1434年），巡抚周忱复建孟河闸，常州知府莫愚、武进知县朱恕负责监督建闸工程。正统六年（1441年），武进县重修孟河闸。正德、嘉靖间，均曾重修孟河闸。

清代，漕运仍从徒阳运河入江，但常州孟渎和德胜二河仍然担负着引江水济运的功能，因而整治疏浚频繁。康熙四十六年（1707年）冬，发国库银3万余两修建孟河北闸；康熙二十年（1681年）、雍正五年（1727年）都曾大事疏浚。乾隆三十一年（1766年），巡抚庄有恭见孟渎河一支渠小河较正河便捷，便添建石闸1座，名小河闸。道光十年（1830年），两江总督陶澍大浚孟渎河，以3年为期，并因孟渎河尾闾江滩淤涨，改从超瓢港入江。光绪十三年（1887年），委员季程钧、李庆沂等人疏浚孟渎河，并自石桥开小河，下穿荫沙出江，后名新孟河。自此，孟河有新老两支，老孟河经孟渎河石桥迤北，曲折经孟城，由超瓢港达江；新孟河自孟渎河石桥北流，经荫沙口出江。时老孟河闸废。

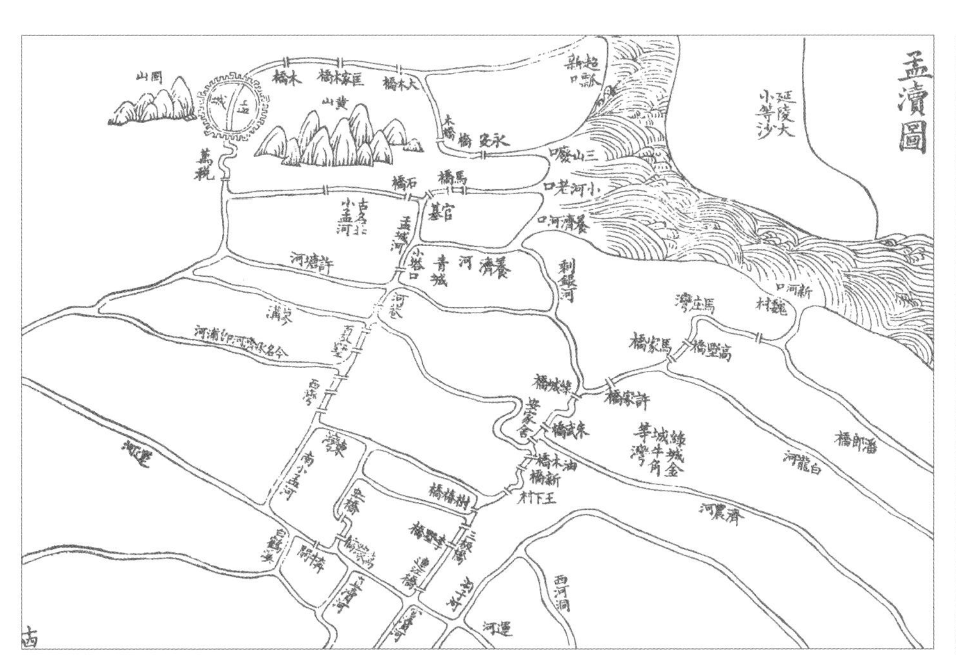

清代孟渎河示意图（清　光绪《武进阳湖县志》）

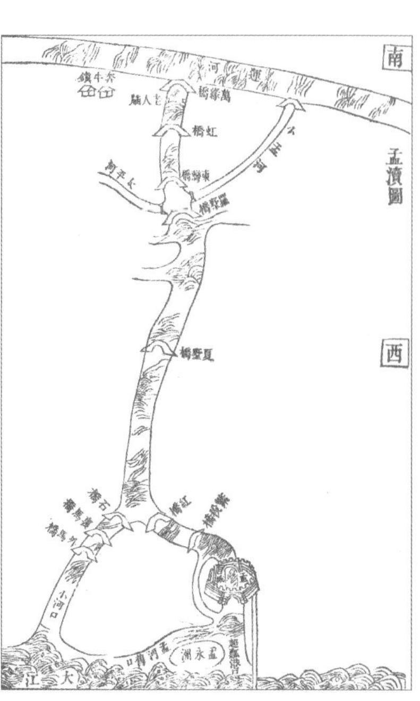

孟渎河示意图（《重浚江南水利全书》）

1931年，拆建小河口闸，闸门宽2丈4尺6寸。1936年，在孟河城北的大树村建单闸1座，名孟城闸，钢筋混凝土结构，闸室长6米，闸门宽5.8米，于5月开工，年底竣工。

2. 德胜河

德胜河原名烈塘河，又名南新河。宋绍熙五年（1194年），常州知府李嘉言浚烈塘河，并建闸。嘉泰元年（1201年），知府李钰再浚。

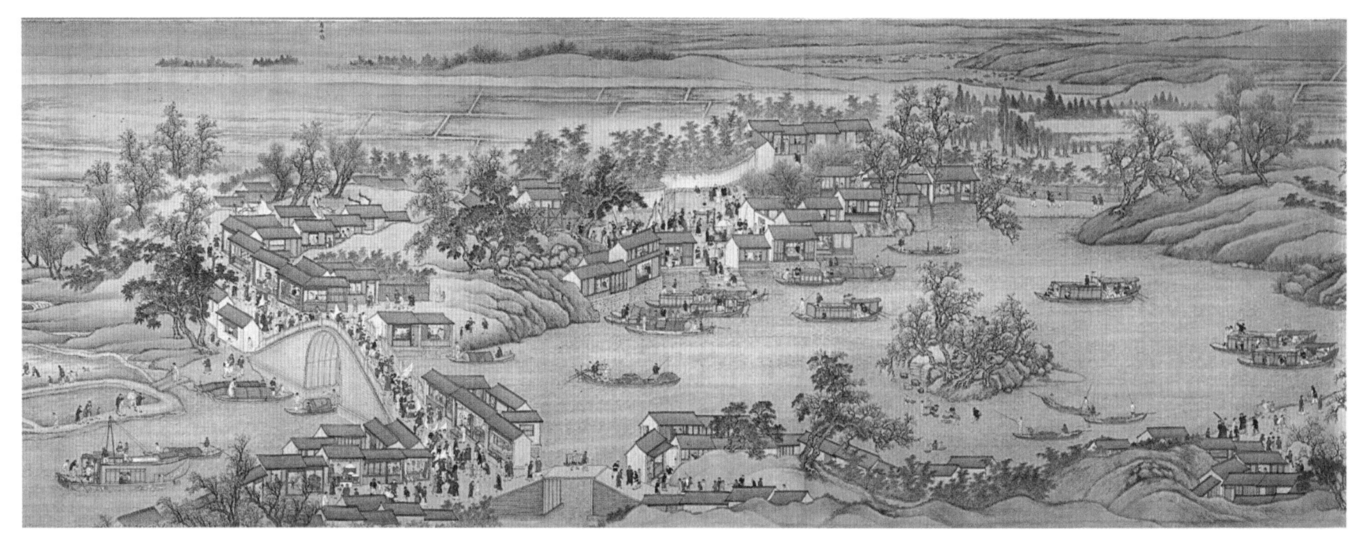
常州奔牛镇

明洪武初年（1368年），镇江京口闸废，江南漕运自江阴、烈塘二港出江，自后沿用。洪武二十四年（1391年），武进县又浚烈塘河，深二丈，宽12丈，改名德胜新河，原闸改名魏村闸。次年，在德胜河以西开挖支线河道，名剩银河，南与德胜河相连，北流18里入江，并于江口置闸，与德胜河分流过船。宣德六年（1431年），疏浚德胜河40里，于是徒阳运河、孟渎河和德胜河三河并用。正统八年（1443年），孟渎、德胜二河淤阻，漕船改从江阴夏港出江。

清代，德胜河已不再行漕，引江济运和灌溉农田时曾加疏浚。

1.7.2.3　江阴运口

宋天禧年间（1017—1021年），知江阴军崔立浚利港（江阴县西50里），以通漕运。乾道九年（1173年），江阴知县贝钦世浚江阴运河（今锡澄运河）。南宋嘉定六年（1213年），镇江闸口河道淤塞，漕船全部由江阴五泻堰入运河。可见，江阴运口通漕要早于孟渎、德胜二河。

元至元二十六年（1289年），镇江路江口闸又废，江南漕船由江阴入长江。

明代，除大京口、小京口、甘露港外，遇徒阳运河或镇江运口淤塞，漕船均由孟渎、德胜二河入长江北上。江阴运口一般通行回空漕船。

此后，明代、清代和近代，均频繁疏浚江阴运河。

1.7.3　吴江塘路

吴江塘路，笼统地指江南运河西堤和頔塘北堤，它不仅是江南运河与太湖的分隔工程，而且沿塘所建桥窦是太湖泄水的必经之路，它的建成标志着江南运河开始成为相对独立完备的工程体系。

吴江塘路的形成可追溯至秦代。秦代所开陵水道中，会稽郡治在今苏州，而今日吴江塘路正位于苏州以南，因此可视之为吴江塘路的初创。西汉武帝时“开河通闽越贡赋，首尾亘震泽东壖百余里”“震泽”即今太湖，所开新河当在今吴江塘路一线。隋炀帝开江南河，至浅狭浮涨处，开河之土必堆积于两岸。上述三次开河均处于东太湖下游，地当太湖泄洪孔道，虽很难持久，但为吴江塘路的形成奠定了初步基础。

王仲舒画像

唐代以前，太湖与吴淞江之间是一片广阔水域，湖尾与江首浑然一体，江南运河则纵贯其间，苏州、平望之间驿路不通，舟行无法牵挽，且湖中波涛汹涌，船只常遭覆溺。唐元和五年（810年），苏州刺史王仲舒“堤松江为路”，在太湖东沿修筑塘路。当时今吴江市松陵镇南、北、西均为水乡，尚无陆路直通今苏州，直到王仲舒堤松江，苏州至吴江间的太湖东堤才开始形成。宋庆历二年（1042年），苏州通判李禹卿以松江风浪，“漕运多败官舟”，遂在松江、太湖之间续建松江长堤，自吴江至平望，长堤“横截江流五六十里”。自此，太湖东沿形成一条自苏州至吴江至平望的南北贯通、水陆俱利的湖堤，大堤及纤道，堤上建有垂虹桥及众多小桥、水窦，排泄太湖洪水。这条湖堤与平望以南的运河塘路、平望以西的頔塘合称“吴江塘路”。

平望以西的頔塘始建于唐开元十一年（723年），由乌程县令严谋达修筑，因沿塘芦荻丛生，初名荻塘。贞元八年（792年），苏州刺史于頔修荻塘塘岸，自平望西至南浔53里，民怀其德，将“荻”字改为“頔”字，名頔塘。頔塘建成后，与上述太湖东沿大堤相接，形成自苏州至南浔的太湖东南大堤。

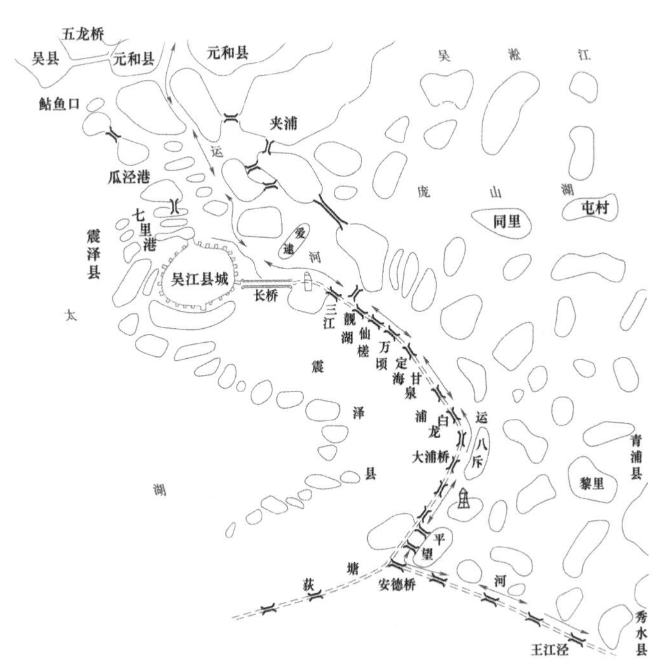

吴江塘路、頔塘与太湖间的关系示意图

頔塘震泽段

吴江塘路始筑时大多为水中筑堤，两面临水，在风涛的不断冲击下，时有崩塌，因而历代各朝屡加修治。

北宋天圣元年（1023年），苏州大水，太湖外塘坏。两浙转运使徐奭、江淮发运使赵贺在市泾以北、赤门以南修筑石堤90里，建桥18座。市泾即平望南24里苏浙交界的王江泾，赤门即今苏州葑门。这一工程至庆历二年（1042年）建成，历时20年，吴江塘路再次全线贯通，太湖东岸堤随之形成，并与頔塘塘岸相接。塘路复建后，又进行过多次修建。治平三年（1066年），知吴江县孙觉大修頔塘，始垒石为岸，壅土为陂。

九里石塘（1982年）

元天历二年（1329年），吴江知州孙伯恭大修石塘，原石塘石块较小，易被水冲走，此次大修采用巨石砌成两道石墙，中填小石加固，同时建泄水孔百余，以泄太湖之水。至正六年（1346年），达鲁花赤劝市民以巨石修筑吴江石塘，长1800丈，石塘下开水窦130座，疏泄太湖洪水。建桥9座，各三孔、五孔或七孔不等。

明万历三十三年（1605年），吴江知县刘时俊修石塘，自长洲县至秀水县共长88里，除土塘坚固不用石者10里外，原有石塘坍塌者皆砌石4层，高6尺5寸，又修桥9座，水窦28处，里塘长9398丈。

吴江塘路修建过程中，沿塘设有许多桥涵，以通泄湖水。为适应水利和水运的要求，桥涵的孔径与结构不断得以调整与改进。据统计，自唐代开始，沿塘所建长达300米以上的桥梁主要有宝带桥和垂虹桥两座，1~7孔的小桥有37座，还有小窦（涵洞）134座。其中，宝带桥位于苏州东南7公里，跨越澹台湖，建于唐元和五年（810年），为古太湖出水口之一，随古娄江入海。垂虹桥位于吴江城，建于北宋庆历八年（1048年），横跨吴淞江，是太湖洪水进入吴淞江的口门。

宝带桥及其与江南运河位置关系图（2019年，魏建国、王颖 摄）

今日宝带桥（2021年，魏建国、王颖　摄）

宝带桥位于吴中区，横卧大运河和澹台湖之间的玳玳河上。始建于唐元和十一年至十四年（816—819年），为刺史王仲舒主持建造。当时为筹措建桥资金，王仲舒将自己的宝带捐出，桥由此得名。又有一说，认为桥似宝带、浮于水上而得名。后经多次重修，明代建成长317米、宽4.1米的石拱桥。桥下有53孔连缀，桥北有石碑亭和石塔各一座。现存桥为清同治十一年（1872年）重建，1956年修葺。

垂虹秋色图（明　佚名　绘）

垂虹亭（明　文嘉　绘）

吴江垂虹桥（1919年，《江苏水利协会杂志》）

今日垂虹桥遗址与华严塔（2019年，魏建国、王颖 摄）

垂虹桥位于吴江市松陵镇东门外，旧名利往桥，俗称长桥，宋庆历八年（1048年）始建，木结构。元泰定二年（1325年）易石重建，为62孔联拱桥，长约450米，当时文人赞曰“环如半月，长若垂虹”。桥中建有垂虹亭。明、清和近代屡加修治。1967年5月塌毁，现存东西两端10数孔。

吴江塘路的建成，不仅解决了驿道和航船的风涛之险，为南来北往的船只提供纤道，而且在太湖地区的开发过程中发挥了重要作用。塘路未筑之前，太湖有滞无拦，湖东浩渺一片，大片浅滩湖沼无法利用；塘路建成后，将太湖约束在一定范围内，不仅为湖东沼泽地的垦殖创造了条件，而且经过长时间的浪涛激荡和泥沙淤积，塘路两岸逐渐淤淀出大片可供垦殖的土地。如明嘉靖年间（1522—1566年），在距吴江县城西南30里的太湖中浮涨出30里的平沙滩，盛产蒲苇；至万历四十五年（1617年），平沙滩已发展为水稻圩田。塘路的修建，还限制了太湖洪水的倾泻而下，有力地屏障着湖东圩田，同时可提高太湖蓄水和调节盈亏的能力。

1.7.4 水源工程

江南运河的水源工程以北段的练湖和南段的西湖最具代表性。

1.7.4.1 练湖

练湖又称练塘、曲阿后湖、胜景湖，位于今江苏丹阳城西北，是江南运河的主要水源工程之一，创建于晋永兴二年（305年）。它地处丹徒、丹阳之间，北靠宁镇丘陵余脉，东傍江南运河，当地人利用西北高、东南低、腹部平衍的地形条件，环丘抱洼，倚河筑堤，围成一个形如盆盂的平原水库，蓄滞源自高骊山、长山、马鞍山、老营山一带的山溪水，这些山溪水先是汇入马林溪，再由马林溪流到练湖，用于灌溉和济运。

1. 隋代以前练湖的创建

练湖的修建最初用于滞洪和农田灌溉。

丹阳西北为丘陵地区，地势高昂，自西北向东南倾斜。每遇大雨，山水泛溢，屡屡浸没农田；久晴不雨时，大片农田又因缺水灌溉而导致农业歉收。为解决水旱矛盾，早在练湖创建之前，当地人已在今丹阳西北利用开姓人的一片低洼地筑堤蓄水，并设置立斗门和石础，时称“开家湖”。然而，由于湖的面积较小，并不能解决这一地区的水旱之忧。

西晋永兴元年（304年），广陵度支陈敏作乱，割据江东，为发展农耕，令其弟陈谐在开家湖的基础上，引西北高骊、长山诸山之水，围筑成练湖，堤线呈口袋形，成为周长40里的大湖，除灌溉农田外，还解除了丹阳、金坛、延陵一带的洪水之患。此后的东晋和南朝时期，这一地区的农业生产之所以能够得到较快的发展，是与练湖的兴建分不开的。对此，唐代文学家李华在为润州刺史韦损《练湖志》所作序和《练湖颂》中曾指出：“大江、具区，惟润州其薮同练湖，幅员四十里，菰蒲茭芡之多，龟鱼螺鳖之产，餍沃江淮，膏润数州”。

2. 唐代练湖的治理

隋唐时期，随着经济中心的逐渐南移，江南运河南粮北运的任务逐渐繁重，而唐代中叶后长江潮位低落，江南运河难以自京口引取水源，更加依靠练湖作为水柜济运。为确保该段运道的畅通，唐代一方面在江南运河上设置堰闸以调节水位并防止水量走失；另一方面开始以练湖为水柜，进一步解决运河水量不足的问题。自此，练湖的作用由滞洪灌溉逐渐发展到与济运利漕相结合。

唐永泰年间（765—766年），经过300多年的运行，练湖的湖床已淤积抬高，当地豪强大族趁机占湖为田。他们在练湖中修筑东西向横堤，长14里，把练湖分为上下二湖，北为上练湖，南为下练湖；同时，私自开渎口泄水，占湖围垦，在湖区所垦农田多达“一百一十五顷”，导致湖面缩小，调蓄功能削弱。

唐永泰二年（756年），转运使刘晏令润州刺史韦损对练湖进行全面整治，并恢复下湖贮水，面积由40里扩建为80里；同时，增设三石础，“遏马林溪，以溉云阳，溉田数百顷”，并济漕运。经过此次整治，练湖成为一个由湖堤、斗门和涵闸等构成的集灌溉、济运和蓄洪等多种功能于一体的较为完备的工程体系。

随着练湖济运功能的日益重要，唐代对它的管理更加严格。为避免当地豪强对练湖的继续侵占，润州刺史韦损在扩湖蓄水的同时，制定颁布了“盗决侵耕之法”，严禁私筑湖堤和滥垦湖田，并明确规定“盗决者，罪比杀人”。

经过精心治理和严格管理，练湖一度“渐复其旧，民田获灌溉之利，漕渠无浅涸之患”。在练湖的调蓄下，江南运河北段的最高点徒阳运河的水源问题得到解决。当时练湖“湖水放一寸，河水涨一尺”，济运效果非常显著。对此，唐代转运使刘晏曾在其奏状中提到：“官河水干浅，又得湖水灌注，使租庸转运及旅往来免用牛牵。”

此后，练湖灌溉济运的效益维持了百余年。唐末兵乱之后，练湖斗门一度圮废，堤防也有残缺，但至南唐升平年间（937—942年），经过丹阳知县吕延桢的修复，练湖仍能保持一定的蓄水能力和济运功能。

3. 宋代练湖的浚治

北宋建立后，江南运河的南粮北运任务更加繁重，练湖的功能已转变成以济运利漕为主、灌溉为辅，即所谓的“三分灌溉，七分济运”。

北宋绍圣时（1096年），因练湖逐渐淤塞，又适逢大旱，丹阳县令苏京募民夫疏浚，修复斗门10余座。南宋绍兴年间（1131—1162年），复建横堤，全湖分为上下两部分，北为上练湖，南为下练湖；设涵闸节制，在东堤设斗门泄水济运，在西堤和南堤设涵闸引水溉田。绍兴七年（1137年），丹阳知县朱穆等又“增置二斗门、一石磋”。至此，练湖共有斗门3座、石磋6座、涵洞13座。

南宋淳熙六年（1179年）秋旱，募民夫浚湖修堤。淳熙十六年（1189年），对练湖进行大规模的整修，并在湖堤上种植杨柳和芦苇，以防溃决。

宋代，围绕着占湖为田还是退田还湖，曾有过多次反复。

宋代前期对练湖的管理较为严格，明确标出湖的四界，不许侵占，设巡检司官和湖夫10名，专职管理。自宋室南渡之后，湖禁渐弛，练湖工程“多废不治，岸堤废阙，不能贮水，强家因而专利，耕以为田”，围湖侵垦之风又起。据《宋史·河渠志》记载，天禧元年（1017年），因天旱湖涸，知昇州丁谓允许周围民众在湖内垦田76顷，得租钱百余万。这是官方允许当地民众垦湖为田的最早一例。

北宋崇宁四年（1105年），有官员反映，练湖竟然已被当地官员赐给茅山道观垦种为业。南宋绍兴七年（1137年），由于管理松弛，侵佃湖田之风更盛，导致练湖平时不能蓄水，漕运无法通行；夏秋水涨时则丹阳、金坛、延陵一带良田被淹。

这种情况下，宋代对练湖围垦的管理极为严格，并采取多种措施进行防。如当时官府曾花费40万贯钱，退还豪民侵种的湖田，重新恢复蓄水，并明确划定其四周湖界；同时，置立“禁止沿堤私设涵口”的规定，设巡检司官和湖夫10人，加强对练湖的管理；并广泛宣传，使人人知晓任何人不得侵佃湖地一寸一尺的规定，知晓“对塘长知而不检举者，流放三千里。巡官纵容包庇者，罢职充军”等湖禁政策。

在唐代引湖济运的基础上，宋代对练湖屡加疏浚。在北宋167年间浚修练湖三次，南宋152年间浚修练湖8次，仅淳熙年间（1174—1189年）就浚修过三次，其中工程最大的一次，用工12.6余人。宋代由此成为练湖济漕功能发挥最大效能的年代。

4. 元明清时期练湖的浚治

元代，侵湖之风更加盛行，豪强在练湖中筑堤围田，“侵田既广，不足受水，遂致泛滥”，练湖的面貌发生极大的变化，并逐渐湮废。这种情况一直延续到元世祖末年（1294年）才开始进行疏浚治理。然而，元代已不能像宋代那样将豪强侵佃的湖田全部收回以恢复蓄水，只好在承认其既得利益、“验亩加赋”的基础上部分收回。

元至大三年（1310年），设湖兵43人，后又增至100人，平时管理练湖，随时修复堤岸，但围湖垦田之风仍时有发生。泰定三年（1326年），派镇江、常州、平江、建康、江阴5路民夫疏浚练湖。

明建文年间（1399—1402年），练湖已涸，斗门已废，为补充江南运河水量，重修练湖湖埂，并将其13座涵洞的洞底高程抬高2尺，改建为石涵。同时，“严立禁令，不许佃种”。然而，由于豪强围垦历史已达百余年，“湖之滩地十已去三矣”。明成祖迁都北京后，漕粮年运400万石已是常事，练湖的济运利漕功能已与滞洪灌溉同等重要。

明嘉靖十五年（1536年），丹阳知县高谦修练湖，严厉禁止侵佃湖田。隆庆三年（1569年），应天巡抚海瑞重修练湖堤埂；万历五年（1577年），开始毁田为湖，并花费10年的时间进行疏浚治理，使练湖湖底得到全面清理，革去田地16428.5亩，均复为湖；同时加固堤埂12707丈。湖工告成后，立“钦依湖禁碑”于堤上。明末，由于漕运量的增加，将湖水全部放干以便漕运，使练湖“弃为旷空之地，变为桑田”

明隆庆三年（1569年），巡抚海瑞令重修练湖堤埂。万历四年（1576年），练湖大部被垦为农田。次年，开始毁田为湖。万历十三年（1585年），“练湖工成”“重立湖禁碑”，加强对练湖的管理。

明崇祯五、六年（1632—1633年），修筑练湖堤，置木闸于黄泥坝、陵口两处。浚九曲河补练湖水量的不足；毁七里桥置闸，并浚河道。

明崇祯四年（1631年），再令修复练湖。明末，放湖水以济漕运，导致练湖“弃为旷空之地，变为桑田”。

清初，练湖复垦为农田。顺治六年（1649年）6月大雨，豪民乔日洪“浚掘黄金坝百余丈，湖水倾泻，低乡为害，七里泥沙尽入运河，黄金坝上下二十里漕河淤塞”。

清康熙十九至四十二年（1680—1703年），将湖中的垦田加以升科，多达7200亩，余下4000亩被私垦。康熙四十八年（1709年），毁田复湖。康熙五十五年（1716年），滨湖百姓在下练湖建湖心亭，并立“万世永赖”大字碑。嘉庆十五年（1810年），重修堤闸。同治七年（1868年），湖闸多处损坏，知县连常五拨款兴修。光绪十九年（1893年），知府王仁堪拨赈款招工，由头涵疏浚至九涵引河，长6.5公里，并以挖出之土加筑湖堤。清末，海运、铁路运输逐步兴起，漕运遂趋萧疏，练湖的功能转为以灌溉为主，同时因工程年久失修，湖床日益淤浅，渐失其蓄水之效。

清朝初期及中期，漕政仍沿袭明制。嘉庆、道光年间，海运再次兴起，铁路运输也逐渐发展起来，漕粮河运量已逐渐减少，练湖的作用开始转向灌溉。此后，由于年久失修，少人问津，豪门强绅大量侵占湖田，练湖逐渐湮废。

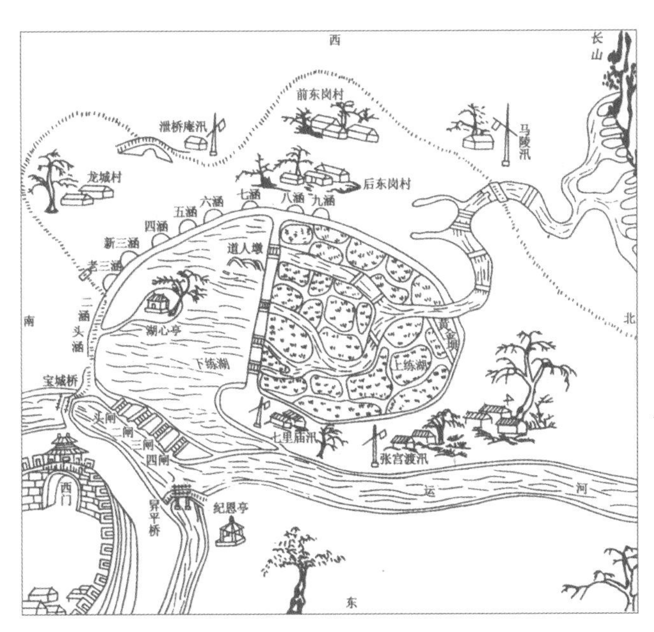

清代练湖图（清　黎世序《练湖志》）

近代，练湖主要用于农田灌溉。1927年，在湖口处重修闸坝一段。1936年，拆除东埂四闸，在湖东靠近运河处修建钢筋混凝土泄水闸一座。1937年，对湖西毁坏的4座涵洞进行大修和改建。1948年，成立丹阳练湖浚垦委员会，专门经营围垦之事。自此练湖逐渐被垦为农场，失去其原有的功能。

1963年，开通练湖上游中心河内各坝，直接导马陵溪水于张官渡入运河，以解决洪水出路，同时发展机电灌溉工程。至1971年冬，建成国营练湖农场，总面积达21000余亩，包括湖外耕地8000余亩。

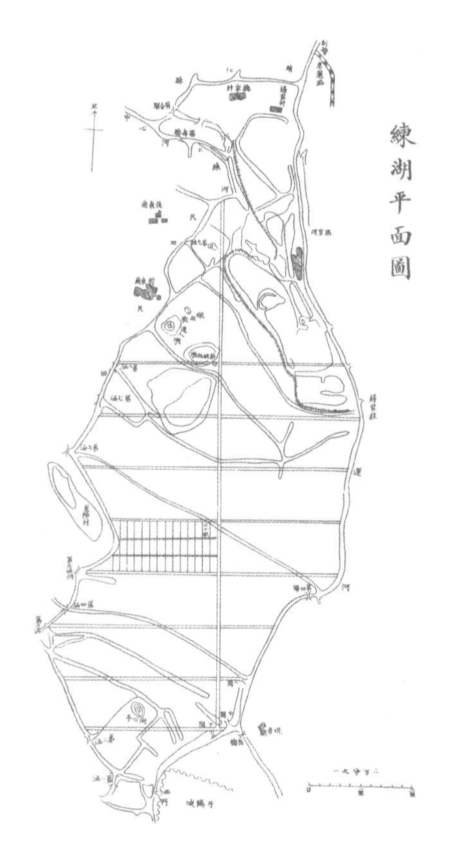

20 世纪 30 年代所修练湖钢筋混凝土泄水闸遗址

1931 年练湖平面图（《太湖流域水利季刊》第 4 卷）

1.7.4.2 西湖

西湖是江南运河南段的主要水源之一。杭州西湖位于杭州城西山麓之下，水源来自湖西诸山溪涧水及泉水。汉代称武林水；南北朝时，因传说湖中时有金牛涌现而称金牛湖；唐代，因湖域在钱塘县治内而称钱塘湖；北宋以后，西湖成为其正式的名称。

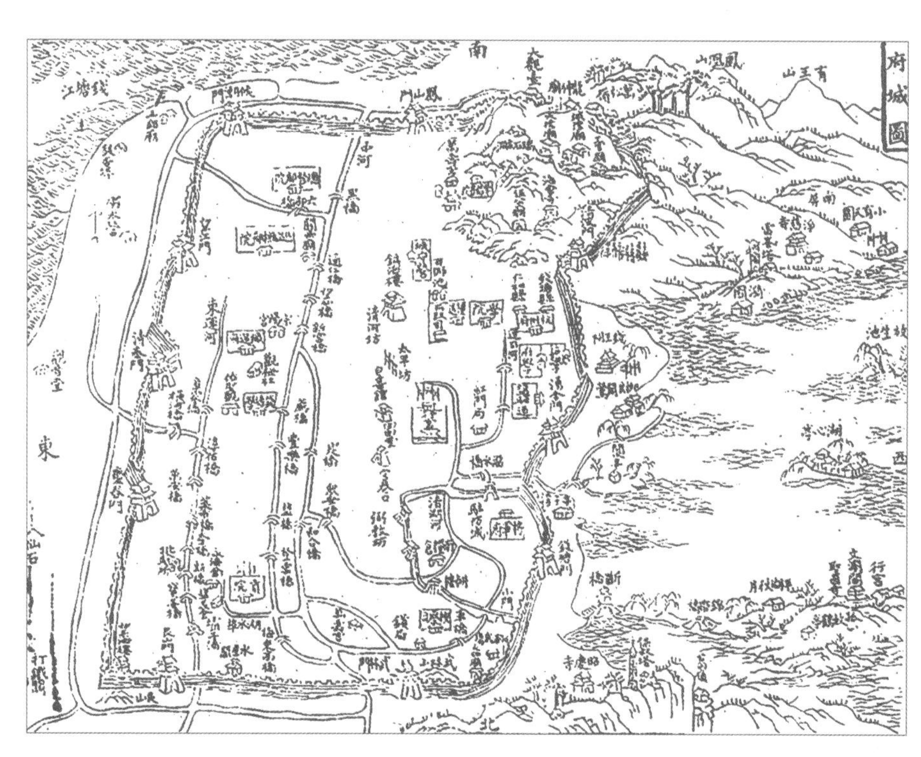

西湖与杭州府城图

西湖原为滨海潟湖，经历代疏浚治理而逐渐演变为人工湖泊。西湖疏浚与治理的目的除了农田灌溉、供给杭州城居民用水外，就是为江南运河提供水源，后逐步发展成为著名的文化景观湖泊。

1. 唐代李泌和白居易治理西湖

唐代，由于杭州成陆年代较短，地近江海，地下水潜相通灌，故“水泉咸苦”，居民饮水来源成为一大问题。为解除杭州城滨海水质的咸苦之困，建中二年至兴元元年（781—784年），杭州刺史李泌“引湖水入城，为六井以利民”。所谓六井的“井”，实际上是由引水口、地下输水暗渠和居民取水调节池三部分组成的城市供水系统。“六井”即李泌在今涌金门至钱塘门间分别开凿的6个引水口，导西湖水入杭州城，满而为相国井、西井（化成井）、金牛井（金牛池）、方井（四眼井）、白龟井和小方井（六眼井）等六井。所以，所谓的六井实际上是6处大小不等的地下贮水池，它们不是穿地而成的竖井，而是掘地为沟，用竹管等引西湖水入贮水池，以供市民取用。后人感念李泌的功绩，因其后来曾官居相位，而将其所作六井中的一井称为相国井，该井遗址至今仍存。

唐长庆二年（822年），白居易任杭州刺史，对西湖进行了大规模的治理。当时西湖葑田达数十顷，湖堤低矮，加上年久失修，枯水季节往往所剩湖水无几，不足以灌溉和济运；汛期大水，则湖水横溢，难于蓄存。白居易在实地调查的基础上，发动当地民众挖去葑田，并修筑了由湖堤、涵洞、溢洪堰等组成的工程体系。白居易所著钱塘湖堤，时称白公堤（白公堤并非今天的白堤，今天的白堤在当时称白沙堤或沙堤）。据《西湖志》记载，湖堤自钱塘门外石涵桥起，自东向西，经昭庆寺前，直至宝石山麓与白堤东端相交接处，它把钱塘湖一分为二，堤以西为上湖（即今之西湖），堤以东为下湖（今已湮为市）。同时，在湖堤“缺岸”修建石函（今昭庆寺东）和南笕（今涌金门旁）以排泄湖中过量之水。利用这里西南向东北倾斜的地势，重新开挖六井，疏浚六井与西湖之间的淤塞，使湖水入城，大大缓解了居民的饮水困难。该项工程建成后，根据以往每增高湖水1寸、可溉田15顷的经验，将湖堤加高数尺，极大地增加了西湖的蓄水量，保证了六井的水源，同时放水入官河（今上塘河）济运，从河入田，有力地保证了运河需水的供给和周围良田的灌溉，通过溢流堰则能在雨季湖水暴涨时得以及时排泄。

通过白居易主持的大规模整治和系列工程设施的修筑，西湖的规模基本得以确定，并由原来只供城市用水的湖泊演变为具有综合作用的人工湖泊，尤其是开始引水济运，这对于漕粮运输的畅通具有很大的作用。然而，西湖成为人工湖泊后，沼泽化问题逐渐显露。据《西湖志》记载，自唐至清，较为重要的西湖疏浚和整治共有23次，其中相隔百年以上的有3次，最长历时为168年；相隔20年以下的有7次，最短历时为8年。

在浚治杭州西湖后，白居易撰写《钱塘湖石记》，记录了西湖管理过程中对于漕运和灌溉等用水的要求。内容主要包括以下三点：

（1）唐时江南运河自盐铁使设立以后，即由其统一管理，盐铁使对于运河规定有水位标准，动用河水溉田之前要测量河水水位，之后须恢复原来水位，以保证运河通航水位，确保航道畅通。唐朝管理地方漕运的又有转运使、租庸使等，他们当然也负有此职。

（2）地方官吏有责任保证运河通航水位，这也是白居易治理西湖的原因之一。并且他还考虑到如西湖之水不够满足通航水位，可以“更决临平湖”。

（3）河堤、笕、函、闸、堰等设施，均有专人巡检，订有职责。航道水位也有专人负责测量。

2. 五代吴越国对西湖的治理

唐代白居易筑堤后到五代吴越国，西湖葑草又日渐蔓延，淤积日益严重，湖面萎缩，蓄水减少，既影响农田灌溉和居民饮水，又无法满足城内运河的水源补给需求。

五代吴越天宝五年（912年），后梁尊钱镠为尚父。钱镠拟扩建牙城，有方士建议他“填筑西湖，以建府治”，钱镠不仅没有采纳这一填湖建议，反而在后唐天成二年（927年）置“撩湖兵”千人，专门负责西湖的疏浚等事宜，这是一支最早设立的西湖专业疏浚队伍。由于这支“撩湖兵”对西湖及其有关河道的经常性浚治，不仅使当地农业生产免受旱涝之灾，而且方便了船只的航行。

当时，杭州城内外诸河，南由贴沙河、龙山河达于钱塘江，北自上塘河、下塘河等河下注嘉兴、湖州两郡；城内江河贯通，潦则有溃溢之患，旱则有枯竭之虞，对西湖水源的依赖性较大。此前唐代李泌所作六井几乎都位于西湖南侧，而北侧甚少，于是钱镠又在各处大规模挖井引水，连续开挖99口井。

后唐清泰三年（936年），钱镠第七子钱元瓘命金华将军曹杲开挖涌金池，引西湖水，灌入城中运河，以利船只通行和居民饮水。涌金池的规模比六井大，是杭州城给水设施的重大改进。同时，在保安桥筑小堰，在半道红筑大堰以控制节约湖水。钱元瓘嘉其功，赐池名涌金，并亲书“涌金池”大字，勒石池上。涌金池后作涌金门，成为引西湖水入城之处；而半道红运河上所筑大堰疑系清湖堪，后来设成清湖上、中、下三闸，三闸间相距各2里，为通航复闸，直接起着调控运河水位的作用。

3. 宋代对西湖的浚治

北宋初期，因疏于管理，吴越时所建的“撩湖兵”制度也被废弃，西湖再次出现湖湮井塞的现象。

对此，多任杭州知州进行过浚治。如北宋景德四年（1007年），杭州知州王济疏浚西湖，并“增置斗门，以备溃溢”。庆历元年（1041年），杭州知州郑戬发动上万民夫疏浚西湖，挖除湖中葑田。嘉祐十二年（1060年），杭州知州沈遘在六井之外添设一处供水量特大的新井，即后人所称沈公井（又名南井、惠迁井），引西湖水入城，便民取用，并禁捕湖中鱼鳖。但这些工程的规模都不大，并没有达到预期效果。

北宋时期对西湖的浚治以苏轼最为知名，规模也最大。北宋熙宁四年（1071年），当苏轼出任杭州通判首次来到杭州时，他所见到的西湖已被葑草淤塞十分之二三，由于他并非一州之长，仅参与当时的杭州知州陈襄主持的修理六井事宜。18年后，即元祐四年（1089年），当他出任杭州知州第二次来到杭州时，眼前的西湖已“湮塞其半”。杭州居民担心西湖“水浅葑横”，如继续放任不治，20余年后将“无西湖矣”，于是恳请苏轼进行疏浚。苏轼遂采纳杭州居民的建议，上书《杭州乞度牒开西湖状》，建议浚治，并提出西湖不可废的五条理由。

一是自天禧年间（1017—1021年）宰相王钦若奏请将西湖作为放生池以来，已经成为杭州居民的重要集会场所，每年四月八日都有“郡人数万会于湖上”。一旦西湖湮废，不但湖中生物不存，杭城居民也将痛失一公共活动场所，“臣子坐观，亦何心哉”。

二是杭州濒临江海，水泉咸苦，因此唐代李泌开六井以引西湖水，居民用水充足，然后“百万生聚待此而后食”。如果西湖淤塞，六井将随之干涸，届时杭州居民的正常生活用水将无法保证，“其势必致耗散”。

三是西湖为附近农田的灌溉水源，根据白居易的《西湖石函记》，西湖“放水溉田，每减一寸，可溉十五顷。每一放时，可溉五十顷。若蓄泄及时，则濒河千顷，可无四岁”。西湖的存在是杭州农业生产的重要保障。

四是西湖深阔时，运河之水可取之于湖，但当西湖水不足甚至将不复存在时，运河之水将“必取足于江潮”，而潮水泥沙浑浊。如此，不出三年，城内运河将淤积难行，届时又须至少征调民夫十余万人进行浚治，实为“居民莫大之患”。

五是杭州为著名的酿酒之地，所谓“天下酒课之盛，未有如杭者也”，而酿酒的水泉均仰赖西湖。如西湖水不足用，就需远取山泉之水，劳民伤财。

苏轼的建议获得朝廷批准后，他筹资3.4万贯，征调民夫20万人，开始疏浚西湖，历时半年完成。通过对西湖的大规模疏浚，使其湖面扩大、湖底加深，可容纳更多的湖水。同时整修六井，通过地下暗河将六井与西湖连通，使东苕溪、钱塘江、西湖、临平湖、六井成为江南运河南段水源补给的重要组成部分。苏轼主持的大规模西湖整治有效地改善了运河的供水情况。除以西湖为水源外，还利用宽阔的引水河道沉沙以处理钱塘江水，同时引茅山河之水入运河，作为补充水源。

在疏浚西湖的同时，苏轼又于涌金门内小河中置一小堰，疏浚开凿了从法慧寺东至猫儿桥河口300多丈的沟渠，引导西湖水进入盐桥河。如此一来，盐桥河“下流，则江潮清水之所入；上流，则西湖活水之所注，永无乏绝之忧矣”。

苏堤春晓（清　董邦达　绘）

苏堤春晓（《西湖佳景》）

苏堤春晓（1910年）

施工过程中，考虑到西湖南北相距30里，如把挖出的淤泥挑送到岸上，既费工又费时，苏轼一改以往的做法，将淤泥堆积于湖中，筑为长堤。如此，既可解决淤泥的堆放问题，又便于南北行人交通往来。随后，在长堤上修建九亭六桥，两岸种植芙蓉、杨柳，形成“六桥横绝天汉上，北山始与南屏通”的景观格局。春夏季节，人在堤上行，如在画中游，这便是闻名遐迩的西湖苏堤。

南宋绍兴九年（1139年），临安知府张澄招置厢军兵士200人，委钱塘县尉兼领浚湖事宜，拨钱“专一撩湖”，不得他用，并发布公告，严申沿湖居民如有占湖种田者，重置于法。绍兴十九年（1149年），临安知府汤鹏举因湖淤塞，派武官一人专事撩湖之事；又修六井阴窦水口，添置斗门闸板。

4. 元明清时期对西湖的浚治

元代，对西湖不事浚治，任其荒芜，沿湖豪民、僧侣又争相占为田荡，导致湖西一带葑草蔓衍，湖面淤塞，如同荒野。西湖供水日渐不足，导致杭州城内运河平均水深仅为3尺，不及宋代的一半。

明代杭州城内运河仍以西湖为主要水源，但官府往往以傍湖的水田标送势豪，“编竹节水，专菱芡之利，或有因而渐筑塍埂者”，逐渐呈现出“十里湖光十里笆，编笆都是富豪家”的局面。为此，明代多次进行浚治。其中，以杨孟瑛主持的工程规模最大。

明弘治十六年（1503年），杨孟瑛出任杭州知府后，以山川形胜、地理形势和饮用、航运、灌溉等五大理由，上疏朝廷，建议浚治西湖。他在论述西湖与航运的关系时强调认为，苏轼重修堰闸、阻截钱塘江潮水入城，使杭州城中各河专用西湖水作为水源，从而满足了各方面的效益。如任由西湖湮塞，不仅会导致运河枯涸，而且导致柴米运输、官商往来等生活生产的不便。获朝廷批准后，杨孟瑛便兴工浚湖。正德三年（1508年）二月兴工，当年九月竣工，用时152天，征调民夫8000余人，拆毁西湖田荡3481亩。从此使西湖恢复了唐、宋时期的面貌。

杨孟瑛因浚治西湖、拆毁田荡侵害了豪右的利益，最后遭到陷害和诬告而被罢官。但是他所主持的浚湖事业长盛不衰，30年后，即明嘉靖十八年（1539年），浙江巡按御史傅凤翔就请求禁止包占西湖，妨碍水利。接着，嘉靖四十五年（1566年），巡按浙江御史庞尚鹏又要求“禁占塞西湖”。天启年间（1621—1627年），更有县令沈匡济提出“清湖八议”。

至清代，又有豪右“各插水面水廉以收渔利，甚者巧为官佃之帖以相搪塞，湖面渐小，则湖身日高”。顺治九年（1652年），左布政使张儒秀建议“尽去其水廉塍岸，其以官帖相搪抵者，痛杖惩之”，主张凡被豪民占为私产的湖面，勒令还官。

清代治理西湖规模最大的一次是在雍正二年（1724年）。此次西湖治理由两浙转运盐驿道副史王钧主持，治理内容主要包括以下几项：一是按旧址“清出开通水源”；二是疏浚湖中沙草淤浅之处，使之深阔；三是以挑河所出的沙草帮筑旧堤坍塌者，使其坚固；四是在赤山埠、毛家埠、丁家山、金沙滩修筑石闸，以蓄泄沙水入湖。通过此次清理，“丈定湖面周围计二十二里四分”，实用银37600余两，可见其规模之浩大。

此后的浙江巡抚李卫先后两次对西湖实施浚治。第一次是在雍正三年（1725年），历时两年，耗银3760余两，挖除淤浅滩3100余亩，将外湖、里湖的淤泥、葑滩之处全部浚深，湖水深度浅处也有三四尺，一半深度则为五六尺，疏浚面积达西湖总面积的6%；同时，利用王钧治河所余预算经费5110两购置海宁县田1100亩，除以100亩作为圣因寺的寺产外，其余全部令海宁县征收租谷后解储盐驿道库，以供西湖岁修之用。第二次是在雍正九年（1731年），主要疏浚了金沙港，利用自湖中挖出的泥沙在苏堤东浦桥至金沙港之间筑起一道长63丈、宽丈余的长堤，名金沙堤。

王钧、李卫治理西湖以后，仍不断有人“或筑堤为荡，或培土成田”。到清乾隆二十二年（1757年），西湖湖面“只存不及二十里之数”。其后，地方官吏又几度兴工整治西湖，开挖被占湖面，并丈量湖面面积，造册绘图存案，同时立下规定，永禁侵占。朝廷则饬令地方官吏于每年秋冬之际捞取葑草一次，保持湖面不致淤积。道光年间，巡抚帅承瀛将在任时裁存的商捐银二三十万两充作浚湖资金。同治、光绪年间也几度兴工浚治西湖。同治十二年（1873年），测得西湖的面积总计为“五十四万三百八十九丈方，积亩九千六亩有奇”。

在西湖的治理史上，明清时期占有非常重要的地位，它不仅有效地维持了西湖的面貌，而且使杭州城内的运河成为有源之水，还较好地解除了杭州居民的饮水和农田灌溉等问题，持续发挥着综合效益。

5. 近现代以来的西湖浚治

1917年，西湖浚湖局改名西湖工程局，隶属于浙江省，用机器从事疏浚。1928年，西湖工程局裁撤，西湖疏浚事宜由杭州市政府工务科负责，常设浚湖工30人，配机器挖泥船2只，捞草机船2只，小船18只，每天约可挖湖泥、捞水草各110立方米。1938年，成立西湖浚湖队，承担捞草清污工作。因人手少、机船小，清淤效果并不大。

中华人民共和国成立初期，由于长期疏于管理，西湖污泥淤塞，湖床抬高，平均水深仅0.5米。1951年杭州市成立西湖疏浚工程处，着手对西湖进行疏浚整治，1952年开工，1958年完成，疏浚后的西湖平均湖深达到1.8米。

1956年，在上塘河沿岸的姚家坝、皋亭坝、横山、许村、长安等地兴建翻水站，翻取运河水以替代西湖水源，翻水能力共13.2立方米每秒，从此西湖结束了其灌溉的历史任务，成为单一的风景旅游区。

1986年，建成从钱塘江翻水入湖的引水工程，从闸口泵站通过管渠穿越玉皇山、九曜山的输水隧道，全长3137米，日输水能力30万立方米，使湖水变清，“西子”更加秀丽。

经过历代经营，西湖由水利工程逐渐演变成为自然景观与人文景观融为一体的文化景观，闻名中外，引人入胜。2011年，杭州西湖文化景观入选世界遗产名录。

1.7.5 节制工程

为保持航道水深，满足通航需要，必须补给水源和调节水位，因此历代各朝在江南运河修建了许多调控工程，通称堰、埭、闸、坝。

江南运河早期的节制工程主要是堰，用以渠化河段，保持通航水深，但船只过堰颇为不便。北宋元祐（1086—1094年）以后，逐步发展成为以堰制水、以闸泄水，以复闸通航的格局，这是运河航道设施的重大进步。

1.7.5.1 节制工程的修建

江南运河两端高、中间低，北段常镇段及南段杭嘉段河道陡峻，再加上经常水源不足，须在河道上修建一些节制工程以控制水流，最初主要通过建设堰坝进行控制。

（1）江南运河南段。江南运河南段由于地形的关系，同一条水道的上下各段水位往往各不相同，尤其是运河，由众多的河流和湖泊连接而成，各段水位相差悬殊。为保持各段河道一定的水位以利通航，早在秦汉时期已在一些主要航道上设置了堰闸。李日华《紫桃轩又缀》记载，江南运河杭州、嘉兴沿线，“唐以前，自杭至嘉皆悬流。其南则水草沮洳，以达于海。故水则设闸以启闭，陆则设栈以通行。”嘉兴县南7里有马塘堰，据宋黄裳《新定九域志》记载，“秦始皇三十七年东游至此，改长水为由拳县，遏为水堰，既立，斩白马祭之，因名”。据说，嘉兴东北运河所经的杉青闸也创建于秦汉，因有“朱买臣妻改嫁杉青闸吏”的传说。这一时期可能还建有许多其他堰闸，只是随着岁月的流逝，多数湮于阡陌。

从海宁长安经临平至杭州的航道，所经地段属钱塘江河口南岸高区，地势较高，水源较缺。为保证航运畅通，在唐贞观年间（627—649年）在今海宁县长安镇修建义亭埭；开元年间（713—741年）又在该段河道北岸陆续修建一批堰、坝、笕、闸等建筑物，形成一个水位高于下河的上河水系，即今上塘河水系，使非汛期的水量得以控制，既可保证农田灌溉和交通运输的需要，又能提高通航水位，延长通航时间。这一时期，还在今海宁长安镇创建长安闸，以防止运河水走泄，保障运河通畅。

唐代江南运河上建有众多堰埭，如镇江京口埭、丹阳庱亭埭、无锡望亭堰、崇德长安闸等。宋代则创建众多复闸以取代堰埭，其工程构造、工作原理与现代船闸类似。

为了沟通不同水位江河之间的水上交通，在宋代，浙江建筑了许多复闸。主要的有杭州的龙山闸、浙江闸、清湖闸、钤辖司闸、海宁长安闸。

（2）江南运河北段。镇江至望亭运河的河床自西北向东南倾斜，水易泻泄。为调节水面比降，便于行舟，在运到沿线建堰分段蓄水济运。

西晋光熙元年（306 年），陈谐在丹阳城北建塘蓄山溪水，用以灌溉，后来成为运河水柜，南北朝时常称曲阿后湖，后称丹阳湖。西晋永嘉元年（307年），镇守广陵（今江苏扬州）的车骑将军司马裒在镇江南3里处修建堰埭一座，用以节制水流走泄，维持通航水深，名“丁卯埭”。这也是见诸记载的建在江南运河上的第一座堰埭。另外，三国吴赤乌八年（245年）在破岗渎上所建的方山埭则是有明确记载的江南运河支线上最早修建的堰埭。

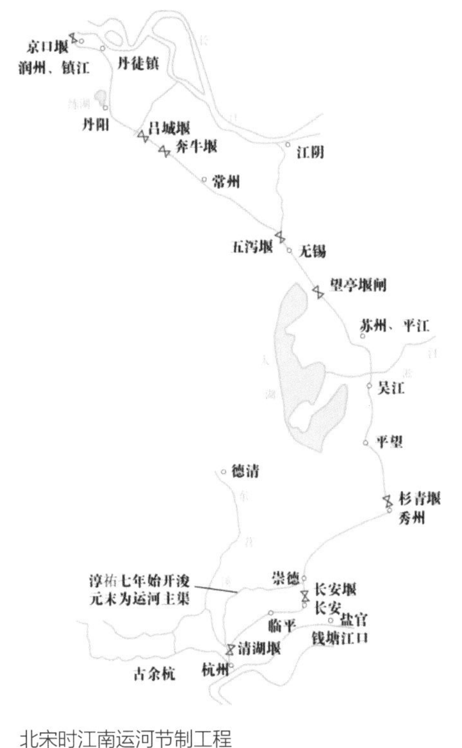

北宋时江南运河节制工程

唐代，鉴于望亭距离丹阳境内的吕城180余里，处于江南运河制高点以南，运河水顺势而下，东受阳羡（今江苏宜兴）诸渎之水。至德年间（756—757年），在此设置堰闸以控制水源，保证运河水位和航深。此外，这一时期，还修建了镇江京口埭、丹阳庱亭埭、无锡望亭堰等。

北宋淳化元年（990年），宋朝廷下令废毁润州（今江苏镇江）所属的京口、吕城和常州所属的奔牛、望亭（在今江苏苏州市西北）4堰。嘉祐年间（1056—1063年），为开挖运河以沟通梁溪（在今江苏无锡市西），通太湖水，废去梁溪堰。堰埭的废毁对漕运的通行与太湖水源的利用都带来很大的不便。于是，熙宁元年（1068年），恢复望亭堰，并易堰为闸，由监护使臣负责管理。绍圣二年（1095年），又令地方官负责管理武进、丹阳、丹徒沿江堤岸、石礎和石水沟。此后，除梁溪堰外，其他3堰陆续恢复，并改堰为闸。崇宁元年（1102年），设提举淮浙澳闸司官一员，掌管杭州至扬州间的澳闸。

北宋时，江南运河干流上的堰坝数量达到顶峰，此后有些逐渐废弃，有些则改建为闸。

船只过坝（《大清帝国城市印象》）

船只过坝（《大清帝国城市印象》）

杭州地区牛拉船只过坝（清末）

杭州地区人力绞盘拖船过坝

明初，吕城、奔牛等闸毁废，后来虽有堰坝的修筑，但只能容小船往来，而不能通漕运大舟。因此，从景泰三年（1452年）开始，又先后修复吕城、奔牛等闸，并订立严格的管理制度。每年冬季运河闭闸蓄水，以济漕船，而回漕空船及官私客船均取道常州孟渎出江。嘉靖以后，管理制度逐渐松弛，“冬季运河水浅阻，辄驱百姓开浚，随浚随淤，岁以为常”。

1.7.5.2　主要节制工程

1. 方山埭

方山埭为破岗渎上的堰埭，始建于三国吴赤乌八年（245年）。这一年，筑破冈渎，上下设14埭（一说为12埭），上七埭入延陵界，下七埭入江宁界，用以分级节制水流，形成梯级航道。船只过堰时，用人力或畜力拖拽，逐级越堰而过。这不仅是江南运河也是中国水利史上堰埭修筑的开始。

在14埭中，以方山埭最为重要，它建于句容河与溧水河会流进入秦淮河干流处。六朝时，方山埭是南京东南郊的水陆码头和军事要冲。元嘉三十年（453年），刘劭为抵抗武陵王军队的进攻，决开方山埭，导致破岗渎水泄无余，船只无法航行。

2. 丁卯埭

丁卯埭位于镇江城南3里处，西晋永嘉元年（307年）司马裒主持修建，是见诸记载的建在江南运河主河道上的第一座堰埭。

晋建武元年（317年）元帝子司马裒镇守广陵时，运南方漕粮出京口，“水涸，奏请于丁卯港立埭”。

徒阳运河位于镇江丘陵地带，地势高仰，“渠流瓴建，南倾北泻”，水源主要依靠江潮补给。汛期长江水位较高，江潮内灌，一般可以通航；冬春枯水季节或小汛低潮，江水低落，常因补水少而泄水快导致运道浅涩，影响航运。西晋末，车骑将军司马裒镇守广陵（今江苏扬州）时，就因徒阳运河浅涸，粮食无法从京口运出。西晋永嘉元年（307年）在京口南修建堰埭一座，用以节制水流走泄，维持通航水深，因“丁卯日制可”，故名“丁卯埭”。

3. 望亭闸

望亭距丹阳境内的吕城180余里，处于江南运河制高点以南。运河水顺势南下，其东受纳阳羡（今江苏宜兴）诸渎之水。唐至德年间（756—757年）在此设置堰闸，既有利于附近的农田灌溉，又能有效地控制运河水源，保障运河水位。这是江南运河沿线有明确记载的最早的斗门船闸。

北宋淳化元年（990年），宋太宗下诏废望亭堰，而嘉祐年间（1056—1063年）又有“废望亭堰闸”的记载。可见望亭是堰与闸并存。元祐七年（1092年），复建淳化元年所废望亭堰。政和六年（1116年），闸又废除，发运副使应安道建议望亭仍然建闸。宋徽宗曾诏令户曹赵霖进行实地考察，但未见建闸的记载。至南宋淳熙九年（1182年），常州知府章冲奏准复设望亭堰闸。嘉泰元年（1201年），常州知府李珏为固护水源曾修建望亭上下二闸。

此后，再未见修建望亭堰闸的记载。元明清三朝，望亭这一梯级船闸废弃。

望亭巡检司（明　钱谷、张复　绘）

4. 吕城闸

吕城闸位于今江苏丹阳市吕城镇运河上。唐末，在运河上建拦河闸，名吕城闸。唐宋时屡建屡废。宋元祐四年（1089年）

北宋元祐四年（1089年），镇江知府林希修复吕城堰，堰侧建吕城上、下闸，形成一座二斗门船闸，并于闸旁建澳闸，以拦阻运河水东泄而利漕运。元符元年（1098年），镇江知府王愈传令，当吕城闸澳水不足时，可车水入澳以接济；若过闸船只较多，可派兵卒协助车水，以保船闸正常运行。南宋庆元五年（1199年），镇江府守臣重修吕城闸，并新建一闸。此后，吕城具有上、中、下3闸，形成一座三门两室船闸。

元代以海运为主；明代由于京口闸的屡次淤废，漕运从孟渎和德胜二河入江为多，故元、明两朝，徒阳运河斗门船闸修建较少。

明天顺三年（1459年），在疏浚镇江运河的同时，曾对吕城船闸进行过整修。由于吕城闸位于徒阳运河下游，每逢冬季，不能引江济运，于是闭吕城闸蓄水，以济漕运；如水仍不足，则启练湖通运，以湖水补运河水之不足。吕城南18里建有奔牛闸，原规定漕舟北上南下时，吕城、奔牛两闸相互启闭，即将漕船集中至吕城、奔牛两闸之间，北上时，先闭奔牛闸，后启吕城闸；南返时，则先闭吕城闸，后启奔牛闸。此后年久，规制渐弛，镇江知府吴撝谦、曹一鹏、范世美力主恢复旧制，至万历后，方按旧制执行。崇祯五年（1632年），丹阳知县王范曾维修吕城闸。

吕城闸（明　钱谷、张复　绘）

清雍正四年（1726年），就旧基重建正越两闸，后越闸湮塞，运粮船只能由正闸经行。道光十五年（1835年），正闸也倒坍，十六年修建正越两闸，清末又倒。1966年，拓浚京杭运河时将旧闸基拆除。

清雍正前，吕城闸仅存旧闸基。雍正二年（1724年），两江总督查弼与河道总督齐苏勒等重建正越两闸。道光十四年（1834年），正闸金刚墙坍塌到底，坍下之石堵住闸口，漕船为其所阻，后聚集工夫捞石，漕运始通。越闸亦已损坏，吕城闸大修刻不容缓。次年正月，先挑浚越河，赶修越闸，漕船仍从正闸通行，待越闸竣工后，再修正闸。此闸后废。清末，吕城闸又坏。

1966年，拓浚江南运河时将旧闸基拆除。

5. 奔牛闸

奔牛闸位于今江苏常州新北区奔牛镇运河上，南朝刘宋时（453年）已有关于奔牛堰的记载。

北宋淳化元年（990年），在大规模改堰为闸过程中，也将奔牛堰改为闸。日本僧人成寻于宋熙宁中（1068—1077年），自杭州乘船循运河北上时，曾记述沿途见到的奔牛闸情况，当时常州运河自南而北横穿城中，城有南北二水门。再北有奔牛堰，有5个辘轳，用16头水牛、左右各8头拖船过堰。

宋绍圣中（1094—1098年），改奔牛为堰闸，同时议修澳闸。宋元符二年（1099年），两浙转运判官曾孝蕴主持建成奔牛澳闸，为防运河水走泄，立船闸启闭日限之法，即船闸并非船到即开，而需聚集到一定数量后方许开闸，并严格规定每天开闸次数。南宋淳熙元年（1174年）、嘉泰三年（1203年），常州知府赵善防曾两次维修奔牛澳闸。成寻过江南运河后约100年，南宋著名诗人陆游经过这段运河，见到奔牛“闸水湍激，有声甚壮”。

奔牛闸（明　钱谷、张复　绘）

明洪武初，奔牛闸已废，又改堰为坝。自是重载不能盘坝至京口，漕船多出孟渎。洪武三年（1370年），常州知府孙用重建奔牛闸。天顺三年（1459年），都御史崔恭巡抚江南，修复齐牛下闸。成化四年（1468年），巡抚邢宥见奔牛上闸遗址尚存，乃命常州知府卓天锡修复奔牛上闸，上下闸互为启闭。此后，船只经奔牛，夏秋水盛则由闸通行，冬春水涸则盘坝而过，航行较为便捷。

清代，曾多次对奔牛闸进行维修甚至重建。康熙十一年（1672年），常州知府纪尧典曾修复奔牛闸，康熙二十五年（1686年）又予重建。此后经多次重修，至咸丰朝（1851—1861年）以后，奔牛闸废。

6. 五泻闸

五泻闸位于无锡市区北今北皋桥附近，锡澄运河与苏南运河交汇处。

原为五泻堰，宋熙宁中，曾撤五泻堰。运河水北下江阴，民田受淹。元祐年间（1068—1077年），在无锡五泻堰一侧建闸，防旱御涝，且有舟楫之利。乾道六年（1170年）五月，常州守臣规定，今后运河深6尺，方许开闸，通放客舟。并令无锡知县主管五泻闸开启。此闸后废。

7. 白茆闸

江阴之东，通江港汊密布，为无锡、苏州一带引江灌溉以及太湖泄洪通道，其大的港口所建石闸，以引、御江潮和泄洪为主，仍可通航，但通航功能次于江阴以西之港口。宋景祐二年（1035年），范仲淹创建白茆、福山二闸。明隆庆年间，浚白茆，复建白茆港石闸。清康熙年间，浚太仓浏河，建天妃宫大闸；又修白茆旧闸。雍正年间，修白茆港石闸。道光年间，又建白茆老新闸；建福山拦潮石闸，后又移建，更名苏常新闸。同治初（1862年），修复浏河天妃宫闸；又浚白茆河，移白茆闸于苏常新闸之东。光绪十五年（1889年），修白茆闸。民国2年（1913年），江苏民政长应德闳委员浚白茆港，拆除白茆港废闸。25年，扬子江水利建设委员会在距白茆河口4公里处，建新型挡潮闸，闸为5孔，总长44米，钢筋混凝土结构，闸门为悬吊式整块钢木结构。1月开工，8月工竣，工程经费29万余元。

8. 杉青闸

杉清闸为运河进入浙江境内的第一道堰闸，位于嘉兴以北的运河上，相传创建于秦、汉间，该闸北宋初名杉木堰，于淳化元年（990年）初废，何时复建不详。

据《宋史 · 河渠志》，北宋熙宁元年（1068年）十月，诏“杭之长安、秀之杉青、常之望亭三堰监护使臣，并以管干河塘系衔，常同所属令佐巡视修固，以时启闭”。这说明北宋时杉青堰已存在，并被列为江南运河三堰之一，设专职官员巡视、修固和启闭，可见此堰对当时航运之重要。熙宁五年（1072年）秋，日本僧人成寻来中国，循江南运河北上时曾经过该堰。据成寻《参天台五台山记》记载，秀州（今嘉兴市）北六里有杉青堰，有闸，闸门两道。可见当时业已建成早期简易船闸。

《嘉禾八景图》中的杉青三闸（元　吴镇　绘）

嘉兴杉青闸（1935 年）

9. 蔡泾闸

蔡泾闸位于江阴县南10里，西北接夏港，东北通黄田港，又名南闸，始建于唐代长庆年间。

宋大观四年（1110年），兴修黄田港闸的同时，重建蔡泾闸。乾道二年（1166年），漕臣姜洗曾修建蔡泾闸。开禧间，知江阴军叶延年又曾重建蔡泾闸。由于宋代复港进出大江较黄田港便捷，漕舟客舫经蔡泾闸可直达夏港。这一时期，因黄田港非出入江主要通道，故蔡泾闸修建次数远比黄田港闸为多。明洪武二十九年（1396年），知府莫愚改建蔡泾闸，八月兴工，十一月竣工。嘉靖八年（1529年），江阴知县刘钦顺重修蔡泾闸，后废。

10. 魏村闸

魏村闸位于德胜河（原名烈塘河）内，亦名烈塘闸。据《雍正江南通志》记，始建于南宋绍熙五年（1194年）。明洪武三年（1370年），常州知府孙用重建烈塘闸。二十四年，浚烈塘河，并改名德胜新河，烈塘闸更名为魏村闸。永乐中，常州府同知赵泰修建魏村闸。正统八年（1443年），漕运总兵官武兴、巡抚侍郎周忱重修。尔后，成化五年（1469年）、嘉靖二十五年（1546年）、万历六年（1578年）均曾修建魏村闸。清代嘉庆前，魏村闸曾废圮，嘉庆七年（1802年），重建魏村闸，闸身长5米，金门宽6.95米，翼墙30.5米。

11. 黄田港闸

唐长庆年间，浙西观察使李德裕创建黄田港船闸。宋大观四年（1110年），江阴县丞于博兴修水利，修建黄田港闸。明洪武三年（1370年）曾设闸官以司启闭。二十九年，闸废。正统元年（1436年），巡抚周忱、知府莫愚于闸旧址以南5丈许重建，八月兴工，十月建成，并于闸上建石桥。潮涨即开闸行舟，潮落即闭闸蓄水。弘治十五年（1502年），江阴知县徐贞修黄田港闸。清雍正十二年（1734年），江阴知县郭纯详请重建黄田港闸，更建闸桥，并命桥名为定波桥，后闸亦名定波闸。光绪十一年（1885年），江阴知县陈康祺修建黄田港闸。民国24年（1935年）又曾重修。

12. 清湖闸

清湖闸位于浙江杭州武林门外半道红运河上。其地原为堰，名清湖堰，始建年代不详。北宋天禧三年（1019年）知杭州王钦若为加快船只往来而毁堰通航。元祐五年（1090年）知杭州苏轼浚治杭州城内外运河，始设清湖上、中、下三闸，三闸之间相距各2里，也为通航复闸。

13. 长安闸

长安闸位于浙江海宁县长安镇上塘河，始建于唐贞观八年（634年），北宋时改建为复闸，并增设澳闸。原称义亭埭，北宋称长安堰，南宋后称长官堰、长安闸等，间或并称，还有长安新堰和长安坝之称。

海宁市地处杭嘉湖平原南缘，北宋时期，为两浙路杭州盐官县，县治即今盐官镇。由于钱塘江的涨沙冲刷，海宁靠钱塘江一侧地势增高，使得地形自西南向东北倾斜，从而分出上塘河（上河）和崇长港（下河）两个水系，水位高差达1.5~2米，南部上塘河流域地面高程5~8米，下河地区地面高程4~5米。长安镇正处于上、下河的交界区域，素为水陆要冲，唐宋时期，筑有闸坝，以解决上、下河之间的水利与通航问题。

据咸淳《临安志》记载，该闸“始于唐”。即唐贞观八年（634年）设义亭埭，即长安“三闸”。

北宋时，长安闸的地位日渐重要，与今嘉兴杉青堰、无锡望亭堰齐名。北宋建隆年间（960—962年），在长安闸设立堰闸指挥，专门负责堰坝、闸门的管理和启闭。据《宋史 · 河渠志》记载，至宋熙宁元年（1068年）十月，在提举两浙开修河渠胡淮的奏请下，令在“杭之长安、秀之杉青、常之望亭三堰，监护使臣并以管干河塘系衔，常同所属令佐巡视修固，以时启闭”。至此，长安闸方建成复式船闸，同时保留长过船坝，并于此设官专管。绍圣年间（1094—1098年），重修长安三闸，鲍提刑累木为之，重置2斗门。熙宁五年（1072年）八月，日本僧人成寻乘船经过长安闸时曾对长安闸的工作原理进行过详细描述，即“申时，开水门两处出船，船出了，关木（叠梁闸板）曳塞了，又开第三水门关木出船。次河面本下五尺许，开门之后，上河落，水面平，即出船也”。

然而，绍圣年间所建长安复闸还处于初创阶段，设施尚未完善，因而在此后的几十年中，有崇宁二年（1103年）“易闸旁民田以浚两澳”、绍兴八年（1138年）将“累木”易以“石埭”等规模较大的完善工程，逐渐建成上、中、下三道闸门，简称长安三闸。据咸淳《临安志》记载，长安闸位于嘉兴上塘河，为三门二澳。三门形成两间闸室，“自下闸九十余步至中闸，又八十余步至上闸”，即两个闸室分别长约140米和130米。同时在运河西岸设置上澳和下澳，“环以堤，上澳九十八亩，下澳百三十二亩。水多则蓄于两澳，旱则决注闸”。长安闸的工程布置、运行原理与京口闸基本类似。此后，船闸与拔船坝并存，大船或载货船经由船闸出入，小船或空船则盘坝上下塘河。

南宋绍兴八年（1138年），改长安闸为石埭。绍熙二年（1191年），重修长安闸。南宋时长安有闸兵20人，隶属于当地政府，进出船只皆须交纳过闸税。

元代初期，长安闸一度废坏，“两澳为民所侵”，但该工程体系一直使用至清代中期。至正二年（1342年），知州张先祖修长安三闸，以柏木为之，旱则闭、水则开。至正七年（1347年），松江人韩日升、李尅复在长安镇旧堰之西置长安新堰，即今长安镇拔船坝的前身。至正十九年（1359年），起义军张士诚发动军民20万开新河，从塘栖至杭州长45里。新河开

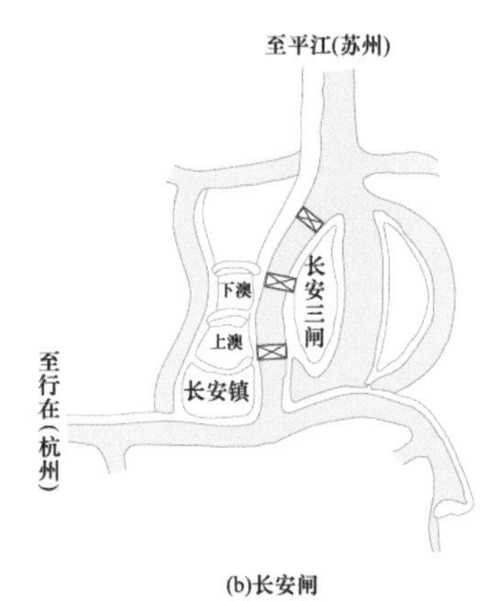

北宋长安闸示意图

长安闸上闸遗址（2019 年，魏建国、王颖　摄）

长安闸下闸遗址（2019 年，魏建国，王颖　摄）

成后，使江南大运河南端改道，不再经长安闸和上塘河。

通过巧妙的工程规划，澳闸将闸、坝、水澳等原本普通的水利工程予以联合运用和严格管理，形成具有综合效益的新的工程类型，达到引潮行运、蓄积潮水、水量循环利用的多重工程目的。

1.8 浙东运河

浙东运河地处钱塘江海湾南岸萧绍宁平原，依山靠海，萧绍平原浦阳江（明代以前）、曹娥江等河流大体自南向北流入海，姚江自西向东流入海。浙东运河充分利用自然水系条件，形成由人工水道和自然河道共同组成的运河。萧山至上虞段运河基本为人工水道，有完善的水量控制工程；上虞至镇海段运河利用姚江、甬江自然河道行运；人工与自然河段共同构成沟通内陆运河与外海的运河线路。

姚江

1.8.1 河道变迁与治理

1. 早期起源

浙东运河的兴建始于春秋越国的“山阴故水道”，自绍兴城东至曹娥50里。其最初主要目的并非航运，后规模不断扩大，功能也逐渐扩展，到勾践时已成为区域重要水运线路。早期运河以局部整治和沟通自然河道为主，大规模开凿和工程营建较少。东汉以后至南北朝时，中原战乱使大量人口南迁，江浙地区逐渐开发，促进了区域水运发展。东汉永和五年（140年），会稽太守马臻主持建鉴湖水库，在浦阳江与曹娥江之间修建大堤127里，蓄积会稽山上发源的36条江河，面积约206平方公里的水库为绍兴平原灌溉供水。公元300年前后，西晋会稽内史贺循主持开“西兴运河”作为鉴湖灌溉总干渠，同时兼有水运功能，自西陵（今萧山西兴镇）抵曹娥江全长200余里（超过100公里）。河与鉴湖堤平行，湖堤上设置涵洞泄水入河。此即浙东运河前身。

2. 初步形成

到南北朝时期，以堰埭的大量应用和船只越埭技术的成熟为标志，浙东运河河道特征已基本形成。南齐时（479—502年）浙东运河上自西向东有三堰：西陵埭、北津埭和南津埭。西陵埭位于西兴运河接钱塘江处，即后来的西兴堰；南、北津埭分别位于运河与浦阳江平交处的西、东岸，即后来的钱清堰。三座堰埭均横跨运河，控制与自然河流相交处的水位差，保证运河航运的水量、水深和流速条件。梁天监年间（502—519年）绍兴城东新建都赐埭（后称都泗堰），用来节制较高的鉴湖西湖水通过运河东泄。

唐代的浙东运河在绍兴以西有局部改建，原水道绕城南行，在城北开新河，后来绍兴城扩建，这条新河就自迎恩门穿入城内，折至都泗门东出。绍兴以西运河称“运道塘”，后又称“中塘”，自绍兴西门出，跨钱清江直至萧山。

3. 全线贯通

最晚至宋代，浙东运河自萧山至宁波通海的水运已全线贯通，工程设施和管理制度已比较完备。西起萧山西兴镇，东流经萧山县治北，东至钱清江南折，这段长约50里（25公里）；跨钱清江后又东南至绍兴府城西，长约55里（27.5公里），这两段统称西兴运河；从绍兴城东南出，经会稽县（今绍兴市东）东流至上虞曹娥江长约100里（50公里）；跨越曹娥江之后经30余里（超过15公里）接入姚江。人工河段全长235里（117.5公里），以东姚江、甬江入海为自然河流。浙东运河自钱塘江经绍兴、宁波通海的完整水运体系已经形成。

南宋时以临安（今杭州）为都城，明州（今宁波）、绍兴、台州等浙东富饶地区成为国家政府的经济支柱，浙东运河也因此成为漕运干道。同时，浙东运河也是中外经济、政治、文化交流的主要线路，来自高句

运河浙江段

丽、日本等地区的使者、商人、僧人大都至明州港登陆，由浙东运河进入中原。南宋时浙东运河的地位大大提高，国家政府对浙东运河直接进行管理，各段运河有军队专事维护、疏浚，各堰均设堰营，各有堰兵25名管理，这个时期成为浙东运河发展史上的黄金时期。

宋代浙东运河上的工程设施也更加完善。这个时期运河上出现过的堰坝自西向东依次有钱清北堰、钱清南堰、都泗堰、曹娥堰、梁湖堰、通明堰、西渡堰。北宋熙宁五年（1072年）日本和尚成寻来华拜佛求法，由杭州经浙东运河去参拜天台山，据其记载，在杭州钱塘江北岸候潮涨后渡钱塘江，直入西兴运河，西兴无堰，但定清门有古闸基遗址；运河与钱清江交汇处有南北两堰，北堰临江，南堰距江5里，江宽“一町许”[1]，上设浮桥以供行人往来；过绍兴城时从迎恩门入、都泗门出，都泗门用牛牵船过，此处应有堰坝；至曹娥江，候潮满后越曹娥堰入江南行，水路溯曹娥江至剡县，然后陆路去往天台山。姚江上游南支称通明江，北宋时于接运河处建堰，即通明北堰，在上虞旧县（今丰惠镇）东10里处。由于姚江受海潮影响很大，河道较陡，退潮很快，盐运等大型重载船只又只能在潮汛大时才能越堰通行，等待之时横卧河中，后面小船亦不能通过，于是南宋嘉泰元年（1201年）在上虞旧县东三里又建南堰，从而使运河有两处与姚江相通，形成通明南北二堰两处运口，北堰专通盐船而南堰通官民商旅船。

4. 复线运河的开通及工程体系的完善

明清时期的浙东运河主线与宋代相比没有太大变化。但在上虞北部新开了一条新河沟通曹娥江与余姚江；通明堰枢纽整治，新开十八里河；余姚江中游自丈亭向东分出一支，至慈溪夹田桥南折至西渡仍通姚江，过江由西塘河经高桥至宁波西门。

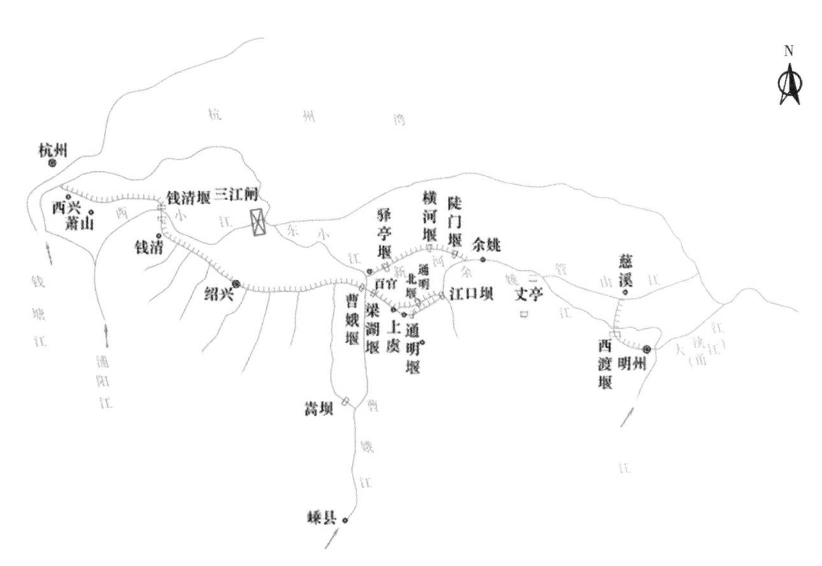

明代浙东运河示意图

上虞新河是在上虞北部河湖水系基础上整治而成的，西自百官镇接曹娥江，向东经夏盖等湖可通菁江，菁江在余姚县西十五里，东流至余姚城西二十里的曹墅桥汇入姚江。新河上有驿亭、横河、斗门三堰节制，与南线水道并行。从浙东运河全线来看，沟通曹娥江与姚江之间的上虞段自然条件最差。清初上虞南线自梁湖堰东行，大约数10里就有一堰，大船也只能载数10石，否则拖船过坝太难，而南宋时载重量以百石计。因梁湖堰—江口坝的南线失修，清初北线百官—曹墅桥水路行旅较多，代替了南线成为主线。

[1] 町，日语中的一个长度单位，1町约合109米。

新河接曹娥江处原在百官镇，到晚清时已弃由百官坝渡江，改由北边的春浦坝，对岸接绍兴东北四十里的蛏浦坝，由水路至绍兴城，以避免百官镇曹娥江西岸一段陆路。春浦坝至横河坝一段水路浅涩，有小堰节制，拖船而过。

余姚江水道穿过余姚县城，至丈亭分两支：东南干流为航运主道，至明州（今宁波）城东汇入甬江入海；向东称管山江或中大河（今称慈江），经慈溪县（今慈溪镇）南，至夹田桥分一支南折，由小西坝浦至西渡接姚江干流，另一支继续东流至镇海。管山江本是慈溪、镇海二县引姚江淡水灌溉渠道，兼有水运之利。

明代浦阳江自碛堰改道西入钱塘江，成化二年（1466年）钱清堰遂废。浦阳江的改道，使萧绍平原水利形势为之大变。浦阳江在之前横穿萧绍平原所造成的洪水泛滥、排涝不畅等威胁虽然有所改善，但同时也产生了许多不利影响。浙东运河不再与浦阳江主流交汇，干涸的西小江使运河水源开始出现问题，而且受区域旱涝和海潮上溯影响严重。西小江虽然不再是浦阳江洪水经行通道，但仍是萧绍平原排涝的主要水道，也有灌溉供水的要求。径流的减少使西小江河道尤其是下游淤积严重，同时其宽广的河道和河口在没有洪水顶托的情况下咸潮由此内侵，咸水大量灌入的同时挟带泥沙进来，河口淤积更加严重。在河口淤塞和海潮顶托的条件下，萧绍平原的涝水排不出去，而咸潮的内侵又使灌溉所需的淡水供给不足，控制工程的缺失也使运河水位随着西小江的水位频繁变化，溢枯弥常，对航运极为不利。嘉靖十四年（1535年）绍兴新任知府汤绍恩于西小江入杭州湾的三江口建28孔闸，名三江闸、应宿闸。并在两侧接筑海塘，分别在闸旁和绍兴城并立则水碑，以“金木水火土”标示水位高低，严格按照拟定的水位标准管理闸的启闭运行。三江闸建成后成为萧绍平原河网水位控制的总枢纽，平时闭闸挡潮，雨时开闸排涝，兼收蓄水灌溉、济运之利，形成了包括萧绍运河在内的统一的三江水系。使浙东运河在浦阳江改道、西小江断流的新形势下有了保证水源和水位的控制性工程，为运河提供了稳定的水利环境。

浙东运河

1.8.2　运河与钱塘江交会工程

西兴运口位于浙东运河的西端，是浙东浙西往来的门户。西兴镇春秋时称“固陵”，后称西陵、西兴，历史时期一直是浙东地区重要的水陆交通门户，在军事、经济交流方面具有重要的战略地位。《读史方舆纪要》中讲：“盖西陵在平时为行旅辏集之地，有事则为战争之冲，故是时戍主与税官并设也。”西兴镇隔江对岸为杭州城，南宋时为国都。以南北朝时期的西陵埭为标志，西兴运口枢纽已经形成。西兴运口的演变经历了以下几个阶段：4—5世纪的形成完善期、5—13世纪的兴盛期、14—16世纪的逐渐衰退以及16世纪之后的逐渐废弃。运口控制工程的型式也几经变化，运口通航的运行方式及主要功能，经历了14世纪之前船只直接过闸或过坝通过、14—16世纪不能通船而是以运口转输加钱塘江摆渡为主，以及16世纪后期以后运口的主要功能由航运逐渐转变为区域排涝几个阶段。西兴运口枢纽由控制闸坝、闸（坝）内运河及闸（坝）外沙河组成。其中，闸坝工程是枢纽的核心，在海塘上，位置相对固定；而沙河的长度、形态则受钱塘江河势很大影响。清乾隆以后，西兴一带钱塘江河势变迁靡常，沙河不稳定，最终导致西兴运口的废弃。

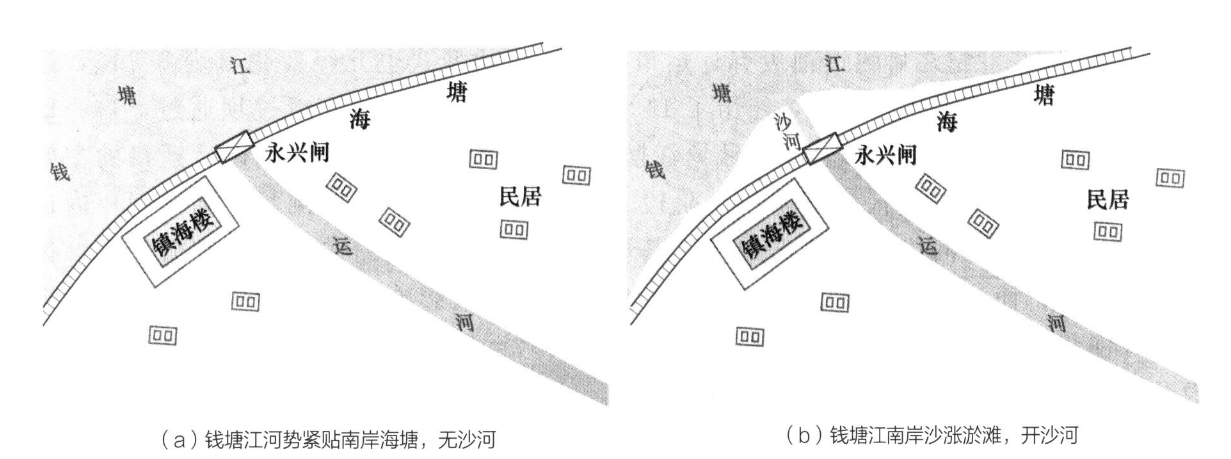

（a）钱塘江河势紧贴南岸海塘，无沙河　　（b）钱塘江南岸沙涨淤滩，开沙河

西兴运河—海塘—钱塘江关系示意图

西兴镇海楼闸图（清康熙朝《萧山县志》）

1.8.3 水源工程——鉴湖

鉴湖自东汉永和（136—141年）年间马臻建成之后，直至南宋垦废一直是萧绍平原重要的调蓄水库。公元300年前后，会稽内史贺循主持整理形成西兴运河，绍兴以西河段即因鉴湖堤而修。湖堤上设置了大量的涵洞、桥梁，鉴湖水由这些水口向运河输水，再由运河向各处供水。鉴湖在近千年的时间内一直是绍兴段运河的主要水源。

鉴湖自唐代以来就逐渐淤积，而宋代人为围垦逐渐加速，到南宋嘉定十五年（1222年）绝大部分水面已被瓜分殆尽。鉴湖的废毁使萧绍平原的水利格局大变，失去鉴湖的防洪调蓄，东西横亘的西兴运河汛期直接面对来自南部山麓洪水的冲击，而枯水时则没有稳定足够的水源。都泗堰本为节制鉴湖之水东泄而设，随着鉴湖的废弃，都泗堰也被废掉。

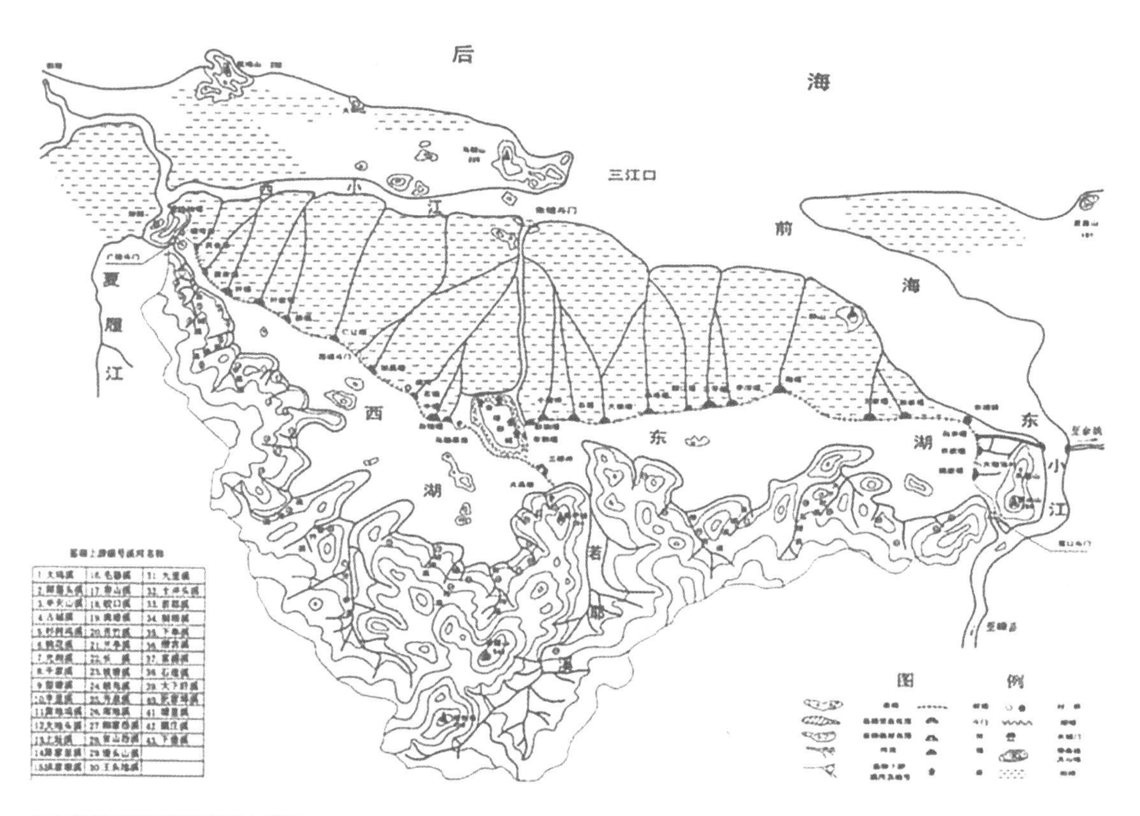

南宋以前鉴湖及萧绍平原水系图

图鉴湖水口遗迹（2010年）

鉴湖遗址（2010年）

1.8.4 节制工程

三江闸位于绍兴北部钱塘江海湾南岸古三江口，建成于明嘉靖十六年（1537年），是中国现存最大的砌石结构多孔水闸，也是明清时期浙东运河的关键控制性工程，具有控制运河水位、拒咸蓄淡功能，至今已有400余年。钱清堰废弃之后，萧绍运河缺少控制性的关键工程来保持运河稳定的水量、水位。三江闸的兴建，使咸潮不再入侵，涝水得以顺利排泄，航运和灌溉有稳定的水源供给。三江闸在浦阳江改道、萧绍平原水环境及萧绍运河水运条件恶化的背景下，使萧绍平原涝时可以排泄，旱时可以蓄淡，咸潮内灌得到遏制，扭转了浦阳江

三江闸（2010年）

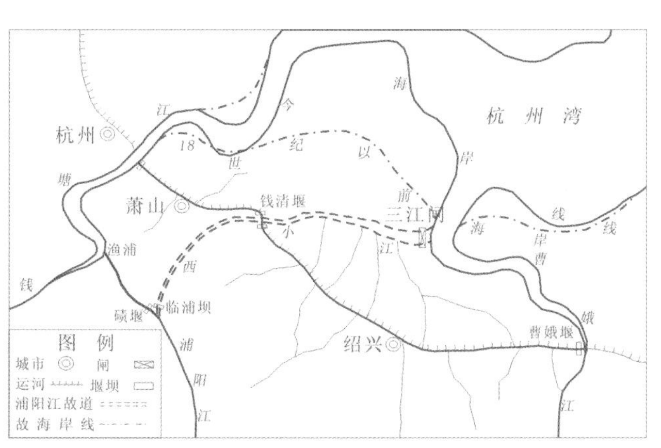

明清时期萧绍平原水系及控制工程示意图

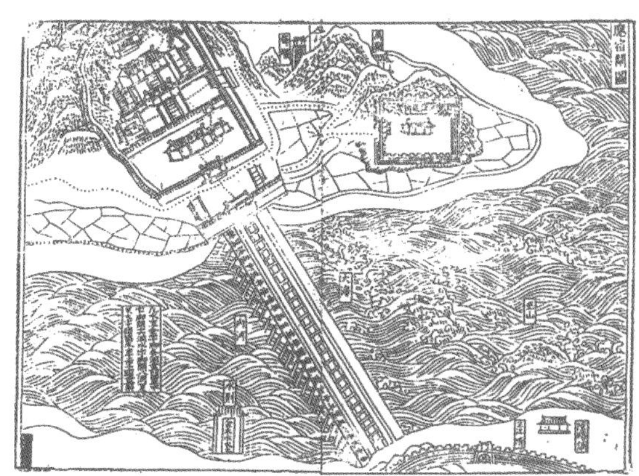

三江闸（明 万历《绍兴府志》）

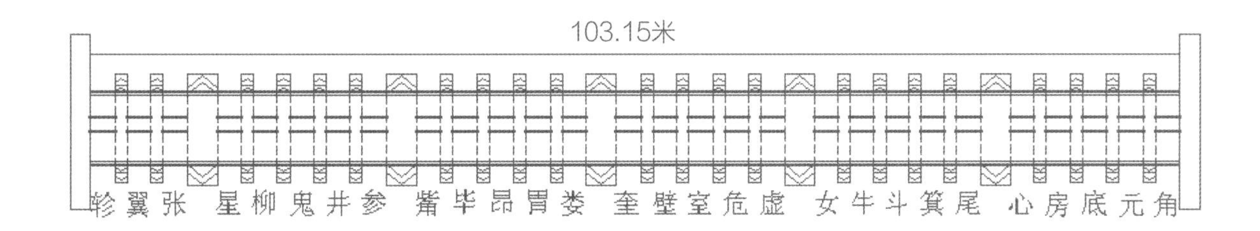

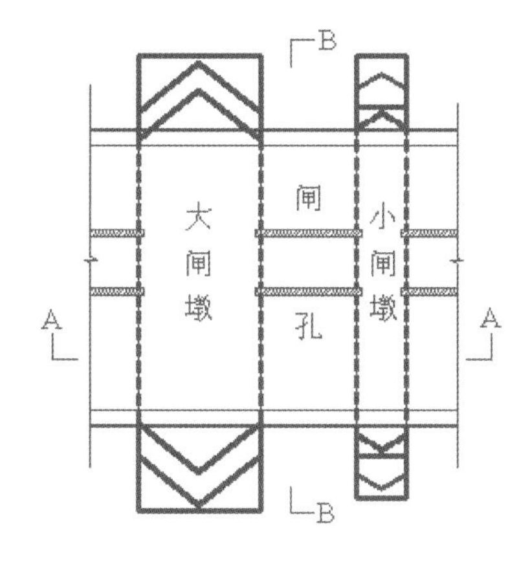

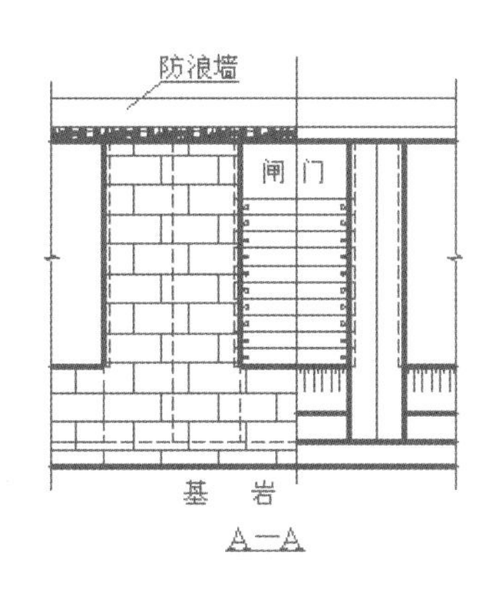

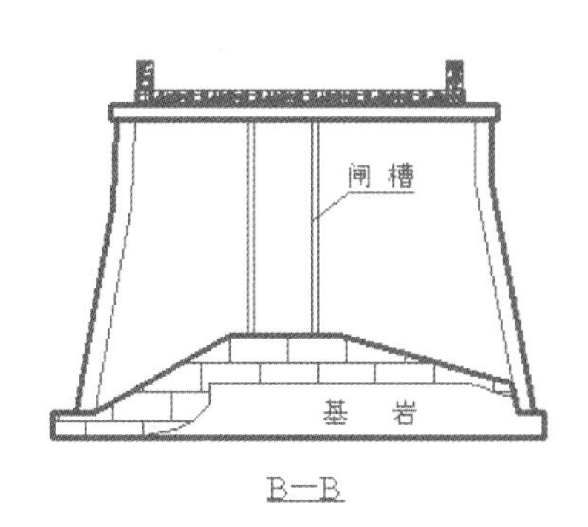

三江闸工程结构示意图

部分数据参考董开章《修筑绍兴三江闸工程报告》，1933年《水利（月刊）》第五卷第一期。

改道以来萧绍平原水环境的恶化趋势，运河与钱清江水量、水位得到控制，水位低时闭闸蓄淡，雨涝来临水位高时开闸排涝，海潮上溯时闭闸挡潮，为浙东运河的航运环境提供了保障。但随着明末清初钱塘江河口南岸的淤涨，三江闸距岸线越来越远，逐渐不能发挥其应有的作用。1977年在古三江闸北2.5公里处动工兴建新三江闸，取代了古三江闸的功能。近年来随着曹娥江大闸的建成，三江闸、新三江闸的功能都被取代，但其功能和历史文化被传承下来。

1.8.5 节制工程

1. 钱清堰

钱清南北两堰是运河与浦阳江（改道之前）平交处的控制工程。浦阳江是南北横穿萧绍平原最大的自然河流，源短流急，洪枯水位变化大，因此在运河与之交汇的钱清镇建堰控制。钱清堰为两座，分别在浦阳江两侧的运河上。据北宋熙宁五年（1072年）成寻的记载，当时钱清北堰紧挨江边，而南堰距江5里，江宽100余米，上有一座10条小船支撑的浮桥。后为缓解通航压力又曾增建两堰；堰旁曾建闸以调节运河水量，但闸存在时间不长。明代宣德之后浦阳江下游逐渐改道由碛堰西入钱塘江，西小江逐渐淤高，到成化二年（1466年）钱清堰因阻碍行船被拆除，从此退出历史舞台。钱清两堰共同组成浙东运河与浦阳江平交的控制枢纽，功能以节制运河水位、保存水量、挡潮及通航为主。

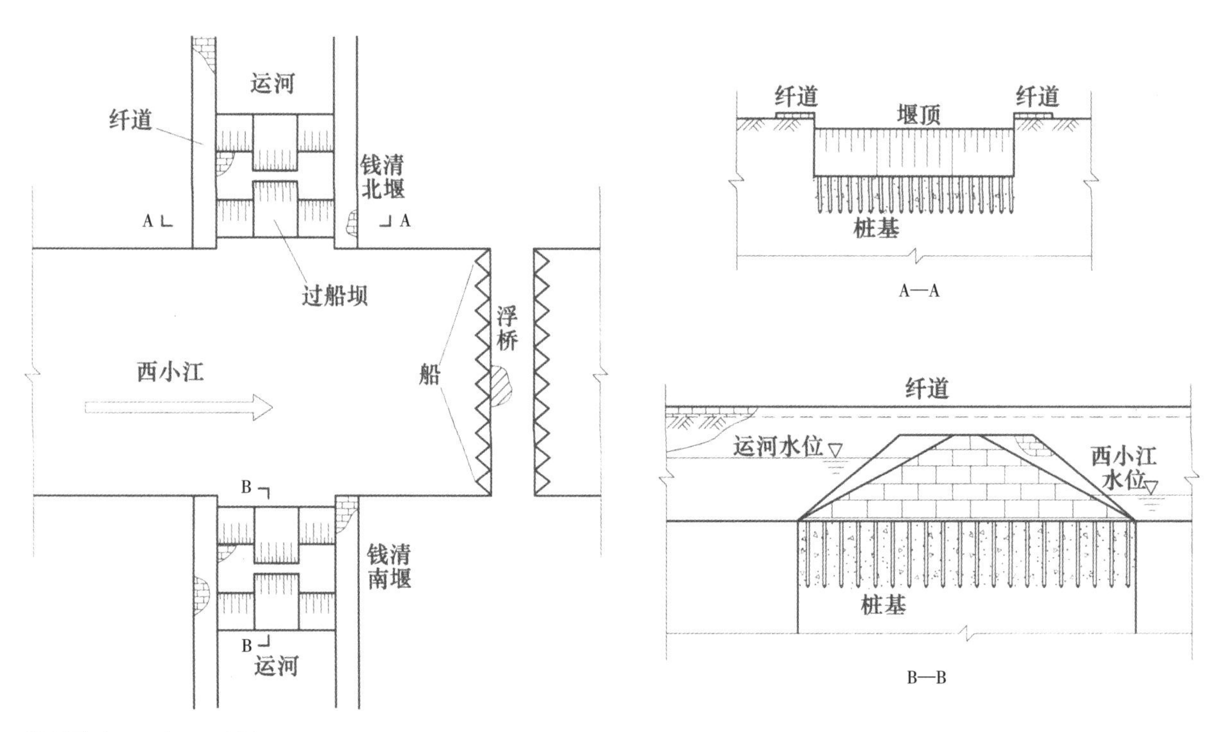

钱清堰枢纽工程复原示意图

2. 曹娥堰、梁湖堰

曹娥江与浦阳江在历史上分别称作东小江、西小江，绕行绍兴北部同入杭州湾，三江会合处称“三江口”。曹娥江也是典型的山区型、潮汐型河流。曹娥堰与梁湖堰即运河穿江枢纽，其布置与钱清两堰相似。曹娥堰与梁湖堰始建于南北朝时期，分别位于曹娥江下游的西岸与东岸，节制运河水位。宋代曹娥堰旁建有闸，附近又有一座曹娥斗门，都是用来调节运河水量的，到明万历时闸和斗门都已废弃。曹娥堰的位置比较固定，

曹娥江与曹娥坝遗址位置关系图（2019 年，魏建国、王颖 摄）

曹娥坝遗址（2019 年，魏建国、王颖 摄）

但江东运口经常变化，堰的位置也随着变化。嘉靖年间曹娥江此处河槽西侵，东岸沙涨7里，上虞知县郑芸在沙滩开浚成河并将堰移置水边。

3. 通明堰枢纽

浙东运河以通明堰为界，以西为人工河段，以东则以余姚江—甬江自然河段为主。浙东西部平原自然水系大都自南向北流，因此东西向的运河水道全部为人工开凿；东段的运河则充分利用东西流向的余姚江—甬江水系，与萧绍平原的人工河段共同组成横贯浙东平原的连续通海水道。浙东运河人工河段的平均纵坡降小于0.01‰，水位基本保持稳定；而作为运河主线的余姚江—甬江干流是宁波地区行洪的主要河道，平均纵坡降为4.71‰，河流的水位水量洪枯变幅很大，且受甬江口潮汐影响显著，海潮最远能够上溯至上虞的通明堰。水文特征完全不同的两段水道，通过通明堰枢纽实现了良好衔接，保证了浙东运河长期的全线畅通。北宋的通明堰枢纽仅为上虞县城东的一座堰坝，堰西为通往梁湖堰的人工运河，堰东即余姚江上游通明江。南宋为扩大通船能力增建一堰并增开月河，通明堰始有南北之分。明代对通明堰枢纽进行大规模改建，将通明北堰移置郑监山下，增开后新河及十八里河，并增建大江口坝，通明江也基本渠化，最终形成包括三座堰坝及复线水道的工程枢纽，水运条件和保证率大大提高。清代由于上虞段运河南线长期疏于维护，水运条件恶化，由百官至余姚西曹墅桥的北线逐渐兴盛起来，并一度取代南线成为水运主线。

作为人工运河与自然河段衔接的通明堰枢纽，由堰坝、月河共同组成，并经过多次修建。最初通明堰即北堰，航路如图中的“1—1—1—1—2”段，南宋嘉泰元年（1201年）修通明南堰，在上虞县城（今丰惠镇）东三里，南堰建成之后南、北二路并行。明初洪武时通明北堰移建至郑监山下，名郑监山坝，又名新通明坝或中坝，航道路线变为“1—4—3—1—2”段。通明南堰东四里有七里滩（因距城7里得名），沙积水浅，舟行常须待潮而行。永乐九年（1411年）即因七里滩运道淤塞不畅，于是开后新河，自西黄浦桥（在县西二三里处）至郑监山堰，并向东续开十八里河至余姚江并建江口坝（又名下坝），永乐之后以此路（“3—3—3”段）专行官民船，虽然不甚便捷但不用候潮，而商船行南堰一路。江口坝又名通明下坝、大江口坝或新坝，在余姚县境内，东北距余姚县城四十里，西南距中坝十八里。江口坝为石砌，而此处运河高于余姚江水15尺。

此路明代为绍兴至宁波必经之路，坝太高不太好过，往往候夜潮时通行。嘉靖三年（1524年）开浚已被居民侵占的上虞城内河道，并将南岸整理开为宽六尺的纤道，并将西黄埔桥改建名为凳桥，航道仍恢复为通过城内的一线，但后新河也并未废毁。嘉靖十四年（1535年）又开北岸地为路，宽8尺余。

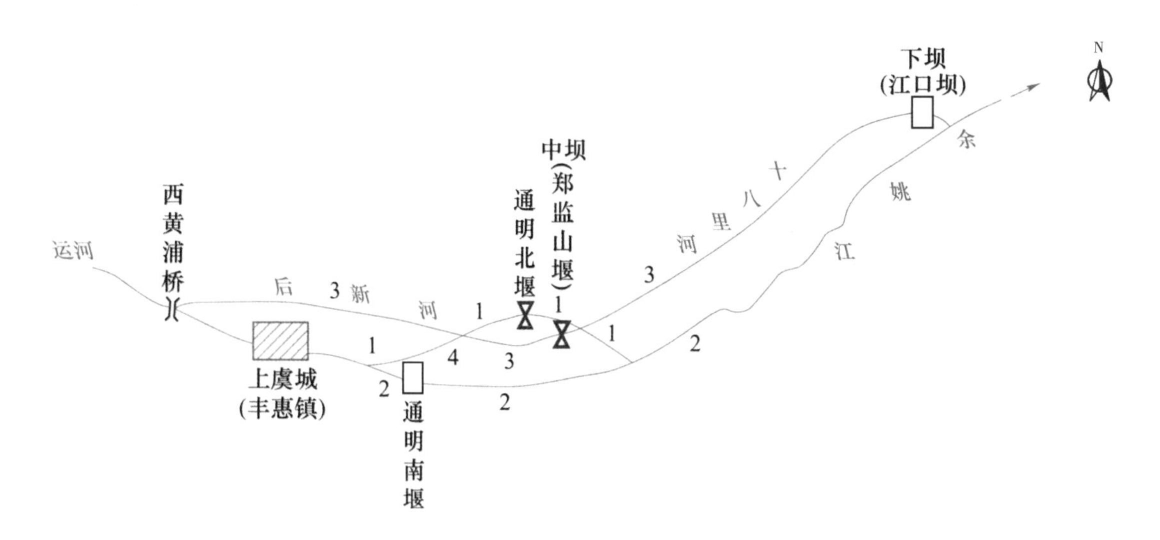

明代通明堰一带运道演变图

上虞通明堰（2010年）

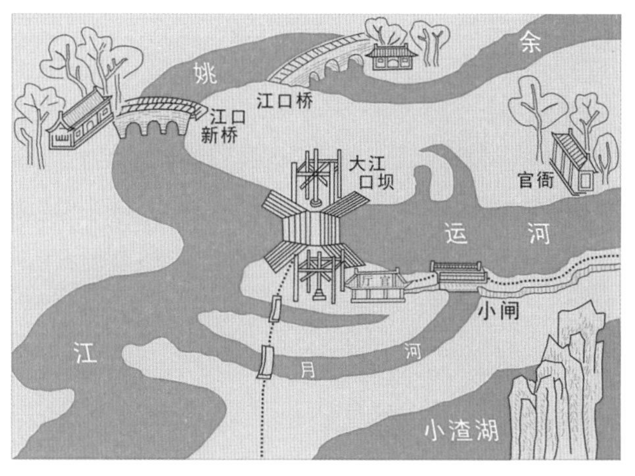

明万历年间浙东运河与余姚江平交处（据《（万历）绍兴府志》图改绘）

4. 西渡枢纽

大西坝遗迹（2010年）

西渡枢纽是沟通慈溪县（今慈溪镇）与宁波府城之间的支线区间运河刹子浦—西塘河与余姚江平交处的控制枢纽，始建于宋。宁波府城西门外有西塘河，至西渡与余姚江干流连接。余姚江自丈亭分为两支：干流东南流至宁波，绕府城北、东汇入甬江入海；另一支自丈亭东流经慈溪县城南，至夹田桥与刹子浦沟通，南至西渡接入姚江干流。人工疏通形成的支线与余姚江干流平交的地方有堰坝控制，即西渡枢纽，由此构成宁波府西余姚江两岸之间的水运网络。西塘河与西渡堰至晚在宋代就已经出现；明清时期堰改称大西坝，而余姚江北岸的刹子浦

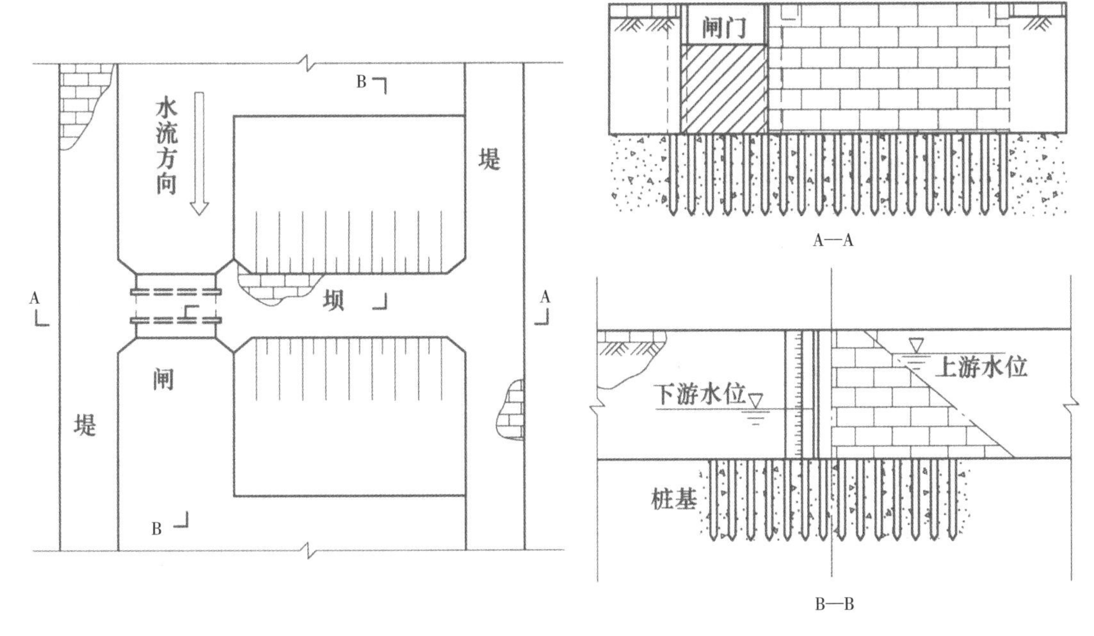

闸坝一体节制工程示意图

水路也已经成熟，接余姚江处有坝名小西坝，与大西坝隔江相对，因此剎子浦又称小西坝浦。坝的主要功能为挡潮、节制与通船。

1.9 通济渠

通济渠开通于隋代，完善与繁荣于唐代和北宋时期，唐宋时称汴河。通济渠是受黄河影响最大的运河。南宋建炎二年（1128年），东京（今河南开封）留守杜充为阻止金兵南下，扒开黄河大堤，导致黄河全河南徙夺泗入淮，此后黄河屡屡南泛，使汴河逐渐淤高甚至被黄河泥沙掩埋。通济渠—汴河经历了黄河南行期间，淮北平原沧海桑田的巨大演变过程。

1.9.1 河道

通济渠是在春秋战国时期的鸿沟和秦汉时期的汴渠基础上形成的。

1.9.1.1 春秋战国时期：鸿沟的开凿

鸿沟又名大沟、渠水，战国中期由魏国修建，是最早直接打通黄河和淮河的人工运河。

战国初期，魏国成为战国七雄之一，地处七雄中央；魏国还是战国初期最早进行变法的国家，魏文侯在李悝、吴起、西门豹等人的协助下，对经济和政治进行改革，国力盛极一时。魏惠王即位后，雄心勃勃，力图控制中原，称霸诸侯。为此，先在魏惠王九年（前361年），将都城由黄河以北的安邑（今山西夏县西北）迁至黄河以南的大梁（今河南开封市）。为发展水运，在迁都大梁后次年开始开凿鸿沟。

鸿沟的开凿分两期工程完成。

第一期工程始于魏惠王十年（前360年），主要是西自荥阳（今河南荥阳古荥镇）北引黄河水东流，注于

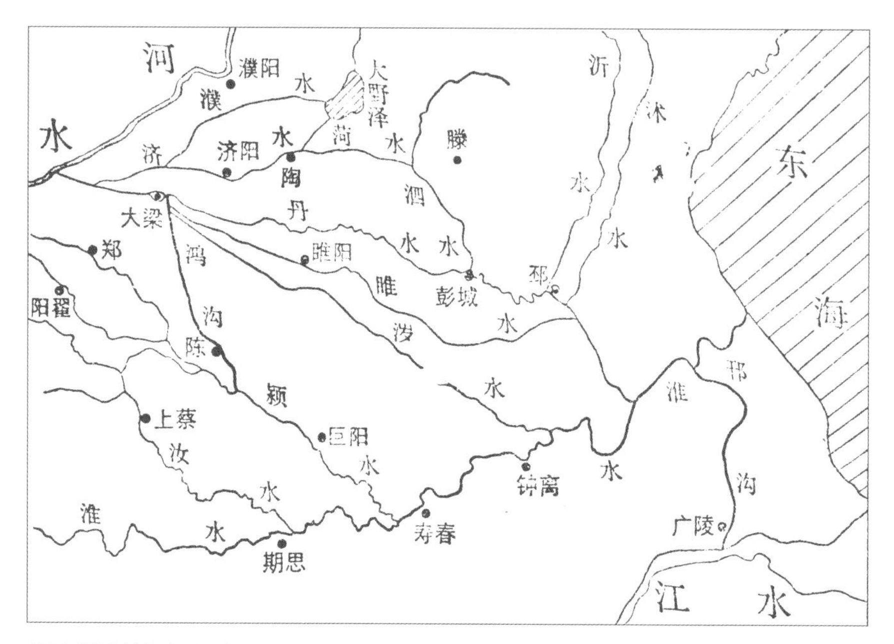

战国时期的鸿沟水系示意图

大梁（今开封）西的圃田泽；“又为大沟引圃水”，大沟就是鸿沟，即自圃田泽向东开渠，引水到大梁。这一时期开凿的是鸿沟的上游段，即大梁以西段。

第二期工程是在20多年后，即魏惠王三十一年（前339年），魏国又“为大沟于北郛，以行甫田之水”，即将大沟向东延伸，经大梁北郭到城东，再折而南下，至今河南沈丘东北，与淮河以北的支流丹、睢、涡、颍诸河相接，组成鸿沟水系。这条人工河道史称鸿沟，也是鸿沟的中段。鸿沟从大梁南下时，一路上又沟通了淮河北面的一些支流，如丹水（汴河上游）、睢水（已淤）、濊水（今浍水）等。

这一时期，鸿沟水系分布具体如下：渠水在大梁一分为二，即“汴、沙到浚仪（今河南开封）而分也，汴东注，沙南流”。汴水东循汳水经河南陈留、杞县至商丘北接获水，再经虞城、安徽砀山，至江苏徐州北入泗水通淮河，东晋后该段运道通称汴水。南流的沙水，经今通许东、扶沟、西华至淮阳又分为二支，一支经安徽首入颍水通淮河，称新沟水；一支东流经鹿邑、安徽亳县、蒙城至怀远入淮河。鸿沟以沙、汴二水为主干，通贯豫东平原，将黄、淮两大水系间的济、濮、汴、睢、颍、涡、汝、泗、菏等主要水道连通起来，形成鸿沟水系。

鸿沟凿成后，引来丰富的黄河水，不仅鸿沟本身成为航运枢纽，而且与之相通的丹水、睢水、颍水等因为水量得以补充，航道比较畅通，内河航运有很大发展，从而沟通今河南、山东、江苏、安徽等省的运道。对此，司马迁在《史记》中由衷赞叹道：“荥阳下引河，东南为鸿沟，以通宋、郑、陈、蔡、曹、卫，与济、汝、淮、泗会”。

鸿沟的开通不仅极大地改善了魏国的水路交通，而且对于淮河流域经济社会的发展具有重要作用。除航运外，这些水道兼可灌溉农田，从而使其连通的丹水、睢水、濊水、颍水等流域成为战国中后期的主要产粮区。鸿沟的开凿，还促进了沿运城市的发展，沙水别出鸿沟处的陈（今河南淮阳），西淝河、颍水入淮处的寿春（今安徽寿县），睢水岸边的睢阳（今河南商丘），丹水和泗水交汇处的彭城（今江苏徐州），以及大梁（今河南开封）等，都成为盛极一时的大都会，有的还成为大国的都城所在地。

秦和西汉时期，鸿沟的主干沙水称狼汤渠，仍东南注入颍水；自浚仪（今河南开封）分出的汴渠，又称汴水、汳水，开始逐渐成为鸿沟的主干。公元25年，东汉刘秀定都洛阳，中国的政治重心由关中移至洛阳，洛阳开始成为漕粮集中地。汴渠在东汉的水运作用更加重要，当时有“东方之漕全资汴渠”的局面。因此，东汉政府对汴渠的治理和开拓颇为关注，并有所建树。

1. 王景治理汴渠

汴渠又名汴水，原为鸿沟水系的分支，由鸿沟上段与汳水（又名丹水）连缀而成，横贯黄淮平原北部。

据《水经注》记载，汉代以前的汴水，在浚仪县（今河南开封市）北分鸿沟水东流，东经今河南杞县、兰考、宁陵、商丘、虞城，过安徽萧县，至江苏徐州，北入泗水。在浚仪西的鸿沟上段，除引黄河水外，还汇纳了来自荥阳西南的旃水（又名索水）。西汉时，由于汳水一度仅靠旃水为源，常把旃水视为汳水上源。又据《汉书 · 地理志》记载，旃水作汴水，在其逐渐取代鸿沟南下颍水的正流而成为连通中原与东南地区的水运干道后，被统称为汴水，东汉后多称汴渠；鸿沟南下颍水的正流称狼汤渠。

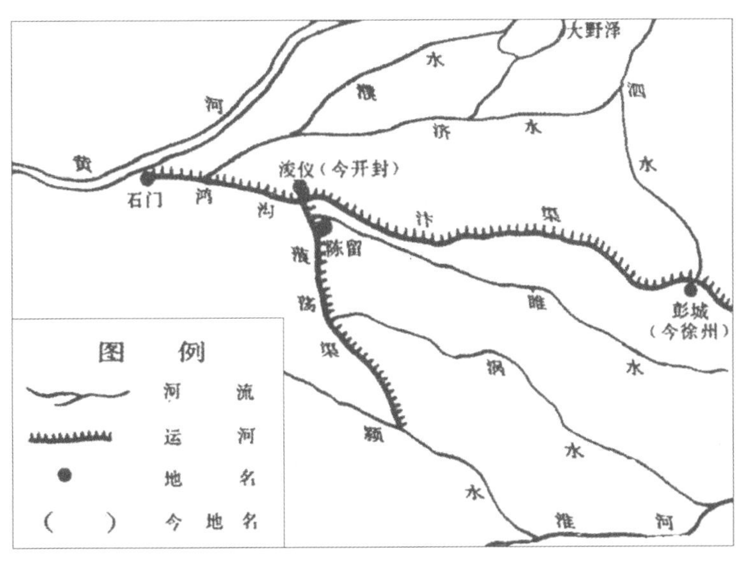

东汉汴渠示意图（据《水经注》绘制）

河南荥阳汉鸿沟遗址（20 世纪 80 年代）

与鸿沟水系其他运道一样，汴渠与黄河之间的关系极为密切。它既以黄河为主要水源，又因黄河含沙量高及其善淤、善决、善徙的特性而使其正常引水面临很大困难，有时甚至淤阻运通，影响通航。因而，历代重视对汴渠的疏治。

东汉永平年间（58—75年）王景治河是对汴渠的一次大规模整治，成为隋唐通济渠的重要基础。

王景治河的重点主要集中于黄河和汴渠。实际上，治汴是主因，治河是前提，治汴必先治河。当时汴渠之所以决坏，主要是因为两汉之际黄河的频繁决溢泛滥，泥沙淤积，导致黄淮之间的水运遭到严重毁坏。东汉王朝“建都洛阳，东方之漕全资汴渠，故惟此为急”，因此永平年间开始大规模的治河理汴工程。

这次治河工程主要包括三项内容。

一是疏浚河道。据《后汉书·王景传》记载，王景和王吴共同“修浚仪渠，吴用景墕流法，水乃不复为害”。这里所说的“浚仪渠”，就是疏浚汴口至浚仪（今河南开封市）之间被黄河决溢泛滥所毁的汴渠河段。接着又于永平十二年（69年）再次“议修汴渠”。可见由于黄河泛流南侵，汴渠故道被夺，鸿沟水系中的其他水道也逐渐被淤塞湮废。所谓的“墕流法”，即在汴渠上修建类似今侧向溢流堰的设施宣泄汛期洪水。

二是修筑堤防。既然汴渠损坏的直接原因在于黄河泛滥，那么黄河不治，汴渠也难以得到治理。只有把黄河和汴渠分开，才能使汴渠不再遭受黄河的侵扰。因此东汉明帝采纳王景的治河理汴方案，当年“夏，遂发卒数十万，遣景与王吴修渠筑堤”，在自荥阳东至千乘海口千余里的黄河下游筑起大堤，黄河河床得以稳定，黄河不再频繁决溢泛滥侵扰汴渠。同时，由于这条路线入海距离较短，比降较大，河水流速和输沙率均相应提高，所以不仅使百年河患得以平息，而且此后“历晋宋魏齐唐八百余年，其间仅河溢十六次，而无决徙之患”。

三是设置水门。王景在治理汴渠时总结了前代经验，发展了水门技术（详见第1.9.3节）。

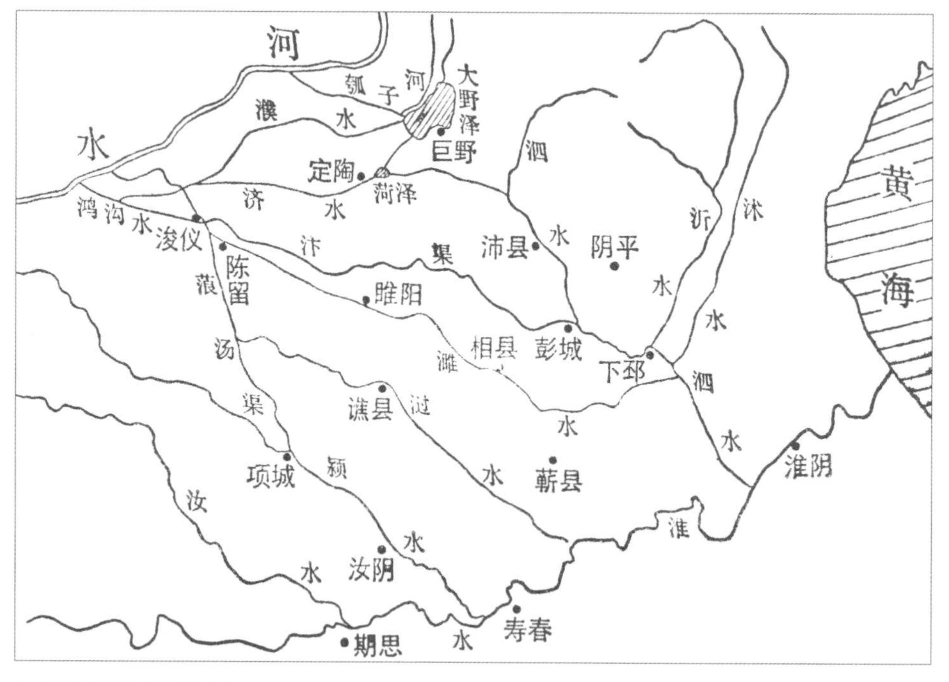

东汉汴渠和狼汤渠示意图

2. 开凿阳渠，延伸航线

东汉建都洛阳后，与秦和西汉的都城所在相较，更加靠近关东和江、淮平原等富庶的产粮区域，漕运困难减少，但仍面临两个主要问题：一是洛阳北距黄河尚远，漕船无法直达；二是洛河水浅，通漕不便。所以东汉立国不久，便着手开凿从洛阳直通黄河的运河，名阳渠，又名九曲渎。

东汉开凿阳渠曾两次兴工，第一次是建武五年（29年），采纳河南尹王梁的建议，“穿渠，引谷水注洛阳下东泻巩川”。谷水是洛河北侧的支流，东流至洛阳西入洛河。王梁所开渠道，大约就是自当时河南县附近导谷水使出王城北，合瀍水经络阳城（今河南洛阳市东）北，东注为阳渠，但未能开通。第二次是建武二十四年（48年），由大司空张纯主持，“上穿阳渠，引洛水为漕”。

张纯主持开凿的阳渠以洛水为主要水源，同时纳入谷水。阳渠从当时的河南县西南开渠引水，经城南，北穿谷水，主要利用王梁引谷水注洛阳的旧渠纳入谷水。谷水与瀍水原为洛水支流，当时阳渠自千金堨南引谷水，渠道很高，自城西偏北东引入城。入城后有几个分支，曲折出城。阳渠正流绕城都洛阳，过城东的太仓，又东而北有几个池塘，最有名的是鸿（洪）池陂，出陂向东，至偃师东南入洛河。

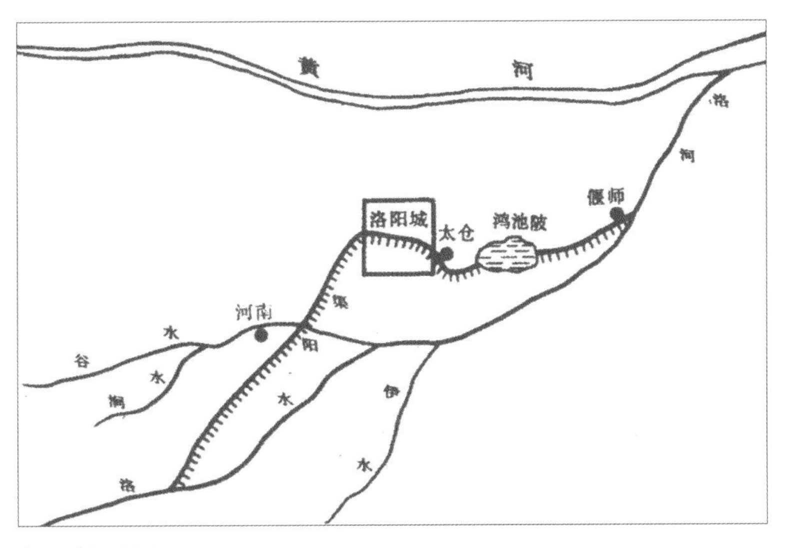

东汉阳渠示意图

阳渠以洛水为主源，利用王梁所开渠道，既引入谷水，又截纳各水入渠，所以水量较大，能够满足通漕用水需要，从而使鸿沟进一步向西扩展，形成西起洛阳，经阳渠，连接黄河、汴渠的新航线，把洛阳同中原和江淮等经济区域密切连接起来，大量漕粮可由河入洛，循阳渠直达洛阳城下，输入太仓。

1.9.1.3　隋代通济渠的开凿

隋代营建东都洛阳和开凿南北大运河，是历史上两大著名工程。隋代大运河，以通济渠和永济渠的开凿为标志，南通余杭（今浙江杭州），北达涿郡（今北京）贯穿北京、河北、河南、安徽、江苏和浙江等省，沟通海河、黄河、淮河、长江和钱塘江五大水系，初步形成以洛阳为中心的南北水运大动脉。

隋朝初年，京师所在地的关中地区“及三河地少而人众，衣食不给”，而关东和江南地区的经济发展已超过关中，山东、河北一带产粮区也“府库盈积”，尤其江南地区发展更为突出。开皇三年（583年），因京师仓廪空虚，开始在黄河、伊洛河、颍、汝等沿河之滨的“蒲、陕、虢、熊、伊、洛、郑、怀、邵、卫、汴、许、汝等水次十三州置募米丁；又于卫州置黎阳仓、洛州置河阳仓、陕州置常平仓、华州置广通仓，转相灌注，漕关东及汾、晋之粟以给京师”。与此同时，为改善漕运条件，把关东和江南的粮食物资运抵关中，隋文帝先后于开皇四年（584年）开广济渠，拟“引渭水自大兴（即长安），东至潼关三百余里”；开皇七年（587年）“使梁睿增筑汉汴口古堰，遏河入汴”，并更名为“梁公堰”；以古邗沟为基础“于扬州开山阳渎，以通漕运”；开皇十四年（594年），关中大旱，粮食短缺，隋文帝被迫率领文武百官迁往洛阳。开皇十五年（595年）六月，令开凿底柱，但终未解决好漕运问题，京师所需粮食日趋紧张。

隋文帝画像

隋炀帝即位后，开始营建东都洛阳，并开凿南北大运河，以缩短当时的政治重心和经济重心之间的距离，解决关东和江南漕粮运抵京都洛阳的水运问题。

隋代通济渠是在古汴渠基础上开凿而成。古汴渠是鸿沟体系的分支，从黄河引水后经今开封、商丘、虞城、砀山、萧山至徐州入泗水，沿泗水入淮河，隋代以前一直是沟通黄河与淮河的重要运道。

当时连接黄淮二水的水路仍是鸿沟的两条主干：东线汴渠，由黄河入汴渠至彭城（今江苏徐州）入泗水通淮河；西线则由黄河通过颍水、涡水入淮河。这两条水道长期遭受黄河决溢泛滥和多沙、善淤的影响，修则通，不修则塞。从南北朝至隋初长期处于浅涩淤阻的状态，对南北水运交通影响颇大。因而，在隋炀帝营建东都洛阳的同时，启动通济渠开凿工程。

隋炀帝（唐　阎立本《历代帝王图》）

隋大业元年（605年），隋炀帝命宇文恺在古汴渠河道基础上整治河道，修筑堤堰、设置斗门等，渠成，名“通济”。这一工程在洛阳役丁200万人，河南、淮北、淮南诸郡110万人，历时五个月完成。

通济渠自洛阳西苑引谷、洛二水分支入洛水正流，通黄河，又自板渚（今河南荥阳县汜水镇东北）引黄河水，与古汴渠合入新渠，通于淮。其中，从东都洛阳引谷、洛水进入黄河段，仅对局部进行了疏浚和整治，工程量不算太大。“引河通淮”段工程比较艰巨，首先对今荥阳和开封间的古汴渠故道进行了疏浚、拓宽和改建；其次，在开封以东与古汴渠分途，另开一条新渠，东南经今陈留、杞县、商丘、永城、宿县、泗县，在泗州入淮。新修的渠道，“广四十步，渠旁皆筑御道，树以柳”。同时整修了山阳（今淮安）至扬州的渠道，即山阳渎。全部工程，自东都洛阳至江都，长约2200余里。

通济渠斜贯黄淮平原南半部，地势自西北向东南倾斜，流向与地势一致，共分两段：西段自东都洛阳西苑（今洛阳市涧西一带）引谷、洛二水，循东汉所开阳渠故道，傍洛东行，至偃师汇洛河，至巩县洛口入黄河；东段，自黄河南岸的板渚（在今河南荥阳县汜水镇东北，黄河南侧）引黄河水，流经广武山南麓，东行汴水故道，至大梁（今河南开封）东，别汴水折向东南流，经陈留、雍丘（今河南杞县）、睢县、宁陵、至宋城（今河南商丘）、东南行蕲水故道，又经夏邑、永城、安徽宿县、灵璧、泗县、江苏泗洪，至盱眙对岸注入淮河，初名通济渠，又名御河，唐初改称广济河，唐宋时通称西段为漕渠或洛水，东段为汴河或汴渠。

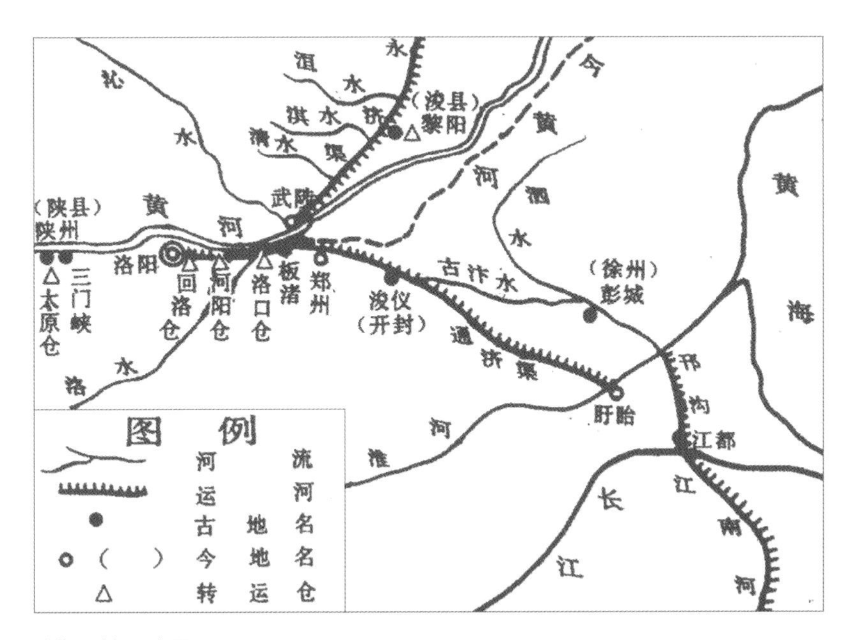

隋代通济渠示意图

通济渠是隋代大运河最重要的河段，该河段从大业元年（605年）三月开工，至八月结束，历时不到半年，工程规模之大、进度之快，堪称奇迹。这主要是因为通济渠经流黄淮之间的淤积平原，易于开挖，而且沿途尽量利用天然河流和古鸿沟、古汴渠等已有人工运河，从而不仅使开凿工程量大为减少，而且在水源方面既有充沛的黄河之水作为主源，又有淮河北侧的汝、颍、涡、泗等较大支流补充和调节水量。

通济渠工程的重点在于“引河通于淮”线路的选定。此前的古汴渠自开封东循汳水、获水，至今江苏徐州转入泗水，不仅“汴水迂曲，迴复稍难”；泗水河道也弯曲，不易航行；而且沿线的徐州附近有吕梁、百步二洪之险，水流湍急且河道中巨石齿利。隋代开凿通济渠，从开封东即与古汴河分道东南行，循睢水、蕲水故道直接入淮，既缩短了航程，又避开了徐州附近的徐州洪、吕梁洪之险，大大便利了南北水运交通。然而，由于这段工程尚未完善，隋代及唐初运道仍以溯泗入汴为常，直到唐中叶才畅通无阻。

通济渠刚刚建成，隋炀帝便从东都洛阳出发，巡幸江都，沿途舳舻相接，浩浩荡荡，绵延200余里，500里内各州县都要进献山珍海味，劳民伤财，为隋王朝的覆亡埋下伏笔。但是，通济渠却在后来的唐代发挥了重要的作用。因而，诗人皮日休对通济渠的议论比较公允：“尽道隋亡为此河，至今千里赖通波。若无水殿龙舟事，共禹论功不较多。”

1.9.1.4 唐代的通济渠

唐中期后，通济渠一名几乎不再使用，逐渐被汴河或汴渠所替代。在黄淮平原东南部地区，从扬州向北，沿山阳渎至楚州（今江苏淮安），溯淮河而上，除汴河主干线外，尚有其他三条水路可进入中原。

一是由楚州至泗州，经虹县（今安徽泗县）溯淮河而上，由涡口（今安徽怀远县境内，涡水入淮口）入涡水，经亳州、太康，西合蔡水，至汴州（今河南开封）合于汴河。

二是由楚州经泗州，溯淮河，过涡口继续西上，经寿州（今安徽寿县）、颍口（颍水入淮口）入颍水，再溯颍水经颍州（今安徽阜阳）、颂城（今河南沈丘）入蔡水（古时亦称琵琶沟），经陈州（今河南淮阳）沿蔡州到浚仪（今河南开封），也合于汴河。

三是隋开通济渠以前的古汴水，即汉代汴河，又称广济渠，由楚州溯淮河而上，在角城入泗水，经泗阳、宿迁，至彭（今江苏徐州）入获水，经蒙县、睢阳（今河南商丘）、雍丘（今河南杞县）、陈留，至汴州合于汴河。这条淮泗至汴州的古运道，唐高祖武德七年（624年），尉迟敬德曾“凿治徐州、吕梁二洪，通饷道”。贞元十五年（799年），韩愈在《此日足可惜赠张籍》诗中有“乘航下汴水，我去趋彭城”的诗句；在《汴泗交流赠张仆射》中也有“汴泗交流郡城角，筑场千步平如削”的诗句。白居易则在《长相思》中写道：“汴水流，泗水流，流到瓜洲古渡头”。这都表明唐代后期古汴水仍在通航。

此外，唐代汴河曾于开元二十七年（739年）改道。当时汴河最下游自虹县（今泗县）至临淮县入淮段长150里，水流迅急，常用牛拉竹索拖船上下，入淮后需逆流而行，有风涛覆溺之险。河南采访使齐澣建议自虹县以下开河30余里通清河（泗水），行百余里，又自清河开渠至淮阴县（今江苏淮安）北18里入淮河，称广济新河。后因新渠河流仍然湍急，又多砂礓石，漕运艰难，不得不废弃而重开旧道。

安史之乱（755—762年）期间，汴河断航长达8年。唐广德二年（764年），刘晏等人修复汴河，并在扬州、河阴和长安建转运仓，实行漕粮运输“转般制”，即“江船不入汴，汴船不入河，河船不入渭。江南之运积扬州，汴河之运积河阴，河船之运积渭口，渭船之运入太仓”。漕粮转般制的实施有效地保障了长安和洛阳的物资供应，并对后世产生了深远的影响。

唐末，由于藩镇割据，战火不断，各政权不仅对运河的建设没有多少建树，而且出于战争需要经常人为破坏运河，导致“汴水自唐末溃决，自埇桥东南悉为沼泽”，航运时有中断。

五代后晋天福三年（938年）建都汴州（今河南开封），称东京。此后后汉、后周均建都于此。为发展漕运和灌溉，甚至满足军事需求，这几个朝代都对汴河有所经营，其中后周的成就最为显著。

据《资治通鉴》记载，后周显德二年（955年），周世宗柴荣平定淮南后，又欲南征，于是疏浚汴渠，直至泗州运道。此后先于显德四年（957年）在大梁（今河南开封）西引汴水北入五丈河，连通齐鲁运道，五丈河即唐代所开湛渠，经此疏治后，因河宽5丈而得名。接着于显德五年（958年）欲率领战舰自淮河入长江，但阻于楚州（今江苏淮安）北神堰而不得渡，遂开凿楚州西北鹳水，即老鹳河，使数百艘战舰顺利驶抵长江；又于当年三月疏浚汴口，导汴渠达于淮河，于是江淮始通，并迅速打败南唐，统一了江北十四州。然后于显德六年（959年）二月自大梁城东，导汴水入于蔡水，以通陈颍之漕；浚五丈渠，东过曹济梁山泊，以通齐鲁之漕。经过后周的整治，汴渠有所改进，东南流接通济渠，沟通江淮漕运；东流接五丈河，沟通齐鲁河运；南流接蔡河，沟通陈颍，从而为北宋汴京四渠的大规模漕运奠定了基础。

1.9.1.5 北宋的汴京四渠

北宋立国后，结束了五代十国的分裂局面，中央集权得到加强；北宋定都汴京（今河南开封），在后周汴河的基础上进行大规模治理，使其运输能力远超其他运道，成为这一时期最为重要的水路交通动脉。与此同时，北宋还大力整治、扩建蔡河、五丈河和金水河，使之与汴渠一同在汴京交会，构成著名的“汴京四渠”，对以汴京为中心的北宋政治与经济起了重要作用。

1. 汴渠

北宋立国之初，北临契丹的威胁，对于定都汴京还是洛阳，一直犹豫不决。开宝九年（976年），宋太祖赵匡胤认为开封地势平衍、无山川之险可守，打算将都城迁往形势险要的洛阳或长安。后来，考虑到当时的经济中心在江淮地区，而国家所需粮食物质多仰赖于此，为确保漕粮顺利运抵都城，最终沿袭五代，仍定都于漕运便利的汴京。

北宋定都汴京后，城内居民加上几十万禁军，常住人口超150余万人，加上战马数十万匹，所需大部分粮食物资主要源自江淮地区，所以对漕运的仰赖程度远超唐代。虽然当时除汴河外，还有广济河和惠民河等运渠转运部分漕粮，但漕运仍以汴河为主。正如《宋史·河渠志》所说，“唯汴水横亘中国，首承大河，漕引江湖，利尽南海，半天下之财赋，并山泽之百货，悉由此路而进”。

汴河承担如此之巨的漕运量，需不断地引入黄河水以满足其通航条件，随之而入的是黄河水携带的大量泥沙，这导致汴渠的淤积较唐代更为严重。据《资治通鉴长编》记载，宋神宗时汴河已严重淤积，“观相国寺积沙，几及屋檐”。王安石曾在熙宁六年（1073年）指出：“旧不建都，即不如本朝专恃河水，故诸陂泽沟渠清水皆入汴。诸陂泽沟渠清水皆入汴，即沙行而不积。自建都以来，漕运不可一日不通，专恃河水灌汴，诸水不得复入汴，此所以积沙渐高也”。因此，北宋对于汴河的治理极为重视，兴役频繁。正如《宋史·食货志》所载，“建隆以来，首浚三河”，其中以汴河整治工程的耗费为最大。

首先是对汴河的疏治，主要采用两种方法：一是人工清挖河底，二是束水攻沙（见第1.9.2.2节中的“木岸狭河”）。

北宋在频繁的汴河清淤工作中，逐渐形成一些规范制度。对于清淤的要求，大中祥符八年（1015年）有人建议以阔五丈、深五尺为准；后来规定每年疏浚时以开挖至汴河底的石板石人为准。对于疏浚频次，大中祥符八年（1015年）有人建议“自今汴河淤淀，可三五年一浚”；至皇祐三年（1051年）八月规定，遇汴河航运阻滞时，令河渠司自汴口开始疏浚，“岁以为常”。对于清挖河底的做法，根据《宋史·河渠志》的记载，“于沿河作头踏道擗岸，其浅处为锯牙，以束水势，使其浚成河道”；熙宁十年（1077年），都水监丞范子渊请将黄河所用“浚川耙”用于汴河疏浚。

其次，由于引黄济汴的淤积问题未能彻底解决，北宋至道二年（996年）后开始有废弃汴河、另辟新河的议论。有关议论主要包括以下三种。

第一，据《宋史·河渠志》记载，北宋至道二年（996年）春，内殿崇班阎光泽、国子监博士邢用之曾建议在开封附近开新河，“自京师抵吕梁彭城口，凡六百里”。这实际上是恢复东汉的古汴渠故道。当时宋太宗曾采纳该建议，并下令开工，后因有人力谏工程不可行而废止。

第二，北宋景德三年（1006年），内侍赵伦建议自东京（今河南开封）分广济河，由定陶至徐州入清河（即泗水），以通江淮漕路。这基本上是循古菏水遗迹稍加改作，但因沿河地势高低不平，水又极浅，这条新河也没有实现。

第三，北宋神宗熙宁六年（1073年），都水监丞侯叔献又建议“储三十六陂及京索二水为源，仿真州、开平直河置闸，则四时可行舟，因废汴渠”。这一建议是要从根本上废弃汴河，再循白沟开辟直达彭城的新河。建议的白沟之役工程规模也相当艰巨，因而反对者众，但当时的主政者王安石认为可行，并开始施工。次年，因汴河以南诸水失于疏浚，为害甚大，于是白沟之役废止。从此，另开新河之议不再有人提及。

最后，由于汴河淤积疏浚无效、另辟新河终未成功，熙宁、元丰之际遂有“改疏洛水入汴”之举（详见第1.9.2.2节）。

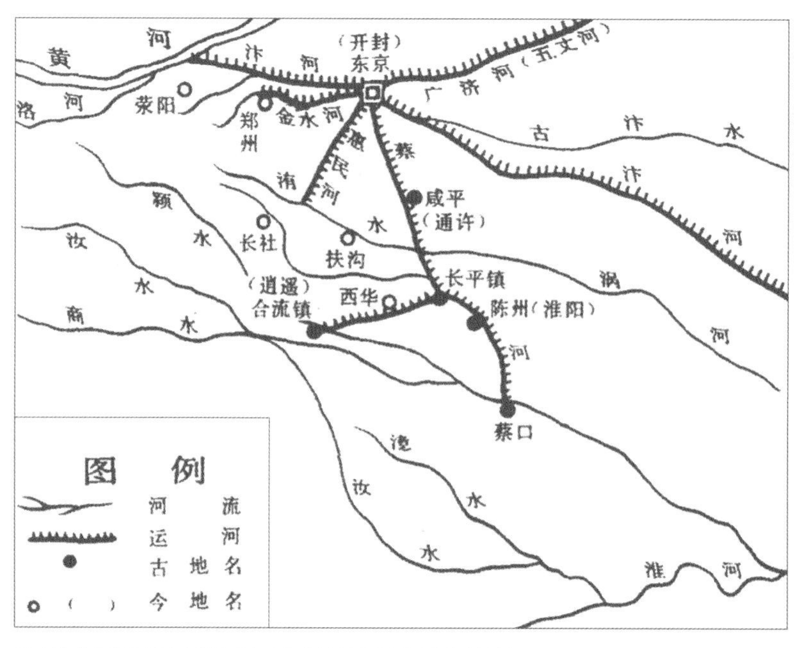

北宋汴京四渠示意图（据《宋史》《中国历史地图集》绘制）

2. 惠民河

惠民河是沟通北宋汴京与陈、蔡地区（今河南省与安徽淮北一带）的水上交通要道，主要包括闵河、蔡河、自合流镇至长平镇一段河道。惠民河常与蔡河混称，实为两河或一河之两段。它的上源为闵水、洧水和溰水，自汴京西南流入城，绕向东南流，自蔡口（今河南项城北）入颍通淮。汴京以上原称闵河，后改惠民河；汴京以下称蔡河。惠民河在汴京四渠中占有相当重要的地位，北宋曾采取多项工程措施以保证其航运的畅通。

首先是广开水源济运。北宋建隆二年（961年）导闵水至汴京合蔡河，而闵水水源则上承溱洧诸川。乾德二年（964年）又自长社引溰水至汴京入闵，将易于泛滥的溰水用作闵河水源，达到分洪益漕的双重目的。淳化二年（991年），自长葛县境内分引洧水与淇水东流，并利用今许昌、郑州一带的小河流补充水源。这些河流含沙量稍少，所以惠民河的淤积不像汴河和五丈河那样严重。

其次是设立斗门以调节水量和控制船只往来。北宋建隆元年（960年）始浚蔡河，设斗门，大体为古沙水旧道。在汴京城内外的蔡河上设立小木闸、惠济闸、独乐闸、赤仓闸和万龙闸等；熙宁四年（1071年）又增置上下坝闸，蓄水备蔡河浅涸。此外，在惠民河部分引水要害处设置控制水闸，如符惟忠在宋楼镇碾湾、横陇村置二斗门以杀水势；在部分要津处横置铁锁，以便控制交通和征收商税。熙宁八年（1075年），朝廷决定从京西运米到河北，因蔡河水源不足，船只无法抵达河北境，于是在汴蔡两河间的丁字河凿堤置闸，引汴水入蔡河，结果河成后仍不能行舟，最终失败。

北宋开宝六年（973年），闵河改名“惠民河”，随后“惠民河”的范围扩展至包括蔡河和长平镇至合流镇间的水道。

惠民河最初的运输量仅次于汴渠。如太平兴国六年（981年）运抵汴京的漕粮共计550万石，其中惠民河运粟40万石、菽20万石，广济河运20万石；后来惠民河的运输量则不及广济河，如治平二年（1065年），惠民河运粮26.7万石，广济河74万石。

3. 广济河

广济河为北宋汴京东通齐鲁地区的运道，主要利用唐代武则天时所开湛渠、后周柴荣所开五丈河，自汴京城东经河南陈留、山东菏泽、巨野等县入于济水。因渠宽5丈，又名五丈河。

北宋建隆二年（961年）对五丈河进行整治，夹汴水造斗门，引京水、索水、蔡河水通城壕入斗门，由渡槽过汴水入五丈河济运。整治后的五丈河经行路线大致是：自汴京城西北，引京、索、蔡为源，东北经今兰考北部和定陶、菏泽之间，又东北行经今郓城、巨野之间，以及梁山、安山之间，至今东平县西北，以通当时的北清河（即古济水会汶河以下故道，又称大清河），然后由北清河东至广饶以达渤海，基本上是循济水故道。后置堰闸，屡疏浚，改名广济河，北通梁山泊。景德三年（1006年），分广济河由定陶循菏水至徐州入泗水通漕，工虽成但水浅不能通漕。

神宗时引汴水济广济河，元丰五年（1082年）罢广济河辇运司，改由淮阳军（治下邳，今古邳镇）介入汴漕运。是年并撤去汴河上面京索水的渡槽。元祐时又重置，并恢复漕运。横架在汴梁上的渡槽有时阻碍行舟而被废弃。

广济河的主要问题是水源不足，北宋景德二年（1005年）曾议引汴水入河，又怕淤塞。熙宁八年（1075年），因无法直接从汴河引水，遂采用间接的方法，沿汴河置渗水塘，又自孙贾斗门（汴京西汴河上的斗门）置“虚堤”8处，渗水入西贾陂，由减水河注入雾泽陂，作为五丈河的水源。“虚堤”应为透水坝。

对五丈河的整治，不仅有利于京都城汴京与齐鲁之间的漕运，而且对汴河起着分洪作用。据《宋史·五行志》记载，北宋宣和元年（1119年），汴河大水将溢之际，雇民夫将其导由汴京城北入五丈河分泄，下注梁山泊，最终安全度汛。

经过北宋的整治，五丈河基本保持通航，“京东自潍（今山东潍坊）、密（今山东诸城）以西州郡，租赋悉输沿河诸仓，以备上供……舟楫通利，无所壅遏”。

4. 金水河

金水河，又名天源河，本京水，导自荥阳黄堆山，其源名祝龙泉。为给五丈河补充水源，北宋建隆二年（961年）在右领军卫上将军、分司西京陈承昭的主持下，开渠100多里，东经中牟，直抵汴京西，架渡槽，横跨汴渠之上，使金水河的水通过渡槽向东注入五丈河。

五丈河得到水源较清的金水河供水，经常淤塞的状况得到改善，但金水河渡槽横架汴渠后产生了新的问题，即阻碍汴渠过往船只的正常通行，船只经过渡槽下之时，需把架槽移开。此后，因城西引洛水入禁中，渡槽遂被废弃。后来还引副堤河入蔡河以补充水源，并与永安清龙河汇合，改名“天源河”。

除了辟为新的运河水源外，金水河还是当时京师城市水景观和饮用水的重要水源。北宋建隆二年（961年）在架渡槽的同时，设立斗门引水入支渠通护城河。乾德三年（965年），又引水贯皇城内苑。大中祥符二年（1009年）兴修新的供水工程，扩大供水范围，“官寺、民舍皆得汲用”，尾水则经城下水窦排入护城河，入五丈河。

5. 汴京城运河水网

汴京（今河南开封）是北宋的都城，又称东京。它有城墙三重，中心为皇城，第二重为里城，第三重为外城，外城周长40余里。北宋汴京人员辐辏，商业发达，加上几十万禁军驻扎于此，人口超150万人，“比汉唐京邑，民庶十倍”，繁盛一时。然而，繁华的汴京所需粮食物质大多源自江南地区，全靠漕运维持，年均漕运量一般为600万石，仁宗时最高达800万石，漕运船只约6000艘。这使得汴京城成为当时的全国水运中心，汴河、蔡河、五丈河和金水河等沟通全国各地的运河都穿城而过，形成汴京水运网。其中，横亘东西的汴

御驾观汴涨

《清明上河图》中汴京城内汴河两岸的繁华景象

北宋汴京城及运河水系示意图

河成为骨干运道，时人称“半天下之财富，并山泽之百货，悉由此路而进”。因而，一旦漕渠出问题，就会人心惶惶。北宋淳化二年（991年）汴河决口，宋太宗竟不顾道路泥泞驱车亲临视察。汴河的重要性由此可见一斑。当时自楚州（今江苏淮安）、泗州至汴京80天一运，每年可三四运。

汴河自开封西水门入城，从东水门流出，在城内流经商业中心的相国寺前，沿河两岸建有装卸码头和仓库50余处。由于汴河长期以黄河为水源，泥沙多，淤积严重，为维持其正常运行，岁修和管理制度都很严格。

蔡河由城南入城，折一个“几”字形弯道后仍由城南出。该河东支可连接淮河北岸各支流，西支则可沟通河南西部一带地区。

五丈河以城壕的水为源，从城东北角出城，东与山东巨野相连，是联系山东的主要运道。

金水河专门供应城内生活用水和园林用水，凿渠引荥阳山丘集水东流，自西北角入城。入城前用渡槽横跨汴河，保持水流清洁，入城后则分支入皇城。尾水注护城河，接济五丈河用水。

综上所述，北宋时期汴京城的水运交通十分便利，自此乘船可通往全国各主要地区。

1.9.1.6　宋代后期汴河的衰败

汴河的运输一直持续到北宋末，金兵南侵，汴河失去维护，逐渐废弃。

汴河的破坏约自北宋末年开始。宋徽宗（1101—1125年）喜欢从江南地区搜罗奇花异草和怪石巨木，大搞“花石纲”，导致汴河漕运量显著减少。宣和七年（1125年），金兵大举南侵，汴京被围，汴河上游堤岸失防，导致漕运不通。次年又因汴堤失守，汴河断航，“校之每岁所入盖未有百分之一”。靖康之后，汴河上游被盗决数处，决口有宽达百步者，久塞不闭，干涸月余，汴河朝不保夕，逐渐失去运输动脉的作用。宋室南渡40余年后，宋孝宗派楼钥于乾道五年（1169年）出使金国，途经汴河时，从灵璧北行数里，见到的汴水已断流，“河益湮塞，几与岸平，车马皆由其中，亦有作屋其上”。可见此时的汴河已完全不能通航。

南宋迁都临安（今浙江杭州）后，统治范围仅及江、淮以南半壁河山，在此后直到1279年南宋灭亡的150多年间，宋与金、金与蒙古族之间长期对峙，黄河流域兵燹不断，对汴河的破坏极大。

先是南宋建炎二年（1128年）东京（今河南开封）留守杜充决开黄河，使“自泗入淮，以阻金兵”。在南宋与金的对峙期间，黄河长年失修，南徙夺淮之势愈演愈烈，“或决或塞，迁徙无定”。在黄河长期南泛的影响下，汴河日渐淤垫不通，至乾道年间（1165—1173年）已完全淤塞。此后绍熙五年（1194年）八月，河决阳武故堤，灌封丘而东；端平元年（1234年），蒙古军南下，在开封北决黄河寸金淀之水以灌宋军；黄河每次大的冲决，汴河几乎都是首当其冲，这使得它更加衰败。

至此，作为隋唐宋时期沟通南北水路交通的大动脉，汴河已被分割中断；中原地区的其他运河也多被淤塞，随着北宋的灭亡而逐渐消失在历史长河中。

1.9.2　水源工程

鸿沟、通济渠、汴河水系形成后之所以水源丰盛、畅通无阻地沟通黄、淮水系之间的水运交通，原因在于开凿过程中采用了以下两项措施：一是开源引水，调节水量；二是以湖为库，因势利导。

1.9.2.1　引黄济运

鸿沟开凿后，黄河是其最主要的水源。

据《史记·河渠书》记载："荥阳北引河，东南为鸿沟"。又据《水经》记载："渠出荥阳北河，东南过中牟之北"。这说明鸿沟主要以黄河为水源。由于黄河多沙易淤，水流湍急，涨落无常，且荥阳以下河段很早已是游荡性河道，主溜多变，致使鸿沟以黄河为源的引水条件十分复杂。见于古籍记载的鸿沟引水口就有荥口、宿须口、阴沟口、济隧和十字沟（濮渎口），更北还有酸枣水口为通濮入济之口。这种多口引水的情况，主要是为适应黄河多沙善淤、河床多变和主溜经常摆动的特点，以保证正常的引水。其中，荥阳北的荥口则是鸿沟直接从黄河引水的主要水口，也是最大的引水口。

鸿沟水系所经黄淮平原地势西高东低，逐渐向东南倾斜。西自荥阳，东至商丘、淮阳、上蔡等地海拔不超过200米，以东的地带则在50米以下，而且在地势低凹的倾斜地带，淮河以北有众多支流纵横交错，颍水之北、泗水之西、济水之南也分布着众多大大小小的湖泊。鸿沟的开凿充分利用了这种低凹倾斜的地势和星罗棋布的河流湖泊等优势，既减少了工程量，又可将沿线湖泊作为天然的水柜，用来蓄存与调节运河水量，起到事半功倍的成效。

除引黄河水作为主要水源外，鸿沟流经途中右侧一些天然河流也被陆续拦截纳入以补充运河水量。在大梁（今河南开封）以西，通过荥泽、圃田两大湖泽，将今荥阳、郑州、中牟南境的小河支流基本拦截并纳入鸿沟；经大梁城东郊南流的鸿沟，即《水经·渠水注》所说沙水，通过开封与尉氏间的逢泽，将中牟南部和新郑东北大面积的来水基本汇纳；逢泽又与大梁的蒲关泽共同承泄调蓄着坡地来水；沙河在流经今尉氏、鄢陵、扶沟、西华等县境内时，则先后截拦汇纳沿途的沟溪河川。因此，鸿沟水系的流量堪称丰沛，基本可以满足通航用水，而且历时较久。

1.9.2.2　引洛济运——清汴工程

清汴工程，就是引清水入汴河的工程。北宋以前汴河一直以黄河为水源，清汴工程是改引洛河为汴河主要水源。与黄河相较，洛河含沙量较少，故称清水，"清汴"二字始见于《宋史·河渠志》。

汴河以黄河为水源，这为汴河的正常运行带来两个问题：一是黄河携带大量泥沙，造成汴河严重淤积，水流不畅，航行困难，并逐步成为地上河，不得不频繁疏浚河道、筑堤防洪，尤其渠首段的疏浚任务更为艰巨；二是由于黄河主流摆动较大，导致取水口频繁伸缩改动，工程浩繁。北宋熙宁年间（1068—1077年），汴河航行已十分困难，于是产生清汴工程之举。

清汴工程是在汴河渠首段进行的改造工程，它在解决汴河水源问题、航运与防洪矛盾方面取得显著成就，在航运工程技术上也有较高水平。

（1）水源工程。清汴工程的主要目的是解决水源问题，所以水源问题能否解决是工程成败的关键。宋神宗熙宁（1068—1077年）以前，每年春天都要选择合适的地点开引水口，至十月水浅无法通航时，则关闭水口进行冬修，通航时间不过200余天。在熙宁、元丰之际，遂有"改疏洛水入汴"之举。

最早提出“导洛入汴”的是皇祐年间的郭谘，据《宋史·郭谘传》记载，他建议“自巩西山七里店孤柏岭下凿七十里，导洛入汴，可以四时行运”。当时这一建议曾被采纳，但因郭谘去世而搁置未行。

北宋熙宁十年（1077年）七月，黄河主溜北移，在广武山脚退出七里宽的高滩，为导洛入汴创造了条件。元丰元年（1078年）五月，供奉官张从惠趁机再次重申“导洛通汴”建议。继而都水监丞范子渊指出引洛有十利，并提出引洛工程的初步方案和论证意见。《宋史·河渠志》对范子渊的建议进行了详细记载：“汜水出玉仙山，索水出嵩渚山，亦可引以入汴，合三水，积其广深，得二千一百三十六尺，视今汴流尚赢九百七十四尺。以河洛湍缓不同，得其赢余可以相补。惧不足则旁堤为塘，渗取河水。每百里则置水闸一，以限水势。堤两旁沟湖陂泺皆可引以为助，禁伊洛上源私取水者。大约汴舟重载入水不过四尺，今深五尺，可济漕运。起巩县神尾山至土家堤，筑大堤四十七里以捍大河，起沙谷至河阴县十里店穿渠五十二里引洛属于汴渠。”

范子渊的引洛意见得到朝廷的重视，并派蔡州观察使宋用臣前去实地考察。宋用臣调查后，不仅全力支持引洛入汴方案，而且提出补充建议。据《宋史·河渠志》记载，宋用臣的引洛入汴方案主要包括以下七项措施：①自任村沙谷口至汴口开河五十里，引伊、洛水入汴，每二十里用刍楗置一束水，以节湍急水势；②引河取水深一丈以通漕运；③引古索河为源，房家、黄家、孟家三陂及三十六陂潴蓄，以备洛河缺水时济运；④自汜水关北开河五百五十步入黄河，上下置闸节制，使黄、汴通舟；⑤在洛河旧口置水澾，以便伊、洛水暴涨时闭澾泄入黄河；⑥若古索河暴涨，则从魏楼、荥泽、孔固三斗门宣泄，保证三十六陂不致泛溢为害；⑦修护黄河南堤埽，以防侵夺新河。

宋用臣的方案显然比范子渊考虑得更为周全，特别是针对伊、洛河的暴涨暴落、清汴后的通航等都提出较为稳妥的措施。最终，朝廷采纳宋用臣的建议，并任命他为都大提举，主持导洛入汴工程。元丰二年（1079年）四月兴工，六月竣工，历时45日。自此，汴河的水源一改此前引用多沙的黄河浑水，改为引用含沙量较低的洛河、沱水和縈水，汴河水由浊变清，故有“导洛清汴”之称。

导洛清汴是北宋一项成效显著的水运工程，综合考虑了水源的可靠保证、取水枢纽和引水渠线的合理规划、运渠水量的调节、异常洪水的排泄、汴黄之间的通航等技术措施，这是一个全面的系统规划方案，代表了宋代水利工程技术的先进水平。

（2）水量调节工程：水柜。为保证汴河有充足的水源，维持足够的航深，除禁止伊洛河上游擅自取用河水外，还利用沿线陂池设置系列调节水量的水柜，“以备洛水不足”。

宋代汴河设立的济运水柜数量当不在少数。据《资治通鉴长编》记载，苏辙曾令汴口以东各州县，就各自辖区内水柜所占亩数、每岁有无除放二税等进行上报，可见当时汴口以东所设水柜众多。其中，较为著名的是汴梁西的大白龙坑及其周边三十六陂。早在宋太祖即位次年，即建隆二年（961年）便开始设立汴河济运水柜，太祖还曾亲至南城视察水柜修筑现场。

汴河水柜的大规模设立是在都大提举宋用臣导洛通汴以后。其中，针对汴河另一主要水源索河，将其引到地势较高的房家、黄家和孟王三陂及其周边的一些小陂中，作为清汴工程的调节水库，当洛水不足时放水入汴济运。由于汴河横断汜水，汜水也成为主要水源之一。

导洛通汴后汴河的水源一般能得到满足，且水柜所占田地面积不少，于是在苏辙和刘挚的建议下，元祐元年（1086年）建议废罢汴河水柜，朝廷废罢中牟、管城等县水柜。至绍圣四年（1097年），在贾种民等要求恢复清汴的同时，杨琰又请“依元丰例，减放洛水入京西界大白龙坑及三十六陂，充水柜以助汴河行运”，均被朝廷所采纳，部分水柜得以恢复。

（3）引水枢纽。由于黄河不时涨落，主溜大水离汴口时远时近，致使汴口引水的困难很大，甚至因淤滩扩延，无法引水。为保证汴河水量，开始在黄河滩地上开挖引水河道。北宋熙宁十年（1077年）七月，河阴（今河南荥阳东北）以西黄河主流北移，在旧河道与广武山脚之间淤出宽约七里的高滩，导洛入汴进水口即选择在此，即以洛水入黄河口右岸的任村沙谷作为引洛渠口，在黄河滩地上开挖引水渠，至河阴县十里店（引黄汴口左岸）注入汴河，引水渠全长51里。

（4）河槽整治工程：木岸狭河。清汴工程改引黄为导洛入汴，主要水源由浑水改为清水，这为防止汴河的继续淤积奠定了一定基础，但汴河原来形成的宽浅不一河床，使其仍然无法避免运道的淤垫。所以，北宋时期采用狭河工程以解决汴河淤积问题。所谓狭河，就是采用木桩和木板为岸以束狭河身，加大水流速度，使运河利于行船，同时使泥沙更多地被带走，减慢淤积速度。

早在宋嘉祐元年（1056年），宋仁宗令三司在汴梁至泗州间的汴河设置狭河木岸，这是见诸记载最早在汴河上设置的狭河工程。据《宋史·河渠志》记载，嘉祐六年（1061年），因汴水浅涩，漕运屡遭阻滞，当时都水奏称：汴河“自应天府（今河南商丘）抵泗州，直流湍驶无所阻。惟应天府上至汴口，或岸阔浅漫，宜限以六十步阔，于此则为木岸狭河，扼束水势令深驶”。虽然狭河束水工程实施过程中曾遭到一些人的反对，但最终成功，并取得显著成效，“旧曲滩漫流，多稽留覆溺处，悉为驶直平夷，操舟往来便之”。司马光更是在《涑水纪闻》中赞叹道：张巩“大兴狭河之役，使河面俱阔百五十尺，所修自东京抵南京以东已狭，更不修也；今岁所修止于开封县境”。

北宋元丰三年（1080年）导洛通汴后，江淮发运司因汴河浅涩，纲船毁坏颇多，欲置草屯浮堰、加深汴河以利纲运，都大提举导洛通汴司认为，“洛水入汴后，开封至泗州间的运道，宽处水行散漫，多浅涩，请修筑狭河六百里”。同年四月，导洛通汴司又奏请所狭河道处，宜留水面宽80尺以上，束水水面宽45尺，最终朝廷决定令留水面宽百尺。此次狭河工程竣工后，效果也很明显，江淮发运司由此自请不再设置草屯浮堰，纲运主事也自请减少纲船人员。

宋代对于用狭河的方法处理汴河泥沙淤淀、加大汴河航深的技术已有比较明确的认识。据《宋史·河渠志》记载，宋仁宗时，担任“都大管勾汴河使”的符惟忠曾明确提出以狭河攻沙的方法，即“渠有广狭，若水阔而行缓，则沙伏而不利于舟，请即其广处束以木岸”。宋代用木岸狭河以束窄河道刷沙、并冲深河道的技术，开明代“束水攻沙”方略之先河。

（5）通黄船闸。清汴工程竣工后，原有的引黄汴口被堵闭。为解决黄河与汴河之间的通航问题，将清汴通黄口选择在被它截断的汜水入黄旧河道，在长550步的河段上置上、下二闸，从黄河入汴或由汴河入黄的船只先进入二闸之间，然后再放行入汴或入黄，既可使往来船只平顺进入不同的运道，又可防止汴河清水走泄和黄河浑水涌入。这是典型的船闸结构，标志着宋代船闸技术已达到较高的水平。

（6）防洪工程。清汴工程引水渠开凿在黄河滩地上，易受黄河洪水威胁；洛水汛期峰高量大，屡屡对引水渠造成危害。为解决汴河防洪问题，主要采取以下三项措施：一是由于清汴引水渠在黄河滩地上开凿，与黄河平行，因此在外侧筑堤防洪，保证渠道安全。大堤西起神尾山，东至土家堤，全长47里。二是在伊、洛河水入汴河的取水口建泄水石础，宣泄伊、洛河洪水入黄河。三是在清汴引水渠外侧设魏楼、荥泽、孔固三座泄水闸，用以宣泄古索河等山洪河道的汛期洪水，避免其对汴河的破坏，确保运道安全运行。

清汴工程竣工后，汴河面貌为之一变，航运条件大为改善。此后，汴河上的行船增加，通航时间延长，维护管理人员减少，运输能力提高，每年漕运量高达600万石。同时，汴河航运的安全可靠性也得到加强。因此，在清汴工程运行10余年后，人们给予它极高的评价："清汴导洛贯京都，下通淮、泗，为万世利"。

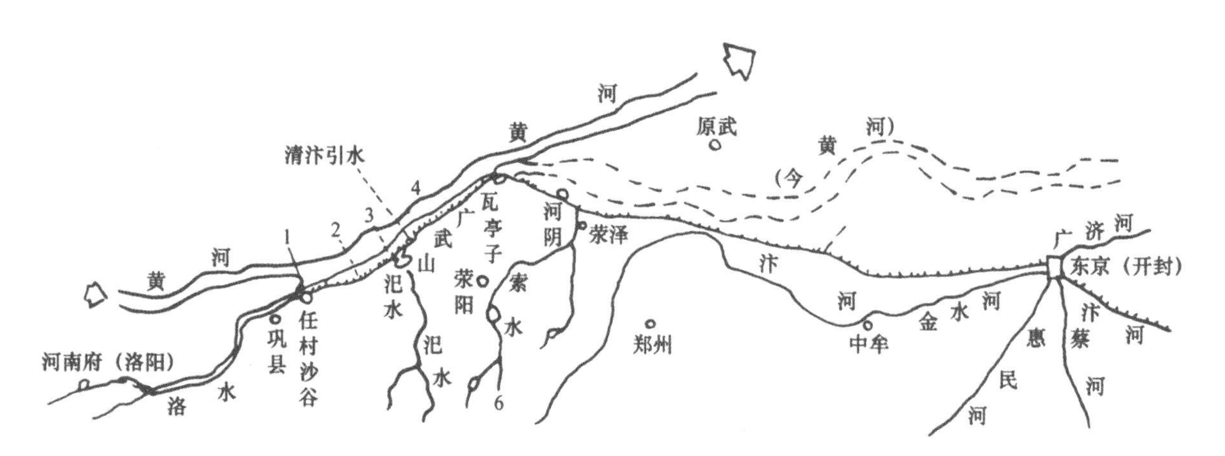

北宋清汴工程及东京附近水道示意图
1—洛河口清汴工程引水渠口石础（溢流堰）；
2、3、4—魏楼、荥泽、孔固三座泄水闸，沿程宣泄汛期洪水

王安石变法失败后，宋代统治日趋腐败，清汴工程管理不善，效益受到影响。尤其是元祐初年（1086年）清汴工程运行制度遭到破坏，又于洛口石础处再度引黄河浑水入清汴，清浊交流，导致渠道严重淤塞；甚至有部分反对派趁机建议废弃清汴工程，恢复引黄河水的老汴口。然而，鉴于清汴工程明显的优越性和巨大效益，仍然得以沿用，直到靖康时期，随着北宋王朝的衰落，清汴工程逐渐被废置。

1.9.2.3 蓄水水柜

鸿沟水系形成后，在众多水柜中，以其东流所经中牟西的圃田泽最为知名。当时圃田泽是个很大的湖泊，"西限长城，东极官渡，北佩渠水，东西四十许里，南北二十许里，中有沙冈，上下二十四浦津，津流逐通，渊潭相接"。它与鸿沟之间的关系是"水盛则北注，渠溢则南播"，即当鸿沟水大时即注于圃田泽蓄积，鸿沟水量不足时则由圃田泽水补给，既可作为鸿沟的济运水柜，以调节鸿沟水量；又可作为沉沙池，使引来的黄河水中携带的大量泥沙沉淀于此，以减轻下游运道的淤塞。此外，周围还分布有荥泽、蒲关泽和逢泽（又名百尺陂）等水柜。

至宋代，非常重视水柜水量调节的作用。据《资治通鉴长编》记载，在宋太祖即位的次年，即建隆二年（961年）便开始修建汴渠济运水柜。导洛通汴后，更是大规模地在汴渠上修建水柜。西头供奉官张从惠在建

议导洛入汴时，就曾提出汴河两旁的“沟、湖、陂、沥皆可引以为助”。入内供奉宋用臣更加明确地提出，“引古索河为源，注房家、黄家、孟家三陂及三十六陂，高仰处潴水为塘，以备洛水不足，则决以入河”。这些陂塘就是汴河水柜。

宋代汴河水柜之多，可从苏辙奏状中“汴口以东州县，各具水柜”的描述中得知。当时可能因为水柜占田过多，百姓时有怨言，所以苏辙提出“以农地还之”的建议。导洛入汴后，随着水源的丰沛充足，水柜的作用不再明显，知郑州岑象求奏称：“自宋用臣兴置水柜以来，元未曾取以灌注，清汴水流自足，不废漕运。”苏辙据此进一步提出“尽废水柜，以便失业之民”，以后中牟、管城等县的水柜逐渐被废弃。

宋绍圣四年（1097年），杨琰建议按照元丰年间的做法，减放洛水入京西大白龙坑及三十六陂，“充水柜，以助汴河行运”。此后在杨琰、贾种民、曾布等的积极推动下，在恢复清汴的同时恢复了部分水柜。

1.9.3 汴口工程

汴口是鸿沟—通济渠—汴河水系自黄河引水的取水口。由于其水源主要引自黄河，汴口是否通畅直接关系到鸿沟—通济渠—汴河是否畅通，因而是治理的首要任务。

1. 鸿沟引黄口门

鸿沟开通后，由于黄河多沙易淤，水流湍急，涨落无常，且荥阳以下河段是游荡性河道，主溜多变，致使鸿沟以黄河为源的引水条件十分复杂。

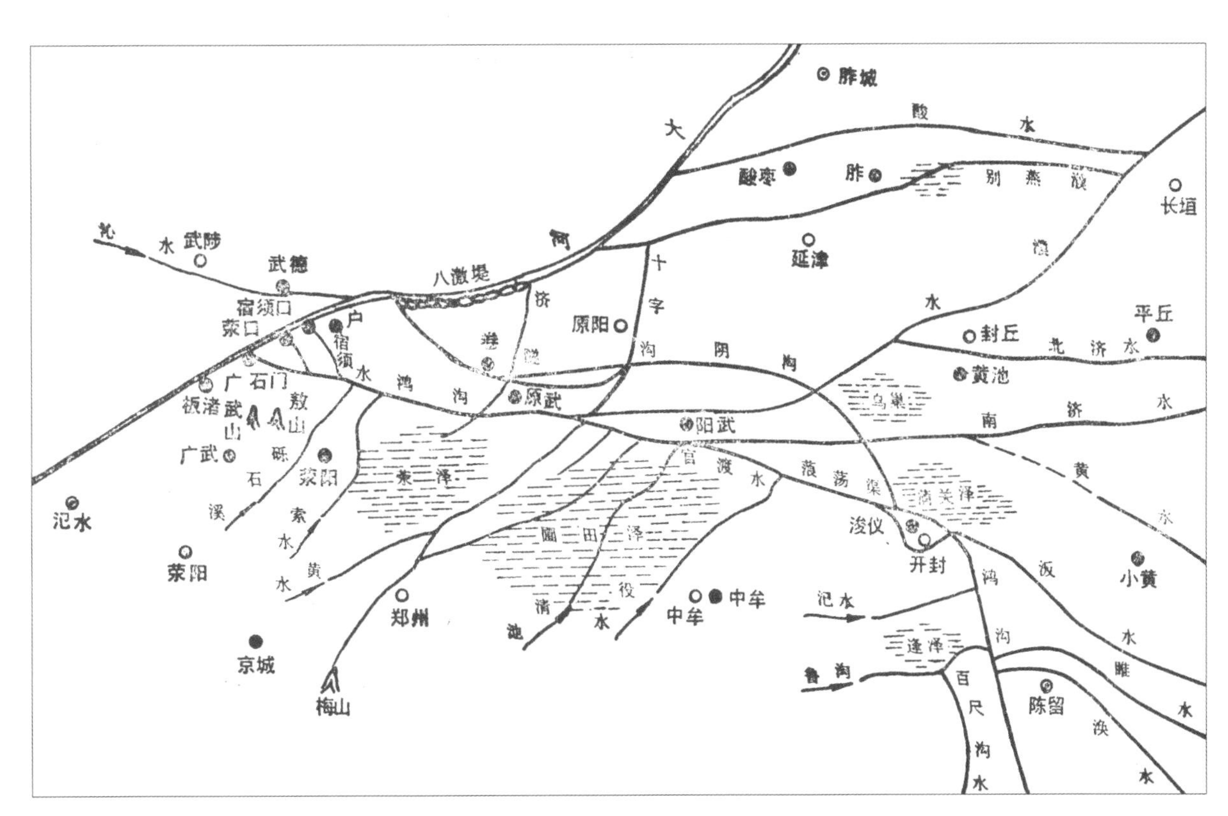

《水经注》中鸿沟水系及其引水口示意图

《水经注》中记载的鸿沟与黄河之间的水口有六七处之多，自西而东者依次为：建宁石门、荥口、宿须口、阴沟口、济隧和十字沟（濮渎口），更北还有酸水口，为通濮入济水的口门。这些水口基本上都是先秦或秦汉时期开凿的。其中，建宁石门是东汉王景所开，建宁年间（168—172年）改建为石门。这种多口引水的布置很好地适应了黄河多沙善淤、河床多变和主溜经常摆动的河势特点。

据《史记·河渠书》记载，“荥阳北引河，东南为鸿沟”。又据《水经》记载，“渠出荥阳北河，东南过中牟之北”。这说明鸿沟通黄的荥口是从黄河引水的最西水口。在这几处引黄水口中，荥阳北的荥口是鸿沟直接从黄河引水的主要水口，也是最大的引黄水口。据《战国策·燕二》记载，苏代在游说燕王时曾提到“决荥口，魏无大梁”，可见荥口引黄水量之大。关于荥口的具体位置，《如淳注》中曾指出“今泺溪口是也”。泺溪，即今枯河，在汉荥阳故城（今河南荥阳古荥镇）北。荥口水门的运行历时较久，直到东汉阳嘉年间（132—135年）仍在使用。

荥口向东，有阴沟口。据《水经·阴沟水注》记载：“阴沟首受大河于卷县（今河南原阳）。故渎东南经卷县故城南……东南经大梁城北，左屈与梁沟合，俱东南流，同受鸿沟沙水之目”。显然，阴沟水流经原阳县境的一段约与狼汤渠平行东流，至大梁合于狼汤渠，东南流入颍水。所以，阴沟口是鸿沟的又一处引水口。

阴沟口向东，又有自北而南横绝阴沟、济水的两条水道，一条是北引黄河、南通荥泽的济隧，水口在卷县北；另一条位于古黄河南、原阳北，按垂直方向开凿的引黄河水南行、越济水而入中牟西圃田泽的渠道，古称十字沟，即《水经·渠水注》所说“又有一渎，自酸枣受河，导自濮渎，历酸枣，经阳武南出，世谓之十字沟”。十字沟的引水口为濮渎口。

建宁石门位置最西，东距荥口大约十余里，是为适应东汉黄河河势而开凿的，最稳定，沿用也最久。王景开建宁石门时，可能对其他水口也进行了相应的疏导。根据近代水利专家武同举的说法，王景治河所立水门可能就是在通黄处设立多口引水设施，从最上游的建宁石门到下游的十字沟，间距约九十里，在黄河上设有六口与济水相通，与“十里立一水门”的记载基本相符合。至隋开通济渠，通黄渠口更上移至板渚。

由建宁石门、荥口向东，自卷县引黄河水平交穿过济水的阴沟，自北而南横绝阴沟、济水的济隧和十字沟，都是在荥口以东的黄河南岸先后开挖的引水渠道。这种多首制的水门设置办法较好地适应了黄河的河势特点，一方面，无论黄河的主溜是“上提”还是“下坐”，都能有一个水门迎向它，引水更有保证；另一方面，若某一水口引水过多，可通过济隧和十字沟两条横向水道，在黄河与汴水、济水之间进行水量调节。最终，这不仅适应了当时黄河多沙易淤、主溜多变的特点，增加了鸿沟的引水量，而且在鸿沟引黄地带构成一个“荥播河济，往复径通”的水运网。

2. 王景水门

东汉王景治理汴渠时，在总结前代经验的基础上，进一步发展了水门技术。

水门是用以调节引水的渠首建筑物。自黄河引水的水门，至迟在西汉已开始运用。据《后汉书·王景传》记载，西汉黄河水患加剧，“河、汴决坏，水门故处皆在河中”。又据《汉书·沟血志》记载，西汉建平初年（前6年），待诏贾让在其著名的“治河三策”中策中曾提到荥阳漕渠的“水门但用木与土耳”。可能这种水门并不带闸门，运用上存在不少技术困难，尤其是用来引用多沙善淤、主溜多变的黄河水，不但水门常淤浅不畅，而且主溜大水往往“与水门每不相值”，从而进一步造成引水困难。于是，王景治汴时，“十里立一水门，令更相洄注”。

对于“十里立一水门，令更相洄注”的解释，归纳起来主要有以下三种。

第一种看法认为，是在黄河河岸上每隔十里立一水门，这种看法比较普遍，以清代魏源所著《筹河篇》最具代表性。他们往往把“遣景与王吴修渠筑堤，自荥阳东至千乘海口千余里”与“十里立一水门”两句连在一起解释，认为“十里立一水门”是治黄的关键所在。如魏源曾指出，东汉时黄河已建有两重堤防，类似后世的缕堤和遥堤，水门即建于缕堤上。汛期洪水从水门溢出缕堤之外，所挟泥沙沉积于遥、缕二堤之间，洪峰过后，溢出缕堤并已澄清的河水再通过水门回归正河。如此可将原来淤积河床的泥沙转移至遥、缕二堤之间，用于淤固堤背，回流的清水则可刷深河床，一举两得。

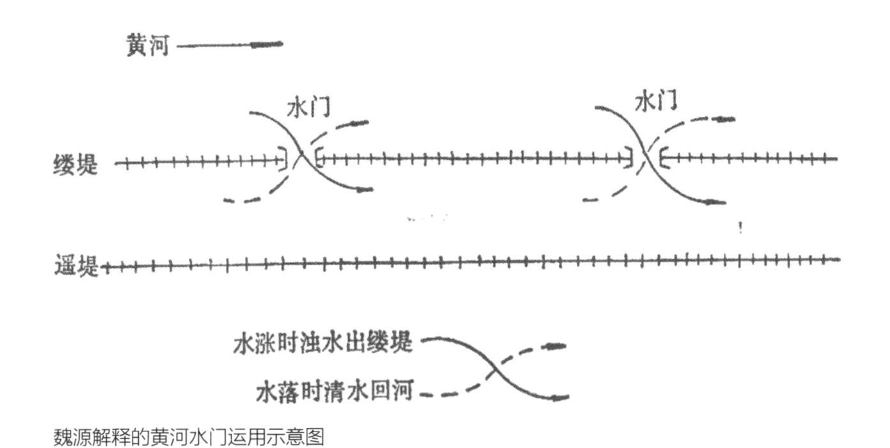

魏源解释的黄河水门运用示意图

第二种看法认为是在汴河上每隔十里立一水门，以近代著名水利专家李仪祉《后汉王景理水之探讨》一文最具代表性。他认为水门建于汴堤之上，黄河水涨注入汴河后，再由水门依次流入河、汴两道堤防之间，使泥沙沉积在这里，而澄清后的河水在洪水过后，仍通过水门流回汴河。在此，水门对于汴河的作用，与前一种看法中水门对黄河的作用一样。

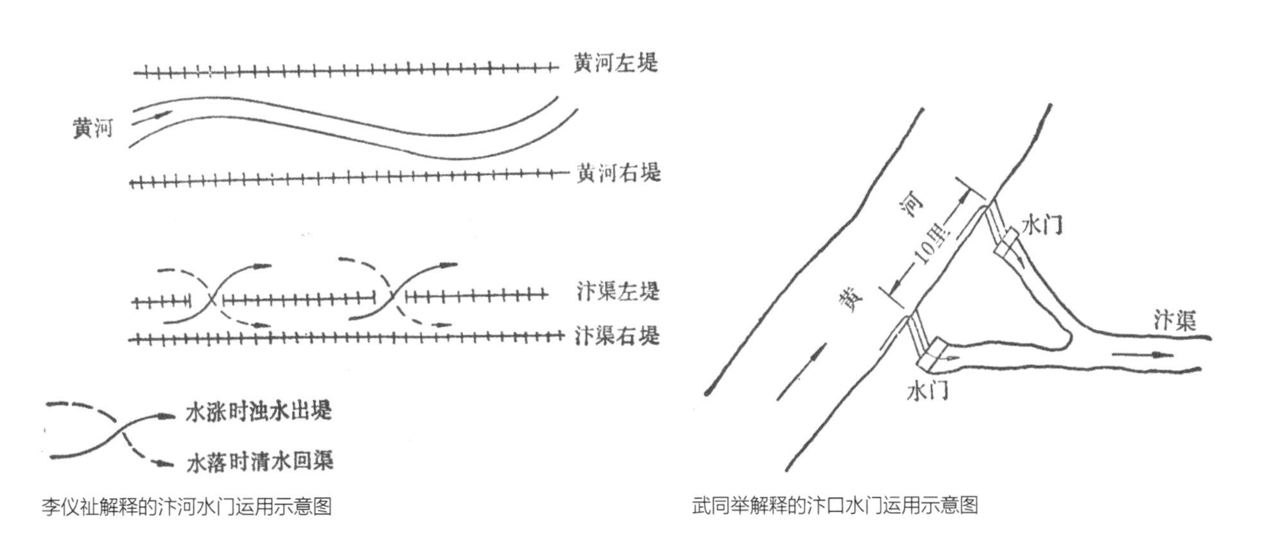

李仪祉解释的汴河水门运用示意图

武同举解释的汴口水门运用示意图

第三种看法认为是在汴渠受黄河处设置有两个或两个以上的水门，这种看法以近代水利专家武同举最具代表性。他认为“十里立一水门”是在汴渠引黄的口门处，推测“有上下两汴口，各设水门，相距十里。又各于河滩上开挖倒沟引渠，通于汴口之两处水门，递互启闭，以防意外”。

东汉永平以后，为维护汴口水门不致被黄河大溜顶冲，以防决溢泛滥和保证漕运畅通，对汴口石门不断进行修治。据《水经·河水注》记载：东汉永初七年（113年），为保证汴口安全引水，曾在“石门东积石八所，皆如小山，以捍冲波，谓之八激堤”。八激堤大约是在汴口水门处黄河右岸连续设置的8座挑流坝，既可抵制洪水冲刷，又可挑溜外移，对汴口水门具有很大的防护作用。阳嘉三年（134年）“又自汴口以东缘河积石为堰，通淮（渠）古口，咸曰金堤”，即对汴口石门附近大堤进行修治，建成石堰。

又据《水经·济水注》记载，东汉建宁四年（171年）对王景所开汴口水口进行了改建，即在“敖城西北垒石为门，以遏渠口，谓之石门……门广十余丈，西去河三里”。这表明东汉时的汴口水门已由以前的土木结构改建为砌石结构，更加经久耐冲，这是引水工程技术上的很大进步。

总之，东汉时的汴渠，在王景治河后，又经过汴渠堤防和引水口门的修治和加固，一方面使汴渠与黄河之间各安其流，基本结束了河、汴频繁决坏的局面；另一方面，又可“水盛则通注，津耗则辍流”，根据通航需要进行蓄泄以调节水量，不仅满足“东方之漕全资汴渠”的需要，而且开始在中原与江淮地区之间的水运连通方面发挥积极作用。如果说西汉武帝至宣帝间每年运至关中的400万石漕粮主要源自关东，至此关中漕粮开始逐步仰仗东南地区。据《后汉书·安帝纪》记载，永初元年（107年）曾“调扬州五郡（九江、丹阳、庐江、吴郡、豫章）租米，赡给东郡、济阴、陈留、梁国、陈国、下邳、砀山”；永初七年（113年）又“调滨水县谷输敖仓”，这是历史上有关南粮北调的最早记载。

3. 唐代汴口

唐代汴渠引黄口门，自开元年间（713—741年）开始出现严重的淤塞现象，为克服它对漕运的影响，不得不花费很大的人力物力进行疏浚。

唐开元二年（714年），因隋代所修梁公堰年久失修，江淮漕运不通，河南尹李杰主持疏治汴口淤积。10年后，即唐开元十二年（724年），采纳洛阳人刘宗器的建议，“塞汜水旧汴口，于下流荥泽界开梁公堰，置斗门，以通淮、汴”。再次对汴河引黄河水的口门进行治理。

据《旧唐书·食货志》记载，唐开元十五年（727年）正月，由于梁公堰引水口门淤积，航运中断，令将作大匠范安及检行郑州河口斗门，并征调河南府怀、郑、汴、滑三万人疏决开浚旧河口，即重开板渚口以通运。

据《资治通鉴》记载，唐贞元十四年（798年）正月，董晋作汴州水门，三月竣工。

据上述记载可知，唐代汴河引黄河水的口门，采用以汴口石门和板渚口二者交替使用的方法，以保持汴河航深和漕运畅通，满足京师对江南漕粮的需求。

4. 宋代汴口

宋代汴口仍然不止一处，但以孟州河阴和訾家口为主要引黄口门。

据《宋史 · 河渠志》记载，宋代“大河向背不常，故河口岁易”。又据《资治通鉴长编》记载，“汴水每年口地有拟开、次拟开、拟备开之名，凡四五处”。由此可见，宋代汴河引黄口有多处，且汴口每年都会变移，甚至有一年多移者。其中，孟州河阴是汴河引黄河水的重要口门之一，正如《宋史 · 河渠志》所说，“宋都大梁，以孟州河阴县南为汴首，受黄河之口，属于淮、泗”。

为适应汴口经常变移的特点，北宋并未采用固定的、永久性的闸门，而是通过人工控制汴口的方位和宽窄深浅以节制水量。即根据汴河的水势涨落和具体深浅等情况，适时缩窄和拓宽引黄水口，以保持漕运通畅。这种办法简便易行，可因地制宜，就地取材，基本能够适应通航需要，从而解决了引黄济运问题。为此，北宋时在汴口设置有专门机构。自皇祐三年（1051年）开始，汴口拥有岁修制度，即每年都会令河渠司对其进行浚治。

然而，采用人工节制引水的办法耗费巨大，因此有人建议兴建比较永久性的固定引水口，以减少劳费。宋大中祥符四年（1011年），白波发运判官史莹就提出：“孟州汜水县孤柏岭下，缘南岸山址导流入汴，甚为便利”。但有人认为此议耗费巨大，因而一直拖到熙宁四年（1071年）在宰相王安石的支持下才付诸实施。据《资治通鉴长编》记载，河阴同提举催促攒运都官郎中应舜臣建议创开訾家口，认为“新口在孤柏岭下，当河流之冲，其便利可常用勿易”；同时修泄水闸，用于宣泄汛期洪水；开辅助进水口，水小时开放。征调民夫四万人，仅一月即成。然而，訾家口仅使用三月即浅淤，于是再开河阴旧口。当时訾家口虽然淤垫，但并未废置，两水口交替使用。三年后，王安石罢相，御史盛陶认为汴河两口非便，命同判督水监宋昌言查勘两口水势，宋昌言以訾家口只能进水三四分、辅助进水口反而进水六七分为由，堵塞訾家口。次年，王安石复相，恰遇汴河绝流，趁机重新开通訾家口，此后该口应一直使用到导洛通汴后废止。

1.9.4 汴河防洪工程

汴河不仅直接关系到数百万石漕粮的运输，而且影响京师的防洪安全，因此，宋代高度重视汴河堤防的修筑与管理，采取各项措施保证汴堤的安全。

为保证汴堤的安全，宋初设置专官，沿河巡护。咸平三年（1000年）五月，宋真宗令“缘黄河令佐常巡护堤岸”。景德三年（1006年）又命谢德权提总京城四排岸领护汴河堤岸。北宋时，对汴堤的巡护已成为常制，特别是汛期常派军士数千名日夜巡护看守。

宋代汴堤有些河段的维修已成为常制。宋嘉祐六年（1061年），张夏守泗州，对该段汴河堤防经常加固维修。宋代对汴堤的修筑技术已有严格要求，据《资治通鉴长编》记载，宋景德三年（1006年）谢德权领护汴堤时，经常沿堤检查，督促使者和役夫认真清理堤基，碾压务求结实，并对堤基清理做出具体规定，即“须以沙尽至土为限，弃沙堤外”，还规定“遣三班使者分地以主其役，又为大锥以试筑堤之虚实，或引锥可入者，即坐所辖官吏，多被谴免者”。这表明，宋代堤防施工管理方面已有一套具体的办法，既有明确的质量和责任要求，又有一定的赏罚制度。绍圣四年（1097年），令“京城内汴河两岸各留堤面丈有五尺，禁公私侵牟”。

沿岸种植榆柳是固护堤防的有效办法。因为榆柳生长较快，成材后干粗根深，深入堤下，将堤岸与土基紧紧连结，使堤身绕成牢固的整体；不仅如此，种植榆柳还可改善沿堤环境，榆柳的树干可作为修筑木岸或斗门的材料，枝梢可以做埽以护堤堵口等。因此，早在隋代开凿汴河时已在其两岸植树固堤，至宋代更加重视。根据《宋史·河渠志》的记载，建隆三年（962年），宋太祖令汴河各州县官员在两岸种植榆柳以固堤防。10年后，又令沿黄、汴、清、御各河所属州县“委长吏课民别种榆柳及土地所宜之木”，并按户籍等第分配种植任务，一等户每年种50本，以下各递减10本。谢德全领护汴堤时，一次就在京城附近主持植树数10万以固堤岸。熙宁时，日本僧人成寻经过江南运河和汴渠时，见到的汴渠“杨柳相连”“榆树成荫”。

为保证汛期汴河航运和都城汴京的防洪安全，宋代在汴河段设立水尺，派人定时看守，当汴河水涨至警戒水位时，就会迅速组织军士人夫临河防汛，称“防河兵”。北宋大中祥符八年（1015年）六月，规定“今后汴水添涨及七尺五寸，即遣禁兵三千沿河防护”。又派内臣分掌京城门钥，如汴水汛涨，防河军士至此，应“立即开关点阅放过”。天圣四年（1026年）六月，又规定“凡汴水长一丈，即令殿前马步军禁卒缘岸列铺巡护，以防决溢。及五昼夜，即赐以缗钱”。皇祐三年（1051年），针对防河军士汛期往往“数涨数防”，但每次巡护时间往往“不及五日”，因而得不到补助的情况，将此前的“满五日，赐钱以劳之”改为“日给钱”，以进一步提高防河军士的待遇。

汴河防汛的另一措施是分洪减水。这主要包括以下4项措施。一是控制汴口。这需要视汴、黄的关系而定，如汴水盛涨，黄河水也涨，则将汴口全部堵死。但堵口的工程量较大，非不得已，一般不用，较多采用的是修狭口门以约束黄河水势，减少入汴流量。二是开挖减水河。如北宋大中祥符八年（1015年），在中牟和荥泽各开减水河一道，以备减泄涨水。熙宁六年（1073年）十月，又在东京汴河西北岸再开新河一道，以备泄水入刁马河。除刁马河外，汴河主要是在下游分入黄河和分入广洛河。三是开坝分洪，如汴水陡涨，减水河来不及分水时，则要挖开汴堤宣泄洪水以确保都城无虞，同时避免汴河受到破坏。如天圣四年（1026年）七月，汴水大涨，“忧京城”，于是令八作司扒开陈留堤及京城西贾陂冈地，向护龙河泄水。四是利用斗门或水窦控制减水量，以免影响航运。宋代汴河上建有不少泄水斗门，除各减水河口大都建有斗门之外，沿汴低洼地区的堤防上也设立斗门以备分水。

1.10 永济渠

1.10.1 河道变迁与治理

1.10.1.1 三国曹魏时期的区间运河

黄河以北的天然河流最初多不相通，内河航运范围受到很大的局限。三国曹魏时期，为统一北方，巩固边防，曹操先后开凿白沟、平虏渠、泉州渠、新河等运渠，从而改变了这一格局。这些运渠沟通了海河各大河流且远达辽西，不仅成为海河流域南北向的一条重要水运干线，而且使原本分流入海的各河流在今天津附近合流入渤海，第一次出现众流归一的扇形水系格局，海河水系初步形成。

1. 白沟

东汉末年，州郡牧守各自为政，形成分裂割据的局面。其中，袁绍占据冀、幽、青、并四州，统治中心在邺城（今河北临漳县），是当时北方最大的割据势力。官渡之战后，袁绍败退邺城。东汉建安九年（204年），曹操挥师北上，进逼邺城，为运输粮饷，开凿白沟运河。

白沟位于今河南浚县西南，发源处接近淇水东岸，东北流，与内黄以下的古清河相接。“遏淇水入白沟”，就是在今河南淇县东西卫贤镇东一里处的淇水入黄河处，用大枋木筑堰，阻止淇水不再向南流入黄河，而是东北流入白沟。此后，上起枋堰、下至今河北威县以南的清河，又称白沟。白沟开通后，曹魏军队凭借白沟水运的便利条件迅速占领邺城，取得战争的主动权。

晋代以后，黄河支流清水又改道东会淇水入白沟。因此，白沟这条连接黄河、海河两大水系的运河，在历代修治、改建中逐渐成为隋代永济渠的主体部分，最终成为海河南系支流卫河的部分。

2. 平虏渠、泉州渠和新河

袁绍败于邺城之战后，很快死去，其子袁尚投奔乌桓，图谋东山再起。为彻底铲除袁氏残余势力，曹操决定北伐乌桓，但仍面临军粮的运输问题。于是，在开白沟两年后，即东汉建安十一年（206年），曹操命董昭开凿平虏渠和泉州渠。

平虏渠位于渤海湾西岸，沟通了滹沱河与泒水，它的开凿使海河下游的水道结构发生了历史性的变化。平虏渠南起滹沱河畔的参户县（今河北青县），北至泒河尾闾附近的独流镇，长50公里，滹沱河与泒河汇合后称清河。清河合淇、漳、洹、滱、易、涞、濡、沽、滹沱等水同入海，形成一个统一的水系。平虏渠的开凿，不仅使漕船可从白沟直抵天津附近，而且为海河水系的形成创造了又一有利条件。

泉州渠从泉州城东南引滹沱河水，北过雍奴县（今天津武清）东入鲍丘河，汇合处名泉州口。泉州口的上游就是泃河入鲍丘水的泃河口。新河则是自鲍丘水向东过庚水、封大水再东流，又穿过清水汇于濡水。自平虏渠通泉州渠，再通新河，水运可直达滦河，造成从渤海湾西岸到北岸的傍海运河，将滦河也纳入了海河水系，这是海河水系在北边延伸最远的时期。

在北伐征途中，为避开乌桓重兵，曹操又在泉州渠与鲍丘水交汇处，自盐关口向东开渠，下接濡水（今滦河），称新河。新河开通后，船只自平虏渠通泉州渠，再通新河，可直达滦河，形成从渤海湾西岸到北岸的傍海运河，同时将滦河纳入海河水系。

至此，通过白沟、平虏渠、泉州渠的连接，初步形成纵贯南北的水路运输线。通过该运道，经白沟北上，由平虏渠往西，可与太行山以东各河流相接；沿泉州渠则可进入鲍丘水；平虏渠与泉州渠还可接通海上运输，从而可以控制割据辽河流域的公孙氏和塞外乌桓族。

3. 利漕渠、白马渠和鲁口渠

曹操完成北方统一大业后，置汉帝于许昌，自己却留驻邺城，作为魏都，在此练兵积粟，东征西讨，直到魏文帝曹丕迁都洛阳后，仍以邺城作为王之本基，称北都。邺城地处平原，西倚太行，北临漳水，南有洹水。战国时期西门豹修建引漳十二渠、东汉曹操兴修白沟等运河工程后，邺地土厚民强，富饶一方。

建安十八年（213年），曹操在白沟与漳水之间开挖运渠，起自今河北曲周，南引漳水，东至今河北馆陶，西注白沟。通过该渠，船只可从白沟直抵邺城，因便利漕运而得名“利漕渠”。

与此同时，在河北平原中部地区开凿白马渠和鲁口渠。白马渠将滹沱河与漳水连通；鲁口渠位于白马渠以北，连通滹沱河与沤水。

利漕渠、白马渠、鲁口渠三条运河的开凿，使邺城沿运河通往太行山以东地区的水程进一步缩短。而且，

三国时曹魏所开运道示意图

来自邺地的船只可自白沟进入利漕渠，北上穿过白马渠或鲁口渠，再循沤水，或抵幽州，或抵今天津附近。实际上，这是在白沟、平虏渠、泉州渠以西的又一条南北水运线。

1.10.1.2　隋代：永济渠的开凿

隋代完成统一大业后，将南北大运河的开凿提上议事日程。当时沟通江、淮、黄、海四大水系的人工运河轮廓已初步形成，为营建沟通全国主要地区的运河水网奠定了基础。隋代建都长安，为将关东和江南的粮食货物运抵关中，开凿了以永济渠、通济渠、山阳渎和江南运河为主体的总长2000多公里的大运河。其中，永济渠位于北端。

为加强北方的边防，隋炀帝把涿郡（今北京）作为军事重镇，派重兵把守。为满足军事和经济的需要，大业四年（608年），隋炀帝征调河北民夫100多万人，开挖永济渠，“引沁水，南达于河，北通涿郡”。永济渠基本是在曹魏旧渠的基础上开挖而成，共分为两段：一段为“引沁水南达于河”，即由沁水下游向东北开渠，至淇县利用三国时的白沟，北达于内黄，再向北入漳河，由西南-东北向地贯通海河平原，沿途接纳了清水、淇水、洹水，以及漳水东西支、滹沱河、拒马河等；另一段为“北通涿郡”，即今天津以北段，是在充分利用沽水（白河）和漯水（今永定河）的基础上人工开挖的运道，在天津以北与潞水汇合后转向西北，抵达涿郡的郡城蓟以南地区。永济渠长2000余里，“阔一百七十尺，深二丈四尺”，能通大型龙舟。

隋永济渠工程浩大，施工迅速，其中一个重要原因，就是充分利用了白沟、卫河和桑干水等天然河道和前代已有的人工运渠加以扩展和连接而成。这既能补充运河通航后的水源，又大大减少了工程量。

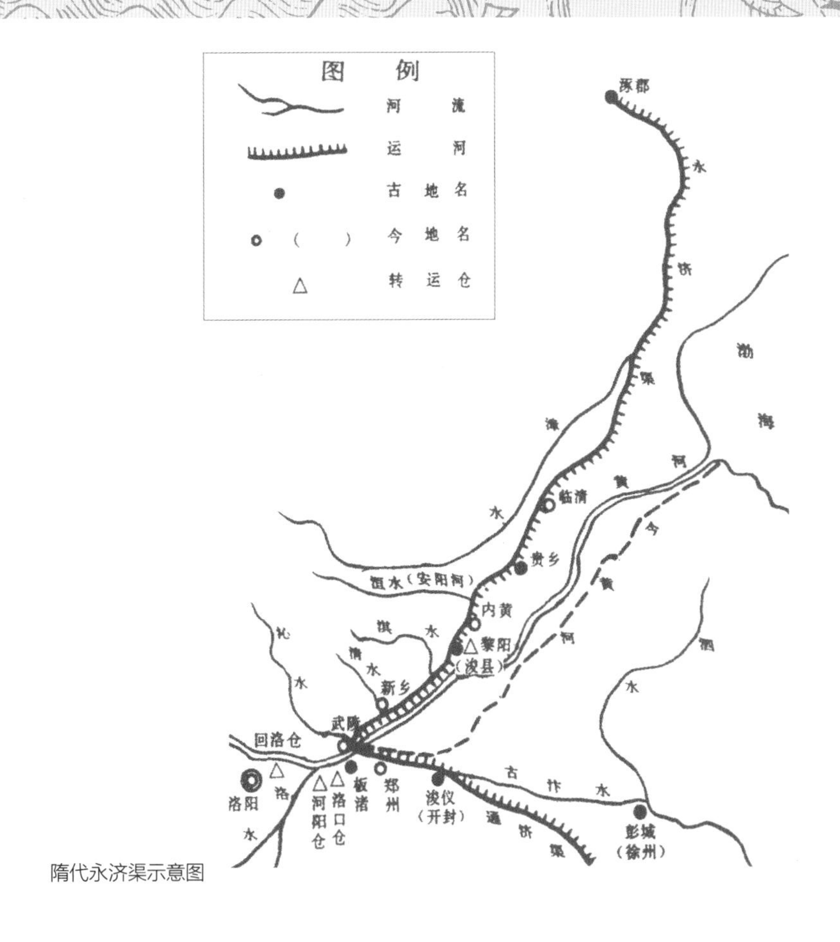

隋代永济渠示意图

永济渠开通后，立即显示出强大的通航运输能力，大量的军事物资通过永济渠源源不断地运往涿郡，而这是曹魏时期所开运渠所无法想象和实现的。

隋大业七年（611年），隋炀帝乘龙舟自江都出发，走山阳渎、通济渠，渡黄河入永济渠，历时55天抵达涿郡。龙舟高45尺、长200尺，起楼4层。龙舟行驶时，用素丝大条绳6条，由几百人纤挽而行。隋代战船的规模更大，如巨型战船"五牙舰"，起楼5层，高百余尺，容载士兵800人。由此可知永济渠承载能力之强。

次年，即隋大业八年（612年），隋炀帝到达涿郡后，立即诏发全国，开始筹备辽东战役，令天下士兵不分远近地向涿郡集中，他们中有江淮以南的水手一万人、弩手三万人，岭南排镩手三万人，送往今河北高阳的河南、淮南、江南所造军用车5万辆，江淮以南民夫负责运抵涿郡的黎阳、洛口诸仓粮食，这些都要通过永济渠和其他方式运输。此次战役，除粮草外，通过永济渠运输兵卒113万人，船舶首尾相接达千余里，军运规模空前。此后大业九年、十年（613—614年）又先后两次征伐高句丽，每次都通过永济渠运送同样规模的军队和军需品。然而，隋炀帝三次东征高句丽均大败。开凿大运河和征高句丽耗费隋朝大量的人力、财力和物力，加上隋炀帝骄奢暴虐，激起农民武装起义，致使大运河尚未发挥作用，隋朝即土崩瓦解。

1.10.1.3　唐代永济渠

隋代未能发挥其作用的大运河，却在唐代得到充分利用，以其为基础形成发达的全国水运网。

唐代是继隋代之后的大一统王朝，经济发达，国势日盛，是公认的中国历史上最为强盛的朝代之一。其中一个重要原因在于隋代大运河在唐代政治、经济、文化和军事等方面开始发挥重要作用。据《旧唐书·崔融传》记载：当时“天下诸津，舟航所聚，旁通巴汉，前指闽越，七泽十薮、三江五湖，控引河洛，兼包淮海。”唐朝文学家皮日休在《汴河铭》中曾如此评价大运河：“在隋之民不胜其害也，在唐之民不胜其利也”，并作《汴河怀古》诗感叹：“尽道隋亡为此河，至今千里赖通波。若无水殿龙舟事，共禹论功不较多。”

唐代，海河流域不仅是重要的粮食和产盐基地，而且是北部军事战略要地，因此永济渠仍是主要水道。唐代永济渠走向与隋代基本相同，只是上游已与沁水分开，主要引清、淇二水为水源，船只由淇水便可入黄河，经洛水达洛阳，再沿渭水至长安。经过疏凿和维修，永济渠南段河道拓宽至17丈、深2丈4尺，通漕能力进一步提高。为扩大水运交通网，唐代还在永济渠东西两侧新开一些支渠，如清河郡的张甲河，沧州的无棣河，以及任丘、大城附近自滹沱河到永济渠间的运渠等。这些运渠或者通向中部平原的产粮区，或者连接东部产盐基地，把物资运往长安和内地。如唐贞观十八年（644年）用兵辽东、后周显德六年（959年）北征契丹，都是通过永济渠运送军队和粮饷。

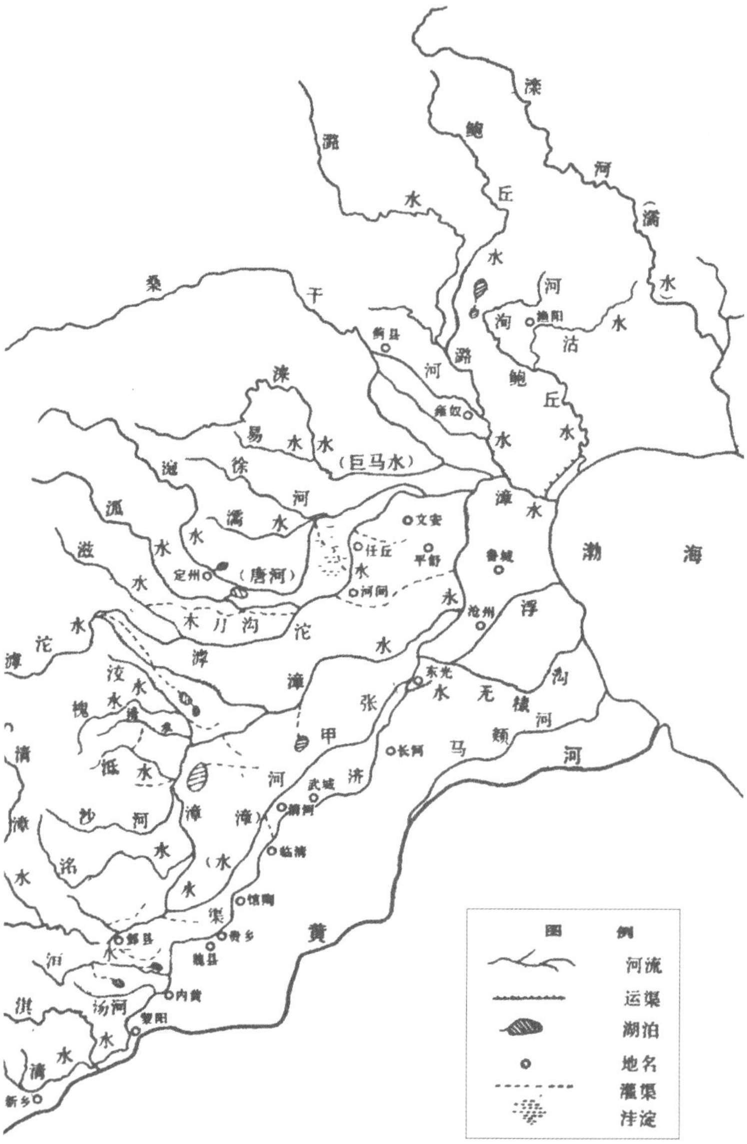

唐代永济渠示意图

1.10.1.4　宋代御河

宋代，永济渠又称御河。

宋代定都汴梁（今河南开封），水上交通以汴京为中心，运道主要包括4条，即汴河（隋代通济渠）、黄河、惠民河和广济河。由于宋政府的财源主要取自江南地区，因而汴河的漕运量最大。

这一时期，永济渠已不再是通向都城的主要漕运河道，原因主要有二：一是因为永济渠自唐末以后逐渐淤塞，北端已不通涿郡，南端也不与黄河相连，水源主要来自卫州共城县的百门泉水，在百门泉水流到汲县以下的运道尚可浮载大船；二是因为“河北、河东、陕西三路租税薄，不足以供兵费”，御河的运输任务由隋唐时期的向京师运粮，转为向驻守在河北北部地区的边防军运送粮饷，岁运数万石至数十万石不等。从南方运来的粮饷，由汴河入黄河，至黎阳（今河南浚县）后，通过陆路运到御河沿岸，再装船运到北部边防各军驻地。由于这条运道极不方便，宋朝曾对该条路线颇进行过改建。

在宋神宗时期，主管黄河、御河事务的程昉曾提出，在卫州利用沙河故道进行开凿和疏浚，将黄河水引入御河，以通江、淮漕运。这是最早见诸记载的“引黄济卫”工程。根据《宋史·河渠志》的记载，“引黄济卫”就是在“卫州西南，循沙河故迹决口置闸，凿堤引河，以通江淮舟楫而实边郡仓廪”。引黄工程竣工后，效果显著，“开河行水才百日余，所过船筏六百二十五”。但以区区御河终难承受汛期黄河洪水，人们发现“今乃取黄河水以益之，大即不能吞纳，必致决溢；小则缓慢浅涩，必致淤淀，凡上下千余里，必难岁岁开浚”。不久，“河果决卫州”。引黄工程失败之后，不得不继续沿用旧法，即自汴河顺流经入黄河，由陆车转输，再于御河装载，以赴边城。

宋代永济渠还与当时著名的北部水上防线——“塘泺防线”关系密切。

宋太宗时，曾两次举兵伐辽，均遭失败，此后宋廷不得不对辽转取守势。但幽州以南无险可守，于是宋廷采纳沧州刺史何承矩的建议，设置“方田”以防御辽军南下。所谓方田，就是利用宋辽边界地带的河流和众多洼淀，壅水为稻田，或蓄水为湖，并通以沟渠，组成一条庞大的水上防线。这条水上防线“东起沧州界，拒海岸黑龙港，西至乾宁军（今河北青县一带），沿永济渠合破船淀、灰淀、方淀为一水，衡广一百二十里，纵几十里至一百三十里，其深五尺。东起乾宁军、西信安军永济渠为一水，西合鹅巢淀、陈人淀、燕丹淀、大光淀、孟宗淀为一水，衡广一百二十里，纵三十里或五十里，其深丈余或六尺”。“缘边诸水所聚，因以限辽”，西起今河北保定一带的沉远泊，东至沧州泥沽海口，屈曲九百里。而且“其后益增广之。凡并边诸河，若滹沱、胡卢、永济等河，皆汇于塘”，称界河或塘水，并设铺戍守，“戍卒三千人，乘船百艘往来巡逻”。

这条由洼淀、漕河、水田组成的北部防线，均由河北屯田司、缘边安抚司和河北转运使共同管理，一直使用到北宋末。北宋对塘泺十分重视，对北宋国防、河北经济及水上运输具有很大的影响。正所谓“有河漕以实边用”，“置方田以资军廪”。

由于河北地区对北宋王朝具有的特殊重要地位，其水运的开发利用一直受到格外的重视。宋廷开凿的部分漕河略纪如次，太宗太平兴国六年（981年），派遣八作使郝守浚察视河道，凡抵达辽国边境的河渠，都进行疏导。“又于清苑界开凿徐河、鸡距河五十里入自河”，保证了关南漕运的通畅。

太宗淳化二年（991年），河北转运使自深州新砦镇开挖一条新河，引葫芦河水二百里抵常山，以通漕运。

真宗咸平年间（998—1003年），自静戎军东，由鲍河开渠引入顺安军（即今漕河），从顺安军之西引入威虏军，并在渠旁置水陆营田，“以达粮漕，隔辽骑”；又开镇州常山镇南河水入交河至赵州。

真宗景德元年（1004年），北面钤辖阎承翰，因中山屯兵甚众，陆路运输艰苦，凿渠三十二里，引唐河水由嘉山至定州，又六十二里至蒲阳东，合沙河，经边吴泊入界河，“以达方舟之漕”。

宋初开挖的沟渠大多与塘泺相通，虽然多用作军事防御，但有力地推动了对黄河以北水运的进一步开发。北宋时，这些地区的农业和工商业都远超前代水平，当时河北地区“商贾贸迁，智粟峙积”，“浮阳际海，多鬻盐之利”，从而为商业交通的进一步发展提供了丰裕的物质条件，并逐步形成一些商业发达的运河城市，如大名府等。

北宋时期黄河频繁决溢，从宋太祖到宋徽宗的160年中，黄河下游溃决多达70次，导致水上运输受到严重破坏。“澶渊之盟”后，北宋王朝由盛转衰，永济渠水运随之日趋衰落。宋廷大幅度裁减边防，河北戍兵减十分之五，沿边减三分之一，导致漕运大减、水上运输逐渐萧条。由于塘泊多年不修，很多河段可徒步涉过。后来，在著名政治家范仲淹“提倡各地开河渠，修筑堤堰陂塘，以利农业生产”的新政和王安石变法中兴修水利、鼓励民间自办水利的倡导下，沿线军民在宋初塘泺的基础上新挖一些河渠，使水运条件有所改善，但终因宋朝国势已去，水上运输交通未能达到原来的水平。

金代，永济渠仍为主要运道。宋金时期，御河屡为黄河所侵，整治效果不大，航运问题突出。

南宋初，黄河南徙夺泗入淮，北方的金政权仍利用御河开展漕运。元代以后，永济渠演变成南运河，成为京杭运河的一段。

1.10.2 水源工程

永济渠是隋代大运河的骨干河段，是在曹魏白沟、利漕渠等旧渠基础上利用部分天然河道开凿而成的，位于黄河以北的华北平原地区。这里的降水主要集中于夏季，冬春两季则少雨，永济渠常会受到水源不足的威胁。为解决这一问题，沿线地区人们想方设法地通过蓄水或引水以济运。

1. 三国曹魏时期的白沟引水工程

三国曹魏开挖的白沟主要以淇水和清水为水源，通过修建三座拦水堰，控制引水的流量和流向，保证白沟拥有丰沛的水量以满足航运要求。

根据《水经 · 淇水注》等文献的记载，在白沟的三座拦水堰中，主体大堰是建在淇水入黄河口处的枋堰，下大枋木筑成，“悉铁柱，木石参用”。枋堰的具体型式记载不详，可能是石底、石墙、铁柱且以大木为叠梁的溢流坝。它的建成，一方面可通过遏淇水入白沟，扭转天然河流的流向；另一方面，由于枋大堰巨，可有效地提高渠深以保障通航。随着枋堰重要性的日益凸显，当地地名随之变为枋头。至六朝时，堰旁筑有城池，称枋城，后因其位于淇水口而成为兵争要地。

其次是建在元甫城（今河南淇县）西北的石堰。它将淇水一分为二，正流在西，分支宛水在东。宛水东南流，两岸各设排水涵洞，西岸涵洞下为天井沟，西通淇水；东岸涵洞下为叫蓼沟，东通白祀陂和同山陂。天井沟沟通淇水和宛水两河，以备元甫城堰分水不均；蓼沟与两陂相通后，既可将两陂作为水柜以调节白沟水量，又可方便陂水的综合利用。

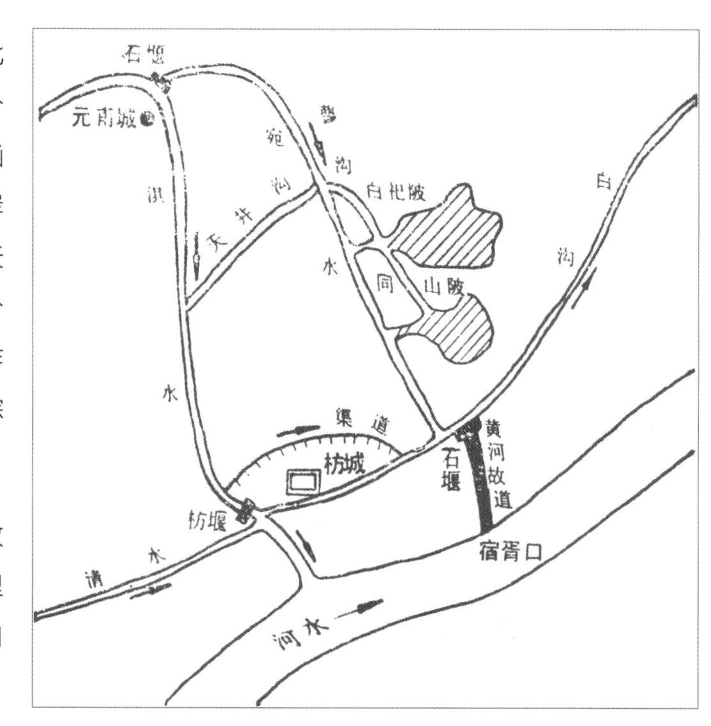

枋头堰位置示意图

最后是建在宛水（一作菀水）与黄河故道相接处的宿胥口，即今河南浚县西南20里处石堰。它主要用于遏淇水不再南出宿胥口入黄河，而是全部东北流入白沟。

在淇水入黄口用大枋木筑堰后，淇水被一分为二，一支仍入黄河，一支向东北流。此外，淇口处有清水自西南来，与淇水合流后东北流，白沟首段所用就是该段河道；淇口下游二三十里处则利用黄河宿胥渎旧道加以疏浚整治而成，以下即“白沟”。

2. 隋代永济渠水源工程

永济渠是在曹魏白沟、利漕渠等旧渠基础上利用沿线的天然河道开凿而成的，南引沁水与黄河连通，北分沁水与前代的清河、白沟相接，经过今浚县、内黄、大名、馆陶、临清、清河、武城、德州、东光、南皮、沧州等地，自天津西北行，抵达涿郡蓟城。它不仅沟通了黄河以北的主要水系，而且还充分利用其中的一些河流补充水源。

由于永济渠从沁水凹岸自流引水，所以引水口的工程设施比较简易。

以天津为界，永济渠共分为南北两段。

永济渠南段主要以沁、清、淇三水作为水源。其中，清、淇二水本是白沟的水源，永济渠南段就是利用白沟故道开挖而成的，沁水则是新增的水源。至唐代，永济渠与沁水重新分开，只引清、淇二水，由淇水入黄河，再经洛水至洛阳。

沁河是黄河的支流，源出山西沁源县北太岳山东麓，南流至河南武陟县入黄河。据《隋书 · 炀帝纪》记载，永济渠南段利用沁水南通黄河，进而与通济渠相接；同时北引沁水与清、淇二水相接，东北入白沟。永济渠向北入白沟一段又可分为以下两段：

第一段是由今河南武陟沁水东岸开渠，东北流至汲县，主要利用沁水济运。据《大业杂记》记载：“大业三年六月，敕开永济渠，引沁水入河，于沁水东北开渠，合渠至于涿郡，二千余里通龙舟”。又据《畿辅安澜志》记载，“沁水一支，自武陟小原村东北由红荆口经卫辉府，凡六十里，入卫河。昔隋炀帝引沁河北通涿郡，盖即此地”。

第二段是自汲县至今天津段，利用清水，下接淇水、洹水，以及漳水东西支、滹沱河、拒马河等，略与今卫河同；但其中的自内黄至武城段在今卫河西，自武城至德州段则在卫河东。其中，自今河南淇河口至河北大名附近一段，基本利用曹操所开白沟南段；自今河北青县至静海一段，则基本利用曹操所开平虏渠故道。关于引淇水入永济渠的流经线路，据《初学记》记载，“隋炀帝于卫县因淇水之入河，立淇门以通河，东北行，得禹九河之故道，隋人谓之御河。”

永济渠北段，即自今天津至涿郡（今北京）蓟城段，为人工渠道，基本利用一段沽水，再上接桑干水，也就是利用今武清以下的白河与武清以上至北京西南郊的永定河故道。该段河流在天津北与潞水汇合后转向西北。

从上述记载可知，永济渠如同白沟一样，也是利用清水、淇水、清河、漳河、桑干水、拒马河等一些天然河道和屯氏河等早期黄河故道加以连缀而成，东北流经河南、山东、河北至天津，再西北行利用沽水，上接桑干水，下通涿郡。

3. 引黄济卫（御河）

北宋时期，永济渠称御河，是通往河北边防的主要运道，已不能全线畅通。其中，南段原来“引沁南达于河”的水口已淤塞不通；北段由于宋辽对峙期间以白河为界河，御河在北宋境内向北仅能通到乾宁军（今河北青县）。

这一时期，御河的主要功能是把军队粮草从都城开封运往河北各地。其运输路线如下：自开封经由汴河入黄河，水运至黎阳（今河南浚县东北）或马陵道口（今河北大名县南）后，舍水就陆，车运至御河沿岸，再转船北运，劳费大且运输不便。为改变这种状况，熙宁八年（1075年）主管黄河与御河事物的程昉建议，在卫州利用沙河故道引黄河水入御河，以通江淮漕运。这是最早见诸记载的引黄济卫（即御河）尝试。

根据《宋史·河渠志》的记载，“引黄济卫”就是在“卫州西南，循沙河故迹决口置闸，凿堤引河，以通江淮舟楫而实边郡仓廪”。渠口设在卫州东北三十里处王供埽，自此开浚，“引大河水注之御河”。

沙河与黄河相距很近，施工较易，一月即成。工程竣工后，效果显著，“开河行水才百日余，所过船筏六百二十五”。但以区区御河之河身终难承受汛期黄河洪水之猛势，且施工过程中缺乏对黄河大溜冲击的防泛措施，致使引黄入御期间不得不面临“取黄河水以益之，大即不能吞纳，必致决溢；小则缓慢浅涩，必致淤淀，凡上下千余里，必难岁岁开浚”的无奈局面。宋熙宁十年（1077年），黄河水冲入运河，决过闸口，淹及下游地区，御河沿岸遭到一次大水灾。

引黄工程失败后，宋朝廷不得不继续沿用旧法，即自汴河顺流经入黄河，由陆车转输，再于御河装载，以赴边城。

1.10.3 泄水设施

隋代开凿永济渠后，对海河流域天然河流的分布格局产生了很大的影响，它使得漳水、滹沱水、滱水（今唐河）、拒马河、桑干河和潞河等都在今天津附近合流入海。众多河流全部汇聚为一河，导致下游河道泄洪能力上大下小，每当汛期洪水，尾闾宣泄不畅，极易造成水患。为解决这一问题，唐代对永济渠进行了一系列的整治，主要包括在永济渠以东开挖减河，增辟新的入海口；在永济渠以西，利用大量的湖泊洼淀滞蓄洪水，减轻洪水的压力；同时在重要的河段增筑堤防。

据《新唐书·地理志》记载，由于沧州一带地势低洼，为防止河水泛溢和海潮倒灌，唐代在此兴建的堤防工程多达10余道。如永徽二年（651年）在沧州清池筑防护堤2道；永徽三年（652年）在沧州以西23公里处筑明沟河堤2道，在沧州以西25公里处筑李彪淀东堤和徒骇河两堤；显庆元年（656年）在沧州以西20公里处筑衡漳堤2道；开元十年（722年），在沧州西北30公里处筑衡漳东堤；开元十六年（728年）在沧州以南7公里处修筑浮河堤、阳通河堤，又在以南15公里处筑永济渠北堤。为保护河堤不被冲刷侵剥，隋、唐两代采用了栽柳、砌石等简易而有效的护堤办法。

在修筑加固永济渠及其临近河渠堤防的同时，为增强永济渠的疏导和泄洪功能，唐代又疏凿开挖新河和无棣河等一系列减河。如在沧州附近，为宣泄永济渠的洪水而开凿阳通河和毛河。阳通河从沧县东南流过，上接永济渠，承接其洪水，下入毛河通海。后来又引御河水入毛河，东注海。神龙二年（706年），疏凿东北部的马颊河，使之成为分泄黄河洪水的人工减河，既减轻了黄河对鲁北地区的威胁，又减轻了对北部沧州、景县等地的压力。此外，还开挖了靳河、浮河、无棣河、明沟河、鬲津河、徒骇河等人工减河，有时则利用一些自然河流作为减河。这些措施对于减少水患、保证永济渠的顺利通航都起到有益的作用。

通过整修治理，唐代永济渠比隋代时更加完善，航道更加稳定和通畅。终唐之世，全国各地设有官驿1639所，其中备有船只的水驿有260所。发达的水陆交通和良好的水运条件，使许多河段即便在藩镇割据的唐代后期仍在继续发挥作用。

會安橋

2

其他流域运河遗产

2.1 长江流域

长江流域是最早开凿人工运河的流域之一，其规模和施工技术均居同期世界前列。此后，历代各朝为在政治上加强控制，在军事上进行攻战运输，以及在经济上利于粮赋漕运，先后在长江流域各个地区进行人工运河的开凿，其中有些是跨流域的，连通邻近水系。

2.1.1 杨水运河

杨水运河，又称云梦通渠、江汉运河，位于长江与汉江之间的古云梦泽区，沟通长江与汉江水系，公元前7世纪由楚国开凿，它不仅是见诸记载的长江流域最早开凿的人工运河，也是迄今已知中国最早开凿的人工运河之一。

楚国的政治中心在今长江中游，绝大部分时间定都在郢（今湖北江陵北）。郢都靠近长江和汉水，除利用长江通航外，还可利用汉水行运，江汉之间又分布着统名为云梦泽的大小湖泊，夏水、杨水则穿流其间。杨水运河开凿前，江汉之间尚无直达水道，自汉江中游潜江至楚国都城郢，需沿汉江东下，在龟山入长江，然后溯长江西上至江陵附近的郢都，运道迂回，里程长达640多公里。这种情况下，除充分利用这些天然水道行运外，楚国还曾开挖人工运河。

公元前613年，楚庄王即位，为争霸中原，励精图治，任人唯贤，于楚庄王十三年（前601年）任用孙叔敖为令尹。孙叔敖基于当时楚国的政治、经济、军事需要，主持开挖杨水运河，将长江支流漳水与汉江支流杨水加以连通，江汉间航道里程大为缩短。当时漳水汇沮水后，自西向东流经江陵注入长江；杨水位于江陵以东，与汉江相通。孙叔敖在两水间距离最近处进行沟通，又因沮水水量比漳水大，为增加漳水水量而拦截沮水以做大泽，泽水南通长江，东北循杨水达汉江，建成长约300公里的运河。西起郢都，向东穿过云梦区，至杨口（今潜江县泽口附近）通汉江。如此，舟船可以自汉江中游经运河进入长江，并可直达郢都。据楚都纪南城（郢都）遗址考古发掘，在南北城垣发现有穿墙而过的河道，设有水门建筑物，可通舟楫。

数十年后，楚灵王（前540—前529年）在杨水运河南的离湖边建成一座高10丈、基座广15丈的章华台。离湖有水北流，通杨水运河。据《水经注 · 沔水》记载，“灵王立台之日，漕运所由也”。当时修台的建筑材料都是通过运河而来。

此后杨水运河逐渐湮塞，但历代仍在使用。明清两代曾疏浚未淤废部分，主要用来开展沙市到沙洋的水陆联运。后因汉江决口、防洪堵坝、河道演变等原因，杨水运河最终断绝。

2.1.2 巢肥水道

春秋战国时期，在诸侯争霸的战争中，水军是重要的军事力量，往往决定战争的胜败，特别是位于江淮流域的楚、吴和越等国，在争夺势力范围的过程中，不断开凿人工运河。

据记载，春秋末期越国水军就有兵船300余艘，并设有专门的造船厂，称“船宫”，并有专业的造船队伍，名“木客”，从而组成一支“水行而山处，以船为车，以楫为马”的强大水军。在吴、楚争霸的战争中，经常动用水军。据《左传》记载通济，这一时期大约发生过17次水战，其中约一半左右顺长江而行。

吴国的政治、经济中心在太湖流域，在与北方诸国争霸的战争中，其水军大约是从太湖尾闾笠泽入海，然后沿海北上，再从淮河入海口进入淮河；越国水军北行所走路线与此大致相同。在当时的条件下，比起内河航行来说，海上航行风险较大。

当时，除了利用海路外，自长江入淮河的路线还有一条内河水道可用，即从长江上溯至濡须口入巢湖，再入淮河，称巢肥水道。在古代，淮河支流东肥水与长江支流南肥水（又称施水）是同源异流的两条河。南肥水东南流，经合肥入巢湖，再由巢湖经濡须水入长江；东肥水则北经芍陂，流入淮河。两条肥水的上源相接，其间能否通航？有学者认为，古代在此曾有一条水道以连通两条肥水，即巢肥水道，由此形成自淮入江的水路。虽然因受地形条件的限制，这条水道的航行条件并不理想，但它对于吴国攻楚、与楚争夺淮南一带地盘而言，相较于走海路还是很便捷的。三国时期，吴、魏之间交兵也常利用这一水道。

2.2 黄河流域

春秋战国时期开凿区间运河，主要目的是满足“出征转输”的军事需要。自秦统一中国后，为维系其统治，历代各朝相继建立起庞大的官僚机构和军队，官俸军饷所需日益浩大，加以京畿地区人口大量集中，所需粮食等物资供应数量不断增多。秦代都城咸阳、西汉都城长安都位于关中地区，虽自古“号称陆海，为九州膏腴”，但仍然无法满足其浩大的财政所需，须从各地征收粮食、布帛等租赋，并以水运的方式运抵京都或指定地区。

秦汉时期，盛产粮食的地区除关中外，其他主要分布在函谷关以东、黄河中下游的关东平原，即以“膏壤千里”出名的齐鲁地区，当时又称山东。在关东所征租赋大多利用黄河、鸿沟和渭水等通航河道水运到咸阳或长安。据《十七史商榷 · 诸仓》记载：“秦都关中，故于敖置仓，以为溯河入渭之地”。这说明从秦统一全国后，关东地区的粮食已开始不断地溯黄河西运至关中，并将战国末期建在河南荥阳敖山上的敖仓扩建为黄河上的转运仓。

秦代漕运，除满足都城的粮食供应外，还供给边防军队粮秣。秦统一中国后，为维护统一和稳固统治，非常重视边防建设。为防止匈奴侵袭，秦始皇三十二年（前215年），“使蒙恬兵而攻胡”，在河套地区置34县，以黄河为塞，征兵远戍，移民实边。然而，由于该地区多沮泽咸卤，五谷不生，军粮供给主要依靠关东运输，溯黄河而西，再“转输北河”。

秦亡之后，楚汉相争于荥阳，萧何也利用黄河转输军粮。显然，此时的黄河已逐渐成为承东启西，沟通关东、关中两大经济区域的唯一水运通道。而且在其东段，从黄河分水向东、东南交织于黄淮平原。

2.2.1 关中漕渠

西汉定都长安，除关中平原土地肥沃、经济富饶外，还因为这里有渭水与黄河沟通，可通过水运补给都城。

漕渠又名漕渭渠，建于西汉时期，隋唐两代曾加整修改造，是引渭水东通潼关入黄河的人工运河，主要用于为都城长安运输粮食，兼可灌溉沿渠农田10多万亩。

汉初实行“黄老之治”，与民休养生息，每年的漕运量不过数十万石。至汉武帝时，随着国家的强盛和西北战事的增多，每年自关中西运至都城长安的漕粮达百万余石，而当时的主要交通干线渭水运道迂回曲折，难以满足漕运的需求。

为解决潼关至长安沿渭水行船困难的问题，西汉元光六年（前129年），汉武帝采纳大司农郑当时的建议，令齐人水工徐伯测渠定线，发兵卒数万人开渠，历时三年竣工。新开渠道即漕渠，自长安引渭水，沿终南山（即秦岭）东下，自昆明池起，沿途收纳灞、浐等水，经今临潼、渭南、华县、华阴，至潼关，直抵黄河，长300余里。漕渠开成后，关东至都城长安的漕运历时由原来的6个月缩短为三个月，漕运量由原来的数十万石增至400万石，最多时高达600万石。

漕渠的水源除引自渭水外，还以长安城西南的昆明池作为补充。西汉元狩三年（前120年），为训练水师，汉武帝修建昆明池，状似昆明滇池，因而得名。昆明池周长40里，面积332顷，规模宏大，以洨水（今潏河）为主要水源。建成后不久即成为漕渠的调节水库，直到500年后南北朝初期方渐淤塞。北魏太武帝太平真君元年（440年）和唐德宗贞元十三年（797年）先后作过多次整修，唐代后湮废。

隋统一中国北方后，汉代漕渠因长期淤塞而难以通航，“渭水多沙，流有深浅，漕者苦之”，于是多次进行整治。据《隋书·郭衍传》记载：开皇元年（581年），“凿渠引渭水，经大兴城北，东至于潼关，漕运四百余里，关内赖之，名曰富民渠。”又据《隋书·食货志》记载：开皇四年（584年），隋文帝命宇文恺率水工调集军卒民夫，引渭水自大兴城（西安），东至潼关300余里达黄河，名广通渠，“转运便利，关内赖之”。广通渠的渠道在渭水之南，是在汉代漕渠的基础上开浚的。它把大兴城与潼关连接起来，使沿黄河西上的漕船不再经过弯曲的渭水而直达京城长安。

唐代对漕渠进行过多次整修。据史志记载，唐开元五年（717年），陕州刺史樊忱修敷水渠，补充漕渠水量。据《新唐书·食货志》记载，天宝元年（742年），陕郡太守兼水陆运使韦坚改在咸阳（今咸阳市东北）西筑兴城堰分水，截断浐水、灞水，并渭水而东，至潼关西永丰仓（华阴东北35里）合渭水，达黄河。此后，年运粮量由唐初的20万石增至400万石。安史之乱以后，漕渠逐渐湮废。

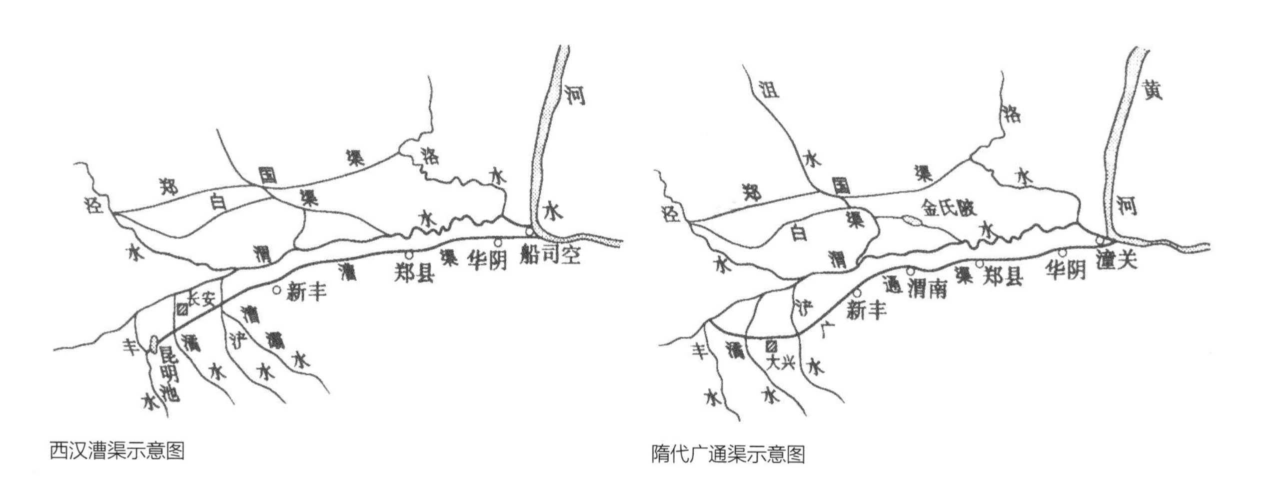

西汉漕渠示意图

隋代广通渠示意图

在漕渠和广通渠开凿期间，都有专门的测量和水工技术人员参加。除航运外，还可引水灌溉，关中地区的农业颇为受益。

唐代还以广通渠为骨干，将关中水运网进一步延伸和扩大。这一时期开凿的渠道，仅新、旧唐书所记载的就达12条之多。武德六年（623年）引南山水入长安；武德八年（625年）凿五节堰，引陇水通漕；开元五年

（717年）凿敷水渠，通渭漕；天宝元年（742年），在长安附近的浐水开广运潭，以通河渭；天宝二年、三年（743—744年），再引渭水入长安金兴门，以贮材木，同时在华阳开漕渠入渭河；咸亨三年（672年），将广通渠由长安西北渭水北岸向西延长到宝鸡东南，名升原渠；如意元年（692年），开高泉渠，引水入虢县县城（今陕西宝鸡），同时开汧水东流至咸阳附近，并在市郊开凿陶曲江、浚鱼藻池等。

2.2.2 三门峡运道条件的改善

秦汉定都关中，依赖黄河运道输送关东粮食以供百官所需。在由渭水或漕渠与黄河相通的航运中，三门峡是必经之路，且最为艰险。

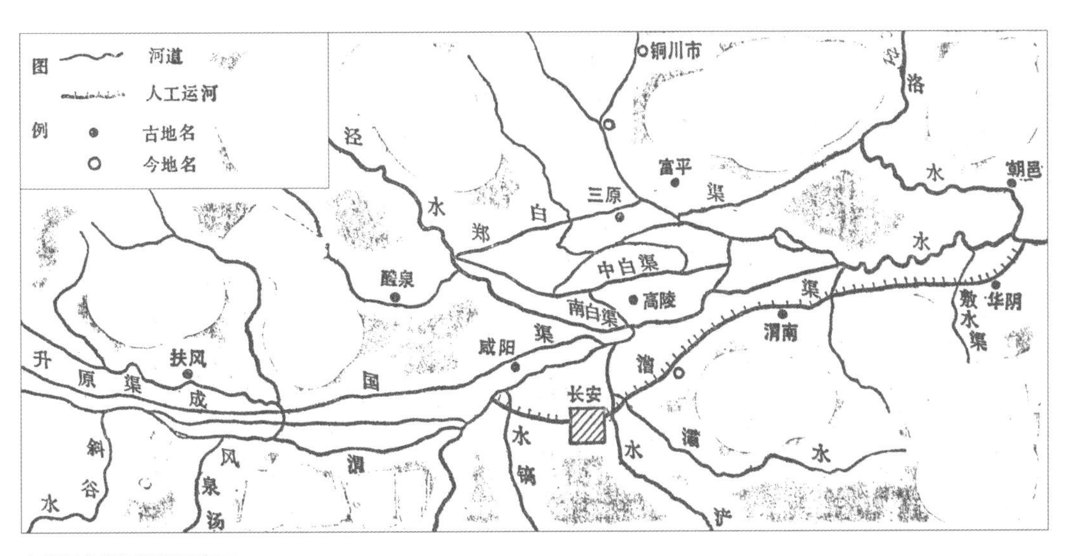

唐代长安附近渠道示意图

三门峡位于黄河中游，在今河南三门峡市和山西平陆县之间，是黄河进入华北平原前最后一个峡谷。河床狭窄，两大岩岛兀立河中，岛壁峭拔，将河流分为三股激流，三岛则宛如三门。所谓三门，即人门、神门和鬼门。靠近左岸的称神岛，靠近右岸的为鬼岛；左岸为一座半岛，切入河中，称人门岛；右岸有一巨石探出河岸，形似一头凶狮雄踞岸边，名狮子头。西自峡口、东至今渑池县仁村的峡谷长达65.4公里，统称三门峡。

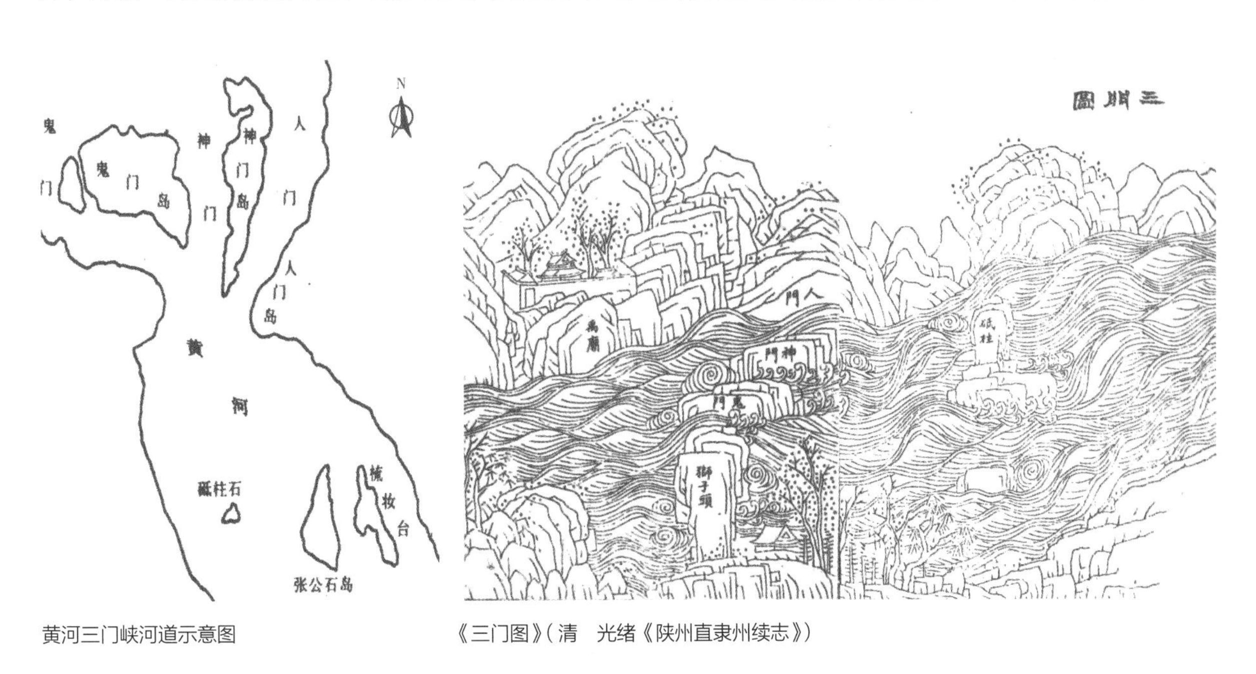

黄河三门峡河道示意图

《三门图》（清　光绪《陕州直隶州续志》）

中条山重岩叠嶂，壁立于北；崤山群峰巍巍，逶迤其南；黄河滔滔湍流自潼关转折而东，流入两山相夹的三门峡谷，由于河床骤窄，水流湍急，尤其是当激流进入三门山的石岛之间后，河道更窄，壁立千仞，水流更激。从水势看，鬼门水浅，水涸时河床毕露，水势险恶；神门水深数十丈，河流湍急；唯人门修广，河流较为和缓，船只多由此而过。由于河中巨石屹立，水下暗礁交错，该段河道水流湍急、漩涡重重，行船极为困难，常有触礁事故发生，人人视为畏途。因而，历代各朝都曾耗费巨资加以整治以利航运。

黄河三门峡原貌（《古今三门峡》）

1. 西汉褒斜道的开凿

西汉时期，官僚机构扩展，官员增多，所需粮食越来越多，汉武帝开始修凿三门峡上下游航道以利通航。

在修凿三门峡前，河东守番系曾建议汉武帝开河东渠田，引黄河和汾河水灌溉今河津、永济一带农田，增加粮食产量，达到不再从三门峡以东运粮的目的，进而避开三门峡的险阻。汉武帝同意这一建议，并发卒数十万人作渠田。然而，由于黄河河道摆动不定，引水口进水困难，并未达到预期目的。

开河东渠田措施失败后，有人提出避开三门峡险阻、绕道转运的方案，即将关东的粮食改由今南阳郡（今鄂西北及豫西南地区），溯汉水而上，至汉中褒谷口，逆褒水而上，至褒水与斜水的分水岭，再陆运百余里入斜水，由斜水入渭水，顺流而下，直抵长安。汉武帝采纳这一意见，约在元朔间（前128—前123年），命汉中太守张卬征发民夫数万人开凿褒斜道500余里。由于该工程连接汉水支流褒水与渭水支流斜水，史称“褒斜道”。褒斜道开成后，虽然运河航道里程缩短，但由于褒、斜二水间的河谷都过于陡峻，水流湍急，且水中多礁石，根本无法行船，最终的目的仍然未能实现，但褒斜道后来成为川陕间最重要的陆路交通线之一。

褒斜道示意图

2. 西汉三门峡砥柱的开凿

褒斜道的开凿既已失败，三门峡仍钳制着西汉漕粮运输的生命线。

西汉开凿褒斜道100年后，即鸿嘉四年（前17年），丞相史杨焉建议开凿砥柱，以平治运道险阻。

据清光绪朝《陕州直隶州志》记载，砥柱山位于黄河中流，《禹贡》“导河积石，至于砥柱”中的“砥柱”，即指此。“破山通河，河水分流包山而过，山见水中，若柱然，故曰砥柱”。

杨焉建议进一步劈山凿石，拓宽河面，以利航运。在他的主持下，砥柱虽被凿短，但常隐没水面以下，激水更甚，而且碎石沉没水中，无法搬走，使该段河流比原来更为湍险。开凿砥柱工程也以失败告终。

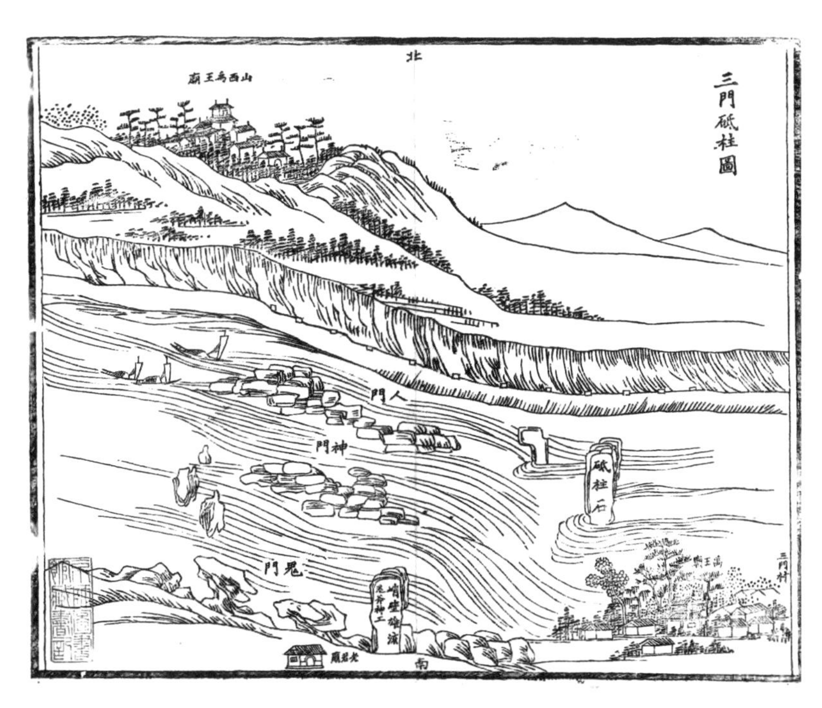

《三门砥柱图》（清　光绪《陕州直隶州志》）

《砥柱铭》（宋　黄庭坚）

原文：维十有一年，皇帝御天下之十二载也。道被域中，威加海外；六和同帆（轨），八荒有截；功成名定，时和岁阜。越二月，东巡狩至于洛邑，肆觐礼毕，玉銮旋轸；度殽函之险，践分陕之地；缅惟列圣，降望大河。砥柱之峰桀立，大禹之庙斯在;冕弁端委，远契刘子；禹无间然；玄符仲尼之叹，皇情乃睠，载怀仰止。爰命有司勒铭兹石祝之，其词曰：大哉伯禹，水土是职。挂冠莫顾，过门不息。让德夔龙，推功益稷。栉风沐雨，卑宫菲食。汤汤方割，襄陵伊始。事极名正，图穷地里。兴利除害，为纲为纪。寝庙为新，盛德必祀。傍临砥柱，北眺龙门。茫茫旧迹，浩浩长源。勒斯铭以纪绩，与山河而永存。

3. 三门峡栈道的开凿

为帮助河内行船，至迟从东汉开始，每年枯水季节，都要征调大批人力物力进行疏通，并修凿栈道，供纤夫拉纤。至三国魏景初二年（238年），明帝曹叡命谏议大夫寇慈率工匠5000人，在三门峡修凿栈道。隋开皇十五年（595年），又在三门峡险工段修凿栈道。

三门峡栈道主要集中在人门左岸，在鬼门和三门以下河道狭窄、河流湍急之处也凿有断续的栈道。人门栈道南端起自梳妆台附近，向北经人门全岛，断断续续，全长625米，宽0.2~2米，高2.5米左右，底部较平，顶部为弧形，形似一长条凹槽。平时露出河面，汛期洪水时则被淹没。由于黄河河岸弯曲不齐，遇到石壁断隙处，就采用架木成桥或设置木构以加宽纤道的方法，将断开的栈道连接起来。

栈道为木结构，在石壁上凿成各种形状的石孔，人称牛鼻孔，主要用来固定木桩木栏、拴系绳索或便于攀登、拉纤时用力。遇到风浪，可将纤绳拴在上面，稳住渡船。在最危险的悬崖处，栈道最下部还凿有方形壁孔，主要用于搭设横木、铺设木板，有利于连阁楼道。三门峡栈道现存牛鼻形壁孔75个、方形壁孔304个、底孔380个。

4. 唐代开元新河的开凿

唐开元二十九年至天宝元年（741—742年），在黄河左侧人门以东的岩石上开凿一条人工运河，称开元新河，俗称娘娘河，以避开黄河三门的行船风险。新开运河全长280米，河身宽为6~8米左右，河槽高度5~10米。两壁陡立，上口比河底稍宽，岸边也建有一条栈道。据记载，由于河底高程较高，一般水位不易进入，所以，该河在历史上的作用并不明显。

2.3 淮河流域

2.3.1 陈蔡运河

陈蔡运河是有明确记载的中国最早的人工运河之一，约开凿于前613—前591年，沟通淮河支流沙水和汝水。

徐国徐偃王（前613—前591年）统治期间，为满足当时政治、经济和军事的需要，在沙、汝二水之间开挖人工运河。当时陈国国都在今河南淮阳县，而蔡国国都则在今河南上蔡县，淮阳和上蔡虽分别紧临淮河的两条支流——沙水和汝水，但两地之间并没有直通的水道，水运需经过淮河向东南绕行。新开挖的运河“通沟陈、蔡之间”，因称陈蔡运河。

遗憾的是，由于不久后陈蔡运河即被堙废，不再为人提及，所以陈蔡运河的具体位置已不可考。

2.3.2 曹魏时期的运道

东汉末年，军阀割据，混战不已，活动于黄河中下游的曹操，政治军事力量不断壮大，“挟天子以令诸侯”，并于建安元年（196年）迁都今许昌。为控制中原，统一北方，兴屯田，充军粮，以便征伐四方，同时以许昌为中心，在淮河流域开凿运粮河。

1. 睢阳渠

三国魏建安七年（202年），曹操在开封至商丘之间开凿睢阳渠。

据《三国志·武帝纪》记载，曹操在官渡之战击败袁绍、控制中原后，“遂至浚仪，治睢阳渠”。曹操所治睢阳渠，当为睢阳（今河南商丘）与浚仪（今河南开封）间的一段睢水故道和浚仪西至官渡的一段汴渠。浚仪西的汴渠，又有官渡水之称。睢阳因位于睢水之北而得名，曹操驻军在谯，谯在睢水之南。曹操自南来，先至睢水，沿睢水进军浚仪，再由浚仪西至官渡。从曹军的行军路线看，所谓的睢阳渠当是对该段睢水和官渡水加以整治后赋予的新名称。

睢水是古鸿沟支派之一，自今河南开封东从鸿沟分水东出，流经河南杞县、睢县北、宁陵、商丘南、夏邑、永城北，安徽濉溪南，至江苏宿迁南，注入古泗水。西汉后期黄河屡决，鸿沟水系几经淤塞，东汉末年上段已淤塞不通。曹操疏通了睢水，实际上就是沟通汴渠和淮河。

对此，《河渠纪闻》曾评价道：曹操大开汴河，“治濉（睢）入汴渠，达江淮，致陈、蔡、汝、颍之粟。军国之饶，始于屯田，成于转运。得汴渠之利尤在不通黄流，浊水挟泥沙而入，益汴之利少，淤汴之害大，曹孟德深知而远避之。避黄之害，兴汴之利，旁通渠道，以广其用，通海济运，经营四方而无资粮之劳，所以为一世雄也”。

2. 贾侯渠

东汉建安二十四年（219年），曹魏征伐吴国，为把粮草等军需物资及时运往前线，豫州刺史贾逵在汝、颍二水之间开挖贾侯渠。

据《三国志·贾逵传》记载，贾逵“遏鄢汝，造新陂，又断山溜长溪水，造小弋阳陂。又通运渠二百余里”。贾侯渠故道在今河南淮阳西北，后与其他水道交错，北魏时已不易详辨，所以《水经注》没有指出其确切位置，但一般认为，贾侯渠当在郾城至淮阳之间，因为“鄢”古通“郾”，文中的“鄢”当指郾县（今河南郾城）。贾侯渠开通后，沟通了汝水与颍水，既能引水灌溉，又便于从中原经颍入淮，通向东南，转漕给军，与吴国兵争。

后来，三国魏国将领邓艾所开广漕渠中的淮阳渠，即是循该渠修治而成。

3. 讨虏渠

曹魏黄初六年（225年），又在汝、颍二水之间开挖讨虏渠。

据《三国志·魏书·文帝纪》记载，魏文帝曹丕于黄初六年（225年）开凿讨虏渠。该渠位于郾城至西华之间，连接汝水和颍水。据杨守敬《三国疆域图》，讨虏渠在召陵（今河南郾城东）北。又据《水经·水注》记载，此处原为滚水所流经，整理滚水河道，引汝水入颍水。

顾名思义，讨虏渠的开凿出于军事的目的。当时曹丕谋伐孙吴，在充分利用已有汴、颍、汝、涡等水道的同时，开挖讨虏渠。除积粮资军外，还便于转运豫西与南阳盆地的粮食以供军需，西来的漕船可由汝水经讨虏渠，入颍水东南达淮河，将草和补给源源不断地运抵征吴前线。

4. 广漕渠

曹魏正始四年（243年），邓艾开通广漕渠，“上引河流，下通淮颍”，又称蔡颍漕渠。

据《三国志·魏书·邓艾传》记载，曹魏后期，为东取孙吴，统一全国，欲广田蓄谷于淮河流域，邓艾受命查勘今河南东部至安徽寿县一带地区。他认为这一地区“田良水少，不足以尽地利，宜开河渠、可以大积军粮，又通漕运之道”。因此，他写了《济河论》，以阐明其观点，并建议穿广漕渠，引河水入汴，修广淮阳、百尺二渠。他的建议被采纳后，便于正始四年（243年）在淮南淮北，大兴屯守，实现了“且佃且守，兼修广淮阳、百尺二渠，上引河流，下通淮颍，大治诸陂于颍南颍北，穿渠三百余里，溉田二万顷，淮南、淮北皆相连接，自寿春（按：今安徽寿县）至京师（按：今河南许昌），农官、兵田、鸡犬之声，阡陌相属，每东南有事，大军出征，泛舟而下，达于江淮。资食有储，而无水害”。广漕渠开通后，平时积粮通清，战时运兵运粮，为南取孙吴的战争，提供了充分的物资条件。而且，也为综合利用水资源，统筹兼顾发展航运、灌溉等一水多利的水利事业，创造了经验。

邓艾所开广漕渠的主流干线，实际上也是对古鸿沟水系的疏通与恢复。其“上引河水”乃是循鸿沟水系分黄河水东流的故道，引黄河水补充颍水等水源的不足。广漕渠故迹已不可考，大约相当于开封以西的汴渠和从开封南流入颍的蔡水（即蔡河）。据《晋书·傅玄传附傅祗传》记载：“自魏黄初大水之后，河济泛滥，邓艾尝著《济河论》，开石门通之”。显然邓艾开广漕渠“上引河水”之口，就是汴口石门。所以广漕渠的上游即从汴口石门至开封一段水道，是利用汴渠故道加以疏治，而引水入汴东行。广漕渠“下通淮颍”和“大治诸陂于颍南颍北”的下游线路，颍水就是对古鸿沟（汉称浪荡渠）从开封南流入颍的沙水，经过疏浚或改作面引水东南流。邓艾修的“淮阳百尺二渠”，也都与广相通，淮阳渠是对贾侯渠的疏浚；百尺渠是沙水从淮阳通水的水道。《元和郡县图志》激水县（今河南商水县）记县东北25里有灌城即邓艾筑陂塘，兴灌溉所筑之城。县西北30里的沙河（即古激水，或水）南岸的邓城，相传就是邓艾带兵证守的地方，后来调遗西征伐蜀，就是从这里出发的，集以邓艾为名。据此可知，当时的沙河也是与广漕渠相通的主要运道。

魏晋时期“始于屯田成于转运”所形成的豫东运河网，与淮河北侧的汝、颍、涡、睢等天然河流，连接一起，交织成网，水运四通。在黄河和淮河两水系之间，有两路通运干道：一路是由黄河入汴渠，自大梁（今河南开封）东至彭城（今江苏徐州）入泗水，通淮河；另一路则是经汴渠至大梁向南沿沙（蔡）水入颍水，通淮河，或是入涡河通淮河。这两路航线通运后，历时较久。《三国志·魏书·文帝纪》记载，曹魏于黄初五年（224年）伐吴，就是“循蔡（沙）颍浮淮，幸寿春（按：今安徽寿县）”。西晋时，王濬舟师自益州顺江而下东伐吴，杜预曾建义他灭吴之后可率舟师“自江入淮，逾于泗汴、溯河而上，振旅还都”。《古今图书集成·食货典·漕运部》记载，晋惠帝永宁元年（301年），曾“漕运南方米谷，以济中州”，也是利用黄河与淮河之间的河道通漕的。

总之，魏晋之际的豫东运河网，既可溉田，又能通运，一举两利。这不仅在当时为魏晋统一事业创造了有利条件，而且，为综合利用水资源，兼顾航运、灌溉两利，提供了经验。

2.4 海河流域：易水运粮河

战国时期燕国下都的易水运粮河是海河流域最早的人工运河之一。

燕国是战国七雄之一，其都城蓟（今北京）和下都武阳（今河北易县东南）是燕国的政治、经济中心。其中下都武阳三面环山，东南面向平原，介于北易水和中易水之间，处在从上都去往齐、赵等国的咽喉地带，是燕国南部重要的门户和屏障。燕下都东城规模宏伟，建筑豪华，宫殿区周围环绕着密集的冶铁、铸钱、制陶及制造兵器、骨器的手工业作坊，市场十分繁荣。

易水运粮河分为三支：一支长4700米，北引易水，南入中易水，将燕下都分为东西两城。河道的北段宽约40米，中段约80米，南段约90米。与此相通的还有两条伸向手工业作坊集中的东城区的运河，一条长5700米，宽约60～80米；另一条长4200米，宽约40米。

三条运河伸入下都城区，这种布局使燕下都呈南北有易水、东西有运河环绕的形势。城内的手工业作坊和商业区全部靠近三条运河之岸，大批产品凭借水上通道可以往来于城乡之间。沿易水南行，可经今河北省容城县南而入曲逆县（今河北顺平）濡水，濡水即今顺平县西北的祁河及其下游的方顺河与石桥河，又名曲逆水；沿濡水东去可入博水（今金线河）、滱水（今唐河）等，一直抵达渤海一带。从武阳逶迤北上，可入涞水（今拒马河），行抵今河北省涿县与北京市房山县一带。易水运粮河的开挖，对燕国的物资交流和经济发展起到了重要的作用。

2.5 珠江流域

2.5.1 灵渠

灵渠又名湘桂运河、陡河、兴安运河，位于今广西壮族自治区兴安县境内，全长34公里。初名秦凿渠，后因漓水上游为零水，又称零渠，唐以后称灵渠。秦统一六国后，为开拓岭南，统一中国，于秦始皇二十八年（前219—前214年）派监郡御史禄开凿而成。灵渠开凿前，漓江上游的始安水与湘江上游的海洋

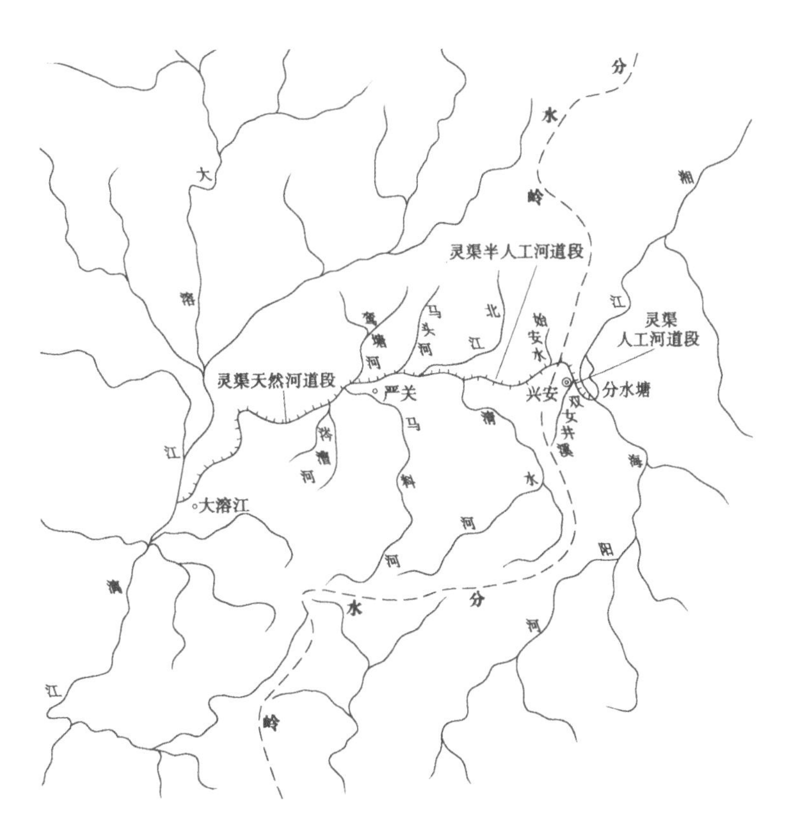

灵渠水系示意图

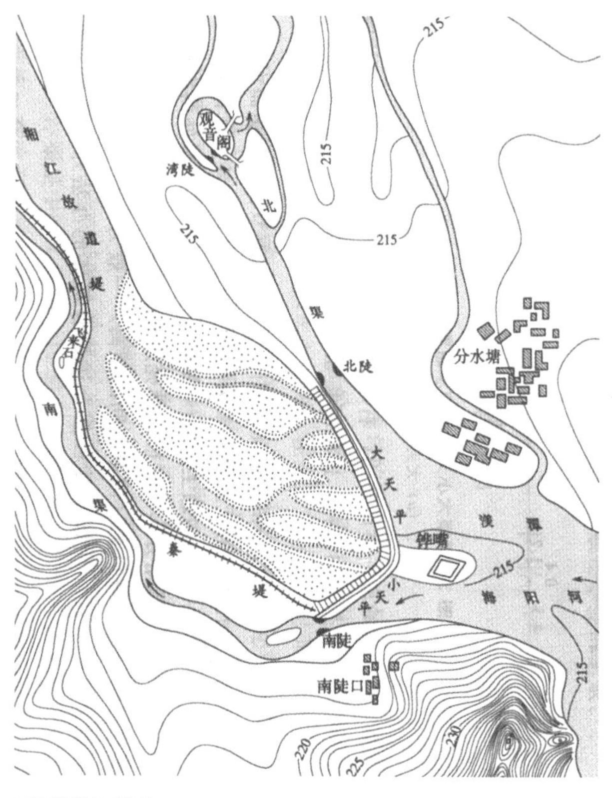

灵渠渠首示意图

河相距最近处不到1.5公里，中隔一小土岭——太史庙山，岭宽300~500米、相对高度2~30米。灵渠工程就是劈开太史庙山，引湘入漓。但此处湘江水位低于始安水的水位，因在兴安县城东南两公里的分水村处建铧嘴和大小天平，将海洋河水分为两支，并从此处开南渠通往漓江，开北渠归入湘江，从而沟通湘江和漓江。

灵渠的建设大体经历了创建、发展完善和维护三个阶段。秦始皇二十八年（前219年）灵渠创建时，工程设施并不完善，只能满足基本的通航条件。唐宋时期，对灵渠进行过几次大的技术改造和工程整治。唐宝历元年（825年），桂管观察使李渤建铧堤（大、小天平）和陡门。咸通九年（868年），桂州刺史鱼孟威加以完善。宋嘉祐四年（1059年），广西提点刑狱兼领河渠事李师中凿去渠中礁石，修复废陡门36座。元明清时期，在唐宋格局的基础上对灵渠进行了多次整治。2000余年来，灵渠一直是岭南与中原地区的主要交通干线，直至1936年和1941年粤汉铁路和湘桂铁路相继通车。1956年灵渠航运功能中止，成为以灌溉为主，兼有城市供水和旅游观光等综合效益的水利工程。1988年，被国务院公布为全国重点文物保护单位。

灵渠工程的总体布置，可概括为渠首枢纽和渠系工程两部分。渠首枢纽包括大天平、小天平、铧嘴、南陡和北陡。渠系工程包括南渠、北渠及建于其上的陡门、溢流堰和水涵等，形成一个完整的水道工程体系。大、小天平截断海阳河，壅高水位后经铧嘴分水入南、北二渠，南渠穿越山岭西流入漓江，北渠仍入湘江。

大、小天平是拦截海阳河的拦河坝，采用折线式人字形布置，坝轴线夹角为95°。拦河坝分为两段，河道右侧较长一段导水进入北渠，称“大天平”；河道左侧较短一段导水进入南渠，称“小天平”。大、小天平均为重力砌石溢流坝，坝体断面为梯形，上游坝面为阶梯式，采用灰泥黏土砌条石，条石平铺，接缝处凿有楔形槽（又称“燕尾槽”），嵌以预制生铁锭，将相邻两条石连结为一体；下游坝面为斜坡式，用长条形片石竖

灵渠渠首

砌，石块间紧密挤靠，形成鱼鳞状，称“鱼鳞石”，坝脚用木笼框架干砌石护坡。大、小天平坝顶可全线溢流，以便控制进入南北二渠水流的水位不会过高，故称“天平”。主要功能是平时壅高水位，导海阳河来水进入南渠和北渠；洪水季节，将多余的水自坝顶溢流排入下游的湘江故道。大、小天平抬高湘江水位后形成一个分水塘，称“渼潭”，可调蓄水量。

铧嘴又名铧堤，是一座导水堤，自大、小天平交汇点起向渼潭中延伸，砌筑方向正对海阳河主流。因其外形前锐后钝，酷似犁铧，故称“铧嘴”。铧嘴顶部有一石砌方台，劈分水流，导水平顺进入南北二渠。

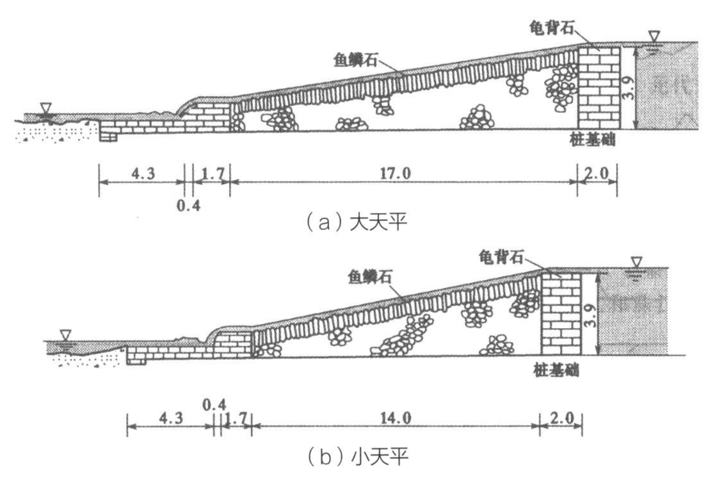

大小天平断面示意图

灵渠

大小天平坝上游坝面结构（《灵渠》）

大小天平坝下游鱼鳞石坝面（《灵渠》）

陡门又称“斗门”，为枯水季节蓄水行船而设，多设于水流浅急处。唐代建有陡门18座，宋代增至36座，清代为32座，因此灵渠又称“陡河”。陡门的结构和功能相当于现代的船闸。灵渠是世界上最早的有闸运河，也是最早的越岭运河。南陡和北陡分别是南渠和北渠上的首座陡门。当来水量满足南北二渠正常需要时，二陡常开，并无显著功用。当来水量较小时，则需闭陡门蓄水。具体运行方式如下：南渠有航运需求时，开南陡，闭北陡，以增加南渠的进水量；北渠有航运需求时，开北陡，闭南陡，以增加北渠的进水量。通过南、北陡的交替启闭，枯水季节也能实现全渠的航运。

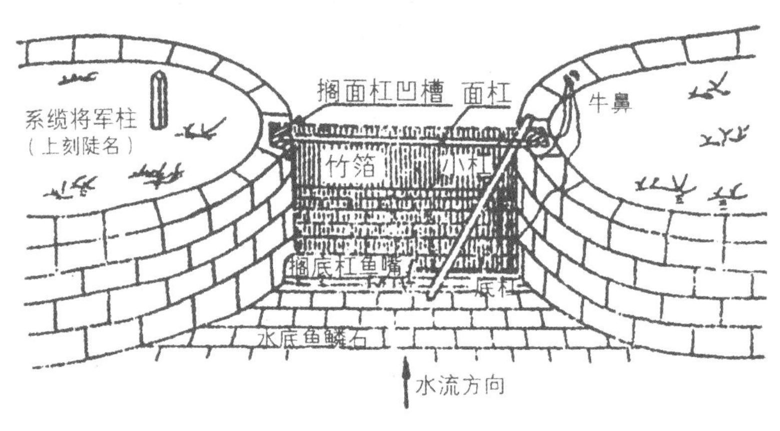

陡门结构示意图

南渠是湘江水穿越分水岭入漓江的通道。文献中所记载的灵渠多指南渠。南渠自南陡起，经兴安县城，穿过严关镇至溶江镇的灵河口止，全长33公里，分成人工河段、半人工河段和天然河段。人工河段自南陡起，凿山、开河、筑堤，穿越分水岭至漓江最东部的始安水；半人工河段自始安水口至与清水河交汇处，原为始安水河道，人工扩宽至符合通航标准；天然河道自清水河口至灵河口入漓江处，局部水浅多礁石，经多次人工整治而成。由于不同河段的地形不同，各河段的工程特点也有所不同。南渠、北渠流量为三比七，故有“湘七漓三”之说。

北渠不足4公里长，工程型式简单，且没有穿越分水岭的关键性工程，但却是灵渠工程体系不可缺少的部分。北渠是为避开坡降较大的湘江故道而开，自北陡起，在湘江故道右岸开凿一条弯曲的人工渠道，长3.5公里，用于实现自渼潭至湘江下游的通航，并保证渠首的合理分水。为平缓坡降，北渠中段用人工开挖两个连续弯曲的S形渠道。

溢流堰是修建在南渠、北渠沿线外侧的自动控制水位的设施，具有排泄洪水、保持渠道内正常水位、确保渠堤安全的功能。其建筑方法、形态与大小天平基本相同，故又称“泄水天平”。灵渠的南渠、北渠中共有溢流堰5处，其中南渠三处，北渠两处。

水涵又称田涵、渠眼，俗称塘孔，是渠堤上用块石砌筑的分水涵洞，在农田灌溉时开启使用，也可用作排水涵洞。

灵渠渠首

灵渠

大小天平坝上游坝面结构（图片来源《灵渠》）

大小天平坝下游鱼鳞石坝面（图片来源《灵渠》）

2.5.2 相思埭（桂柳运河）

桂柳运河又名相思埭，位于广西临桂县与永福县交界处，开凿于唐长寿元年（692年），是一条沟通漓江支流良丰江与柳江支流洛清江的支流相思江之间的一条人工运河。

唐长寿元年（692年），为满足农田灌溉和交通运输的需要，在临桂县南开凿运河。运河起自良丰河社门岭附近，经冯家岩分水塘，至四塘乡大湾，全长16公里，东联良丰江入漓江，西汇洛清江（又名白石水，其上游段称义江）而接柳江。因其位于灵渠以南，又称南渠。同时，在分水塘北源入口处建节制闸，控制入口水量，之后辟通分水塘航槽。在分水塘东西边缘建东闸门和西闸门，以控制分水塘水源流向。运河共设陡门18座，靠来源于四塘乡的分水塘的流量关闭陡门蓄水。水满后开启陡门过船，逐级通过陡门。兴建初由于流量不足，仅汛期方能通航，后经整修，通航状况渐佳。

相思埭建成后为桂、柳两江间的通航开辟了一条新的捷径，较原来绕道梧州入桂江缩短航程80%以上，并以它为基础构成柳、浔、梧、桂之间的水运网络，极大地方便了湘桂黔三省之间的物资交流，具有重大的经济价值和军事意义。相思埭的建成还可调节桂、柳两江的洪水，兼具农田灌溉等综合效益，从而成为继灵渠之后珠江流域的又一重要河渠工程。

由于相思埭运河“迹一线之泉流而至于经达万里”的重要作用，自唐代至清代，历代均有维修，保持畅通，至近代仍可通航3～7吨木船。后来，随着陆上交通的渐趋发达而逐渐废弃。

2.5.3 潭蓬运河

潭蓬运河又名天威遥，位于防城各族自治县江山半岛的潭蓬附近，长4公里，汉代曾开工实施，但未能凿通，唐代重新开凿，由此完成这一沟通防城港湾和珍珠港湾的人工运河工程。

防城港和珍珠港间的实际距离仅20多公里，但因江山半岛隔开，绕道江山半岛端部至珍珠港，航程迂远达60多公里，且沿海风浪大、礁石多，不利于航行。为连接两港湾之间的航运，汉代马援率兵南下入安南时遂开挖运河，但因工程浩大而半途中止。唐咸通八年（867年），安南（今越南）节度使高骈凿通天威遥，使之成为前往安南的水运捷径。

天威遥工程的关键在于凿通仙人坳。在距海岸不远处有个葫芦颈，它的东西两面在潮水到达时陆面宽不足1公里，在葫芦颈中间横亘一山坳，即仙人坳，长仅200米，但海底坚石多，开挖困难，但当地人仍然克服各种困难，最终开通潭蓬运河。

天威遥开辟后，防城港至珍珠港的往来船只可沿运河直驶越南。航程缩短40多公里，且避开沿海风浪之险，保证了航行的安全。潭蓬运河在唐末曾发挥过重要作用。北宋时，安南独立，并与宋交恶，运河自此渐被废弃。

1934年，为围海造田，堵塞潭蓬运河。1958年，在运河西端兴建漫松水库，潭蓬运河被截断堵塞。

主要参考文献

[1]《中国水利史稿》编写组. 中国水利史稿[M]. 北京：水利电力出版社，1979.

[2] 郑连第. 灵渠工程史述略[M]. 北京：水利电力出版社，1986.

[3] 蔡蕃. 北京古运河和城市供水研究[M]. 北京：北京出版社，1987.

[4] 姚汉源. 中国水利史纲要[M]. 北京：水利电力出版社，1987.

[5] 王树才. 河北航运史[M]. 北京：人民交通出版社，1988.

[6] 临清市水利志编纂办公室. 临清市水利志[R].1989.

[7] 水利水电科学研究院《中国水利史稿》编写组. 中国水利史稿[M]. 北京：水利电力出版社，1989.

[8] 邱树森. 江苏航运史（古代部分）[M]. 北京：人民交通出版社，1989.

[9] 张圣城. 河南航运史[M]. 北京：人民交通出版社，1989.

[10] 郭孝义. 江苏航运史（近代部分）[M]. 北京：人民交通出版社，1990.

[11] 水利部治淮委员会《淮河水利简史》编写组. 淮河水利简史[M]. 北京：水利电力出版社，1990.

[12] 扬州市水利史志编纂委员会. 扬州水利志[M]. 北京：中华书局，1991.

[13] 罗传栋. 长江航运史（古代部分）[M]. 北京：人民交通出版社，1991.

[14] 江天凤. 长江航运史（近代部分）[M]. 北京：人民交通出版社，1992.

[15] 蔡泰彬. 明代漕河之整治与管理[M]. 台北：台湾商务印书馆，1992.

[16] 童隆福. 浙江航运史（古近代部分）[M].北京：人民交通出版社，1993.

[17] 山东省聊城地区水利志编纂委员会. 聊城地区水利志[M]. 聊城：山东省聊城地区水利局，1993.

[18] 山东省地方史志编纂委员会. 山东省志 · 水利志[M]. 济南：山东人民出版社，1993.

[19] 山东省水利史志编辑室. 山东水利志稿[M]. 南京：河海大学出版社，1993.

[20] 山东省地方史志编纂委员会. 山东省志 · 水利志[M]. 济南：山东人民出版社，1994.

[21] 广西航运志编纂委员会. 广西航运志[M]. 南宁：广西人民出版社，1994.

[22] 水利部淮河水利委员会沂沭泗水利管理局. 沂沭泗河道志[M]. 北京：中国水利水电出版社，1996.

[23] 青岛市水利志编纂委员会. 青岛市水利志[M]. 青岛：青岛出版社，1996.

[24] 济宁市水利志编纂委员会. 济宁市水利志[M]. 济宁：济宁市新闻出版局，1997.

[25] 徐从法.京杭运河志（苏北段）[M]. 上海：上海社会科学出版社，1998.

[26] 姚汉源. 京杭运河史[M]. 北京：中国水利水电出版社，1998.

[27] 静海县水利志编纂委员会. 静海县水利志//天津水利志（卷五）[M].天津：天津科学技术出版社，1998.

[28] 海河志编纂委员会. 海河志（第一卷）[M]. 北京：中国水利水电出版社，1998.

[29] 张铁群. 浙江省水利志[M]. 北京：中华书局，1998.

[30] 北京市地方志编纂委员会. 北京志：水利志[M]. 北京：北京出版社，2000.

[31] 江苏省地方志编纂委员会. 江苏省志 · 水利志[M]. 南京：江苏古籍出版社，2001.

[32] 兴安县地方志编纂委员会. 兴安县志[M]. 南宁：广西人民出版社，2002.

[33] 郑连第. 中国水利百科全书：水利史分册[M]. 北京：中国水利水电出版社，2004.

[34] 水利部淮河水利委员会. 淮河治理与开发志[M]. 北京：科学出版社，2004.

[35] 江苏省地方志编纂委员会. 丹徒县水利志[M]. 南京：江苏人民出版社，2004.

[36] 赵大川. 京杭大运河图说[M]. 杭州：杭州出版社，2006.

[37] 刘路. 帝国掠影——英国访华使团笔下的清代中国[M]. 北京：中国人民大学出版社，2006.

[38] 刘春俊. 枣庄运河[M]. 青岛：青岛出版社，2006.

[39] 陈述. 杭州运河历史研究[M]. 杭州：杭州出版社，2006.

[40] 无锡市水利局. 无锡市水利志[M]. 北京：中国水利水电出版社，2006.

[41] 陈桥驿. 中国运河开发史[M]. 北京：中华书局，2008.

[42] 郁有满. 无锡运河志[M]. 西安：西安地图出版社，2008.

[43] 江苏省交通厅航道局，江苏省航道协会. 京杭运河志（苏南段）[M]. 北京：人民交通出版社，2009.

[44] 杭州市水利志编纂委员会. 杭州市水利志[M]. 北京：中华书局，2009.

[45] 宋建友. 仪征水利志[M]. 北京：方志出版社，2011.

[46] 宋建友. 仪征水利志[M]. 北京：方志出版社，2011.